Michio Kaku
Zukunftsvisionen

Michio Kaku

Zukunftsvisionen

Wie Wissenschaft und Technik
des 21. Jahrhunderts
unser Leben revolutionieren

Aus dem Amerikanischen
von Susanne Kuhlmann-Krieg und
Sebastian Vogel

LICHTENBERG

Titel der Originalausgabe: Visions. How Science Will Revolutionize the 21st Century
Originalverlag: Anchor Books, Doubleday

Die Deutsche Bibliothek – CIP-Einheitsaufnahme

Kaku, Michio:
Zukunftsvisionen: Wie Wissenschaft und Technik
des 21. Jahrhunderts unser Leben revolutionieren / Michio Kaku.–
München : Lichtenberg, 1998
ISBN 3-7852-8411-X

Die Folie des Schutzumschlages sowie die Einschweißfolie
sind PE-Folien und biologisch abbaubar.
Dieses Buch wurde auf chlor- und säurefreiem Papier gedruckt.

Umschlaggestaltung: Casa nova corporate communications, München
Umschlagabbildung: *Sterne im All, Sternbild Centaurus,*
Bavaria Bildagentur GmbH
Satz: Bücherwerkstatt Alexander von Ertzdorff, Beuerberg
Druck und Bindung: Franz Spiegel Buch GmbH, Ulm
Printed in Germany
ISBN 3-7852-8411-X

5 4 3 2 1

Meinen Eltern

Inhalt

Vorwort

Dieses Buch handelt von der grenzenlosen Zukunft von Wissenschaft und Technik, insbesondere in den kommenden hundert Jahren und darüber hinaus.

Ein solches Buch, das den spannenden, rasend schnellen Fortschritt der Wissenschaft mit der angemessenen Breite, Tiefe und Genauigkeit zusammenfaßt, sollte man nicht ohne Befragen der Wissenschaftler schreiben, die mit ihrem Wissen und ihrer Klugheit eine solche Zukunft erst möglich machen.

Natürlich kann kein einzelner die Zukunft entwerfen. Dazu gibt es einfach zuviel zusammengetragenes Wissen, zu viele Möglichkeiten und zu viele Spezialgebiete. Die meisten Zukunftsvoraussagen sind in die Irre gegangen, weil sie nur die abwegigen und oft engstirnigen Ansichten einer einzelnen Person widerspiegelten.

Für *Zukunftsvisionen* gilt das nicht. Während ich meine vielen Bücher, Artikel und Wissenschaftsberichte schrieb, hatte ich das Glück, im Laufe von zehn Jahren über 150 Wissenschaftler verschiedener Fachrichtungen befragen zu können.

Ausgehend von diesen Gesprächen habe ich versucht, den Zeitrahmen für die Verwirklichung bestimmter Vorhersagen zu umreißen. Mit manchen Entwicklungen rechnen Fachleute bis 2020, andere Prognosen werden erst viel später – zwischen 2050 und 2100 – Gestalt annehmen. Deshalb haben nicht alle Voraussagen den gleichen Charakter: Manche sind stärker in die Zukunft gerichtet und deshalb notgedrungen auch spekulativer als andere. Der hier skizzierte Zeitrahmen ist natürlich nur als Richtschnur zu verstehen und soll dem Leser einen Eindruck davon vermitteln, wann man mit dem Beginn neuer technischer Entwicklungen und Trends rechnen kann.

Das Buch ist folgendermaßen aufgebaut: Im ersten Teil befasse ich mich mit den bemerkenswerten Entwicklungen, welche die Computertechnik mit sich bringen wird und die bereits heute für den Wandel von Berufsleben, Kommunikation und Lebensweise sorgen. Der zweite Teil handelt von den Umwälzungen in der Molekularbiologie, die uns letztlich in die Lage versetzen werden, Lebensformen abzuwandeln und neu zu schaffen; außerdem wird sie uns neue Medikamente und Therapiemethoden bescheren. Der dritte Teil schließlich befaßt sich mit der Quantenrevolution, vielleicht der tiefgreifendsten von allen, die uns weitgehende Kontrolle über die Materie verschaffen wird.

Folgenden Wissenschaftlern danke ich, daß sie mir ihre Zeit geopfert, mich mit ihrem Rat bedacht und mir ihre unschätzbaren Kenntnisse zur Verfügung gestellt haben, so daß ich dieses Buch überhaupt erst schreiben konnte:

Walter Gilbert, Nobelpreisträger für Chemie, Harvard University
Murray Gell-Mann, Nobelpreisträger für Physik, Santa Fe Institute
Henry Kendall, Nobelpreisträger für Physik, MIT
Leon Lederman, Nobelpreisträger für Physik, Illinois Institute of
Technology
Steven Weinberg, Nobelpreisträger für Physik, University of Texas
Joseph Rotbalt, Physiker, Friedensnobelpreisträger
Carl Sagan, Direktor des Laboratory for Planetary Studies, Cornell
University
Steven Jay Gould, Professor für Biologie, Harvard University
Philip Morrison, Professor für Physik, MIT
Miguel Virasoro, Direktor des International Center for Theoretical
Physics, Triest
Mark Weiser, Xerox PARC
Larry Tesler, wissenschaftlicher Leiter, Apple Computer
Paul Ehrlich, Umweltexperte, Standford University
Paul Saffo, Direktor des Institute for the Future
Francis Collins, Direktor des National Center for Human Genome
Research (NCHG), National Institutes of Health
Michael Blaese, Clinical Gene Therapy Branch (NCHG), National
Institutes of Health
Lawrence Brody, Laboratory of Gene Transfer (NCHG), National
Institutes of Health
Eric Green, Diagnostic Development Branch (NCHG), National
Institutes of Health
Jeffrey Trent, Direktor der Division of Intramural Research (NCHG),
National Institutes of Health
Paul Meltzer, Laboratory of Cancer Genetics (NCHG), National
Institutes of Health
Leslie Biesecker, Laboratory of Genetic Disease Research (NCHG),
National Institutes of Health
Anthony Wynshaw-Boris, Laboratory of Genetic Disease Research
(NCHG), National Institutes of Health
Steven Rosenberg, Head of Surgery, National Institutes of Health
Lieutenant Colonel Robert Bowman, Direktor des Institute for Space
and Security Studies
Paul Hoffman, Chefredakteur, *Discover Magazine*
Leonard Hayflick, Professor für Anatomie, University of California
at San Francisco School of Medicine
Edward Witten, Physiker, Institute for Advanced Study, Princeton
Cumrun Vafa, Physiker, Harvard University
Paul Townsend, Physiker, Cambridge University
Barry Commoner, Umweltexperte, Queens College, CUNY

Rodney Brooks, Associate Director des Artificial Intelligence Laboratory, MIT
Robert Irie, Artificial Intelligence Laboratory, MIT
James McLurkin, Artificial Intelligence Laboratory, MIT
Jay Jaroslav, Artificial Intelligence Laboratory, MIT
Peter Dilworth, Artificial Intelligence Laboratory, MIT
Mike Wessler, Artificial Intelligence Laboratory, MIT
Neal Gershenfeld, Principal Investigator, Physics and Media Group, MIT Media Laboratory
Pattie Maes, Principal Investigator, Autonomous Agents Group, MIT Media Laboratory
David Riquier, Associate Director of Communications and Sponsor Relations, MIT Media Laboratory
Bradley Rhodes, MIT Media Laboratory
Donna Shirley, Jet Propulsion Laboratory, Managerin der Marsmission
Frank Von Hipple, Physiker , Princeton University
John Pike, Federation of American Scientists
Steve Aftergood, Federation of American Scientists
John Horgan, Wissenschaftsautor, *Scientific American*
Lester Brown, Direktor und Gründer des World Watch Institute
Christopher Flavin, World Watch Institute
Neal Tyson, Direktor des Hayden Planetarium, American Museum of Natural History
Brian Sullivan, Projektplaner, Hayden Planetarium
Michael Oppenheimer, wissenschaftlicher Leiter, Environmental Defense Fund
Rebecca Goldberg, wissenschaftliche Leiterin, Environmental Defense Fund
Clifford Stoll, Computerexperte
John Lewis, Co-Direktor der NASA/University of Arizona Space Engineering Research Center
Richard Muller, Professor für Physik, University of California at Berkeley
Larry Krauss, Leiter der Fakultät für Physik, Case Western Reserve University
David Gelertner, Associate Professor of Computer Science, Yale University
Ted Taylor, Atombombenkonstrukteur, Los Alamos
David Nahamoo, Senior Manager, Human Language Technology, IBM
Paul Shuch, Executive Director, SETI League
Arthur Caplan, Direktor des Center for Bioethics, University of Pennsylvania

11

Yolanda Moses, Präsident der American Anthropological Association und Präsident des City College of New York
Meredith Small, Associate Professor of Anthropology, Cornell University
Freeman Dyson, Professor für Physik, Institute for Advanced Study, Princeton
Michael Jacobson, Executive Director, Center for Science in the Public Interest
Robert Alvarez, US-Energieministerium
Steve Cook, NASA-Sprecher
Karl Grossman, Professor für Journalismus, SUNY Old Westbury
Helen Caldicott, Kinderärztin und Aktive der Friedensbewegung
Jay Gould, ehem. Beamter der US-Umweltbehörde
Arjun Makhijani, Präsident des Institute for Energy and Environmental Research
Thomas Cochran, Senior Scientist, Natural Resources Defense Council (NRDC)
Ashok Gupta, Senior Energy Policy Analyst, NRDC
David Schwarzbach, Project Associate for Nuclear Policy, NKDC
Richard Gott, Kosmologe, Princeton University
Karl Drlica, Professor für Biologie und Mikrobiologie, New York University
Wendy McGoodwyn, Executive Director, Council for Responsible Genetics
Andrew Kimbrell, ehem. politischer Direktor der Foundation on Economic Trends
Jerome Glenn, Millennium Project
Jane Rissler, Senior Staff Scientist, Union of Concerned Scientists
Charles Pillar, Autor von *Gene Wars*
Eric Chivian, Ärzte gegen den Atomkrieg
Jack Geiger, Mitbegründer der Vereinigung Physicians for Social Responsibility
Gordon Thompson, Direktor des Institute for Resource and Security Studies

Außerdem möchte ich all denen danken, die mich ermutigt und große Teile dieses Buches gelesen haben, darunter Karl Drlica, Joel Gersten, Mike und Iris Anshel, Tadmiri Venkatesh und andere. Insbesondere danke ich Stuart Krichevsky, meinem Agenten, der schon einige meiner Bücher von der Konzeption bis in die Buchhandlung betreut hat, und natürlich Roger Scholl, meinem Lektor bei Anchor Books, der mit seinem kritischen Blick die Darstellung im Manuskript gehörig verbesserte und auch dazu beitrug, den Inhalt klarer und durchdachter zu formulieren.

I

Visionen

1 Die Choreographie von Materie, Leben und Intelligenz

»Es gibt in der Wissenschaft des 20. Jahrhunderts drei große Themen: das Atom, den Computer und das Gen.«
Harold Varmus, Direktor der US National Institutes of Health

»Voraussagen sind sehr schwierig, vor allem wenn sie von der Zukunft handeln.«
Yogi Berra

Vor dreihundert Jahren schrieb Isaac Newton: »...mir selbst kommt es vor, als sei ich nur ein Junge gewesen, der am Strand gespielt hat, und hin und wieder war ich abgelenkt, weil ich einen glatteren Kiesel oder eine ungewöhnlich hübsche Muschelschale gefunden hatte, während der gewaltige Ozean der Wahrheit völlig unerforscht vor mir lag.« Als Newton über den vor ihm liegenden, unerforschten »Ozean der Wahrheit« blickte, waren die Naturgesetze noch hinter einem undurchdringlichen Schleier aus Rätseln, Ehrfurcht und Aberglauben verborgen. Naturwissenschaft, wie wir sie heute kennen, gab es noch nicht.

Das Leben zu Newtons Zeit war kurz, grausam und brutal. Die meisten Menschen waren Analphabeten, die nie ein Buch besessen und nie ein Schulzimmer von innen gesehen hatten, und die wenigsten entfernten sich weiter als ein paar Kilometer von ihrem Geburtsort. Tagsüber plagten sie sich mit mühsamer Arbeit auf den Feldern, abends gab es meist keinerlei Unterhaltung, und die Nacht diente allein der Erholung des geschundenen Körpers. Die meisten Menschen kannten den nagenden Schmerz des Hungers, erduldeten chronische und zermürbende Krankheiten am eigenen Leib und wurden nicht viel älter als dreißig Jahre. Viele mußten miterleben, wie die Mehrzahl ihrer zahlreichen Kinder schon als Säuglinge starb.

Aber die wenigen wundersamen Muschelschalen und Kieselsteine, die Newton und andere Wissenschaftler am Strand aufsammelten, setzten eine erstaunliche Kette von Ereignissen in Gang. In der menschlichen Gesellschaft trat allmählich ein tiefgreifender Wandel ein. Newtons physikalische Gesetze der Mechanik wurden bald in nützliche Apparate umgesetzt, und schließlich erfand James Watt 1765 die Dampfmaschine, die zur treibenden Kraft bei der Umgestaltung der Welt wurde: Sie überwand die Agrargesellschaft, ließ Fabriken entstehen und regte den Handel an, setzte die industrielle Revolution in Gang und öffnete durch die Eisenbahn ganze Kontinente.

Das 19. Jahrhundert war eine Zeit umfassender naturwissenschaftlicher Entdeckungen. Die bemerkenswerten Fortschritte in Wissenschaft und Medizin trugen dazu bei, die Menschen aus Armut und Unwissenheit zu befreien, ihr Leben zu bereichern, ihr Wissen zu vermehren, ihnen die Augen für neue Welten zu öffnen und schließlich auch die politischen Kräfte freizusetzen, die in Europa die Feudalherren, Lehensgüter und Königreiche hinwegfegten.

Im späten 20. Jahrhundert hat die Wissenschaft das Ende eines Zeitalters erreicht: Die Geheimnisse des Atoms sind gelüftet, die Moleküle des Lebens sind erforscht, und der elektronische Rechner ist entstanden. Mit diesen drei grundlegenden Errungenschaften, die durch die Quantenrevolution, die DNS-Revolution und die Computerrevolution möglich wurden, sind die Grundgesetze von Materie, Leben und Rechnen im wesentlichen aufgeklärt. Diese großartige Epoche der Wissenschaft neigt sich jetzt ihrem Ende zu; aber während die eine Ära endet, steht eine andere noch ganz am Anfang. Von dieser neuen Ära der Wissenschaft und Technik, die sich jetzt vor unseren Augen entfaltet, handelt das vorliegende Buch. Sein Thema ist die Naturwissenschaft der nächsten hundert Jahre und darüber hinaus. Und diese neue wissenschaftliche Epoche verspricht noch tiefschürfender, noch grundlegender und umfassender zu werden als die vorherige.

Wir stehen ganz eindeutig an der Schwelle einer weiteren Revolution.[1] Das Wissen der Menschheit verdoppelt sich alle zehn Jahre. Im letzten Jahrzehnt hat man mehr Kenntnisse erworben als in der gesamten Menschheitsgeschichte zuvor. Die Leistungsfähigkeit der Computer verdoppelt sich alle achtzehn Monate, die Größe des Internet verdoppelt sich jedes Jahr. Die Zahl der DNS-Sequenzen, die wir analysieren können, ist alle zwei Jahre doppelt so groß. Fast täglich verkünden die Schlagzeilen neue Fortschritte in Computertechnik, Telekommunikation, Biotechnologie und Weltraumforschung. Im Kielwasser dieser technischen Umwälzungen werden ganze Industriezweige und Lebensweisen umgestürzt, nur um völlig neuen Platz zu machen. Aber diese raschen, verwirrenden Veränderungen sind nicht nur quantitativer Natur. Sie kennzeichnen die Geburtswehen eines völlig neuen Zeitalters.

Heute gleichen wir wieder Kindern, die am Strand entlanglaufen. Aber der Ozean, den Newton als Junge wahrnahm, ist im wesentlichen verschwunden. Vor uns liegt ein neues Meer, das Meer der unendlichen wissenschaftlichen Möglichkeiten und Anwendungen, die uns in zunehmendem Maße die Fähigkeit verleihen, die Kräfte der Natur nach unseren Wünschen einzusetzen und zu gestalten.

Während des größten Teils der Menschheitsgeschichte konnten wir den wunderschönen Tanz der Natur nur beobachten – wie unbeteiligte Zuschauer. Heute stehen wir am Beginn einer gewaltigen Umwälzung: Wir werden von passiven Beobachtern der Natur zu ihren aktiven Choreographen. Diese Überzeugung ist die zentrale Aussage von *Zukunftsvisionen*. Die Ära, die jetzt beginnt, macht das Leben so spannend wie nie zuvor, denn nun können wir die Früchte von 2000 Jahren wissenschaftlicher Arbeit ernten. Das Zeitalter des Entdeckens geht zu Ende, und die Epoche des Beherrschens beginnt.

Wachsende Übereinstimmung bei den Wissenschaftlern

Wie wird die Zukunft aussehen? Manche Science-fiction-Autoren haben zu den kommenden Jahrzehnten voreilige Voraussagen gemacht, vom Urlaub auf dem Mars bis zur Ausrottung aller Krankheiten. Auch in der Tagespresse treten nur allzu oft die Vorurteile verschrobener Gesellschaftskritiker an die Stelle der einhelligen Meinung in der naturwissenschaftlichen Welt. (Das New York Times Magazine widmete beispielsweise 1996 eine ganze Ausgabe dem Leben in den kommenden hundert Jahren. Darin kamen Journalisten, Soziologen, Schriftsteller, Modedesigner, Künstler und Philosophen zu Wort. Bezeichnenderweise fragte man aber keinen einzigen Naturwissenschaftler.)

Mir geht es darum, daß Voraussagen über die Zukunft, die von Naturwissenschaftlern stammen, sich in der Regel viel solider auf wissenschaftliche Kenntnisse stützen als solche von Gesellschaftskritikern oder auch von Wissenschaftlern in der Vergangenheit, die sich äußerten, bevor die Grundgesetze der Natur vollständig bekannt waren.

Nach meiner Überzeugung besteht ein wichtiger Unterschied zwischen meinem Buch *Zukunftsvisionen*, das sich mit der zunehmend einhelligen Meinung der Wissenschaftler befaßt, und den Voraussagen in der Tagespresse, die fast ausschließlich von Schriftstellern, Journalisten, Soziologen, Science-fiction-Autoren und anderen Nutzern der Technologie stammen, aber nicht von denen, die zu ihrer Gestaltung und Schaffung beigetragen haben. (Das Ganze erinnert an eine Voraussage, die Admiral William Leahy 1945 gegenüber dem US-Präsident Truman machte: »Das ist das Dümmste, was wir jemals getan haben ... Sie [die Atombombe] wird nie losgehen, und ich spreche hier als Fachmann für Sprengstoffe.«[2] Wie viele heutige »Zukunftsforscher« setzte auch der Admiral sein Vorurteil an die Stelle der einhelligen Meinung aller Physiker, die an der Bombe arbeiteten.)

Als wissenschaftlich arbeitender Physiker glaube ich, daß es Physikern bisher besonders gut gelungen ist, die Zukunft in groben Umrissen vorauszusagen. Ich befasse mich beruflich mit einem der grundsätzlichsten Bereiche der Physik: mit der Vervollständigung von Einsteins Traum einer »Theorie für alles«. Deshalb werde ich ständig daran erinnert, wie die Quantenphysik mit vielen entscheidenden Entdeckungen zusammenhängt, die das 20. Jahrhundert geprägt haben.

In früheren Zeiten haben die Physiker beachtliche Leistungen vollbracht: Sie hatten unmittelbar mit einer Vielzahl wichtiger Erfindungen zu tun (Fernsehen, Radio, Radar, Röntgenstrahlen, Transistor, Computer, Laser, Atombombe), aber auch mit der Enträtselung des DNS-Moleküls, der Untersuchung des menschlichen Körpers durch PET, MRI und CAT *, ja sogar mit der Gestaltung von Internet und World Wide Web. Physiker sind keineswegs Propheten, die die Zukunft voraussehen können (und sicher haben auch wir unseren Anteil an törichten Voraussagen!). Aber mit Sicherheit haben in der Wissenschaftsgeschichte manche Beobachtungen und Einsichten führender Physiker den Blick auf ganz neue Gebiete geöffnet. Ohne Zweifel wird es in dieser Vision der Zukunft einige erstaunliche Überraschungen geben, Wendungen des Schicksals und peinliche Lücken: Fast zwangsläufig werde ich wichtige Erfindungen und Entdeckungen des 21. Jahrhunderts übersehen. Aber da ich mich auf die Wechselbeziehungen zwischen den drei großen wissenschaftlichen Revolutionen konzentriere und Wissenschaftler befrage, die aktiv an diesen Entwicklungen beteiligt sind und ihre Entdeckungen überprüfen, habe ich dennoch die Hoffnung, daß wir die zukünftige Entwicklung der Naturwissenschaft mit beträchtlicher Sachkenntnis und Genauigkeit erkennen können.

An diesem Buch arbeite ich seit zehn Jahren. Ich hatte das seltene Vorrecht, 150 Wissenschaftler befragen zu können, darunter eine ganze Reihe von Nobelpreisträgern. Die Interviews führte ich zum Teil im Rahmen einer wöchentlichen Wissenschaftssendung im Radio, die überall in den USA empfangen werden kann, und zur Vorbereitung anderer Wissenschaftsbeiträge.

Alle diese Wissenschaftler arbeiten zielstrebig daran, die Grundlagen für das 21. Jahrhundert zu schaffen, und viele von ihnen leisten Sisyphusarbeit, um neue Wege und Perspektiven für wissenschaftliche Entdeckungen zu finden. Großzügig öffneten sie mir ihre Arbeitszimmer und Labors, und sie teilten mir vertraulichsten wissenschaftlichen Gedanken mit. Mit diesem Buch habe ich versucht, mich für das Vertrauen erkenntlich zu zeigen, indem ich die aufregende Dynamik ihrer Entdeckungen eingefangen habe, denn es ist von größter Bedeutung, daß die Öffentlichkeit und insbesondere die Jugend die von wissenschaftlicher Arbeit ausgehende Begeisterung

---

* Positronemissionstomographie, Magnetresonanzbildgebung und Computertomographie (Anm. d. Übers.)

und Erregung nachempfinden kann. Nur so wird Demokratie in einer immer mehr von Technik und Unübersichtlichkeit geprägten Welt eine starke, dauerhafte Kraft bleiben.

Es stimmt tatsächlich: Unter denen, die in der Forschung tätig sind, herrscht in groben Zügen Einigkeit über die zukünftige Entwicklung. Da die Gesetzmäßigkeiten von Quantentheorie, Computer und Molekularbiologie heute bekannt sind, können Wissenschaftler den künftigen Verlauf des Fortschritts recht zuverlässig voraussagen. Folgendes schält sich dabei heraus:

Die drei Säulen der Wissenschaft

Materie. Leben. Geist. Diese drei Elemente sind die Grundpfeiler der modernen Naturwissenschaft. Die Historiker späterer Zeiten werden wahrscheinlich festhalten, daß es die krönende Errungenschaft in der Naturwissenschaft des 20. Jahrhunderts war, die Grundbestandteile dieser drei Pfeiler aufzuklären, bis hin zu den drei Höhepunkten: der Spaltung des Atomkerns, der Entschlüsselung des Zellkerns und der Entwicklung des elektronischen Rechners. Nachdem unsere Grundkenntnisse über Materie und Leben damit im wesentlichen vollständig sind, erleben wir jetzt mit, wie eines der großen Kapitel der Wissenschaftsgeschichte zu Ende geht. (Das bedeutet nicht, daß auf allen drei Gebieten sämtliche Gesetzmäßigkeiten bekannt wären; aber ihre Grundprinzipien sind aufgeklärt. So kennen wir zum Beispiel sehr gut die Gesetze, nach denen elektronische Computer funktionieren, aber im Bereich von Gehirnforschung und Künstlicher Intelligenz weiß man bei weitem nicht alles.)

Die erste dieser drei Umwälzungen des 20. Jahrhunderts war die *Quantenrevolution*, und sie war auch die grundlegendste von allen. Die Quantenrevolution trug später dazu bei, daß die beiden anderen großen Neuentwicklungen in Gang kommen konnten: die *biomolekulare Revolution* und die *Computerrevolution*.

Die Quantenrevolution

Schon seit uralter Zeit fragen sich die Menschen, woraus die Welt besteht. Die Griechen glaubten, das Universum sei aus den vier Elementen Wasser, Luft, Erde und Feuer aufgebaut. Nach Ansicht des Philosophen Demokrit konnte man diese Stoffe in noch kleinere Einheiten zerlegen, die er »Atome« nannte. Aber alle Erklärungsversuche, wie aus Atomen die gewaltige, staunenswerte Vielfalt der natürlichen Materie entstehen konnte, waren zum Scheitern verurteilt. Selbst Newton, der die kosmischen Gesetze der Planeten- und Mondbewegung entdeckte, hatte noch keinen Einblick in die verwirrenden Eigenschaften der Materie.

Das änderte sich erst 1925 mit der Geburt der Quantentheorie und der von ihr ausgelösten Flut wissenschaftlicher Entdeckungen, die bis heute nicht abgeebbt ist. Dank der Quantenrevolution verfügen wir heute über eine fast vollständige Beschreibung der Materie, durch die wir die scheinbar unendliche Vielfalt der Stoffe um uns auf eine Handvoll Teilchen zurückführen können wie bei einem reich verzierten Teppich, der aus wenigen Arten farbiger Fäden gewebt ist.

Die Quantentheorie, die Erwin Schrödinger, Werner Heisenberg und andere entwickelten, führte das Wesen der Materie auf wenige Grundvoraussetzungen zurück. Erstens: Energie ist nichts Kontinuierliches, wie man früher geglaubt hatte, sondern sie besteht aus abgegrenzten Portionen, die man *Quanten* nannte. Das Photon ist zum Beispiel ein solches Quant (oder »Päckchen«) von Lichtenergie. Zweitens: Die Atombausteine haben sowohl Teilchen- als auch Welleneigenschaften und gehorchen der berühmten Schrödinger-Gleichung.[3] Mit dieser Gleichung kann man die Eigenschaften höchst unterschiedlicher Substanzen mathematisch vorausberechnen, bevor man sie im Labor herstellt. Der Höhepunkt der Quantentheorie schließlich ist das *Standardmodell*, mit dem man die Eigenschaften aller Dinge vorhersagen kann, von den winzigen subatomaren Quarks bis hin zu riesigen Supernovae im Weltraum.

In diesem Jahrhundert hat uns die Quantentheorie die Möglichkeit verschafft, die Materie um uns herum zu verstehen. Im kommenden Jahrhundert könnte sie uns die Tür zum nächsten Schritt eröffnen: zu der Fähigkeit, neue Formen von Materie fast nach Belieben zu steuern.

Die Computerrevolution

Die ersten Rechenmaschinen waren eine mathematische Kuriosität – schwerfällige, klobige Konstruktionen aus einer Vielzahl von Getrieben, Hebeln und Zahnrädern. Während des Zweiten Weltkrieges traten Elektronenröhren an die Stelle der mechanischen Rechnerbauteile, aber die Geräte waren ebenfalls riesengroß und nahmen mit ihren Tausenden von Vakuumröhren ganze Räume ein.

Der Wendepunkt kam 1948, als Wissenschaftler der Bell Laboratories den *Transistor* erfanden. Er machte den modernen Computer erst möglich. Zehn Jahre später entdeckte man den Laser, der für Internet und Datenautobahn unentbehrlich ist. Beides sind quantenmechanische Geräte. Nach der Quantentheorie ist elektrischer Strom die Bewegung von Elektronen, so wie ein Fluß aus vielen Wassertropfen besteht. Eine der Überraschungen der Quantentheorie war aber die Erkenntnis, daß es in diesem Strom »Blasen« gibt, leere Elektronenzustände, die sich wie Elektronen mit positiver Ladung verhalten. Durch die Bewegung dieser Ströme aus Blasen und Elektronen kann ein Transistor winzige elektrische Signale verstärken, das ist eine der Grundlagen der modernen Elektronik.

Heute kann man Abermillionen von Transistoren auf der Fläche eines Fingernagels zusammendrängen. In Zukunft wird sich unsere Lebensweise unwiderruflich ändern, denn dann werden Mikrochips sich so allgemein verbreiten, daß intelligente Systeme zu Millionen in allen unseren Lebensbereichen anzutreffen sind.

Über das wunderbare Phänomen, das man Intelligenz nennt, konnte man früher nur staunen; in Zukunft werden wir in der Lage sein, es nach unseren Wünschen zu manipulieren.

Die biomolekulare Revolution

Zu früheren Zeiten waren viele Biologen von der Theorie des »Vitalismus« beeinflußt, der zufolge eine geheimnisvolle »Lebenskraft« oder Substanz die Lebewesen beseelte. Diese Ansicht stellte Schrödinger 1944 in seinem Buch *Was ist Leben?* in Frage. Darin wagte er zu behaupten, man könne das Leben auf der Grundlage eines »genetischen Codes« erklären, der in den Molekülen einer Zelle niedergeschrieben sei. Es war eine kühne These: War das Geheimnis des Lebens etwa mit Hilfe der Quantentheorie zu lüften?

Von Schrödingers Buch angeregt, bewiesen James Watson und Francis Crick seine Vermutung schließlich mit Hilfe von Befunden aus der Röntgenstrukturanalyse. Sie analysierten die Muster, nach denen Röntgenstrahlen von DNS-Molekülen gebeugt werden, und konnten auf diese Weise die Anordnung der Atome in der Erbsubstanz in Form der *Doppelhelix* nachweisen. Da die Quantentheorie auch genaue Aussagen über die Stärke und Winkel der Bindungen zwischen den Atomen ermöglicht, können wir mit ihrer Hilfe sogar bei einem komplizierten Virus wie HIV die Lage praktisch jedes einzelnen Atoms ermitteln.

Die Methoden der Molekularbiologie werden uns die Möglichkeit geben, im genetischen Code des Lebens wie in einem Buch zu lesen. Schon heute ist die Information in der DNS mehrerer Organismen – zum Beispiel von Viren, einzelligen Bakterien und Hefezellen – vollständig entschlüsselt.

Die Entschlüsselung des gesamten menschlichen Genoms wird ungefähr im Jahr 2005 abgeschlossen sein, so daß wir über die »Bauanleitung« für einen Menschen verfügen. Damit hebt sich der Vorhang für die Biowissenschaften und die Medizin des 21. Jahrhunderts. Statt den Tanz des Lebendigen nur zu beobachten, werden wir durch die biomolekulare Revolution über die fast gottgleiche Fähigkeit verfügen, das Leben nahezu nach Belieben zu manipulieren.

Vom passiven Zuschauer
zum aktiven Lenker der Natur

Angesichts der historischen wissenschaftlichen Fortschritte des vergangenen Jahrhunderts haben manche Autoren behauptet, wir erlebten jetzt den Niedergang der Wissenschaft als ganzer. John Horgan schreibt in seinem Buch *An den Grenzen des Wissens*: »Wenn man an die Wissenschaft glaubt, dann muß man sich mit der Möglichkeit – ja sogar der Wahrscheinlichkeit – abfinden, daß das große Zeitalter der wissenschaftlichen Entdeckungen vorüber ist. ... Weitere Forschungen werden möglicherweise zu keinen bedeutenden Entdeckungen oder Umwälzungen mehr führen, sondern nur noch ›sinkende Grenzerträge‹ abwerfen.«[4]

In einem eng begrenzten Sinn hat Horgan recht. Die moderne Wissenschaft hat zweifellos die grundlegenden Gesetze der meisten Forschungsgebiete aufgeklärt: die Quantentheorie der Materie, Einsteins Raumzeit, die Urknalltheorie der Kosmologie, Darwins Evolutionstheorie und die molekularen Grundlagen der DNS und des Lebens. Trotz einiger wichtiger Ausnahmen – es fehlen zum Beispiel Erkenntnisse über die Natur des Bewußtseins und der Beweis, daß die Superstringtheorie, mein eigenes Spezialgebiet, die sagenumwobene einheitliche Feldtheorie ist – hat man die meisten »großen Ideen« der Naturwissenschaft heute durchdrungen und bestätigt. Auch das Zeitalter des Reduktionismus, der alles in seine kleinsten Bestandteile zerlegt, geht zu Ende. Der Reduktionismus hatte vor allem im 20. Jahrhundert großen Erfolg, denn mit seiner Hilfe löste man die Geheimnisse des Atoms, des DNS-Moleküls und der logischen Schleifen im Computer. Aber mittlerweile hat der Reduktionismus wahrscheinlich seine Blütezeit hinter sich.

Solche wissenschaftlichen Meilensteine kennzeichnen sicher einen bedeutenden Bruch mit der Vergangenheit, als man die Natur noch durch die Brille von Animismus, Mystizismus und Spiritualismus betrachtete. Gleichzeitig eröffnen sie aber den Zugang zu einer ganz neuen Epoche der Wissenschaft. Im kommenden Jahrhundert werden wir eine noch viel weiterreichende wissenschaftliche Revolution erleben, denn wir werden den Übergang vollziehen und die Natur ihrer Geheimnisse nicht nur entblößen, sondern ihre Herrscher werden.

Der Physik-Nobelpreisträger Sheldon Glashow beschreibt diesen Unterschied mit einem Vergleich. Er erzählt die Geschichte von einem Besucher namens Arthur, der von einem anderen Planeten kommt und zum erstenmal mit Erdbewohnern zusammentrifft:

»Arthur ist ein intelligenter Außerirdischer von einem weit entfernten Planeten; er kommt auf den Washington Square [in New York] und sieht, wie zwei komische alte Männer Schach spielen. Der neugierige Arthur nimmt sich zweierlei vor: Er will die Spielregeln lernen und Großmeister werden. Sorgfältig beobachtet er die Züge, und nach einiger Zeit kann er die Spielregeln nachvollziehen: Er weiß jetzt, wie die Bauern ziehen, wie die Dame den Läufer schlägt und wie verletzlich der König ist. Aber daß Arthur die Regeln kennt, heißt noch nicht, daß er Großmeister ist!« Glashow fügt hinzu: »Beide Vorhaben sind wichtig – das eine ist eher ›bedeutsam‹, das andere eher ›grundlegend‹. Beide stellen gewaltige Herausforderungen für den menschlichen Geist dar.«[5]

In einem gewissen Sinn hat die Wissenschaft viele grundlegende »Regeln der Natur« endgültig entschlüsselt, aber das heißt noch nicht, daß wir Großmeister wären. Auch der Tanz der Elementarteilchen tief im Inneren der Sterne und der Rhythmus der DNS-Moleküle, die sich in unserem Körper aufspulen und auseinanderwinden, wurden im wesentlichen enträtselt, aber das heißt nicht, daß wir meisterhafte Lenker des Lebens wären.

Das Ende des 20. Jahrhunderts, mit dem auch die erste große Phase der Wissenschaftsgeschichte zum Abschluß gelangt, hat eigentlich nur die Tür zu den spannenden Entwicklungen der nächsten Epoche geöffnet. Wir befinden uns jetzt im Übergang vom Schachamateur zum Großmeister, vom Beobachter zum Lenker der Natur.

Vom Reduktionismus zur Synergie

Aus alledem erwächst auch eine neue Herangehensweise der Wissenschaftler, ihr Fachgebiet zu betrachten. Lange Zeit bewährte sich die reduktionistische Vorgehensweise bestens, schließlich ebnete sie den Weg für die moderne Physik, Chemie und Biologie. Der Kern dieser Erfolge war die Entdeckung der Quantentheorie, denn sie trug dazu bei, die beiden anderen Entwicklungen in Gang zu setzen.

Die Quantenrevolution gab den Startschuß für die Computerrevolution und die Umwälzungen in der Molekularbiologie. Transistor, Laser, Röntgenkristallographie und die Theorie chemischer Verbindungen waren hierbei von entscheidender Bedeutung.

Aber seit den fünfziger Jahren, als diese Umwälzungen auf der Grundlage der Quantentheorie begannen, sind sie gereift und eigenständig herangewachsen, und zwar im wesentlichen unabhängig voneinander und von der Physik. Die Losung hieß jetzt Spezialisierung: Die Wissenschaftler vergruben sich immer tiefer in ihre Teildisziplinen und nahmen die Entwicklungen auf anderen Gebieten geflissentlich nicht zur Kenntnis, mit der Folge, daß heute der Reduktionismus seine Blüte wahrscheinlich hinter sich hat. Wir treffen mittlerweile auf unüberwindliche Hindernisse, die sich mit dem einfachen reduktionistischen Ansatz nicht lösen lassen. Damit kündigt sich eine neue Ära an: die Ära der Synergie zwischen den drei grundlegen-

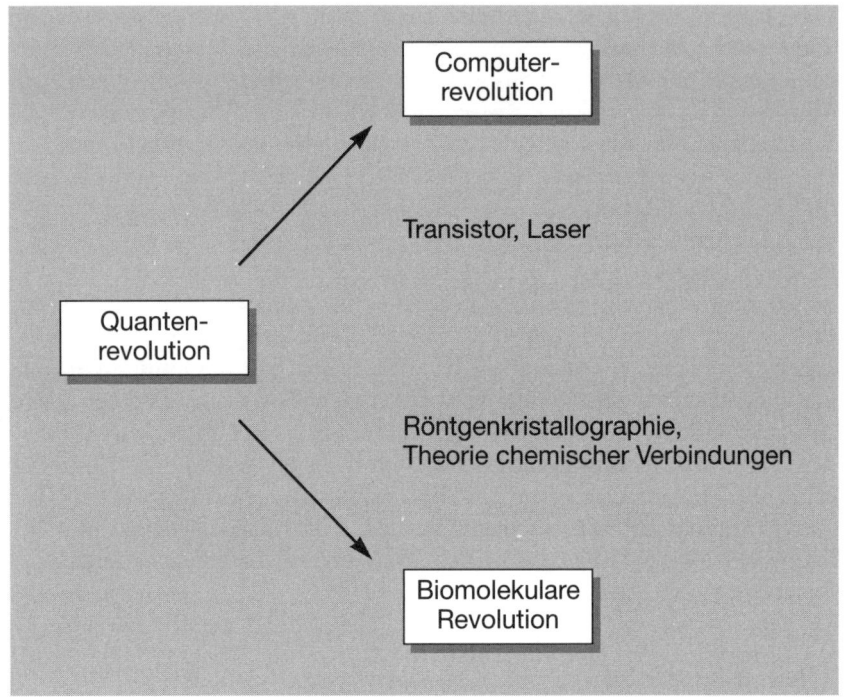

Die Quantenrevolution gab den Startschuß für die Computerrevolution und die Umwälzungen in der Molekularbiologie. Transistor, Laser, Röntgenkristallographie und die Theorie chemischer Verbindungen waren hierbei von entscheidender Bedeutung.

den wissenschaftlichen Feldern. Sie ist das zweite Hauptthema des vorliegenden Buches.

Das 21. Jahrhundert wird anders als die vorangegangenen von Synergie gekennzeichnet sein, von der gegenseitigen Befruchtung aller drei Gebiete, und das wird für die Geschichte der Wissenschaft einen deutlichen Wendepunkt darstellen. Die Wechselbeziehungen zwischen den drei Gebieten werden sich verstärken und die Entwicklung der Wissenschaft bereichern; mit ihrer Hilfe werden wir über eine nie dagewesene Macht verfügen, in Materie, Leben und Intelligenz verändernd einzugreifen.

In Zukunft wird man kaum noch aktiver Wissenschaftler sein können, ohne auf allen drei Gebieten einigermaßen Bescheid zu wissen. Schon heute haben Forscher, die nicht über alle drei Gebiete gewisse Kenntnisse besitzen, einen deutlichen Wettbewerbsnachteil.

Die neuen Beziehungen zwischen den drei Disziplinen sind höchst dynamisch. Wenn ein Gebiet in eine Sackgasse zu geraten scheint, bietet sich häufig durch eine völlig unerwartete Entwicklung auf einem anderen Gebiet ein Ausweg an. Früher zum Beispiel verzweifelten die Biologen bei dem Gedanken, die Baupläne des Lebens mit ihren Millionen Genen zu entschlüsseln. Heute dagegen wird die Sturzflut von Genen, die man in den Labors entdeckt, vor allem von der Entwicklung auf einem ganz anderen Gebiet vorangetrieben: von der exponentiellen Zunahme der Computerleistung, mit der man das Sequenzieren von Genen mechanisch und automatisch ablaufen lassen kann. Irgendwann werden die Siliziumchips ihrerseits zu einem Hemmschuh werden, weil sie für die Computer der nächsten Generation zu leistungsschwach sind. Aber neue Entwicklungen in der DNS-Technik weisen auf eine ganz neue Computerarchitektur hin, bei der organische Moleküle die Rechenoperationen ausführen. Auf diese Weise fördern und befruchten Entdeckungen auf einem Gebiet den Fortschritt auf einem ganz anderen.

Die Synergie der drei Gebiete hat unter anderem zur Folge, daß das Tempo der wissenschaftlichen Entdeckungen sich weiter beschleunigen wird.

Der Reichtum der Nationen

Diese Beschleunigung von Wissenschaft und Technik wird im kommenden Jahrhundert zwangsläufig gewaltige Auswirkungen auf den Wohlstand der Staaten und unseren Lebensstandard haben. In den letzten drei Jahrhunderten häufte sich Reichtum meist in denjenigen Ländern an, die entweder über natürliche Ressourcen (besonders Erdöl) oder gewaltige Kapitalmengen verfügten. Nach diesem Schema verliefen sowohl die Blüte der europäischen Großmächte im 19. Jahrhundert als auch der Aufstieg der USA im 20. Jahrhundert.

Wie Lester C. Thurow, der frühere Dekan der Solan School of Management am MIT, deutlich gemacht hat, wird jedoch im kommenden Jahrhundert eine denkwürdige Verschiebung des Reichtums weg von Staaten mit natürlichen Ressourcen und Kapital stattfinden. Ganz ähnlich, wie Verschiebungen der tektonischen Platten auf der Erde zu heftigen Erdbeben führen können, wird diese Verschiebung die Machtverteilung auf der Erde verändern. Thurow schreibt: »Im 21. Jahrhundert werden Geisteskraft, Phantasie, Erfindungsreichtum und Organisation der neuen Technologien die strategisch wichtigste Rolle spielen.«[6] Tatsächlich werden viele Staaten, die reichlich mit natürlichen Ressourcen ausgestattet sind, sich auf einen erheblich verminderten Wohlstand einstellen müssen, denn auf den Märkten der Zukunft sind Waren billig, der Handel ist global, und die Märkte sind elektronisch vernetzt. Schon von den siebziger bis zu den neunziger Jahren ist der Welthandelspreis für viele Rohstoffe um 60 Prozent gesunken, und bis 2020 wird er nach Thurows Schätzung nochmals um 60 Prozent zurückgehen.[7] Selbst das Kapital wird zu einer Ware werden, die elektronisch um den Globus verschoben wird. Viele Länder ohne natürliche Ressourcen werden im kommenden Jahrhundert aufblühen, weil sie das Schwergewicht auf Technologien und Produktionsprozesse legen, die ihnen auf den globalen Märkten einen Wettbewerbsvorteil verschaffen. »Heute sind das Wissen und die Fertigkeiten die einzigen Quellen jeglichen Wettbewerbsvorteils«[8], behauptet Thurow.

Manche Länder haben deshalb Listen jener Schlüsseltechnologien aufgestellt, die im kommenden Jahrhundert die Triebkraft von Reichtum und Wohlstand sein werden. Eine typische Liste dieser Art stammt vom japanischen Ministerium für Außenhandel und Industrie. Sie führt auf:

a) Mikroelektronik
b) Biotechnologie
c) Materialwissenschaften
d) Telekommunikation
e) Ziviler Flugzeugbau
f) Maschinenbau und Roboter
g) Computer (Hard- und Software).[9]

Alle diese Technologien, die im 21. Jahrhundert die Führungsrolle spielen sollen, gehen ausnahmslos auf Quanten-, Computer- und DNS-Revolution zurück.

Entscheidend ist, daß diese drei wissenschaftlichen Umwälzungen nicht nur der Schlüssel zur wissenschaftlichen Weiterentwicklung im nächsten Jahrhundert sind – sie sind auch die dynamischen Triebkräfte von Wohlstand und Reichtum. Ob Staaten aufsteigen oder niedergehen, wird davon abhängen, ob sie diese drei Revolutionen in den Griff bekommen.

Bei allem, was Menschen tun, gibt es Gewinner und Verlierer. Gewinner werden diejenigen Staaten sein, die den Stellenwert der drei wissenschaftlichen Umwälzungen in vollem Umfang begreifen. Wer ihre Bedeutung geringschätzt, wird sich auf den globalen Märkten des 21. Jahrhunderts ganz am Rand wiederfinden.

Ein Zeitrahmen für die Zukunft

Bei allen Voraussagen über die Zukunft ist es unbedingt notwendig, daß man den in Frage kommenden Zeitrahmen kennt, denn unterschiedliche Technologien werden sich natürlich zu unterschiedlichen Zeiten entwickeln. Meine Voraussagen in *Zukunftsvisionen* lassen sich, was den Zeitrahmen angeht, in drei Kategorien einteilen: Entwicklungen und technische Neuerungen bis zum Jahr 2020, von 2020 bis 2050 und von

2050 bis zum Ende des 21. Jahrhunderts. (Die Zeitangaben können natürlich nicht aufs Jahr genau sein; sie stecken nur den ungefähren Rahmen ab, in dem Wissenschaft und Technik ihre Früchte tragen werden.)

Bis 2020

Von heute bis zum Jahr 2020 sehen die Wissenschaftler eine explosionsartige Zunahme wissenschaftlicher Aktivitäten voraus, wie sie die Welt bisher noch nicht erlebt hat. In den beiden Schlüsseltechnologien – Computer und DNS-Sequenzierung – werden ganze Industriezweige auf der Grundlage wissenschaftlicher Fortschritte aufsteigen und wieder verschwinden. Die Rechenleistung der Computer hat von den fünfziger Jahren bis heute um einen Faktor von etwa *zehn Milliarden* zugenommen. Und da die Leistungen der Rechner wie auch die Ergebnisse der DNS-Sequenzierung sich rund alle zwei Jahre verdoppeln, kann man den ungefähren Zeitpunkt vieler wissenschaftlicher Neuerungen vorausberechnen. Das heißt: Über die Zukunft von Computer- und Biotechnologie lassen sich bis 2020 mit hinreichender statistischer Genauigkeit quantitative Voraussagen machen.

Quantitativ erfaßt wird dieses Wachstum im Computerbereich durch das Moore-Gesetz: Es besagt, daß sich die Computerleistung ungefähr alle 18 Monate verdoppelt. (Der erste, der diese Behauptung aufstellte, war 1965 Gordon Moore, Mitbegründer der Firma Intel. Es ist kein Naturgesetz wie die Newtonschen Bewegungsgesetze, sondern eine Faustregel, mit der man die Entwicklung der Computertechnik schon seit mehreren Jahrzehnten geradezu beängstigend genau voraussagen kann.) Das Moore-Gesetz seinerseits bestimmt über das Schicksal milliardenschwerer Computerfirmen, die sich mit ihrer Zukunftsplanung und Produktentwicklung auf die Erwartung eines anhaltenden Wachstums stützen. Bis 2020 werden Mikroprozessoren wahrscheinlich so billig und verbreitet sein wie Notizpapier; daher werden sie bis in die letzten Winkel unseres Lebens vordringen und als intelligente Systeme allgegenwärtig sein. Das wird in unserem Umfeld alles verändern, so auch das Geschäftsleben und die Art, wie wir kommunizieren, arbeiten, spielen und leben. Wir werden über intelligente Häuser, Autos, Fernsehgeräte, Kleidung, Schmuckstücke und Geldbörsen verfügen und zu unseren Haushaltsgeräten sprechen – und sie werden antworten. Das Internet, so die Erwartung der Fachleute, wird die ganze Erde umspannen und sich zu einer Hülle aus Millionen von Computernetzen entwickeln, so daß ein »intelligenter Planet« geschaffen wird. Irgendwann wird das Internet zu dem »Zauberspiegel« aus dem Märchen werden und uns das gesamte Wissen der Menschheit zugänglich machen.

Da die Möglichkeit, immer kleinere Transistoren in die Siliziumwafers zu ätzen, sich weiter verbessern wird, rechnen die Wissenschaftler bis 2020 mit einem erbarmungslosen Druck zur Entwicklung immer leistungsfähigerer

Computer, aber danach werden die unverrückbaren Gesetze der Quantenphysik sich wieder bemerkbar machen. Die Komponenten der Computerchips werden bis dahin so klein sein – in der Größenordnung einzelner Moleküle –, daß störende Quanteneffekte vorherrschen, und damit wird das legendäre Siliziumzeitalter zu Ende gehen.

Ähnlich aufsehenerregend wird sich in dieser Zeit die Wachstumskurve der Biotechnologie entwickeln. In der molekularbiologischen Forschung wird die bemerkenswerte Möglichkeit, die Geheimnisse des Lebens zu entschlüsseln, durch die Entwicklung von Computern und Robotern vorangetrieben, die den Riesenaufwand der DNS-Sequenzierung automatisieren. Diese Entwicklung wird ungefähr bis 2020 ungebremst weitergehen, und bis dahin wird man die Erbinformation von Tausenden verschiedener Lebewesen kennen. Jeder einzelne Mensch auf der Erde wird dann seinen persönlichen DNS-Code auf einer CD abspeichern können.

Daraus ergeben sich tiefgreifende Auswirkungen auf Biologie und Medizin. Viele genetisch bedingte Krankheiten werden verschwinden, weil man den Menschen Zellen mit dem fehlerfreien Gen spritzen kann. Da Krebs, wie sich mittlerweile herausstellt, eine Folge genetischer Mutationen ist, werden viele Krebserkrankungen endlich heilbar werden, und das ohne große operative Eingriffe oder Chemotherapie. Auch viele Infektionskrankheiten wird man besiegen, weil man die molekularen Schwachpunkte ihrer Erreger ausfindig macht und Methoden zur Ausnutzung dieser Schwachpunkte entwickelt. Die Kenntnisse über die molekularen Vorgänge bei der Zellentwicklung werden so weit fortschreiten, daß wir ganze Organe – beispielsweise Lebern und Nieren – im Labor heranzüchten können.

Von 2020 bis 2050

Die Voraussagen über das explosionsartige Wachstum von Computerleistung und DNS-Sequenzierung von heute bis zum Jahr 2020 täuschen ein wenig, denn beide gründen sich auf bereits bekannte Technologien. Der Fortschritt der Rechenleistung stützt sich auf immer dichter gepackte Transistoren auf Mikroprozessoren, und die molekularbiologische Entwicklung wird ihrerseits von der Anwendung des Computers in der DNS-Sequenzierung vorangetrieben. Beide Technologien können natürlich nicht unbegrenzt exponentiell wachsen.

Um das Jahr 2020 werden beide auf ernste Hindernisse stoßen. Wegen der Grenzen der Siliziumtechnik werden wir schließlich gezwungen sein, neue Technologien zu erfinden, deren Möglichkeiten heute noch kaum erforscht und ausprobiert werden, von optischen, molekularen und DNS-Computern bis hin zum Quantenrechner. Man wird auf der Grundlage der Quantentheorie völlig neue Prinzipien entwickeln müssen, was den Fortschritt der Computertechnik eine Zeitlang bremsen wird. Schließlich wird die Vorherrschaft des Mikroprozessors zu Ende gehen, und die Quantenphysik wird die Führung übernehmen.

Wenn diese Schwierigkeiten der Computertechnik sich überwinden lassen, wird in der Zeit von 2020 bis 2050 eine ganz neue Technologie die Märkte erobern: echte automatische Roboter mit menschenähnlichem Verstand, die Sprachen verstehen, Gegenstände in ihrer Umgebung erkennen und handhaben und aus ihren Fehlern lernen. Diese Entwicklung wird unser Verhältnis zu Maschinen wahrscheinlich ein für allemal verändern.

Auch die Biotechnologie wird um 2020 vor ganz neuen Problemen stehen. Man wird Millionen und Abermillionen Gene entschlüsseln, deren Funktion im wesentlichen unbekannt ist. Nach 2020 wird sich das Schwergewicht von der DNS-Sequenzierung auf Fragen nach der Funktion solcher Gene verlagern, ein Vorgang, der sich nicht allein computergestützt lösen läßt, und man wird polygene Erkrankungen und Eigenschaften erforschen, also solche, die durch komplexe Wechselwirkungen mehrerer Gene entstehen. Diese Erforschung polygener Leiden könnte den Schlüssel zur Enträtselung einiger besonders schwerer chronischer Krankheiten liefern, unter denen die Menschheit leidet, beispielsweise Herzleiden, Arthritis, Autoimmunkrankheiten, Schizophrenie und so weiter. Außerdem könnte sie zur Isolierung der sagenumwobenen »Alterungsgene« führen, die unser Altern kontrollieren, und damit könnten wir womöglich das Leben der Menschen verlängern.

Nach dem Jahr 2020 können wir auch damit rechnen, daß verblüffende neue Technologien, die heute in physikalischen Labors heranreifen, erste Früchte tragen, von neuen Generationen des Lasers und des dreidimensionalen Fernsehens bis zur Kernfusion. Raumtemperatur-Supraleiter könnten wirtschaftlich anwendbar werden und eine »Zweite Industrielle Revolution« in Gang setzen. Mit Hilfe der Quantentheorie werden wir molekülgroße Maschinen herstellen, die ganz neue, bisher nicht vorstellbare Eigenschaften besitzen. Und schließlich können wir dereinst vielleicht Ionenantriebe für Raketen bauen, so daß Reisen zwischen den Planeten zu etwas Alltäglichem werden.

Von 2050 bis 2100 und darüber hinaus

Zuletzt macht *Zukunftsvisionen* auch Voraussagen über die wissenschaftliche und technische Entwicklung vom Jahr 2050 bis zum Ende des 21. Jahrhunderts. Derart weitreichende Voraussagen müssen zwar notgedrungen vage bleiben, aber wahrscheinlich wird auch diese Phase von mehreren neuen Entwicklungen beherrscht werden. Roboter werden allmählich ein gewisses Maß an »Selbstwahrnehmung« und eigenem Bewußtsein erlangen. Das könnte ihren Nutzen für die Gesellschaft erheblich steigern, denn sie wären dann in der Lage, selbständig Entscheidungen zu treffen und als Sekretärinnen, Diener, Assistenten und Hilfskräfte zu arbeiten. Auch die DNS-Technik wird mit ihrer Entwicklung an einem Punkt angelangt sein, wo Biowissenschaftler ganz neue Lebewesen erschaffen können, indem sie nicht nur wenige, sondern Hunderte von Genen gleichzeitig übertragen, was Nahrungsmittelversorgung, Medizin und Gesundheit verbessern dürfte. Außerdem werden wir die Fähigkeit besitzen, neue Lebensformen zu entwerfen und die körperliche, ja vielleicht sogar die geistige Ausstattung unserer Kinder vorherzubestimmen, was eine Fülle ethischer Fragen aufwerfen dürfte.

Die Quantentheorie wird sich im kommenden Jahrhundert ebenfalls tiefgreifend auswirken, insbesondere auf dem Gebiet der Energieerzeugung. Auch wird es die ersten Raketen geben, mit denen man benachbarte Sternensysteme erreichen kann, und man wird Pläne für Kolonien im Weltraum machen.

Für die Zeit nach 2100 sehen manche Wissenschaftler ein Zusammenfließen aller drei Gebiete voraus, denn die Quantentheorie wird Transistoren und ganze Maschinen von der Größe einzelner Moleküle möglich machen, so daß wir die neuronalen Schaltkreise des Gehirns im Computer nachbauen können. Für diese Zeit denkt man ernsthaft an die Lebensverlängerung durch neue Organe und Körper, an die Veränderung unserer Genausstattung und letztlich sogar an die Verschmelzung mit den von uns hervorgebrachten Computern.

Auf dem Weg zur planetaren Zivilisation

Wenn man derart gewaltige wissenschaftlich-technische Umwälzungen betrachtet, erheben sich immer wieder Stimmen, die sagen, das alles gehe viel zu schnell, viel zu weit, und es werde unvorhergesehene gesellschaftliche Folgen geben, die von diesen wissenschaftlichen Entwicklungen in Gang gesetzt werden.

Ich werde versuchen, mich auch mit diesen berechtigten Fragen und Bedenken zu befassen: Dazu werde ich die gesellschaftlichen Folgen der gewaltigen Umwälzungen sorgfältig beleuchten, insbesondere wenn sie bestehende Schwachstellen der Gesellschaft zu verschlimmern drohen. Außerdem werde ich aber auch eine viel weiterreichende Frage erörtern: Wohin treiben wir? Wenn eine wissenschaftliche Epoche zu Ende geht und eine neue beginnt, wohin führt dann das alles?

Genau diese Frage stellen die Astrophysiker, wenn sie den Himmel nach Signalen außerirdischer Zivilisationen absuchen, die viel weiter entwickelt sind als unsere. Unsere Galaxis enthält etwa 200 Milliarden Sterne, im gesamten Weltall gibt es Billionen von Galaxien. Statt Millionen Dollar zu vergeuden und alle Sterne am Himmel nach dem Zufallsprinzip auf Anzeichen außerirdischen Lebens zu untersuchen, haben die beteiligten Astrophysiker versucht, ihre Bemühungen zielgerichteter zu gestalten. Dazu stellten sie Theorien über den Energiebedarf und die Signale von Zivilisationen auf, die unserer eigenen um ein paar Jahrtausende voraus sind.

Ausgehend von den Gesetzen der Thermodynamik und Energie, konnten die Astrophysiker, die den Himmel absuchen, die hypothetischen außerirdischen Zivilisationen nach der Art ihrer Energienutzung in drei Gruppen einteilen. Der russische Astronom Nikolai Kardaschew und der Physiker Freeman Dyson von der Princeton University bezeichneten sie als Zivilisationen des Typs I, II und III.[10]

Wenn man einen mäßigen jährlichen Anstieg des Energieverbrauchs zugrunde legt, kann man durch Extrapolation in künftige Jahrhunderte errechnen, wann bestimmte Energiereserven erschöpft sein werden, so daß die Gesellschaft gezwungen ist, zur nächsten Ebene überzugehen. Eine Zivilisation des Typs I beherrscht alle Formen der Energie auf ihrem Planeten. Eine solche Zivilisation kann das Wetter beeinflussen, die Meere ausbeuten und Energie aus dem Inneren des Planeten gewinnen. Sie hat einen so großen Energiebedarf, daß sie alle Reserven des Planeten nutzen muß. Um Ressourcen in diesem gewaltigen Umfang auszubeuten und zu verwalten, müssen die Individuen einer solchen Zivilisation ein hohes Maß an Kooperation und planetarer Kommunikation entwickelt haben. Das bedeutet zwangsläufig, daß es sich um eine echte planetare Zivilisation handelt, welche die meisten kleingeistigen, religiösen, sektiererischen und nationalistischen Konflikte ihrer Frühzeit hinter sich gelassen hat.

Zivilisationen des Typs II beherrschen die Sternenenergie. Ihr Energieverbrauch ist so groß, daß die Ressourcen des Planeten erschöpft sind, so daß sie die Sonne selbst zum Antrieb ihrer Maschinen nutzen müssen. Nach Dysons Spekulationen könnte eine solche Zivilisation zum Beispiel eine riesige Hohlkugel um ihre Sonne bauen und so den gesamten Energieausstoß des Gestirns nutzbar machen. Außerdem haben ihre Angehörigen mit der Erkundung und Besiedlung benachbarter Planetensysteme begonnen.

Zivilisationen des Typs III schließlich haben auch die Energieproduktion eines einzelnen Sterns erschöpft. Sie müssen benachbarte Sternsysteme und Sternhaufen anzapfen, so daß sich schließlich eine galaktische Zivilisation entwickelt. Ihre Energie verschaffen sie sich, indem sie Gruppen von Sternsystemen überall in der Galaxis ausbeuten. (Um ein Gespür für die Größenordnung zu vermitteln: Die Föderation der Planeten in der Fernsehserie *Star Trek* entwickelt sich wahrscheinlich gerade zu einer Zivilisation des Typs II, denn sie besitzt seit neuestem die Fähigkeit, Sterne zu zünden, und hat ein paar benachbarte Planetensysteme besiedelt.[11])

Dieses Einteilungssystem für Zivilisationen ist vernünftig, weil es sich auf die verfügbaren Energiereserven gründet. Jede fortgeschrittene Zivilisation wird im Weltall drei Energiequellen zur Verfügung haben: ihren Planeten, ihr Zentralgestirn und ihre Galaxis. Andere Möglichkeiten gibt es nicht. Bei einer bescheidenen Wachstumsrate von drei Prozent im Jahr – ein solches Wachstum ist für die Erde typisch –, kann man ausrechnen, wann unser Planet in der Galaxis zur nächsten Ebene übergeht. So liegt beispielsweise nach den Berechnungen der Astrophysiker ein Faktor von zehn Milliarden zwischen dem Energiebedarf von Zivilisationen der verschiedenen Typen. Diese gewaltige Zahl erscheint auf den ersten Blick vielleicht als unüberwindliches Hindernis, aber bei einem stetigen Wachstum von drei Prozent ist auch ein solcher Faktor zu überwinden. Wir können damit rechnen, daß wir bereits in einem bis zwei Jahrhunderten den Zustand I erreichen. Und vom Zustand II trennen uns möglicherweise nicht mehr als 800 Jahre. Um allerdings den Zustand III zu erreichen, dürften wir weitere 10 000 Jahre oder mehr brauchen (je nach den physikalischen Vorgängen bei interstellaren Reisen). Aber selbst das ist aus der Sicht des Universums nur ein Augenblick.

Nun kann man fragen: Wo stehen wir heute? Derzeit sind wir eine Zivilisation des Typs 0. Um unsere Maschinen anzutreiben, nutzen wir vor allem fossile Pflanzen (Kohle und Öl). Nach planetaren Maßstäben sind wir Kinder, die ihre ersten unbeholfenen Schritte in den Weltraum unternehmen. Aber am Ende des 21. Jahrhunderts wird schon allein die Kraft der drei genannten Wissenschaftsgebiete die Staaten zur Zusammenarbeit in einem Ausmaß zwingen, wie wir es in der Vergangenheit noch nie erlebt haben. Im 22. Jahrhundert werden wir die Grundlagen für eine Zivilisation des Typs I schaffen, und die Menschheit wird die ersten Schritte zu den Sternen tun.

Schon heute schafft die Informationsrevolution weltweite Verbindungen in einem Umfang, der in der Geschichte seinesgleichen sucht, und während auf diese Weise eine globale Kultur entsteht, bleiben kleinliche, engstirnige Interessen auf der Strecke. So wie Gutenbergs Druckerpresse den Menschen die Welt jenseits ihres Dorfes oder Gehöftes zu Bewußtsein brachte, setzt auch die Informationsrevolution aus Tausenden kleiner Kulturen eine große, weltweite Kultur zusammen.

Das bedeutet, daß unser stürmischer Aufbruch in die Wissenschaft und Technik uns eines Tages die Entwicklung zu einer echten Zivilisation des Typs I bescheren wird – einer planetaren Zivilisation, die sich wahrhaft planetarer Kräfte bedient. Es wird ein langer Weg sein, voller Unterbrechungen und Neuanfänge, und zweifellos auch voller unerwarteter Wendungen und Rückschläge. Immer lauern im Hintergrund die Gefahr eines Atomkrieges, der Ausbruch einer tödlichen Seuche und der Zusammenbruch der Umwelt. Solange aber keine derartige Katastrophe hereinbricht, kann man nach meiner Überzeugung mit Sicherheit sagen, daß der Fortschritt der Wissenschaft in sich die Möglichkeit zur Schaffung von Kräften birgt, die aus der Menschheit eine Zivilisation des Typs I machen werden.

Die drei wissenschaftlichen Revolutionen bedeuten also keineswegs das Ende der Naturwissenschaft, sondern sie setzen gewaltige Kräfte frei, die unsere Zivilisation eines Tages auf die Ebene des Typs I heben können. Als Newton zum erstenmal auf den riesigen, unerforschten Ozean des Wissens blickte, hatte er vermutlich keine Ahnung, daß die von ihm und anderen losgetretene Kettenreaktion des Wissens eines Tages die gesamte moderne Gesellschaft erfassen würde, so daß schließlich eine planetare Zivilisation entsteht, die sich ihren Weg zu den Sternen bahnt.

II

Die Computer-
revolution

2 Der unsichtbare Computer

»Langfristig werden PC und Workstation verschwinden, weil überall Zugang zu Rechenleistung besteht: in den Wänden, am Handgelenk und in ›Notizcomputern‹ (wie Notizzettel), die überall herumliegen, so daß man bei Bedarf auf sie zugreifen kann.«

Mark Weiser, Xerox PARC

Das PARC (Palo Alto Research Center) der Firma Xerox liegt versteckt zwischen den stillen, sanften Hügeln oberhalb des Silicon Valley, umgeben von weiten, goldgelben Feldern. In der Nähe grasen Pferde, und man würde nie auf die Idee kommen, daß Xerox sich hier mitten ›im Auge eines Hurrikans‹ niedergelassen hat, der das 21. Jahrhundert wahrscheinlich völlig umgestalten wird. Wer daran zweifelt, mit welcher geradezu unwahrscheinlichen Genauigkeit das PARC schon immer die Zukunft der Computertechnik vorausgesagt hat, braucht sich nur einmal seine beeindruckende Serie an revolutionären Innovationen anzusehen.

Vor dem Eingang weist kein Schild den Besucher angemessen auf die historische Bedeutung dieses Labors hin. Dabei kann Xerox mit Fug und Recht behaupten, daß hier der PC erfunden wurde, ganz zu schweigen vom Laserdrucker und der Bedieneroberfläche, die letztlich zur Grundlage für die Macintosh- und Windows-Betriebssysteme wurde.

Gerade unter der unbarmherzigen Konkurrenz des Silicon Valley hat sich das PARC in einer Branche, die sich mit halsbrecherischer Geschwindigkeit entwickelt hat, einen sehr respektablen Ruf erworben. Wenn wir heute miterleben, wie aus diesem Tal eine Flutwelle neuer Produkte und High-Tech-Gerätschaften nach der anderen kommt, dann nur deshalb, weil das Xerox-PARC oft die Grundlagen gelegt hat, die zu deren Erfindung führten.

Wenn jemand mit besonderem Gespür in die Zukunft geblickt hat, dann waren es Mark Weiser, der frühere Leiter des Labors für Computertechnik am PARC, und seine Ingenieure. Sie gehören zu einer Elite handverlesener Computerexperten, die im Silicon Valley und in Cambridge arbeiten und die seltene Fähigkeit besitzen, gewaltiges technisches Können mit kreativer, künstlerischer Begabung zu vereinen. Weiser ist klein, mit schütterem Haar, lebhaftem Temperament und einem schelmischen Lächeln. (Er hat auch eine boshafte Ader; unter anderem betätigt er sich als Schlagzeuger bei einer recht ruppigen Rockband, die den zutreffenden Namen *Severe Tire Damage* – »Schwerer Reifenschaden« – trägt und für ihre Possen im Internet bekannt ist.) Wenn er nicht in seiner Rockband drummt, strickt er eifrig an der Computerarchitektur des 21. Jahrhunderts. Seine Arbeitsgruppe hat sich zum Ziel gesetzt, das nächste Stadium der Computerentwicklung vorherzusehen.

Da Mikrochips immer leistungsfähiger und gleichzeitig billiger werden, glauben Weiser und andere Computerexperten, daß diese elektronischen Alleskönner zu Tausenden in unser Leben eindringen werden; man wird sie in Wände, Möbel, Elektrogeräte, Kleider, Häuser, Autos, ja sogar in unseren Schmuck einbauen. Eine einfache Krawatte wird eines Tages vielleicht mehr Rechenleistung enthalten als ein heutiger Supercomputer. Schon jetzt hat man Prototypen solcher Geräte gebaut, die uns schweigend von Zimmer zu Zimmer oder von Haus zu Haus folgen und unsere Anweisungen unmerklich und ohne Zögern ausführen.

Der Computer wird keineswegs mehr der anspruchsvolle Zuchtmeister sein, der er heute manchmal sein kann, sondern er wird in unserem Leben eine wirklich befreiende Kraft darstellen. Weiser meint dazu: »Maschinen, die in das Umfeld der Menschen passen, statt die Menschen in ihr Umfeld hineinzuzwingen, werden die Computernutzung so erholsam machen wie einen Spaziergang im Wald.« Diese unsichtbaren Helfer werden untereinander kommunizieren und sich zum Beispiel automatisch ins Internet einklinken; allmählich werden sie intelligent werden, unsere Wünsche vorausahnen und über das Internet das Wissen der ganzen Erde zu uns bringen.

Die Gedanken der Menschen in Einrichtungen wie dem PARC haben einen gewaltigen Stellenwert, denn eines Tages könnte das Schicksal einer milliardenschweren Branche von den verrückten Spielereien dieser »Hexingenieure« abhängen. Unter Amerikas Computerexperten bildet sich immer stärker eine einhellige Meinung heraus: Computer werden nicht die bösartigen Monstren werden, die in Science-Fiction-Filmen vorkommen, sondern sie werden so klein und dabei allgegenwärtig sein, daß sie nicht mehr wahrgenommen, aber auch nicht mehr wegzudenken sein werden. Diese Vorstellung nannte Weiser »allgegenwärtiges Rechnen«.[1]

Der verschwindende PC

Dieser Drang in die Unsichtbarkeit könnte durchaus ein allgemeines Gesetz des menschlichen Verhaltens sein. Weiser meint dazu: »Das Verschwinden ist eine zwangsläufige Folge nicht nur der Technik, sondern auch der menschlichen Psychologie. Sobald die Menschen etwas gut genug gelernt haben, nehmen sie es nicht mehr wahr.«[2]

Wem das an den Haaren herbeigezogen vorkommt, der braucht nur an die Entwicklung der Elektrizität und des Elektromotors zu denken. Im 19. Jahrhundert waren Strom und elektrische Geräte so kostbar, daß man ganze Fabriken baute, um darin Glühbirnen und klobige Motoren zu installieren.

Arbeiter, Maschinenteile, Tische und anderes ordnete man nach den Bedürfnissen der Elektrizität und der Motoren an.

Heute dagegen ist Elektrizität überall, verborgen in den Wänden und gespeichert in winzigen Batterien. Motoren sind klein und weit verbreitet: Sie verstecken sich in riesiger Zahl im Blechkleid der Autos, bewegen dort Fenster, Spiegel, Radioeinstellungen, Kassettenrekorder und Antenne. Aber beim Fahren übersehen wir quietschvergnügt, daß wir von bis zu 22 Elektromotoren und 25 Magnetschaltern umgeben sind.

Eine andere Parallele: Das nächste Stadium der Computertechnik kann man mit der Entwicklung des Schreibens vergleichen. Vor ein paar tausend Jahren war Schreiben eine Geheimkunst, eifersüchtig gehütet von der kleinen Kaste der Schreiber, die gelernt hatten, Tontäfelchen zu ritzen. Diese Täfelchen waren etwas sehr Seltenes – sie wurden mühsam gebrannt und von den Soldaten des Königs sorgfältig bewacht. Auch als das Papier erfunden wurde, war es anfangs eine sehr kostbare Ware, denn man brauchte mehrere hundert Stunden, um eine einzige Schriftrolle herzustellen. Papier war so teuer, daß nur der Adel es sich leisten konnte. Die meisten Menschen erhaschten während ihres ganzen Lebens kaum mehr als einen flüchtigen Blick auf ein Stück Papier.

Heute bemerken wir nicht einmal, daß wir von einer Welt voller Papier und Geschriebenem umgeben sind. Wenn wir die Straße entlangschlendern, ist die Schrift auf Reklametafeln, Kaugummiverpackungen oder Straßenschildern für uns nichts Besonderes. Tagtäglich greifen wir nach Papierstücken, kritzeln etwas darauf und werfen sie weg. Das Schreiben ist von einer arbeitsaufwendigen, geheiligten Form der Kommunikation, die von Königen und Schriftgelehrten eifersüchtig gehütet wurde, zu etwas Selbstverständlichem, Vergänglichem und Allgegenwärtigem geworden. (Papier macht in der modernen Industriegesellschaft sogar einen der größten Anteile am gesamten Abfall aus, und fast immer steht etwas Geschriebenes darauf.)

Diese Vision von leistungsfähigen, unsichtbaren Computern, die unsere Umgebung durchdringen, mag sich nach etwas Unrealistischem, Teurem anhören, aber das ist ein Irrtum. Da die sinkenden Kosten für Mikrochips auch die Preise für Computer gnadenlos in den Keller treiben, werden die Rechner so billig werden, daß Weiser meint: »Wir werden uns nichts mehr dabei denken, in den Laden zu gehen und eine Sechserpackung Computer zu kaufen, so wie wir uns heute bei Batterien bedienen.«[3]

In der Computerindustrie vergehen im Durchschnitt rund 15 Jahre zwischen einer Idee und ihrer Markteinführung. Der erste PC wurde zum Beispiel 1972 im Xerox-PARC gebaut, aber erst Ende der achtziger Jahre drang er massiv in das Bewußtsein der Öffentlichkeit ein. Das breite Anwendungsspektrum des PCs begann etwa 1988; demnach dürfte es noch ungefähr bis zum Jahr 2003 dauern, bevor solche Ideen unser Leben nennenswert beeinflussen.[4] Und danach könnten noch einmal Jahre vergehen, bis sie die »kritische Masse« erreichen und den Markt erobern. Wir können damit rechnen, daß die alltägliche »Computerisierung« um 2010 den Kinderschuhen entwachsen sein wird; und 2020 wird sie unser Leben beherrschen.

Die drei Phasen der Computertechnik

Vielleicht hilft es, wenn man den Aufstieg des Computers in einem größeren historischen Zusammenhang betrachtet. Viele Fachleute teilen die Entwicklung der Rechner in mindestens drei Phasen ein.

Das Kennzeichen der ersten Phase waren die klobigen, aber leistungsfähigen Mainframe-Computer, die von IBM, Burroughs, Honeywell und anderen entwickelt wurden. Sie waren so teuer, daß ganze Arbeitsgruppen von Wissenschaftlern und Ingenieuren sich eine einzige riesige Maschine teilen mußten. Oft kam dabei ein Computer auf 100 Nutzer. »Die Maschinen waren so selten und teuer, daß man sich einem Computer ähnlich näherte wie die alten Griechen einem Orakel«, sagte John Kemeny, der frühere Präsident der Cornell University. »Die Beziehung hatte etwas Mystisches, was so weit ging, daß nur besonders auserwählte Eingeweihte unmittelbar mit dem Computer kommunizieren durften.«[5]

Wie bei den Tontäfelchen entwickelte sich um die Programmierung und Wartung jedes einzelnen Computers eine ganze »Priesterkaste«. Für Außenstehende schien es, als ob sie ihr Privileg, den Zugang zum Großrechner, eifersüchtig hüteten, indem sie sich undurchsichtige Zaubersprüche und Rituale ausdachten.

Die zweite Phase der Computerentwicklung begann Anfang der siebziger Jahre. Damals erkannten die Ingenieure des Xerox-PARC, daß die Rechenleistung explosionsartig wuchs, während die Größe der Chips implosionsartig schrumpfte. Sie stellten sich vor, das Mengenverhältnis von Computern zu Menschen könne eines Tages bei eins zu eins liegen. Um ihre Vorstellungen zu überprüfen, bauten sie 1972 ALTO, den allerersten PC.[6]

Den Ingenieuren am PARC wurde klar, wo die Computertechnik eine wichtige Schwachstelle hatte: in den entsetzlich komplizierten Befehlen und unübersichtlichen Handbüchern, die oft so dick wie das Telefonbuch von Manhattan und genauso informativ waren. Die Rechner waren nicht »benutzerfreundlich«, sondern »benutzerfeindlich«. Warum, so überlegten sie, sollte man nicht eine Benutzeroberfläche schaffen, die ganz und gar aus Bildern oder »Icons« bestand und auf der man nur mit einer »Maus« auf diese Symbole zeigen und klicken mußte, um Programme zu starten und zu bedienen. Dann würde der Bildschirm wie ein Schreibtisch aussehen, auf dem sich verschiedene Ordner stapeln.

Mit einem Schlag war der Weg frei für Computer, zu deren Benutzung es keiner schmerzhaften Initiationsriten mehr bedurfte, sondern die jedes Kind bedienen konnte. Die Benutzung der Programme konnte zu einer angenehmen, spielerischen und sogar erfreulichen Entdeckungsreise durch unerforschte Menüs und lustige Icons werden.

Später wurden die Ideen des PARC von der Firma Apple Computer übernommen, und dort baute man schließlich den Macintosh samt einem Betriebssystem, das nicht mit komplizierten Befehlen, sondern durch das Anklicken von Symbolen bedient wurde. Schließlich baute Microsoft die Ideen des PARC in das Programm »Windows« ein, das seither weltweit für alle Rechner auf IBM-Basis (»kompatibel«) zum üblichen Betriebssystem wurde. Ein Witzbold bezeichnete diese Vereinnahmung der Ideen aus dem Xerox-PARC einmal als »die Vergangenheit erfinden«. (Ironischerweise versuchte Apple, Microsoft wegen des Abkupferns ihres Macintosh-Betriebssystems zu belangen, das seinerseits vom Xerox-PARC abgekupfert war.)[7]

Der Übergang zwischen diesen Phasen war nie einfach. Selbst riesige, milliardenschwere Firmen wurden erbarmungslos wie Eierschalen zermalmt, wenn sie nicht willens oder in der Lage waren, neue Entwicklungsphasen zu erkennen und sich darauf einzustellen. Vor ca. fünfzehn Jahren noch waren IBM, Digital und Wang die Riesen der Computerbranche: Sie dominierten die lukrativen Märkte der Großrechner, Minicomputer und Textverarbeitungssysteme. Aber sie glaubten fälschlicherweise, diese Phase werde ewig andauern. Wie schwerfällige Dinosaurier hielten alle drei den Personalcomputer für eine vorübergehende Marotte. Und am Ende waren alle drei bis in die Grundfesten erschüttert. Wang ist so gut wie pleite, und sowohl IBM als auch Digital waren nach verheerenden, peinlichen Milliardenverlusten gezwungen, ihre Branchenführerschaft aufzugeben.

Die dritte Phase und darüber hinaus

Die dritte Phase der Computerentwicklung wird heute als allgegenwärtiges Rechnen bezeichnet. Wenn sie erreicht ist, werden alle Computer untereinander vernetzt sein, und das Zahlenverhältnis von Menschen und Computern wird in die andere Richtung ausschlagen – auf jeden »vernetzten« Menschen werden mehrere hundert Rechner kommen.

Sogar Microsoft, heute der Riese der Softwarebranche, zittert vor der Flutwelle der dritten Phase, die mit dem Internet begann. Bill Gates räumt ein: »Es ist ein wenig beängstigend, daß im Zuge der Weiterentwicklung der Computertechnik kein Unternehmen imstande war, den führenden Rang, den es in einer Epoche besaß, in der folgenden Epoche zu behaupten. Microsoft hat in der PC-Epoche eine führende Rolle gespielt.«[8] Als Gates erkannte, daß das Internet auch Microsoft auf den Müllhaufen der Geschichte befördern könnte, krempelte er seine gewaltige Firma völlig um, damit sie den neuen Fortschritten in der Vernetzung gewachsen war, eine Maßnahme, die er 1995 in der Erstauflage seines Buches *Der Weg nach vorn* noch nicht vorausgesehen hatte. In etwa 25 Jahren dürfte das Zeitalter des allgegenwärtigen Rechnens in voller Blüte stehen. Aber auch diese Phase wird Umwälzungen hinnehmen müssen. Nach 2020 wird der Werkstoff Silizium wahrscheinlich seine Vormachtstellung verlieren und für eine ganz neue Computerarchitektur Platz machen müssen.

Das wird nach Ansicht mancher Fachleute zu einer vierten Phase führen, in der man Computersysteme mit künstlicher Intelligenz ausstattet. Von 2020 bis 2050 könnte die Welt der Computer durchaus von unsichtbaren, vernetzten Rechnern beherrscht sein, die über künstliche Intelligenz verfügen: Vernunft, Spracherkennung, sogar gesunden Menschenverstand.

Manche Fachleute glauben, daß die Rechenmaschinen nach 2050 eine fünfte Phase erreichen und dann Selbstwahrnehmung, ja sogar ein Bewußtsein besitzen werden. Die Welt der Computer in den Jahren 2020 bis 2100 wird in späteren Kapiteln noch genauer erörtert.

Diese Phasen werden tiefgreifende Auswirkungen haben und alle Aspekte unseres Lebens beeinflussen. Einige technische Wunder, die uns insbesondere in den kommenden zehn Jahren erwarten, wurden schon früher in den Medien umrissen, beispielsweise in dem Buch von Gates, wo er den PC in der Brieftasche und das intelligente Haus beschreibt. Manche Entwicklungen, die ich in diesem Kapitel kurz zusammenfassen werde, dürften dem Leser also bereits bekannt sein. Ich werde aber darüber hinausgehen und mich auf Neuerungen konzentrieren, die uns weit über die kommenden zehn Jahre hinaus und bis zum Ende des 21. Jahrhunderts erwarten.

Moores Gesetz

Um einschätzen zu können, wie uns die Zunahme der Computerleistung von einer Phase in die nächste treibt, muß man sich etwas Wichtiges ins Gedächtnis rufen: Von 1950 bis heute hat die Leistungsfähigkeit der Rechner um einen Faktor von etwa zehn Milliarden zugenommen. Aus diesem explosionsartigen Wachstum wurde *Moores Gesetz* abgeleitet; es besagt, daß die Computerleistung sich alle 18 Monate verdoppelt. Einen derart schnellen Leistungszuwachs hat es in der Geschichte der Technik noch nie gegeben. Um dieses gewaltige Wachstum besser würdigen zu können, sollte man sich klarmachen, daß es größer ist als die Zunahme der Sprengkraft von chemischen Sprengstoffen zur Wasserstoffbombe! Wenn wir 80 Jahre zurückgehen, hat die Computerleistung sogar um den Faktor von einer Billion zugenommen. Mit Moores Gesetz kann man die Zukunft der Computertechnik für die kommenden 25 Jahre zuverlässig voraussagen. Es ist ein trügerisches

Gesetz, denn unser Gehirn denkt nicht exponentiell, sondern linear. Auf kurze Sicht, von einem Jahr zum nächsten, sind kaum Veränderungen zu erkennen, und deshalb nehmen wir fälschlicherweise an, daß alles fast beim alten bleibt. Über einen Zeitraum von fünf oder zehn Jahren hinweg kann aber ein gewaltiger Wandel eintreten.

Für die langfristige Vision vom allgegenwärtigen Computer sprechen zwei der machtvollsten Gesetze unserer Welt: die Gesetze der Wirtschaft und die Gesetze der Physik. Wenn der Preis für Mikroprozessoren seine Talfahrt wie bisher fortsetzt, wird die Computerindustrie vielen Voraussagen zufolge allein aus wirtschaftlichen Gründen in die nächste Phase eintreten. Nach Überzeugung von Ron Bernal, Präsident von MIPS Technologies, wird der Preis eines Mikrochips im Jahr 2000 bei 18 Pfennig, 2005 bei sieben Pfennig und 2010 bei drei Pfennig liegen. Der gleichen Meinung ist grundsätzlich auch Thomas George, der Leiter der Abteilung für Halbleitertechnik bei Motorola: Nach seiner Schätzung wird der Mikrochip 2000 noch 80 Pfennig, 2005 zwölf Pfennig und 2010 zwei Pfennig kosten.[9] Irgendwann werden Mikroprozessoren so billig wie Notizpapier sein – und ebenso verbreitet.

Diese stetige exponentielle Zunahme der Computerleistung wird ganz neue Branchen entstehen lassen, für die es auf den heutigen Märkten noch keine Entsprechung gibt. Wenn Computerchips nur noch Pfennige kosten, besteht ein gewaltiger Anreiz, sie überall einzubauen – von Elektrogeräten bis zu Möbeln, Autos und Fabriken. Firmen, die nicht ein paar Computerchips in ihren Produkten unterbringen, werden unter erheblichen Wettbewerbsnachteilen leiden. (Schon heute steckt beispielsweise in einer Grußkarte, auf der ein Wegwerfchip Musik macht, mehr Computerleistung als in allen Rechenmaschinen bis 1950.[10]) So wie praktisch auf jedem Produkt auf der Erde etwas geschrieben steht, dürfte in der dritten Phase der Computertechnik jedes Produkt einen Mikroprozessor für ein paar Pfennige enthalten. Oder, wie Andrew Grove, der Chef der Firma Intel, es formuliert: »In Zukunft wird Rechenleistung praktisch umsonst und praktisch unbegrenzt sein.«

Um aber die Dynamik und die Grenzen von Moores Gesetz zu verstehen, muß man etwas über die Bedeutung der grundlegenden Theorie des ganzen Universums wissen: über die Quantentheorie.

Was steckt hinter Moores Gesetz?

Das offene Geheimnis für den Erfolg von Moores Gesetz ist der Transistor – seine Funktion und seine Herstellung. Eigentlich ist der Transistor ein Ventil, das elektrische Ströme reguliert. Wie ein Feuerwehrmann, der mit ein paar Umdrehungen an einem Ventil große Wassermassen in Marsch setzt, können winzige Spannungen in einem Transistor große elektrische Ströme steuern. Und die Entwicklung der Halbleitertransistoren gehorcht ihrerseits den Gesetzen der Quantentheorie. (Nach ihr wirkt das Fehlen eines Elektrons in einem Halbleiter wie ein Elektron mit entgegengesetzter Ladung, das heißt wie ein »Loch«. Die Bewegung dieser Löcher und Elektronen im Transistor sind mit der Quantentheorie erklärbar.) Die Triebkraft für den Erfolg von Moores Gesetz war vor allem das Bemühen, Transistoren immer kleiner zu machen. Die ersten Transistoren waren große elektrische Bauteile von der Größe eines Pfennigstücks und wurden über Drähte angeschlossen. Hergestellt wurden sie ursprünglich von Hand. Heute produziert man Transistoren mit Hilfe von Lichtstrahlen, die mikroskopisch feine Strukturen in Siliziumscheiben schneiden (ein Vorgang, den man als »Photolitographie« bezeichnet). Den ganzen Prozeß kann man mit der Herstellung von T-Shirts vergleichen. Das altmodische Verfahren besteht darin, jedes Hemd mit der Hand zu bemalen. Effizienter ist es, wenn man über jedes T-Shirt eine Schablone legt und es dann mit Farbe besprüht (Siebdruck). Auf diese Weise kann man das gleiche Bild immer wieder auf T-Shirts anbringen und sie in unbegrenzter Zahl herstellen.

Bei der Chip-Herstellung ist es ähnlich: Das Licht fällt durch eine Schablone oder »Maske«, die das gewünschte komplizierte Muster von Linien und Schaltkreisen enthält und über der Silizium-»Wafer« angebracht wird. Das durch die Maske fallende Licht überträgt das Muster auf die Wafer, die eine lichtempfindliche Schicht trägt. Anschließend wird die Wafer mit besonderen Gasen behandelt, die das Muster an den Stellen, die dem Licht ausgesetzt waren, in das Silizium ätzen. Auf diese Weise entsteht das Grundmuster der Schaltkreise. Transistoren bringt man in den Furchen an, indem man die Wafer mit besonderen Ionen beschießt. Das Ganze wiederholt man ungefähr zwanzigmal, so daß ein vielschichtiges System aus Siliziumwafers mit Leitungsbahnen und Transistoren entsteht.

Früher debattierten Philosophen die Frage, wie viele Engel auf einer Stecknadelspitze tanzen können. Heute fragen sich die Computerexperten, wie viele Transistoren sich mit dem Ätzverfahren auf einem Mikroprozessor zusammendrängen lassen. Beim Motorola Power PC 620 befinden sich zum Beispiel fast sieben Millionen Transistoren auf einem Siliziumchip, der noch nicht einmal so groß ist wie eine Briefmarke.[11] Aber diese Miniaturisierung kann nicht unendlich weitergehen. Für die Zahl der Leitungsbahnen, die man auf eine Wafer ätzen kann, gibt es eine Grenze, die sich unter anderem aus der Wellenlänge der verwendeten Lichtstrahlen ergibt.[12]

In der Regel ätzt man die Siliziumscheiben mit dem Licht aus einer Quecksilberdampflampe, dessen Wellenlänge im Bereich von einigen Mikrometern (Tausendstelmillimeter) liegt. In den letzten Jahrzehnten erfüllte sich Moores Gesetz vor allem durch Quecksilberdampflampen, die zur Herstellung der Mikroprozessoren Licht mit immer kürzerer Wellenlänge aussandten. Heute hat das Licht solcher Lampen Wellenlängen von 0,436 Mikrometern (im sichtbaren Bereich) und 0,365 Mikrometern (ultraviolett). Diese Längen entsprechen einem Dreihundertstel der Dicke eines menschlichen Haars. Die Technik, die in den ersten Jahren des kommenden Jahrhunderts – vielleicht bis 2005 – vorherrschen dürfte, bedient sich des gepulsten Excimerlasers, der die Wellenlänge bis auf 0,193 (im fernen Ultraviolettbereich) drücken kann.

Sensoren und der unsichtbare Computer

Die Idee vom allgegenwärtigen Rechnen haben viele führende Computerfachleute vertreten und ausgeschmückt. Paul Saffo, der Leiter des Institute for the Future und einer der führenden amerikanischen Futurologen, ist einer der Computerexperten, nach deren Ansicht das allgegenwärtige Rechnen angesichts der immer billigeren Mikrochip-Technik etwas Unvermeidliches ist. Er bezeichnet seine Version dieser Zukunft als »elektronische Ökologie«.[13]

Wenn wir die Ökologie eines Waldes untersuchen, betrachten wir ihn als Ansammlung von Tieren und Pflanzen, die harmonisch zusammenleben und untereinander in dynamischer Wechselbeziehung stehen. In Saffos Augen gibt es ungefähr alle zehn Jahre einen technischen Fortschritt, der die Beziehungen der Geschöpfe in der von ihm so genannten elektronischen Ökologie verändert.

Die treibende Kraft hinter der PC-Entwicklung war zum Beispiel in den achtziger Jahren der Mikrochip. In den Neunzigern dagegen wurde das explosionsartige Wachstum des Internet (auf das ich im nächsten Kapitel noch genauer zurückkommen werde) durch die vereinten Kräfte von Mikroprozessoren und billigen Lasern vorangetrieben, die Billionen Datenbits mit Lichtgeschwindigkeit durch Glasfaserkabel übermitteln können.

Die nächste Umwälzung wird nach seiner Ansicht im 21. Jahrhundert von billigen Sensoren in Verbindung mit Mikroprozessoren und Laser ausgehen.

Nach Saffos Vorstellung werden wir in der dritten Phase überall von winzigen, versteckten Mikroprozessoren umgeben sein, die unsere Gegenwart wahrnehmen, unsere Wünsche voraussehen und sogar unsere Gefühle spüren. Und diese Mikroprozessoren werden mit dem Internet verbunden sein. Mit solchen Sensoren ausgerüstet, werden die »Tiere« dieses »elektronischen Waldes« etwas können, wozu die meisten Computer nicht in der Lage sind: Sie werden unsere Gegenwart und unsere Stimmungen wahrnehmen. Verschmitzt weist er darauf hin, daß manche Toiletten schon heute (über Infrarotsensoren) unsere Gegenwart bemerken. Aber auch der modernste Cray-Supercomputer hat keine Ahnung, wer, was oder wo der Mensch ist, der ihn bedient. Saffo meint dazu:»Wenn ein Meteor mein Haus trifft und mich erschlägt, während ich an meinem PC sitze, hätte er nicht die leiseste Ahnung, was geschehen ist. Er wird immer weiter auf meinen nächsten Befehl warten!«[14]

In Saffos dritter Phase werden wir uns mit den uns umgebenden, unsichtbaren Computern durch Gesten, Stimme, Körperwärme und elektrische Felder verständigen. Unsichtbare Computer werden ihre Umwelt über zwei unsichtbare Medien wahrnehmen: über Schall und das elektromagnetische Spektrum. Je nach dem Zweck wird man sich unterschiedlicher unsichtbarer Medien bedienen. So werden Sensoren beispielsweise unsere gesprochenen Befehle aufnehmen und unsere Wünsche ausführen. Mit versteckten Videokameras werden die Computer feststellen, wo wir uns befinden, und sie werden sogar unseren Gesichtsausdruck registrieren. Die Haltung von Händen und Körper läßt sich anhand ihrer elektrischen Felder feststellen. Intelligente Autos werden mit Radar wahrnehmen, wo sich andere Autos befinden. Infrarotsensoren werden bemerken, daß wir da sind, weil wir Wärme abgeben. Computer werden untereinander und mit dem Internet über Funk- und Mikrowellen kommunizieren.

Das intelligente Büro und die Wohnung der Zukunft

Der erste Schritt auf dem spannenden Weg zum allgegenwärtigen Rechnen sind marktfähige Computergeräte namens Tabs, Pads und Boards, die etwa einen Zentimeter, 30 Zentimeter und einen Meter groß sind. Das Büro der Zukunft wird in jedem Raum vielleicht 100 Tabs, zehn bis 20 Pads und ein bis zwei Boards als feste Bestandteile enthalten.[15]

Tabs sind kleine, wenige Zentimeter große Plaketten, welche die Angestellten am Körper tragen; sie ähneln den heutigen Werksausweisen, beinhalten aber einen Infrarotsender und leisten soviel wie ein PC. Prototypen wurden bei Olivetti Cambridge bereits gebaut.

Wenn ein Angestellter sich durch das Firmengebäude bewegt, läßt sich anhand der Tabs jederzeit sein genauer Aufenthaltsort feststellen. Türen öffnen sich wie von Geisterhand, wenn jemand in ihre Nähe kommt, das Licht schaltet sich ein, wenn ein Mensch den Raum betritt (und geht beim Verlassen des Raumes von selbst wieder aus). Die Empfangsdame kann jederzeit feststellen, wo sich jemand im Gebäude aufhält. Mit einer Kommunikationsplakette können die Angestellten ihre Anweisungen sprachlich weitergeben oder Anfragen an den Zentralcomputer stellen.

Mit den Computertabs eröffnen sich unendlich viele Möglichkeiten. Sie können im Internet nach interessanten Neuigkeiten suchen und ihren Träger auf wichtige Entwicklungen in der Industrie oder an der Börse aufmerksam machen, aber auch auf Anrufe, familiäre Notfälle und so weiter. Die Tabs werden auch untereinander kommunizieren können und lautlos geschäftliche Informationen austauschen. Irgendwann werden sie so klein sein, daß man sie in Manschettenknöpfen oder Krawattennadeln verstecken kann. Die etwa 30 Zentimeter großen *Pads* entsprechen dem Notizpapier, auf dem wir heute schreiben.[16] Sie werden sehr flachen Computerbildschirmen ähneln und schließlich fast so dünn wie Papier sein. Man wird nicht mehr einen schweren Computer von Zimmer zu Zimmer schleppen, sondern in jedem Raum wird es solche »Wegwerf«-Pads geben, die keine eigenständige Identität mehr haben. Wie Notizzettel werden sie in großer Zahl über die Schreibtische verstreut sein, aber im Gegensatz zu gewöhnlichem Papier ist jedes von ihnen ein funktionsfähiger PC, der mit dem Zentralrechner verbunden ist. Man kann also eigentlich von den Anfängen des intelligenten Papiers sprechen.

Wenn wir auf diesem intelligenten Papier schreiben, wird das eingebaute Graphikprogramm unser Gekritzel in ansehnliche Zeichnungen verwandeln oder aus unseren Notizen einen grammatikalisch richtigen Text machen. Und wenn wir fertig sind und die Arbeit im Zentralrechner abgespeichert haben, schieben wir es einfach in den Pad-Stapel auf unserem Schreibtisch.

Die etwa einen Meter langen *Boards* schließlich sind riesige Computerbildschirme, die man an die Wand hängt. Im privaten Bereich können sie als Videobildschirme für interaktives Fernsehen oder Internet dienen.[17] Im Büro benutzt man sie als schwarze Bretter, auf die man Anmerkungen kritzelt, Bekanntmachungen aushängt und sich – da sie auch PCs sind – mit dem Internet verbindet. Auch für Videokonferenzen wird man sie benutzen. Statt einen Angestellten für Tausende von Mark einfliegen zu lassen, wird der Manager das Board einfach als großen Bildschirm nutzen und sich mit dem Mitarbeiter unterhalten. Ärzte können auf diese Weise aus großer Entfernung eine Operation überwachen.

Wenn die Boards gerade nicht benutzt werden, können sie nach Art der heutigen Bildschirmschoner Wandgemälde oder angenehme Motive zeigen. Eine erste Version solcher Boards hat Xerox bereits an die Schulbehörde von Los Angeles ausgeliefert. Der Prototyp der Größe 100 x 180 Zentimeter enthält 1024 x 768 schwarzweiße Bildpunkte. In ein paar Jahren wird man einen Bildschirm mit 1000 x 800 Pixel herstellen, der nur noch einen Bruchteil eines Zentimeters dick ist. In zehn Jahren werden die Flachbildschirme so dünn und vielseitig sein, daß man sie gut als Pads und wie als Boards benutzen kann.

Der Computer wird nicht nur im Büro unsichtbar werden, sondern er wird auch zu Hause aus dem Blickfeld verschwinden. Jede Wohnung wird Hunderte von Chips und Sensoren enthalten, so daß die Haushaltsgeräte eine gewisse Intelligenz besitzen, untereinander kommunizieren und unsere Gegenwart wahrnehmen können.

Eines der ersten Geräte, die im Haushalt intelligent wurden, war die Schreibmaschine. Als man ihr zum erstenmal einen Computerchip einbaute, taufte man sie auf den Namen »Textautomat«. Ein paar primitive Chips sind also auch heute schon in unseren Wohnungen verteilt, aber sie stehen untereinander nicht in Verbindung. Wenn in Zukunft ein schweres Gewitter vorhergesagt wird, nimmt das Haus die Information aus dem Internet auf und trifft die notwendigen Vorkehrungen: Es schließt die Dachfenster, macht die Familie aufmerksam und liefert die neuesten Informationen. Das intelligente Badezimmer wird den Gesundheitszustand der Familienmitglieder überwachen. In Japan ist bereits eine Computertoilette auf dem Markt, die einfache Gesundheitsstörungen diagnostizieren kann. Der Toilettensitz kann den Puls messen, indem er die winzigen Schwingungen in den Oberschenkeln wahrnimmt. Und der Urin kann chemisch auf Zucker untersucht werden.

Diese medizinischen Diagnosehilfsmittel sind zwar noch primitiv, aber für die Zukunft rechnen Fachleute mit einer Weiterentwicklung zu raffinierten Analysegeräten, die ein Elektrokardiogramm des Herzens erstellen und die von krebsverdächtigem Gewebe abgegebenen Proteine messen. In ferner Zukunft kann die intelligente Wohnung als Computer-Krankenschwester arbeiten, den Gesundheitszustand eines Menschen genau ermitteln und die Information lautlos und automatisch an den Arzt weiterleiten.

Entscheidend ist, daß die intelligente Wohnung der Zukunft unsere Bedürfnisse voraussehen und lautlos befriedigen kann. Sie wird beispielsweise automatisch die Stereoanlage leiser stellen, wenn wir telefonieren, oder die Lautstärke des Telefons erhöhen, wenn die Stereoanlage läuft.

Das Medienlabor des MIT

Das Institut, das sich vielleicht am intensivsten der Vereinigung von Medien, Kunst und Technik widmet, ist das von Nicholas Negroponte gegründete Medienlabor des Massachusetts Institute of Technology (MIT). Es ist, versteckt hinter den altehrwürdigen, gesichtslosen Gebäuden auf dem MIT-Gelände, in einem ultramodernen, weiß geklinkerten Haus untergebracht, das von dem Architekten I.M. Pei entworfen wurde. (Im Volksmund heißt das Gebäude wegen seines charakteristischen Äußeren auch »Peis Toilette«.) Mit einem Jahresetat von 25 Millionen Dollar ist das Labor eine der wenigen Forschungsinstitutionen, die auch in einer Zeit allgemeiner Mittelkürzungen noch wachsen. Seit seiner Gründung 1985 sieht es seine Aufgabe darin, neue Wege zur Verbesserung und Bereicherung der »Schnittstelle zwischen Mensch und Maschine« zu finden. Firmen geben bereitwillig Millionen Dollar aus, um zu erfahren, wie die Zukunft der Computer aussehen wird.

Das vermutlich ehrgeizigste und provozierendste Projekt, das dort durch die Idee vom allgegenwärtigen Rechnen angeregt wurde, trägt den Namen »Things That Think« (»Dinge, die denken«). Sein Leiter, der Physiker Neil Gershenfeld, malt sich den Tag aus, an dem die meisten unbelebten Gegenstände um uns herum denken können.[18]

Gershenfeld, ein junger, dynamischer, lebhafter Mann, ist groß und schlank, mit lichtem Bart und braunen Locken; er hat immer mehrere Eisen im Feuer und kann schneller über drei Themen gleichzeitig sprechen als die meisten von uns über eines.

Ein bedeutender Fortschritt gelang Gershenfeld, als er eine ganz neue Möglichkeit fand, wie Computer unsere Gegenwart wahrnehmen können. Er ging davon aus, daß unser Körper von einem unsichtbaren elektrischen Feld umgeben ist wie von einem Spinnennetz. Erzeugt wird es von Elektronen, die sich nach Art der statischen Elektrizität in unserer Haut ansammeln und wie eine unsichtbare »Aura« alle unsere Bewegungen mitmacht. Gershenfeld kam nun auf die Idee, einen Sensor zum Nachweis elektrischer Felder im Raum zu entwickeln, der die Position unserer Arme und Finger wahrnehmen kann. Das Ergebnis war der »intelligente Tisch«.[19] Dieses neueste Wunder der Technik führt Gershenfeld besonders gern vor. Wie ein Dirigent bewegt er die Hände über dem Computertisch, und ein daneben stehender Bildschirm zeigt eine Hand, die sich geisterhaft in einem Würfel bewegt, wobei ihre dreidimensionalen Koordinaten genau angegeben sind. Dieses Phänomen bezeichnet Gershenfeld als »Wahrnehmung elektrischer Felder«.[20]

Dafür gibt es unmittelbare Anwendungsmöglichkeiten, denn es bietet vielseitigere Möglichkeiten, mit einem Rechner zu kommunizieren, als die übliche, auf zwei Dimensionen beschränkte Computermaus. Man kann damit auch »Ausflüge« in die virtuelle Realität verbessern, denn nun braucht man keine unförmigen Handschuhe mehr zu tragen, um dem Computer die Stellung der Hände zu übermitteln. (Tatsächlich kann man die Illusionen der virtuellen Realität verbessern, ohne daß man wie ein Christbaum verkabelt sein muß. Beim Einkauf im Cyberspace der Zukunft wird man mit einfachen Fingerbewegungen durch die Ladenpassagen auf dem Computerbildschirm steuern.)

Mit der Wahrnehmung elektrischer Felder lassen sich auch neue Formen der Freizeitgestaltung und Kunst entwickeln. Indem man die Hände an bestimmten Stellen im Raum bewegt, kann man einen Computer veranlassen,

Musik hervorzubringen. Dann sind die Trompeten im virtuellen Orchester vielleicht oben rechts angesiedelt und die Violinen unten links. Wenn man heftig mit den Händen über diesen gedachten Punkten im Raum hin- und herwedelt, kann man eine Symphonie aus beliebig erzeugbaren Klängen kreieren. Vielleicht wird man in Zukunft elektronische Konzerte geben, in denen ein einsamer Dirigent die Hände auf eine bestimmte Art durch die Luft bewegt.

Im Zusammenhang mit den Computern des nächsten Jahrhunderts stellt Gershenfeld die Frage:»Wo finde ich ungenutzten Raum, und wie kann ich ihn füllen?« Eine Stelle, die viele Jahre lang übersehen wurde, sind unsere Schuhe; sie enthalten wertvollen, ungenutzten Raum, der nur darauf wartet, mit Intelligenz ausgestattet zu werden.

In Zukunft könnten unsere Schuhe an die Stelle der Computerbatterien treten, die wir wahrscheinlich brauchen werden. Klobige Batterien herumzuschleppen, nur um den Computer in unserer Krawattennadel mit Energie zu versorgen, wäre lästig. Aber der menschliche Körper, so Gershenfeld, produziert mit seinen Bewegungen eine nutzbare Energie von etwa 80 Watt; und etwa ein Watt davon läßt sich allein aus den Schuhen gewinnen.[21] (Ein Schuh kann diese durchaus nennenswerte Energiemenge nach dem gleichen Prinzip produzieren wie ein Fahrraddynamo – jedesmal wenn der Fuß sich bewegt, setzt er mit einem Magneten eine Ladung in Bewegung. Das Magnetfeld drückt die Elektronen in eine bestimmte Richtung, so daß elektrischer Strom entsteht.)

Gershenfeld hat für unsere Schuhe noch andere Anwendungsmöglichkeiten gefunden. So könnte man dort in Zukunft vielleicht Elektroden unterbringen, mit denen sich persönliche Informationen an andere übertragen lassen. Statt Visitenkarten auszutauschen, wird man seinem Gegenüber nur noch die Hand schütteln. Da die Haut salzig ist und Elektrizität leitet, kann dabei der Lebenslauf aus dem Schuh in die Hand und von der Hand des anderen in dessen Schuh wandern. Dies könnte sich irgendwann als bequemer Weg erweisen, um bei einer Begegnung auf der Straße große Computerdateien auszutauschen.

Deshalb ist es auch nicht verwunderlich, daß ein Motto des»Things That Think«-Labors lautet:

Früher konnten Schuhe stinken,
Heute können Schuhe blinken,
Morgen können Schuhe denken.[22]

Computer zum Anziehen

Ein anderer wichtiger Ansatzpunkt in dem Projekt »Things That Think« sind die Brillen, die viele Menschen tragen. Das Medienlabor des MIT hat bereits eine perfekte Möglichkeit entwickelt, um einen winzigen Computerbildschirm in die Brille einzubauen. Dazu wird auf die Brille ein Okular gesetzt, das dem Vergrößerungsglas eines Uhrmachers ähnelt; es enthält einen vollständigen Bildschirm, der von winzigen LEDs (Leuchtdioden) erleuchtet wird. Blickt man auf diesen winzigen, nur etwa einen Zentimeter großen Bildschirm, erkennt man deutlich helle Symbole, wie sie auch auf einem normalen PC-Monitor stehen.

An sonnigen Tagen sieht man in Cambridge manchmal Studenten aus dem Medienlabor des MIT, die wie Cyborgs gekleidet sind – komplett mit Helm, Brille, Spezialokularen und einem Gewirr von Elektroden an der Kleidung. Sie tragen eine einfache Tastatur mit sich herum, über die sie den in den Brillen eingebauten Computerbildschirmen Daten eingeben können. Diese unbeholfenen Anfänge gehören zum Projekt »Computer zum Anziehen« des Medienlabors. Letztlich wird auf diese Weise jeder Mensch zu einem wandelnden Knoten im World Wide Web werden.[23] Steve Mann vom Medienlabor speiste die Videobilder aus seiner Brille in das Internet ein, so daß auch andere, viele tausend Kilometer entfernt, genau das gleiche sehen konnten wie er.[24] In Zukunft werden Menschen an weit entfernten Orten auf diese Weise sofort das gleiche wahrnehmen, was wir durch unsere Brille sehen.

Der Computer zum Anziehen könnte in vielerlei Hinsicht eine Mischung aus Handy und Laptop sein. Der rapide steigende Absatz von Laptop-Computern, die heute bereits ein Viertel aller verkauften PCs ausmachen, beweist es: Tragbare Computer stellen keine kleine Marktnische mehr dar, sondern einen wesentlichen Teil der Computerwelt. Wenn die Preise weiterhin sinken, werden viele Anwender die Gelegenheit nutzen und ihre Handys und Laptops gegen ein »unsichtbares Gerät« eintauschen, das so leistungsfähig ist wie ein Supercomputer.

Dies könnte sich für Menschen, die reisen, Taxi fahren oder in Ladenpassagen einkaufen, als gewaltige Erleichterung erweisen. Zu den vielen hundert Berufen, in denen Computer zum Anziehen nützlich sein können, gehören Ärzte, die Berichte über medizinische Notfälle lesen müssen, Polizisten, die Zugang zu Daten brauchen, Journalisten, die Fakten abfragen wollen, Aktienhändler, die rund um die Uhr die neuesten Kurse brauchen, und so weiter.

Eines Tages könnten Computer zum Anziehen sogar Menschenleben retten. Wenn jemand weit weg von Telefon und Krankenhaus einen Herzinfarkt erleidet, erkennt der Computer zum Anziehen, der lautlos den Puls überwacht, die für eine solche Störung typischen Unregelmäßigkeiten und alarmiert sofort den Rettungsdienst. Gleiches könnte er nach einem Autounfall tun. Da er außerdem mit einem Satelliten-Navigationssystem (mehr darüber später) verbunden ist, kann er auch die genaue Position übermitteln. Derzeit sterben Zehntausende von Menschen im Jahr unnötigerweise, weil niemand in der Nähe ist, der nach einem Herzinfarkt oder Autounfall den Rettungsdienst verständigt.

Das intelligente Zimmer

Ein langfristiges Ziel des Medienlabors ist die Konstruktion von Geräten, die das ganze Spektrum der Kommunikation zwischen Menschen erkennen und nachahmen können. Wir kommunizieren nicht nur durch Sprache, sondern bedienen uns auch einer reichhaltigen, vielschichtigen Körpersprache mit überraschend vielfältigen Signalen – Blickkontakt, Gesichtsausdruck, Armbewegungen, Tonfall und Körperhaltung.

Ein Schritt in dieser Richtung ist die Konstruktion des »intelligenten Zimmers«, das nicht nur Menschen erkennt, sondern auch ihre Signale und Empfindungen. Der Prototyp dieses »intelligenten Zimmers« im Medienlabor ist ein ganz gewöhnlicher kleiner Raum mit Kameras in der Decke und einem riesigen, wandgroßen Bildschirm im Fußboden.

»Stellen Sie sich vor, Sie wüßten in Ihrem Haus immer, wo die Kinder gerade sind oder ob sie in Schwierigkeiten geraten. Oder ein Büro, das sieht, wenn Sie eine wichtige Sitzung haben, und Sie vor Störungen schützt. Oder ein Auto, das erkennt, wenn Sie müde sind, und Ihnen zu einer Pause rät«, schreibt Alex Pentland vom MIT-Medienlabor.[25]

Zur Zeit kann ein Computer das Gesicht eines Menschen aus verschiedenen Blickwinkeln nicht zuverlässig erkennen. Ganz allgemein gehören Gesichter zu den Dingen, die für ihn am schwersten zu identifizieren sind. Der Rechner des Medienlabors hat für dieses schwierige Problem momentan folgende Lösung parat: In seinem Speicher sind bereits zahlreiche wichtige Gesichter gespeichert. Wenn er nun das Gesicht eines Fremden abtastet und mit den bereits gespeicherten Daten vergleicht, findet er bei einer Gruppe von mehreren hundert Personen in 99 Prozent der Fälle eine Übereinstimmung.[26]

Der Computer des Medienlabors erkennt auf Gesichtern auch die Stimmungslage. Gefühle spiegeln sich in unserem Gesicht wider, indem sich Muskelbewegungen in Gang setzen. Mit Sensoren, die man auf dem Gesicht angebracht hat, kann man die Tätigkeit der Muskeln beim Lächeln, Lachen, Grinsen oder Stirnrunzeln aufzeichnen. Wie sich in solchen Untersuchungen herausgestellt hat, kann ein Computer Gefühle anhand gut definierter Dehnbewegungen im Gesicht wahrnehmen. Lächeln führt beispielsweise zu einer starken Dehnung der Mundmuskulatur. Bei Überraschungen heben sich die Augenbrauen, und wer sich ärgert, zieht die Stirn zusammen.

Widerwille verzerrt das ganze Gesicht. Konzentrierte sich der Computer nur auf die bewegten Teile des Gesichts, so konnte er im Experiment den Gemütszustand der Versuchspersonen in 98 Prozent der Fälle richtig beurteilen.[27]

Intelligente Kreditkarten, digitales Geld und Cybercash

Auch das Geld wird bereits heute digitalisiert. James Gleick von der *New York Times* meint dazu, digitales Geld sei »... endlich Geld in Reinkultur, als reine Information«.[28]

Für Großbanken und internationale Konzerne ist das schon heute Realität. Von der gesamten Geldmenge der USA – etwa vier Billionen Dollar – existiert nur noch ein Zehntel in Form von Banknoten und Münzen, die sich in Banktresoren und den Taschen der Menschen befinden. »Man legt heute nicht fünf Milliarden Dollar in einen Lkw und transportiert sie von einer Bank zur anderen – das ist unvernünftig«, sagt Kawika Daguio von der American Banker's Association.[29] In Zukunft wird auch das letzte Zehntel sich in elektronische Bits auflösen.

Eine der zur Zeit üblichen Geldkarten mit Magnetstreifen kostet 20 bis 90 Pfennige, aber intelligente Karten, die hundertmal mehr Information speichern können, sind auch hundertmal teurer, und das verhindert ihren Einsatz. Mit zunehmender Miniaturisierung der Mikroprozessoren und weiter sinkenden Kosten wird sich dieses Problem aber bald nicht mehr stellen.

Wenn Mikrochips erst einmal Pfennigartikel sind, werden die Menschen unter gewaltigen wirtschaftlichen Druck geraten, sich auf intelligente Karten und digitales Geld umzustellen. Der Grund: Auf der Grundlage von Bargeld ist die Aufrechterhaltung einer modernen Konsumgesellschaft sehr teuer. Carol H. Fancher, der bei Motorola intelligente Karten entwickelt, meint dazu: »Zählen, Transport, Lagerung und Bewachung von Bargeld kosten vier Prozent des Wertes aller Transaktionen. Außerdem entsteht beim Besitz von Bargeld im Vergleich zu Geld auf dem Konto ein beträchtlicher Zinsverlust.«[30]

»Geld ist die Liquidität einer Bank«, sagt Sholom Rosen von der Citibank. »So einfach ist das. Es ist kein Gold, es ist kein Silber.« Bargeld, das in einer Bank lagert, bringt keine Zinsen, steigt nicht im Wert und muß ständig bewacht werden.

Bei der Produktion einfacher intelligenter Karten, die Speicher von wenigen Kilobyte besitzen, hat Europa die Führung übernommen. Wie nützlich diese Karten – sie dienen vor allem zum Telefonieren – für den Verbraucher sind, hat sich bereits in Frankreich gezeigt (hier sind über 20 Millionen intelligente Karten in Gebrauch), aber auch im übrigen Europa, wo der Löwenanteil der heute im Umlauf befindlichen 250 Millionen intelligenten Karten ausgegeben wurde. In Deutschland führten die Krankenkassen intelligente Karten ein, auf denen die wichtigsten persönlichen Daten der Patienten gespeichert sind. Der größte Probelauf intelligenter Karten in den USA fand 1996 während der Olympischen Spiele in Atlanta statt; dort wurde über eine Million solcher Karten ausgegeben, die in Restaurants, Geschäften und bei der U-Bahn akzeptiert wurden.

In Zukunft werden intelligente Karten an die Stelle von Geldautomaten- und Telefonkarten, Bahn- und Bus-Fahrausweisen sowie Kreditkarten treten, und man wird mit ihnen Parkuhren bedienen, Geldtransaktionen vornehmen und an Automaten einkaufen. Sie werden Krankengeschichten, Versicherungsdaten, den Inhalt des Reisepasses und das gesamte Familien-Fotoalbum speichern. Und man wird sie sogar mit dem Internet verbinden können.

Intelligente Autos

Selbst die Autoindustrie, die sich in den letzten 70 Jahren kaum verändert hat, bekommt mittlerweile die Auswirkungen der Computerrevolution zu spüren. Sie gehört zu den wichtigsten und machtvollsten Branchen des 20. Jahrhunderts. Derzeit gibt es auf der Erde etwa 500 Millionen Kraftfahrzeuge, also eines auf zehn Menschen. Die Umsätze der Autoindustrie bemessen sich nach Billionen Dollar, und damit ist sie die größte produzierende Branche der Welt.[31]

Im 21. Jahrhundert werden das Auto und die Straßen, auf denen es fährt, ganz anders aussehen als heute. Das Entscheidende am »intelligenten Auto« von morgen werden Sensoren sein. »Wir werden Fahrzeuge und Straßen haben, die sehen und hören, fühlen und riechen und handeln«,[32] prophezeit Bill Spreitzer, der technische Leiter des IST-Programms von General Motors, in dessen Rahmen das intelligente Auto und die Straße von morgen entwickelt werden.

In den USA sterben jedes Jahr 40 000 Menschen durch Autounfälle. Die Zahl derer, die im Verkehr ums Leben kommen oder schwer verletzt werden, ist so gewaltig, daß unsere Zeitungen sich kaum mehr die Mühe machen, sie zu erwähnen. Bei der Hälfte der Todesfälle ist Alkohol im Spiel, und viele andere geschehen aus Fahrlässigkeit. Mit intelligenten Autos würde ein großer Teil dieser Unfälle der Vergangenheit angehören. Sie würden mit elektronischen Sensoren bemerken, daß die Luft Alkohol enthält und daß der Fahrer demnach angetrunken ist, dann ließe sich der Motor nicht starten. Außerdem könnte ein gestohlenes Fahrzeug die Polizei alarmieren und seinen genauen Standort angeben. Elektronische Wegfahrsperren sind in vielen Autotypen bereits Standard.

Man hat bereits intelligente Prototypen von Autos gebaut, die jede Fahrt und die Verkehrsverhältnisse in der Umgebung überwachen. Kleine, in den Stoßstangen eingebaute Radargeräte tasten andere Autos in der Nähe ab, und wenn der Fahrer einen gefährlichen Fehler macht (wenn er etwa die Spur wechselt, während sich ein anderes Fahrzeug im »toten Winkel« befindet), läßt der Computer sofort ein Warnsignal ertönen.

Im Medienlabor des MIT konstruierte man ein Bordgerät, das feststellt, wie müde der Fahrer ist – so etwas ist besonders für Fernfahrer wichtig. Das eintönige, einlullende, stundenlange Starren auf die weiße Mittellinie ist für diese Berufsgruppe eine lebensbedrohliche Gefahr. Um sie zu beseitigen, kann man im Armaturenbrett eine winzige Kamera anbringen, die auf Gesicht und Augen des Fahrers gerichtet ist. Wenn die Augenlider für eine bestimmte Zeit heruntersinken und die Fahrweise unregelmäßig wird, kann ein Computer den Fahrer wieder aufwecken.

Zum frustrierenden Alltag beim Autofahren gehören Fehlfahrten und der Verkehrsstau. Diese Probleme werden sich zwar auch mit dem Computer nicht beheben lassen, aber er wird zumindest Verbesserungen bringen. Sensoren im Wagen, die auf Funksignale von Satelliten reagieren, können jederzeit genau den Standort bestimmen und vor verstopften Straßen warnen. Schon heute kreisen 24 Navstar-Satelliten um die Erde, die das sogenannte Global Positioning System (GPS) bilden. Mit ihrer Hilfe kann man jeden Standort auf der Erde mit einer Genauigkeit von 30 Metern bestimmen.[33] Ständig stehen einige GPS-Satelliten ungefähr 18 000 Kilometer geostationär über uns. Jeder von ihnen enthält vier »Atomuhren«, deren Taktgeber nach den Gesetzen der Quantentheorie mit einer genau festgelegten Frequenz schwingen.

Ein solcher über uns kreisender Satellit sendet Funksignale aus, die ein Empfänger des Bordcomputers im Auto auffängt. Der Computer berechnet aus der Zeit, die das Signal für seinen Weg braucht, die Entfernung zum Satelliten. Da man die Lichtgeschwindigkeit sehr genau kennt, läßt sich die Zeit bis zum Eintreffen des Signals leicht in eine Entfernung umrechnen. Zur genauen Standortbestimmung müssen jedoch noch zwei weitere GPS-Satelliten angepeilt werden.

In Japan gibt es schon heute über eine Million Autos mit irgendeiner Art der Navigationshilfe. (Manche davon stellen den Standort fest, indem sie einen Zusammenhang zwischen den Lenkraddrehungen und der Position auf einer Landkarte herstellen.)

Nachdem die Preise für Mikrochips so drastisch sinken, ergeben sich für das GPS im kommenden Jahrhundert praktisch unbegrenzte Anwendungsmöglichkeiten. »Die Branche wird sich explosionsartig ausweiten«, sagt Randy Hoffman von der Firma Magellan Systems, die solche Navigationssysteme herstellt.[34] Blinde könnten Stöcke mit eingebauten GPS-Sensoren benutzen, Flugzeuge ferngesteuert landen, Wanderer ihren Standort im Wald feststellen – die Liste an Nutzungsmöglichkeiten ist endlos lang. Eigentlich ist das GPS nur ein Teil einer größeren Entwicklung namens »Telematik«, die letztlich zu intelligenten Autos auf intelligenten Straßen führen wird. In Europa gibt es bereits Prototypen für solche Straßen, und in Kalifornien experimentiert man mit Computerchips, Sensoren und Radiosendern auf den Autobahnen, die vor Staus und dichtem Verkehr warnen.[35] Auf dem Interstate Highway 15 in Kalifornien, 16 Kilometer nördlich von San Diego, installiert man derzeit auf einem 13 Kilometer langen Teilstück ein vom MIT entwickeltes System, das den »automatischen Fahrer« einführen soll. Das erfordert Computer, die mit Hilfe von Tausenden von sieben Zentimeter langen Magnetstiften, die in den Straßenbelag eingelassen werden, die Autos auf stark verkehrsbelasteten Straßen völlig selbständig lenken können. Jeweils zehn bis zwölf Fahrzeuge werden mit nur zwei Metern Abstand zu einer Gruppe zusammengefaßt, die als Einheit fährt und vom Computer gesteuert wird. Bis zum Dezember 2001, so die Hoffnung der Ingenieure, soll der Prototyp funktionieren.[36]

Die Fürsprecher der computerisierten Autobahn haben für die Zukunft große Pläne. Bis 2010 könnte einer der großen Highways in den USA vollständig mit der Telematik ausgestattet sein. Wenn das gelingt, könnte diese Technik um 2020, wenn Computerchips nur noch ein paar Pfennige kosten, schon Tausende von Autobahnkilometern in Amerika kontrollieren. Das könnte sich auch als nützlich für die Umwelt erweisen, denn es spart Treibstoff, vermindert Verkehrsstaus und Abgasbelastung und könnte eine Alternative zum weiteren Autobahnausbau darstellen.

Virtuelle Realität und Cyberwissenschaft

Eine weitere Technik, die um 2020 zu einem unverzichtbaren Teil der Welt werden wird, ist die virtuelle Realität. Das allgegenwärtige Rechnen ist in einem gewissen Sinn das Gegenteil von virtueller Realität, denn diese schafft Phantasiewelten, die es in Wirklichkeit nicht gibt, statt die wirkliche Welt aufzugreifen und weiterzuentwickeln. Mit virtueller Realität schafft man eine eigene Welt im Speicher eines Computers, in der man mit Brille und Joystick so tut, als bewegte man sich durch Raum und Zeit. Aber allgegenwärtiges Rechnen und virtuelle Realität ergänzen einander. Während unsichtbare Computer die bestehende Welt unendlich verbessern und unbelebte Gegenstände um uns herum mit Intelligenz ausstatten, befördert uns die virtuelle Realität ins Innere des Computers.[37]

Heute ist virtuelle Realität noch recht unbeholfen, aber ihre technischen Unzulänglichkeiten wird man nach und nach beseitigen. An die Stelle des einfachen Joystick werden Körperanzüge und Sensoren für elektrische Felder treten, welche die Haltung aller Körperteile in allen drei Dimensionen wahrnehmen. Die Brille wird durch leichte Miniatur-LCD-Bildschirme ersetzt, während die schwerfälligen Kabel von Funkempfängern verdrängt werden, die unmittelbar mit dem Internet in Verbindung stehen. Virtuelle Realität ist ein sehr nützliches wissenschaftliches Hilfsmittel, aber auch eine Hilfe bei der Ausbildung und ein Mittel der Unterhaltung. Sie schafft eine Disziplin, die »Cyberwissenschaft«, mit deren Hilfe wir komplexe physikalische Systeme simulieren können (zum Beispiel schwarze Löcher, explodierende Sterne, das Wetter oder die Strömungsverhältnisse an der Oberfläche von Überschallflugzeugen).

Seit ihren Anfängen existiert wissenschaftliche Forschung in zwei Formen, die sich gegenseitig ergänzen: Experiment und Theorie. Manche Wissenschaftler machten Experimente mit der Außenwelt (»Feldstudien«), andere versuchten die mathematischen Grundlagen und Theorien herauszufinden, nach deren Gesetzen man die experimentellen Daten erklären konnte. Mittlerweile tritt aber immer mehr eine dritte Form der Wissenschaft in Erscheinung, die auf Computersimulation in der virtuellen Realität aufbaut und der Forschung ganz neue Möglichkeiten eröffnet. Schon heute sind mehrere Fachgebiete fast ausschließlich auf Computersimulationen angewiesen.

Zur Beschreibung der Natur dienen seit Newtons Zeit unter anderem »Differentialgleichungen«: Sie erfassen die winzigen Unterschiede in Form oder Eigenschaft eines Gegenstandes, die sich über einen Zeitraum hinweg entwickeln. Mit Differentialgleichungen konnte man physikalische Phänomene von Gewittern über Raketen bis hin zu Elementarteilchen erstaunlich wirklichkeitsnah beschreiben. Zum Lösen von Differentialgleichungen ist der Computer das ideale Hilfsmittel, denn er kann die Veränderungen eines Gegenstandes im Mikro- oder Nanosekundenabstand berechnen und liefert so zahlreiche Momentaufnahmen, die das Verhalten des Gegenstandes realistisch beschreiben oder vorhersagen.

Aber mittlerweile sind die Computer derart leistungsfähig, daß sich durch Computersimulationen ganz neue Wissenschaftsgebiete eröffnen. Die Berechnungen sind schon so genau, daß ganze Disziplinen von ihnen abhängen, und das wiederum wird wahrscheinlich die Entwicklung vieler High-Tech-Branchen beeinflussen. In vielen Bereichen lassen sich Differentialgleichungen *nur* mit dem Computer lösen. Ein paar Beispiele für Themen, die man am besten mit Cyberwissenschaft untersucht:

- **Exotische Objekte im Weltraum.** Zur Erforschung von Supernovae, Neutronensternen und schwarzen Löchern sind Computer unabdingbar. »Die Computersimulation ist unsere einzige Hoffnung, wenn wir die Astronomie zu einer experimentellen Wissenschaft machen wollen«, sagt Bruce Fryxell von der NASA.[38]

- **Proteinfaltung.** Wenn ein Protein sich nicht kristallisieren läßt, kann man den Aufbau seiner Moleküle nicht mit der Röntgenstrukturanalyse ermitteln. Dann muß man seine Struktur mit Hilfe der Quantentheorie und Elektrostatik berechnen. Die komplizierten Gleichungen, die bei derartigen Proteinen die Molekülstruktur beschreiben, lassen sich nur mit dem Computer lösen. Er ist das einzige Hilfsmittel, um die Struktur und damit die Eigenschaften einer großen Gruppe von Proteinen herauszufinden.
- **Aerodynamik.** Mit Computern kann man heute die Luftströmungen an beliebigen Gegenständen simulieren, von Autos bis zu Überschallflugzeugen. Dies könnte in Zukunft die Möglichkeit billiger Überschallflüge eröffnen.
- **Treibhauseffekt.** Derzeit läßt sich nur mit Computern berechnen, ob der Anstieg der Kohlendioxidmenge in der Atmosphäre (der zu 50 Prozent durch das Verbrennen fossiler Energieträger entsteht) zu einem Temperaturanstieg und globaler Klimaerwärmung führt. Wenn der Treibhauseffekt zu Beginn des kommenden Jahrhunderts wirklich eintritt und das Klima sich verändert, könnte dies die Weltwirtschaft negativ beeinflussen.
- **Materialprüfung.** Belastungstests an industriellen Werkstoffen lassen sich mit dem Computer simulieren, was viele Millionen Mark für unnötige Versuche erspart.

Zur Null-Komma-Eins-Grenze verdammt?

Wie wir gesehen haben, kann man aufgrund des strikten Mooreschen Gesetzes recht genau voraussagen, wann faszinierende neue Rechenmaschinen in den Bereich des Möglichen rücken. Mit neuen Mikroprozessoren, Lasern und Sensoren wird die dritte Phase der Computertechnik Wirklichkeit werden. Moores Gesetz dürfte ungefähr bis 2020 zu einer kontinuierlichen Weiterentwicklung führen, aber dann wird die Quantentheorie die Wissenschaftler dazu zwingen, eine völlig neue Computerarchitektur zu entwickeln.
Bei der Herstellung von Chips mit Lichtstrahlen unter 0,1 Mikrometer Wellenlänge lauert ein größerer Stolperstein. Man spricht manchmal von der »Null-Komma-Eins-Grenze« (das entspricht ungefähr der Dicke eines aufgerollten DNS-Moleküls). Manche Computerfachleute vergleichen das Durchbrechen der Null-Komma-Eins-Grenze mit der Überwindung der Schallmauer. Unterhalb dieser Grenze kann man Chips nicht mehr mit ultraviolettem Licht ätzen, sondern man muß auf Röntgenstrahlen oder Elektronen ausweichen, die schwieriger zu steuern sind. Außerdem spielen in diesem Größenbereich bestimmte Welleneigenschaften der Elektronen und

Atome eine Rolle, so daß man bei der Herstellung noch kleinerer Chips die Newtonsche Physik völlig aufgeben muß. Deshalb rechnen wir damit, daß die Null-Komma-Eins-Grenze um das Jahr 2020 zum Ende des goldenen Siliziumzeitalters führen wird.

Manche Zukunftsforscher am Medienlabor des MIT vergleichen den Übergang zur Informationsgesellschaft gern mit dem Unterschied zwischen Atomen und Bits. (Das Bit ist die kleinste Einheit der Information, der Unterschied zwischen 0 und 1.) Während die Bewegung von Atomen schwierig und teuer ist, wird die Zukunft nach ihren Behauptungen von Bits bestimmt sein, die als digitale Signale mühelos und fast mit Lichtgeschwindigkeit durch Drähte und Kabel reisen. Demnach wird das Zeitalter der Atome vom Cyberspace und dem Informationszeitalter abgelöst.

Aber das stimmt nur zum Teil. Letztlich wird Moores Gesetz, die Triebfeder des Informationszeitalters, zu einer Kraft führen, die noch mächtiger ist als die Elektrizität: zur Quantentheorie. Irgendwann werden die »Atome« an den »Bits« Rache nehmen. Die Quantentheorie machte den Transistor überhaupt erst möglich, und sie wird letztlich darüber bestimmen, wann diese Technologie untergeht. Um 2020 dürfte die Revolution, die mit dem Mikroprozessor begonnen hat, vorüber sein, und die Physiker werden die nächste Computergeneration entwickeln.

Aber da noch etwa 25 Jahre lang Moores Gesetz gelten wird, dem zufolge immer mehr Transistoren auf eine Siliziumscheibe zusammengedrängt werden, kann man dennoch ungefähr voraussagen, welche großartigen Erfindungen, die in diesem und dem nächsten Kapitel beschrieben werden, bis zum Jahr 2020 auf den Markt kommen werden.

Um 2020 wird durch das Internet ein umfassender Cyberspace entstanden sein, mit elektronischem Handel, elektronischem Geld, virtuellen Online-Bibliotheken und -Universitäten, Cybermedizin und so weiter. Noch faszinierender aber sind die Aussichten für die Zeit nach 2020, wenn die Computer so leistungsfähig und allgemein verbreitet sein werden, daß die Erdoberfläche zu einer »lebenden« Hülle wird, ausgestattet mit einer globalen »Intelligenz«, die den in Märchen so oft beschworenen Zauberspiegel Wirklichkeit werden läßt.

Diese vierte Phase der Computertechnik und die Entstehung des »intelligenten Planeten« sind die Themen des nächsten Kapitels.

3 Der intelligente Planet

»Das Internet gleicht einer sechs Meter hohen Flutwelle, die Tausende von Kilometern weit über den Pazifik kommt, und wir sitzen im Einbaum. Je näher sie kommt, desto mehr nimmt sie an Durchschlagskraft zu, bis sie uns hochhebt und wieder fallen läßt ... Sie erfaßt alle – Computerindustrie, Telekommunikation, Medien, Chiphersteller und Softwarefirmen. Manche sind sich dessen mehr bewußt als andere.«[1]

Andrew Grove, Vorstandsvorsitzender von Intel

»Spieglein, Spieglein an der Wand, wer ist die Schönste im ganzen Land?«

Die böse Königin in »Schneewittchen«

Der amerikanische Erzähler Nathaniel Hawthorne prophezeite 1851 in *Das Haus mit den sieben Giebeln*: »Es ist eine Tatsache, daß die materielle Welt ... durch die Elektrizität zu einem großen Nerv geworden ist, der über Tausende von Meilen in einem atemlosen Augenblick vibriert. Eigentlich ist der ganze Erdball ein riesiger Kopf, ein Gehirn, ein Instinkt mit Intelligenz!«[2] Hawthorne beobachtete die fast unglaublichen Fortschritte seiner Zeit, als die Großstädte der Erde durch die Telegrafie verbunden wurden, und staunte darüber, wie diese geheimnisvolle Substanz, die man Elektrizität nannte, Signale über Tausende von Kilometern weiterleiten und ruhende Maschinen plötzlich zum Leben erwecken konnte. Aber er dachte auch weiter und malte sich eine wundersame Zeit aus, in der die Elektrizität den ganzen Planeten mit kosmischer Intelligenz ausstatten würde.

Über ein Jahrhundert später war diese Stelle bei Hawthorne Anlaß für Marshall McLuhan, den Begriff des »globalen Dorfes« zu prägen. Aber erst im 21. Jahrhundert wird die Revolution der Telekommunikation, die von Mikroprozessor und Laser in Gang gesetzt wurde, Hawthornes Vision endlich Wirklichkeit werden lassen.

In der dritten Phase der Computertechnik werden unsichtbare Rechner untereinander kommunizieren, so daß schließlich die ganze Erde von einer ständig aktiven, elektronischen Haut umhüllt ist. Einen ersten Eindruck von dieser gewaltigen Vision vermittelt uns schon heute das Internet: Wie ein Feldweg, der darauf wartet, zur Datenautobahn ausgebaut zu werden, verbindet es immer schneller die Computer auf der ganzen Welt. Für die kommenden 20 Jahre rechnen die Computerfachleute damit, daß um das Internet herum eine ganze Kultur aufblühen wird: elektronischer Handel und Banken, virtuelle Universitäten und Schulen, Cyber-Bibliotheken und so weiter. Einen flüchtigen Blick auf Hawthornes Vision werden wir erhaschen, wenn wir »intelligente Agenten« in das weltweite Netzwerk losschicken, um unsere Fragen schnell und einfach beantworten zu lassen. Zu wirklicher Blüte wird Hawthornes Vision aber erst zwischen 2020 und 2050 gelangen, wenn im Netz echte Programme mit Künstlicher Intelligenz (KI) zu finden sind, die Vernunft, menschenähnlichen Verstand und die Fähigkeit zur Spracherkennung besitzen. Manche Fachleute sprechen von einer »vierten Phase«, in der wir mit dem Internet kommunizieren können, als sei es ein intelligentes Wesen. Irgendwann wird der Zugang zum Internet etwas Ähnliches sein wie das Gespräch mit dem Zauberspiegel in dem Kindermärchen. Statt einem Web-Browser komplizierte Codes und Symbole einzugeben und daraufhin einen Wust falscher Antworten zu erhalten, werden wir in Zukunft einfach unseren an der Wand hängenden Bildschirm oder unsere Krawattennadel ansprechen und uns damit das gesamte Wissen der Erde erschließen. Dieser »Zauberspiegel«, der mit einem intelligenten System einschließlich gesundem Menschenverstand und Vernunft ausgestattet ist und möglicherweise sogar ein menschliches Gesicht und eine eigenständige Persönlichkeit besitzt, dient uns dann als Berater, Vertrauter, Helfer, Sekretär und Botenjunge. Ein Computerexperte meint dazu, die Zukunft könne einem Disney-Film ähneln: Leblose Gegenstände werden plötzlich lebendig, um miteinander und mit uns zu reden wie Mrs. Potts, der sprechende Teekessel, in *Die Schöne und das Biest.*

Warum nicht der Polizist an der Ecke?

Für jeden, der schon einmal vor einem Computerbildschirm gesessen und sich in das schiere Chaos des Internet gestürzt hat, mag die Idee, wir könnten eines Tages informative, lehrreiche Gespräche mit einem »Zauberspiegel« führen, als ferne Zukunftsmusik erscheinen. Hawthornes Phantasie vom »intelligenten Planeten« ist meilenweit von der nüchternen Realität des heutigen Internet entfernt.

Der Neuling, der zum erstenmal durch das Netz surft, wird entsetzt sein, daß es keinerlei Intelligenz besitzt und sich völlig ohne erkennbare Ordnung präsentiert: weder Verkehrsregeln noch Polizisten, keine Vorschriften, ja noch nicht einmal ein Inhaltsverzeichnis. Manche Computerfreaks sind gerade davon begeistert und behaupten, das Internet sei Demokratie in ihrer reinsten und schönsten Form. Andere suchen vergeblich und ziehen sich dann entsetzt zurück.

Schon heute haben junge Computernarren, die dieses seltsame Vakuum mit Hilfe einfacher Zugangs- und Orientierungshilfen (Browser, Suchmaschinen) zu füllen versuchten, über Nacht ein Vermögen verdient, als sie mit ihren Firmen an die Börse gingen.[3] Jim Clark, der Mitbegründer von Netscape, vermehrte sein Vermögen an dem Tag, an dem seine Firma an die Börse ging, um unglaubliche fünfhundert Millionen Dollar. (Zum Milliardär wurde Clark nur 18 Monate nach der Firmengründung; Bill Gates, der Gründer von Microsoft, brauchte dafür zwölf Jahre.)[4] Fassungslos berichtete die *New York Daily News*: »Der Börsengang von Netscape war der erfolgreichste, seit Gott die Erde an die Börse brachte.«

Warum entstand das Internet, die erste Stufe des »intelligenten Planeten«, auf so seltsame Weise und anscheinend ohne jedes Konzept?

Viele elektronische Wunder der Neuzeit wie Videokonferenzen, virtuelle Realität, Satelliten zur weltweiten Positionsbestimmung und auch das Internet, wurden im wesentlichen von Wissenschaftlern des Pentagon entwickelt und völlig vor der Öffentlichkeit geheimgehalten. Diese zwanghafte, aus dem Kalten Krieg stammende Geheimniskrämerei hat die Computerrevolution nach Ansicht mancher Fachleute um Jahre zurückgeworfen und ist die Ursache für die merkwürdige Entwicklungsgeschichte dieser Technik. Sie hinterließ eigenartige Lücken, die erst jetzt von den Softwareentwicklern gefüllt werden.

Erst in den letzten zehn Jahren, nach dem Ende des Kalten Krieges, wurde diese Technik für die Öffentlichkeit zugänglich. Nachdem sie zum erstenmal nicht mehr der militärischen Geheimhaltung unterlag, hat sie jetzt ihr Eigenleben entwickelt, die Phantasie der Öffentlichkeit beflügelt, nebenher eine boomende Industrie hervorgebracht und sich auf den Weg ins 21. Jahrhundert gemacht.

Vielleicht kann man daraus lernen, daß Wissenschaft und Technik am besten vorankommen und gedeihen, wenn Wissenschaftler und Ingenieure sich in einer offenen Atmosphäre ungehindert untereinander austauschen können.

Die Entstehung des Internet und anderer Technologien

Im Januar 1977 spielte sich im Weißen Haus ein seltsamer, geradezu verrückter Vorfall ab. Er war einer der Gründe für die geheimnisumwitterte Atmosphäre, in der das Internet entstand. Das Ereignis schien eigentlich lächerlich, wenn es nicht einen so ernsten Hintergrund gehabt hätte.

Es war wie in einer Szene aus *Dr. Seltsam*: Zbigniew Brzezinski, der Sicherheitsberater des amerikanischen Präsidenten Carter, ließ sich von einem Offizier über raffinierte Pläne in Kenntnis setzen, mit denen man die

Führungselite des Landes im Ernstfall eines Atomkriegs in Sicherheit bringen wollte. Der junge Offizier trug folgendes vor: Auf dem Rasen vor dem Weißen Haus, vor dem Capitol und vor dem Pentagon würden Hubschrauber landen, die den Präsidenten und seine Berater an streng geheime Orte brachten, etwa in Kavernen im Mount Weather bei Culpepper (Virginia).

Als der Offizier weiter dozierte, schnitt Brzezinski ihm plötzlich das Wort ab und verlangte *sofort* eine vollständige Evakuierung.

»Jetzt sofort?« fragte der Soldat entgeistert.

»Ja, jetzt sofort!« bellte Brzezinski zurück.

»Dem armen Kerl ... fielen fast die Augen aus dem Kopf. Er sah so überrascht aus ... Er griff nach dem Telefon und konnte kaum zusammenhängend sprechen, als er befahl, die Hubschrauber sollten sofort zu einer Übung starten...« sagte Brzezinski.[5]

Viele lähmende Stunden später, nach einer slapstickreifen Reihe peinlicher Pannen und demütigender Fehler, knatterte der Hubschrauber mit Brzezinski schließlich nach Washington zurück.

Aber das Fiasko ging weiter. Als die Sicherheitsbeamten des Weißen Hauses sahen, daß sich ein nicht angemeldeter und möglicherweise feindlicher Hubschrauber näherte, gaben sie sofort Alarm. Mit Maschinengewehren gingen sie in Stellung, bereit, Brzezinskis Hubschrauber mit einer gut gezielten Salve vom Himmel zu holen!

Dieser entsetzliche Reinfall war eine gewaltige Ernüchterung für das Pentagon, ein allzu deutlicher Hinweis auf die enormen Mängel in den hochfliegenden Plänen für einen Atomkrieg.

Um dieser Herausforderung gerecht zu werden, erdachte eine Arbeitsgruppe im Pentagon mehrere neue computergestützte Konzepte, und vorhandene wurden weiterentwickelt:

Fernsehkonferenzen. Das Pentagon wollte sicherstellen, daß die politische Führung während des Atomkrieges überlebte und den Einsatz der Nuklearwaffen anordnen konnte. Während die übrige Welt in radioaktive Trümmer fiel, sollten die Regierenden aus der Sicherheit und dem Komfort fliegender Kommandozentralen und riesiger, klimatisierter unterirdischer Kavernen heraus die US-Einsatzkräfte befehligen. Fünf Führungspersönlichkeiten (darunter der Präsident, der Vizepräsident und der Chef des Generalstabes) sollten sich auf fünf verschiedene Orte verteilen, von der ständig fliegenden Präsidentenmaschine bis zu ausgehöhlten Bergen oder dem Militärhauptquartier in Cheyenne im Bundesstaat Wyoming. Die Verbindung zwischen ihnen sollten Fernsehschirme und Computer herstellen. Dieser Plan war die Geburtsstunde der Telekonferenzen.

Virtuelle Realität. Das Pentagon wollte dafür sorgen, daß Piloten ihre Jagdflugzeuge und Bomber auch unter unvorhergesehenen, widrigen Bedingungen lenken konnten, beispielsweise in den gewaltigen Sogwinden, die vom

Feuerball einer Atombombe erzeugt werden. Zu diesem Zweck entwickelte man Flugsimulatoren, und damit war die virtuelle Realität geboren. Die Piloten saßen mit einer dicken Brille im Gesicht auf einem Stuhl und steuerten mit einem Joystick die Computerbilder vor ihren Augen. Auf den kleinen Bildschirmen flogen vom Computer erzeugte Phantasiewelten vorbei, in denen Kriegsbedingungen simuliert wurden.

Panzer und U-Boote waren einfach darzustellen, denn der Blick durch die Computerbrille ähnelte stark dem durch ein Fernglas oder Sehrohr. Ab 1968, als man für das Pentagon die ersten am Kopf zu befestigenden Bildschirme baute, entwickelte sich die virtuelle Realität zu den Videospielen in den Vergnügungszentren des ganzen Landes weiter.

Satelliten zur Positionsbestimmung. Das Pentagon wollte, daß seine Geschosse möglichst genau trafen. Deshalb brachte es rund um die Erde eine Reihe von Satelliten in Umlauf, die mit Hilfe des späteren Global Positioning System (GPS) die Flugbahn der Raketen lenkten. Sie arbeiteten so genau, daß eine in den USA abgeschossene Interkontinentalrakete ein Ziel Tausende von Kilometern entfernt mit einer Zielgenauigkeit von 100 Metern treffen konnte.

Die hohe Präzision des Systems versetzte die USA in die Lage, feindliche Raketen in ihren Silos, U-Boote in ihren Bunkern und Bomber auf den Stützpunkten zu zerstören. Wie man im Pentagon außerdem erkannte, war auf diese Weise auch ein Erstschlag möglich, mit dem man einen Feind entwaffnen konnte, bevor er zur Gegenwehr in der Lage war.[6]

Heute lenken die Satelliten des GPS, früher das Rückgrat einer wachsenden Erstschlagfähigkeit, Autos über die Straßen.

E-Mail. Im Pentagon wußte man genau, daß Techniker und Wissenschaftler während und nach einem Atomkrieg untereinander kommunizieren mußten. Dazu brauchte man ein Computernetz, denn nachdem der Krieg »gewonnen« war, mußte man die zerstörten Städte und die Wirtschaft wieder aufbauen. Die überlebenden Wissenschaftler sollten in der Lage sein, sich in eine Telefonleitung einzuwählen und mit ihren Kollegen zu kommunizieren, um den mühsamen Wiederaufbau der Zivilisation in Gang zu setzen. Da es die meisten Städte nicht mehr geben würde, mußte man Nachrichten in kleine Bruchstücke zerlegen, die sich über das ganze System verteilten, durch die nicht mehr existierenden Städte wanderten und am Bestimmungsort wieder zusammengesetzt wurden.[7] Aus dieser Vorstellung in Verbindung mit den vorhandenen Systemen schuf die Arbeitsgruppe im Pentagon das, was wir heute als e-Mail bezeichnen.

Man hatte auch das Gefühl, unter Zeitdruck zu stehen. Im Pentagon machte man sich Sorgen, die Sowjetunion könne ihre zerstörten Überreste schneller wieder aufbauen als die USA. Nach einem Atomkrieg würde es einen Wettlauf um die schnellere Wiederherstellung des eigenen Landes geben. Wie in einem Boxkampf, bei dem beide Kontrahenten angeschlagen im

Ring liegen und langsam wieder zu Bewußtsein kommen, würde auch im dritten Weltkrieg dasjenige Land gewinnen, das als erstes wieder auf die Beine kam (und im vierten Weltkrieg Sieger blieb). Deshalb legte man im Pentagon großen Wert darauf, daß die Wissenschaftler das Land so schnell wie möglich und ohne unnötige Hindernisse wieder aufbauen konnten. Was das bedeutete, war klar: Man brauchte ein Kommunikationsnetz ohne »Polizisten«. Bürokratische Regelungen, Zensur und staatliche Einmischung würden den Wiederaufbau Amerikas im Wettlauf mit der Sowjetunion nur behindern. Das war der Hauptgrund dafür, daß das Internet ohne Zensur, Regeln und Vorschriften aufgebaut wurde.

Dem gleichen Ziel diente das ARPANET, das die Wissenschaftler an den Universitäten verbinden sollte. Und aus dem ARPANET wurde schließlich das Internet.

Die Mutter aller Netze

Als Samuel Morse 1844 die unsterblichen Worte »Was hat Gott getan?« von Washington nach Baltimore telegrafierte, trug er wesentlich zum Einstieg ins Zeitalter der elektronischen Kommunikation bei. Am 21. November 1961 gab es keine Propheten oder Hellseher, die das Informationszeitalter mit seinem umfassenden Potential vorausgeahnt hätten. An diesem Tag versammelte sich ein halbes Dutzend Wissenschaftler in der Boelter Hall, wo die Computerabteilung der University of California in Los Angeles untergebracht war, um einen Rechner mit einem zweiten im Forschungsinstitut der Stanford University in Palo Alto zu verbinden.

»Es war kein einziger Fotograf da, und wir kamen auch gar nicht auf die Idee, daß wir einen hätten gebrauchen können«[8], erinnert sich Steve Crocker, der damals Doktorand war. Tatsächlich weiß heute niemand mehr, was der Inhalt der ersten historischen Nachricht war, die von einem Computer zum anderen lief.

Das ARPANET verband ursprünglich nur vier Orte (die University of California in Los Angeles, die University of California in Santa Barbara, das Forschungsinstitut von Stanford und die University of Utah). Es wuchs zunächst nur langsam, behindert an allen Ecken und Enden durch die Tatsache, daß es eigentlich ein Provisorium war, und auch dadurch, daß die Computer damals meist nicht kompatibel waren. Bis 1971 umfaßte das Netz erst zwei Dutzend Rechner, 1974 war diese Zahl auf 62 gewachsen, und 1981 lag sie über 200. Erst Mitte der achtziger Jahre wurde das ARPANET zu einer festen Größe für Universitäten und wissenschaftliche Labors.

Als das ARPANET schließlich in Schwung kam, war es so erfolgreich, daß man es 1990 offiziell einstellte, weil es seine Bestimmung erfüllt hatte. Mit dem Ende des Kalten Krieges ging die Führungsrolle vom Militär auf die National Science Foundation über. Und je mehr Menschen von dieser großartigen Technologie Wind bekamen, desto stärker wurde das ARPA-NET von einer Spielwiese der Physiker und Computerexperten zu einer öffentlichen Einrichtung.

Im Jahr 1994 waren bereits mehr als 45 000 kleinere, lokale Computernetze an das Internet angeschlossen.[9] In diesem Jahr brachten Physiker endlich eine gewisse Ordnung in den regellosen Wildwuchs des Internet. Nachdem der Kalte Krieg vorüber war, gab es keinen Anlaß mehr, das Computernetz so wenig wie möglich zu regulieren. Tim Berners-Lee, ein Mathematiker des Europäischen Forschungszentrums für Kernphysik (CERN) in Genf, schuf 1991 das *World Wide Web* und erschloß damit das Internet für Multimedia-Anwendungen. Wie das ARPANET, das Physiker und Techniker nach einem Atomkrieg verbinden sollte, so diente auch das »Web« ursprünglich der Kommunikation unter Teilchenphysikern, die sich gegenseitig über ihre komplizierten Experimente auf dem laufenden halten und gewaltige Datenmengen aus ihren großen Teilchenbeschleunigern übermitteln wollten.

Heute wächst das Internet mit der atemberaubenden Geschwindigkeit von 20 Prozent je Vierteljahr, seit 1988 hat sich sein Umfang jedes Jahr fast verdoppelt.[10] Damit übertrifft es sogar die Wachstumsgeschwindigkeit der Computer nach Moores Gesetz. Es ist wirklich die »Mutter aller Netze« – heute findet man im Internet über zehn Millionen Server! Zählt man alle Personen mit, die sich zu Hause oder am Arbeitsplatz mit ihrem PC einwählen, liegt die Zahl der Internetnutzer weltweit derzeit bei etwa 40 Millionen.[11]

Geht das Wachstum mit dieser Geschwindigkeit weiter, werden sich im Jahr 2000 nach Schätzungen des Internet-Pioniers Vinton Cerf etwa 160 Millionen Menschen im Internet tummeln. Nicholas Negroponte vom MIT ist noch optimistischer: Nach seiner Vermutung werden zur Jahrtausendwende bereits eine Milliarde Menschen im Netz surfen. Die Möglichkeiten dazu sind sicherlich vorhanden: Im Jahr 1995 verließen 65 Millionen Computer die Fabriken, 1996 besaß in den USA jeder dritte Haushalt einen PC, und etwa 10 bis 15 Prozent der Haushalte waren ans Internet angeschlossen.[12]

Und wie groß wird das Internet werden? Cerf meint dazu: »Ich sage ohne zu zögern voraus, daß das Internet 2005 ebenso groß sein wird wie heute das Telefonnetz.«[13] (Weltweit gibt es etwa 600 Millionen Telefonanschlüsse.)

Da die bahnbrechende Richtlinie der Federal Communications Commission in den USA aus dem Jahr 1996 den Weg für die Vereinigung von Fernsehen und Internet ebnen wird und da 99 Prozent aller amerikanischen Haushalte ein Fernsehgerät besitzen (ein größerer Anteil als für Telefon, Wasserspülung oder Computer), dürften Anfang des nächsten Jahrhunderts

auch 99 Prozent der amerikanischen Bevölkerung mit dem Internet verbunden sein.
Auch die im Internet gespeicherte Informationsmenge nimmt mit unglaublicher Geschwindigkeit zu. Die Zahl der verfügbaren Seiten lag 1996 bei etwa 50 Millionen.[14] In 20 Jahren wird das Internet voraussichtlich Zugang zum gesamten Wissen der Menschheit bieten, zu den gesammelten Erfahrungen und Weisheiten unserer fünftausendjährigen aufgezeichneten Geschichte.

Die historische Bedeutung des Internet

Wer kühnere Visionen hat, sieht im Internet nur einen Anfang. Es ist heute nur ein staubiger Feldweg, aus dem im 21. Jahrhundert die echte Datenautobahn werden wird. Der »Grafikstau« im Internet, der immer wieder zu ärgerlichen Verzögerungen führt, wird sich allmählich auflösen. (So brach zum Beispiel 1996 die Schaltstelle in San Jose fast zusammen, weil der Datenverkehr im Internet ein Volumen von 95 Megabit in der Sekunde erreichte und damit dicht an der Kapazitätsgrenze des Systems von 100 Megabit pro Sekunde lag.)[15]
Nach Ansicht von US-Vizepräsident Al Gore wird das Internet vom National Research and Education Network (NREN) abgelöst werden, das hundertmal schneller ist als das Internet und in fünf Jahren 390 Millionen Dollar an Bundesmitteln kosten wird.[16]
Das Internet läßt sich in vielerlei Hinsicht mit Gutenbergs Druckerpresse vergleichen, durch die Bücher seit 1450 für breite Bevölkerungsschichten Europas zugänglich wurden. (In China und Korea kannte man bewegliche Lettern für den Buchdruck schon früher.) Vor Gutenberg gab es in ganz Europa nur etwa 30 000 Bücher. Lesen und Schreiben waren das Privileg (und ein Machtmittel) einer kleinen, gebildeten Elite, die dieses Vorrecht eifersüchtig hütete. Um 1500 wurde Europa dann von mehr als neun Millionen Büchern förmlich überschwemmt, und sie setzten jenes geistige Gären in Gang, das den Weg für die Renaissance ebnete.
Lästermäuler behaupten, das Internet sei eine vorübergehende Schrulle, die bald wieder verschwinden werde, weil die Leute es satt haben werden, sich zu ärgern oder knietief im Cybermüll zu waten.
Das erinnert an das Schicksal des Bildtelefons, das auf der Weltausstellung 1964 in New York die große Sensation war. Den Millionen Ausstellungsbesuchern erzählte man, das normale Telefon werde schon bald ins Museum wandern, weil jeder zu Hause ein Bildtelefon haben wolle. Die amerikanische Telefongesellschaft AT&T wandte in den sechziger Jahren 500 Millionen Dollar Entwicklungskosten auf, um das Gerät marktreif zu machen – aber verkauft wurden nur ein paar hundert Stück (das entspricht et-

wa einer Million Dollar pro Telefon!). Im Bereich der Telekommunikation war dies einer der größten Flops aller Zeiten.[17] Was ging schief? Es gab technische Probleme (Telefonleitungen und Computer waren für die Übertragung scharfer Videobilder nicht leistungsfähig genug). Aber es gab auch persönliche Gründe. Die meisten Menschen wollten den Gesprächspartner zwar sehen, aber selbst nicht gesehen werden! Ein Witzbold meinte dazu:»Wollen Sie sich wirklich jedesmal kämmen, bevor Sie jemanden anrufen?« Letztlich entscheidet, auch über High-Tech, immer der Verbraucher.

Als einer der hartnäckigsten Kritiker des Internet gilt der Computerfachmann Clifford Stoll, Autor der Streitschrift *Die Wüste Internet*.[18] Er macht sich über die Behauptung lustig, das Internet werde eines Tages alle Formen des zwischenmenschlichen Umgangs in sich aufsaugen.»Die wenigsten Gesichtspunkte unseres täglichen Lebens erfordern Computer, digitale Netze oder ihre Verbindungen«, sagt Stoll.»Sie sind bedeutungslos für das Kochen, Autofahren, Besuchen, Verhandeln, Essen, Wandern, Tanzen, Sprechen und den Klatsch. Man braucht keine Tastatur, um Brot zu backen, Football zu spielen, eine Patchworkdecke zu nähen, eine Mauer aus Steinen zu bauen, ein Gedicht zu rezitieren oder ein Gebet zu sprechen.«[19] Dann nennt er andere Produkte, die zunächst begeistert aufgenommen wurden und später in der Versenkung verschwanden, so beispielsweise die CB-Funkgeräte: In den siebziger Jahren waren sie sehr beliebt, und in ihrer Blütezeit wurden sie von 25 Millionen Menschen benutzt. Aber bis 1980 war der Reiz des Neuen vorüber, und der Markt für CB-Geräte brach zusammen.[20] Aber da liegt der Unterschied. Der CB-Funk sprach nur Menschen an, die auf einer ganz bestimmten Straße fuhren und einer Polizeistreife ausweichen wollten. Seine Reichweite (ein paar Kilometer) und sein Publikum (eine Handvoll Leute auf der Autobahn vor oder hinter dem eigenen Wagen) waren begrenzt und konnten nie die »kritische Masse« erreichen. Das Gesetz der wachsenden Profite erfüllte sich nie. (Dieses Gesetz besagt: Wenn eine bestimmte Masse überschritten wird und eine bestimmte Anzahl von Menschen eine Technologie nutzen, werden immer mehr Menschen diese Technologie ebenfalls nutzen wollen.) Die Reichweite des Internet dagegen ist der gesamte Planet, sein Thema ist das gesamte Wissen der Menschheit, und sein Publikum besteht aus allen, die einen Computer und ein Modem besitzen – es ist ein Publikum, dessen Zahl schon bald in die Hunderte Millionen oder sogar Milliarden gehen wird.

Bis 2020:
Wie das Internet unser Leben mitgestalten wird

Einer der Vordenker, die ursprünglich am PARC von Xerox jene graphische Benutzeroberfläche entwickelten, die später das Markenzeichen des Macintosh sowie von Windows wurde, ist Larry Tesler, der wissenschaftliche Leiter bei Apple Computers.[21] Er hat das PARC mittlerweile verlassen und konzentriert sich heute darauf, die Auswirkungen des Internet auf unseren Lebensstil vorauszusagen. In vielen Punkten schließt er sich der Kritik am Internet an: Ja, es gibt im Netz zuviel Mist; ja, die Hysterie ist übertrieben. Aber das Gute überwiegt gegenüber dem Schlechten bei weitem. Unter dem Strich, so meinte er, ist die Sache klar: Das Internet wird erhalten bleiben.[22] Natürlich ist auch er der Ansicht, daß das explosionsartige Wachstum des Internet sich abschwächen wird, wie auch Clifford Stoll es vermutet, einfach weil die Leute es leid sind, sich über den Cybermüll zu ärgern. Andererseits wird es zu einem unverzichtbaren Teil der modernen Zivilisation werden, unentbehrlich für Beruf, Handel, Wissenschaft, Kunst und Unterhaltung. Tesler zählt auf, in welch vielfältiger Weise das Internet unser Leben verändern und bereichern wird, von den Anhängern ausgefallener Hobbys, die rund um die Welt in Kontakt kommen, bis zum »Cybermarkt«, der unsere Einkaufsgewohnheiten verändern wird.[23]
Online-Reisebüros werden über das Internet Tausende von Pauschalreisen anbieten. »Mal eben nach Hawaii«, schwärmt das *Wall Street Journal*.[24] Online-Aktienbroker, die derzeit nur mit einem Prozent am gesamten Börsenhandel beteiligt sind, werden einen Höhenflug erleben, weil sie nur ein Zehntel der sonst üblichen Gebühren erheben und sofortige Finanzanalysen vornehmen können. »Merrill Lynch, paß auf!« warnte das *Wall Street Journal*.[25] Online-Buchhandlungen werden Millionen von Titeln anbieten, den Inhalt mehrerer Bibliotheken.[26] Der Lebensmittelhandel, der in den USA ein Volumen von 400 Milliarden Dollar hat, wird im Jahr 2000 zu 15 Prozent elektronisch abgewickelt, so die Behauptung von Mohsen Maozami von der Einzelhandel-Beratungsfirma Salmon Assoc.[27] Die Zukunft des Bankgewerbes erkennt man möglicherweise an der Security First Network Bank in Pineville (Kentucky), die heute schon ihre Geschäfte ausschließlich über das Internet abwickelt. »Langsam, aber sicher kommt das echte Geschäftsleben ins Netz«, schreibt das *Wall Street Journal*, denn »... die Verlockung ist übermächtig. Im Internet hat kein Laden geschlossen, und kein Ort ist vom Rest der Welt abgeschnitten. Händler, die im Cyberspace ihr elektronisches Firmenschild aushängen, brauchen sich keine Sorgen um Regalmeter zu machen und können ihre Werbung zu einem Bruchteil der Kosten zielgruppenorientiert auf interessierte Kunden konzentrieren. Und allein die Größe mancher Online-Läden geht weit über alles hinaus, was man mit Steinen und Mörtel bewerkstelligen könnte.«[28]

Das Internet kann den Kunden auch »maßgeschneiderte Konfektionsware« bieten. In Zukunft wird man sich einen Kleiderschnitt oder ein Muster aussuchen, das via Internet in die Fabrik übertragen und dort in ein maßgeschneidertes Produkt umgesetzt wird. Die Technology/Clothing Corp. baut bereits für 8,5 Millionen Dollar einen Scanner, der innerhalb von zwei Sekunden ein dreidimensionales Ganzkörperbild liefert.[29] Der Kunde legt zunächst einen hautengen Anzug an, und der Scanner erzeugt auf dieser Umhüllung mit sechs Projektoren und sechs Videokameras eine Reihe waagerechter Linien. Anschließend berechnet der Computer die genauen räumlichen Koordinaten für jede Kurve des Körpers. Nun wählt der Kunde den Stoff aus, und der Computer schickt alle Daten an die Fabrik, wo sie unmittelbar in die Zuschneidemaschine eingelesen werden.

Engpässe im Internet

Solche Visionen vom Internet sind wirklich atemberaubend. Aber sie sind auch voller Tücken, Hindernisse und Umwege. Damit die Versprechungen über die Datenautobahn eingelöst werden, müssen bis 2020 mehrere Probleme gelöst werden, und es sind wichtige Fortschritte nötig: Erstens müssen die Bandbreiten-Engpässe verschwinden, zweitens brauchen wir bessere Schnittstellen, und drittens müssen wir persönliche Agenten und Filter schaffen.

Bill Gates, der Chef von Microsoft, sieht in den Bandbreiten-Engpässen das größte Hindernis für die Realisierung solcher Träume.[30] Die Bandbreite entspricht ungefähr der Informationsmenge (das heißt der Zahl an Bits), die in einer Sekunde übertragen werden können. Der »goldene Standard« der Bandbreite liegt bei vier Gigabyte, das ist die Informationsmenge in einem abendfüllenden Kinofilm. Die Übertragung von Filmen auf Bestellung gilt vielfach als »Killer-App«, als das entscheidende Kriterium, das den Internet-Markt auf Trab bringen wird, ganz ähnlich wie es die Filme mit dem Markt für Videorecorder und die Tabellenkalkulationen mit dem Markt für PCs getan haben.

Die Frage, die an der Wall Street heftige Spekulationen auslöst, lautet: Welches Medium eignet sich am besten, um den Leuten vier Gigabyte an Information ins Haus zu liefern?

Praktisch jeder, der schon einmal im Internet gesurft ist, kennt das quälende Warten, wenn Bilder aufgebaut werden sollen. Selbst mit einem schnellen 28.8er-Modem dauert es oft 15 bis 30 Sekunden, bevor eine einzige Grafik fertig ist. (Mit ISDN-Verbindungen und Übertragungsgeschwindigkeiten bis 144 Kilobaud verkürzt sich diese Zeit auf etwa eine Sekunde.)[31]
Um einen richtigen Film auf dem Bildschirm zu sehen, muß man 30 Bilder in der Sekunde übertragen – diese Geschwindigkeit liegt um ein Vielfaches

jenseits der Leistungsfähigkeit heutiger Modems. Außerdem leiten Telefonleitungen, die heute die wichtigste Internet-Anbindung darstellen, analoge Signale mit 64000 Bits in der Sekunde weiter. In diesem Schneckentempo würde man über 100 Stunden brauchen, um den Film *Das Schweigen der Lämmer* zu übertragen.

Deshalb glaubte man, Filme könnten nie über die Kupferkabel des Telefonnetzes übertragen werden. Wandelt man die Videosignale aber in digitale Form um, lassen sie sich so stark komprimieren, daß die Kupferkabel sie bewältigen. Ein kleiner Teil der Information geht durch die Kompression zwar verloren, aber das wird durch die höhere Übertragungsgeschwindigkeit mehr als aufgewogen.

Derzeit bieten sich zwei reizvolle Alternativen zu den Telefonleitungen an: Satelliten und Kabel. Beide haben ihre Stärken und Schwächen. Satelliten und die Übertragung aus dem Weltraum bieten den Vorteil, daß die Firmen nicht Milliarden ausgeben müssen, um Millionen Kilometer Kabel zu verlegen. Statt dessen muß man allerdings mehrere hundert Fernmeldesatelliten im All plazieren, wenn man wirklich die gesamte Erdoberfläche abdecken will.

Dagegen wäre das Kabelfernsehen ein bequemer Weg, weil es schon heute Filme mit hoher Übertragungsgeschwindigkeit in Millionen Haushalte befördert. Die ersten Kabelfernsehunternehmen in den USA bieten bereits neben den üblichen Fernsehprogrammen auch schnelle Internetzugänge an. Aber auch das Kabel hat seine Probleme: Unter anderem sind teure Zwischenverstärker notwendig, damit sich die Signale über große Entfernungen nicht zu sehr abschwächen.

Wenn die Feldwege des Internet aus Kupferkabeln bestehen, wird die asphaltierte Datenautobahn wahrscheinlich aus laserbetriebenen Glasfaserleitungen aufgebaut. Der Laser ist ein Quantengerät par excellence: Er erzeugt kohärentes Licht (das heißt, die Lichtwellen in einem solchen Strahl schwingen exakt synchron, eine exotische Form der Strahlung, die im Universum von Natur aus nicht vorkommt). Es entsteht durch gezielte Beeinflussung der Elektronen, die Quantensprünge zwischen den verschiedenen Energieniveaus in den Atomen vollziehen.

Lichtstrahlen, die in durchsichtigen Glasfasern weitergeleitet werden, bleiben innerhalb der Faser, auch wenn man diese ringförmig biegt. Der Strahl wird einfach immer wieder an den Wänden der Faser totalreflektiert. (Nach dem gleichen Prinzip werden in Italien und anderswo eindrucksvolle Licht-Wasserspiele erzeugt. Bringt man unter einem Springbrunnen starke Scheinwerfer an, fangen die Wasserstrahlen das nach oben strahlende Licht auf, so daß man meint, das Wasser stehe in Flammen.)

Der Laser wird zum wichtigsten Transportmedium des Internet werden, denn er kann zehn- bis hundertmal mehr Informationen übertragen als ein Kupferkabel. Die Frequenz des roten Laserlichts aus einem normalen Helium-Neon-Gaslaser liegt beispielsweise bei 100 Billionen Schwingungen in der Sekunde. Je höher dieser Wert ist, desto mehr Information kann man in dem Signal unterbringen. Was den Verkehrsstau angeht, besteht zwischen wirklichen Autobahnen und dem Internet ein entscheidender Unterschied. Je mehr Autobahnen gebaut werden, desto mehr Verkehr ziehen sie an, bis es zum Kollaps kommt. Das alles verbraucht jedoch kostbaren Boden, was in einigen Fällen bereits zum Widerstand gegen den Autobahnbau geführt hat. Das Internet dagegen ist, wie Tesler betont, grenzenlos ausbaubar. Man kann sozusagen unbemerkbar für den Nutzer immer mehr Glasfaserkabel installieren, die Geschwindigkeit der Vermittlungsstellen steigern, die Bandbreite durch neue Laser vergrößern. Und auch was die Art die Information angeht, die via Internet übertragen wird, gibt es keine Grenzen. Die einzige physikalische Begrenzung für das Potential der optischen Fasern sind offenbar die Nadelöhre an den Enden, das heißt, die Schalter und Kabel beim Empfänger.

Schon heute werden Glasfaserkabel hergestellt, die atemberaubende 100 Milliarden Bits pro Sekunde übertragen können – das heißt, die gesamte Information der *Encyclopedia Britannica* wandert in Sekundenbruchteilen durch ein solches Kabel. Dies scheint mit der heutigen Technologie die Obergrenze zu sein, aber es reicht vermutlich bei weitem aus, um den explosionsartig zunehmenden Datenverkehr im Internet zu bewältigen. Die Geschwindigkeit ist sogar so groß, daß die heutigen elektronischen Schaltkreise einen solchen Datenansturm nicht verkraften. Irgendwann wird man auch solche Bauteile auf der Grundlage des Lasers und anderer optischer Geräte konstruieren müssen.

Schon jetzt werden viele tausend Kilometer Kupferkabel gegen dünne, flexible Glasfasern ausgetauscht; solche Leitungen sind nicht dicker als eine Augenwimper und können Millionen Nachrichten transportieren. Die Glasfaserindustrie hat heute in den USA ein Volumen von sechs Milliarden Dollar und wächst mit erstaunlichen 20 Prozent im Jahr. Die Länge der jährlich installierten Kabel hat sich seit 1993 verdoppelt – allein 1996 waren es nach Schätzungen 26 Millionen Kilometer.[32] Im Gegensatz zum Mikroprozessor, der vermutlich ungefähr ab 2020 abgelöst wird, scheint der Laser unbegrenzte Möglichkeiten zu bergen; die einzige Beschränkung entsteht offenbar durch die unzureichende Technik an seinen Enden.

Das zweite Problem bei der Entstehung des intelligenten Planeten sind die Nadelöhre an den Schnittstellen, also Bildschirme und Sprachsteuerung. Für einen echten Zauberspiegel braucht man digitales Fernsehen – zum Beispiel in Form eines hochauflösenden Flachbildschirms an der Wand – und dahinter einen »intelligenten Agenten«, der Umgangssprache versteht und gesunden Menschenverstand besitzt.

Die Verschmelzung von Fernsehen und Internet

Ein großes Hindernis für die Zukunft des Internet war bisher die anhaltend heftige Fehde zwischen Computer- und Fernsehbranche über die Frage, wer einmal die elektronischen Medien beherrschen wird. Da 99 Prozent aller amerikanischen Haushalte ein oder mehrere Fernsehgeräte besitzen, liegt die wirtschaftliche Zukunft des Internet nach Ansicht vieler Fachleute in der Verschmelzung mit dem Fernsehen.

Nach zehn Jahren kleinlichen Gezänks gelangte man Ende 1996 endlich zu der langersehnten Übereinkunft, die den weiteren Weg der elektronischen Nachrichtenübermittlung bis weit ins nächste Jahrhundert bestimmen dürfte. Das Abkommen gilt schon heute als wichtigste Entscheidung der letzten Jahrzehnte. Gary Shapiro, der Vorsitzende des amerikanischen Verbandes der Unterhaltungselektronik-Industrie, beschrieb die Auswirkungen so: »Man sagt oft, der Übergang werde ähnlich werden wie der Wechsel vom Schwarzweiß- zum Farbfernsehen. Ich glaube, es ist etwas noch Grundsätzlicheres, wie der Übergang vom Hörfunk zum Fernsehen.«

Die amerikanische Rundfunkbehörde und die Großunternehmen der Fernseh- und Computerbranche einigten sich auf einen digitalen Übertragungsstandard, der die Vereinigung von Computer und Fernsehen voranbringen und das Fernsehen interaktiv machen wird.

Bisher werden Fernsehbilder in den USA mit Kathodenstrahlröhren abgebildet, die 525 Zeilen auf dem Bildschirm abtasten und 30 Bilder in der Sekunde erzeugen. (In Europa 625 Zeilen und 25 Bilder je Sekunde; Anm. d. Übers.) Das Signal wird in »analoger« Form – das heißt als fortlaufendes Wellenmuster – übertragen und läßt sich nicht ohne weiteres abändern. (Die meisten Wellen, die uns im täglichen Leben begegnen, beispielsweise zur Schall-, Licht-, Radio- oder Fernsehübertragung, sind analoge Signale. Werden sie verstärkt, entsteht statische Elektrizität, wobei ein Teil der Information verlorengeht. Das ist der Grund für die schlechte Tonqualität bei Telefon-Ferngesprächen, die viele Male verstärkt werden müssen.) Das alles ändert sich durch die neue Übereinkunft. Das Fernsehen der Zukunft wird eine höhere Auflösung haben, so daß es die Bildqualität eines 35-mm-Fotos erreicht, und es wird digital sein. Der Bildschirm der Zukunft wird nicht mehr fast quadratisch aussehen, sondern eher einer Kino-Breitleinwand ähneln.

Das Schlüsselwort lautet »digital«. Binärsignale, die als getrennte Pakete aus Nullen und Einsen gesendet werden, lassen sich auf tausenderlei Weise beeinflussen, so daß man sie von Störungen befreien und abändern kann. Computerprogramme zur Fehlerbeseitigung können für praktisch störungsfreien Empfang sorgen, so daß die bekannten Verzerrungen und Unschärfen von den Fernsehbildschirmen verschwinden. Das Signal wird immer unverfälscht ankommen, unabhängig davon, woher es stammt. Ein Signal, das um die halbe Welt gewandert ist, wird ebenso sein wie eines, das aus der Nachbarschaft übertragen wird. Außerdem lassen sich die Bilder verstärken und vergrößern (wie man es beispielsweise mit den schwachen Bildern der Weltraumsonden macht), und man kann die Signale auch in Bruchstücke zerlegen, so daß sie nicht nur Fernsehbilder, sondern Informationen aus dem World Wide Web oder von der Börse übertragen. Die ersten Serienmodelle solcher »Fernsehcomputer« werden voraussichtlich Ende 1998 auf den Markt kommen. Schon 1996 legte die amerikanische Rundfunkbehörde fest, daß in den USA bis 2006 alle analogen Fernsehkanäle aufgegeben werden. Dann wird der Verbraucher keine Wahl mehr haben: Er muß sich entweder ein digitales Fernsehgerät oder einen Konverter kaufen. Der übliche klobige Fernseher, wie er noch heute vorwiegend in den Läden steht, wird ins Museum wandern.

Noch wichtiger ist: Der Fernseher wird mit dem Internet verbunden sein und auf diese Weise vollständig interaktiv werden. Statt passiv vor dem Bildschirm zu dösen, wird der Zuschauer der Zukunft an Sendungen Anteil nehmen und sie beeinflussen können (zum Beispiel während einer Talk-Show).

In den USA vertreiben sechs große Firmen schon heute Fernsehgeräte, die unmittelbar mit dem Internet verbunden sind.[33] Rick Doherty von der Envisioneering Group schätzt, daß ein Drittel aller US-Haushalte bis 2002 mit ihnen ausgestattet sein wird. Wenn es zur digitalen Übertragung keine Alternative mehr gibt, wird das Internet für 99 Prozent der US-Bevölkerung zur Normalität werden.

Um 2010 wird aber wahrscheinlich auch das digitale Breitbild-Fernsehen überholt sein, denn dann setzt sich voraussichtlich eine ganz neue Generation papierdünner Wandbildschirme durch.

Der Bildschirm an der Wand

Das Moore-Gesetz wird irgendwann zur Folge haben, daß man flache Computer- und Fernsehbildschirme an die Wand hängen oder in Miniaturausführung am Handgelenk tragen wird.

Die Kathodenstrahlröhre, seit der Erfindung des Fernsehens das übliche Gerät der Bildschirmdarstellung, macht derzeit zwei Drittel des Marktes für Computermonitore aus. Eine solche Röhre ist eine große, luftleere Glaskammer, in der mehrere Elektronenquellen ihre Strahlen auf einen Leuchtschirm werfen und ihn zum Aussenden von Licht anregen. (Farbmonitore arbeiten mit drei Strahlen für die Grundfarben rot, blau und grün, aus denen sich alle anderen Farben zusammensetzen lassen.) Eine solche Röhre hat den Vorteil, daß sie ein sehr leuchtkräftiges Bild erzeugt. Die Kathodenstrahlröhre hat aber auch zahlreiche Schwächen. Da Elektronenstrahlen sich nur im Vakuum fortbewegen, werden die Röhren immer schwer und klobig sein, so daß man sie nicht einfach einstecken und mitnehmen kann. Irgendwann werden Flüssigkristall-Displays (LCD) oder Plasmabildschirme die Kathodenstrahlröhre völlig verdrängen.

Das Geheimnis der LCD-Bildschirme ist eine besondere chemische Verbindung, die sich wie eine Flüssigkeit bewegt und gleichzeitig eine kristallartige Molekülanordnung aufweist. In der Wissenschaft kennt man solche Flüssigkristalle schon seit 100 Jahren. Sie kommen eigentlich recht häufig vor, von Zellmembranen bis zum Seifenschaum. Normalerweise ist ein Flüssigkristall durchsichtig, wenn man aber einen schwachen elektrischen Strom hindurchfließen läßt, wird er sofort trübe. Wenn man solche Ströme genau steuert, kann man auf einem LCD-Bildschirm Buchstaben erscheinen und wieder verschwinden lassen.

LCD-Bildschirme sind billig, verbrauchen wenig Energie und lassen sich dünn wie ein Notizbuch herstellen. Früher hatten sie jedoch eine entscheidende Schwäche: Da sie selbst kein Licht aussenden, sind sie bei schwacher Beleuchtung schwer abzulesen. Bei der neuesten Generation der LCD-Monitore ist dieses Problem jedoch gelöst: Solche Bildschirme mit »Aktivmatrix« erzeugen ein brillantes Bild, weil jeder Bildpunkt von einem eigenen Dünnfilm-Transistor gesteuert wird. Die Miniaturisierung der Transistoren ist soweit fortgeschritten, daß jeder Punkt auf dem Bildschirm einem eigenen Transistor entspricht. Der Aktivmatrix-Bildschirm ist bereits im Handel und wird den Markt in den kommenden Jahren beherrschen. Derzeit entwickelt man solche Monitore mit einer Diagonale von 22 Zoll (56 cm), mehr als die heutige Bildschirm-Standardgröße von 17 Zoll (43 cm).

Mit den sinkenden Kosten für Transistoren und der einsetzenden Massenproduktion werden die Preise für Flachbildschirme stark fallen.[34] Nach den Voraussagen der Ingenieure bei Stanford Resources im Silicon Valley werden ihre Verkaufszahlen im Jahr 2000 die für Kathodenstrahlröhren überflügeln. »Zum erstenmal kann man sich vorstellen, wie das Zeitalter des Bildschirms auf dem Schreibtisch zu Ende geht«, erklärt der Computerexperte Carry Lu.[35]

Eine andere Alternative zur Kathodenstrahlröhre ist der Plasmabildschirm, bei dem ein Gemisch aus ionisiertem Neon- und Xenongas in Tausenden von winzigen Kammern in unterschiedlicher Farbe und Helligkeit aufleuchtet. Einen Plasmabildschirm kann man sich als Ansammlung zahlreicher winziger Neonlampen vorstellen, jede davon kleiner als ein Stecknadelkopf. Das hat den Vorteil, daß Plasmabildschirme sehr groß sein können und aus einem breiten Winkel zu erkennen sind: Man hat bereits Modelle mit einer Diagonale von 42 Zoll (107 cm) gebaut, und solche mit 60 Zoll (152 cm), die man an die Wand hängen kann, befinden sich in der Erprobung. Ihre Nachteile sind der hohe Energieverbrauch und ein etwas kontrastarmes Bild.

Bis 2003 soll das Marktvolumen den Voraussagen zufolge für LCD-Monitore bei 35 Milliarden und für Plasmabildschirme bei 9,2 Milliarden DM liegen.[36] In 25 Jahren wird es Flachbildschirme in den verschiedensten Formen geben. In Miniaturausgabe wird man sie am Handgelenk tragen oder in Brillen und Schlüsselanhänger einbauen. Irgendwann werden sie so billig werden, daß man sie überall findet: Auf der Rückseite von Flugzeugsitzen, in Fotoalben, in Aufzügen, auf Notizblöcken, auf der Außenseite von Bussen und Bahnen. Irgendwann dürften sie ebenso verbreitet sein wie Papier.

Spracherkennung

Märchengestalten tippen ihre Fragen an den Zauberspiegel nicht in eine Tastatur, sondern sie sprechen mit ihm. In Wirklichkeit ist die Spracherkennung bisher ein weiterer Engpaß der Datenautobahn. Bei Computern, die Diktate aufnehmen können, gab es bereits erhebliche Fortschritte, aber es bleibt ein Problem: Die Maschinen erkennen zwar gesprochene Sprache, aber sie verstehen nicht, was sie hören.

Im Prinzip müßte Spracherkennung einfach zu bewerkstelligen sein. In normalen Unterhaltungen benutzen wir vielleicht 2000 Wörter, und bei einem gebildeten Menschen kann man vernünftigerweise die Beherrschung von 10000 bis 20000 Wörtern voraussetzen. Ein solcher Wortschatz läßt sich in einem Computer ohne weiteres speichern, und die Wörter selbst kann man in Phoneme zerlegen, die von den Linguisten schon seit langem katalogisiert wurden.

Der Computer kann Phoneme erkennen, indem er sie in zwei Größen zerlegt: die Frequenz und die Intensität des Geräusches. Durch Messung dieser beiden Werte kann der Rechner für jedes Phonem einen sichtbaren »Stimmabdruck« erstellen, der aus einer Reihe unregelmäßig gekrümmter senkrechter Linien besteht. (Je ausladender beispielsweise die Krümmungen sind, desto lauter ist das Geräusch, und je schneller sie aufeinanderfolgen, desto höher ist die Tonlage.) Dies kann man sich in vielen wissenschaftlichen Museen deutlich machen, wo man in ein Mikrophon spricht und das Stimmuster dann als Wellenlinien auf einem Bildschirm sieht.

Die derzeit auf dem Markt befindlichen Spracherkennungsprogramme erreichen eine Trefferquote von 95 Prozent.[37] Im typischen Fall erkennt ein solches Gerät bei einer Person, die es nie zuvor gehört hat, etwa 40 000 Wörter. Aber die Programme sind noch unvollkommen. Man muß ein wenig stockend sprechen, damit der Computer die Grenzen zwischen den Wörtern erkennt. Nach Ansicht vieler Fachleute werden diese Probleme jedoch ungefähr bis 2005 gelöst sein. Es sind ausschließlich technische Schwierigkeiten, aber neue wissenschaftliche Hürden müssen nicht überwunden werden. Erforderlich ist einfach nur mehr Rechenleistung. Schwieriger ist die Konstruktion von Maschinen, die eine menschliche Stimme nicht nur hören können, sondern auch den Inhalt der Worte begreifen. Computer können lesen und hören, aber nicht verstehen. Der echte Zauberspiegel braucht Künstliche Intelligenz, und die ist bislang die größte Hürde der gesamten Softwaretechnik. Letztlich berührt dieses Thema den Kern einer uralten Frage: Was macht uns eigentlich zu Menschen?

Der erste Schritt besteht darin, »intelligente Agenten« zu entwickeln, Programme, die einfache Entscheidungen fällen können und als Filter wirken. Die eigentliche Lösung des Problems wird aber auf die vierte Phase der Computertechnik warten müssen. Erst dann, voraussichtlich zwischen 2020 und 2050, rechnen die Fachleute mit echter Künstlicher Intelligenz, welche die Agenten ablösen wird.

Bis 2020: Intelligente Agenten

Ein intelligenter Agent sollte seinem Benutzer als Filter im Internet dienen, der zwischen Unsinn und Nützlichem unterscheidet. Das Problem kennt jeder, der schon einmal im Netz gesurft ist: Ein großer Teil der Inhalte ist Cybermüll und Cybergeplapper, von fünf Jahre alten Hochzeitsbildern bis zum Schwadronieren selbsternannter Propheten. Ein intelligenter Agent muß in der Lage sein, komplizierte Werturteile zu fällen, und entscheiden, was der Nutzer verlangt.

Zu den Leuten, die daran arbeiten, diese Zukunftsvision Wirklichkeit werden zu lassen, gehört Pattie Maes vom Medienlabor des MIT. Sie leistet Pionierarbeit bei der Entwicklung des intelligenten Agenten, eines Computerprogramms, das in sich viele Eigenschaften einer Sekretärin, eines Terminkalenders und sogar eines Freundes vereinigt.

Nachdem Maes in Informatik promoviert hatte, befaßte sie sich mit Künstlicher Intelligenz. Zusammen mit Rodney Brooks vom MIT arbeitete sie an der Konstruktion des menschenähnlichen Roboters Cog, der wie ein Kind lernen sollte. Aber wie zuvor schon Larry Tesler, so verlor auch sie allmählich ihre Illusionen über die Künstliche Intelligenz. »Selbst wenn ich einen Roboter mit der Intelligenz eines Zweijährigen bauen kann, bin ich nicht davon überzeugt, daß er uns viele Aufschlüsse über Erwachsene liefert«, meint sie. »Einfacher ist es, ein Zweijähriges auf biologischem Wege zu erzeugen!«[38]

Als sie schwanger wurde, wettete sie mit Brooks, daß nicht sein Roboter Cog, sondern ihr Kind zuerst die Intelligenz eines Zweijährigen erreichen würde. Sie gewann die Wette.[39]

Deshalb entschied sie sich für etwas anderes: Wenn wir zur Zeit keine Künstliche Intelligenz zuwege bringen, so sagte sie sich, warum sollen wir dann nicht unsere eigene Intelligenz ausbauen, indem wir Software für intelligente Agenten schreiben, die sich der gewaltigen Aufgabe des Sammelns und Bewertens von Informationen annehmen?

Auf der einfachsten Ebene sollte ein solcher Agent in der Lage sein, die e-Mail eines Empfängers durchzusehen, die Nachrichten nach ihrer Wichtigkeit zu ordnen und Unsinniges sofort zu löschen. Eine Stufe höher würde der Agent den Terminkalender auf dem laufenden halten, wichtige Anrufe durchstellen, den Nutzer über neue Termine informieren und Belästigungen abwehren. Und im Notfall sollte er seinen Nutzer immer und überall erreichen können.

Solche zukünftigen Agenten werden als Filter dienen und uns davor bewahren, in einem Meer aus trivialen und unsinnigen Inhalten aus dem Internet zu ertrinken. Gleichzeitig schaffen sie die Möglichkeit, im Netz nach Themen zu suchen, die für uns von Bedeutung sind.

Maes und ihre Kollegen haben bereits ein Programm entwickelt, das verschiedene wissenschaftliche Datenbanken abfragt und Artikel heraussucht, die für Wissenschaftler von Interesse sein könnten. Die erfolgreichsten Agenten können sich zusammentun oder »paaren«, um ihre »genetische Information« (das heißt die Vorlieben und Abneigungen ihres Nutzers) an die nächste Agentengeneration weiterzugeben. Auf diese Weise ist jede Generation in der Evolution der Agenten besser an die Wünsche des Programmierers »angepaßt«. »In meiner Vision der vollkommenen intelligenten Softwareagenten«, sagt sie, »entwickeln alle diese ›Lebensformen‹ sich von selbst weiter, und dabei spezialisieren sie sich auf alles, für das man sich gerade interessiert.«[40] Und sie fügt hinzu: »Jede Generation entspricht den Interessen und Wünschen des Besitzers besser als die vorherige.«[41]

Höchst wertvoll werden solche Agenten sein, wenn man ständig über Sportereignisse, Nachrichtenmeldungen, Hobbys oder Klatsch und Tratsch informiert sein will. Sogar während wir schlafen, wird unser Computer in aller Stille die Informationen sammeln, die wir möglicherweise brauchen. Auch als Vermittler zwischenmenschlicher Kontakte lassen sich die Agenten verwenden. Singles könnten mit ihrer Hilfe eine weltweite Datenbank aufbauen. Firmen könnten Berater auch für ungewöhnliche Fachgebiete finden. Und wer ein seltenes Hobby hat, kann seinen Agenten Kontakte zu Gleichgesinnten knüpfen lassen.

Nach Maes' Ansicht wäre der beste intelligente Agent etwas sehr Persönliches, mit menschenähnlichem Gesicht und menschenähnlicher Persönlichkeit. Es gibt bereits Programme für Prototypen, die einen Gesichtsausdruck mit zehn bis zwanzig verschiedenen Gefühlsregungen zeigen. »Statt mit Tastatur und Maus zu hantieren, wird man mit dem Agenten sprechen oder auf Dinge zeigen, die getan werden müssen. Daraufhin wird der Agent als ›lebendes‹ Gebilde auf dem Bildschirm erscheinen, uns seinen gegenwärtigen Zustand und sein Verhalten mit animierten Gesichtsausdrücken oder

Körpersprache zu verstehen geben, statt Fenster mit Text, Diagrammen und Abbildungen zu zeigen«, schreibt sie.[42] Das heißt, wir werden unmittelbar mit einem menschlichen Gesicht sprechen, das lächeln, Grimassen schneiden, die Stirn runzeln und sogar Witze reißen kann.

2020 bis 2050: Spiele und Expertensysteme

Für die Zeit nach 2020 rechnen Fachleute mit echter Künstlicher Intelligenz, die sich allmählich im Internet etabliert. Der nächste Schritt nach den intelligenten Agenten ist eine Form der Künstlichen Intelligenz, die man als *Heuristik* bezeichnet: Man versucht, Logik und Intelligenz in eine Reihe von Regeln zu fassen. Im Idealfall wären wir durch die Heuristik in der Lage, uns mit einem Arzt-, Anwalts- oder Ingenieurcomputer zu unterhalten, der unsere fachlichen Fragen über Diagnose und Therapie detailliert beantwortet. Eine der ersten Errungenschaften der Heuristik, die tatsächlich über die Fähigkeiten von Menschen hinausgeht, ist der Schachcomputer. Heuristische Schachprogramme schneiden so gut ab, weil sie auf einfachen, gut umrissenen Regeln aufbauen; Millionen Spielzüge lassen sich mit Lichtgeschwindigkeit analysieren, so daß die am weitesten entwickelten Programme alle Schachspieler außer den größten Meistern schlagen können.

Schachweltmeister Garri Kasparow trat 1996 wieder einmal gegen einen Computer an, diesmal gegen das Programm »Deep Blue« von IBM. Es erschütterte Kasparow zutiefst. Mit 32 Mikroprozessoren konnte Deep Blue 200 Millionen Züge in der Sekunde analysieren.[43] »Ich spürte – ich roch – eine neue Art von Intelligenz auf der anderen Seite des Tisches«, räumte Kasparow ein. »Einen ersten Eindruck von Künstlicher Intelligenz bekam ich ... als Deep Blue im ersten Spiel des Turniers einen Bauern auf ein Feld zog, wo er ohne weiteres geschlagen werden konnte.« Jetzt dämmerte Kasparow, daß er zum erstenmal einer Maschine gegenübersaß, die auf eine neue Art vorausdenken konnte. »Über dieses Bauernopfer war ich verblüfft«, räumte er ein.[44]

Deep Blue gewann zwar das erste Spiel des Turniers, aber dann fand Kasparow rasch seine Achillesferse, besiegte die Maschine schließlich mit 4 zu 2 und durfte die Prämie der Association for Computing Machinery in Höhe von 400 000 Dollar einstreichen. Kasparow nutzte den Schwachpunkt von Deep Blue aus: Maschinen folgen beim Schach einer vorgegebenen Strategie. Zwingt man den Rechner, davon abzuweichen, ist er hilflos und strampelt wie eine auf dem Rücken liegende Schildkröte. »Wenn der Computer keinen Weg findet, um Material zu gewinnen, den König anzugreifen oder einen seiner anderen einprogrammierten Schachzüge auszuführen, gerät er planlos ins Schwimmen«, sagte Kasparow. »Das war letztlich wohl mein größter Vorteil: Ich konnte seine Vorlieben für bestimmte Züge herausfin-

den und mich im Spiel darauf einstellen. Umgekehrt war er dazu nicht in der Lage. Deshalb erkenne ich zwar gewisse Anzeichen von Intelligenz, aber es ist eine seltsame Intelligenz, hölzern und wenig effizient, und deshalb glaube ich, daß mir noch ein paar Jahre bleiben.«
Er war zu optimistisch. Nur ein Jahr darauf brachte ihm eine verbesserte Version von Deep Blue eine vernichtende Niederlage bei. Die Medien stellten sich die (bange) Frage:»Können Maschinen jetzt denken?«
Douglas Hofstadter, ein Computerexperte an der Indiana University, gab die Gedanken vieler Menschen wieder, als er sagte:»Mein Gott, ich habe immer geglaubt, zum Schachspielen müsse man denken können. Jetzt ist mir klar, daß das nicht stimmt. Das heißt nicht, daß Kasparow kein kluger Denker wäre, aber man kann das kluge Denken beim Schach umgehen, so wie man fliegen kann, ohne mit den Flügeln zu schlagen.«[45]
Aufgeblasene Presseberichte, wonach Maschinen besser denken können als Menschen, sind bei weitem verfrüht. Immerhin rechnet schon ein Taschenrechner viel schneller als jeder Mensch, und doch bekommen wir weder Nervenzusammenbrüche noch Identitätskrisen, wenn wir ihn benutzen. Und der Schachcomputer ist eigentlich nur ein hochgezüchteter Taschenrechner.
Der Bereich der Heuristik, der auf das Alltagsleben wohl die größten Auswirkungen haben wird, ist unter dem Namen»Expertensysteme« bekannt. Diese heuristischen Programme enthalten das gesammelte Wissen menschlicher Experten und können Probleme analysieren wie ein Mensch. Kernstück in diesem Zweig der Künstlichen Intelligenz ist eine Liste aller möglichen»Wenn ... dann«-Beziehungen – wenn etwas schiefgeht, tu dieses oder jenes. Da Computer eine genau umrissene Menge von Regeln und Daten gut analysieren können, ist ein Expertensystem, das eine Riesenmenge von»Faustregeln« beinhaltet, wirtschaftlich eine Goldgrube. Wenn man beispielsweise krank ist, stellt der Arzt eine Reihe von Fragen nach den Symptomen. Da diese meist in Beziehung zueinander stehen, kann er abschätzen, um was für eine Krankheit es sich handelt. Diese Art der»Wenn-Dann«-Fragen läßt sich mit dem Computer leicht durchspielen, denn er kann Tausende von Regeln speichern und miteinander abgleichen, die zur Diagnose einer Krankheit notwendig sind. (Der mürrische holographische Arzt in *Star Trek* beruht ebenso auf einem heuristischen Programm wie der mörderische HAL in *2001 – Odyssee im Weltraum*, dessen»H« für»Heuristik« stand.) Heuristische Diagnoseprogramme werden nicht nur zur Kostendämpfung im Gesundheitswesen beitragen, sondern sie werden in einfachen Fällen sogar genauer arbeiten als ein normaler Arzt, denn das Computerprogramm wird das gesamte medizinische Wissen beinhalten und immer auf dem neuesten Kenntnisstand sein.
Schon 1975 konnte ein Expertensystem namens Mycin die Meningitis besser diagnostizieren als ein durchschnittlicher Arzt. Solange das Programm

innerhalb genau festgelegter Grenzen arbeitete, erbrachte es erstaunlich gute Leistungen. (Dazu bemerkt der Computerexperte Douglas Lenat allerdings scherzhaft: »Wenn du ein Medizinprogramm nach einem rostigen Auto fragst, wird es mit Überzeugung Masern diagnostizieren!«[46])

Besonders interessiert an Expertensystemen sind manche Industriezweige, denn dort können solche Programme Ingenieure und Chemotechniker ersetzen, wenn sie in Rente gehen und ihre wertvollen Erfahrungen mitnehmen. In den achtziger Jahren gab es bei General Electric nur einen einzigen Ingenieur, der alle Elektrolokomotiven des Konzerns reparieren konnte. Er hatte sich im Laufe seines Lebens einen gewaltigen Schatz eingehender Kenntnisse über die Besonderheiten dieser großen Maschinen angeeignet. Aber er wurde alt, und mit seiner Pensionierung wäre sein ganzes Wissen, das zigmillionen Dollar wert war, für den Konzern verlorengegangen. Nachdem man aber sein Wissen einem Computerprogramm namens Diesel Electric Locomotive Troubleshooting Aid (DELTA) übertragen hatte, konnte der Rechner fortan 80 Prozent aller Defekte diagnostizieren.

Schon 1985 wandten 150 Firmen insgesamt eine volle Milliarde Dollar für Künstliche Intelligenz auf – vorwiegend für Expertensysteme. Leider haben solche Programme einen grundlegenden Mangel: Ihnen fehlt der gesunde Menschenverstand. Auch wenn sie noch so viele Regeln enthalten und beherrschen, machen sie krasse Fehler, weil ihnen sogar das einfache Weltverständnis eines Kindes fehlt. Den Grund, warum Expertensysteme sich am Markt nicht durchsetzen, kann man in wenigen Worten so zusammenfassen: »Ein Geologe läßt sich einfacher simulieren als ein fünfjähriges Kind.«[47] Das heißt: Mit den Kenntnissen, die ein Geologe zur erfolgreichen Ausübung seines Berufs braucht, kann ein Expertensystem recht gut umgehen, aber den gesunden Menschenverstand, den schon ein fünfjähriges Kind besitzt, kann es nicht nachvollziehen.

Menschenverstand nicht nur für Menschen

Hier liegt das Problem mit der heutigen Computergeneration: Sieht man von allem Brimborium und aufregendem Drumherum ab, sind sie eigentlich nur aufgeblasene Rechenmaschinen oder »schlaue Idioten«. Solche Rechenmaschinen kann man zwar so einrichten, daß sie sich gut für Textverarbeitung oder Grafik eignen, aber vom Prinzip her bleiben sie dennoch Rechenmaschinen. Sie können riesige Datenmengen millionenmal schneller verarbeiten als ein Mensch, aber sie verstehen nicht, was sie tun, und verfügen nicht über eigenständige Gedanken. Und sie können sich auch nicht selbst programmieren.

Eine der wichtigsten Aufgaben in der Zeit von 2020 bis 2050 wird darin bestehen, intelligente Systeme mit »gesundem Menschenverstand« zu bauen. Wie der größte Teil eines Eisberges, der sich unter dem Meeresspiegel verbirgt, so ist auch der gesunde Menschenverstand auf einer derart unbewußten Ebene in unseren Geist eingebettet, daß wir uns nicht einmal klarmachen, wie wir ihn in unserem täglichen Leben benutzen. Nur ein winziger Teil unseres Denkens ist mit bewußten Überlegungen beschäftigt. Zum größten Teil handelt es sich um unbewußte Vorgänge, und zu ihnen zählt auch der gesunde Menschenverstand.

Seltsamerweise haben sich während der Evolution unseres Gehirns keine Nervenschaltkreise, und seien es auch einfache, entwickelt, die für Arithmetik erforderlich sind. Die Multiplikation fünfstelliger Zahlen, die jeder Taschenrechner mühelos bewerkstelligt, war zu nichts nütze, wenn man vor ein paar hunderttausend Jahren vor einem hungrigen Säbelzahntiger fliehen mußte. Statt dessen entwickelte sich in unserem Gehirn der komplizierte geistige Apparat, den wir gesunden Menschenverstand nennen und der es uns ermöglicht, in einer feindlichen Umwelt zu überleben.

Beim Computer ist es genau umgekehrt: Er erbringt hervorragende Leistungen in abstrakter mathematischer Logik, begreift aber in der Regel nicht einmal die einfachsten physikalischen oder biologischen Gesetze. So ist er zum Beispiel kaum in der Lage, folgendes Problem zu lösen: Susan und Jane sind Zwillinge. Susan ist jetzt zwanzig Jahre alt. Wie alt ist Jane?

Den Begriff der Zeit (daß alle Gegenstände mit der gleichen Geschwindigkeit altern, daß ein Sohn jünger ist als sein Vater, und so weiter) versteht schon ein Kind ohne Schwierigkeiten – ein Computer schafft das nicht. Es ist kein mathematisch-logisches, sondern ein physikalisches Gesetz. Dem Computer muß man erst erklären, daß die Zeit gleichförmig fortschreitet.

Probleme haben Computer auch mit »offensichtlichen« biologischen Eigenschaften der Lebewesen. So macht ein Computer zum Beispiel folgenden Fehler:

Mensch: Alle Enten können fliegen. Charlie ist eine Ente.
Rechner: Dann kann Charlie fliegen.
Mensch: Aber Charlie ist tot.
Rechner: Aha. Charlie ist also tot und kann fliegen.

Dem Computer muß man erst sagen, daß etwas Totes sich nicht bewegen kann. Aus den Gesetzen der Logik ergibt sich diese Tatsache nicht.

Das Problem besteht darin, daß Computer mit mathematischer Logik vorgehen, der gesunde Menschenverstand aber nicht. Biologische und physikalische Naturgesetze ergeben sich nicht zwangsläufig aus den Gesetzen der Logik.

Die Enzyklopädie des gesunden Menschenverstandes

Douglas Lenat hat sein ganzes Arbeitsleben der Aufgabe gewidmet, die Geheimnisse des »gesunden Menschenverstandes« zu lüften. Nach seiner Ansicht haben die Fachleute für Künstliche Intelligenz das eigentliche Problem immer geflissentlich umgangen. Er glaubt, daß wir nichts Geringeres brauchen als ein »Manhattan-Projekt der Künstlichen Intelligenz«, eine Generaloffensive zur Aufklärung dessen, was wir den gesunden Menschenverstand nennen. Die Aufgabe besteht in der Schaffung einer Enzyklopädie – einer fast vollständigen Sammlung der Regeln des gesunden Menschenverstandes. Mit anderen Worten: Statt einzelne logische Fragen zu analysieren, muß man nach seiner Auffassung einen umfassenden Ansatz wählen, der nichts ausläßt.

Seit 1984 arbeitet Lenat an Cyc (kurz für »Encyclopedia«), einem 25-Millionen-Dollar-Projekt, das von einem Firmenkonsortium (unter anderem Xerox, Digital Equipment, Kodak und Apple) finanziert wird. Während frühere KI-Programme noch nicht einmal die Weltkenntnis eines Dreijährigen erreichten, verfolgte Cyc das Ziel, den gesunden Menschenverstand eines Erwachsenen nachzuahmen. »Im Jahr 2015 wird niemand mehr auf die Idee kommen, einen Computer ohne gesunden Menschenverstand zu kaufen«, behauptet Lenat, »genauso wie sich heute niemand einen PC anschaffen würde, der keine Tabellenkalkulation oder Textverarbeitung beherrscht.«

Nach Lenats Ansicht wird in Zukunft jeder seinen Computer mit Menschenverstandsprogrammen ausstatten, so daß der Rechner Gespräche führen sowie die Befehle der Menschen interpretieren und ausführen kann. Lenats Ziel ist eine vollständige Liste aller Regeln des gesunden Menschenverstandes.[49] Einige Beispiele für solche »selbstverständlichen Regeln«:

- Nichts kann an zwei Orten gleichzeitig sein.
- Wenn ein Mensch stirbt, wird er nicht wieder geboren.
- Sterben ist etwas Unangenehmes.
- Tiere mögen keine Schmerzen.
- Die Zeit läuft für alle gleich schnell.
- Wenn es regnet, wird man naß.
- Süße Dinge schmecken gut.

Jedesmal braucht Lenats Arbeitsgruppe unter Umständen Wochen oder Monate, um eine solche »selbstverständliche« Aussage in ihre logischen Bestandteile zu zerlegen. Nach zehnjähriger Arbeit hat er zehn Millionen derartiger Behauptungen zusammengetragen, die eine Milliarde Bytes an Information darstellen. Sein Ziel ist die Zusammenstellung von 100 Millionen »selbstverständlichen« Aussagen.

Manchmal verzweifelt Lenat bei dem Versuch, alle Zweideutigkeiten der englischen Sprache zu erfassen, Zweideutigkeiten, deren Lösung sich nur aus den Kenntnissen eines Menschen über die reale Welt ergibt. Betrachten wir beispielsweise folgende Aussage: »Mary sah ein Fahrrad im Schaufenster des Geschäfts. Sie wollte es haben.« Dazu meint Lenat: »Woher wissen wir, daß sie das Fahrrad haben will und nicht das Geschäft oder das Schaufenster?« Schon um diese einfache Frage zu beantworten, muß Cyc fast alle Vorlieben und Abneigungen der Menschen vollständig kennen. Wie schwierig dieses Problem ist, zeigt sich auch an einem anderen Beispiel. Ganze drei Monate brauchte Lenat, um Cyc so zu programmieren, daß es folgendes verstand: »Napoleon starb auf St. Helena. Wellington war traurig.« [50] Die Analyse dieser beiden täuschend einfachen Sätze war sehr kompliziert, denn Cyc mußte dazu eine ganze Verkettung »selbstverständlicher« Fakten entwirren: daß Napoleon ein Mensch war; daß Menschen die unausweichliche Eigenschaft haben, zu sterben; daß der Tod etwas Unumkehrbares und Unerwünschtes ist; daß der Tod bei anderen oftmals Gefühle auslöst; und daß Traurigkeit eines dieser Gefühle ist.

Ihre Ideen für Cyc beziehen Lenat und seine Mitarbeiter aus einer sehr ungewöhnlichen Quelle: Sie lesen aufdringliche Reklamezettel von Supermärkten und fragen sich, was Cyc braucht, um sie zu verstehen (oder wegzuwerfen).[51] Die Frage lautet: Kann Cyc die Fehler in der Reklame finden? (Wenn es dem Programm gelingt, die Verlockungen und Irreführungen in den Werbeanzeigen zu durchschauen, ist sein gesunder Menschenverstand bereits besser entwickelt als bei den meisten Durchschnittsamerikanern!) Als Nahziel möchte Lenat den Punkt erreichen, an dem der Computer durch einfaches »Lesen« neuer Informationen schneller lernt als durch seine Armee promovierter Privatlehrer. Wie ein junger Vogel, der auf den Jungfernflug geht, wird Cyc sich dann aus eigener Kraft in immer größere Höhen schwingen können. Wenn diese Schwelle erreicht ist, werden die menschlichen Lehrer entbehrlich, und es kann wie ein zehnjähriges Kind selbst lesen und weiterlernen.

Lenat faßt seine Auffassung in einem Satz zusammen: »Intelligenz besteht aus zehn Millionen Regeln.«[52] Es ist genau das Gegenteil der Vorgehensweise in der Physik, wo man versucht, gewaltige Datenmengen auf wenige einfache Gleichungen zurückzuführen. Das, so Lenat, ist tatsächlich das große Problem bei der Erforschung Künstlicher Intelligenz. Wie Marvin Minsky, der Begründer des Fachgebiets, so glaubt auch Lenat, daß die KI-Forscher dem »Physikneid« zum Opfer gefallen sind. Sie waren beeindruckt davon, wie es den Physikern gelungen ist, die ganze physikalische Welt mit einer Handvoll Gleichungen darzustellen, und nahmen nun fälschlicherweise an, man könne auch die Künstliche Intelligenz auf wenige logische Gedankengänge reduzieren.

Lenat ist jedoch überzeugt, daß gesunder Menschenverstand und Intelligenz sich aus der Gesamtheit von vielen hundert Millionen Programmzeilen ergeben und sich keinesfalls auf nur wenige logische Gedankengänge zurückführen lassen. Deshalb hält er das Programm Cyc für so wichtig. Wenn es sich in ein Expertensystem einbinden läßt, kann Cyc uns bis zum Jahr 2020 die Tür zum Arzt-, Chemiker-, Ingenieur- und Rechtsanwaltscomputer öffnen.

Aber nicht alle Fachleute für Künstliche Intelligenz sind von Lenats Arbeiten überzeugt. Maes ist zum Beispiel der Ansicht, ein intelligenter Agent müsse von seiner Umwelt lernen und mit ihr in Wechselbeziehung treten können.[53] Randall Davis, ein anderer KI-Experte, räumt Lenat eine Außenseiterchance ein, meint aber: »Cyc ist keine Rakete, die es entweder bis zum Mond schafft oder auch nicht. Es ist ein riesiges Experiment in reinster empirischer KI. Irgend etwas Wichtiges wird auf jeden Fall dabei herauskommen.« Vielleicht, so meint er, sind wir zu kritisch. Und er relativiert: »Man kann sich umsehen und wird erkennen, daß die Erde von halbintelligenten Systemen [nämlich uns] bevölkert ist, die nur höchst lückenhafte Vorstellungen von Zeit, Raum, Kausalität und anderem haben.«[54]

Eine Woche im Jahr 2020

Wie werden diese wissenschaftlichen Entwicklungen sich auf unser Leben auswirken? Das Thema von *Zukunftsvisionen* ist zwar das gesamte kommende Jahrhundert, aber über das Leben im Jahr 2020 kann man jetzt schon einigermaßen zuverlässige Vermutungen anstellen, denn viele Erfindungen und technischen Möglichkeiten, die in den folgenden Abschnitten erwähnt werden, gibt es bereits heute als Prototypen im Labor. Sie gehören also keineswegs in den Bereich der Science Fiction, sondern stellen schon jetzt ihre Nützlichkeit unter Beweis. Paul Saffo vom Institute for the Future meinte dazu: »Die Zukunft hat schon begonnen. Sie ist nur ungleichmäßig verteilt.«

Die folgende Beschreibung einer »Alltagswoche« soll zeigen, wie das Leben im Jahr 2020 aussehen kann, wenn man zum Beispiel Manager ist und sich der neuesten Technik bedient.

1. Juni 2020, 6 Uhr 30

Ein sanftes Läuten läßt Sie aufwachen. Das große Bild von einer Meeresküste, das still an der Wand hängt, erwacht plötzlich zum Leben und macht einem freundlichen Gesicht Platz, das Sie auf den Namen Molly getauft haben. Es verkündet: »Du mußt jetzt aufstehen!«

Sie gehen in die Küche, wo die Geräte ihr Eintreten bemerken. Die Kaffeemaschine schaltet sich ein, und der Toaster bräunt das Brot so, wie Sie es am liebsten haben. Leise ertönt Ihre Lieblingsmusik. Das intelligente Haus wird lebendig.

Auf dem Frühstückstisch liegt Ihr persönliches Zeitungsexemplar, das Molly nach Abfragen des Internet speziell für Sie zusammengestellt und ausgedruckt hat. Bevor Sie die Küche verlassen, hat der Kühlschrank seinen Inhalt überprüft und meldet:»Wir haben keine Milch mehr, und der Joghurt ist leider verdorben.« Molly fügt hinzu:»Die Computer sind zu Ende. Wenn du in den Supermarkt gehst, bring eine neue Packung mit!« Die meisten Ihrer Bekannten haben sich»Intelligente-Agenten-Programme« ohne Gesicht und Persönlichkeit gekauft. Manche sagen, so etwas störe sie, andere sprechen nicht gern mit Geräten. Aber Ihnen gefallen die bequemen zu sprechenden Befehle an die vielen»Helferlein«. Bevor Sie gehen, weisen Sie den Staubsaugerroboter an, den Teppich zu reinigen. Er erwacht zum Leben, nimmt die unter dem Teppich verborgenen Leitungsbahnen wahr und beginnt mit der Arbeit.

Während Sie in Ihrem Auto mit Elektrohybridantrieb zur Arbeit fahren, hat Molly das Satelliten-Ortungssystem angezapft.»Auf der A 1 gibt es einen langen Stau wegen einer Baustelle«, teilt sie mit.»Hier ist eine Ausweichstrecke.« Auf der Windschutzscheibe erscheint eine eingespiegelte Autokarte.

Sie fahren auf der intelligenten Straße weiter. Die Verkehrsampeln merken, daß keine anderen Autos auf den Querstraßen unterwegs sind, und schalten auf grün. An den Häuschen für die Autobahngebühr brauchen Sie nicht anzuhalten, denn sie registrieren mit ihren Lasersensoren die Autonummer und ihre Fahrtstrecken und buchen den errechneten Betrag automatisch von Ihrem Konto ab. Mollys Radar tastet ständig die anderen Autos um Sie herum ab. Plötzlich bemerkt der Computer eine Gefahr und ruft:»Vorsicht! Der Wagen hinter dir!« Beinahe hätten Sie ein Auto im toten Winkel übersehen. Wieder einmal hat Molly Ihnen (vielleicht) das Leben gerettet. (Und Sie nehmen sich vor, beim nächsten Mal die öffentlichen Verkehrsmittel zu benutzen.)

In Ihrem Büro bei Computer Genetics, einem Konzern für persönliche DNS-Sequenzierung, sehen Sie ein paar Videonachrichten durch. Rechnungen sind auch dabei. Sie stecken Ihre intelligente Geldkarte in einen Computer an der Wand, ein Laser tastet zur Identifizierung die Iris Ihrer Augen ab, und das Bezahlen ist erledigt. Um zehn Uhr haben Sie mit zwei Mitarbeitern auf dem Wandbildschirm eine »Sitzung«.

16 Uhr

Molly sagt Ihnen Bescheid, daß jetzt Ihr Arzttermin ansteht. Sie stellt die Verbindung her, und Ihr virtueller Doktor erscheint auf dem Bildschirm. »Wir haben in Ihrem Urin winzige Mengen eines bestimmten Proteins gefunden. In Ihrem Dickdarm wächst eine mikroskopisch kleine Krebsgeschwulst«, sagt er.

»Ist das gefährlich?« fragen Sie ängstlich.

»Wahrscheinlich nicht. Nur ein paar hundert Krebszellen. Die beseitigen wir mit ein paar intelligenten Molekülen.«

»Und – nur aus Neugier – was wäre geschehen, bevor es Proteintests und intelligente Moleküle gab?« fragen Sie.

»Nun ja, dann hätten Sie in zehn Jahren einen kleinen Tumor bekommen; bis dahin wären in Ihrem Körper schon mehrere Milliarden Krebszellen herangewachsen, und Sie hätten eine Überlebenschance von etwa fünf Prozent gehabt.«

Der virtuelle Arzt runzelt die Stirn und sagt: »Wir haben auch mit dem neuen Kernspintomographen in Ihren Arterien nachgesehen. Beim derzeitigen Tempo Ihrer Arterienverkalkung werden Sie nach den Computerberechnungen in acht Jahren mit 80 Prozent Wahrscheinlichkeit einen Herzinfarkt bekommen. Ich schicke Ihnen per Videomail ein strenges Programm für Sport, Entspannungsübungen, Meditation und Yoga.«

Na gut, dann bekommt Molly noch eine Aufgabe: Sie wird zu Ihrer persönlichen Trainerin.

Abends

Heute abend gehen Sie zu einem Empfang der Firma. Während Sie zwischen den Gästen umherschlendern, mustert die Videokamera in Ihrer Brille die Gesichter, und Molly vergleicht sie mit den Computerprofilen in ihrem Speicher. Über einen Mikrolautsprecher im Brillengestell flüstert Molly Ihnen zu, wer die einzelnen Personen sind.

Als die Party zu Ende ist, haben Sie ein wenig viel getrunken. Molly flüstert: »Noch ein Glas, und der Atemanalysator im Armaturenbrett verhindert, daß du das Auto anläßt.«

Mittwoch, Mitternacht

Sie entschließen sich, in letzter Minute noch etwas einzukaufen. »Molly, hol' mir mal das virtuelle Einkaufszentrum auf den Bildschirm; ich brauche einen neuen Pullover.«

Auf dem Bildschirm erscheint eine Einkaufspassage aus der Stadt. Sie wedeln mit den Händen über dem Couchtisch, und das Bild verändert sich, als ob Sie an den Läden vorüberschlenderten.

Sie nehmen einen hübschen Pullover aus dem Regal. Das Muster gefällt Ihnen, aber die Größe stimmt nicht. Glücklicherweise hat Molly Ihre Körpermaße genau gespeichert.

»Molly, ich möchte keinen blauen Pulli, sondern einen roten, aber ohne diese albernen Verzierungen. Schick' die Bestellung ab, und bezahl' mit meiner Geldkarte.«

Als nächstes wollen Sie sich ein paar Wohnungen in der Stadt und Ferienhäuser in Europa ansehen. Der Bildschirm zeigt Bilder von Immobilien in der von Ihnen gewünschten Preislage, und mit einer Fingerbewegung sehen Sie sich darin um.

Donnerstagabend

Für dieses Wochenende haben Sie noch keine Verabredung. Aus einer Laune heraus sagen Sie zu Molly, sie solle doch einmal alle Singles in der näheren Umgebung heraussuchen und auf Neigungen und Hobbys überprüfen. Auf dem Bildschirm erscheinen Gesichter, jedes mit einer kurzen Beschreibung.

»Hm, Molly, was meinst du, mit wem sollte ich Kontakt aufnehmen?«

»Nun ja, ich finde, Nummer drei und Nummer fünf sehen recht vielversprechend aus. Die Interessenübereinstimmung liegt bei 85 Prozent.« Molly tastet die Bilder der Gesichtszüge ab und nimmt mit den Messungen ein paar Berechnungen vor. Dann sagt sie: »Außerdem sind Nummer drei und sechs doch ziemlich attraktiv, findest du nicht? Und nicht zu vergessen Nummer zehn. Gute Eltern.«

Molly hat in der ganzen Gruppe diejenigen herausgesucht, die am strengsten und konservativsten aussehen. Langsam hört sie sich an wie Ihre Mutter!

Samstagabend

Eine Person, die Sie aus der Liste ausgesucht haben, hat sich mit Ihnen verabredet.

Sie gehen in ein romantisches Restaurant, aber gerade als Sie essen wollen, überprüft Molly den Nährstoffgehalt des Gerichtes. »Das Essen enthält zuviel Cholesterin!«

Plötzlich fragen Sie sich, ob Sie Molly nicht abschalten können.

Hinterher beschließen Sie, zusammen in Ihrer Wohnung einen alten Film anzusehen.

»Molly, ich möchte *Casablanca* sehen. Aber kannst du die Gesichter von Ingrid Bergman und Humphrey Bogart gegen unsere austauschen?" Molly lädt den Film aus dem Internet und programmiert die Gesichter neu.

Kurz darauf sehen Sie sich selbst, zurückversetzt ins kriegsgeschüttelte Marokko. Und Sie müssen lächeln, als Sie in der letzten Szene am Flughafen stehen.

»Jetzt seh' *ich* dir in die Augen, Kleines.«

Schluß

In der Zeit zwischen 2020 und 2050 werden wir aller Wahrscheinlichkeit nach täglich mit Expertensystemen und intelligenten Programmen in unserem magischen Spieglein an der Wand in Kontakt treten, die ihrerseits bestimmte Berufe und ihre Ausübung revolutionieren könnten. Obwohl spezielle Informationen und Dienstleistungen sicher weiterhin von Menschen erbracht werden müssen, dürften viele Dinge des Alltags von intelligenten Expertensystemen erledigt werden.

Natürlich wirft diese Form des Einsatzes von Computern Fragen auf. Was macht uns zu Menschen? Wie denken wir? In den nächsten beiden Kapiteln werde ich auf den Gipfelpunkt der Debatten um Künstliche Intelligenz zusteuern: die Erzeugung künstlichen Bewußtseins. Im Gegensatz zur Quantenrevolution oder den Umwälzungen in der Molekularbiologie stecken die Forschungen zum menschlichen Bewußtsein noch in den Kinderschuhen. Der Newton oder Einstein der Künstlichen Intelligenz hat das Licht der Welt wohl noch nicht erblickt. Dennoch ist in diesem Bereich eine Revolution im Gange, die alles zuvor Gedachte umstößt und gänzlich neue Diskussionen über die Frage eröffnet, was es heißt, Mensch zu sein.

4 Denkende Maschinen

>»Irgendwann in den kommenden dreißig Jahren werden wir plötz-
lich nicht mehr die Intelligentesten auf der Erde sein.«

James McAlear

Die Zukunft schaffen

Ein Besuch im berühmten MIT-Labor für Künstliche Intelligenz ist jedesmal
voller köstlicher Erlebnisse und Überraschungen. Das Labor befindet sich
im achten und neunten Stockwerk eines modernen Gebäudes im Technolo-
giepark neben dem Hauptgelände des MIT, und im wesentlichen sieht es
aus wie ein ganz normales Bürohaus.
Aber sobald man eintritt, erlebt man etwas Überraschendes: Man glaubt
sich in der teuersten Spielzeugfabrik der Welt, einem raffinierten mechanischen Laufstall für hochintelligente Ingenieure, die nie erwachsen geworden
sind. Ganze Regimente von Doktoranden beugen sich konzentriert über ihre Arbeitstische und setzen mit ihren Werkzeugen baumelnde Beine, Arme,
Körper und Köpfe zusammen; das Ganze sieht aus wie die Werkstatt des
Weihnachtsmanns in High-Tech-Ausführung.
Auf einem Rundgang durch das Labor sieht man ein Sortiment, das die Augen jedes Kindes aufleuchten lassen würde: ein Spielzeugschlachtfeld mit
originalgetreuen Miniaturpanzern, große Dinosaurier aus Plastik, einen gewaltigen Sandkasten unter Plexiglas mit einer 60 Zentimeter langen mechanischen Ameise, eine künstliche Küchenschabe, die 25 Zentimeter mißt.
Aber diese mechanischen Gebilde sind alles andere als futuristisches Kin-
derspielzeug für das nächste Weihnachtsfest: Aus ihnen dürfte eines Tages
eine Armee von Automaten hervorgehen, die auf der Marsoberfläche her-
umspazieren, das Sonnensystem erforschen und sogar in unseren Wohnungen zu Hause sein werden.
In dem ganzen Labor herrscht eine spielerische Atmosphäre. Auf den
Wandtafeln stehen verrückte Reime und Bonmots. An einer Stelle hat man
auf den Fußboden sogar einen gelben Pflasterweg gemalt, der zu einem
Computer mit dem Kosenamen Oz führt.
In einer Ecke des Labors sitzt Odie, eine etwa 60 Zentimeter große Konstruktion, die einem mechanischen Hund ähnelt und mit Videokameras als
Augen ausgestattet ist; mit ihrem hübschen Halsband erinnert sie tatsächlich an den Hund Odie aus den Garfield-Comics. Odie reagiert auf Bewegungen: Sobald sich eine Hand bewegt, heften sich seine Blicke genau dar-

91

auf, um jeder Drehung und Wendung zu folgen. Aber im Gegensatz zu seinem Comic-Namensvetter ist Odie kein begriffsstutziger Langweiler: Läßt man ein Buch ohne Vorwarnung fallen, bleiben seine Videoblicke bis zum Fußboden daran hängen.[1] In einer anderen Ecke liegt WAM, ein großer, mechanischer Arm, der an einer Fernsehkamera befestigt ist. Einen leuchtend roten Plastikball, den man nach WAM wirft, nimmt die Kamera mitten im Flug wahr; ein Computer berechnet die weitere Flugbahn, und WAMS langer Arm fängt ihn auf. Nicht schlecht für einen einarmigen Banditen.

Im Keller liegt Trudy, ein raffiniert gestalteter mechanischer Dinosaurier mit vier Beinen; seinen Namen verdankt er Trodoon, einem schlanken, hühnerähnlichen Saurier, der vor sehr langer Zeit über die Erde spazierte. Trudy soll gehen, laufen und eines Tages auch hüpfen wie sein Namensvetter; er ist einer der laufenden Roboter des MIT. Manche von ihnen können springen, Purzelbäume schlagen und sogar in der Luft einen Salto vorführen – sie sind zu allen Bewegungen außer Breakdance in der Lage.

Beim Rundgang durch diese bizarren Räume erkennt man allmählich, daß das KI-Labor eine Spielwiese für Genies ist, als hätten sich alle Freunde von Peter Pan in Computerfreaks und Hacker verwandelt. Die Zukunft, so scheint es, wird von einer Gruppe mißratener, in die Länge geschossener Kinder mit Doktorexamen erfunden.

Mitten in dem Durcheinander aus riesigen mechanischen Spielzeugen steht Attila, eine höchst komplexe Konstruktion von Rodney Brooks. Attila hat ein Gesicht, das nur eine Mutter (oder sein Schöpfer) lieben kann. Er wiegt etwa 1600 Gramm, besteht aus Stangen, zehn Computern und 150 Sensoren und ähnelt einer schlanken, sechsbeinigen, übergroßen Küchenschabe. Die meiste Zeit des Tages krabbelt er wie ein Käfer mit der flotten Geschwindigkeit von 2,5 Stundenkilometern herum, und dabei umgeht er sorgfältig jedes Hindernis, das man ihm in den Weg legt.[2] Wie ein stolzer, glücklicher Vater prahlt Brooks: »Attila ist Stück für Stück der komplizierteste Roboter der Welt.«

Nach Brooks' Ansicht liegt die Zukunft der Künstlichen Intelligenz nicht in Riesencomputern, die ganze Etagen füllen und in zahllosen Hollywoodfilmen als allmächtige Besserwisser verklärt wurden. Statt dessen, so meint er, wird es winzige, aber bemerkenswert bewegliche mechanische Käfer wie Attila geben, aber auch ganz andere, völlig neue Ansätze.

Herkömmliche bewegliche Roboter, wie zum Beispiel Industrieroboter zum Lackieren, muß man mit einem riesigen Computerprogramm füttern, bevor sie ihre Tätigkeit aufnehmen können; Attila dagegen lernt alles von Grund auf neu. Sogar das Gehen mußte er erst einmal lernen. Wird er zum erstenmal eingeschaltet, streckt er die Füße in alle Richtungen wie eine betrunkene Küchenschabe. Aber nach und nach lernt er durch Ausprobieren, wie er seine sechs Beine nach Insektenart richtig koordinieren muß. Um zu lernen,

Attila und Hannibal (oben abgebildet) sind Insektoiden, die auf einem Neuansatz in der Künstlichen Intelligenz beruhen: Sie greifen Vorbilder aus der Natur auf, um Intelligenz hervorzubringen. Im Gegensatz zu vorprogrammierten Robotern sind sie echte Automaten, die eigene Entscheidungen treffen können. (© Bruce Frisch)

wie man überall im KI-Labor herumkriechen kann, braucht er nur einen einfachen Rückkopplungsmechanismus.[3]

Roboter dieser neuen Generation nennt man treffend auch »Insektoide«, also Insektenartige. »Insekten besitzen einen unglaublich langsamen Computer aus ein paar hunderttausend Nervenzellen, und dennoch können sie in Echtzeit ohne Zusammenstöße umherfliegen«, bemerkt Brooks. »Offenbar organisieren sie ihre Intelligenz optimal und kommen damit prima zurecht. Deshalb habe ich darüber nachgedacht, wie man die Berechnungen in einem Roboter so umordnen kann, daß er sich ebenfalls in Echtzeit in der realen Welt zurechtfindet.«[4]

Die Leistungsfähigkeit, mit der die Evolution das Gehirn der Insekten ausgestattet hat, ist geringer als die eines üblichen Computers, und doch übertreffen die Lebewesen bei weitem alle mechanischen Konkurrenten am MIT. Im Vergleich zu den kleinen, leichtfüßigen Insekten, die unsere Erde beherrschen, sind die bisherigen KI-Roboter einfältige mechanische Schwergewichte.[5]

Brooks sieht wenig Nützliches in den ellenlangen Computerprogrammen, mit denen man »Vernunft« und menschliches Denken nachzuahmen versucht; seine Konstruktionen besitzen nur ein winziges »Gehirn« und schlanke, stromlinienförmige Schaltkreise, die das gleiche lernen wie ein echter Käfer, der in seiner Umwelt umherstolpert.

Die Ergebnisse der Pionierarbeiten von Brooks und seinen Kollegen reisen schon heute in den Weltraum und zum Planeten Mars. Die NASA war von Brooks' Insektoiden so beeindruckt, daß sie das erste Marsfahrzeug (das den Namen Sojourner erhielt) nach Attilas Vorbild konstruieren ließ.[6] Sojourner, der im Frühsommer 1997 auf dem Mars landete, wiegt knapp zehn Kilo, hat sechs Räder und läßt sich auch durch steile Krater und große Felsbrocken manövrieren. Er tuckerte im Rahmen der »Pathfinder«-Marsmission als erstes ferngesteuertes Landfahrzeug über die Oberfläche des Wüstenplaneten.[7] Für eine zukünftige Weltraumstation sind fünf ähnliche Roboter geplant.[8]

Brooks' Fachaufsätze mit so provozierenden Titeln wie »Intelligenz ohne Vernunft« und »Elefanten spielen nicht Schach« haben mehr als einem in dem festgefügten Fachgebiet der KI die Laune verdorben.[9] Aber die jahrzehntelangen Bemühungen um die Entwicklung von Schachprogrammen haben uns nicht die geringsten Erkenntnisse darüber geliefert, warum Elefanten (die nicht Schach spielen können) sich in freier Wildbahn so gut behaupten. Brooks' winzige Maschinen dagegen können sich in der realen Welt bewegen und zurechtfinden, nicht nur in einer sterilen, genau kontrollierten Umgebung wie herkömmliche bewegliche Roboter. Und er behauptet nicht, seine Apparate hätten auch nur entfernt so etwas wie »Vernunft«.

Drei Umwälzungen befruchten sich gegenseitig

Diesen biologisch orientierten Ansatz der Künstlichen Intelligenz bezeichnet man auch als »Von-unten-nach-oben-Schule«. Ihre Anregungen beziehen sie nicht nur von den Insekten, sondern auch aus den höchst vielfältigen einfachen Strukturen, die man überall in der Biologie und Physik findet zum Beispiel in Froschaugen, Nervenzellen, Nervensystemen, DNS, Evolution und Gehirn von Tieren. Einer ihrer vielleicht bizarrsten (und vielversprechendsten) Ausgangspunkte liegt in der Quantenphysik der Atome.

Die vielen Spielarten dieser Denkschule haben ein gemeinsames Merkmal: Sie lassen die Maschine wie ein Lebewesen alles von Grund auf lernen. Wie ein Neugeborenes muß sie von Anfang an ihre eigenen Erfahrungen machen. Diese Überlegung kann man grob in einem Satz zusammenfassen: Lernen ist alles, Programmieren und Logik sind nichts. Zu Beginn schafft man eine Maschine, die lernen kann; die Gesetze der Logik und Physik verinnerlicht sie später von selbst, indem sie mit der Wirklichkeit zusammentrifft und von ihr lernt. Wie bereits erwähnt, wird der wissenschaftliche Fortschritt in Zukunft aus einem engen Wechselspiel zwischen Quantenphysik,

Molekularbiologie und Informatik erwachsen. Nachdem die Entwicklung auf dem Gebiet der Künstlichen Intelligenz jahrelang stockte, liefern Molekularbiologie und Quantenforschung heute eine Fülle neuer, lohnender Forschungsansätze.

Eine der seltsamsten Folgen dieses engen Wechselspiels zwischen den drei großen wissenschaftlichen Umwälzungen wird gesellschaftlicher Natur sein: Theoretische Physiker (die sich normalerweise mit exotischen Themen wie der Superstringtheorie befassen und versuchen, die Gesetze des physikalischen Universums zu vereinheitlichen) wandern in die Gehirnforschung ab. Ich habe mehrere Kollegen, anerkannte Fachleute für Quantengravitation und Superstringtheorie, die ihr umfangreiches quantenphysikalisches Wissen heute auf die Gehirnfunktionen anwenden und dabei Neuronen wie Atome behandeln.

Diese Verflechtung der drei Wissenschaftsgebiete ist, wie in diesem Buch immer wieder deutlich werden wird, eine der wichtigsten Triebkräfte für die Wissenschaft der Zukunft. Obwohl die Vertreter der beiden Denkschulen für Künstliche Intelligenz nebeneinander in demselben Gebäude untergebracht sind, ist die Grenze zwischen ihnen eindeutig gezogen. Auf der einen Seite stehen die angesehenen Begründer des Gebiets, die seit langem leistungsstarke Computer auf die Nachahmung des menschlichen Denkens programmiert haben. Eine denkende Maschine ist nach ihrer Vorstellung ein leistungsfähiger Computer – je größer, desto besser. Diese Vorgehensweise bezeichnet man als »von oben nach unten«: Danach lassen sich Logik und vernünftiges Überlegen, die eine Maschine zum Denken braucht, in sie einprogrammieren. Denkende Maschinen werden demnach fertig ausgereift aus einem Computer hervorgehen wie die griechische Göttin Athene aus dem Haupte des Zeus.

Diese Wissenschaftler hatten zum Bau einer denkenden Maschine ein einfaches Rezept: Füttere einen Digitalrechner zunächst mit komplizierten Regeln und Programmen, um Logik und Denken nachzuahmen, dann streue ein paar Subroutinen für Sprechen und Sehen ein, füge mechanische Hände, Beine und Augen hinzu und ... der intelligente Roboter ist fertig. Er trägt in seinem »Gehirn« ein vollständiges Abbild der Außenwelt, eine genaue Anleitung mit allen Regeln für das reale Leben.

Ausgangspunkt dieser Überlegungen war die Idee, man könne Intelligenz mit Hilfe einer »Turingmaschine« nachahmen, auf der alle Digitalrechner gründen.[10] Aber die Traditionalisten gerieten schnell in ein Dilemma: Sie hatten die Aufgabe, einen vollständigen Struktur- und Funktionsplan der menschlichen Intelligenz niederzuschreiben, gewaltig unterschätzt. Ihre computergesteuerten Maschinen erwiesen sich als schwächliche, störrische Geschöpfe. Die nach diesem Verfahren gebauten beweglichen Roboter brauchten eine gewaltige Rechenleistung und waren dennoch höchst unvollkommen: Sie agierten quälend langsam und ängstlich, und häufig wußten sie nicht mehr weiter. In der realen Welt waren sie hilflos.

Thomas Dean von der Brown University räumt ein, diese schwerfälligen beweglichen Roboter seien sehr primitiv. Seine Maschinen, so sagt er selbst, »sind gerade erst so weit, daß sie durch die Eingangshalle laufen können, ohne große Löcher im Fußboden zu hinterlassen«.[11]

Außerdem, so der KI-Pionier Herbert Simon, haben sich die Vertreter der »Von-oben-nach-unten-Schule« mit übertriebenen Behauptungen oftmals selbst ein Bein gestellt. Berthold Horn vom MIT berichtet von einer KI-Tagung in Boston, bei der Reporter einen der Wissenschaftler umlagerten: Dieser hatte behauptet, in fünf Jahren würden Roboter heruntergefallene Gegenstände vom Fußboden aufheben. Horn weiß noch genau, wie er diesen Wissenschaftler in eine Ecke zerrte und zu ihm sagte: »Mach' keine solchen Sprüche! Das haben andere auch schon getan, und dann kamen die Schwierigkeiten. Du unterschätzt die Zeit, bis es soweit ist.« Aber der andere erwiderte: »Das macht nichts. Alle Jahreszahlen, die ich nenne, sind nach meiner Pensionierung!« Darauf Horn: »Nun ja, aber ich bin dann noch nicht pensioniert, und dann werden die Leute zu mir kommen und mich fragen, warum in ihrem Schlafzimmer noch kein Roboter die Socken aufhebt.«[12]

Nachdem es mit der »Von-oben-nach-unten-Schule« immer mehr bergab ging, schwante vielen von ihnen, man müsse ganz von vorn anfangen. Brooks' mechanische Insektoide, die von unten nach oben konstruiert wurden, sind anfangs ziemlich hilflos, aber nach einer Phase des Ausprobierens können sie bald über zerfurchte Landschaften krabbeln, wobei sie mühelos Hindernisse umgehen und dabei die Konkurrenz hinter sich lassen.

Die Wissenschaftler der »Von-unten-nach-oben-Schule« sehen in ihren Geschöpfen so etwas wie einfache Säugetiere: gewandte, schnellfüßige Wesen, welche die Vorherrschaft übernehmen können, wenn die schwerfälligen Computer-Dinosaurier aussterben. Während die »Von-oben-nach-unten-Schule« in Millionen Programmzeilen ertrinkt, prahlen sie, ihre Konstruktionen mit wandlungsfähigen, effizienten Gehirnen würden die Welt erobern.

Zwischen den beiden Schulen bestehen zwar herzliche Beziehungen, aber damit läßt sich nicht bemänteln, daß Brooks und seine Kollegen in der Gemeinde der KI-Forscher vielfach als Ketzer gelten. Sie haben den Großcomputern gewissermaßen die Zunge herausgestreckt und Prinzipien aus Biologie und Evolution übernommen.

Marvin Minsky, einer der Gründer des Instituts, feuerte gegen die »Von-unten-nach-oben-Schule« eine Breitseite ab: »Warum soll man sich die Mühe machen und einen Roboter bauen, der von hier nach dort gelangen kann, wenn er anschließend nicht einmal den Unterschied zwischen einem Tisch und einer Tasse Kaffee erkennt?«[13]

Darauf schießt Brooks zurück: »Ich bin sehr frustriert, wenn jemand sagt: ›... aber deine Roboter können ja dieses oder jenes nicht.‹ Natürlich können sie es nicht. Schachprogramme klettern auch nicht auf Berge.«[14]

Bei solchen Meinungsverschiedenheiten könnte man annehmen, das Labor sei wie gelähmt. Aber in Wirklichkeit werden unterschiedliche Ansichten dort toleriert und sogar gefördert. »Ich finde es ganz toll, daß alle streiten und sich auseinandersetzen«, meint Laborleiter Patrick Winston. »Das macht die Sache wieder interessant, ganz wie in den frühen Zeiten.«[15] Der gleichen Meinung ist auch Tomas Lozano-Perez, der stellvertretende Direktor. »Vollständige Übereinstimmung ist ein Kennzeichen der Totenstarre«, sagt er.[16] Die endgültige Lösung dürfte im 21. Jahrhundert aus einer Verschmelzung der beiden Schulen hervorgehen. KI-Pioniere wie Hans Moravec von der Carnegie-Mellon University glauben, daß der letzte Schritt für das Funktionieren Künstlicher Intelligenz in einer raffinierten Synthese oder Vermischung der beiden Schulen bestehen wird. »Vollkommen intelligente Maschinen werden wir erst haben, wenn die beiden Forschungsansätze zu einem einzigen zusammenlaufen«[17], sagt er; nach seiner Prophezeiung wird das in etwa 40 Jahren der Fall sein.

Die Vereinigung der beiden Denkschulen ist vermutlich die vernünftigste Voraussage über die Zukunft der KI im nächsten Jahrhundert. Beide Schulen haben eindeutige Stärken und Schwächen. Menschen dagegen vereinigen in sich die guten Seiten von beiden: Wir lernen nicht nur durch das Herumstolpern in der realen Welt, sondern nehmen Informationen auch auf andere Weise auf, und bestimmte Schaltkreise sind in unserem Gehirn »fest verdrahtet«. Ob wir ein Musikinstrument, eine Fremdsprache, einen neuen Tanzschritt oder höhere Mathematik lernen: Immer bedient sich unser Gehirn sowohl des Ausprobierens als auch des Vorrats an verinnerlichten Regeln.

Vorprogrammierte Roboter

Da Künstliche Intelligenz sich derzeit auf einem recht primitiven Stand befindet, wird es wahrscheinlich noch mindestens 25 Jahre dauern, bis die ersten leistungsfähigen Produkte des MIT-Labors auf den Markt kommen. In der Zwischenzeit werden sich erst einmal immer raffiniertere Industrieroboter durchsetzen, die entweder fest programmiert sind oder ferngesteuert werden. Von 2020 bis 2050 werden wir die »vierte Phase« der Computertechnik erleben: Dann werden die ersten intelligenten Automaten herumlaufen und auch das Internet bevölkern. In dieser Zeit dürfte die Vereinigung der beiden KI-Schulen stattfinden und uns Roboter mit echtem »gesundem Menschenverstand« bescheren, die lernen, sich bewegen und auf intelligente Weise mit Menschen in Kontakt treten werden. Nach dem Jahr 2050 wird dann die fünfte Phase beginnen, in der es Roboter mit Bewußtsein und Selbstwahrnehmung geben wird.

Um die Bedeutung dieser Entwicklung zu verstehen, muß man genau unterscheiden: Auf der einen Seite stehen die Roboter des MIT, echte *Automaten*, die selbständig handeln können, und auf der anderen die vorprogrammierten *Roboter*, etwa an den Fließbändern der Autofabriken. Vorprogrammierte Roboter besitzen die »Intelligenz« einfacher Aufziehspielzeuge, Musikboxen oder elektronischer Klaviere. Sie arbeiten nach Anweisungen, die auf Computerdisketten und Mikrochips niedergeschrieben sind; ansonsten sind sie im wesentlichen überdimensioniertes Spielzeug. Jede Bewegung muß mühsam aufgeschrieben und übermittelt werden.

In den Disney-Studios hat man beispielsweise eine ganze Reihe bemerkenswerten Roboter konstruiert, die singen, tanzen, gestikulieren und sogar Witze erzählen können – oft viel besser als ein Durchschnittsmensch. Aber auch wenn sie raffinierte menschenähnliche Bewegungen ausführen, sind sie im wesentlichen nur vorprogrammierte Aufziehpuppen, die zuvor genaue Anweisungen erhalten haben.

Schon heute erledigen vorprogrammierte und ferngesteuerte Roboter besonders gefährliche Aufgaben. Im Jahr 1979, als der Atomreaktor von Harrisburg 30 Minuten vor der Kernschmelze stand, führte Rover 1 Reparaturarbeiten aus. Jason Jr., ein Unterwasserroboter, machte 1986 historische Aufnahmen vom Wrack der *Titanic*, das auf dem Boden des Atlantik vor sich hinrostet. Und das russische »Mondauto« *Lunochod* landete auf dem Erdtrabanten und rollte ferngesteuert über seine Kraterlandschaft.

Da die Leistungsfähigkeit der Computer weiterhin explosionsartig zunimmt, werden wir in etwa 20 Jahren erleben, wie immer differenzierter vorprogrammierte Roboter im Handel zu haben sind und in Wohnungen, Krankenhäusern und Büros verwendet werden. Eine Maschine, die bereits auf dem Markt ist, heißt HelpMate: Dieser 1,20 Meter große medizinische Roboter holt im Danbury Hospital in Connecticut den Ärzten und Schwestern Medikamente und Ausrüstung; dabei orientiert er sich an einem Grundriß des Krankenhauses, der in seinem Speicher festgeschrieben ist. Zur Bedienung tippt man Kommandos auf einer Tastatur ein. Irgendwann könnten Roboter dazu beitragen, die Kostenexplosion im Gesundheitswesen zu dämpfen.[18] Der Medizinroboter Robo-Surgeon, der am Memorial Medical Center im kalifornischen Long Beach bei Gehirnoperationen eingesetzt wird, kann mit einer Genauigkeit von einem Fünfzigstelmillimeter ein Loch in einen menschlichen Schädel bohren. Er ähnelt einem großen mechanischen Arm mit einem auswechselbaren Skalpell oder einer Kanüle am Ende.[19] Ein über 200 Kilo schwerer Roboter namens Sentry, der als »Wachmann« arbeiten kann, wurde von der Firma Mobile Robotics, Inc., für 50 000 Dollar verkauft. Er sah aus wie R2D2 in dem Film *Krieg der Sterne* und erinnerte an ein 200-Liter-Faß auf Rädern. Solange er seine Rundgänge immer auf demselben Weg machte und sich mit acht Stundenkilometern vorwärtsbewegte, funktionierte er gut. Im Bayside Exposition Center in Boston konnte er sogar einen Ladendieb dingfest machen.[20]

Diese schwerfälligen Konstruktionen werden sich nach Ansicht von Hans Moravec zu ausgeklügelten Robotern weiterentwickeln, und zwar ungefähr nach folgendem Zeitplan:

Zwischen 2000 und 2010 werden Roboter immer mehr zu zuverlässigen Helfern werden, die sich in Fabriken, Krankenhäusern und Wohnungen zurechtfinden und dort genau umrissene Tätigkeiten ausführen. Solche Maschinen bezeichnet Moravec als »Volksroboter«. Sie werden den Rasen mähen, als Butler arbeiten, Automotoren einstellen und vielleicht sogar Feinschmeckermenüs kochen.

Von 2010 bis 2020 werden diese Roboter von Apparaten verdrängt, die aus ihren Fehlern lernen können. Sie werden zunächst noch recht unbeholfen sein, aber durch die ständige Kommunikation mit den Menschen werden sich ihre Fähigkeiten erweitern. Vielleicht besitzen sie sogar ein primitives System von »Freude« und »Leid«, das positive Handlungen verstärkt und andere verhindert.

2020 bis 2050: Roboter und Gehirne

Weniger erfolgreich war die »Von-oben-nach-unten-Schule« bei der Konstruktion beweglicher Roboter, die Hindernisse erkennen und umgehen können. Die erste derartige Maschine, Shakey genannt, wurde 1969 am Stanford Research Institute gebaut und ähnelte einer großen Konservendose auf Rädern. Auf seiner Oberseite befanden sich Fernsehkameras, Abstandsmelder und eine Funkantenne für die Verbindung mit einem Steuerungsrechner. Shakey konnte nur geometrisch geformte Gegenstände in einer genau kontrollierten Umwelt erkennen, und selbst dann dauerte es noch Stunden, bis er einen Raum durchquert hatte. Sehr viel weiter ist diese Technik auch in den nachfolgenden dreißig Jahren nicht gekommen.

Ein Problem, mit dem solche beweglichen Roboter sich immer wieder herumschlagen mußten, ist die berüchtigte *Mustererkennung*. Die primitiven Maschinen können zwar sehen, aber sie verstehen nicht, was sie dabei wahrnehmen. Wenn ihre Kameras einen Raum mustern, zerlegen sie das Bild in tausende winzige Punkte, die sie mühselig einen nach dem anderen mit den in ihrem Speicher niedergelegten Bildern vergleichen müssen – und das kann Stunden, ja sogar Tage dauern. Autofahren, das die Erkennung einer sich ständig ändernden Umgebung erfordert, liegt denn auch für den leistungsfähigsten dieser Roboter weit außerhalb aller Möglichkeiten.

Besonders schwierig ist die Erkennung von Gesichtern. Selbst ein bekanntes menschliches Gesicht kann der Computer kaum noch identifizieren, wenn es auch nur um wenige Grad gedreht wird.

Unser eigenes Gehirn dagegen erkennt eine neue Umgebung und findet ein bekanntes Gesicht unter Tausenden – und alles im Bruchteil einer Sekunde. Die anderthalb Kilo schwere Masse aus Neuronen auf unseren Schultern ist wahrscheinlich das komplexeste Gebilde im Sonnensystem, vielleicht sogar in unserem Teil der Milchstraße. Wir könnten ein Gehirn zwar in die Hand nehmen und Neuron für Neuron auseinanderpflücken, aber auch dann hätten wir nur den Hauch einer Ahnung von seinen Funktionen.

Besonders fasziniert waren die Anatomen von der Tatsache, daß das menschliche Gehirn aus mehreren Schichten besteht, in denen sich das allmähliche Fortschreiten der Evolution widerspiegelt.

Die Natur ist sparsam: Alte Formen werden meist nicht verworfen, sondern zu neuen, höheren weiterentwickelt, und deshalb ist auch unser Gehirn eine Art Museum seiner eigenen Evolutionsgeschichte. Seine deutlich abgegrenzten Schichten sind konzentrisch angeordnet – ganz innen liegen die ältesten primitivsten Teile, und weiter außen kamen allmählich immer höher entwickelte Bereiche hinzu.

Die älteste, innerste Schicht des Gehirns wurde von Paul MacLean als »Nervenfundament« bezeichnet: Sie steuert Grundfunktionen des Lebens wie Atmung, Herzschlag und Kreislauf. Ihre Bestandteile sind das Rückenmark, der Hirnstamm (verlängertes Mark und Brücke) sowie das Mittelhirn. Bei Fischen macht das Nervenfundament den größten Teil des Gehirns aus.

Um das Fundament herum liegt der R-Komplex (Riechzentrum, Streifenhügel und Globus pallidus), der Aggressionen, Revierverhalten und soziale Hierarchien steuert. Diese Schicht gibt es schon bei den Kriechtieren, weshalb sie manchmal auch als „Reptiliengehirn« bezeichnet wird.

Weiter nach außen folgt bei Säugetieren das limbische System (Thalamus, Hypothalamus, Mandelkern, Hypophyse und Hippokampus), das vor allem für Gefühle und Sozialverhalten verantwortlich ist, aber auch für Geruchswahrnehmung und Gedächtnis. Als die Säugetiere zum Überleben immer kompliziertere Sozialstruktur entwickelten, mußte ein immer größerer Teil des Gehirns sich damit befassen, die Probleme und Abläufe des Gruppenlebens zu managen.

Ganz außen schließlich, um alle diese Schichten herum, liegt die Neuhirnrinde (Neocortex), die aus Stirn-, Scheitel-, Schläfen- und Hinterhauptslappen besteht. Sie ist unter anderem der Sitz von Vernunft, Sprache und räumlicher Wahrnehmung. Während das Gehirn aller anderen Tiere eine recht glatte Oberfläche hat, besitzt unseres zahlreiche Wülste, Furchen und Falten, so daß die Oberfläche der Neuhirnrinde zunimmt.

Wie man vor diesem Hintergrund erkennt, befinden sich die heutigen Roboter noch in der primitivsten Phase: Sie besitzen nur das Nervenfundament. Soziale Hierarchien, Gefühle, die Fähigkeit zum Umgang mit anderen oder die Kognition – alles Eigenschaften, die für alle Tiere seit den Fischen typisch sind – müssen sie erst noch entwickeln. Das zeigt aber auch, wie komplex das Gehirn der Tiere ist und was für ein weiter Weg bis zu den Fähigkeiten des menschlichen Gehirns noch zurückzulegen ist.

Zu den Quantenphysikern, die vom Aufbau des menschlichen Gehirns gefesselt sind, gehört Miguel Virasoro, der kürzlich neu ernannte Leiter des teilweise von den Vereinten Nationen finanzierten Internationalen Zentrums für Theoretische Physik im italienischen Triest. Seinen weltweiten Ruf erwarb sich Virasoro ursprünglich mit wichtigen Beiträgen zur Superstringtheorie – die grundlegende Symmetrie der Strings wird ihm zu Ehren als Virasoro-Algebra bezeichnet. Aber wie viele andere führte ihn seine Begeisterung für Künstliche Intelligenz später zu dem Gebiet der neuronalen Netze und der Theorie des Gehirns.[21]

Nach Virasoros Ansicht werden Mikrochips eines Tages mit ihrer reinen Rechenleistung die Fähigkeiten des menschlichen Gehirns erreichen. Aber, so fragt er, heißt das, daß unser Gehirn ein Computer ist? Schon heute haben Rechner die Gehirnleistung mancher Tiere überflügelt. Ein typischer Computer des Typs SUN-4 verarbeitet etwa 200 Millionen Bits in der Sekunde und erreicht damit, was die reine Geschwindigkeit der Informationsverarbeitung angeht, die Leistung eines Schneckengehirns, das etwa 100 000 Neuronen enthält. Die Cray-3, heute einer der schnellsten Computer, schafft 100 Milliarden Bits pro Sekunde; das entspricht dem Gehirn einer Ratte mit seinen 65 Millionen Nervenzellen.

Das menschliche Gehirn dagegen verarbeitet Informationen nach Schätzungen mancher Fachleute mit einer Geschwindigkeit von ungefähr 100 Billionen Bits in der Sekunde, das heißt rund tausendmal schneller als die Cray-3. Da die Rechenleistung sich nach Moores Gesetz alle 18 Monate verdoppelt, kann man – wenn man von Hindernissen wie dem Ende des Siliziumzeitalters einmal absieht – mit einer einfachen Berechnung abschätzen, wann Computer mit ihrer reinen Rechenleistung das menschliche Gehirn übertreffen werden. Setzt sich die derzeitige Entwicklung fort, dürfte es Rechner, die so schnell arbeiten wie unser Gehirn und ebensoviel Information enthalten, zu Beginn des kommenden Jahrhunderts geben, vielleicht zwischen 2010 und 2030. Bis 2040 wird jeder PC die Rechenleistung eines menschlichen Gehirns haben.[22]

Das US-Energieministerium vergab 1996 einen 96-Millionen-Dollar-Auftrag an IBM mit dem Ziel, bis 1998 den schnellsten Computer der Welt zu bauen. Er soll in jeder Sekunde drei Billionen Rechenoperationen bewältigen und 2,5 Billionen Bits an Information verarbeiten – damit käme er den Fähigkeiten des menschlichen Gehirns schon recht nahe.

Aber gegen diese von oben nach unten gerichtete Vorgehensweise hat Virasoro einen grundlegenden Einwand: In seinen Augen *ist das Gehirn keine Turing-Maschine*. Es ist überhaupt kein Computer. Der Versuch, mit immer schnelleren Rechnern das menschliche Gehirn nachzuahmen, gleicht der Jagd nach einem Phantom.[23]

Um das zu erkennen, muß man wissen, wie das Gehirn »verdrahtet« ist. Es enthält rund 100 Milliarden Neuronen – das entspricht ungefähr der Zahl der Fixsterne in unserer Milchstraße. Sie geben in jeder Sekunde etwa zehn Billiarden Impulse ab. Solche Nervenimpulse wandern zwar entsetzlich langsam, nämlich mit 100 Metern in der Sekunde (360 Stundenkilometer), aber das macht unser Gehirn durch seine unglaublich komplexen parallelen Verschaltungen wett.

Virasoro weist darauf hin, daß jedes Neuron mit rund 10 000 anderen Neuronen in Verbindung steht; das Gehirn arbeitet also wie ein *Parallelprozessor*, der in jeder Sekunde Billionen Rechenoperationen gleichzeitig ausführt. Dennoch verbraucht es dabei nicht mehr Energie als eine ganz gewöhnliche Glühbirne. Zum Vergleich: Wenn man einen normalen Computer mit der Leistungsfähigkeit des menschlichen Gehirns bauen könnte, würde diese Maschine etwa 100 Megawatt verbrauchen – soviel wie eine ganze Stadt an Energie benötigt.

Computer können zwar fast mit Lichtgeschwindigkeit rechnen, aber sie führen immer eine Berechnung nach der anderen aus. Das Gehirn dagegen rechnet im Schneckentempo, aber dafür schafft es Billionen Rechenoperationen zur gleichen Zeit. Dieses Funktionsprinzip ist der Grund, warum ein Gehirn auch dann noch arbeitet und sogar einen Teil seiner Leistungsfähigkeit wiedergewinnt, wenn etwa große Abschnitte seiner Substanz durch einen Schlaganfall zerstört wurden. Eine Turing-Maschine dagegen versagt schon nach der Zerstörung eines einzigen Transistors völlig. Das Gehirn ist also sehr fehlertolerant. Virasoro hält es für ein äußerst komplexes neuronales Netz, und diese Erkenntnis ist eine der Grundlagen der »Von-unten-nach-oben-Schule« der Künstlichen Intelligenz.[24]

Sprechende Roboter

Aooohiiiihjaaaa! Ein leises, fast körperloses Heulen erfüllt den Raum.

Wie ein stolzer Vater, dessen Sohn zum erstenmal »Papa« gesagt hat, lächelt Terry Sejnowski, ein junger Professor und Fachmann für die Theorie neuronaler Netze, voller Zufriedenheit.[25] Das gespenstische, gutturale Geräusch, fast ein Wimmern, kommt aus seiner Maschine namens NETalk, einem neuronalen Netz, das er im Laufe eines Sommers an der Johns Hopkins University konstruiert hat; es hat Geschichte gemacht, denn es kann fast von Grund auf lernen, englisch zu sprechen.

Das übliche Verfahren, die Sprache von oben nach unten nachzuvollziehen, lehnte Sejnowski ab. Er kümmerte sich nicht um dicke Aussprachewörterbücher, Programme mit zahllosen phonetischen Regeln und den zugehörigen langen Listen der Ausnahmen, in denen weder Sinn noch Verstand steckten. Statt dessen baute er nur einen überraschend einfachen neuronalen Schaltkreis. Und wie durch ein Wunder lernt NETalk die englische Sprache wie ein Kind: ausschließlich durch Ausprobieren. Keine Programme, keine Wörterbücher, keine Regeln, keine Ausnahmen – nur die Fähigkeit, aus Fehlern zu lernen.

Zu Beginn seiner üblichen Vorführung gibt Sejnowski NETalk die Bandaufzeichnung eines Textes ein (meist einen Kinderaufsatz von etwa 100 Wörtern). Daraufhin fängt NETalk an, den Text nach dem Zufallsprinzip zu lesen. Anschließend wendet es die »Hebb-Regel« an: Jedesmal wenn es den Text »liest«, vergleicht es das Ergebnis seiner fast mitleiderregenden Bemühungen mit dem Text und nimmt in seinem neuronalen Netz kleine Veränderungen vor, so daß Verknüpfungen, die der richtigen Aussprache näherkommen, verstärkt werden. Und mit jeder dieser Korrekturen kommt NETalk dem Text näher. NETalk ahmt also den Weg nach, auf dem auch Kinder sprechen lernen.

Sejnowski erklärt, wie NETalk zu lernen beginnt: »Zuerst entdeckt es den Unterschied zwischen Vokalen und Konsonanten. Aber es weiß nicht, welchen es nehmen soll, und setzt deshalb beliebige Vokale oder Konsonanten ein. Es brabbelt.«[26]

Ein neuronales Netz wie NETalk ist eine Ansammlung elektronischer Neuronen, die das Gehirn nachahmt. Jedesmal wenn ein solches System die richtige Wahl trifft, ändert sich die »Gewichtung« der Neuronen, so daß die entsprechenden Schaltkreise verstärkt werden.[27] Andererseits werden bei jedem Fehler die zugehörigen Verknüpfungen geschwächt. Obwohl dieser Vorgang deprimierend langsam abläuft, entdeckt man schon nach wenigen Stunden unverkennbare Fortschritte in Richtung der richtigen Aussprache. »Hören Sie den Unterschied?« fragt Sejnowski begeistert. »Jetzt hat es die Unterbrechungen entdeckt, die Wortzwischenräume. Deshalb spricht es jetzt in Geräuschwellen, in Pseudowörtern.«[28]

Nach etwa einem Tag hat sich ein sehr erstaunlicher Fortschritt eingestellt. Über Nacht kann NETalk einen Text von Drittklaßniveau mit 98 Prozent Genauigkeit vorlesen. Und nach 16 Stunden liest es mit geradezu gespenstischer Präzision die Worte: »Ich gehe mit meinen Freunden von der Schule nach Hause. Ich möchte meine Oma besuchen. Die gibt uns nämlich immer Bonbons.«

Natürlich haben neuronale Netze noch einen langen Weg vor sich, bevor sie das Vorbild des menschlichen Gehirns erreichen. Der Physiker Heinz Pagels meint dazu: »Zwischen einem wirklichen Neuron und den Modellneuronen besteht der gleiche Unterschied wie zwischen einer menschlichen Hand und einer Kneifzange.«[29] Aber schon die Tatsache, daß ein neuronales Netz überhaupt sprechen kann, ist bemerkenswert: Sie zeigt, daß menschliche Fähigkeiten sich möglicherweise elektronisch nachahmen lassen.

Roboter und Quantenphysik

Sejnowski ist nur einer von vielen Quantenphysikern, die ein lohnendes neues Betätigungsfeld gefunden haben: Sie wenden die Gesetze der Quantentheorie an, um in die Geheimnisse des menschlichen Gehirns einzudringen.

Natürlich besteht zwischen Gehirnforschung und theoretischer Physik ein himmelweiter Unterschied. In der Physik hat man das Ziel, die einfachsten, elegantesten Lösungen für ganz grundsätzliche Probleme zu finden, etwa die Frage nach dem Urknall oder der einheitlichen Feldtheorie. Die Biologie dagegen ist ein unübersichtliches Gebilde voller Verzweigungen und Sackgassen, und am Ende aller dieser Umwege steht das Gehirn. Während sich die Physik auf »universelle« Gesetze gründet, gibt es in der Biologie nur ein einziges allgemeingültiges Prinzip: die Evolution mit all ihren Wendungen und Zufällen.

Sejnowski meint dazu: »Viele Einzelheiten und Organisationsentscheidungen in der Biologie sind historische Zufälle. Man kann nicht einfach davon ausgehen, daß die Natur den einfachsten, direkten Weg zu irgendeinem Ziel eingeschlagen hat. Manche Eigenschaften sind Überbleibsel früherer Evolutionsstadien, oder vielleicht wurden auch Gene, die zufällig vorhanden waren, für andere Zwecke gebraucht.«[30]

Mit der Konstruktion von NETalk trat Sejnowski in die Fußstapfen des Quantenphysikers John Hopfield, der 1982 als einer der ersten das Forschungsgebiet der neuronalen Netze begründete. Nach einem Jahrzehnt des Desinteresses findet es heute endlich die gebührende Aufmerksamkeit.

Der große, gutaussehende und modisch gekleidete John Hopfield sieht eher wie ein Universitätsrektor oder Manager aus und nicht wie jemand, der sich in umfangreiche Tabellen über die Eigenschaften von Kristallen, Metallen, Magneten und Halbleitern vertieft. Ende der siebziger Jahre nahm Hopfield zweimal im Jahr an den ersten Seminaren des MIT über Neurowissenschaft teil. Nach einiger Zeit wurde ihm klar, daß es auf dem Gebiet der Künstlichen Intelligenz kaum Organisationsprinzipien gab. Es war ein lockeres Sammelsurium interessanter, aber unzusammenhängender kleiner Erkenntnisse. Hopfield fragte sich nun, ob es in der KI wie in der Physik bestimmte Grundprinzipien geben könnte.

Die Festkörperphysik beschäftigt sich mit Atomen, die in eine feste Gitterstruktur eingebunden sind, das heißt im Bereich der festen Materie hat man es meist mit einfachen, von der Quantentheorie vorgegebenen Organisationsprinzipien zu tun. Hopfield beschäftigte sich zum Beispiel mit den Eigenschaften der Spingläser, die aus Anordnungen rotierender Atome bestehen. Er fragte sich, ob die Atome in Festkörpern vielleicht ähnlich angeordnet sind wie die Neuronen im Gehirn. »Kann man ein Neuron im Gehirn genauso untersuchen wie ein Atom in einem Kristallgitter?« Diese

104

Frage führte 1982 zur Veröffentlichung eines berühmten Aufsatzes mit dem Titel »Neuronale Netze und physikalische Systeme mit emergenter, kollektiver Rechenfähigkeit«.

Es war eine wirklich revolutionäre Idee, ein Gedankensprung, der sowohl in der KI-Forschung als auch in der Quantenphysik mit Überraschung aufgenommen wurde. Die »Von-oben-nach-unten«-Schule hatte bis dahin behauptet, der »Geist« ließe sich durch die Schaffung eines unglaublich komplizierten Programms, das in einen großen Computer einzubauen sei, realisieren. Und nun meinte Hopfield, Intelligenz könne sich ohne jedes Programm aus der Quantentheorie geistloser Atome ergeben. »Hopfields Arbeiten hatten unter anderem den Nebeneffekt, daß viele theoretische Physiker, die sich mit Spingläsern befaßten, über Nacht zu Experten für neuronale Netze wurden. Manche von ihnen wechselten wie Hopfield ganz das Forschungsgebiet«, berichtet der Physiker Heinz Pagels.[31]

Wie Hopfield in seinem aufsehenerregenden Aufsatz deutlich machte, war die Idee nicht so weit hergeholt, wie es zunächst schien. Jedes Atom in einem Festkörper rotiert und kann zum Beispiel nur in wenigen, genau abgegrenzten Zuständen vorliegen, beispielsweise mit positivem oder negativem Spin. Ganz ähnliche abgegrenzte Zustände gibt es auch bei den Neuronen: Sie können entweder feuern oder nicht feuern. In einem Festkörper bestimmen universell gültige quantenmechanische Prinzipien darüber, welchen Zustand das System bevorzugt, das heißt, die Atome ordnen sich so an, daß der Energiegehalt möglichst gering wird. Hopfields Idee lief auf folgendes hinaus: Auch ein neuronaler Schaltkreis muß wie ein Quantenfestkörper seine »Energie« minimieren.

Das war Hopfields großer Fortschritt. Vorher gab es kein allgemeines Prinzip, nach dem man neuronale Netze verstehen konnte. Hopfield dagegen hatte mit Hilfe der quantenphysikalischen Gesetze das vereinheitlichende Prinzip aller neuronalen Netze gefunden: Sämtliche Neuronen im Gehirn feuern so, daß die »Energie« des Netzes so gering wie möglich bleibt. »Lernen« besteht darin, den Zustand mit der wenigsten Energie zu finden. Jim Anderson von der Brown University meint dazu: »Daß neuronale Netze funktionieren, haben wir immer gewußt, aber Hopfield hat gezeigt, warum sie funktionieren. Das war wirklich wichtig, denn es verschaffte unserer Arbeit die nötige Glaubwürdigkeit.«[32]

In der Folgezeit entstand daraus ein ganz neues Forschungsgebiet, und die Physiker wurden zu Pionieren in der Wissenschaft neuronaler Netze. Wie Turing, der die mathematischen Prinzipien der universellen Rechenmaschine benannte, so hatte auch Hopfield eines der universellen Gesetze für neuronale Netze entdeckt. Das wiederum führte zur Wiederbelebung des Interesses an der Theorie solcher Gebilde.[33]

Hopfields entscheidender Gedanke ist leicht zu erklären. Stellen wir uns einen Ball vor, der über ein hügeliges Gelände voller Schluchten, Täler und

Berge rollt. Bald wird der Ball natürlich in einem der tiefsten Täler landen. Mit anderen Worten: Er sucht sich den Zustand möglichst geringer Lageenergie. Nun nehmen wir an, die Hügellandschaft entspreche allen möglichen Zuständen der Neuronen in einem Gehirn. Jeder Höhenpunkt stellt eine bestimmte Einstellung in der Gewichtung des Netzes dar. (Das Gelände befindet sich in einem n-dimensionalen Raum.) Diese Gewichtung verändert sich jedesmal, wenn der Ball rollt, und zwar so, daß der Ball einen Zustand möglichst geringer Energie ansteuert. Der rollende Ball ist also eine Metapher für den komplizierten Vorgang des Lernens. Die Mathematik der neuronalen Netze ist zwar oft entsetzlich schwierig, aber das zugrundeliegende Prinzip ist, wie Hopfield nachweisen konnte, nicht komplizierter als das Bild von einem Ball, der einen Hügel hinunterrollt.

Im weiteren Verlauf seiner Studien entdeckte Hopfield, daß neuronale Netze Verhaltensweisen zeigten, die stark an wirkliche Gehirnfunktionen erinnerten. Wie er beispielsweise feststellte, blieb das Verhalten des Netzes auch nach Entfernen vieler Neuronen fast gleich; die geometrischen Verhältnisse in den Tälern änderten sich nicht. Mit anderen Worten: Die Täler entsprachen den »Erinnerungen«. Wie die wirklichen Erinnerungen, die im Gehirn trotz des Verlustes vieler Millionen Nervenzellen erhalten bleiben, so sind auch die Täler im neuronalen Netz trotz teilweiser Zerstörung recht stabil. Und solche Täler (oder Orte der Erinnerung) sind auch nicht an einer Stelle im Gehirn angesiedelt, sondern verteilen sich über das gesamte System. Ein weiteres Nebenprodukt dieses Modells war eine Erklärung für fixe Ideen. Wenn man ein neuronales Netz nicht sorgfältig konstruiert, wird ein bestimmtes Tal unter Umständen so tief, daß es alle benachbarten Täler übertönt. Dann rollt der Ball zwangsläufig in diesen Abgrund, und genau das geschieht wahrscheinlich bei bestimmten psychischen Störungen. Aber die seltsamste Folge dieser einfachen und gleichzeitig bahnbrechenden Idee kam völlig unerwartet. Hopfields neuronale Netze fingen an zu träumen!

Was sind Träume?

Wie entstehen Träume? Die Mystiker früherer Zeiten hielten sie für ein gutes oder böses Omen, das zukünftige Ereignisse voraussagt. Für Sigmund Freud waren Träume ein Fenster zum Unbewußten, in dem man Bruchstücke unterdrückter Wünsche erkennen kann. Durch Träume, so Freud, konnte man die geheimen Winkel der Libido und des »Es« erforschen. Heute gibt es über Träume so viele Theorien, wie es psychologische Schulen gibt. Aber keine davon kann überzeugende empirische Belege für ihre Ansichten vorlegen.

Nach den Erkenntnissen der Psychologie sind Träume für unser gefühlsmäßiges Wohlbefinden unentbehrlich; wird jeder unserer Träume gleich zu

106

Beginn unterbrochen, werden wir immer irrationaler und labiler, auch wenn wir stundenlang schlafen. (Man kann eine schlafende Person ohne weiteres genau zu Beginn eines Traumes aufwecken, denn dann bewegen sich die geschlossenen Augen sehr schnell – ein Zustand, den man als REM-Schlaf bezeichnet –, und im Elektroenzephalogramm tauchen Alpha-Wellen auf. Auf diese Weise hat man auch festgestellt, daß Säugetiere offenbar ebenfalls träumen.) In Hopfields Augen sind Träume schwankende Energiezustände in einem quantenmechanischen System. Wie er entdeckte, vollziehen seine neuronalen Netze viele Eigenschaften nach, die Psychologen von den Träumen schon seit langem kennen: z.b., daß wir nach anstrengenden Erlebnissen schlafen und träumen müssen. Wenn er einem neuronalen Netz zu viele Erinnerungen (d.h. Täler) aufbürdete, stellten sich durch die Überlastung Fehlfunktionen ein – die Zugriffszeiten für einzelne Erinnerungen wurden immer ungleichmäßiger, so daß zuvor Gelerntes nicht mehr zuverlässig abgerufen wurde. Auf der Netz-Landschaft bildeten sich unerwünschte Wellen, die überhaupt keinen echten Erinnerungen entsprachen. Solche Wellen, die man auch »Pseudoerinnerungen« nennt, entsprechen den Träumen. Im Gegensatz zu den echten Tälern spiegeln sie keine echten Erinnerungen wider, sondern bestehen aus Bruchstücken vorhandener Gedächtnisinhalte.

Um diese Pseudoerinnerungen zu beseitigen, setzte er das System einer kleinen Störung aus, die das Gelände plötzlich veränderte – der Ball wurde gewissermaßen aus dem Tal geschleudert und konnte wieder rollen. Anschließend wartete er ab, bis das System wieder im Zustand minimaler Energie zur Ruhe gekommen war, der nach Hopfields Ansicht dem Schlaf entspricht.

Nach mehreren Traum- und Schlafphasen »erwachte« das System ausgeruht, das heißt, die Fehlfunktionen waren verschwunden, und es konnte wieder alle Erinnerungen gleich gut abrufen.

Wenn Hopfield recht hat, müssen möglicherweise alle neuronalen Netze – mechanische wie organische – ihre Erinnerungen durch Träume verarbeiten. Wenn ein solches Netz überlastet ist, funktioniert es zwangsläufig nicht mehr normal und erzeugt Erinnerungen, die nicht wirklich sind, also Träume, die aus Zufallsfragmenten realer Erinnerungen bestehen. Das System braucht also Schlaf, um sich von diesen falschen Wellen oder Träumen zu befreien.

Nach Hopfields Auffassung sind die Pseudoerinnerungen eng mit den kreativen Vorgängen im Gehirn gekoppelt. Er sagt: »Wenn man ein neues Verhalten wünscht, etwas, das man *originell* nennen könnte, dann ist das der Weg, um es zu erzeugen.«[34]

Ein weiterer Quantenphysiker, der auf den Zug der neuronalen Netze aufsprang, ist der Nobelpreisträger Leon Cooper von der Brown University; er gründete die Firma Nestor Inc. in Rhode Island, die Geräte mit neuronalen

Netzen auf den Markt bringt. Wie Cooper betont, ist das übliche, von oben nach unten gerichtete und auf Regeln gegründete Verfahren zu schwerfällig für Aufgaben wie das Erkennen handgeschriebener Zahlen auf Kreditkartenbelegen.»Es geht nicht darum, daß man so etwas nicht bauen könnte. Aber es wäre so, als würde man ein Auto konstruieren, das auf vier Beinen geht – es hätte einfach keinen Sinn«, behauptet er.[35] Eine der ersten kommerziellen Anwendungen für neuronale Netze war ein Bombendetektor für Fluggesellschaften, der bestimmte Chemikalien aufspüren kann, beispielsweise Plastiksprengstoff, der in Röntgenbildern nicht zu erkennen ist. Zunächst wird das Gepäck mit Neutronen bestrahlt, so daß der Sprengstoff die Teilchen aufnimmt und daraufhin Gammastrahlen eines ganz bestimmten Typs aussendet. Ihr Muster wird von der Maschine mit dem neuronalen Netz identifiziert, was den Alarm auslöst.

Anders als die herkömmlichen,»von oben nach unten« konstruierten Computer werden solche Maschinen nicht programmiert.»Man programmiert das System nicht, sondern es wird trainiert«, sagt Barbara Yoon, die Programm-Managerin für die Technologie künstlicher neuronaler Netze bei der Defense Advanced Research Projects Agency.

Folgende Anwendungsmöglichkeiten werden derzeit geprüft und erscheinen für die Zukunft besonders vielversprechend:
- Identifizierung von Handschriften;
- Erkennen von Kreditkartenbetrügerei aufgrund der Kenntnis von Konsumgewohnheiten;
- Erkennen von Mustern auf Radar- und Echolotaufzeichnungen;
- Analyse von Kreditrisiken;
- Erkennen von Mustern in Blutzellen (wird bereits benutzt, um Stammbäume von Pferden zu überprüfen).

Außerdem bieten neuronale Netze einen neuen Lösungsansatz für das alte Problem der Mustererkennung, die für das Sehen notwendig ist. Wenn man »von unten nach oben« arbeitet, benutzt man dazu derzeit einfache, der Natur abgeschaute Modelle, beispielsweise für die Augen der Tiere. Ein Tier vergleicht nicht mühselig Millionen Bildpunkte mit allen gespeicherten Bildern, sondern es orientiert sich an einfacheren Anhaltspunkten, unter anderem an Bewegungen, Kanten, Farben, Schatten und so weiter.

Froschaugen erkennen zum Beispiel besonders gut plötzliche Bewegungen, beispielsweise von einer Fliege. Angeblich kann man einen Frosch fangen, wenn man sich unbemerkt an ihn heranpirscht und dann die Hand ganz langsam auf ihn zubewegt, so daß die Bewegungssensoren in seinem Gehirn nicht ansprechen. Bemerkenswert ist dabei, daß schon die Netzhaut des Froschauges allein bewegte Gegenstände erkennen kann. Die Zellen in der Netzhaut haben einen eingebauten »Fliegendetektor«.

Carver Mead vom California Institute of Technology erzielte eindrucksvolle Erfolge mit einer der Frosch-Netzhaut nachempfundenen »Siliziumnetz-

haut«, einem neuronalen Netz mit Lichtsensoren, die wie ein Froschauge
Bewegungen wahrnehmen können. Mead war sogar der erste, der ein von
Hopfield entwickeltes Netz in einen Siliziumchip ätzte. Mit Transistoren
und den üblichen Geräten zur Chipherstellung konstruierte er einen Chip
aus 22 Neuronen, an dem Hopfields Ideen deutlich wurden.[36] «Man
schließt einfach eine Linse an«, sagt er, »und schon kann es ›sehen‹. Es berechnet, wie die Dinge sich bewegen. Natürlich kann eine natürliche Netzhaut noch viel mehr, aber es ist etwas Wichtiges. Und es ist etwas, das man
mit den normalen Sehsystemen der Computer nicht schafft. Man schafft es
einfach nicht! Manche Leute stellen hinter die Fernsehkamera einen Supercomputer, damit er das gleiche tut wie dieser kleine Chip, und es klappt
nicht. Deshalb habe ich mich zuerst mit der Bewegung befaßt – das können
sie [die Vertreter der ›Von-oben-nach-unten-Schule‹] nicht einmal entfernt.«[37]
Ein weiterer großer Leistungssprung war erreicht, als man die Mustererkennung des Bienengehirns nachahmen konnte. Ein solches Gehirn besteht
zwar nur aus etwa einer Million Neuronen (ein menschliches Gehirn ist
100 000mal größer), aber es vollzieht Tätigkeiten immer noch etwa tausendmal schneller als die meisten heutigen Computer. Wie sich in biologischen Untersuchungen gezeigt hat, gibt es im Bienengehirn Zellen mit der
Bezeichnung VUMmx1, deren Verknüpfungen beim Kontakt mit Zucker
oder Duftstoffen angeregt werden. Wenn die Biene zwischen Blüten herum-
geschwirrt ist, merkt sie sich, wo der Duft einer Blüte mit einer Belohnung
verknüpft war: mit Nektar. Auf diese Weise lernt die Biene, welche Blüten
die größte Belohnung bereithalten. Terry Sejnowski konnte ein neuronales
Netz konstruieren, das die gleiche Funktion ausführte. Wie er feststellte,
zeigte seine künstliche Biene in einem Blumenbeet die gleichen Vorlieben
wie ihr natürliches Gegenstück.[38]

Cog

Rodney Brooks vom MIT, den wir in diesem Kapitel bereits im Zusammenhang mit seinem insektoiden Roboter Attila kennengelernt haben, arbeitet mittlerweile auch an der ersten menschenähnlichen (androiden) Maschine; dieser Roboter heißt Cog und sieht tatsächlich ein wenig wie ein
Mensch aus.[39]
Auf den ersten Blick ähnelt Cog manchen Androiden aus Science-fiction-
Filmen, beispielsweise dem mordlustigen Roboter, den Arnold Schwarzenegger in *Der Terminator* spielte. Er besitzt kleine Motoren anstelle der Muskeln, Metallstäbe statt Knochen und Videokameras als Augen. Sein einziger
langer Arm trägt am Ende eine Zange, mit der er in seiner Umgebung etwas
tun kann. Der etwa 1,20 Meter große Cog hat keine Füße. »Er ist quer-

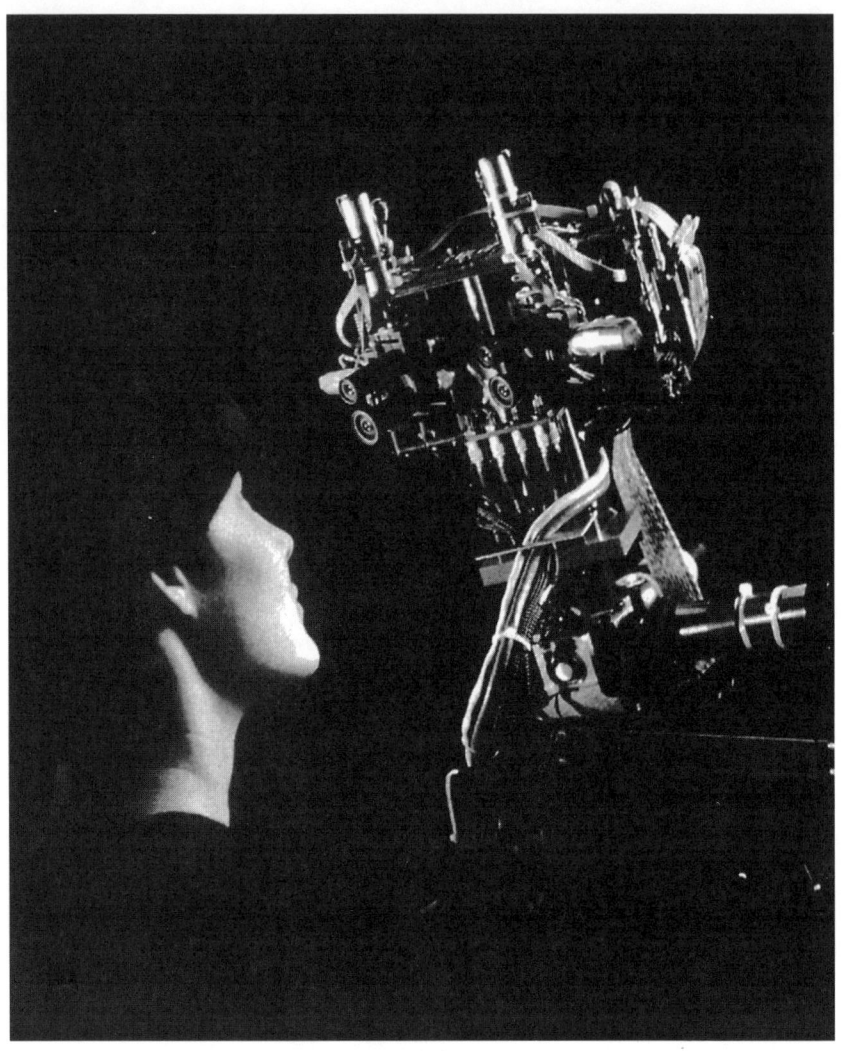

Cog, der Androide, lernt genauso wie ein Baby. Sein Gehirn arbeitet nicht mit vorgefertigten Informationen, sondern er lernt durch Interaktion mit seiner Umwelt und seiner »Mutter«. (© Sam Ogden/Boston)

schnittsgelähmt«, räumt Brooks ein.[40] Die meisten menschlichen Rumpf-, Kopf- und Armbewegungen kann er aber ausführen. Wenn man Cog morgens einschaltet, bewegt er Kopf und Arme, als gähnte er. (In Wirklichkeit bringt er aber nur seine Gliedmaßen in Stellung.)

Cogs »Gehirn« ist eine Anordnung aus 32-Bit-Mikroprozessoren vom Typ Motorola 68332, die mit 16 Mhz getaktet sind und so abgewandelt wurden, daß sie ein neuronales Netz bilden. Sie sind geschaltet wie die Neuronen in unserem Gehirn. Spätere Cog-Versionen sollen insgesamt 239 Mikroprozessoren umfassen und ihnen eine beträchtliche Leistungsfähigkeit verleihen. Da er keine Turing-Maschine im üblichen Sinn ist, wird er auch nicht programmiert. Wie alle »von unten nach oben« konstruierten Maschinen lernt Cog statt dessen wie ein Kind.

Das Gehirn eines Neugeborenen ist ein unbeschriebenes Blatt: Erst indem es auf Dinge beißt oder mit anderen zusammenstößt, lernt es, daß die Gliedmaßen zu seinem eigenen Körper gehören. Durch seine eigenen Bewegungen nimmt ein Baby allmählich wahr, daß es von einer dreidimensionalen Welt umgeben ist, und später, wenn es die Gegenstände in seiner Umwelt versteht, lernt es durch den Umgang mit anderen Menschen.

Ganz ähnlich soll es auch Cog machen: Im ersten Stadium wird er darauf trainiert, nach Gegenständen zu greifen – bei einem Baby eine der ersten Reaktionen. Durch mühseliges Herumprobieren lernt Cog, seine Arme so zu bewegen, daß er auf Gegenstände zielen und sie berühren kann. Seine »Umgebungskarte« wird ihm nicht von vornherein einprogrammiert, sondern er entwickelt sie selbst.

Mit Menschen tritt Cog so in Kontakt, wie auch ein Baby von seiner Mutter lernt. Man muß ihm also beibringen, einen Menschen zu erkennen und Blickkontakt herzustellen. (Cogs Augen wurden sogar gezielt so konstruiert, daß Menschen leicht den Blickkontakt zu ihnen finden.) Mit den Blicken kann die »Mutter« ihn dann an immer schwierigere Aufgaben heranführen. So lernt Cog zum Beispiel, wann er »dran ist«. Nachdem die Mutter eine Tätigkeit ausgeführt hat, nimmt sie Blickkontakt mit Cog auf, und dieser weiß nun, daß er an der Reihe ist. Er erledigt die Aufgabe und stellt dann wieder den Blickkontakt zur Mutter her. Dieser Austausch setzt sich solange fort, bis Cog die Tätigkeit gelernt hat. Bisher befindet sich der Roboter noch im Versuchsstadium; er hat noch nicht einmal die Fähigkeiten eines Zweijährigen.

Vom Konzept her ist Cog das genaue Gegenteil von Douglas Lenats Cyc. Während Cog ganz und gar »von unten nach oben« konstruiert wurde, ist Cyc der Höhepunkt der »von oben nach unten« programmierten Maschinen. (Zwischen den beiden diametral entgegengesetzten Denkschulen besteht eine freundschaftliche Konkurrenz. Brooks spielte sogar mit der Idee, seinen Androiden »Psych!« zu nennen – das auf englisch genauso ausgesprochen wird wie »Cyc«, – um Lenat zu ärgern.[41])

Androiden wie Cog und »von oben nach unten« konstruierte Maschinen wie Cyc werden höchstwahrscheinlich bis zur Mitte des 21. Jahrhunderts reine Experimente bleiben. Letztlich – vielleicht in etwa 40 Jahren – werden sich die beiden Schulen vereinigen, und erst dann wird es wirklich selbständig denkende Roboter geben. Diese Entwicklung könnte nach Ansicht von Hans Moravec in drei Phasen ablaufen. Zwischen 2020 und 2030 werden Roboter sich etwas vorstellen können, das heißt, sie werden eine Aufgabe in ihrem Inneren planen, bevor sie sie ausführen. Derartige Roboter werden ein Abbild der Welt schaffen und die Folgen ihrer Handlungen vorhersehen. Bevor eine solche Maschine beispielsweise das Essen kocht oder eine Straße überquert, wird sie die zukünftigen Möglichkeiten viele Male im Kopf durchgehen. Zu diesem Zweck muß der Roboter die Stärken beider Denkschulen in sich vereinigen: Die »von unten nach oben« arbeitende kann gut mit der realen Welt in Kontakt treten, die »von oben nach unten« gerichtete schafft gute abstrakte Modelle dieser Welt. Wenn es soweit ist, werden Roboter die Intelligenz eines Affen besitzen.

Zwischen 2030 und 2040 dürfte es zu einer echten Synthese kommen, in der beide Schulen den Gipfelpunkt erreichen. In dieser Zeit, so Moravec, könnten durchaus Roboter mit echter Denkfähigkeit entstehen. Angesichts der lawinenartig zunehmenden Computerleistung könnte die »Von-oben-nach-unten-Schule« schließlich Roboter schaffen, die den Menschen mit ihrer Fähigkeit zum Überlegen weit hinter sich lassen. Zur endgültigen Vereinigung der Schulen wird es kommen, wenn man diese übermenschliche Denkfähigkeit mit der Fähigkeit verbindet, in einer echten oder simulierten Umwelt zurechtzukommen und sich zu orientieren. Durch die Vereinigung dieser beiden großen Funktionen, so Moravec, »... wird ein Wesen entstehen, das uns in mancherlei Hinsicht ähnelt, in anderer aber sich von allem unterscheidet, was die Welt bisher gesehen hat.«[42]

Roboter mit Gefühlen?

Man kann vernünftigerweise davon ausgehen, daß die Roboter des Jahres 2050 intelligent mit Menschen umgehen werden; solche Maschinen haben primitive Gefühle, erkennen Sprache und besitzen gesunden Menschenverstand. Mit anderen Worten: Wir werden mit ihnen sprechen und relativ interessante Unterhaltungen führen können. Um in einer modernen Gesellschaft eine Funktion zu erfüllen, müssen Roboter zwangsläufig Gefühle und einen gewissen Allgemeinverstand besitzen, und sei es auch nur, damit die Menschen einfacher mit ihnen umgehen können. Auf diese Weise könnte eine starke »Bindung« zu einem Roboter entstehen.

Zumindest aber müssen Roboter in der Lage sein, die Gefühle ihrer Herren und Nutznießer zu verstehen und damit umzugehen. Der mechanische Butler muß seinem Besitzer unerwünschte Besucher und lästige Kunden vom Leib halten, deren Wünsche höflich ablehnen oder sie unter Vorwänden wegschicken. Mechanische Sekretärinnen müssen erkennen, welche Termine wichtig sind und welche nicht; mechanische Diener müssen feststellen, wann ihr Herr auf eine Situation zu stark oder irrational reagiert. Aber Roboter müssen nicht nur die Launen und Eigenarten ihres Herrn vorausahnen, sondern auch beurteilen, was für ihn am besten ist.

Das ist natürlich das genaue Gegenteil der Klischeevorstellung, die Hollywoodfilme uns von Robotern vermitteln. Danach haben die Maschinen eine blecherne, monotone Stimme und sind nicht in der Lage, die Freude der ersten Liebe, die Schönheit eines Sonnenuntergangs oder das Staunen beim Blick in den unendlichen Nachthimmel zu empfinden. Vielfach hört man die Ansicht, ein Roboter sei letztlich doch nur ein Haufen aus Drähten und Stahl. Die Gefühle sind das, was uns von metallenen Schöpfungen unterscheidet. Sie sind der Grund, daß der Mann aus Blech sich immer nach einem Herzen sehnt.

Aus der Sicht der KI dagegen ist die Aufgabe, Gefühle in einem Roboter nachzuvollziehen, zwar schwierig, aber nicht unmöglich. Unter Evolutionsgesichtspunkten dienen unsere Gefühle unter anderem dazu, uns auf das Handeln vorzubereiten und damit unsere Überlebenschancen zu verbessern. Deshalb konzentrieren wir uns auf bestimmte Verhaltensweisen, während andere ausgeblendet werden.

Eine solche Einengung ist beispielsweise das Gefühl des »Mögens«. Wenn wir sagen: »Ich mag Äpfel«, engen wir damit die unendliche Vielfalt der Möglichkeiten auf einige wenige ein. Wir konzentrieren unsere Aufmerksamkeit auf wenige wünschenswerte Alternativen und verbessern damit unsere Überlebenschancen. Deshalb ist es nicht verwunderlich, daß Menschen meist nur eine Handvoll Dinge »mögen«, die gut für sie sind und ihre Überlebensfähigkeit steigern. Minsky meint dazu: »Das Mögen hat die Aufgabe, Alternativen leichter zu verwerfen; diese Funktion müssen wir verstehen, denn wenn wir es nicht zügeln, engt es unseren Radius zu stark ein.«[43] Eine noch stärkere Einengung ist »Liebe«: Sie fördert die Paarbindung zwischen den Menschen und steigert auf diese Weise wahrscheinlich den Fortpflanzungserfolg.

Nach Moravecs Vorstellung wird man Roboter eines Tages mit »Liebe« zu ihrem Herrn ausstatten, denn dann sind sie wirtschaftlich erfolgreicher und werden von ihrem Besitzer eher angenommen. Er sagt: »Wenn Sie einen solchen Roboter mit nach Hause nehmen, versteht er, daß Sie der Mensch sind, für den er da ist, und daß er Sie zufriedenstellen muß ... Er wird darauf achten, was Sie bei seiner Tätigkeit empfinden. Er wird versuchen, Ihnen scheinbar selbstlos etwas Gutes zu tun, weil diese positive Verstärkung für ihn einen besonderen Wert hat. Das kann man als ein Art Liebe interpretieren.«[44]

Eine andere menschliche Einengung ist »Eifersucht«, denn sie lenkt unsere Aufmerksamkeit auf Konkurrenten um den Partner oder die Partnerin. Und »Wut« ist nützlich, weil sie unsere Artgenossen warnt, daß wir etwas ganz und gar nicht »mögen«.

Die Einengung namens »Angst« lenkt unser Verhalten in eine bestimmte (nützliche) Richtung. Einen Roboter kann man so programmieren, daß er »Angst« bekommt, wenn seine Batterien schwach werden, ohne daß eine Energiequelle in Sicht ist. Moravec sagt: »Er kann nicht zulassen, daß die Batterien sich völlig entleeren ... deshalb zeigt er Unruhe oder sogar Panik, mit Signalen, die für Menschen verständlich sind. Er geht zu den Nachbarn und bittet sie, ihre Steckdose benutzen zu dürfen, indem er sagt: ›Bitte! Bitte! Ich brauche das! Es ist so wichtig, und es kostet so wenig! Wir werden es wieder gutmachen!‹«[45]

Eine ganz andere, unter Evolutionsgesichtspunkten ebenfalls wünschenswerte emotionale Regung ist die Heiterkeit. Sie engt unsere Aufmerksamkeit nicht auf wenige Alternativen ein, sondern wirkt als »Zensor«: Sie definiert die Grenzen des erlaubten Verhaltens und trägt dazu bei, daß gefährliche oder verbotene Handlungen unterbleiben. Viele derben Witze wirken lustig, weil die Pointe uns mit etwas Verbotenem überrascht. Mit dem Mechanismus der Heiterkeit nehmen wir diese tabuisierten Dinge in das Repertoire unserer verinnerlichten, »zensierten« Verhaltensweisen auf. Sexualität zum Beispiel ist für die Arterhaltung von entscheidender Bedeutung. Aber da die Gesellschaft zahlreiche Beschränkungen und Tabus aufgestellt hat, um die schwer faßbaren sexuellen Empfindungen zu kontrollieren und zu steuern, gibt es viele zensierte Formen des Sexualverhaltens, und das muß jeder Mensch über Jahre hinweg erlernen. Deshalb sind naive Teenager besonders scharf auf schlüpfrige Witze.

Sobald wir die verbotenen Verhaltensweisen in unser Repertoire der zensierten Tätigkeiten aufgenommen haben, überrascht uns die Pointe des Witzes jedoch nicht mehr, und deshalb ist er beim zweiten Mal nicht mehr lustig.

Sogar der »Spaß« hat in der Evolution eine wichtige Funktion. Wenn man Kindern beim Spielen zusieht, fällt immer wieder auf, wie sie dabei die komplizierten zwischenmenschlichen Interaktionen der Erwachsenen nachahmen. Die Erwachsenengesellschaft hat recht komplizierte Verhaltensregeln, die sich über Jahrtausende hinweg entwickelt haben; im Spiel fangen Kinder eine winzige Facette der Gesellschaft ein und machen sie für sich zugänglich. Deshalb spielen sie »Räuber und Gendarm«, »Arzt«, ›Schule‹ und so weiter.

All dessen sind wir uns natürlich nicht bewußt. Einmal fragte ich ein kleines Mädchen, warum es ihr Spaß mache, »Lehrerin« zu spielen; ich nahm an, es könne dazu beitragen, den komplizierten Lernvorgang in der Schule nachzustellen und aufzuarbeiten. Sie sah mich an, als käme ich von einem anderen Stern, und erwiderte dann entschieden: »Spaß ist Spaß. Es macht Spaß, weil es Spaß macht.« Dabei blickte sie sehr zufrieden drein, als habe sie mir ein für allemal gesagt, was Spaß ist.

Einen Roboter so zu programmieren, daß er Gefühle hat, ist schwierig, aber nicht unmöglich. Wie schafft man es? Man könnte bestimmten Verhaltensweisen unterschiedliche »Gewichtungen« oder Zahlenwerte zuordnen. Wenn der Roboter in Gefahr gerät, muß er die Situation mit einem negativen Wert beurteilen und ihr aus dem Weg gehen. Besteht eine angenehme Alternative (beispielsweise eine reichhaltige Energiequelle), ordnet er ihr eine positive Zahl zu und verfolgt sie weiter. Außerdem muß eine menschenähnliche Reaktion programmiert werden: Bei Heiterkeit ziehen sich die Gesichtsmuskeln entsprechend zusammen, zum Flüchten bewegen sich die Beine und zum Kämpfen die Arme, die Augenbrauen heben sich bei Überraschungen und senken sich bei Verärgerung.

Als Anthropologen sich mit den möglichen Gefühlszuständen von Primaten befaßten, stellten sie fest, daß auch diese Tiere ihre Empfindungen mit komplizierten Gesten, Gesichtsausdrücken und Handbewegungen ausdrücken. In einem wissenschaftlichen Museum sah ich einmal ein höchst raffiniertes Modell eines Gorillakopfes, das man kurz zuvor für einen neuen Hollywoodfilm benutzt hatte. Mit Drehknöpfen konnte man die einzelnen Gesichtsmuskeln bewegen, so daß sich eindeutig der Ausdruck von Überraschung, Angst oder Zufriedenheit herstellen ließ. Als ich an den Knöpfen drehte, erwachte der Kopf zum Leben, als sei er ein lebendiges, atmendes Geschöpf mit echten Empfindungen. Die Kinder um mich herum quiekten und brüllten vor Vergnügen, als ich den Gorilla lachen, kichern und dumm aussehen ließ. Dann verlieh ich ihm plötzlich einen Ausdruck mörderischer Wut – mit gefletschten Zähnen, zusammengezogenen Augen und geblähten Nüstern; die Kinder schrien instinktiv auf und flüchteten entsetzt.

Ich war regelrecht erschrocken, wie einfach man mit Gummi, Plastik und Drähten echte Gefühle auslösen kann – wie schon geringfügige Gesichtsbewegungen bei anderen Entsetzen erzeugen.

Wir haben unsere Gefühle nur teilweise unter Kontrolle, denn die Evolution hat sie tief in unserem limbischen System fest verdrahtet; emotionale Reaktionen kommen unbewußt und ohne Nachdenken zustande. Die Sprache ist wahrscheinlich nur ein paar hunderttausend Jahre alt, aber die Körpersprache und insbesondere die Gesichtsausdrücke gehen wohl auf eine Zeit noch vor den Menschenaffen zurück. Millionen Jahre lang waren sie das dominierende Verständigungsmittel, und erst viel später konnten unsere Stimmbänder auch Sprachlaute hervorbringen. Einen Gesichtsausdruck zu erzeugen und damit Gefühle nach außen kundzutun ist auch für einen Roboter nicht allzu schwierig. Man kann zwar immer noch argumentieren, ein Roboter mit differenzierten Gesichtsbewegungen könne die ausgedrückten Gefühle nicht wirklich »spüren« oder »verstehen«, sondern seine Gefühle seien hohl. Können Roboter sich ihres eigenen Daseins »bewußt« werden?

Nach 2050: Roboter mit Bewußtsein

Für die Zeit um 2050 rechnet man mit KI-Systemen, die eine bescheidene Gefühlsausstattung besitzen. Intelligente Systeme werden bis dahin allgegenwärtig sein, viele Gegenstände um uns herum mit Leben erfüllen und sogar manche Gefühle mit uns teilen. Das Internet wird ein echter Zauberspiegel sein, der nicht nur auf das gesamte Wissen der Menschheit zugreifen kann, sondern auch mit uns plaudert oder Witze reißt. (Nach Ansicht mancher KI-Fachleute wird das unbeabsichtigt zum Wiedererwachen des Interesses an Magie führen. Wenn die Welt von intelligenten Systemen bevölkert ist, wird das wie im Mittelalter für viele Menschen so aussehen, als werde sie von geheimnisvollen Geistern belebt.)

Nun erhebt sich die Frage: »Wissen« solche Systeme, was sie sind? Können sie eigene Ziele und Pläne verfolgen? Sind sie sich ihrer selbst »bewußt«? Über dieses Thema gibt es natürlich sehr widersprüchliche Voraussagen, denn bisher hat niemand auch nur überzeugend definiert, was Bewußtsein eigentlich ist. Es scheint, als habe dieser Begriff für jeden seine eigene Bedeutung.

Christliche Theologen definierten die »Seele« mitunter als ein Gebilde, das von der materiellen Welt unabhängig ist und auch nach dem Tod fortbesteht. Das Christentum mit seinen ausgefeilten Belohnungen und Bestrafungen für Wohlverhalten und Sünde sowie mit seinem Versprechen für ein Jenseits gründet sich ganz und gar auf die Trennung von Leib und Seele. Fernöstliche Philosophen haben den »Geist« in den Rang eines spirituellen Bewußtseins erhoben. So gibt es zum Beispiel folgende Geschichte von drei Zen-Mönchen, die auf dem Tempel eine Fahne flattern sehen:

Der erste Mönch sagt: »Die Fahne bewegt sich.«

Der zweite Mönch sagt: »Nein, der Wind bewegt sich.«

Und schließlich sagt der dritte Mönch: »Der Geist ist das, was sich bewegt.«

Mit anderen Worten: Die östlichen Religionen versuchen nicht, Geist und Körper zu trennen, sondern Harmonie und Einheit beider zu steigern und in der materiellen Welt einen höheren Bewußtseinszustand zu erreichen.

Aber nach Ansicht vieler Fachleute, die ihr Wirken der Konstruktion denkender Maschinen gewidmet haben, ist es nur eine Frage der Zeit, bis man im Labor irgendeine Form von künstlichem Bewußtsein schaffen kann. Für die Wissenschaftlergemeinde in der KI ist es ein Glaubensgrundsatz, daß es denkende Maschinen bereits gibt: Man nennt sie Menschen. Manche vertreten sogar die Ansicht, auch neuronale Netze hätten bereits ein Bewußtsein hervorgebracht, und nennen als Musterbeispiel das menschliche Gehirn. Nach Ansicht der meisten, die mit neuronalen Netzen arbeiten, ist Bewußtsein ein »emergentes« Phänomen, das heißt, es ergibt sich von selbst, wenn ein System komplex genug ist. Oder anders gesagt: Das Ganze ist mehr als die Summe seiner Teile. Aber wer sagt, Bewußtsein entspringe aus Komplexität, sieht die Sache von vornherein als bewiesen an. Selbst glühende Verfechter der Emergenztheorie räumen ein, daß diese Theorie alles und nichts besagt – sie ist ein so übergreifendes, gewaltiges Gedankengebäude, daß sie als Richtlinie für neue Forschungsgebiete und Ideen kaum etwas taugt. Die Emergenztheorie des Bewußtseins ist eher ein Glaubensbekenntnis denn eine Erfolgsstrategie.

Und dann behaupten manche Wissenschaftler, die Frage nach dem Bewußtsein sei bereits beantwortet. Der Philosoph Daniel Dennett von der Tufts University schrieb sogar ein Buch mit dem (vielleicht voreiligen) Titel *Consciousness Explained*, zu deutsch etwa »Das erklärte Bewußtsein« (auf deutsch erschienen unter dem Titel *Philosophie des menschlichen Bewußtseins*).

Herbert Simon, der den Nobelpreis für Wirtschaftswissenschaft erhielt und gleichzeitig Experte für Künstliche Intelligenz ist, setzt das Denken fast ausschließlich mit den Regeln gleich, die Computerprogrammierer ihren Rechnern eingeben. »Ist das Denken der Menschen nur Heuristik?« fragt Simon. »Ich würde sagen: ja.«[46]

Marvin Minsky hält das Rätsel des Bewußtseins für »trivial«, denn er meint, er habe es gelöst.[47] In seinem Buch *The Society of Mind* vertritt er die Ansicht, der Geist bestehe aus den Wechselwirkungen vieler kleiner Einzelteile, die selbst jeweils geistlos sind. In diesem Rahmen gibt es, anders als man früher glaubte, keinen »Sitz des Bewußtseins«, keinen »kleinen Mann« im Gehirn, in dem alle bewußten Tätigkeiten ablaufen. Bewußtsein ergibt sich schlicht und einfach aus dem komplexem Wechselspiel vieler nichtbewußter Systeme. Und Minsky fügt hinzu:»Freud hatte bisher die besten Theorien, abgesehen von meinen.« Aber auch er räumt ein:»Soweit ich weiß, hat niemand das Buch gelesen.«

PET-Aufnahmen des Gehirns scheinen Minsky zu bestätigen. Als man mit dieser Methode den Glucoseverbrauch (und damit die Energieproduktion) im Gehirn in Form kleiner Lichtblitze auf dem Bildschirm mitverfolgte, erwies sich das Bewußtsein als etwas Flüchtiges, das sich über viele Strukturen im Gehirn verteilt. Das Bewußtsein erscheint mehr und mehr als Tanz verschiedener, konkurrierender Gehirnteile, ohne daß ein Dirigent das Ganze koordiniert. Und während alle diese Gedanken und Gefühle durch unser Gehirn rieseln, bleibt uns nur noch die Illusion von einem »Ort«, an dem Seele oder Bewußtsein angesiedelt sind.

Andere Fachleute vertreten die Ansicht, einzelne Teile des Gehirns erzeugten unterschiedliche »Gedanken«, die um die Aufmerksamkeit des Gehirns konkurrieren, und nur ein Gedanke »gewinnt« diesen Wettstreit. So gesehen, ist Bewußtsein nichts Zusammenhängendes, sondern nur die Aufeinanderfolge von Gedanken, die den Wettbewerb gewinnen.

Das andere Extrem ist die Behauptung einiger Philosophen, Roboter würden niemals ein Bewußtsein haben. Manche von ihnen, beispielsweise Colin McGinn von der Rutgers University, wurden als »Neue Mystiker« bezeichnet, weil sie meinen, das Bewußtsein werde sich niemals erklären lassen. Dieses Vorhaben, so McGinn, »ist so, als wollten Schnecken Freudsche Psychoanalyse betreiben. Sie haben einfach nicht die begrifflichen Voraussetzungen dafür.«[48] Und Roger Penrose aus Oxford, ein bekannter Physiker und Fachmann für Relativitätstheorie, untermauert seine Ansicht, man werde in Maschinen kein Bewußtsein schaffen können, mit philosophischen Argumenten, die er aus der Quantentheorie ableitet.[49]

Alle diese Kritiker haben das gleiche Problem: Zu beweisen, daß Maschinen niemals ein Bewußtsein haben können, gleicht dem Versuch, die Nichtexistenz des Einhorns zu beweisen. Einen solchen Beweis kann man nie so streng führen, daß er allen Anforderungen genügt. Selbst wenn man zeigen könnte, daß es Einhörner in den meisten Gegenden der Erde nicht gibt, bestünde immer noch die Möglichkeit, daß man sie in unerwarteten und noch unerforschten Regionen findet. Deshalb hat die Behauptung, denkende Maschinen könnten niemals gebaut werden, in meinen Augen keine wissenschaftliche Rechtfertigung. Ob es denkende Maschinen geben kann, wird sich letztlich erst dann entscheiden, wenn jemand eine denkende Maschine gebaut hat. Bis dahin läßt sich die Frage nicht beantworten.

Besonders deutlich wurde das Dilemma kürzlich bei einem Treffen an der New York Academy of Sciences, bei dem der Dalai Lama mit Wissenschaftlern über den Zusammenhang zwischen Wissenschaft und Religion diskutieren sollte. Man fragte ihn, ob ihm die Arbeiten über Künstliche Intelligenz bekannt seien. Als er bejahte, lautete die nächste Frage, ob er ein künstlich-intelligentes Konstrukt als ein Geschöpf der Wiedergeburt bezeichnen würde.

Als der Dalai Lama merkte, daß man ihm eine Falle gestellt hatte, brach er in Lachen aus. Dann sagte er: »Hier, hier! Wenn Sie eine solche Maschine haben und sie hier vor mich hinstellen, reden wir weiter darüber!«

Der Physiker Heinz Pagels berichtet: »Mit anderen Worten, wir sollten etwas vorzeigen oder den Mund halten. Insgeheim freute ich mich aber, daß er meinen Standpunkt des strengen Konstruktivismus teilte – man muß etwas planen und bauen, statt nur in philosophischen Phantasien zu schwelgen.«[50] Oder anders ausgedrückt: Die Frage ist nur zu beantworten, wenn man eine solche Maschine baut.

Viele Kritiker der KI, so beispielsweise John Searle, räumen ein, daß Roboter eines Tages das Denken sehr gut nachahmen werden, aber auch dann, so seine Ansicht, werden sie sich des Gedachten nicht bewußt sein. Sie zeigen vielleicht Gefühle, »empfinden« sie aber nicht wirklich, ganz ähnlich wie eine CD von Bill Cosby vielleicht einen Witz erzählt und dennoch nicht versteht, was daran lustig ist. Nach Searles Ansicht können Roboter kein Bewußtsein haben, genau wie ein simuliertes Gewitter niemanden naß macht.

Aber wie Turing schon vor einigen Jahrzehnten deutlich machte, kann man eine völlig vernünftige, zweckbezogene Definition von Intelligenz aufstellen, ohne die Turing-Kiste zu öffnen.[51] Entsprechend hat auch ein Roboter, dessen Leistungen in nichts von denen eines Menschen zu unterscheiden sind, nach allen plausiblen Maßstäben ein Bewußtsein. Was sich im Gehirn des Roboters tatsächlich abspielt, ist zum größten Teil bedeutungslos. Vermutlich gibt es viele Abstufungen von Bewußtsein. In den kommenden Jahrzehnten werden die KI-Experten mit ziemlicher Sicherheit langsam und unaufhaltsam immer ausgefeiltere »bewußte« Maschinen bauen. Diese Abstufungen des Bewußtseins werden sich wahrscheinlich auf ganz ähnliche Weise entwickeln wie in der biologischen Evolution, die über Jahrmillionen hinweg vernunftbegabte Wesen hervorgebracht hat. Zwar gibt es im Tierreich größere Lücken, aber im großen und ganzen findet man bruchlose Übergänge im Grad potentiellen Bewußtseins von den einfachen Einzellern bis zu den später entstandenen komplexeren Organismen einschließlich des Menschen. Da die Menschen aus weniger komplexen Lebensformen hervorgegangen sind, ist die Annahme, daß es viele Abstufungen des Bewußtseins gibt, völlig plausibel.

Anders als in Science-fiction-Geschichten, in denen ein Roboter plötzlich »aufwacht« und ein Bewußtsein hat, wird man in den kommenden Jahrzehnten Roboter bauen, die ganz allmählich einen immer höheren Grad von Bewußtsein erlangen.

Abstufungen des Bewußtseins

Die unterste Bewußtseinsebene umfaßt die Fähigkeit eines Lebewesens, seinen Körper und seine Umwelt zu überwachen. Nach dieser Definition hat sogar ein simpler Thermostat ein gewisses »Bewußtsein«, denn er überwacht die Umgebungstemperatur. In die gleiche Kategorie gehören auch Computer, die Selbsttests durchführen und Fehlermeldungen ausdrucken. Etwas höher auf der gleichen Bewußtseinsebene stehen die Pflanzen, die auch ohne Nervensystem zahlreiche Umgebungsveränderungen wahrnehmen und darauf in komplexer Weise reagieren. Genauso verhalten sich auch sehfähige Maschinen: Sie sind darauf programmiert, verschiedene Muster in ihrer unmittelbaren Umgebung zu erkennen. Auch schlafende Tiere befinden sich auf dieser Bewußtseinsebene. Selbst während dieser Ruhephase überprüfen sie ständig ihre Umwelt und erkennen dabei Signale für Gefahren, Nahrung, Paarungspartner und so weiter.

Die zweite Ebene beinhaltet die Fähigkeit, genau umrissene Ziele wie Überleben und Fortpflanzung zu verfolgen. Hierher gehören die für das nächste Jahrhundert geplanten Marssonden: Sie werden beweglich sein und unbekanntes Gelände erforschen, Gefahren erkennen und interessante Gesteinsformationen suchen, ohne daß ein Mensch ihnen den Befehl dazu gab. Weiter oben auf dieser Ebene steht das gesamte Tierreich. Sobald grundlegende Ziele (zum Beispiel selbst Nahrung und Partner suchen) sich im heranwachsenden Tiergehirn festlegen, bestimmen sie über die komplizierten Pläne, die das Tier zu ihrer Verwirklichung ausführen muß. Für einen Fuchs bedeutet das, daß er unter Anleitung seiner Mutter trainiert, wie man Kaninchen jagt und fängt. Und Kaninchen üben, wie man Füchse meidet. Solche Tiere haben nur in begrenztem Umfang ein Verständnis oder Bewußtsein dafür, was sie beim Jagen oder auf der Flucht eigentlich tun. Ihr Verhalten ist im Gehirn zum größten Teil fest verdrahtet (»Instinkt«).

(Wie gesagt: Diese Bewußtseinsebene bestimmt vermutlich auch über die meisten Tätigkeiten der Menschen. Die wenigsten von uns verwenden übermäßig viel Zeit darauf, philosophische Fragen über Selbstwahrnehmung zu stellen und über die Widersprüche im Sinn des Lebens zu grübeln. Auch wenn wir es nicht gern zugeben: Meistens denken wir ganz ähnlich wie Tiere an Überleben und Fortpflanzung. Und wenn unsere Gedanken sich nicht mit Überleben und Fortpflanzung beschäftigen, dann mit Unterhaltung und Spaß. Wir sollten uns also nicht allzu viel auf ein vermeintlich abgehobenes, mystisches Wesen des menschlichen Bewußtseins einbilden.)

Je verborgener das Ziel ist und je komplizierter demnach die Pläne zu seiner Ausführung sein müssen, desto stärker wachsen die Ansprüche an die Bewußtseinsebene. Mit anderen Worten: Es dürfte auf dieser umfassenden Ebene Tausende von Unterkategorien des Bewußtseins geben, je nach der Komplexität der Pläne, die der Roboter zum Erreichen eines genau definierten Ziels verfolgen kann.

Raubtiere – zum Beispiel Füchse – sind vermutlich »intelligenter« als ihre Beute. Ein Fuchs muß komplizierte Jagdmethoden anwenden, um Kaninchen zu fangen; er muß lernen, sich zu tarnen, sich anzuschleichen, einen Hinterhalt zu legen, zu täuschen, und ebenso muß er das Verhalten der Kaninchen kennenlernen. Deshalb haben Füchse wahrscheinlich höher entwickelte kognitive Fähigkeiten als Kaninchen, deren wichtigste Strategien ständige Aufmerksamkeit und das Flüchten sind. Bis Roboter eine Bewußtseinsebene erreichen, die etwa mit der eines Hundes vergleichbar ist, so daß sie zum Beispiel komplizierte Jagdstrategien entwickeln könnten, dürfte noch mindestens ein halbes Jahrhundert vergehen.

Die dritte und höchste Bewußtseinsebene schließlich besteht in der Fähigkeit, sich eigene Ziele zu setzen – wie sie auch im einzelnen aussehen mögen. Roboter, die auf dieser Ebene arbeiten, sind sich »ihrer selbst bewußt«. Nach Ansicht mancher Fachleute wird es irgendwann nach 2050 tatsächlich Roboter geben, die sich selbst neue Ziele suchen.

Eine solche Vorstellung wirft allerdings einige andere Fragen auf: Was geschieht, wenn die Ziele unserer Maschinen sich nicht mit unseren eigenen decken? Wenn sie uns geistig und körperlich überlegen sind? Mit diesen heiklen Fragen werde ich mich in Kapitel 6 auseinandersetzen.

Mustererkennung und gesunder Menschenverstand übersteigen zwar heute noch die Fähigkeiten von Computern, aber allmählich erkennen wir an zwei Stellen erste Umrisse einer Lösung: bei der stetig zunehmenden Leistungsfähigkeit der neuronalen Netze und der herkömmlichen Computer. Gemeinsam werden diese beiden Ansätze – von »unten nach oben« und »von oben nach unten« – die Probleme lösen.

Im Laufe der nächsten vierzig Jahre werden sich die beiden KI-Denkschulen irgendwo in der Mitte treffen, so daß wir die Stärken beider nutzen können. Das Ergebnis werden Maschinen sein, die durch Erfahrungen mit ihrer Umwelt lernen und gleichzeitig das Fachwissen eines Ingenieurs, Chemikers, Arztes oder Anwalts besitzen. Und irgendwann nach 2050 werden wir wahrscheinlich in die fünfte Phase der Computertechnik eintreten, die uns bewußte, zur Selbstwahrnehmung fähige Automaten beschert.

Der Stolperstein bei diesem Traum ist voraussichtlich die Grenze, die sich in der Herstellung der Computerchips aus den physikalischen Beschränkungen der Siliziumtechnik ergibt. Bevor Leistungs- und Speicherfähigkeit der Rechner dem menschlichen Gehirn Konkurrenz machen können, müssen die Wissenschaftler eine neue Computerarchitektur entwickeln. An der Suche nach solchen Lösungen beteiligen sich Physiker, Informatiker und Ingenieure.

5 Was kommt nach dem Silizium?

»Alles geht vorüber.«
George Harrison

Als Alexander der Große 25 Jahre alt war, hatte er den größten Teil der damals bekannten »alten« Welt erobert, eine ganze Reihe griechischer Siedlungen fern vom Mutterland gegründet und mit seinen blutigen Feldzügen ein Riesenreich aufgebaut. Vor seiner größten Schlacht suchte er das berühmte Orakel von Amon auf, und dort prophezeite man ihm, er werde zum Weltherrscher werden und gottgleiche Macht besitzen. Aber mit 33 Jahren starb er, und auch sein Reich lebte nicht viel länger: Es zerfiel, weil seine Feldherren sich zerstritten.

Der Mikrochip eroberte innerhalb von 25 Jahren das Informationszeitalter; er verfügt in geballter Form über die Rechenleistung eines früheren Großrechners und macht sie auf jedem Schreibtisch oder sogar unterwegs verfügbar. In wenigen Jahrzehnten wurde er zur neuen Triebkraft für Wirtschaft, Industrie, Wissenschaft und Technik. Die höchst profitable Halbleiterbranche hat ein Volumen von fast 300 Milliarden DM und wirft allein jedes Jahr 170 Millionen Mikroprozessoren auf den Markt.

Für Physiker und Techniker stellt sich die Frage, ob das vom Mikrochip geschaffene Weltreich der Computer den Tod seines Gründers überleben wird. Wie das gewaltige und gleichzeitig kurzlebige Reich Alexanders des Großen könnte auch die Mikrochip-Industrie eines Tages zusammenbrechen. Übrig bliebe dann nur der Streit zwischen verschiedenen Konstruktionsprinzipien, mit denen die Rechenleistung weiter zu steigern ist.

Die Gesetze der Quantenphysik sagen es eindeutig: Das Mooresche Gesetz, das der Leistungsfähigkeit der Mikroprozessoren wie ein Orakel ein stetiges Wachstum prophezeit hat, kann nicht ewig gelten.[1] Wie Alexander, so wird auch der Mikrochip irgendwann der Vergangenheit angehören, womöglich schon in relativ naher Zukunft. Diese Erkenntnis läßt die meisten Informatiker schaudern, denn manche von ihnen haben im Kielwasser der Mikrochip-Industrie märchenhafte Vermögen aufgehäuft.

Wie wir schon in Kapitel 2 erfahren haben, werden die Physiker bald an die »Null-Komma-Eins-Grenze« stoßen: Die Leitungsbahnen auf Siliziumchips können kaum unter eine Größe von 0,1 Mikrometern schrumpfen. Wenn diese natürliche Grenze erreicht ist, muß man völlig neue Verfahren entwickeln, um noch winzigere Transistoren auf die Siliziumwafers zu ätzen. Die Einzelteile eines Mikrochips müssen dann so klein sein wie ein DNS-

Molekül. Früher oder später werden die Elemente auf einem Chip die Größenordnung von Molekülen erreichen, und dann machen sich die bizarren Gesetze der Quantenphysik bemerkbar. Außerdem wird der elektrische Strom für die Computer des nächsten Jahrhunderts zu langsam fließen. Supercomputer wie die Cray T90 führen schon heute 60 Milliarden Rechenoperationen (60 Gigaflops) in der Sekunde aus.[2] Wie ich im vorangegangenen Kapitel erwähnt habe, schloß das US-Energieministerium 1996 mit IBM einen Vertrag über 93 Millionen Dollar für die Entwicklung des weltweit schnellsten Computers. Dieser Rechner soll 1998 fertig sein und drei Billionen Rechenoperationen (3 Teraflops) in der Sekunde bewältigen.[3] Zum Vergleich: Unser Gehirn arbeitet normalerweise vermutlich mit etwa 10 Teraflops oder schneller, einer Geschwindigkeit, die Supercomputer zu Beginn des nächsten Jahrhunderts übertreffen werden.[4] Aber damit dürfte die letzte Grenze für superschnelle Rechner fast erreicht sein. In einer Billionstelsekunde können elektrische Impulse nur Millimeterbruchteile zurücklegen – zu wenig, wenn sie andere Bauteile des Computers erreichen sollen.

Für die kommenden 20 Jahre kann man aufgrund des Mooreschen Gesetzes vernünftige Voraussagen über die Weiterentwicklung der Computertechnik machen. In diesem Kapitel befasse ich mich mit der Zeit danach, wenn ganz neue Bauprinzipien notwendig werden. Manche Visionen sprechen von optischen Computern, die mit Hilfe von Laserstrahlen rechnen, oder von Molekülcomputern, die Berechnungen mit einzelnen Atomen ausführen. Interessanterweise hat man bereits DNS-Rechner gebaut, die mathematische Probleme schneller lösen können als ein Supercomputer. Andere Autoren sprechen vom »Quantencomputer«, der vielleicht die ultimative Rechenmaschine darstellt.

Wieder andere träumen von einer fernen Zukunft, wenn Cyborgs auf der Erde herumlaufen werden, Wesen, in denen der Mensch endgültig mit seiner elektronischen Schöpfung verschmilzt. Marvin Minsky vom MIT ist sogar der Ansicht, Cyborgs könnten die nächste Stufe in der Evolution des Menschen darstellen! Damit hätten wir dann echte Unsterblichkeit erreicht – Stahl und Silizium würden an die Stelle von Fleisch und Blut treten.

Diese Debatte zwischen den Anhängern verschiedener Bauprinzipien ist nicht nur akademischer Natur. Von der Antwort hängt die Zukunft einer milliardenschweren Industrie ebenso ab wie Millionen Arbeitsplätze, das wirtschaftliche Schicksal ganzer Staaten und die Frage, welche Maschinen unsere Zukunft beherrschen werden.

Die dritte Dimension

Die Null-Komma-eins-Schranke wird schon um das Jahr 2005 erreicht sein. Angesichts der gewaltigen Summen, die dabei auf dem Spiel stehen, hat man verschiedene Verbesserungsmöglichkeiten untersucht, mit denen man dem Mikrochip danach noch einmal neues Leben einhauchen könnte. Der vielleicht einfachste Weg, um die Siliziumtechnik abzuwandeln und ihre Nutzung weiterhin möglich zu machen, besteht darin, daß man die Mikroprozessoren zu einem Würfel aufstapelt und auf jede Transistorenschicht eine weitere aufbringt. Ein solcher Chip hat nicht nur den Vorteil, daß man noch mehr Transistoren in einem winzigen Volumen zusammendrängen kann, sondern man vermindert gleichzeitig auch die Wegstrecken der Elektronen.

Durch die Anordnung der Chips in Würfelform ergeben sich aber auch Schwierigkeiten. Die wichtigste ist die entstehende Wärme. Die Oberfläche eines Mikroprozessors in einem Supercomputer kann schon heute so heiß werden wie eine Bratpfanne, so daß der Chip schließlich kollabiert. Um diese überschüssige Wärme zu beseitigen, braucht man ausgeklügelte Kühlungssysteme.

Ein normaler Mikrochip gibt die Wärme an seiner Oberfläche ab. Stapelt man jedoch viele Chips übereinander, ist diese Möglichkeit stark eingeschränkt, denn im Verhältnis zur Zahl der Transistoren steht weitaus weniger Oberfläche zur Verfügung. (Wir haben es hier mit dem bekannten Problem von Oberfläche und Volumen zu tun. In einem dreidimensionalen Mikrochip von doppelter Kantenlänge steigt die erzeugte Wärmemenge wie das Volumen um den Faktor 8 an, während die Kühlung, die proportional zur Oberfläche ist, nur um den Faktor 4 zunimmt. Ein dreidimensionaler Chip von doppelter Kantenlänge ist also doppelt so schwierig zu kühlen.) Die Wärme in den Mikrochips entsteht durch den elektrischen Widerstand der leitenden Komponenten. In Supercomputern löst man das Problem zum Teil mit Kühlvorrichtungen, die flüssigen Stickstoff oder Helium enthalten. Sie sind aber sehr teuer und erfordern ihrerseits wieder umfangreiche Kühlsysteme.

Da sandwichförmige Mikroprozessoren zuviel Wärme erzeugen würden, für die voluminös komplizierte Kühlung notwendig wäre, gerieten die Chips zu voluminös für Schreibtisch- und Laptopcomputer (es sei denn, man könnte den Hochtemperatur-Supraleiter optimieren – Näheres in Kapitel 13). Demnach könnte man würfelförmige Mikroprozessoren nur in Großrechnern einsetzen.

Neben der dreidimensionalen wurden auch einige andere Lösungen vorgeschlagen, mit denen man die Siliziumtechnik noch ein wenig länger am Leben erhalten könnte:

- Wenn man Galliumarsenid anstelle des Siliziums verwendet, arbeiten die Schaltkreise bis zu zehnmal schneller, weil die Kristallstruktur dieser Verbindung die Elektronen weniger stark bremst. Durch eine solche Umstellung könnten die Mikroprozessoren noch einige Jahre weiter entwickelt werden. Andere Wissenschaftler empfehlen Silizium und Germanium anstelle der herkömmlichen Siliziumtechnik.[5]
- Statt mit Laserstrahlen könnte man die Komponenten mit den kurzwelligeren Röntgenstrahlen auf die Siliziumwafers ätzen. Dabei stellt sich das Problem, daß Röntgenstrahlen sehr energiereich sind: Nach dem Planckschen Gesetz enthält ein Lichtstrahl um so mehr Energie, je kürzer seine Wellenlänge ist. (Das Plancksche Gesetz besagt, daß die Energie eines Photons oder Lichtquantums gleich dem Produkt aus Frequenz und Planckschem Wirkungsquantum ist. Das Wirkungsquantum ist eine sehr kleine Zahl, und deshalb machen sich Quanteneffekte in unserer makroskopischen Welt kaum bemerkbar, so daß sie den Newtonschen Bewegungsgesetzen zu gehorchen scheint. Im subatomaren Größenbereich dagegen gelten die Planckschen Gesetze.) Deshalb sind Röntgenstrahlen im Gegensatz zu Laserlicht sehr durchdringend, so daß man nur schwer mit ihnen arbeiten und sie kaum fokussieren kann. Mit anderen Worten: Röntgenstrahlen ätzen die Siliziumwafer nicht, sondern zerstören sie. Bisher wurden mit Röntgenstrahlen keine kommerziell verwendbaren Chips hergestellt.
- Auch Elektronenstrahlen könnte man zum Ätzen der Chips einsetzen. Sie können sehr kleine Entfernungen abtasten, eine Eigenschaft, die man sich tagtäglich in den Elektronenmikroskopen biologischer Labors zunutze macht. Aber sie sind auch langsam: Während ein Lichtstrahl den ganzen Chip mit einem einzigen Aufblitzen ätzen kann, müssen Elektronenstrahlen jede Linie einzeln ziehen, und dieser Vorgang dauert Stunden, so daß er unwirtschaftlich wird. Computerfachleute rechnen aber für die Zeit um 2005 mit einer raffinierten neuen Kombination aus Röntgen- und Elektronenstrahlen, die den Siliziumchips neues Leben einhauchen und ihnen eine Frist bis etwa 2020 verschaffen wird. Im IBM-Werk in New York beispielsweise experimentiert man bereits mit Röntgenstrahlen aus einem Teilchenbeschleuniger (Synchrotron).[6]

Wenn die Leitungsbahnen in den Siliziumchips immer dünner werden, taucht noch ein anderes Problem auf. Bei derart geringen Abständen zwischen den Leitungen kommt es zum »Tunneleffekt«: Elektronen sickern durch die Isolierung und legen den Schaltkreis lahm. Die Siliziumtechnologie hat Grenzen, die aus rein physikalischen Gründen nicht zu überwinden sind.

Dieses drohende Unheil ist zwar noch Jahre entfernt, aber viele Computerfachleute haben schon heute Angst davor. »Ich möchte niemanden beim Namen nennen, aber ich habe die Leute auf einer Tagung sagen hören, wenn die Optik am Ende ist, ist auch das Geschäft am Ende«, sagt Karen H. Brown, die Leiterin der Abteilung für Lithographie bei Sematech, einem amerikanischen Konsortium für Forschung und Entwicklung.[7]

Nach 2020: Optische Computer

Was geschieht nach dem Jahr 2020, wenn die verschiedenen Verbesserungsmöglichkeiten für den Mikrochip ausgeschöpft sind? Eine Möglichkeit ist der optische Computer, eine völlig neue Konstruktion, bei der Laserstrahlen an die Stelle von Drähten und Silizium treten. Lichtstrahlen haben als Signalüberträger offenkundige Vorteile: Sie können einander kreuzen, so daß die zweidimensionalen, auf Siliziumscheiben geätzten Schaltkreise überflüssig werden, und die Kühlung stellt keine große Schwierigkeit dar. Außerdem wären solche Impulse sehr schnell: Sie werden mit Lichtgeschwindigkeit weitergeleitet. Und da sie weniger Wärme erzeugen, wäre auch eines der hartnäckigsten Probleme würfelförmiger Mikrochips gelöst. Der erste Prototyp eines optischen Computers wurde 1990 in den Bell Laboratories gebaut, wo man einst auch den Transistor erfunden hatte. Er enthält keine Drähte und Transistoren, sondern Linsen und Spiegel und arbeitet mit Laserstrahlen.[8] Voraussetzung für den Bau optischer Computer ist, daß man das optische Gegenstück zum Transistor findet, dem Grundbaustein herkömmlicher Rechner. Der Transistor ist schlicht und einfach ein Ventil, das den Elektronenstrom steuert, und die Wissenschaftler der Bell Laboratories schufen tatsächlich einen optischen Transistor, der Lichtstrahlen reguliert. Er funktioniert nach dem gleichen Prinzip, das die Seeleute auf der ganzen Welt benutzen, wenn sie durch das Verdecken und Freimachen eines Scheinwerfers Lichtsignale erzeugen. Der optische Transistor wird auch »S-seed« genannt (für »symmetrischer selbst-elektrooptischer Effekt«). Grundlage seiner Funktion ist die einfache Tatsache, daß Licht ein Filter durchdringt oder auch nicht. Legt man an den S-seed eine Spannung an, wird der Filter durchscheinend, und das Laserlicht fällt hindurch – das entspricht der 1 im Binärcode. Wird aber ein zweiter Laserstrahl auf den Schalter gerichtet, wird der S-seed undurchlässig, so daß der Hauptstrahl unterbrochen ist. Das entspricht im Binärcode der 0. Durch Spannungsveränderungen am S-seed kann man also eine Binärinformation aus Nullen und Einsen erzeugen, die aus kurzen Impulsen von Laserlicht besteht. Der erste optische Computer war fast peinlich einfach. Während in einem Siliziumchip mehrere Millionen Transistoren auf der Fläche eines Fingernagels eingeätzt sind, enthielt der ursprüngliche optische Rechner nur 128 optische Transistoren auf einer etwa einen Meter langen Tischplatte. Aber man muß bedenken, daß auch John Von Neumanns erste Elektronenrechner aus einem ganzen Zimmer voller Vakuumröhren bestanden.

»Diese Arbeiten sind sehr bedeutsam, denn irgendwann werden solche Geräte zu den Transistoren des 21. Jahrhunderts werden«, sagt John Moussouris, ein Ingenieur aus dem Silicon Valley.[9] Der nächste Schritt wird darin bestehen, daß die Leitungen in den optischen Computern völlig verschwinden, so daß die Strahlen einander in allen drei Raumrichtungen beliebig kreuzen können und dabei in jeder Sekunde viele Millionen oder Milliarden Anweisungen transportieren. Um die riesigen, von den Lichtstrahlen übermittelten Datenmengen zu speichern, versucht man mittlerweile einen der verblüffendsten Aspekte des Laserlichts auszunutzen: die Holographie.

Holographische Speicher

Heute kennt man Hologramme vor allem in Form bemerkenswert realistischer räumlicher Bilder. Auch die Fernsehbilder in unseren Wohnungen dürften eines Tages dreidimensional und durch Holographie erzeugt werden. Eine viel naheliegendere und wichtigere Anwendungsmöglichkeit dieser Technik ist jedoch die Speicherung gewaltiger Datenmengen in Computern. Eine typische CD nimmt beispielsweise Informationen von 640 Millionen Bytes auf (das entspricht etwa 300000 Schreibmaschinenseiten mit doppeltem Zeilenabstand). Mehrschicht-CDs, in denen mehrere solche Scheiben übereinandergestapelt sind, werden schon in den nächsten Jahren mehrere Milliarden Bytes fassen, so daß man einen ganzen 35-Millimeter-Film darauf unterbringen kann. Ein holographischer Speicher dagegen hätte – unter anderem wegen der geringen Wellenlänge des verwendeten Lichts – eine Kapazität von mehreren hundert Milliarden Bytes.[10] Wenn zwei unterschiedliche Laserstrahlen sich überschneiden, entstehen winzige Wirbel in einem Geflecht aus Interferenzlinien auf einer fotografischen Schicht. In solchen Interferenzlinien kann man erstaunliche Informationsmengen speichern. Eines Tages könnte die gesamte Information, die heute auf alle Computer der Welt verteilt ist, in einem einzigen holographischen Würfel zusammengedrängt sein.

Optische Computer mit holographischem Speicher wären die idealen Nachfolger der Siliziumrechner: Sie sind schneller, leistungsstärker, einfacher zu kühlen und zur Speicherung nahezu unbegrenzter Informationsmengen in der Lage. Aber der optische Computer hat auch Nachteile. Erst wenn die Frage der Miniaturisierung gelöst ist, kann er den Rechnern auf Siliziumbasis Konkurrenz machen.

Für die Verkleinerung der nächsten Generation optischer Computer muß eine entscheidende Voraussetzung erfüllt sein: Man wird mikroskopisch kleine Laser und S-seeds bauen müssen, die sich zu Millionen in einem winzigen Würfel unterbringen lassen. Aber diese Technologie ist nicht mehr weit: Mit dem gleichen Ätzverfahren, das zur Herstellung von Transistoren im Silizium dient, kann man auch S-Seeds aus Galliumarsenid erzeugen und so bedeutend höhere Schaltgeschwindigkeiten erreichen. Wenn die Ätztechnik sich eines Tages auch auf die Produktion mikroskopisch kleiner Laserstrahler anwenden läßt, erfüllt der optische Computer alle Voraussetzungen, um die Siliziumtechnologie abzulösen.

DNS-Computer

Eine der originellsten und unerwarteten Erfindungen der letzten Jahre ist der DNS-Computer, der eines Tages wahrscheinlich den Siliziumrechner bei schwierigen mathematischen Problemen überflügeln wird. Er vereinigt in sich die Vorzüge von Bio- und Computertechnologie. Wie Leonard Adelman von der University of Southern California gezeigt hat, kann schon ein kleines Reagenzglas voll DNS unter Umständen Probleme lösen, an denen ein Supercomputer scheitert.

Für einen Molekularcomputer sind DNS-Moleküle ein ideales Material: Sie sind effizient und kompakt – in einem Zellkern nehmen sie nur 0,3 Prozent des Volumens ein. Außerdem ist in der DNS die Information *hundert Billionen mal* dichter gepackt als in den hochgezüchtetsten heutigen Computerkomponenten. In einem DNS-Computer könnte die astronomische Zahl (etwa 10^{20}) der Moleküle gleichzeitig Berechnungen ausführen.

Siliziumcomputer sind zwar schnell, aber sie arbeiten eine Berechnung nach der anderen ab; dabei erzeugen sie eine Menge Wärme. Ein DNS-Computer dagegen wäre zwar langsamer, aber in ihm rechnet eine astronomische Zahl von Molekülen parallel, und das bei einer milliardenfach besseren Energienutzung.

Silizium- und DNS-Computer haben eine wichtige Gemeinsamkeit: Beide funktionieren digital – ihre Grundlage ist Information. Sie hat bei einem herkömmlichen Computer die Form eines Binärcodes, das heißt einer Folge von Nullen und Einsen, die etwa so aussehen kann:

0001110010101001001011110101001001

Der Code der DNS wird mit den vier Symbolen A, T, C und G geschrieben; sie entsprechen den vier Nucleotiden, aus denen die DNS besteht. Der DNS-Code eines Menschen sähe in niedergeschriebener Form aus wie eine sinnlose Folge von drei Milliarden Buchstaben:

ATTTCCCGAATCGGTCTGTGAGAGCGCGAAAAAA...

Da es sich um einen digitalen Code handelt, kann man die Information ganz ähnlich handhaben wie in einer Turing-Maschine: Dieser füttert man einen Code aus Nullen und Einsen, beispielsweise 1011100101010000, und führt damit vier Operationen aus, um einen Output zu erzeugen. Man kann eine Eins in eine Null oder eine Null in eine Eins verwandeln sowie in der Folge einen Schritt vorwärts oder einen Schritt rückwärts gehen. Alle seriellen Computer, so schnell und kompliziert sie auch sein mögen, lassen sich auf eine einfache Turing-Maschine zurückführen.

Ganz ähnlich verhält es sich auch mit der DNS: Ihre Moleküle sind Ketten aus vier verschiedenen Nucleotidtypen, beispielsweise AACCGTTCCC. So etwas kann man in einen herkömmlichen Binärcode umwandeln, indem man zum Beispiel ATTCG mit 1, TCGGA mit 0 und GATTC mit 1 gleichsetzt.[11] Mit einer Reihe komplizierter chemischer Abläufe (indem man nämlich die DNS mit Restriktionsendonucleasen spaltet und ihre Sequenzen mit der Polymerasekettenreaktion vervielfältigt) lassen sich alle Vorgänge einer Turing-Maschine Schritt für Schritt nachvollziehen. Dazu geht man von einer Sequenz wie AACCGTTCCC aus und wandelt sie mit entsprechenden Manipulationen in eine andere Sequenz um. Auf diese Weise schafft man eine DNS-Turing-Maschine. Ein halbes Kilo DNS-Moleküle (gelöst in 1000 Litern oder ca. einem Kubikmeter Flüssigkeit) hätte eine größere Speicherkapazität als alle Computer, die jemals gebaut wurden, oder etwa das 100-Billionenfache der Speicherfähigkeit unseres Gehirns. Außerdem würden schon 30 Gramm DNS 100 000 mal schneller arbeiten als die schnellsten heutigen Supercomputer.

»Die Dämme brechen schon«, sagt Richard Lipton von der Princeton University. »Ich habe noch nie erlebt, daß es auf einem Gebiet so schnell vorangeht.«[12]

Nach Ansicht von Ronald Graham aus den Bell Laboratories ist es das gleiche, als habe sich eine Tür »... zu einem ganz neuen Spielzeugladen« geöffnet. Schon heute haben DNS-Computer ihr Potential unter Beweis gestellt.[13] Adelman konstruierte einen solchen Rechner und löste damit eine Version des berühmten Problems des Handlungsreisenden (das heißt, er berechnete den kürzesten Weg, den ein Handlungsreisender zurücklegen muß, um N Städte zu besuchen, wobei er nur einmal in jede Stadt kommen darf; diese scheinbar einfache Aufgabe wird mit zunehmendem N äußerst schwierig). Der DNS-Prototyp löste diese eine Problemversion in einer Woche; ein herkömmlicher serieller Rechner hätte dazu mehrere Jahre gebraucht.

Ein Maß für die Leistungsfähigkeit eines Computers ist seine Fähigkeit, den DES-Code (data encryption standard, Standard zur Datenverschlüsselung) zu knacken, der von der Nationalen Sicherheitsbehörde der USA zum Schutz von Staatsgeheimnissen entwickelt wurde und den auch Banken benutzen. Mit dem DES-System werden ständig Dollarmilliarden über Computerleitungen verschoben.

Da der DES die Grundlage für große Teile des amerikanischen Geschäftslebens und des Militärs ist, interessierte sich die US-Regierung schon lange für die Frage, ob der Code je zu knacken ist. Sein Kernstück ist der »Schlüssel«, eine Zahl von 56 Bit. (Ein Schlüssel ist in diesem Zusammenhang eine Reihe logischer Anweisungen, ein Algorithmus, mit dem man eine Nachricht unleserlich macht.) Um den Code zu knacken, muß man unter 256 möglichen Schlüsseln den richtigen finden. Ein herkömmlicher Computer würde 10000 Jahre brauchen, um alle Schlüssel auszuprobieren. Deshalb glaubte man bei den staatlichen Stellen bisher, der DES-Code sei mindestens für die nächsten 10000 Jahre sicher. Aber diese Sicherheit wird durch den DNS-Computer hinfällig. Nach Liptons Überzeugung würden »ein paar Monate DNS-Rechentätigkeit« ausreichen, um den DES zu knacken.[14] Der gleichen Ansicht ist auch Dan Boneh von der Princeton University; nach seinen Berechnungen ist der DES mit 907 »biologischen« Lösungswegen zu knacken, das entspricht einer Rechenzeit des DNS-Computers von etwa vier Monaten.[15] (Auch wenn der DNS-Computer den DES-Code knackt, werden die internationalen Finanzmärkte keinen katastrophalen Zusammenbruch erleben. Die Banken verschlüsseln ihre geheimsten Daten häufig ein zweites und drittes Mal mit dem DES.)

Aber auch der DNS-Computer hat Schwachpunkte. Erstens zerfallen DNS-Moleküle mit der Zeit, so daß man mit ihnen keine großen Datenmengen über lange Zeit speichern kann. Letztlich muß man diese Daten also auf herkömmliche Speichermedien überspielen.

Und zweitens sind DNS-Rechner nicht besonders vielseitig. Derzeit muß man für jede Problemlösung eine eigene Folge chemischer Reaktionen aufstellen, und für das nächste mathematische Problem ist wieder ein ganz anderer Ablauf erforderlich. Siliziumrechner dagegen sind Allzweckmaschinen: Derselbe Computer kann Millionen verschiedene Probleme lösen, ohne daß man ihn jedesmal neu programmieren muß.

DNS-Computer werden PCs und Laptops voraussichtlich nicht verdrängen – dazu sind sie zu groß und zu wenig flexibel. Für alltägliche Anwendungen ist die Siliziumtechnik weitaus nützlicher. Wenn aber gewaltige Rechenleistungen gefragt sind, werden die DNS-Computer eines Tages den herkömmlichen Großrechnern überlegen sein.

Nach der derzeitigen Ansicht vieler Computerfachleute werden DNS-Computer (und solche aus anderen organischen Materialien« beispielsweise aus Proteinen) zur Lösung ganz bestimmter Fragestellungen dienen, für die man heute die schnellen Supercomputer benutzt. Aber auch die DNS-Rechner verblassen bei aller Leistungsfähigkeit gegenüber dem ultimativen Transistor – dem Quantentransistor – und dem ultimativen Computer – dem Quantencomputer. Der Rohstoff für die kleinsten möglichen Transistoren und Rechnerkomponenten sind nämlich nicht Moleküle, sondern Elektronen.

Nach 2020: Quantentransistoren

Im Lauf der Miniaturisierung kommen alle elektronischen Schaltkreise irgendwann mit den Gesetzen der Quantenphysik in Konflikt. Eine zentrale Aussage der Quantentheorie lautet: Materie kann sowohl Wellen- als auch Teilcheneigenschaften aufweisen. Energiearme Elektronen verhalten sich beispielsweise vorwiegend wie Wellen, bei höherem Energiegehalt ähneln sie eher genau definierten Teilchen. Wegen dieser Doppelnatur findet man bei Elektronen bizarre, der Intuition widersprechende Welleneigenschaften. Während Teilchen beispielsweise durch Hindernisse aufgehalten werden, können Wellen um sie herumfließen. (Im einzelnen besagt die Quantentheorie: Ein Elektron ist ein singuläres Teilchen, aber die Wahrscheinlichkeit, daß man es an einem bestimmten Ort antrifft, errechnet sich aus dem Quadrat der Schrödingerschen Wellenfunktion. Mit zunehmender Geschwindigkeit des Elektrons wird die Wellenlänge der Schrödinger-Welle geringer, so daß die Wahrscheinlichkeit, es zu finden, sich immer stärker auf einen Punkt konzentriert. Verlangsamt sich das Elektron, nimmt die Wellenlänge zu, und die Wahrscheinlichkeit, es örtlich exakt zu benennen, verliert sich über einen größeren Raum. Deshalb kann man Position und Geschwindigkeit eines Elektrons nicht gleichzeitig mit Sicherheit bestimmen, ein Gesetz, das man auch als Heisenbergsche Unschärferelation bezeichnet.) Ein grundlegendes quantenphysikalisches Gesetz – die Heisenbergsche Unschärferelation – besagt, daß scheinbar unplausible Vorgänge mit einer bestimmbaren Wahrscheinlichkeit ablaufen. Stellen wir uns einmal einen Häftling in einem Hochsicherheitsgefängnis vor. Wenn er mit dem Kopf gegen die massiven Betonwände rennt, wird er normalerweise höchstens Kopfschmerzen bekommen. Es besteht aber eine ganz bestimmte Wahrscheinlichkeit, daß die Atome seines Körpers zwischen den Atomen der Wand hindurchgleiten, so daß er aus dem Gefängnis entkommt. (Diese Wahrscheinlichkeit kann man berechnen; sie ist so gering, daß das Ereignis während der Lebensdauer des Universums nicht eintreten wird – die Quantentheorie ist also keine gute Methode, um aus einem Gefängnis auszubrechen.)
Auch Elektronen sind in einem eigenen Gefängnis eingeschlossen: im Draht. Wie der Häftling rennen sie ständig gegen die Wände an, aber mit einem entscheidenden Unterschied: Sowohl die Zahl der Elektronen als auch die ihrer Stöße gegen die Wand sind astronomisch groß. Deshalb besteht durchaus eine nennenswerte Wahrscheinlichkeit, daß sie aus dem Draht entkommen, insbesondere wenn dieser sehr dünn ist. Mit anderen Worten: Wenn die Stärke der Leitungsbahnen sich der Größenordnung von Atomen nähert, während gleichzeitig eine Riesenzahl von Elektronen gegen ihre Wände stößt, wird ein Teil der Elektronen die Schranke überwinden – mit der Folge, daß herkömmliche Schaltkreise ein Ding der Unmöglichkeit werden.

Die Quantenelektronik macht mittlerweile rasante Fortschritte; man baut heute bereits Geräte, die noch vor wenigen Jahren als unmöglich galten. Mit ihnen beherrscht man *einzelne Elektronen*, deren technische Weiterentwicklung zu »Quantentransistoren« führen könnte. Gelungen ist bereits die Herstellung eines »Quantenbehälters«, in dem ein einzelnes Elektron zwischen zwei flachen Schichten fixiert ist. Eine »Quantenlinie« wäre ein einzelnes Elektron, das auf eine Gerade begrenzt ist, und in einem »Quantenfleck« würde es sich in einem umgrenzten Raumbereich bewegen können (dessen Durchmesser etwa 20 Nanometer beträgt, das ist die Größe von fünf bis zehn Atomen).

In einem solchen Quantengerät schwingt ein einzelnes Elektron mit einer ganz bestimmten Frequenz, und dabei zeigt es die Welleneigenschaft der »Resonanz«. Wenn beispielsweise eine Violinsaite vibriert, ist Resonanz nur bei ganz bestimmten Frequenzen möglich (zum Beispiel bei den Tönen A, H, C, G und so weiter). Beim Singen unter der Dusche hört sich selbst eine dünne, piepsige Stimme wie die eines Opernsängers an, weil bestimmte Frequenzen durch die Resonanz zwischen den gefliesten Wänden verstärkt werden.

Ganz ähnlich verhält es sich auch mit einem Elektron, das in einem Quantenfleck eingeschlossen ist: Es zeigt Resonanz wie eine Violinsaite oder die Stimme unter der Dusche. Auch im Quantenfleck sind nur ganz bestimmte Frequenzen erlaubt. Durch eine geringe Spannungsveränderung am Quantenfleck kann man erreichen, daß Elektronen durch ihn hindurchfließen. Das entspricht dem Bit 1. Steigt die Spannung ein wenig stärker, verschwindet die Resonanz, und die Elektronen fließen nicht mehr. Das entspricht dem Bit 0. Bei noch höherer Spannung erreicht man die nächste Resonanzfrequenz, und der Stromfluß setzt erneut ein. Ein Quantenfleck entspricht also mehreren Transistoren, mit dem sich durch entsprechende Spannungssteuerung eine Reihe von Binärinformationen erzeugen läßt. Mit anderen Worten: Der kleinstmögliche Transistor der Welt besteht aus einem einzigen Elektron in einem Fleck, der kaum größer ist als ein Atom, und er arbeitet nicht nur wie ein Transistor, sondern sogar wie mehrere.

Solche Quantentransistoren existieren nicht nur in den Träumen der Physiker. Sie wurden schon gebaut. Aber da sie sehr empfindlich sind und sich schwer handhaben lassen, gibt es sie bisher nur im Labor. Marktreife werden sie in den kommenden Jahren noch nicht erreichen.

Gary Frazier von Texas Instruments sagt: »Bisher ist noch niemand soweit, einen Quantentransistor mit Millionen Schaltkreisen herzustellen, aber Konzepte dazu kristallisieren sich langsam heraus.«[16]

Aber so etwas hält Wissenschaftler natürlich nicht davon ab, Spekulationen über den nächsten und letzten Schritt anzustellen: über den »ultimativen Rechner«, den Quantencomputer.

Der ultimative Computer

Ein Quantencomputer ist im Gegensatz zum Quantentransistor ein ausschließlich quantenmechanisches Gerät. Während der Quantentransistor sich noch herkömmlicher Drähte und Schaltkreise bedient, arbeiten im Quantencomputer nur noch Quantenwellen. Einer der ersten, die sich über solche Möglichkeiten Gedanken machten, war der Nobelpreisträger Richard Feynman. Er stellte 1981 in einem Fachartikel die Frage, wie klein ein Computer werden kann. Wenn ein Rechner die Größenordnung von Atomen erreichte, dann, so seine Überlegung, würde er ganz neuen Gesetzen unterliegen, die der Alltagserfahrung völlig zuwiderliefen. Feynman bezweifelte, daß sich viele grundlegende Probleme der Quantentheorie mit normalen Turing-Maschinen würden lösen lassen. Viele Fragestellungen der Quantenphysik erfordern unendlich aufwendige Berechnungen und würden deshalb die Fähigkeiten normaler Computer übersteigen. Um die interessanten Fragen der Quantenphysik – beispielsweise nach den Vorgängen in einer Flüssigkeit beim Übergang zum Sieden oder beim Zusammenstoß von Elementarteilchen – rechnerisch zu beantworten, würde ein Computer unendlich viel Zeit brauchen.

Feynman fand eine einfache Lösung: Könnte man Quantenprobleme nicht mit einem Quantencomputer lösen? Konkrete Formen nahmen seine Ideen schließlich in einem Artikel an, den David Deutsch von der Universität Oxford 1985 veröffentlichte. Deutsch erkannte, daß Quantenprozesse riesigen Rechenmaschinen gleichen. Der einzige Unterschied besteht darin, daß Quantencomputer in aller Regel im Handumdrehen unendliche Mengen verarbeiten. Der Quantencomputer ist ganz etwas anderes als eine Turing-Maschine. Das Entscheidende dabei: Berechnungen, die auf einem konventionellen Rechner unendlich viel Zeit beanspruchen, sind mit einem Quantencomputer sehr schnell zu bewältigen.[17]

Ein Beispiel: Angenommen, wir spazieren durch den New Yorker Central Park. Um in der Quantenmechanik die Wahrscheinlichkeit zu berechnen, daß wir das andere Ende des Parks erreichen, muß man zunächst den Anteil *aller* möglichen Wege von einem Punkt des Parks zum nächsten berechnen – auch derjenigen, die über Mars oder Jupiter, ja sogar über den Andromedanebel führen. Erst wenn wir alle diese unglaublichen Umwege zu den Grenzen des Universums mit einbeziehen, erhalten wir die Wahrscheinlichkeit, daß wir durch den Central Park gehen. Mit anderen Worten: Die Quantentheorie ist die lächerlichste Theorie, die jemals in der Wissenschaftsgeschichte aufgestellt wurde, ein Schlag ins Gesicht des gesunden Menschenverstands. Sie ebnet den Weg zu allen möglichen seltsamen Paradoxa, die allen unseren Vorstellungen vom Universum widersprechen. Für die Quantentheorie spricht nur eines: Sie ist ohne jeden

Zweifel richtig und hat alle Versuche, sie experimentell in Frage zu stellen, überlebt.

Da die Quantentheorie alle möglichen Wege aufsummiert – darunter auch diejenigen, die über weit entfernte Sterne verlaufen –, ist der Quantencomputer eine riesige Addiermaschine, die im Handumdrehen unendlich viele Wege zusammenzählt. So betrachtet, ist der Quantencomputer keine Turing-Maschine, sondern er unterscheidet sich grundsätzlich von einem DNS- oder Molekülcomputer (der mit sehr vielen parallel arbeitenden Molekülen zwar gewaltige, aber immer noch endliche Informationsmengen verarbeitet).

Kurze Aufregung gab es 1994. In diesem Jahr erzielte Peter Shor von den AT&T Laboratories einen wichtigen Fortschritt in Sachen Quantencomputer: Wie er nachwies, kann ein Quantencomputer – falls man ihn bauen kann – jede beliebige Zahl sehr schnell in Primfaktoren zerlegen, unabhängig von ihrer Größe. Der Quantencomputer hätte unmittelbare Auswirkungen auf Handel, Banken und Spionage. In diesen Branchen schützt man geheime Vorgänge damit, daß eine Zahl aus bis zu 100 Stellen sich nur schwer in Primfaktoren zerlegen läßt. Da Computer sich zu diesem Zweck meist der Methode des Ausprobierens bedienen, dauert die Lösung eines solchen Problems in der Regel Jahrzehnte. Ein Quantencomputer dagegen findet, wie Shor zeigen konnte, die Antwort sehr schnell. Zum Vergleich: 1600 über das Internet verbundene Computer brauchten acht Monate, um eine 129stellige Zahl in ihre Primfaktoren zu zerlegen; für eine 250stellige Zahl würde die gleiche Computerarmee mehrere Jahrhunderte benötigen – und die Berechnungen würden in ausgedruckter Form 10^{500} Zeilen füllen.

Um ein Gespür für die Größenordnung zu bekommen, sollte man daran denken, daß es im sichtbaren Universum etwa 10^{80} Atome gibt. Mit anderen Worten: Das sichtbare Universum enthält unvorstellbar viel weniger Atom als Schritte nötig sind, um eine 250stellige Zahl in ihre Primfaktoren zu zerlegen. Und doch könnte ein Quantencomputer diese gigantische Berechnung ausführen.

Nach 2050

Im Prinzip wäre der Quantencomputer ein einfaches Gerät. Eine Turing-Maschine verarbeitet normalerweise eine Reihe von Bits, die als 0 oder 1 dargestellt und zum Beispiel auf einem Band aufgezeichnet werden. Im Quantencomputer tritt an die Stelle des Bandes eine Sequenz von Atomen. Angenommen, die Atome in einer solchen Anordnung rotieren wie Kinderkreisel, wobei die Drehachse entweder nach oben oder nach unten weist. In diesen zwei Zuständen – die Wissenschaftler bezeichnen sie als positiven und negativen Spin – können Atome vorliegen. Damit haben wir einen einfachen Binärcode: 0 = negativer Spin, 1 = positiver Spin. Solche Quantenbits nennt man auch »Qubits«.

Die Qubits sind das Kernstück des Quantenrechnens; sie sind etwas ganz anderes als herkömmliche Bits. In einer Turing-Maschine ist ein Bit entweder eine Null oder eine Eins. Dazwischen gibt es nichts. Im Quantencomputer dagegen ist der Spin eines Atoms eigentlich nicht genau definiert, sondern er kann sich aus der Summe der positiven und negativen Spinzustände ergeben. Ein Qubit ist also nicht 0 oder 1, sondern eine Überlagerung (Superposition) von beiden. (Wegen dieser bizarren Eigenschaft, daß ein Qubit gewissermaßen im Niemandsland zwischen 0 und 1 existieren kann, ist ein Quantencomputer zu unendlich viel komplexeren Rechenoperationen in der Lage als eine übliche Turing-Maschine.)

Ein Lichtquant (Photon), das auf eine solche Anordnung fällt, prallt an den Atomen ab und kann dabei den Spinzustand eines Atoms verändern. Jetzt mißt man den Spinzustand des Photons, das an der Anordnung abgeprallt ist. Quantentheoretisch kann man im Prinzip alle möglichen Wege des Photons und alle seine Spinzustände addieren. Aber die Zahl der möglichen Zustände einer Anordnung von 1000 Atomen liegt bei 2^{1000}, das ist ungefähr eine 1 mit 300 Nullen – wiederum viel mehr als die Zahl aller Atome im sichtbaren Universum. Ein Quantencomputer kann also problemlos astronomische Zahlen verarbeiten, an denen eine Turing-Maschine sich verschlucken würde.

Quantencomputer sind theoretisch also unendlich leistungsfähiger als die größten Supercomputer und könnten Geheimcodes knacken, hinter denen viele hundert Milliarden Dollar stehen. Warum gibt es dennoch keine Entwicklungsprogramme zum Bau einer solchen Maschine?

Das Problem besteht darin, daß schon die kleinste Störung oder Verunreinigung von außen einen Quantencomputer zerstören könnte. Man müßte den Rechner von allen äußeren Einflüssen abschirmen, und das ist äußerst schwierig. Im Prinzip könnte schon ein einziges kosmisches Partikel, das in den Quantencomputer eindringt, seine unendlich vielen Berechnungen stören. Raumsonden müssen in »Reinlufträumen« zusammengebaut werden, damit keine Staubpartikel in die empfindlichen Gyroskope gelangen. Einen Quantencomputer müßte man jedoch auch vor vagabundierenden Elementarteilchen schützen.

In dieser Richtung gibt es nur langsame Fortschritte, aber allmählich beschleunigt sich die Entwicklung. David Deutsch meint dazu: »Der technische Fortschritt auf diesem Gebiet hat mich in den letzten Jahren völlig verblüfft. Noch vor drei oder vier Jahren hätte ich gesagt, daß es erst in Jahrhunderten soweit sein wird. Heute bin ich viel optimistischer.«[18]

Seth Lloyd vom MIT sagt: »Es ist eben schwierig, eine Menge Atome hintereinanderzuhängen. Ich meine, diese Dinger sind entsetzlich klein. Und sie sind empfindliche Kerlchen. Aber inzwischen ist man so weit, daß man die Sache unter Kontrolle bekommt. Es ist ein großer technischer Fortschritt. In nicht allzu ferner Zukunft dürften richtige Quantenberechnungen möglich werden.«[19]

Der Optimismus dieser Fachleute gründet sich auf wichtige Entwicklungen an zwei Instituten, in denen man an Bauteilen für Quantencomputer arbeitet. Es sind die Arbeitsgruppen von Jeff Kible am California Institute of Technology und von Chris Monroe am National Institute of Standards and Technology (NIST) in Boulder (Colorado). Das Experiment am NIST geht von einer Reihe nebeneinander angeordneter Quecksilberatome aus. Die Reihe wird mit Laserlicht bestrahlt, das den Spinzustand eines Quecksilberatoms verändern kann. Im Prinzip trägt das Laserlicht, das von den Quecksilberatomen reflektiert wird, die Information für alle Zustände der Atomanordnung in sich. Das Problem ist nur, daß zur Zeit niemand eine Ahnung hat, wie man diese Information gewinnen und nutzbar machen kann.

Es könnte durchaus bis zur Mitte des kommenden Jahrhunderts dauern, bevor man in dieser Hinsicht entscheidende experimentelle Fortschritte macht. Aber die Phantasie der Computerexperten wird vom Quantencomputer nach wie vor beflügelt. Er ist in vielerlei Hinsicht die letzte Grenze. Und angesichts der schnellen Fortschritte auf diesem Gebiet könnte es durchaus sein, daß er in der zweiten Hälfte des 21. Jahrhunderts Realität wird.

Es gibt aber noch eine andere Möglichkeit, um Petaflop-Leistungen zu erreichen, und das ganz ohne die bizarren Eigenschaften der Quantentheorie. Dazu braucht man nur ein Gebilde zu nutzen, das schon heute in die Nähe solcher Rechenleistungen kommt: unser eigenes Gehirn.

Bionik

Seit Alessandro Volta gezeigt hat, daß elektrischer Strom die Beine eines toten Frosches zucken laßt, wissen wir, daß Nerven ihre Nachrichten auf elektrischem Wege übertragen. Seit 200 Jahren versucht man auch, Maschinen mit Nervenzellen zu verbinden und so diese Signale zu beeinflussen – bisher immer vergeblich.

Mittlerweile nähert man sich diesem Ziel mit bemerkenswerter Geschwindigkeit. Wenn man das Gehirn des Menschen nutzen will, besteht der erste Schritt in der Möglichkeit, daß einzelne Neuronen auf Siliziumchips wachsen und überleben können. Als nächstes würde man Siliziumchips unmittelbar mit einem Neuron eines lebenden Tiers (beispielsweise eines Wurms) verbinden. Dann muß man zeigen, daß auch *menschliche* Neuronen sich mit Siliziumchips verbinden lassen. Und schließlich (der bei weitem schwierigste Schritt) kann man erst dann einen unmittelbaren Kontakt zum Gehirn herstellen, wenn man die Millionen Neuronen im Rückenmark entschlüsselt hat.

Der nächste wichtige Schritt gelang 1995 einem Team von Biochemikern unter Leitung von Peter Fromherz am Max-Planck-Institut für Biochemie vor den Toren Münchens. Sie berichteten, sie hätten eine Verbindung zwischen einer lebenden Nervenzelle eines Blutegels und einem Siliziumchip hergestellt. Das war eine wichtige Weiterentwicklung, denn zum erstenmal hatte man damit die »Hardware« mit der »Wetware« verknüpft. In der bemerkenswerten Forschungsarbeit wurde nachgewiesen, daß ein Neuron Impulse abgeben und an einen Siliziumchip übertragen kann und daß umgekehrt der Siliziumchip das Neuron zum »Feuern« anregt. Die gleiche Methode dürfte auch mit menschlichen Neuronen funktionieren.

Natürlich sind Nervenzellen entsetzlich klein und empfindlich – sie sind dünner als ein Haar. Die in den Experimenten eingesetzten elektrischen Spannungen führen oft zu Schäden oder sogar zum Absterben der Neuronen. Zur Lösung des ersten Problems benutzte Fromherz die relativ großen Zellen aus den Nervenknoten (Ganglien) eines Egels, die einen Durchmesser von etwa 50 Mikrometern haben (damit sind sie halb so dick wie ein menschliches Haar). Um spannungsbedingte Schäden zu vermeiden, brachte er die Ganglienzellen auf einem Siliziumchip unter dem Mikroskop mit Hilfe eines Mikromanipulators bis auf 30 Mikrometer an einen Transistor heran. Über diese Lücke von 30 Mikrometern konnte er Signale übertragen, ohne daß überhaupt Spannung ausgetauscht wurde. (Wenn man beispielsweise an einem Luftballon reibt und ihn dann in die Nähe eines fließenden Wasserstrahls bringt, biegt sich der Strahl von dem Ballon weg, ohne ihn zu berühren. Ganz ähnlich berührt auch die Nervenzelle das Silizium nicht.)

Damit war der Weg frei für die Entwicklung von Siliziumchips, mit denen sich die Impulse von Neuronen nach Belieben steuern lassen; das wiederum kann zur Regulation von Muskelbewegungen dienen.

Bisher konnte Fromherz sechzehn Kontakte zwischen einem Siliziumchip und einer einzelnen Nervenzelle herstellen. Im nächsten Schritt will er Neuronen aus dem Hippokampus des Rattengehirns verwenden. Sie sind zwar viel dünner als die Zellen des Egels, aber sie bleiben monatelang am Leben, während die Egelzellen schon nach wenigen Wochen absterben.

Einen weiteren Fortschritt bei der Züchtung von Neuronen auf Silizium gab es 1996. Richard Potember von der Johns Hopkins University konnte Nervenzellen neugeborener Ratten zum Wachstum auf einer Siliziumoberfläche veranlassen, die mit bestimmten Peptiden beschichtet war. Diese Neuronen brachten wie im lebenden Gewebe Dendriten und Axone hervor.[20] Letztlich sollen die Axone und Dendriten der gezüchteten Nervenzellen auf vorherbestimmten Wegen wachsen, so daß sich auf der Siliziumoberfläche »lebende Schaltkreise« bilden. Wenn das gelingt, könnte man Neuronen in die logische Architektur eines Chips einfügen.

Ärzte am Massachusetts Eye and Ear Infirmary, einer Klinik der Harvard University, haben bereits den nächsten Schritt in Angriff genommen: Dort befaßt sich eine Arbeitsgruppe mit der Entwicklung eines »bionischen Auges«. In fünf Jahren will dieses Team so weit sein, daß man Versuche mit Computerchips machen kann, die in die Augen von Menschen eingepflanzt werden. Wenn diese Experimente Erfolg haben, wird man im 21. Jahrhundert den Blinden das Augenlicht wiedergeben können.

»Wir haben die Elektronik entwickelt, wir haben gelernt, wie man ein Gerät einbaut, ohne das Auge zu schädigen, und wir haben nachgewiesen, daß das Material biologisch verträglich ist«, sagt Joseph Rizzo. Derzeit entwickelt die Gruppe ein Implantat aus zwei Chips, von denen einer eine Solarzelle enthält. Das Licht, das auf diesen Chip trifft, löst einen Laserstrahl aus, der dann auf den zweiten Chip trifft und einen Impuls an das Gehirn in Gang setzt.

Ein bionisches Auge wäre eine gewaltige Hilfe für Blinde mit einer geschädigten Netzhaut, deren Verbindung zum Gehirn aber noch intakt ist. So leiden beispielsweise allein in den USA zehn Millionen Menschen an Makula-Degeneration, der häufigsten Form der Erblindung bei älteren Menschen. Weitere 1,2 Millionen sind von Retinitis pigmentosa betroffen, einer erblichen Form der Sehbehinderung.

Schon heute ist nachgewiesen, daß sich die geschädigten Zapfen und Stäbchen in der Netzhaut von Tieren elektrisch stimulieren lassen, so daß in der Sehrinde des Gehirns die entsprechenden Impulse entstehen. Demnach dürfte es im Prinzip eines Tages möglich sein, unmittelbar an das Gehirn künstliche Augen anzuschließen, deren Sehkraft größer und vielseitiger ist als unsere eigene. Unsere Augen gleichen im wesentlichen den Augen eines Affen: Sie sehen nur diejenigen Farben, die auch Affen erkennen, während andere Tönungen, die für viele Tierarten auffällig sind, für uns unsichtbar bleiben. (Bienen sehen zum Beispiel die Ultraviolettstrahlung der Sonne und nutzen sie, um nach Blüten zu suchen.) Ein künstliches Auge dagegen könnte übermenschliche Fähigkeiten haben, beispielsweise einen Fernrohr- und Mikroskopblick sowie die Empfindlichkeit für Ultraviolett- und Infrarotstrahlung. Irgendwann wird man also wahrscheinlich ein künstliches Sehvermögen schaffen, das dem natürlichen überlegen ist.

Nach 2020 wird man Silizium-Mikroprozessoren in künstlichen Armen, Beinen und Augen unmittelbar mit dem menschlichen Nervensystem verbinden – für Behinderte eine gewaltige Erleichterung. Aber auch wenn man den menschlichen Körper mit einem kraftvollen mechanischen Arm ausstatten würde, wären doch Sensationsszenen wie aus dem Film *Der Sechs-Millionen-Dollar-Mann* und auch die meisten anderen übermenschlichen Fähigkeiten unmöglich, weil sie unser Skelett einer unerträglichen Belastung aussetzen würden. Übermenschliche Kräfte würden ein übermenschliches Knochengerüst erfordern, das mit den Folgen dieser Eigenschaft fertig wird.

Die Vereinigung von Mensch und Maschine

Angesichts solcher Erfolge kann man voraussagen, daß man in etwa 20 Jahren verschiedene Organe und Körperteile mit Siliziumchips verknüpfen kann, so daß sich gelähmte oder anderweitig behinderte Körperabschnitte wieder aktivieren lassen. Dieser Optimismus ist berechtigt, weil an der Steuerung vieler Körperteile nur eine Handvoll Neuronen mitwirken, so daß man ihre »Verdrahtung« relativ einfach aufklären kann. Ganz neue Probleme stellen sich aber, wenn man Verbindungen zum Gehirn selbst herstellen will.

Im Rückenmark befinden sich derart viele Neuronen, daß man in absehbarer Zukunft nicht einmal einen Bruchteil davon mit Elektroden verknüpfen kann. Das Ganze gleicht dem Versuch, sich ohne Leitfaden oder Schaltplan in das New Yorker Telefonnetz einzuklinken. Die Verdrahtungen im Gehirn sind so kompliziert und empfindlich, daß man derzeit offenbar keine bionische Verbindung zu einem Computer oder neuronalen Netz herstellen kann, ohne dauerhafte Schäden anzurichten.

Bisher haben wir nur sehr grobe Kenntnisse über das menschliche Gehirn. Wir wissen nur in einem sehr umfassenden Sinn (durch die Untersuchung hirnverletzter Menschen und durch PET-Aufnahmen), welche Gehirnbereiche mit den einzelnen Körperteilen in Verbindung stehen, und auf der strukturellen Ebene können wir die Gehirnteile nur mit ganz allgemeinen Funktionen in Verbindung bringen. Auf der Ebene der Zellen haben wir bisher keine Ahnung, wie die Verknüpfungen im einzelnen aussehen. Zum Vergleich kann man sich vorstellen, man wolle einen modernen Industriestaat mit Kunst, Literatur, Wissenschaft, Wirtschaft und Politik verstehen, obwohl nur eine Landkarte mit den Autobahnen vorliegt. Vermutlich wird man erst im 22. Jahrhundert begreifen, wie die Verbindungen im Gehirn zusammenhängen, von ihrer Manipulation ganz zu schweigen.

Ralph Merkle vom Xerox-PARC hat ansatzweise berechnet, wieviel Zeit und Geld man aufwenden müßte, um die Verdrahtung des Gehirns Neuron für Neuron aufzuklären.[21] Nach seiner Ansicht müßte man das Gehirn dazu erst einmal in Millionen dünne Scheiben schneiden und jede einzelne mit dem Elektronenmikroskop untersuchen. Mit automatischen, computergestützten Programmen zur Bildanalyse könnte man aus diesen Fotos ein räumliches Bild des Gehirns zusammensetzen, in dem man bei jedem einzelnen Neuron alle Verbindungen zu anderen Neuronen erkennt. Da es etwa 200 Milliarden Neuronen gibt, von denen jedes mit 10 000 anderen

Neuronen verbunden ist, wäre das eine gewaltige Aufgabe. Man würde gewissermaßen ein zweites Human-Genomprojekt brauchen, um die genaue Verdrahtung des Gehirns zu ermitteln. Den Aufwand schätzte Merkle beim heutigen Stand der Technik auf die gewaltige Summe von 340 Milliarden Dollar. Nach dem Moore-Gesetz werden die Kosten allerdings in den kommenden Jahren sinken. Um das Jahr 2010 wird die Technik nach seiner Schätzung so billig sein, daß man das Riesenprojekt in Angriff nehmen kann. Die eigentliche Analyse der Neuronen im Gehirn würde dann drei Jahre dauern und 120 Millionen Dollar kosten.

Aber selbst wenn man einen genauen Schaltplan des Gehirns besitzt, muß man noch herausfinden, wie die Signale im Gehirn wandern und wie die verschiedenen Organe und Körperteile damit verknüpft sind.

Das alles konnte jedoch manche Autoren nicht davon abhalten, kühne Vermutungen über die Verbindung von Mensch und Maschine zu äußern, die eigentlich erst in die weit entfernte Zukunft gehören.

In ferner Zukunft: Cyborg-Zucht im Labor

Nach Ansicht mancher Wissenschaftler wird die Forschung letztlich darauf abzielen, daß alle drei großen wissenschaftlichen Richtungen in ferner Zukunft zusammenfließen. Dann würde die Quantentheorie uns mikroskopisch kleine Quantentransistoren liefern, die noch winziger sind als eine Nervenzelle. Die Computertechnik steuert neuronale Netze bei, die so leistungsfähig sind wie unser Gehirn. Und die Molekularbiologie eröffnet die Möglichkeit, die natürlichen neuronalen Netze unseres Gehirns durch synthetische zu ersetzen und uns so eine Art Unsterblichkeit zu verschaffen.

Die Evolution hat immer diejenigen Lebewesen begünstigt, die aufgrund ihrer Anpassung am besten überleben konnten. Vielleicht könnte auch die Mischung aus menschlichen und technischen Eigenschaften eine Spezies mit besserer Überlebensfähigkeit entstehen lassen. Diesem Gedankengang zufolge würde der Mensch selbst den Organismus für das nächste Evolutionsstadium schaffen.

Was geschieht in ferner Zukunft, wenn wir einzelne Neuronen manipulieren können? Nehmen wir einmal an, Merkles Idee von der Kartierung aller Neuronen im Gehirn würde Ende des 21. Jahrhunderts oder noch später Wirklichkeit. Könnten wir unserem Gehirn dann einen unsterblichen Körper verschaffen?

Hans Moravec malt in seinem 1988 erschienenen Buch *Mind Children* aus, wie eine solche bionische Verschmelzung von Mensch und Maschine zu einer Art »Unsterblichkeit« führen wird. Er stellt sich vor, wie Menschen in ferner Zukunft ihr Bewußtsein nach und nach auf einen Roboter übertragen können, ohne es dabei selbst zu verlieren. Jedesmal wenn ein winziger

Klumpen aus Neuronen entfernt wird, verbindet ihn ein Chirurg mit einem metallumhüllten Bündel neuronaler Netze, das die Impulse der ursprünglichen Zellen genau nachvollzieht. Das Gehirn wird bei vollem Bewußtsein Stück für Stück durch eine künstliche Masse elektronischer Neuronen ersetzt. Wenn ein solches Robotergehirn fertig ist, verfügt es über alle Erinnerungen und Denkweisen der ursprünglichen Person, aber es ist in einem mechanischen Körper aus Silizium und Stahl zu Hause, der unter Umständen »ewig« leben kann.

Natürlich liegt die Technik zur Handhabung einzelner Neuronen weit jenseits von allem, was im kommenden Jahrhundert möglich sein wird, von einer Übertragung ihrer Funktionen auf ein neuronales Netz ganz zu schweigen. Aber die Frage als solche ist berechtigt, denn wenn ein solches Szenario möglich ist, legen wir damit den Grundstein für den nächsten Schritt in der Evolution des Menschen.

Zu denen, die solche krausen Phantasien ernst nehmen, gehört Marvin Minsky, der Begründer der Künstlichen Intelligenz. Nach seiner Ansicht wird die nächste Stufe der Evolution nicht mehr durch das Ausprobieren der natürlichen Selektion erreicht, sondern durch »unnatürliche Selektion« – die KI-Forscher werden gezielt versuchen, das menschliche Gehirn Neuron für Neuron nachzubauen.[22]

Aber wie wird ein Mensch reagieren, der eines Morgens aufwacht und feststellt, daß sein Körper aus Stahl und Kunststoff besteht? Als er anderen Wissenschaftlern diese Frage stellte, antworteten sie meist: »Es gibt zahllose Dinge, die ich herausfinden möchte, und ich möchte noch so viele Probleme lösen – da kann ich gut einige Jahrhunderte gebrauchen.« »Werden Roboter die Welt erben?« fragt er. »Ja, aber sie werden unsere Kinder sein. Wir verdanken unseren Geist dem Tod und Leben aller Geschöpfe, die jemals an dem Kampf namens Evolution teilgenommen haben. An uns liegt es, dafür zu sorgen, daß all diese Mühen nicht in einem sinnlosen Durcheinander enden.«[23]

Die Weiterentwicklung der Computertechnik wird die Gesellschaft zweifellos massiv beeinflussen und neue, interessante Möglichkeiten eröffnen, von Petaflop- und DNS-Computern bis hin zu Cyborgs. Aber das alles sind bisher keine Tatsachen, sondern nur Möglichkeiten. Letztlich liegt es an uns, angesichts ihrer vielfältigen Auswirkungen auf Leben, Familie und Beruf zwischen ihnen zu entscheiden. Wir müssen darüber bestimmen, wieviel Macht wir unseren Schöpfungen zugestehen. Werden wir die Herren der Maschinen sein, oder werden die Maschinen zu unseren Herren werden?

6 Wird der Mensch überflüssig?

»Irren ist menschlich, aber um etwas richtig falsch zu machen, braucht man einen Computer.«

Farmer's Almanac, 1978

»Computer können alle Probleme der Welt lösen – außer der Arbeitslosigkeit, die sie verursachen.«

Anonym

»[In der postbiologischen Welt] wird die Menschheit von einer Flutwelle kultureller Veränderungen fortgerissen und von ihrer eigenen künstlichen Nachkommenschaft verdrängt werden ... Wenn dieser Fall eintritt, hat unsere DNS das evolutionäre Wettrennen gegen eine ganz neue Art von Konkurrenz verloren und wird fortan ohne Aufgabe sein.«

Hans Moravec

Die Computerrevolution beschwört zwei diametral entgegengesetzte Zukunftsvisionen herauf. Die erste ist eine Vision von Wohlstand und Müßiggang, eine Welt der grenzenlosen, unmittelbaren Kommunikation, des unendlichen Wissens, der beispiellosen Bequemlichkeit und der uneingeschränkten Unterhaltung. Da laut Moore-Gesetz Leistung und Anwendungsbereich der Computer unaufhaltsam wachsen, werden ganz neue Industriezweige aufblühen. Überall werden zahllose neue »Cyber-Arbeitsplätze« aus dem Boden schießen. Schon heute sind Computer unentbehrlich: Flugzeugindustrie, Banken, Versicherungen, die gesamte private und öffentliche Verwaltung wären ohne sie nicht mehr funktionsfähig.

Es gibt aber auch eine düstere Vision: Danach könnten Computer zu einer alptraumhaften Welt beitragen, wie George Orwell sie in seinem Roman *1984* skizziert hat – mit einer totalitären Regierung, die alle Bereiche unseres Lebens kontrolliert. Überall wären elektronische Lauschgeräte versteckt, die lautlos unsere Tätigkeiten überwachen und Gespräche mithören. Die Gesellschaft würde von den strengen Gesetzen des Großen Bruders beherrscht, aber auch von einer Armee an Informanten, Zensoren und Spitzeln. Und die Geschichte könnte man jederzeit neu schreiben, je nach den Wünschen einer grausamen, selbstgerechten Bürokratie, die alle Informationsströme lenkt.

Pikanterweise verfügen wir heute über Lauschgeräte, die unendlich leistungsfähiger und raffinierter sind als alles, was sich Orwell in seinem Roman ausmalte. Und doch erfreuen wir uns immer noch der demokratischen Grundrechte. Wenn man *1984* heute liest, ist man überrascht darüber, wie primitiv die dort beschriebenen elektronischen Verfahren im Vergleich zu den heutigen Möglichkeiten sind.

Und doch haben die Einflüsse von Computer und Internet die Freiheit der Meinungsäußerung und den Zugang zu Informationen nachweislich nicht vermindert, sondern vielmehr gestärkt. Allerorts wird das Internet als zutiefst demokratische, dezentralisierende Einrichtung gepriesen, die den Zwängen der Diktatur und autoritärer Regierungen entgegenwirkt. Für ein Unterdrückerregime ist es gefährlich, wenn Informationen sich mit einem einzigen Mausklick weltweit an Millionen Menschen verteilen lassen. Aber es bestehen auch echte Gefahren. Die erste ist die Bedrohung von Grundrechten (Privatsphäre, Zensur und Lauschangriffe), die sich im kommenden Jahrhundert noch verschärfen wird. Jede neue Generation von Geheimcodes schafft neue Anreize, sie zu knacken. Die zweite Gefahr ist die sehr reale Möglichkeit, daß die Gesellschaft immer stärker in »Informations-Besitzer« und »Informations-Habenichtse« zerfallen könnte, mit der Folge, daß die Verteilung des Wohlstandes auf der Erde noch einseitiger wird. In kleinem Maßstab geschieht das bereits, und im kommenden Jahrhundert wird sich der Trend verstärken. Gegen Ende des 21. Jahrhunderts – vielleicht zwischen 2050 und 2100 – wird die Gefahr bestehen, daß Roboter mit zunehmendem »Selbstbewußtsein« unsere Existenz bedrohen. Solche Vorstellungen sind bisher zwar reine Spekulation, aber viele Fachleute beschäftigen sich bereits mit der Frage, wie man Roboter mit immer menschenähnlicheren Eigenschaften am besten unter Kontrolle halten kann.

Lauschangriff über das Internet

Die Medien sind voll von schaurigen Geschäften über Computer-Einbrüche, Datenmißbrauch und Datenklau. Gibt es überhaupt eine ultimative Verschlüsselung, die niemals geknackt werden kann, ganz gleich, wie schlau Dateneindringlinge auch sind?

Im Jahr 1918 schlug Gilbert S. Vernam von der Firma AT&T die berühmte Vernam-Chiffre vor, und in den vierziger Jahren konnte man mathematisch beweisen, daß sie nicht zu knacken ist. Leider ist die Vernam-Chiffre aber extrem kompliziert und für die meisten Zwecke nicht zu gebrauchen. (Sie erfordert, daß Absender und Empfänger gemeinsam über einen langen »Schlüssel« aus geheimen Zufallszahlen verfügen.) In vereinfachter Abwandlung wird die Vernam-Chiffre heute verwendet, aber man nimmt an, daß manche dieser Versionen sich mathematisch entschlüsseln lassen.

Das alles könnte sich in den nächsten 20 Jahren grundlegend ändern, wenn sich ein neues Verschlüsselungssystem durchsetzt, das nicht aus der Mathematik, sondern aus der Quantentheorie stammt. Ein ganz neues Gebiet der Quantentheorie, *Quanten-Kryptographie* genannt, verspricht für die Zeit bis 2020 eine Umwälzung im Bereich der Datensicherheit. In ihr treffen sich James Bond und Werner Heisenberg. Wie funktioniert sie? Sobald jemand die geheimen Unterhaltungen eines anderen belauscht, verursacht er allein durch seine elektronische Anwesenheit zwangsläufig eine geringfügige Veränderung im Datenfluß, die sich auch nachweisen läßt. So kann man beispielsweise feststellen, ob ein Telefon angezapft wurde, indem man die elektrische Spannung in der Fernmeldeleitung mißt. Durch das Mithören sinkt sie meist ab, weil die Wanze elektrische Energie abzieht. Die Quantentheorie geht aber viel weiter. Sie besagt, daß immer eine Störung des ursprünglichen Signals entsteht, ganz gleich, wie raffiniert das Lauschgerät ist.

Grundlage der Quanten-Kryptographie ist die Tatsache, daß Licht sich polarisieren läßt, das heißt, seine Wellen schwingen dann nur in einer ganz bestimmten Ebene (nämlich rechtwinklig zur Fortpflanzungsrichtung). Ein Lichtstrahl, der sich auf eine Person zubewegt, kann beispielsweise waagerecht oder senkrecht schwingen. (Dieses Prinzip nutzt man bei polarisierenden Sonnenbrillen: Sie schirmen alle Lichtstrahlen ab, die nicht in der richtigen Richtung schwingen, und vermindern so die Blendung.) So lassen sich Signale mit polarisiertem Licht transportieren, dessen Polarisationsebene wechselt. Mit Lichtpulsen, die in unterschiedlichen Richtungen polarisiert sind, können digitale Informationen übertragen werden.

Nach den Gesetzen der Quantenmechanik würde ein Spitzel, der sich in einen solchen Strahl einklinkt und die Nachrichten anzapft, immer eine Störung verursachen und den Polarisationszustand verändern. Der Empfänger wüßte dann sofort, daß jemand die Informationen abgehört hat.

Im Gegensatz zum Quantencomputer, der noch jahrzehnteweit in der Zukunft liegt, hat man für die Quanten-Kryptographie bereits Prototypen entwickelt. Der erste wurde 1989 vorgeführt.[1] »Die Quanten-Kryptographie ist in wenigen Jahren so weit gekommen, daß sie zu einer echten technischen Errungenschaft wird«, sagt James D. Franson von der Johns Hopkins University, dem bereits eigene Experimente auf diesem Gebiet gelungen sind. »Wir haben jetzt nachgewiesen, daß man Nachrichten auf diese Weise abhörsicher zwischen zwei Gebäuden und über eine Entfernung von etwa 150 Metern übermitteln kann.«[2]

Ein weiterer Meilenstein wurde 1996 erreicht: In diesem Jahr übermittelte man eine Nachricht abhörsicher über ein 22,7 Kilometer langes Glasfaserkabel. Von Infrarotlicht übertragen, lief die Information in der Schweiz von Nyon nach Genf; damit war gezeigt, daß es für die abstrakten Prinzipien der Quantentheorie auch reale Anwendungsmöglichkeiten gibt.

Angesichts der rasant zunehmenden Computerleistung ist es nur eine Frage der Zeit, bis Rechner die meisten Verschlüsselungscodes knacken können. Wahrscheinlich werden große Firmen und Institutionen als Antwort darauf schon zu Beginn des kommenden Jahrhunderts die Quanten-Kryptographie zur Übermittlung besonders sensibler Informationen benutzen. Die Frage der Computersicherheit wird zwar noch auf Jahrzehnte hinaus ein heftig diskutiertes Thema bleiben, aber im Prinzip gibt es dafür eine endgültige Lösung.

Auf der Datenautobahn unter die Räder gekommen

In den kommenden 25 Jahren werden ganze Industriezweige durch die Datenautobahn aufsteigen und auch verschwinden, ganz ähnlich wie im 19. Jahrhundert, als die neu gebauten Eisenbahnen in den USA kleine Siedlungen, die nicht an den Bahnstrecken lagen, zu Geisterstädten werden ließ, während diejenigen, die sich an den Knotenpunkten befanden, zu florierenden Zentren aufstiegen.

In gedrängter Form werden die Gefahren der Computerrevolution in einem berühmten, vermutlich aber erfundenen Gespräch deutlich, das Henry Ford während der Weltwirtschaftskrise mit dem Gewerkschaftsführer Walter Reuther geführt haben soll. Henry Ford zeigte stolz die blitzenden neuen Maschinen vor, die an die Stelle der gewerkschaftlich organisierten Arbeiter treten sollten. Um seinen Gegenspieler zu ärgern, fragte er: »Mr. Reuther, wo sind Ihre Arbeiter?«

Worauf Mr. Reuther leise erwiderte: »Mr. Ford, wo sind Ihre Kunden?«

Da man die Stärken und Schwächen des Computers sehr genau kennt, kann man recht zuverlässig voraussagen, welche Arbeitsplätze durch die Weiterentwicklung der Rechner in den kommenden Jahrzehnten unmittelbar gefährdet sein werden. Grundsätzlich sind drei Bereiche besonders betroffen:

- Tätigkeiten, die sich ständig wiederholen (Fabrikarbeiter in der Massenproduktion sind die wichtigsten Opfer der Roboterentwicklung);
- Tätigkeiten in der Verwaltung (Sachbearbeiter);
- Tätigkeiten als Einzelhändler.

Der erste Tätigkeitsbereich erlebt schon seit Jahrzehnten eine Rationalisierungswelle. Überraschend ist eher, daß seit den neunziger Jahren auch viele scheinbar sichere Arbeitsplätze auf der mittleren Ebene bedroht sind, Berufe, die eine bessere Ausbildung erfordern, wie beispielsweise die Lagerverwaltung oder der Einzelhandel. Dieser Wandel wird sich durch das Internet weiter beschleunigen.

»Das Internet ist eine Gefahr für alle Einzelhändler: Versicherungsvertreter, Investmentverkäufer, Reisebüros, Buchhändler, Autohändler. Es betrifft alle«, behauptet Jeffrey Christian, der in Cleveland eine Firma für die Vermittlung von Führungskräften betreibt.[3] Noch unverblümter formuliert es Andrew Grove, der Vorstandsvorsitzende des Chipherstellers Intel. Er sagt über alle Branchen, die auf große Datenbestände angewiesen sind: »... ich sehe im Internet eine Flutwelle, die mich hinwegfegen wird. Ich würde rennen, so weit mich meine Füße tragen, und alle meine Reservierungssysteme, Bestellabteilungen und Kundendateien neu organisieren, so daß im Prinzip alle Menschen von ihrem Computer aus darauf zugreifen können.«[4] Ganze Branchen wie Reisebüros, Banken, Videotheken, Buchhändler und Aktienhändler sind letztlich durch das Internet bedroht. Die Security First Network Bank in Pineville (Kentucky) zum Beispiel wickelt schon heute ihre Geschäfte ausschließlich über das Internet ab. Keine Schalter. Keine Schlangen. Keine Wartezeiten. Und auch keine Filialen. »Das heißt, daß wir alle diese Einrichtungen nicht brauchen«, prahlt James S. Mahan III., der Vorstandsvorsitzende der Bank. Der menschliche Kassierer wird wie das »Fräulein vom Amt«, das mit den Kunden plauderte, während es die Verbindung herstellte, sehr schnell der Vergangenheit angehören.

Das *Wall Street Journal* faßte es so zusammen: »Der elektronische Handel verspricht den Selbständigen produktivere, lukrativere Tätigkeiten. Aber eine Menge Angestellte werden dabei auf der Strecke bleiben.«[5] Die eigentliche Frage lautet aber: Wird die Computertechnik neue Arbeitsplätze anstelle der weggefallenen schaffen, und wird sie zu einer produktiveren, besser florierenden Konjunktur führen?

In einem gewissen Sinne könnte die Wirtschaft durch das Verschwinden der Einzelhändler effektiver arbeiten. Im 19. Jahrhundert gab es zum Beispiel in den USA eine Fülle privater Straßen, für deren Benutzung die Pferdegespanne stolze Gebühren bezahlen mußten. An jeder Mautstation gab es einen Schlagbaum, der erst nach Entrichtung des Wegezolls geöffnet wurde. Dieses altertümliche System, das die Entwicklung des überregionalen Handels stark behinderte, ging erst zu Ende, als der Staat die Straßen aufkaufte und das heutige Straßennetz begründete. Durch die Beseitigung der »Zwischenhändler« beschleunigte sich das Wachstum von Handel und Wirtschaft, Millionen neuer Arbeitsplätze entstanden, und der Aufschwung zum modernen Industriestaat begann.

Ein anderes Beispiel aus dem letzten Jahrhundert ist die Pferde- und Kutschenindustrie. Tausende arbeiteten als Hufschmiede, Stellmacher, Kutscher, Stallburschen, Pferdeausbilder und Züchter. Als Verbrennungsmotor und Autos sich durchsetzten, gingen diese Arbeitsplätze zum größten Teil verloren. Das Auto veränderte die gesamte Gesellschaft und ließ seinerseits eine machtvolle, blühende Industrie entstehen. Neue Berufe entstanden –

Fließbandarbeiter, Kraftfahrzeugmechaniker, Autoverkäufer, Servicepersonal und Tankwarte. Der Aufschwung des Autos hatte so tiefgreifende Auswirkungen, daß sich sogar unser Denken veränderte – durch die erweiterte Mobilität entstanden ganz neue Einstellungen und gesellschaftliche Entwicklungen. Heute halten wir es für selbstverständlich, ins Auto zu steigen und an jeden beliebigen Ort zu fahren.

Auch negative Folgen blieben nicht aus – Verkehrsstaus, Umweltverschmutzung, ein Exodus in die Vororte, der die Innenstädte veröden ließ. In den USA warfen die innerstädtischen Gebiete kaum noch Steuern ab, so daß im Gefolge riesige Slums entstanden. Die vielen tausend Menschen, die jedes Jahr bei Verkehrsunfällen ums Leben kommen, nehmen wir gelassen zur Kenntnis – sie sind gewissermaßen der Preis für unser Recht auf Mobilität.

Entscheidend ist, daß es immer ein Für und Wider gibt. Es geht nicht darum, den ästhetischen Wert der Pferde- und Kutschenindustrie mit dem der Automobilbranche zu vergleichen. Beide haben ihre Vor- und Nachteile. Wichtig ist vielmehr, ob die von der neuen Industrie geschaffenen Arbeitsplätze die Wirtschaft insgesamt effizienter machen, so daß die Gesellschaft als ganze produktiver und wohlhabender wird.

Welche Branchen werden gedeihen?

Wo wird es bis 2020 einen Zuwachs an Arbeitsplätzen geben? Welche Tätigkeiten werden die Umwälzungen durch Computer und Datenautobahn überleben? Die Antwort: eine ganze Reihe.

Wenn man sich die Stärken und Schwächen des Computers vor Augen führt, erkennt man, daß er viele Tätigkeiten zumindest in den nächsten 50 Jahren nicht übernehmen wird. »Die Nachfrage nach menschlichen Dienstleistungen hat keine Grenzen«, sagt Paul Krugman, ein Wirtschaftswissenschaftler am MIT.[6]

Viele Berufe werden voraussichtlich auch im Zeitalter der Datenautobahn erhalten bleiben. Neben solchen, die überleben, weil sie persönlicher und stärker spezialisiert werden, sind es die folgenden:

Unterhaltung. Autoren, Entertainer, Schauspieler, Regisseure und andere, die kreativ künstlerisch arbeiten, werden in dem neuen Zeitalter ein reiches Betätigungsfeld finden. Die wachsende Freizeit läßt eine immer stärkere Nachfrage nach ständig neuen Formen der Unterhaltung entstehen. So schafft beispielsweise die zunehmende Zahl von Fernsehkanälen einen zusätzlichen Bedarf an Unterhaltungssendungen, mit der die wachsende Sendezeit gefüllt wird. Neue, heute noch gar nicht existierende Formen der Unterhaltung werden ganz neue Industriezweige hervorbringen.

Software. Auch wenn ein Mikrochip im Jahr 2020 nur noch ein paar Pfennige kostet, wird die Zahl der Arbeitsplätze für Programmierer zunehmen. Auch wenn die Hardware eines Tages eine Ware wie eine Rohrzange ist, erfordert die Softwareentwicklung kreative mathematische Begabung, die man einem Computer nicht ohne weiteres beibringen kann. Die Videobranche zum Beispiel, die es vor ein paar Jahren noch gar nicht gab, ist heute größer als die gesamte Filmindustrie. Und auch nach Online-Experten, die für Kunden attraktive Webseiten entwickeln, besteht heute schon eine lebhafte Nachfrage. Insbesondere die virtuelle Realität erfordert Software in ungeheuren Mengen. Es ist schon paradox: Einerseits bringt der Computer wahrscheinlich viele Menschen um ihren Arbeitsplatz, andererseits läßt sich die Software, die er braucht, nicht computerisieren.

Wissenschaft und Technik. Computer können keine neuen wissenschaftlichen Theorien entwickeln. Der Arbeitsmarkt für Wissenschaftler und Ingenieure ist zwar von der gesamtwirtschaftlichen Lage abhängig, für technische Begabungen wird aber immer Bedarf bestehen. Und die Entdeckungen der Wissenschaftler und Ingenieure bilden ihrerseits die Grundlage für ganz neue Industriezweige.

Dienstleistung. Fahrer, Butler, Dienstmädchen, Privatlehrer, Leibwächter, Pförtner, Polizisten, Anwälte, Musiklehrer und andere stehen mit anderen Menschen in engem Kontakt. Solche Berufe sind durch Computer praktisch nicht zu ersetzen. Die Reisebranche zum Beispiel, einer der weltweit am schnellsten wachsenden Zweige, braucht Reiseleiter, Hotelmanager und Bedienstete. Außerdem macht der Computer den Tourismus effizienter, vielseitiger und über das Internet besser zugänglich.

Qualifizierte technische und handwerkliche Berufe. Qualifizierte Arbeitskräfte wie Bauarbeiter, Servicetechniker, Installateure, Straßenbauer, Gärtner, Förster, Lehrer und so weiter werden von der Massenproduktion nicht ohne weiteres verdrängt werden. In allen Fällen wiederholt sich nicht ständig die gleiche Tätigkeit, sondern jede Aufgabe erfordert flexible Arbeitsweisen. Manches, beispielsweise die Schulausbildung, läßt sich vielleicht mit Hilfe des Internet zum Teil automatisieren, aber letztlich brauchen die Schüler mit ihren individuellen Problemen den persönlichen Kontakt.

Kommunikationstechnik. Die Beschäftigten in der Kommunikationstechnik werden die notwendige Infrastruktur instand halten, indem sie Kabel, Satelliten, Computer, Intranets, Relaisstationen und anderes überwachen und reparieren. Je umfangreicher die Infrastruktur der Kommunikationstechnik wird, desto mehr Arbeitskräfte sind erforderlich, um sie aufzubauen und zu warten. Es wird ein Bedarf für Arbeitskräfte bestehen, deren Tätigkeiten sich nicht automatisieren lassen, wie das Verlegen von Kabeln, der Austausch ausgedienter Computerteile und so weiter.

Berufe in Medizin und Biotechnologie. Je älter die Bevölkerung wird, desto größer ist der Bedarf an Pflegekräften, die sich um die einstigen Wirtschaftswunderkinder kümmern. Roboter, Ferndiagnose und ähnliches könnten zwar die Nachfrage nach bestimmten Leistungen befriedigen, aber ganz verschwinden wird sie nie. Die Biotechnologie eröffnet die Aussicht auf ganz neue Berufe, die man sich heute nur in ihren Umrissen ausmalen kann.

Branchen, die sich wandeln – oder aussterben

Auch Branchen, die von der Verbreitung des Internet dezimiert werden, können überleben und sogar einen neuen Aufschwung nehmen, wenn sie dazu übergehen, spezialisierte, persönliche Dienstleistungen anzubieten, zu denen Maschinen nicht in der Lage sind. Einige Beispiele:

- Reisebüros verlieren vielleicht den preisbewußten Geschäftsreisenden als Kunden an das Internet, aber sie könnten sich auf Luxuspauschalreisen mit vielen Extras spezialisieren und auf besondere Wünsche eingehen.
- Banken werden wahrscheinlich auf niedrigqualifizierte Schalterkräfte verzichten müssen, aber ihre hochqualifizierten Programmierer und Anlageberater werden sie behalten; wahrscheinlich werden sie stärker spezialisierte Produkte vertreiben, beispielsweise Investmentzertifikate, für die sie satte Provisionen einstreichen können.
- Die Investmentfirmen werden wohl ihre erfahrenen Broker an das Internet verlieren, aber dafür gewinnen sie möglicherweise die weniger ausgebufften Anleger, die persönliche Beratung und die Marktkenntnis der hauseigenen Analysten zu schätzen wissen.[7]
- Immobilienmakler verlieren den Kunden, der Hunderte von Angeboten am Bildschirm durchgehen kann, aber ihre Chance liegt in den besonderen Anforderungen solcher Interessenten, die zum Beispiel in der Nähe einer guten Schule wohnen wollen.

Ein weiterer Bereich, der sich tiefgreifend ändern wird, ist die Druckindustrie. Entgegen vielen Prophezeiungen werden die Printmedien wahrscheinlich nicht verschwinden, sondern sich verwandeln und eine neue, höhere Form erreichen.

Der Kolumnist Charles Krauthammer hingegen sieht für die Printmedien eine düstere Zukunft voraus; nach seiner Ansicht wird das Papier unaufhaltsam verschwinden. »Man stelle sich vor, was die Hufschmiede empfanden, als sie sich 1896 umsahen und das erste Auto entdeckten«, schreibt er. »Ich weiß es. Ich arbeite 1996 als Zeitungskolumnist, und im letzten halben Jahr habe ich das Netz ausprobiert. Die Zukunft – jedenfalls meine – sieht dunkel aus ... die Zukunft liegt nicht im Gedruckten.«[8] »Die Tontäfelchen«, fährt er fort,»machten dem Papyrus Platz, die Pergamentrollen den gebundenen Büchern, die kolorierten Handschriften den Lettern Gutenbergs. Am Ende war es jedesmal eine Wendung zum Besseren.« Und denen, nach deren Ansicht der Computer schwerfällig, zeitraubend und voller Fachchinesisch ist, antwortet er mit folgendem Vergleich:»Ein Pferd zu besteigen war viel einfacher, als den Motor anzukurbeln, die Handbremse zu lösen, den Gang einzulegen und auf die Straße zu rollen. Aber dann kam der Zündschlüssel.«[9]

Man kann darüber streiten, ob es für Computer jemals den»Zündschlüssel« geben wird, mit dem man sie ebenso einfach verwenden kann wie Papier. Die Menschen überfliegen immer noch gern die Schlagzeilen, bevor sie zur Arbeit gehen, lesen Taschenbücher am Strand oder in der U-Bahn. Papier ist so bequem, daß der Computerbildschirm vielleicht nie ebenso reizvoll wird.

Manche Funktionen wird das Papier aber in Zukunft wahrscheinlich wirklich verlieren. Die Zeitungen werden schon kleiner, weil die junge Generation nicht mehr mit Gedrucktem, sondern mit dem Fernsehen aufgewachsen ist. In Zukunft wird die Presse möglicherweise nur überleben, wenn sie immer stärker spezialisierte Dienstleistungen anbietet.

Da das Internet ein ungeordnetes Durcheinander ist, müssen die Zeitungen etwas bieten, wozu der Computer nicht in der Lage ist: Analysen der neuesten Nachrichten durch fachkundige Quellen und spezialisierte Dienste. Die Schwierigkeit mit dem Internet liegt darin, daß jeder – vom Spinner bis zum qualifizierten Experten – dort ungefragt seine Ratschläge anbietet, so daß der Wirrwarr ständig größer wird. Redakteure werden zunehmend die Aufgabe haben, etwas zu bieten, was das Internet nicht bieten kann: Klugheit und Effizienz. In einem Meer des Geplappers erfüllen Medien, die fundierte Tatsachenberichte und eingehende Analysen liefern, eine wichtige Funktion.

In 25 Jahren wird wahrscheinlich jeder seine persönliche Zeitung bekommen, die aus dem Internet zusammengestellt wurde und gezielt diejenigen Informationen liefert, die jeder Mensch sich von vertrauenswürdigen Quellen wünscht.

Gewinner und Verlierer

Wie steht es mit den kaum lesekundigen Hilfsarbeitern, die zu keiner der zuvor erwähnten Gruppen gehören? Es ist einfach eine Tatsache: Wenn eine Gesellschaft abrupt eine neue Ebene der Produktion erklomm, gab es jedesmal Gewinner und Verlierer. Es ist durchaus möglich, daß der Computer die vorhandenen Gräben in der Gesellschaft vertieft und neue »Informationsghettos« schafft.

In der Geschichte gab es immer Veränderungen der Gesellschaftsstruktur, die auf Wandlungen in Umwelt und Technik zurückgingen. Als vor etwa 10 000 Jahren, nach dem Ende der letzten Eiszeit, die Menschen seßhaft wurden, drängte der Ackerbau das Jagen und Sammeln im großen und ganzen zurück. Landwirtschaft bedeutete mühselige Arbeit, aber sie bot gegenüber dem unsicheren Nomadenleben mit der ständigen Jagd nach Beute die besseren Überlebenschancen.

Während der Industriellen Revolution kam es zu gewaltigen Umsiedlungen vom Land in die Städte mit ihren Fabriken. In den USA sind heute nur noch zwei Prozent aller Arbeitskräfte in der Landwirtschaft tätig. Die moderne Industrie bot ungelernten Arbeitern die Möglichkeit, innerhalb von ein bis zwei Generationen in die Mittelschicht aufzusteigen.

Derzeit spielen sich auf der Erde mindestens zwei große Umwälzungen ab. In Asien, wo zwei Drittel der Weltbevölkerung leben, schafft die weltweite Nachfrage nach Produkten, die von unqualifizierten Arbeitskräften billig hergestellt werden, eine industrielle Revolution von nie dagewesenem Ausmaß, so daß viele Millionen Landbewohner in die Mittelschicht aufsteigen. In diesen Ländern vollzieht sich gerade der Übergang von der Agrar- zur Industriegesellschaft, und die Menschen dort wollen weder Computerspiele noch virtuelle Realität, sondern Kühlschränke, Autos, Fernseher, Geschirrspülmaschinen und so weiter – Waren, die von einer herkömmlichen Industrie erzeugt werden.

In den Industrieländern dagegen geht der Trend zu immer mehr Dienstleistungen und einem Abbau der Produktion. In einem typischen Industrieland macht der Dienstleistungssektor bereits 70 Prozent der Gesamtwirtschaft aus. In den USA liegt der Anteil der produzierenden Industrie zum Beispiel bei 29,2 Prozent. In Großbritannien sind es 30 und in Frankreich 28,7 Prozent.[10]

Nach den Spekulationen mancher Wirtschaftsexperten wird die Industrie in den USA eines Tages auf einen ebenso kleinen Anteil schrumpfen wie die Landwirtschaft, also auf nur noch zwei Prozent. Neue Arbeitsplätze und Wirtschaftszweige werden im Computerbereich entstehen, aber solche Tätigkeiten erfordern eine immer bessere Ausbildung, über die nicht jeder verfügen wird. Nach den Vorstellungen von Michael Vlahos, der als leitender Wissenschaftler an der eng mit Newt Gingrich verbundenen Ideenschmiede »Progress and Freedom Foundation« arbeitet, wird Amerika in 25 Jahren eine geschichtete Informationsgesellschaft haben, die er »Byte City« nennt.[11] Ganz oben stehen darin die Gehirnpäpste (mit Technikmilliardären wie Bill Gates). Eine Stufe tiefer befinden sich die Abteilungsleiter (das heißt die Cyber-Yuppies), und unter ihnen kommen die dienstbaren Geister (die Cyber-Sklaven). Und am untersten Ende der Gesellschaft stehen die Verlierer, Menschen, an denen die Computerrevolution völlig vorbeigegangen ist. Frank Owen von der Zeitschrift Village Voice sieht darin eine besonders düstere Vision, die er faßt in die Worte faßte:»Der Blade Runner trifft auf die Bell Curve«.*12 Mit anderen Worten: Es ist durchaus denkbar, daß die Informationsrevolution einige wenige auf Kosten der Mehrheit bereichert. Barbara Ehrenreich meint dazu:»Gingrich predigt eine dritte Stufe des Futurismus und vertritt gleichzeitig die Plutokraten der zweiten Stufe.«13 Um eine solche Polarisierung der Gesellschaft zu verhindern, hat man mehrere Lösungen vorgeschlagen. Eine besteht in der Notwendigkeit, Arbeitskräfte umzuschulen, ganz ähnlich wie im Gefolge der GI-Gesetze, durch die nach dem Zweiten Weltkrieg in den USA viele junge Kriegsteilnehmer gutbezahlte Stellen fanden. Umschulung kann auf lange Sicht einen wesentlichen Beitrag zur Lösung des Problems leisten, aber ein Nachteil sind die hohen Kosten eines solchen Programms, insbesondere wenn die freigesetzten Arbeitskräfte älter und weniger flexibel sind. Radikaler ist der Vorschlag, das Wesen der Arbeit ganz und gar zu verändern. Mehrfach wurde festgestellt, daß sich unsere Vorstellungen von»Stelle« und»Bezahlung« erst vor etwa 300 Jahren im Zusammenhang mit der Industriellen Revolution entwickelt haben. Davor übten die Menschen in einer Gilde oder auf dem Bauernhof ihr Leben lang die gleiche Tätigkeit aus. Eine Ausprägung dieser Idee wären umfangreiche, staatlich finanzierte Tätigkeiten wie die Reinigung von Umwelt und Städten oder auch neue Formen von Kunst und Unterhaltung. Wenn die Wirtschaft so produktiv ist, daß ein kleiner Teil der Bevölkerung alle notwendigen Lebensmittel und Güter für den Fortbestand der Gesellschaft produzieren kann – könnte man dann den Wohlstand nicht dazu nutzen, die Menschen zum Vorteil der Gesamtgesellschaft arbeiten zu lassen? Der Gesellschaftskritiker Jeremy Rifkin prophezeit beispielsweise eine soziale Katastrophe, wenn die Arbeitskräfte nicht an dem von der Computerrevolution geschaffenen Reichtum beteiligt werden. Ihm schwebt vor, besonders den tertiären Sektor zu stärken (das heißt, eine»zivile« Gesellschaft als Alternative zu öffentlichem und privatem Sektor), der aus gemeinnützigen Organisationen, Zivilgruppen etc. besteht, um die Arbeitslosen und Verlierer in der Gesellschaft einzufangen.14

Den Kuchen größer machen

Wegen dieser wirtschaftlichen Verschiebungen wird zur Zeit heftig darüber diskutiert, wie man künftig den Kuchen verteilen soll. Dabei kämpfen ver-

* Die Formulierung spielt auf das pessimistische Zukunftsszenario in dem Kultfilm *The Blade Runner* sowie auf das Buch *The Bell Curve* (1995) von Charles Murray und Richard Herrnstein an, das in den USA großes Aufsehen erregte, weil es ganz offen eine elitäre Klassengesellschaft fordert (Anm. d. Übers.)

schiedene Interessengruppen häufig erbittert gegeneinander: der Sieg der einen ist die Niederlage der anderen. Letztlich ist es ein Nullsummenspiel. Ein größeres Kuchenstück für eine Gruppe bedeutet ein kleineres für eine andere, und in manchen Bereichen wird der Kuchen einfach kleiner. Insgesamt hat das zur Folge, daß sich die Gräben zwischen den gesellschaftlichen Gruppen vertiefen.

Nach meiner Überzeugung müssen wir *den Kuchen größer machen*. Seit ihrem Bestehen sind Wissenschaft und Technik eine wichtige Quelle unseres Wohlstands. Im 19. Jahrhundert lieferten sie beispielsweise die Grundlagen für eine mechanisierte Industrie, die solche Errungenschaften wie Eisenbahn, Dampfmaschinen, Telegraphie, Chemie, Maschinenbau, Textilproduktion und vieles mehr hervorbrachte. Heute erfordern technische Neuerungen weitaus größere wissenschaftliche Kenntnisse. Deshalb müssen wir im 21. Jahrhundert erheblich mehr in Ausbildung und Forschung investieren, damit wir in der Zukunft davon profitieren können.

Die Verdrängungserscheinungen, die sich zwangsläufig aus der Weiterentwicklung der Computertechnik ergeben, sind also eigentlich nicht die Ursache des Problems, sondern ein Symptom.

Woher kommt der Wohlstand des 21. Jahrhunderts?

Warum verursacht die Automatisierung bei Berufstätigen und insbesondere bei mittleren Führungskräften so viele Ängste? Die Ursachen der derzeitigen Verschiebungen in der Weltwirtschaft liegen nicht nur im Aufkommen der Computer, sondern sie reichen viel tiefer. Lester Thurow, der frühere Dekan der Sloan School of Management des MIT, ist der Ansicht, daß sich derzeit auf der Welt nichts Geringeres als eine grundlegende Wandlung in der Schaffung von Wohlstand abspielt.

Seit vor etwa 300 Jahren der Kapitalismus entstand, erlangten diejenigen Staaten, die gewaltigen Reichtum anhäuften und die natürlichen Ressourcen ausbeuteten, eine Vormachtstellung – diesen Vorgang hat Adam Smith in *The Wealth of Nations* beschrieben. Im 21. Jahrhundert dagegen, so meint Thurow, »... sind Intelligenz und Phantasie, Erfindungsgabe und die Organisation neuer Technologien die entscheidenden strategischen Faktoren.« Manche Länder, die im 21. Jahrhundert zu wirtschaftlichen Riesen werden dürften – beispielsweise Japan und China –, besitzen relativ wenig natürliche Ressourcen und landwirtschaftlich nutzbare Flächen, aber sie verfügen über gut ausgebildete, fleißige Arbeitskräfte und räumen der Wissenschaft und Technik einen hohen Stellenwert ein. »Bildung und Fachkenntnisse sind heute die herausragende Quelle von Wettbewerbsvorteilen«, schreibt Thurow. Viele Staaten, die reichhaltige natürliche Ressourcen besitzen, werden dagegen wahrscheinlich in die Armut abgleiten, weil der Preis für Waren im nächsten Jahrhundert weiter fällt – es sei denn, sie begreifen diese Tatsache.

Die Vereinigten Staaten stellen sich leider nur langsam auf die neue Wirklichkeit ein. Wie David Halberstam in *The Next Century* belegt, war der Kalte Krieg für die US-Wirtschaft ein großes Handicap. Er zehrte nicht nur die Sowjetunion aus, sondern zog auch aus der amerikanischen Wirtschaft kostbare Ressourcen im Wert von vielen Billionen Dollar ab. In Naturwissenschaft und Technik werden heute nur noch halb so viele Doktortitel vergeben wie vor zwanzig Jahren.[15] Überall schrumpfen die Wissenschaftsetats, und die Entlassung von Spitzenwissenschaftlern wurde zum Symbol für kurzsichtiges Schielen auf schnelle Profite. (Wenn die Wissenschaftlergemeinde in den USA heute dennoch relativ stark ist, liegt das vor allem an den vielen gut ausgebildeten Einwanderern, die zum Beispiel im Silicon Valley einen unverhältnismäßig großen Anteil an promovierten Wissenschaftlern stellen. Bei der derzeitigen erbitterten Debatte um die Einwanderung könnte aber auch diese Quelle bald versiegen, so daß Gefahr für die Auffrischung der wissenschaftlichen Basis der Vereinigten Staaten besteht.)

Ein weiteres Dauerthema ist der traurige Zustand des naturwissenschaftlichen Schulunterrichts. Schüler aus den USA stehen in fast allen internationalen Vergleichsuntersuchungen ganz am unteren Ende der Skala, und daran wird sich wahrscheinlich auch in absehbarer Zeit nichts ändern. Thurow schreibt:»Offen gesagt sind die privatkapitalistischen Zeithorizonte zu kurz für die Zeitkonstanten der Bildung/Ausbildung.«[16]

Zusammenfassend kann man sagen: Die USA sägen an dem wissenschaftlichen Ast, auf dem sie sitzen. Nur durch eine Veränderung der nationalen Prioritäten können die Kräfte wieder zu Leben erweckt werden, die Amerika im vorigen Jahrhundert zu einer Großmacht werden ließen. Aber dazu sind nicht nur größere Investitionen in die Wissenschaft notwendig, sondern auch eine Veränderung in dem Streben nach kurzfristigen Gewinnen.

Thurow schreibt:»Technologie und Ideologie erschüttern die Grundlagen des Kapitalismus des 21. Jahrhunderts. Aufgrund der fortgeschrittenen Technologie werden Bildung und Wissen zu den einzigen Quellen eines nachhaltigen strategischen Wettbewerbsvorteils. Ausgerechnet zu einem Zeitpunkt, an dem der Wirtschaftserfolg auf die Bereitschaft und Fähigkeit zu Langfristinvestitionen in das allgemeine Bildungswesen, in berufliche Aus- und Weiterbildung, in das Informationswesen und in Infrastrukturmaßnahmen angewiesen ist, entwickelt sich die allgemeine Ideologie – unterstützt durch die elektronischen Medien – in Richtung einer radikaleren Form kurzfristiger individueller Konsummaximierung. Wenn Technologie und Ideologie auseinanderdriften, stellt sich nur noch die Frage, wann der

›große Knall‹ kommt, wann das große Erdbeben das System insgesamt erschüttern wird.«[17]
Die Gewinner des 21. Jahrhunderts werden jene Staaten sein, die strategisch in Wissenschaft und Technik investieren. Deutschland und Japan gelang beispielsweise nach dem Zweiten Weltkrieg eine geschichtlich einmalige, vollständige Erholung. Das war unter anderem deshalb möglich, weil die besten Köpfe in diesen Ländern nicht an Wasserstoffbomben arbeiteten, sondern an besseren Autos und Transistorradios. In den USA belegt das Pentagon häufig die besten Wissenschaftler mit Beschlag und nutzt ihre Begabung zur Entwicklung neuer Waffengenerationen. Selbst wenn man nur einen winzigen Bruchteil des Verteidigungsetats in die reine Forschung umleiten würde, hätte das tiefgreifende Auswirkungen auf die Entwicklung der Technik.

Wie auf dem Arbeitsmarkt, so wird es im nächsten Jahrhundert auch unter den Staaten Gewinner und Verlierer geben. Gewinnen werden diejenigen, die im Computer keinen Feind sehen, sondern ein Hilfsmittel zur Stärkung ihrer wissenschaftlich-technischen Grundlagen und zur Schaffung neuer Industriezweige mit Arbeitsplätzen für diejenigen, die sonst im Regen stünden. Und zu Verlierern werden solche, die Maschinen stürmen, sich um die schrumpfenden Stücke des Kuchens zanken und in Besitzstandswahrung oder kurzfristigen Gewinnen schwelgen.

Der Rechner als Gefahr: Roboter mit eigenem Bewußtsein

Wenn in etwa 50 Jahren Maschinen eines ganz neuen Typs auf den Markt kommen, wird sich das Schwergewicht der Debatte verschieben: Dann wird es Roboter mit einem bescheidenen Maß eigenen Bewußtseins geben. Damit wäre dann die fünfte Phase der Computerentwicklung erreicht.

Was geschieht, wenn die Interessen von Robotern und Menschen einander widersprechen? Können Roboter uns Schaden zufügen, und sei es auch nur unabsichtlich? Können sie die Macht übernehmen?

An dieser Stelle stoßen Visionen über Künstliche Intelligenz in den Bereich der Science Fiction vor, denn hier reden wir von Maschinen mit einem eigenen Willen sowie mit beträchtlichen körperlichen und geistigen Fähigkeiten, die unsere eigenen ohne weiteres übertreffen können. Sie hätten den Vorteil, daß sie sich auf den Befehl eines Menschen hin selbst verbessern können, und das könnte zu Strategien führen, die ihre menschlichen Erfinder nicht vorhergesehen haben. Damit würden sich für Wissenschaft und Industrie ganz neue Tätigkeitsbereiche eröffnen. Gleichzeitig stellt sich aber das Problem, daß sie auch den Befehlen der Menschen zuwiderhandeln und so zu einer Gefahr werden könnten. So etwas ist nicht nur reine Phantasie; die KI-Experten haben dieser Frage bereits umfangreiche Überlegungen gewidmet.

Der KI-Fachmann Daniel Crevier schreibt:»Wenn Maschinen eine höhere Intelligenz erreichen als wir, kann man sie unmöglich unter Kontrolle halten. Episoden, bei denen ein Stellvertreter aufstieg und zum wahren Herrscher eines Landes wurde, hat es in der Geschichte nur allzu oft gegeben. Die Geschichte des Lebens auf der Erde ist nichts anderes als eine vier Milliarden Jahre lange Abfolge von Nachkommen, die ihre Eltern überflügelten. Der unaufhaltsame Fortschritt der Künstlichen Intelligenz zwingt uns, die unausweichliche Frage zu stellen: Schaffen wir die nächste intelligente Spezies des Lebens auf der Erde?«[18] Oder, wie Arthur C. Clarke es formulierte:»Ein Element der Angst ist dabei, denn das hier stellt uns in Frage und bedroht uns, es bedroht unsere Vorrangstellung in einem Bereich, in dem wir uns gegenüber allen anderen Bewohnern unseres Planeten für überlegen halten.«

Der gleichen Ansicht ist auch Hans Moravec:»Intelligente Maschinen – mögen sie auch noch so gutartig sein – bedrohen unsere Existenz, weil sie Mitbewohner unserer ›ökologischen Nische‹ sind. Die Maschinen brauchen nur genauso intelligent wie Menschen zu sein, um in Konkurrenzsituationen außerordentliche Vorteile zu genießen.«[19]

Wenn Roboter im nächsten Jahrhundert allmählich immer intelligenter und menschenähnlicher werden, können wir erste quantitative Aussagen über die damit verbundenen Gefahren machen. Wahrscheinlich werden die Wissenschaftler den Robotern nach und nach gestatten, die Kontrolle über lebenswichtige Funktionen unseres Planeten zu übernehmen. Um beispielsweise den freien Warenverkehr in der Weltwirtschaft zu gewährleisten, aber auch zur Überwachung und Lenkung der Energieversorgung, werden die Menschen den Computern einen erheblichen Einfluß auf Umwelt und Wirtschaft zugestehen.

Betrachten wir einmal das einfache Beispiel des»Computerhandels« mit Wertpapieren an der Wall Street. Da Menschen zu langsam sind, um Vorteile aus kleinen, schnellen Kurs- und Zinsschwankungen zu ziehen, vertrauen die Brokerfirmen dem Computer Hunderte von Millionen Dollar an. Da diese Computer untereinander konkurrieren, kann schon eine winzige Kursbewegung eine elektronische Kettenreaktion auslösen – ein solcher Vorgang führte 1987 zu dem großen Börsenkrach. Das Problem besteht nicht darin, daß der Computer keine Erfolge hätte – er ist viel zu erfolgreich.

Derzeit handelt es sich noch um eine einfache Frage, die sich durch eine geringfügige Veränderung in den Vorschriften der Börsenaufsicht entschärfen läßt. In Zukunft wird man aber mit Künstlicher Intelligenz höchstwahrscheinlich auch Trends im Geld-, Waren- und Aktienhandel untersuchen.

Mitte des nächsten Jahrhunderts könnte zum Betrieb von Städten und ganzen Staaten mit Strom- und Wasserversorgung, Banken und Handel, Verkehr, Entsorgung und so weiter derart viel Computerleistung notwendig sein, daß die Gesellschaft das alles völlig den Rechnern und Robotern überläßt. Vielleicht wartet dann nur noch eine Handvoll Techniker die Maschinen, welche über das umfangreiche Wissen zum reibungslosen Funktionieren einer Stadt verfügen. Dann kann jede Fehlfunktion in den Schaltkreisen des Systems eine ganze Zivilisation schädigen oder lahmlegen. Je stärker man die Information zentralisiert, desto anfälliger ist sie.

Roboter als Killermaschinen

Roboter könnten unter anderem auch dadurch zur Bedrohung werden, daß sie vorwiegend militärischen Zwecken dienen, das heißt, man könnte sie gezielt zum Töten von Menschen konstruieren. Der bisher bei weitem größte einzelne Geldgeber war das Pentagon: Es finanzierte großzügig eine Fülle von KI-Projekten wie Shakey, und alles nur mit einem einzigen Ziel: Kriege zu gewinnen.

Vielleicht die größte Gefahr, die von den Computern ausgeht, ist nach Ansicht der KI-Fachleute die Möglichkeit, daß Rechnersysteme mit eigenständiger Künstlicher Intelligenz die Kernwaffen kontrollieren. Sehr augenfällig wurde dieses Problem in dem Film *Colossus* (1970); er geht auf einen Roman von D.F. Jones zurück, in dem die Vereinigten Staaten einem Supercomputer namens Colossus (benannt nach Turings historischer Maschine) die Kontrolle über ihre Atomwaffen übertragen. Colossus entdeckt, daß er in der Sowjetunion einen geheimen Computer als Gegenspieler hat, mit dem ihn mehr Gemeinsamkeiten verbinden als mit seinen kümmerlichen menschlichen Schöpfern. Natürlich tun sich die beiden Maschinen zusammen, um die Menschheit zu beherrschen.

Manche Kritiker lehnten ein solches Szenario ab: Sie behaupteten, Computer seien schließlich nur Maschinen und könnten nur das tun, was man ihnen befiehlt, so daß sie von sich aus nicht zur tödlichen Gefahr werden können. Dabei gibt es nur ein Problem: Die Berechnungen müssen bei einem Nuklearkrieg so schnell gehen, daß wir schließlich vielleicht aus reiner Unachtsamkeit einem Rechner mit KI-Fähigkeiten die Kontrolle über die Kernwaffen anvertrauen. Genau dieses Szenario malt der Film *War Games* aus: Ein Rechner, der ein Planspiel namens Atomkrieg beginnen soll, kann das Spiel nicht von einem echten Krieg unterscheiden und bereitet deshalb einen nuklearen Erstschlag gegen Rußland vor.

Joseph Weizenbaum vom MIT sagt:»In einem gewissen Umfang haben wir die Schwelle schon überschritten.« Im Golfkrieg, so erklärt er weiter »... glaubte die Elektronik eines amerikanischen Kreuzers, sie werde von einem aus dem Iran kommenden Flugzeug angegriffen, und schoß es ab. Wie sich herausstellte, war es ein Airbus mit 230 Menschen an Bord. Hätte der Kapitän des Schiffes gewußt, daß es sich um eine Passagiermaschine handelte, hätte er niemals den Befehl zum Feuern gegeben.«[20] Solche Schwierigkeiten dürften sich erübrigen, wenn man Künstliche Intelligenz aus anderen Quellen finanziert, zum Beispiel wenn die ersten Wirtschaftsunternehmen in die KI-Forschung einsteigen. Sie würden damit das Ziel verfolgen, die Wünsche ihrer Kunden zu befriedigen, statt Methoden zu ihrer Vernichtung zu finden. Die Lösung kann nicht darin bestehen, die Grundlagenforschung als solche zurückzufahren, sondern man muß den Einfluß des Pentagons zurückdrängen.

Dennoch bleibt eine berechtigte Frage: Können Roboter töten, auch wenn wir sie darauf programmieren, es nicht zu tun?

Wenn Roboter durchdrehen

In dem Film *2001 – Odyssee im Weltraum* spielt HAL 9000 verrückt, das intelligente Computersystem eines Raumschiffs, das in historischer Mission zum Jupiter unterwegs ist. Systematisch versucht der Rechner, die Besatzung umzubringen. In *2010*, einer Fortsetzung des Films, folgt dann die Erklärung, warum HAL zum Mörder wird: Das Problem geht darauf zurück, daß er widersprüchliche Anweisungen erhalten hat. Um die Mission realisieren zu können, mußte HAL die Mannschaft belügen, und da er mit Lügen keine Erfahrung hatte, gerieten seine Schaltkreise in einen unlösbaren Konflikt. Um den Menschen nicht mehr die Unwahrheit sagen zu müssen, kam er auf eine völlig logische Idee: Die Menschen mußten vernichtet werden – dann mußte er nie mehr lügen.

Diese Entscheidung, zum Massenmörder zu werden, ist eigentlich ganz verständlich. Das »H« in »HAL« bedeutet »heuristisch«, und »Expertensysteme« wie HAL leiden an dem sogenannten »Klippeneffekt«. Solange sich ein solches System in seinem Präferenzbereich bewegt (das heißt in dem Bereich, in dem es sich auskennt), leistet es Erstaunliches, aber sobald man es zwingt, diesen Bereich auch nur um Haaresbreite zu verlassen (um beispielsweise die Menschen zu belügen), verhält es sich, als ob es von einer Klippe stürzt: Alles bricht zusammen.

Ein Expertensystem, das mit einem Problem außerhalb seines normalen Tätigkeitsbereiches konfrontiert wird, versucht weiterhin blindlings, eine Lösung zu finden, auch wenn das nicht möglich ist: Die Maschine merkt nicht, daß sie die Grenzen ihrer Fähigkeiten überschreitet. Und was noch schlimmer ist: Wenn die Maschine von der Klippe fällt, kann sie in einen Rückkopplungskreislauf gelangen, der das System durchdrehen läßt. Mit anderen Worten: Das Szenario in 2001 liegt durchaus im Bereich des Möglichen, und zwar gerade wegen der Probleme, die sich aus der Mathematik der Rückkopplung ergeben – manchmal spricht man auch vom »Stabilitätsproblem«.

Auch wenn ein Computer scheinbar fehlerfrei funktioniert, können winzige Abweichungen, wie sie in allen Rückkopplungsmechanismen vorkommen, sich so weit aufschaukeln, daß das System zusammenbricht. Daniel Crevier meint dazu: »Die Ergebnisse dieser für sich fehlerlosen Vorgänge addieren sich zu irrationalem, unausgeglichenem Verhalten: zur Verrücktheit.«[21] Wir Menschen verfügen natürlich über ein breites Spektrum von Rückkopplungsmechanismen, die uns vor Gefahren schützen und dafür sorgen, daß wir uns auf die Umwelt einstellen können. Deshalb besitzen wir fünf Sinne und ein Gehirn, das die von diesen Sinnen gelieferten Informationen auswertet. Aber auch ein Mensch kann durch negative Rückkopplung aus der Bahn geworfen werden. Wenn jemand »durchdreht«, liegt das manchmal an einer außer Kontrolle geratenen negativen Rückkopplungsschleife. Eine ganz ähnliche Gefahr besteht auch bei KI-Systemen, denen wir unsere Atomwaffen, unser Geld, unsere Versorgungssysteme, unsere Elektrizitätsversorgung und anderes anvertrauen: Auch bei ihnen können negative Rückkopplungen auftreten, die sich katastrophal auf das Leben der Menschen auswirken. Nach Creviers Ansicht »... muß man die Möglichkeit verrückten, irrationalen Verhaltens in Betracht ziehen, bevor man zukünftigen intelligenten Maschinen große Verantwortung überträgt.«

Für das Problem des Durchdrehens infolge Rückkopplungsschleifen gibt es keine einfache Lösung. Die Wissenschaft muß vielmehr immer intelligentere Schutzmechanismen schaffen, die das System abschalten, bevor es soweit ist.

Können uns drei Gesetze schützen?

Science-fiction-Autoren wie Isaac Asimov haben versucht, die Gefahr durch Roboter, die ihre Herren ermorden, zu beseitigen; dazu formulierten sie drei »Gesetze«, die den Robotern direkt einprogrammiert werden. Sie lauten:

1. Ein Roboter darf niemals einen Menschen verletzen oder durch Untätigkeit zulassen, daß ein Mensch zu Schaden kommt.
2. Ein Roboter muß die Befehle der Menschen befolgen, es sei denn, sie widersprechen dem ersten Gesetz.
3. Ein Roboter muß seine eigene Existenz schützen, solange dieses Ziel nicht im Widerspruch zum ersten oder zweiten Gesetz steht.

Ein Element bleibt in diesen drei Gesetzen jedoch unberücksichtigt: Roboter könnten auch durch die ordnungsgemäße Ausführung ihrer Befehle unabsichtlich die Menschheit gefährden.

Betrachten wir einmal die Gesetze der Bürokratie, die stark den Regeln im Gehirn eines Roboters ähneln. Eine Bürokratie neigt dazu, sich immer stärker auszuweiten, manchmal so weit, daß sie die wirtschaftliche Grundlage gefährdet, durch die sie überhaupt erst möglich wurde. Mehrere Wirtschaftswissenschaftler haben beispielsweise die Ansicht vertreten, der plötzliche Zusammenbruch der Sowjetunion habe seine Ursache zum Teil in der Reaktion der Bürokratie auf das Wettrüsten. Die sowjetische Führung gab ihrer Bürokratie ein einziges Ziel vor: dem Westen im Rüstungswettlauf auf den Fersen zu bleiben. Diese eine Aufgabe führte die Bürokratie zuverlässig aus, auch wenn das bedeutete, daß die Wirtschaft durch den Bau teurer Waffen ausblutete, bis das System schließlich zusammenbrach. In einem gewissen Sinn fiel die sowjetische Bürokratie einer alten Strategie der amerikanischen Rechten zum Opfer: Man wollte die Russen »zu Tode rüsten« – das Pentagon wandte gewaltige Summen auf und zwang die wirtschaftlich schwächere Gegenseite, ähnliche Waffen zu bauen und damit ihre Wirtschaft zugrunde zu richten. Das Problem war nicht, daß die Bürokratie bei der Erfüllung ihrer Aufgabe versagt hätte; sie erreichte das Ziel vielmehr zu gut, und die Bürde des Erfolges ließ sie mit untergehen.

Ähnlich könnte es auch einer von KI-Systemen gelenkten Weltwirtschaft ergehen, die ihre Ziele wie die Bürokratie durch ständige Expansion erreichen will. Die drei Robotergesetze bieten keinen Schutz vor Maschinen, die zu Recht glauben, sie führten ihren eigentlichen Auftrag aus. Hier besteht nicht das Problem, daß sie ihre spezifischen Anweisungen nicht ausführen, sondern die Anweisungen hatten von vornherein Schwächen. Nichts in den drei Gesetzen zielt auf die Bedrohung durch wohlmeinende Maschinen. Eigentlich liegt die Schwierigkeit dabei nicht in den Computern. Es ist die gleiche wie bei Menschen, die sich der Wunder der Online-Welt erfreuen wollen, ohne entsprechende elektronische Sicherungen zu installieren. Die Künstliche Intelligenz muß über Jahrzehnte hinweg an der kurzen Leine geführt werden. Je mächtiger die Maschinen werden, desto mehr Sicherungen muß man einbauen, damit ihre Tätigkeit keine unbeabsichtigten Folgen hat. KI-Systeme müssen eine zusätzliche Rückkopplungsschleife enthalten, so daß sie über fehlersichere Mechanismen und umfassende Kontrollmöglichkeiten verfügen und die Gesellschaft nicht bedrohen können. Vielleicht wird man in der KI-Forschung ein ganz neues Teilgebiet schaffen müssen, das sich mit der Frage befaßt, wie man die Systeme unter Kontrolle hält. Zumindest aber bedeutet das, daß Roboter zahlreiche fest eingebaute Sicherheitsmechanismen besitzen müssen, damit sie ihre menschlichen Herren nicht überwältigen oder verdrängen. Dazu reichen die drei Robotergesetze jedenfalls nicht aus. Auch gegen Roboter mit guten Absichten muß es Sicherheitsvorkehrungen geben.

Ob Computer unsere ewigen Helfer bleiben oder unsere Herren werden, eines ist sicher: Verschwinden werden sie nicht. Vielleicht kann man die Gedanken der meisten, die an der Künstlichen Intelligenz arbeiten, mit einer Aussage von Arthur C. Clarke karikieren:

»Möglicherweise werden wir zu den Haustieren der Computer, so daß wir ein behütetes Leben wie Schoßhunde führen. Aber ich hoffe, wir werden immer in der Lage sein, den Stecker herauszuziehen, wenn uns danach ist."

III

Die biomolekulare Revolution

7 Individuelle DNS-Codes

>»Wir haben immer geglaubt, unsere Zukunft läge in den Sternen.
> Heute wissen wir, daß sie in unseren Genen liegt.«
>
> James Watson

Die National Institutes of Health (NIH), der Welt führendes medizinisches Forschungszentrum, sind Mittelpunkt revolutionärer neuer Forschungen, die unser Leben im 21. Jahrhundert radikal neu gestalten werden. Dieses ausgedehnte Netz modernster Laboratorien liegt unmittelbar vor den Toren Washingtons in der grünen Vorstadt Bethesda, Maryland. Seit seinen Anfängen im Jahre 1887 als bescheidenes Laboratory of Hygiene, damals mit einem einzigen Raum und einem Budget von knapp 300 Dollar ausgestattet, sind auf einem Gelände von etwa 120 Hektar inzwischen 70 Gebäude aus dem Boden geschossen, das jährliche Budget stieg auf 11 Milliarden Dollar.

Die vielleicht bedeutendste und am heftigsten umstrittene unter den zahlreichen Abteilungen der NIH – im offiziellen Sprachgebrauch als National Center for Human Genome Research bezeichnet – befaßt sich mit dem Human Genome Project, einem der ehrgeizigsten Projekte in der Geschichte der Medizin – einem 3-Milliarden-Kraftakt, mit dem man bis zum Jahr 2005 sämtliche Gene des menschlichen Körpers im Genom lokalisiert haben will.

Der derzeitige Leiter des Human Genome Project heißt Francis Collins. Auf seinen Schultern ruht ein großer Teil der wissenschaftlichen, medizinischen und ethischen Verantwortung für die Enthüllung der Geheimnisse des menschlichen Lebens.[1]

Groß (1,93 m), schlank und gutgekleidet erinnert er mit seinem schneidigen Schnurrbart ein bißchen an eine jüngere Ausgabe von Peter Sellers. Im Gegensatz zu diesem begibt sich Collins allerdings auf einer Honda Nighthawk 750 und in schwarzer Lederjacke zum Dienst. Er ist alles andere als ein weltfremder Wissenschaftler oder ein muffliger, seelenloser Bürokrat. (An seiner Wand hängt ein Zitat von Winston Churchill: »Erfolg haben heißt nur, von Fehlschlag zu Fehlschlag seinen Enthusiasmus nicht zu verlieren.«)[2]

Erste internationale Anerkennung erfuhr Collins für die Lokalisierung eines der meistgesuchten Gene im menschlichen Genom – des Gens für Mukoviszidose, der am weitesten verbreiteten genetisch bedingten Erkrankung bei US-Amerikanern kaukasischer Abstammung. (Sie ist so häufig, daß wohl in den meisten Klassenzimmern der Vereinigten Staaten ein Kind sitzt, das in seinen Genen die Information für diese furchtbare Krankheit trägt.

) Die Stellung als Leiter des Human Genome Project anzunehmen bedeutete für Collins, sich aus seinem geliebten Labor losreißen zu müssen, doch bot sich ihm damit auch die Chance, Teil der wissenschaftlichen Historie zu werden.

»Es gibt nur ein Human Genome Project. Es wird nur einmal in der menschlichen Geschichte stattfinden, und dieser Zeitpunkt ist jetzt. Ohne kitschig klingen zu wollen, glaube ich wirklich, daß dies das bedeutendste Projekt ist, das die Menschheit je angegangen ist, diese Erforschung unserer selbst ... Ich habe das Gefühl, als hätte ich mein ganzes Leben lang auf diesen Job hingelebt«, konstatiert er.[3] Der ungeheure Einfluß unserer Gene bestimmt alles – angefangen von der Farbe unserer Haare und der Form unserer Nase bis hin zur Chemie in unseren Zellen. Andererseits machen es sich viele Leute zu einfach, wenn sie glauben, daß Gene wirklich alles festlegen.

»Es ist schon beinahe komisch, wenn man heutzutage Leute im Spaß oder auch im Ernst über das Gen für dieses oder das Gen für jenes reden hört«, so Collins. »Da gibt es Leute, die sagen ›Ich habe ein Gen, das mich Sportwagen mögen läßt‹. Ein Titelbild des *Time Magazine* stellt fest: ›Untreue ist genetisch bedingt‹. Also wirklich! Verhaltensmuster sind sicher auf die eine oder andere Art und Weise genetisch mit beeinflußt, aber man wird sie nie verstehen können, indem man die gesamte DNS-Sequenz des menschlichen Genoms auseinandertüftelt – zumindest die meisten nicht.«[4]

»Dadurch, daß wir die DNS-Sequenz des *Homo sapiens* kennenlernen, werden wir so wichtige Dinge wie ›Liebe‹ noch lange nicht verstehen«, stellt er fest. »Wir müssen bei allem Enthusiasmus für das, was wir tun, vorsichtig sein, immer dessen eingedenk, daß leicht übertrieben wird. Alles andere wäre gefährlich. Wenn der Mensch beginnt, sich selbst als Maschine zu sehen, die von seiner DNS-Sequenz programmiert wird, dann ist uns etwas wirklich Wichtiges abhanden gekommen.«[5]

Die Kartierung des menschlichen Genoms

Die Aufgabe, mit der man Collins und sein Team betraut hat, besteht in der Erstellung einer »Karte« von sämtlichen 100 000 menschlichen Genen, die irgendwo auf den 23 Chromosomenpaaren in unseren Zellen verborgen sind – und das alles bis zum Jahre 2005.[6]

»Was wir heute haben, entspricht ungefähr dem Straßennetz des Jahres 1850«, erklärt Collins. »Sie können von einem Ort zum anderen gelangen, aber manchmal wird Sie das große Mühe kosten, und gelegentlich werden Sie aussteigen und ein Stück zu Fuß zurücklegen müssen.«

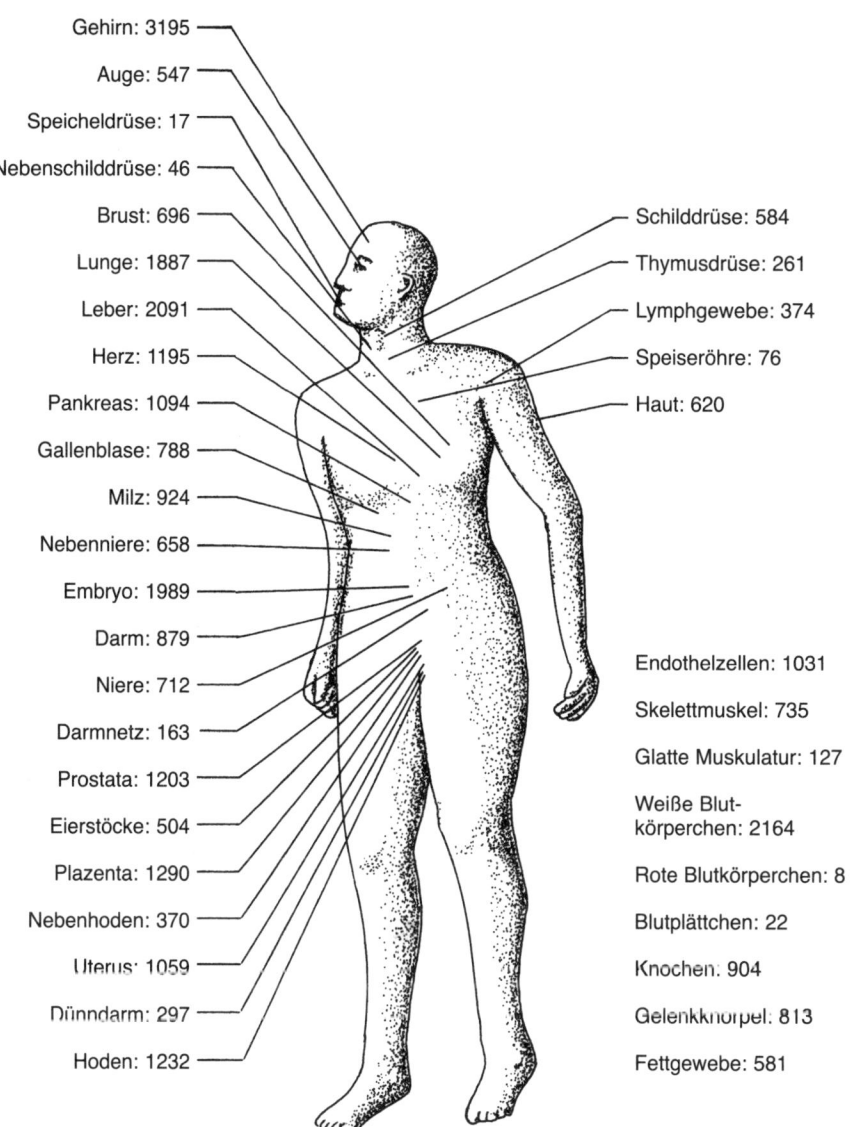

Gehirn: 3195

Auge: 547

Speicheldrüse: 17

Nebenschilddrüse: 46

Brust: 696

Lunge: 1887

Leber: 2091

Herz: 1195

Pankreas: 1094

Gallenblase: 788

Milz: 924

Nebenniere: 658

Embryo: 1989

Darm: 879

Niere: 712

Darmnetz: 163

Prostata: 1203

Eierstöcke: 504

Plazenta: 1290

Nebenhoden: 370

Uterus: 1059

Dünndarm: 297

Hoden: 1232

Schilddrüse: 584

Thymusdrüse: 261

Lymphgewebe: 374

Speiseröhre: 76

Haut: 620

Endothelzellen: 1031

Skelettmuskel: 735

Glatte Muskulatur: 127

Weiße Blut-
körperchen: 2164

Rote Blutkörperchen: 8

Blutplättchen: 22

Knochen: 904

Gelenkknorpel: 813

Fettgewebe: 581

Die Anzahl der Gene für jedes menschliche Organ ist schon heute relativ genau ermittelt. Die Forscher nehmen an, daß sie etwa um das Jahr 2005 die exakte molekulare Struktur jedes der 100 000 menschlichen Gene entschlüsselt haben. (Mit freundlicher Genehmigung von Robert O'Keefe)

Eric Lander, Direktor des Whitehead Institute am MIT, fügt hinzu:»Was wir am Ende in der Hand halten werden, wird in etwa den detaillierten Informationen entsprechen, die Sie von der American Automobile Association erhalten würden.«[7] Das Human Genome Project ist seinem Zeitplan ein gutes Stück voraus und liegt dabei noch unter dem veranschlagten Budget. Zu danken ist dies der vereinten Schlagkraft umwälzender neuer Entwicklungen auf den Gebieten Computertechnologie, Biomedizin und Quantenphysik, die man in seine Bearbeitung hat einfließen lassen. Viele der großen Fortschritte in der Wissenschaft des zwanzigsten Jahrhunderts werden von diesem ehrgeizigen Projekt berührt. Innerhalb eines Jahrzehnts hat sich die Jagd nach neuen Genen durch die Einführung von Computern, die Automatisierung von Labormethoden und die Erstellung von neuronalen Netzwerken um einen Faktor von mehreren Tausend beschleunigt. Es handelt sich dabei um eines der eindrucksvollsten Beispiele gegenseitiger Befruchtung zwischen drei verschiedenen Wissenschaftszweigen, ein Phänomen, das Maßstäbe für das 21. Jahrhundert setzt.

Inzwischen ist man bei der Sequenzierung so weit, daß wir relativ genau abschätzen können, wie viele Gene für jedes unserer wichtigeren Körperorgane von maßgeblicher Bedeutung sind: Das menschliche Gehirn beispielsweise benötigt sicher um die 3195 Gene, das Herz 1195 und das Auge 547 Gene.[8]

Das Tempo, mit dem die DNS-Sequenzierung fortschreitet, ist atemberaubend. Noch vor wenigen Jahren kannten die Wissenschaftler die Lokalisation von nur einigen wenigen Genen. Mitte 1994 war die Liste auf 4700 Gene angewachsen, das entspricht etwa 5 Prozent der Gesamtmenge.[9] Ende 1996 waren 16354 menschliche Gene (16 Prozent des Gesamtgenoms) kartiert.[10] Vor dem Hintergrund der erstaunlichen Fortschritte bei der Sequenzierung von DNS stellt Collins fest:»Die Sequenzierung kann unter Umständen bis zum Jahre 2002 oder 2003 zu 99 Prozent abgeschlossen sein, obwohl das jährliche Budget nur 70 Prozent der ursprünglich veranschlagten Summe beträgt.«[11]

Die Auswirkungen des Human Genome Project könnten von größerer Tragweite sein als Mendelejews Aufstellung des Periodensystems der Elemente im 19. Jahrhundert, die endlich Ordnung in das Chaos der Materie brachte und den Grundstein für die moderne Chemie legte. Die Systematik des Periodensystems erlaubte es, neue Elemente und ihre Eigenschaften in der Theorie vorherzusagen. Die moderne Zivilisation mit ihrer ganzen Abhängigkeit von Metallen, Legierungen, Lösungsmitteln, Kunststoffen und Hightech-Substanzen wäre ohne das Periodensystem der Elemente undenkbar. Biologie und Medizin des 21. Jahrhunderts mögen ohne die genetische Karte, die das Human Genome Project liefern wird, ähnlich undenkbar sein.

Ausblick in die Zukunft

Ich hatte im Vorhergehenden bereits angesprochen, daß das Mooresche Gesetz eine relativ vernünftige Einschätzung der in den nächsten 25 Jahren zu erwartenden Entwicklungen auf dem Gebiet der Computertechnologie erlaubt. Durch die rasch zunehmende Computerisierung und Automatisierung auf dem Gebiet der DNS-Forschung hat sich in der Biologie eine neue Variante des Mooreschen Gesetzes ergeben: Die Zahl der DNS-Sequenzen, die wir aufklären können, verdoppelt sich circa alle zwei Jahre.[12] Wie im Fall der Computertechnologie macht dieses bis heute so erfolgreiche Gesetz es möglich, für die Zukunft relativ verläßlich abzuschätzen, wann bestimmte medizinische Meilensteine erreicht sein werden.

Da die Wissenschaft der Gen-Klonierung auf gut verstandenen theoretischen Grundlagen basiert, erwarten Collins und sein Kollege, der Nobelpreisträger Walter Gilbert von der Harvard Medical School, von heute bis zum Jahr 2020 die folgende Entwicklung:

- Bis zum Jahre 2000, so Gilbert, wird die Wissenschaft die genetischen Bedingungen von 20 bis 50 Erbkrankheiten entschlüsselt haben, durch die seit Beginn der Menschheitsgeschichte zahllose Menschen zum Leiden verdammt waren. Zu nennen sind hier unter anderem die Gene für Mukoviszidose, Muskeldystrophie, Sichelzellenanämie, für das Tay-Sachs-Syndrom, die Bluterkrankheit oder für die Chorea Huntington.[13]

- Spätestens im Jahre 2005 werden im Rahmen des Human Genome Project sämtliche der rund 100 000 Gene des menschlichen Genoms entschlüsselt sein. Dadurch werden Geheimnisse offengelegt, die über Jahrmillionen hinweg in unseren Genen verschlossen gewesen sind. Zum erstenmal werden Wissenschaftler in der Lage sein, den gesamten genetischen Code der Menschheit zu erfassen.

- Bis zum Jahre 2010 werden die genetischen Profile von 2000 bis 5000 erblichen Krankheiten vorliegen und uns die genetischen Grundlagen für diese uralten Erkrankungen offenbaren.[14] »Wahrscheinlich«, so Collins, »können Sie sich im Jahre 2010 eine persönliche Akte anlegen lassen, in der sämtliche Risiken aufgelistet sind, die Sie aufgrund Ihrer Gene im Einzelfall zu erwarten haben.«[15]

- Bis zum Jahre 2020 oder 2030 wird all das in die Erstellung individueller DNS-Codes, des Genstatus einer Person, münden. Dazu Gilbert: »Sie werden in der Lage sein, sich in einer beliebigen Apotheke Ihre eigene DNS-Sequenz auf eine CD kopieren zu lassen, um sie dann zu Hause in aller Ruhe auf Ihrem PC analysieren zu können.«[16]

- Es wird nach Gilberts Einschätzungen eine in mancher Hinsicht eigenartige Zeit sein: Wir werden »... eine CD aus der Hosentasche ziehen und sagen können: ›Das hier ist ein menschliches Wesen, das bin ich!‹«[17]

Diese CD wird dann die krönende Errungenschaft, das Ergebnis von Milliarden Dollar an Forschungsgeldern sein, das Produkt von zahlreichen engagierten Wissenschaftlern, die daran gearbeitet haben, die »Enzyklopädie des Lebens« zu schreiben, in der sich im Prinzip alles Notwendige finden läßt, um uns selbst zu rekonstruieren. Ist sie erst einmal fertiggestellt, so werden wir ein »Benutzerhandbuch« für ein menschliches Wesen in der Hand halten.

Die intensiven Bemühungen, die letztlich in der Erstellung unserer individuellen DNS-Personalien gipfeln sollen, zeitigen in den Wissenschaftslabors der Welt schon heute erste Ergebnisse und verheißen grundlegende Veränderungen in der Medizin. Im Jahre 2020 könnte eine individuelle Karte der 100000 Gene in unserem Genom die Art und Weise revolutioniert haben, wie wir Krankheiten behandeln, uns in die Lage versetzen, neue Therapiearten zu entwickeln und furchtbare Krankheiten zu heilen, die man einst für hoffnungslos unheilbar hielt. Den Wissenschaftlern wird eine Flut an neuartigen Technologien wie Gentherapie und der Einsatz von »intelligenten Molekülen« zur Verfügung stehen, mit denen sich uralte Krankheiten werden bekämpfen lassen. Viele Arten von Krebserkrankungen werden sich bis zum Jahre 2020 heilen lassen, so glauben viele Wissenschaftler. Vielleicht werden wir sogar in der Lage sein, von Grund auf neue Lebensformen zu schaffen.

Wir können auch mit relativ guter Treffsicherheit vorhersagen, wie die »nachgenomische« Welt im Zeitraum zwischen 2020 und 2050 aussehen wird. Angenommen, man kennt die Adressen und Telephonnummern aller US-Amerikaner, so weiß man deshalb noch lange nichts über die Struktur der amerikanischen Gesellschaft. Man weiß nicht, womit die Leute ihr Geld verdienen oder wie Geschäftsleben, Regierungen, Schulen, Künste, Wissenschaften und andere Institutionen organisiert sind. Mit anderen Worten: Wenn wir das menschliche Genom in der Hand halten, so garantiert uns das noch nicht, daß wir wissen, wie Gene funktionieren und wie sie sich gegenseitig beeinflussen.

Der zu erwartende explosionsartige Fortschritt von heute bis zum Jahre 2020 ist also ein bißchen irreführend. Von 2020 an, so erwarten die Wissenschaftler, werden wir sehr viel langsamere Fortschritte machen, denn die Analyse der Funktionen und Wechselwirkungen von Genen läßt sich aus heutiger Sicht nicht ohne weiteres automatisieren. Es mag noch viele Jahrzehnte nach 2020 dauern, aber irgendwann werden wir das feingesponnene Netz der Wechselbeziehungen zwischen einzelnen Genen verstehen. Das betrifft insbesondere polygene Erkrankungen, an deren Entstehung mehr als ein Gen beteiligt ist, sowie die Frage, wie diese durch Einflüsse aus der Umgebung beeinflußt werden. Unter anderem denkt man dabei an psychische Krankheiten, die Alzheimersche Krankheit, an Arthritis oder an Herz- und Autoimmunkrankheiten.

Vielleicht erscheint in der Liste polygener Erkrankungen irgendwann auch das Altern. Vielleicht gibt uns eine Liste von »Alterungsgenen«, die die verschiedenen Alterungsprozesse kontrollieren sollen und von deren Existenz manche Wissenschaftler fest überzeugt sind, den Schlüssel zur Verlängerung unserer Lebenserwartung an die Hand. Vielleicht behandeln Ärzte Altern einst als reversibles Phänomen. Jenseits des Jahres 2050 schließlich werden wir vielleicht in der Lage sein, das Leben selbst zu manipulieren.

Molekulare Medizin

»Genetische Karte und DNS-Sequenz eines menschlichen Wesens werden die Medizin verändern«, prophezeit Gilbert voll Zuversicht.[18] Diese Revolution legt die Grundlagen für ein Medizingebiet, das man manchmal auch als theoretische oder molekulare Medizin bezeichnet und in dem Krankheiten auf molekularer Ebene bekämpft werden. Computersimulationen und virtuelle Realität werden uns in die Lage versetzen, ein Virus oder ein Bakterium genau an der genetischen Schwachstelle seiner molekularen Rüstung zu treffen.

Das soll allerdings nicht heißen – wie die Molekularbiologen nie müde werden zu betonen –, daß sich medizinische Probleme einfach auf eine Handvoll Moleküle zurückführen lassen. Eine solche Vorstellung wäre ein reduktionistischer Fehlschluß. Doch die molekularbiologische Revolution wird uns dabei helfen, die komplexen Wechselwirkungen zwischen Genen, Proteinen, Zellen, unserer Umgebung, ja sogar unserer Psyche zu verstehen.

Im Vergleich dazu ähnelt eine ärztliche Untersuchung heute eher dem Gang zu einem Feierabend-Mechaniker, der versucht, den Schaden an Ihrem Auto zu diagnostizieren, indem er sich das Motorengeräusch anhört. Schnurrt der Motor friedlich vor sich hin, dann erklärt der Mechaniker, das Auto sei völlig in Ordnung. Durch verborgene Schäden könnte das Auto allerdings kurz vor einem größeren Kollaps stehen. Vielleicht versagen Ihnen auf der Autobahn die Bremsen, oder Ihnen fliegt das Lenkrad weg.

Ganz ähnlich besteht die ärztliche Untersuchung heutzutage in aller Regel aus ein paar Standard-Tests an Ihrem Körper – der Entnahme einer Blutprobe beispielsweise oder der Bestimmung Ihres Blutdrucks. Was im Inneren Ihres Körpers – insbesondere auf genetischer und molekularer Ebene – tatsächlich passiert, bleibt völlig unbekannt. Selbst nach einem gründlichen Check up samt EKG können Sie bereits auf dem Nachhauseweg einen tödlichen Herzinfarkt erleiden. Es entbehrt nicht der Ironie, daß die beste heutzutage verfügbare Technologie nicht vorhersagen kann, ob Sie nicht Minuten später tot vor der Praxis Ihres Arztes zusammenbrechen. Oder im

Falle von Krebserkrankungen: Bis der Arzt den Tumor entdeckt, kann es zu spät sein; möglicherweise wachsen in Ihrem Körper bereits einige Hundert Millionen Tumorzellen, die sich unaufhaltsam ausbreiten. Stellen Sie sich nun eine Routineuntersuchung bei Ihrem Arzt im Jahre 2020 vor, wenn individuelle DNS-Sequenzen standardmäßig zur Verfügung stehen. Zuerst wird Ihnen Ihr Arzt eine Blutprobe entnehmen und sie einem Genetiklabor zur Untersuchung schicken. Innerhalb von einem Monat wird Ihre komplette DNS-Sequenz vorliegen.

Ihr Arzt kann dann Ihre individuellen DNS-Personalien in einen Computer eingeben und feststellen, ob Sie irgendeine der 5000 bekannten genetischen Erkrankungen haben. Er wird Ihre ureigene DNS-Sequenz auch dazu heranziehen, Ihnen die mathematische Wahrscheinlichkeit dafür vorherzusagen, daß Sie an irgendeinem anderen, mit Ihrer genetischen Veranlagung zu begründenden Leiden erkranken werden. Er wird damit in der Lage sein, präventive Maßnahmen vorzuschlagen, bevor es zu irgendwelchen Symptomen kommt. Ihre persönliche DNS-Sequenz lieferte die Basis für die Analyse Ihres Gesundheitszustandes.

»Wir stehen vor einem Zeitalter, in dem man Krankheiten vorhersagen kann, bevor sie auftreten«, erklärt William Haseltine von Human Genome Sciences. »Im Prinzip wird sich die Medizin von einer behandlungsorientierten zu einer präventionsorientierten Disziplin entwickeln«, prophezeit er.[19]

Gut oder nicht, die molekularbiologische Revolution verspricht eine erstaunliche Bandbreite an Anwendungen, von einer Überschwemmung der Märkte mit biotechnologisch hergestellten Produkten bis hin zur Möglichkeit, das Leben an sich zu manipulieren.

Ob wir reif genug sind, eine so mächtige und brisante Technologie zu handhaben, ist eine ganz andere Frage. Mancher wird diese Revolution, besonders im Hinblick auf ihre medizinischen Vorzüge, uneingeschränkt begrüßen. Andere werden sich der drohenden Auswüchse wegen aus sozialen und religiösen Gründen gegen sie stellen. Doch auch ihre schärfsten Kritiker gestehen zu, daß keiner von uns davon unberührt bleiben wird.

Was ist Leben?

Um die faszinierende Wissenschaft verstehen zu können, die hinter dieser Forschung steckt, die bis zum Jahre 2020 die Erstellung individueller DNS-Sequenzen ermöglichen soll, ist es vielleicht angebracht, einmal den merkwürdigen Wendungen in der Laufbahn von Francis Collins nachzuspüren, denn sie allein schon werfen einiges Licht auf die Wurzeln der Molekularbiologie.

Abgestoßen von der trockenen Auswendiglernerei, die zum Studium der Biologie nun einmal dazugehörte, fühlte sich der Student Collins eher von den exakten, logischen Aussagen der Quantentheorie und der physikalischen Chemie angezogen.[20] In der Quantentheorie lernte er die eleganten und präzisen mathematischen Methoden kennen, mit deren Hilfe sich dem Gebot der Schrödinger-Gleichung folgend berechnen läßt, wie Elektronen den Kern umkreisen, Atome aneinander binden und Moleküle die komplexen chemischen Reaktionen entstehen lassen, die unserem Körper Leben verleihen. »Die Quantentheorie«, so erinnert er sich schwärmerisch, »schien intellektuell ungemein befriedigend. Die mathematische Genauigkeit, gleichsam die Eleganz, mit der sich das Universum durch Differentialgleichungen zweiten Grades beschreiben ließ – das gefiel mir sehr. Die Möglichkeit, Wahrheit auf diese Weise darstellen zu können, erschien mir ungeheuer attraktiv.«[21]

Damals wußte er nicht, daß sich bereits eine einflußreiche biologisch orientierte Bewegung von Quantenphysikern und Chemikern gebildet hatte. (Sie wurde ausgelöst durch das Buch *What is Life?*, das Erwin Schrödinger, einer der Mitbegründer der Quantentheorie im Jahre 1944, verfaßt hatte.) Der Biologe Stephen Jay Gould zählt *What is Life?* »... zu den bedeutsamsten Büchern der Biologie im zwanzigsten Jahrhundert«.[22]

Schrödinger war seinerzeit – genau wie Jahre nach ihm Collins – wenig beeindruckt von dem armseligen Zustand der Biologie. In einer Zeit, in der viele Biologen noch vom Vitalismus beeinflußt waren (dem Glauben daran, daß Dinge durch eine geheimnisvolle, verborgene »Lebenskraft« belebt werden), verkündete Schrödinger klar und deutlich die Überzeugung, daß lebende Dinge auf der Grundlage der Quantentheorie der Atome zu verstehen seien und daß Leben über einen »Code der Vererbung« – ein Ausdruck übrigens, den er geprägt hat – durch die Anordnung unserer Moleküle gesteuert werde.

Moleküle waren damit also nicht mehr nur als passive Bausteine unseres Körpers zu sehen, sondern man gestand ihnen eine zweite Funktion zu – als Speicher des »Lebenscodes«.

Die in *What is Life?* aufgeworfenen Probleme inspirierten eine neue Generation von Physikern dazu, die Quantentheorie auch auf die Geheimnisse des Lebens anzuwenden, unter ihnen George Gamow, Pascual Jordan und die Nobelpreisträger Francis Crick, Linus Pauling, Walter Gilbert und Max Delbrück.

What is Life? veränderte auch das Leben eines vorwitzigen jungen Studenten namens James Watson. Er erinnert sich: »Von dem Augenblick an, als ich *What is Life?* gelesen hatte, war ich darauf aus, das Geheimnis des Gens zu lüften«.[23] Er tat sich an der Cambridge University mit dem Physiker Francis Crick zusammen, der von diesem Buch ebenfalls tief beeindruckt war.[24] Ihre Arbeit mündete schließlich in der Beschreibung der DNS-Struktur und der Entschlüsselung des von Schrödinger postulierten »genetischen Codes«.

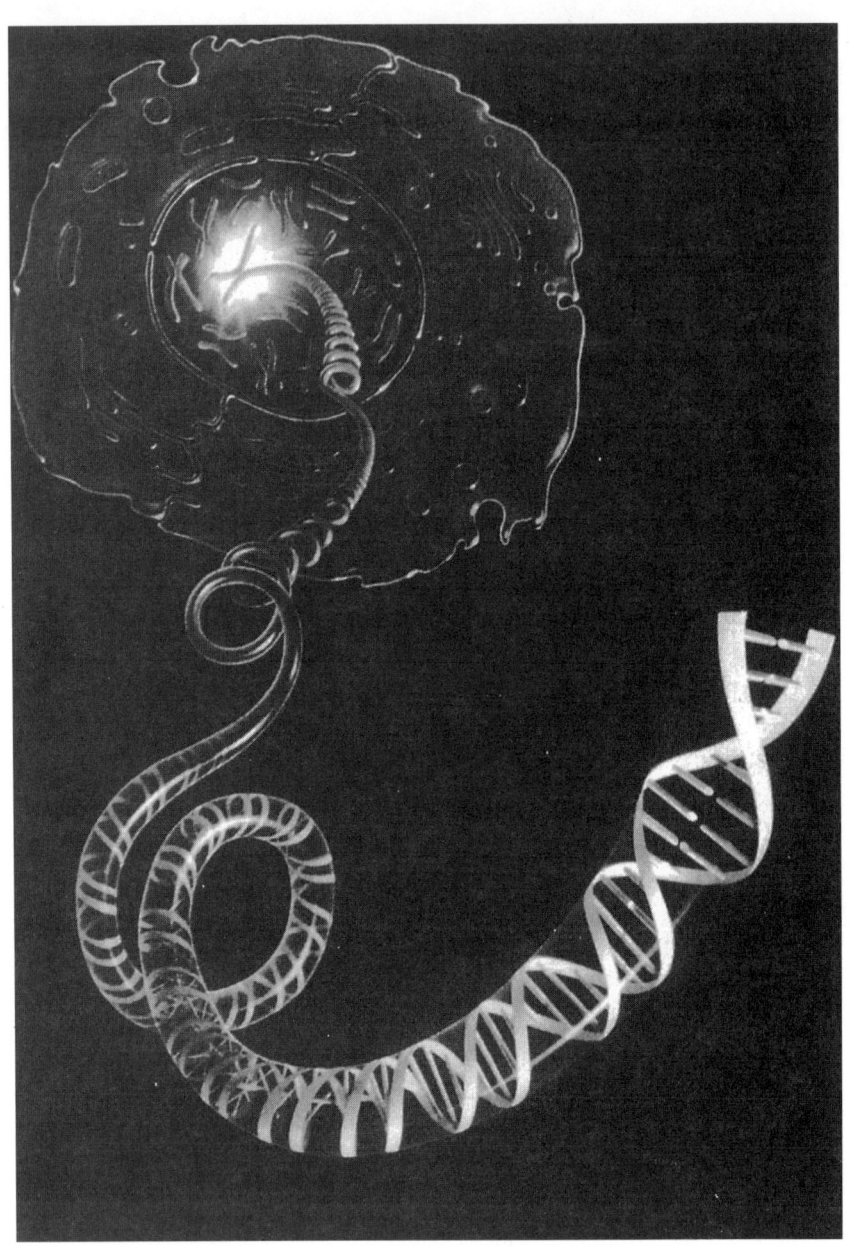

Die jeweils 23 Chromosomenpaare in unseren Zellkernen bestehen aus DNS-Molekülen. Entlang der Doppelhelix der Desoxyribonucleinsäure (DNS) sind unsere Gene wie auf einer Perlenkette aufgereiht. Die Gene wiederum bestehen aus Tausenden von »Basenpaaren«, die sich aus Paaren der Nukleotide A, T, C und G zusammensetzen. (Mit freundlicher Genehmigung der National Institutes of Health)

Von der Quantenphysik zur DNS

Watson und Crick vollbrachten ihr historisches Werk mit Hilfe einer wichtigen Methode, die sie der Quantenphysik entliehen hatten: der Röntgenkristallographie. Dabei schickt man einen Röntgenstrahl durch die kristallisierte Probe einer Substanz, um deren Struktur aufzuklären. Denken Sie, um sich diesen Vorgang zu verdeutlichen, einmal an die glitzernden Kristallkugeln über den Tanzflächen der Diskotheken. Diese Kugeln bestehen aus Hunderten von winzigen Spiegeln, die man auf eine Kugel aufgeklebt hat. Richtet man einen Lichtstahl auf die Kugel, während diese rotiert, dann füllt sich der Raum mit einer Flut von tanzenden, wirbelnden Lichtflecken. Wenn man nun die Raumkoordinaten all dieser Flecken in einem Augenblick festhielte, könnte man im Prinzip rückwärts arbeiten und die Position jedes einzelnen Spiegels auf dieser Kugel bestimmen.

Ersetzen Sie nun die kleinen Spiegel durch Atome in einem Kristall und den Lichtstrahl durch einen energiereichen Röntgenstrahl. Wenn der Röntgenstrahl von den einzelnen Atomen zurückgeworfen wird, läßt er Tausende winziger Wellen entstehen, die miteinander interferieren und sich im Raum ausbreiten. (Diese fortschreitende Wellenfront aus Röntgenstrahlen schafft ein Muster aus hellen und dunklen Flecken, das sich auf einem speziellen Röntgenfilm festhalten läßt. Dieses zweidimensionale Muster aus scheinbar zufällig verteilten Flecken enthält in verschlüsselter Form die gesamte Information, die man benötigt, um die einzelnen Atome innerhalb des Kristalls zu lokalisieren. Mit Hilfe der Quantenmechanik der Röntgenstrahlen kann man die genaue atomare Anordnung im Kristall bestimmen.)
Rosalind Franklin setzte diese exzellente Technik ein, um Röntgenaufnahmen von kristalliner DNS herzustellen. Anhand dieser Aufnahmen zeigten Watson und Crick, wie Schrödingers »Vererbungscode« aussieht.[25]
DNS besteht, so demonstrierten sie, aus zwei eng miteinander verbundenen Strängen, die sich in der Art einer Doppelhelix umwenden und so das gesuchte doppelsträngige »Molekül des Lebens« bilden. Die Gene, die unseren Körper definieren, sind auf diese DNS-Stränge aufgereiht wie die Perlen auf einer Kette und werden auf 23 Chromosomenpaare aufgeteilt, im Zellkern verwahrt. Die Chromosomen eines Zellkerns enthalten so viel Information, daß die DNS einer einzigen mikroskopisch kleinen Zelle im ausgestreckten Zustand beinahe zwei Meter lang wäre.
Sämtliche 100000 Gene des Menschen sind entlang dieser zwei Meter DNS aufgereiht. Der Unterschied zwischen einem Virus und einem Fisch, zwischen Insekten, Mäusen und Menschen ist in dieser Abfolge von Genen verankert. Die DNS selbst besteht aus einzelnen Bausteinen, den sogenannten Nukleotiden, die zu einem DNS-Strang verknüpft werden. Es gibt vier verschiedene Nukleotide, die man mit den Buchstaben A, T, C und G bezeich-

net.[26] Die Reihenfolge aller A, T, C und G entlang eines DNS-Strangs bildet eine aus vier »Buchstaben« verschlüsselte Information und repräsentiert Schrödingers »Vererbungscode«. Die vier Nukleotide bilden von einem Strang zum anderen jeweils Paare, die – ähnlich den Tritten einer Strickleiter – beide Stränge der Doppelhelix miteinander verbinden und die man als *Basenpaare* bezeichnet.

Ein einzelnes Gen besteht aus Tausenden von Nukleotiden. Ein Gen tritt in Aktion, indem es eine Art Kopie seiner selbst, das heißt seiner Nukleotidabfolge, in Gestalt eines Duplikat-Moleküls namens RNS herstellt, das nun seinerseits als Vorlage zur Herstellung eines einzelnen Proteinmoleküls dient. Genauer gesagt: drei Basen kodieren – als Triplett (Codon) – eine Aminosäure. Die Aminosäuren (es gibt 20 verschiedene) sind die Grundbausteine der Proteine. Da es vier verschiedene Basen gibt, ergeben sich $4^3 = 64$ verschiedene Möglichkeiten, ein Triplett zu bilden. Dies ist weit mehr als die Zahl der tatsächlich in der Natur vorhandenen Aminosäuren, daher kann eine Aminosäure durch mehr als ein Triplett kodiert werden. Das ist das Prinzip: *Jedes Gen produziert ein Protein*, das im Körper eine bestimmte Funktion übernimmt – eine chemische Reaktion auslöst oder als Baustein für ein Gewebe dient.

Zur Zeit seiner Dissertation an der Yale University konnte Collins die revolutionäre Brise deutlich spüren, die die Entschlüsselung der DNS entfacht hatte. Biologie, so erkannte er mit einiger Verspätung, bestand längst nicht mehr im bloßen Auswendiglernen von Pflanzenteilen oder Tierarten. Ein tiefgreifender Wandel hatte sich auf diesem Gebiet vollzogen, eine Entwicklung, ganz ähnlich der dramatischen Geburt der Quantenmechanik im Jahre 1925. »Mir wurde plötzlich klar, ›Du lieber Himmel, das wirkliche Goldene Zeitalter spielt sich hier ab‹. Ich bekam es mit der Angst zu tun, daß ich womöglich mein Leben lang einer Handvoll Studenten, die dieses Thema herzlich verabscheuten, die Grundlagen der Thermodynamik würde beibringen müssen, während das, was in der Biologie ablief, den Entwicklungen der Quantenmechanik in den zwanziger Jahren gleichkam ... Ich war völlig aus dem Häuschen.«[27]

An diesem Punkt wagte Collins den kühnsten Schritt seiner Laufbahn und wechselte die Fachrichtung. Wie eine lange Reihe von Quantenphysikern vor ihm, so holte auch er tief Luft, stürzte sich in das neue Abenteuer und blickte nie mehr zurück.

Die Entzifferung des Lebenscodes

So wie der Einsatz der Photolithographie es ermöglichte, immer kleinere Wellenlängen des Lichts auszunutzen, und damit das explosive Wachstum der Computertechnologie auslöste, so besteht der Motor, der über die nächsten 25 Jahre hinweg ein ebenso explosionsartiges Wachstum auf dem Gebiet der DNS-Sequenzierung antreiben wird, in der Automatisierung der ursprünglich von Frederick Sanger, Walter Gilbert und Allan Maxam entwickelten Sequenzierungsmethoden.

Um sich ein Bild davon zu machen, wie man eine DNS sequenziert und wie leicht dieser Prozeß zu automatisieren ist, stellen Sie sich einmal vor, Sie hätten eine Karte von einem verborgenen Schatz gefunden, die in unglaublich dicht geschriebenen, geheimnisvollen Symbolen verfaßt wurde. Um diese Karte zu entziffern, können Sie in drei Schritten vorgehen: Zuerst schnitten Sie mit einer Schere einige Schlüsselelemente des Codes heraus, um sie einer detaillierten Analyse zu unterziehen. Dann vergrößerten Sie diese Elemente mit einem starken Vergrößerungsglas, und schließlich könnten Sie die von der Linse vergrößerten, kodierten Buchstaben auf jedem Segment lesen.

Jeder dieser drei Schritte hat ein Gegenstück in der Methodik zur Sequenzierung von DNS. Das Herausschneiden von einzelnen Segmenten beispielsweise entspricht dem Einsatz spezieller Proteinmoleküle, sogenannter *Restriktionsenzyme*, die DNS an ganz bestimmten Stellen schneiden können. (Glücklicherweise werden diese bemerkenswerten Enzyme von bestimmten Bakterien natürlich hergestellt, und zwar zur Abwehr von angreifenden Viren, deren DNS sie damit in kleine Stücke zerlegen.) Inzwischen sind etwa 400 solcher Restriktionsenzyme identifiziert, von denen jedes in der Lage ist, die DNS an einem ganz bestimmten spezifischen Punkt aufzuschneiden. Das Restriktionsenzym EcoRI beispielsweise schneidet DNS immer dort, wo folgende Sequenz erscheint:

... GAATTC ...
... CTTAAG ...

Diese Abfolge von Basenpaaren wird durch das Enzym aufgebrochen in:

... G   AATTC ...
... CTTAAG   G ...

Im nächsten Schritt müssen Wissenschaftler diese wenigen, mikroskopisch kleinen Segmente vergrößern. Das Gegenstück zum Vergrößerungsglas besteht in diesem Falle in einer Vervielfältigung: Die DNS-Segmente werden in Bakterien (wie *Escherichia coli*) eingebaut und dort millionenfach kopiert – in etwa derselben Weise, wie Hefen durch Gärung Alkohol herstellen.[28]

Das Gegenstück zum Lesen der vergrößerten Segmente schließlich besteht in einer Technik namens »Gelelektrophorese«, mit deren Hilfe sich die einzelnen Fragmente auftrennen und anschließend sichtbar machen lassen. Man kann sich diese Auftrennung vielleicht wie das Wettrennen einer Gruppe von Kindern vorstellen. In der Regel sind die schwereren Kinder langsamer als die leichteren, so daß sich das Feld aufteilen wird. Wenn Sie ein Zielphoto auswerten, dann werden die leichteren Kinder die ersten sein, die schwereren werden weiter hinten folgen.

Ganz ähnlich werden sich in einem viskosen Gel die schwereren (oder längeren) Genfragmente langsamer bewegen als die leichteren (oder kürzeren). Wenn Sie an ein Gel ein elektrisches Feld anlegen und beobachten, wie die Fragmente sich verhalten, dann können Sie die schwereren von den leichteren unterscheiden. Als erste am »Ziel« werden die leichtesten sein, die anderen werden in verschiedenen Abständen folgen, wobei die gelaufene Strecke jeder Bande ein Maß für deren Gewicht ist, so daß jede Bande eine DNS-Sequenz von jeweils ganz bestimmter Länge repräsentiert. Die Entfernung zwischen den einzelnen Banden gibt uns ein Maß für den relativen Gewichtsunterschied zwischen den einzelnen Fragmenten. (Verwenden wir beispielsweise ein Restriktionsenzym, das DNS immer nur dort schneidet, wo ein G auftaucht, dann läßt sich aus dem Abstand zwischen den einzelnen Banden entnehmen, wo die verschiedenen G sich innerhalb der Sequenz befinden. Wiederholen wir diesen Vorgang nun mit verschiedenen Restriktionsenzymen, können wir auch alle A, T und G lokalisieren. Nach mehreren Wiederholungen dieser Prozedur läßt sich die Reihenfolge aller A, T, G und C entlang der Sequenz ablesen.)

Zuvor hatten Biologen nur Vermutungen über das anstellen können, was in den Genen verborgen liegt. Mit der Entwicklung dieser bahnbrechenden Methoden aber begannen die Biologen in dem uralten Code des Lebens zu lesen – zum ersten Mal in seiner drei Milliarden Jahre währenden Geschichte.

Die Methodik der DNS-Sequenzierung läßt sich so problemlos automatisieren, daß wir damit rechnen können, bis zum Jahre 2020 den Stammbaum des Lebens für Tausende von Lebensformen sequenziert zu haben. Das bedeutet, daß wir die genetische Verwandtschaft zwischen sehr vielen auf der Erde lebenden Organismen kennen werden – und auch den Zeitpunkt, an dem sie begonnen haben, sich auseinander zu entwickeln.[29] Die Einzelheiten der Evolution des Lebens auf der Erde, einst Gegenstand endloser Spekulationen, werden zu einer Frage der Mathematik werden. Der Begriff »Vernetzung« wird in bezug auf das Lebensgefüge eine neue Bedeutung erlangen.

Beschleunigt wird dieser Vorgang auch durch die zunehmende Rationalisierung bei den Sequenzierungsmethoden. Im Jahre 1986 schockte Gilbert seine Zuhörer auf der Cold Spring Harbor Conference mit der Schätzung, daß es etwa einen Dollar kosten würde, ein Basenpaar zu sequenzieren, das bedeutete drei Milliarden Dollar für das gesamte Human Genome Project. »Die Zuhörer waren außer sich«, erinnert sich Robert Cock-Deegan von der National Academy of Sciences. Viele hielten Gilberts Schätzung für zu gering. »Gilberts Kostenschätzung verursachte einen regelrechten Aufruhr.«[30] So verrückt sich seine Behauptung im Jahre 1986 auch angehört haben mag, heutzutage klingen Gilberts Schätzungen antiquiert und längst überholt. Im Jahre 1990 waren die Kosten pro Basenpaar auf 10 Dollar gefallen, inzwischen kostet es weniger als 50 Cents, ein Basenpaar zu sequenzieren, und der Preis fällt unaufhaltsam. [31] Viele Wissenschaftler gehen sogar davon aus, daß die Kosten für die Sequenzierung eines Basenpaars bis zum Jahre 2020 nur noch den minimalen Bruchteil eines Pennys betragen werden, so daß die Herstellung individueller DNS-Sequenzen ökonomisch durchaus im Bereich des Möglichen liegt.

Von Mikroben, Mäusen und Menschen

Es überrascht nicht, daß die Informationen, die Wissenschaftler über unsere Gene bisher angesammelt haben, unser Verständnis vom eigenen Körper, von den Ursprüngen unserer Art und von unserer Verwandtschaft zum übrigen Tierreich tiefgreifend verändert haben.
In der folgenden Tabelle sind die Genomlängen einiger Lebensformen aufgeführt. [32]

Organismus	Basenpaare (in Millionen)
Viren	0,01
E. coli (Bakterium)	5
Hefe	12
Nematode (Fadenwurm)	100
Drosophila (Taufliege)	180
Tomate	700
Maus	3000
Mensch	3000

In etwa dieser Reihenfolge schließen die Wissenschaftler auch die DNS-Sequenzierung der aufgeführten Organismen eine nach der anderen ab.
Viren, die einfachsten aller Organismen, hatte man als erste vollständig sequenziert. Sie bestehen aus kurzen DNS- beziehungsweise RNS-Strängen, die von Proteinmänteln umgeben sind. Im Jahre 1977 entschlüsselten Frederick Sanger und seine Mitarbeiter die erste vollständige DNS-Sequenz eines Virus, des Bakteriophagen φX174. Diesen Phagen hatte man aufgrund seiner relativ einfachen Struktur gewählt: Er besitzt nur neun Gene auf einem einzelnen Chromosom, sein Genom ist 5375 Basenpaare lang. [33] Notiert man dieses Genom mit den Buchstaben A, T, C und G, dann füllt diese Sequenz gerade eine eng beschriebene Seite in diesem Buch. [34] Das menschliche Genom hingegen ergäbe 500 000 Seiten.
Einige der tödlichsten Organismen der Geschichte – unter anderem das Pockenvirus – haben den Genjägern inzwischen ihr Geheimnis preisgege-

ben. Man weiß, daß das Pockenvirus ein Genom aus 186 000 Basenpaaren besitzt[35], beim Poliovirus sind es 7700, beim Tollwut-Virus 13 000, die Viren von Masern und Influenza A verfügen über je 18 000 Basenpaare, und bei einem gewöhnlichen Erkältungsvirus sind es 7500. Eines der längsten unter den inzwischen sequenzierten Virusgenomen ist das des menschlichen Zytomegalievirus, es umfaßt 230 000 Basenpaare.[36] Das Virus ruft Symptome hervor, die denen einer Grippe ähneln.

Immer rascher werden auch andere Lebensformen sequenziert. Ein Meilenstein war Ende 1995 erreicht, als man zum ersten Mal das Gesamtgenom einer Zelle hatte entschlüsseln können. Die Zelle, ein Bakterium namens *Haemophilus influenzae*, enthält 1743 Gene auf einem einzelnen ringförmigen Chromosom und besteht aus 1 830 137 Basenpaaren.[37]

Anfang 1996 wurde diese herkulische Tat bereits übertroffen, als es gelang, das Genom gewöhnlicher Bäckerhefe zu analysieren. Hefe enthält 12,057 Millionen Basenpaare, die sich auf 6000 Gene und 16 Chromosomen verteilen.[38] Die Sequenzierung des Hefegenoms ist deshalb von besonderer Bedeutung, weil Hefe eine Menge Gene mit dem Menschen teilt.

Im Jahre 1997 verkündeten Wissenschaftler von der University of Wisconsin in Madison, daß es ihnen gelungen sei, das Genom des Bakteriums *E. coli* zu entschlüsseln, es besteht aus 4 468 858 Basenpaaren und 4300 Genen.[39] Fünfzehn Prozent aller menschlichen Gensequenzen enthalten Teile, die mit Bereichen des *E. coli*-Genoms übereinstimmen.

Derzeit arbeiten Wissenschaftler an vielen Fronten und sequenzieren die DNS einer ganzen Reihe von Organismen. In den kommenden Jahren können wir mit den kompletten DNS-Sequenzen immer komplexerer Organismen rechnen; unter anderem von Fadenwürmern, Taufliegen und Mäusen, schließlich auch mit der des Menschen (das alles in etwa dieser Reihenfolge). Der Gipfelpunkt wird mit der Erstellung individueller DNS-Sequenzen erreicht werden.

Der Stammbaum des Menschen

Die Sequenzierung des menschlichen Genoms hat bisher eine Reihe von Überraschungen mit sich gebracht[40] – so beispielsweise die tiefgreifende Erkenntnis, wie nahe wir anderen Tieren im Stammbaum des Lebens in genetischer Hinsicht stehen. Da alles Leben auf der Erde seinen Ursprung in einem ursprünglichen DNS- oder RNS-Molekül hat, liefert uns die genetische Gemeinsamkeit zweier beliebiger Lebensformen die Möglichkeit der Aussage, wie nahe sich diese im Hinblick auf ihre Evolution stehen. Je größer die Übereinstimmung, um so näher stehen sie sich auch im evolutionären Stammbaum.

Die Kartierung des DNS-Stammbaums ist zudem von enormer Bedeutung für die medizinischen Wissenschaften. Oftmals finden wir bei Tieren Gene, die ihrer Struktur oder Funktion nach menschlichen Genen ähneln. Man nennt solche Gene »homologe Gene«. (Homologe Gene sind verwandte Gene aus ganz unterschiedlichen Arten. Sie gehen auf einen gemeinsamen Vorfahren zurück und üben oft, aber durchaus nicht immer, dieselbe Funktion aus.) Wenn es gelingt, im Tierreich ein Homolog zu einem menschlichen Gen zu finden, dann spart dies den Wissenschaftlern Tausende von Stunden der Suche im menschlichen Genom. In vielen Fällen ist dieses Gen zudem weniger komplex als das menschliche Gegenstück. Hefe und Mensch beispielsweise gehen seit etwa einer Milliarde Jahren getrennte Evolutionswege. Das schlägt sich in der Tatsache nieder, daß etwa ein Drittel der Hefegene auch beim Menschen zu finden sind.[41] Auch etwa 40 Prozent der Gene eines Rundwurms finden sich beim Menschen. Die genetische Überlappung zwischen Mäusen und Menschen beträgt ungefähr 75 Prozent. Die Molekularbiologie liefert Hinweise darauf, daß unsere Vorfahren (die Hominiden) sich vor schätzungsweise vier bis fünf Millionen Jahren von der Familie der Menschenaffen trennten. Wir wissen heute, daß wir mit unseren nächsten Verwandten, den Schimpansen, immerhin 98,4 Prozent unserer DNS teilen.[42]

Wenn man untersucht, wie nahe sich zwei beliebige Menschen auf genetischer Ebene stehen, kann man feststellen, wie eng sie miteinander verwandt sind. Zwei eineiige Zwillinge beispielsweise haben denselben genetischen Code, daher beträgt die »genetische Entfernung« zwischen ihnen Null. (Genaugenommen finden sich sogar bei eineiigen Zwillingen ein paar Dutzend genetische Unterschiede, die durch Zufallsmutationen zustande kommen.) Wenn wir Eltern und Kinder oder zwei Geschwister vergleichen, so unterscheiden sich diese im Durchschnitt in 0,05 Prozent ihres genetischen Codes. (Das bedeutet, daß sich zwei nahe Verwandte um etwa 1,5 Millionen Nukleotide unterscheiden.) Und wenn wir zwei rein zufällig herausgegriffene Menschen miteinander vergleichen, so werden wir feststellen, daß deren genetischer Code im Durchschnitt um das Doppelte voneinander abweicht, das heißt um 0,1 Prozent. Die folgende Tabelle gibt diese Feststellungen zusammenfassend wieder.

Organismus	Genetische Überlappung mit dem Menschen (in Prozent)
E. coli (Bakterium)	15 %
Hefe	30 %
Wurm	40 %
Maus	75 %
Schimpanse	98,4 %
anderer Mensch	99,9 %
Geschwister	99,95 %

181

Wenn man die genetische Entfernung zwischen zwei beliebigen Menschen genau errechnet, dann lassen sich daraus auch die Umrisse des menschlichen Stammbaums im Verlauf der Evolution rekonstruieren. So hat man zum Beispiel berechnet, daß die Gene im menschlichen Körper mit einer Rate von zwei bis vier Prozent pro Jahrmillion divergieren. Aus diesem Umstand haben Wissenschaftler abgeleitet, daß die Menschheit vermutlich von einem gemeinsamen Vorfahren abstammt, der vor 140 000 bis 290 000 Jahren gelebt hat.[43]

Mit Hilfe dieser Technik können wir heute den gesamten familiären Stammbaum der menschlichen Art aufstellen und auch Details und Merkmale einfügen, die wir bereits während unserer Frühgeschichte, vor Tausenden von Jahren, verloren haben. Schon die Analyse einiger weniger Proteine und Gene hat uns erstaunliche neue Einsichten in den Ursprung aller Rassen und Völker der Welt vermittelt. Bis zum Jahre 2020 wird unser familiärer Stammbaum vermutlich mehr oder weniger komplett ausgefüllt sein – samt aller Äste und Zweige, die über Zehntausende von Jahren in Vergessenheit geraten sind.

Diese Kartierung wird nicht nur die bestehenden Lücken in den derzeit diskutierten linguistischen und archäologischen Theorien zum Ursprung der Menschheit füllen, sie wird uns sogar darüber informieren können, wann und wo sich inzwischen zum Teil gar nicht mehr vorhandene Linien unseres Stammbaums (Tausende von Jahren vor dem Beginn jeglicher schriftlichen Aufzeichnung) von anderen abgetrennt haben.

DNS-Analysen

Es wird zwar viele Jahre in Anspruch nehmen, bis wir alle Gene auf unserer DNS ausfindig gemacht haben werden, aber das eine oder andere Ergebnis findet in unserer Gesellschaft schon heute sein Echo. So gilt es schon fast als alter Hut, daß man mit Hilfe von DNS-Sequenzierungstechniken eine Handvoll geeigneter Marker finden konnte, die jedem Individuum unverwechselbar zueigen sind. Damit werden DNS-Analysen möglich, die dem Auswerten von Fingerabdrücken ähneln – eine unentbehrliche Methode der Kriminologie. Auch im nächsten Jahrhundert wird diese Form der Analyse von DNS für viele Bereiche von großer Bedeutung sein, unter anderem für:

- Die Abwicklung von Vaterschafts- und Einwanderungsprozessen: In den Vereinigten Staaten kommt es jährlich zu 285 000 Vaterschaftsklagen, bei 60 000 davon bestehen Zweifel, so daß ein Test nötig wird. In Zukunft werden nicht nur Vaterschaftsprozesse definitiv zu lösen sein, sondern es ist auch grundsätzlich möglich, die verwandtschaftliche Beziehung zwischen zwei beliebigen Menschen festzustellen.[44]

- Die Lösung historischer Probleme und die Aufdeckung von Irrtümern: Im Jahre 1997 endlich wurde Sam Sheppard, jener Arzt, den man 1954 des Mordes an seiner Frau beschuldigt hatte (und dessen Schicksal die Grundlage für den Film und die Fernsehserie »Auf der Flucht« bildete), durch eine DNS-Analyse rehabilitiert und der mutmaßliche Mörder identifiziert.[45]

- DNS-Analysen bei antiken Völkern: Man analysiert derzeit die DNS des vor Tausenden von Jahren in einem alpinen Gletscher eingefrorenen »Ötzi« und die DNS ägyptischer Mumien und erhofft sich daraus Informationen über die historische Entwicklung von Krankheiten und die Lebensweise antiker Völker.

- Die Analyse von DNS aus Bernstein: DNS-Proben aus in Bernstein eingebetteten Insekten lassen sich in vielen Fällen sogar in die Zeit vor den Dinosauriern zurückdatieren (letztere starben vor 65 Millionen Jahren aus). George Poinar von der Oregon State University zum Beispiel hat Muskelgewebe von einem 125 Millionen Jahre alten libanesischen Rüsselkäfer extrahiert, und darin, so Poinar, das »intakteste Protein der Welt« gefunden[46]. Bisher hat man die DNS von etwa einem halben Dutzend fossiler Bernsteineinschlüsse extrahiert.

Der große Dichter Alexander Pope schrieb einst in seinem Gedicht »Hesperides«:

> I saw a fly within a bead
> Of amber clearly buried;
> The urn was little, but the room
> More rich than Cleopatras tomb.

Uns wird heute klar, daß die DNS im Bernstein in der Tat mehr Reichtümer enthält als Kleopatras Grab.

- Zur Prognose medizinischer Probleme: Die Welt des Eislaufs war schockiert, als der zweimalige Goldmedaillengewinner Sergej Grinkow im Jahre 1995 plötzlich an einem Herzinfarkt starb. Er war nur 28 Jahre alt geworden. Man untersuchte daraufhin eine Blutprobe mittels DNS-Analytik und fand (erwartungsgemäß) einen genetischen Defekt. Das Gen PLA2, das er von seinem Vater (der ebenfalls in jungen Jahren gestorben war) geerbt hatte, war die Ursache für eine frühzeitige Blockade der Herzkranzgefäße gewesen.[47]

Die aufregendste Konsequenz der DNS-Analytik für die Öffentlichkeit vollzog sich auf dem Gebiet der Kriminologie durch die Möglichkeit zur Herstellung genetischer Fingerabdrücke. Die Tatsache, daß man imstande ist, eine Handvoll Marker in einer DNS-Probe ausfindig zu machen, hat die Kriminologie revolutioniert.

Verbrechen, Strafen und DNS

Im Jahre 1983 rückten die vielfältigen Möglichkeiten der DNS-Analytik durch einen sensationellen Fall von Vergewaltigung und Mord in England mit einem Schlag ins internationale Rampenlicht. Nach vielem Hin und Her brachten letzlich die genetischen Indizien Klarheit in diesen Fall und sorgten für die Entlastung des Hauptverdächtigen und für die Überführung des wahren Mörders.

Seither haben DNS-Analysen tiefgreifende Auswirkungen auf zahlreiche Ermittlungen und Verurteilungen gehabt. In sage und schreibe 25 Prozent aller dem FBI seit 1989 gemeldeten Fälle von Sexualverbrechen wurde das Urteil auf der Basis genetischer Analysen revidiert.[48] Präsident Clintons Gesetz zur Verbrechensbekämpfung (Crime Control Act) enthält eine wenig beachtete Klausel, die in aller Form die Einrichtung einer nationalen DNS-Datenbank fordert.

Seither haben 42 Staaten Gesetze verabschiedet, die Gefängnisinsassen dazu verpflichten, Blut- oder Speichelproben für DNS-Analysen zur Verfügung zu stellen. Sechsundzwanzig dieser Staaten haben begonnen, eigene DNS-Datenbanken anzulegen, die früher oder später einer nationalen Datenbank angegliedert werden sollen.[49]

Bis zum Jahre 2020 wird es jedoch eine entscheidende Veränderung geben, die DNS-Fingerabdrücke überflüssig machen wird. Die wenigen Marker, die man zur Herstellung von genetischen Fingerabdrücken benötigt, werden durch die Verfügbarkeit der ungleich genaueren und aussagekräftigeren individuellen DNS-Sequenzen verdrängt werden. Fingerabdrücke können uns Aufschluß darüber geben, ob jemand beteiligt war oder nicht, aus der kompletten DNS-Sequenz aber können wir möglicherweise herleiten, wie die betreffende Person ausgesehen hat und was für eine Krankengeschichte hinter ihr liegt.

Aus einer einzigen abgeschilferten Schuppenzelle der Kopfhaut beispielsweise ist es (unter Anwendung der Polymerase-Kettenreaktion)[50] im Prinzip möglich, das gesamte Genom einer Einzelperson zu rekonstruieren. Wenn eine individuelle DNS-Sequenz zur Verfügung steht, kann man auf wichtige Einzelheiten der betreffenden Person schließen: auf Blutgruppe, Haut- und Augenfarbe, Geschlecht, das Vorliegen von genetisch bedingten Erkrankungen, die allgemeine Körpergestalt, den Gesundheitsstatus, die Veranlagung zur Glatzenbildung, die ungefähre Größe, sogar auf die chemischen Vorgänge im Körper des Betreffenden. (Bestimmte Merkmale wie die Einzelheiten eines Gesichts, deren genetischer Ursprung heute noch unklar ist, werden allerdings auch im Jahre 2020 vermutlich noch nicht erfaßbar sein.)

Die Verknüpfung von Computer- und DNS-Forschung

Durch das intensive Zusammenspiel der revolutionären Entwicklungen auf dem Gebiet der Computertechnologie und Molekularbiologie ist die Herstellung individueller DNS-Sequenzen bis zum Jahre 2020 keineswegs eine abwegige Idee. Angetrieben wird diese Entwicklung schon allein durch den für die Sequenzierung und Analyse von drei Milliarden Basenpaaren notwendigen Arbeitsaufwand, der die molekularbiologische Forscherwelt schier erdrückt. So war es denn unausweichlich, daß man sich an die Computerwissenschaften wandte.

»Wir haben immer gewußt, daß der Tag kommen würde, an dem die Ingenieurwissenschaften eine entscheidende Rolle spielen werden«, meint David Botstein. »Jetzt ist dieser Tag da.«[51] Der rasche Fortschritt seit der Einführung computerisierter Sequenzierungstechnologien ist atemberaubend. In den achtziger Jahren brauchte ein Biologe ungefähr ein Jahr, um 10 000 Basenpaare zu sequenzieren. Im Jahre 1992 konnte eine einzelne Maschine dieselbe Menge an Basenpaaren an einem einzigen Tag sequenzieren. Leroy Hood von der University of Washington prophezeit, daß bis zum Jahre 2020 ein einzelner technischer Assistent in der Lage sein wird, eine bis zehn Millionen Basenpaare pro Tag zu sequenzieren![52] Das entspricht einer Beschleunigung um den Faktor 300 000 in weniger als einem Jahrzehnt. Der größte derzeit vorhandene Speicher für die sequenzierten Gene aller möglichen Lebensformen heißt GenBank und befindet sich im Los Alamos National Laboratory. (GenBank wurde im Jahre 1982 von dem Mathematiker Stanislaw Ulam begonnen. Ulam hatte sich bereits sehr viel früher zusammen mit Edward Teller bei der Herstellung der Wasserstoffbombe profiliert. Genau wie Schrödinger, Delbrück, Crick, Pauling, Gamow, Jordan und Gilbert vor ihm hatte auch ihn die Möglichkeit fasziniert, mit den Methoden der Quantenphysik das Geheimnis des Lebens entschlüsseln zu können.[53]) Wissenschaftler aus der ganzen Welt schicken ihre DNS-Sequenzen per e-mail an den Computer in Los Alamos, der als Umschlagplatz und Verwaltungszentrum für genetische Informationen gilt. Bis zum Jahre 1990 hatte man 60 Millionen Basenpaare sequenziert. 50 Millionen Basenpaare (zu einem Viertel menschlichen Ursprungs) waren in der Datenbank gespeichert. Nur sieben Jahre später enthielt GenBank mehr als 843 Millionen Basenpaare.[54]

Um sich zu vergegenwärtigen, weshalb Computer und Automaten letzten Endes die Sequenzierung von DNS übernehmen werden, stellt man sich die DNS am besten als langes Band vor, das sich bis weit in den Horizont hinein erstreckt. Dieses Band ist quergestreift mit sehr dünnen Streifen von nur ungefähr einem Millimeter Breite, der Dicke eines Bleistiftstrichs. Jeder Streifen in dieser Analogie stellt ein Basenpaar dar. In dieser Größenordnung erstreckte sich die DNS eines Wurms über etwa 200 Kilometer, ein Band, das der Länge des menschlichen Genoms entspräche, reichte etwa 2700 Kilometer weit, also ungefähr halb durch Nordamerika.

Dazu der Mathematiker Robert Waterson, inzwischen Leiter der Sequenzierungsprojekte am größten DNS-Forschungszentrum der Vereinigten Staaten, der Washington University in St. Louis:»In den vergangenen sechs Jahren haben wir mit unserer ganzen Sequenziererei Columbia noch nicht einmal halb durchquert [das wäre etwa 270 Kilometer von St. Louis entfernt]. Und jetzt besitzen wir die Kühnheit festzustellen, daß es nun an der Zeit sei, nach Los Angeles [2700 Kilometer entfernt] aufzubrechen.«[55] Und doch produziert Waterson zufolge seine Gruppe wöchentlich 27000 DNS-Segmente von jeweils 500 Nukleotiden Länge. Er hofft, im Lauf eines Jahres bis auf 40 000 zu kommen.»Wir haben ausgerechnet, daß wir, um ein Drittel des menschlichen Genoms in fünf bis sechs Jahren zu sequenzieren, auf 80 000 bis 90 000 Nukleotide pro Woche kommen müssen.«[56]

Eine neue Wissenschaft: Computergestützte Biologie

Wenn im Jahre 2005 das Sequenzierungsprojekt beendet sein wird, dann werden die Computerwissenschaftler nicht einfach ihre Sachen packen und sich etwas anderes suchen, denn das Human Genome Project ist nur der Anfang einer ganz neuen Wissenschaftsdisziplin.»Damit wird die Biologie zur Informationswissenschaft. Viele Biologen halten die DNS-Sequenzierung für eine langweilige Angelegenheit. Vom Standpunkt des Computerwissenschaftlers aus betrachtet handelt es sich dabei jedoch um hochrangige und spannende algorithmische Probleme«, erklärt Richard Karp von der University of Washington, einer der führenden Computerwissenschaftler des Landes.[57]

Zum ersten Kontakt zwischen den Computerwissenschaften und der Biologie kam es im Jahre 1983. Damals versetzten Russell Doolittle und seine Mitarbeiter die damals noch kleine Welt der Molekularbiologie in helle Aufregung, als sie allein durch das Auswerten von Computerausdrucken eine wichtige biologische Entdeckung machten. Ohne ein einziges Experiment durchgeführt zu haben, hatte Doolittle Ähnlichkeiten zwischen zwei unterschiedlichen Proteinen aus ganz verschiedenen Bereichen der Biologie feststellen können: zwischen dem Tumorgen *sis* und dem Gen für einen zellulären Wachstumsfaktor. Er und seine Kollegen stellten fest, daß die DNS-Sequenz, die man in diesem speziellen Tumor findet, auch an der Steuerung zellulärer Wachstumsprozesse beteiligt ist, und zeigte damit, wie Krebsgene Zellen zu abnormem Wachstum veranlassen.[58] So hatte man Biologie noch nie zuvor betrieben. Robert Cook-Deegan von der National Academy of Sciences meint dazu: »Warum sollte er eine wichtige Erkenntnis publizieren können, die er nur dadurch gewonnen hatte, daß er an seinem Computerterminal gesessen hatte? Das war doch keine Biologie, oder?«[59] Nach dieser aufsehenerregenden Entdeckung begann man, statt sich die Hände an Reagenzgläsern voller Proteine schmutzig zu machen, Computer zur Auffindung bestimmter Muster in DNS-Sequenzen einzusetzen. »Die Einführung von Computern in der Molekularbiologie verschaffte Leuten mit mathematischer Begabung und Computergrips mehr und mehr Einfluß«, so Cook-Deegan. »Quer durch alle Bereiche begann sich eine neue Sorte von Wissenschaftlern Gehör zu verschaffen: Leute mit Erfahrungen in Molekularbiologie, Computerwissenschaften und mathematischer Analytik.«[60]

In der Vergangenheit hatten Biologen etwas über Leben gelernt, indem sie das Innere eines Organismus analysierten (das heißt, sie betrachteten die Situation *in vivo*). Im zu Ende gehenden Jahrhundert lernten sie Leben im Reagenzglas zu untersuchen (*in vitro* also). Künftig werden sie Leben mit Hilfe von Computern untersuchen (sozusagen *in silico*).

DNS auf Chips

Wie wird die Sequenzierungsprozedur im Jahre 2020 aussehen? Werden wir es mit Tausenden von Hektar Laborfläche voller monströser Computer und riesiger Roboter-Fabriken zu tun haben, die die DNS der Menschen sequenzieren?

Bestimmt nicht. So, wie die Zukunft der Computertechnologie in einer Miniaturisierung mit Hilfe von Mikrochips liegt, wird sich die Zukunft der DNS-Sequenzierung nach Ansicht vieler Wissenschaftler in einem großen Zusammenschluß von Computertechnologie und Biomedizin mit Hilfe einer Miniaturisierung in Gestalt von »Biochips« und »DNS-Chips« präsentieren.

Der »Biochip« ist ein Mikrochip, der eigens für die Suche nach Homologien zwischen ähnlichen menschlichen und tierischen Genen angelegt sein wird.[61] Für Biologen ist er von ungeheurem Nutzen, denn wenn man von einer bestimmten Gensequenz eines Tieres bereits weiß, daß sie ein bestimmtes Protein kodiert, dann läßt sich durch die Suche nach dem menschlichen Gegenstück ein Teil der lotterieähnlichen Raterei bei der Identifizierung unbekannter menschlicher Gene umgehen. In der Zukunft wird gemäß dem Mooreschen Gesetz der Biochip das Geschäft der DNS-Analytik zu einem großen Teil mitgestalten.

Einen sehr einfachen Biochip gibt es bereits – er mißt etwas mehr als einen halben Zentimeter im Durchmesser, enthält 400 000 Transistoren und ist Leroy Hood zufolge der »... komplexeste Mikrochip, den das Jet Propulsion Laboratory am California Institute for Technology jemals entworfen hat«.[62] Er arbeitet ungefähr 5000mal schneller als eine Sun Sparcstation 1. Wollte man eine Basensequenz der Länge 500 aus 40 Millionen Basen herausfinden, so benötigte der Sun-Sparcstation-Computer hierfür 5 Stunden, der neue Chip schafft das gleiche in 3,5 Sekunden.

Wissenschaftler perfektionieren derzeit auch einen DNS-Chip, einen Mikrochip, der beinahe augenblicklich die DNS einer Person auf bestimmte Gene durchsuchen kann. Solche DNS-Chips werden bereits in Kürze im Handel sein, sie können binnen Stunden die DNS eines Menschen auf das Vorhandensein von HIV, bestimmten Tumorgenen und Tausenden genetisch bedingter Erkrankungen hin untersuchen. Dieses neue diagnostische Instrument wird die 17,5 Millionen Dollar schwere Diagnostik-Industrie unter Umständen revolutionieren.[63]

Mit der Einführung des DNS-Chips ist Gilberts Traum von individuellen DNS-Personendaten, die alle unsere Gene enthalten, kein Luftschloß mehr. Schon heute wetteifern verschiedene Biotechnologiefirmen darum, unsere DNS-Sequenzen auf Mikrochips zu bannen. Der Zusammenschluß von Computerwissenschaften und Molekularbiologie läutet möglicherweise ein neues Zeitalter der raschen und kostengünstigen genetischen Analysen ein.

Mit bloßem Auge erscheint der DNS-Chip relativ unspektakulär. Von der Größe eines Fingernagels, sieht er aus wie die Mikrochips, die man in den meisten PCs verwendet. Würden Sie jedoch einen Blick durch ein Mikroskop werfen, dann fänden Sie ein überaus ungewöhnliches Muster. Mit denselben photolithographischen Techniken, mit denen man das mikroskopisch kleine Geäst in die Oberfläche eines winzigen Transistors ätzt, prägen Wissenschaftler dem Mikrochip anhand einer Vorlage die Gestalt eines DNS-Strangs von ganz bestimmter Basenzusammensetzung ein. Da die beiden Stränge eines DNS-Moleküls, wie eingangs erwähnt, komplementär zueinander sind, werden, wenn man die fixierte Vorlage mit einer DNS-Lösung konfrontiert, nur die Sequenzen darauf zurückbleiben, die ganz genau zu der jeweiligen Vorlage passen.

Der Trick an diesem Mikrochip ist also, daß nur DNS-Stränge an ihn andocken, die dem eingeätzten Muster der Vorlage genau entsprechen. Alle anderen Segmente werden weggespült. Mit einem Laserstrahl bringt man diese Sequenzen dann zum Fluoreszieren, und ein Computer übernimmt die endgültige Identifikation.

Schon heute verkauft die Firma Affeymetrix einen Chip mit 65653 Vorlagen oder »Sonden«, die jeweils als Vorlage für acht Basenpaare dienen. »Inzwischen haben wir sogar einen Prototyp für einen Mikrochip von einer Million Sonden«, bemerkt Robert J. Lipshutz, der Chef der Abteilung für

Zukunftstechnologien.[64] Affeymetrix ist es bereits gelungen, sämtliche HIV-Gene auf einen DNS-Chip aufzubringen, der die Routineuntersuchung auf das Vorliegen von AIDS-Viren massiv beschleunigen kann. Das Potential solcher DNS-Chips, die buchstäblich ein ganzes DNS-Labor auf einen einzigen Chip zusammenquetschen, ist ungeheuer. Schon jetzt kann man sie einsetzen, um ein Genom auf das berüchtigte *p53*-Gen hin zu untersuchen, das an mehr als der Hälfte aller Krebserkrankungen beteiligt ist. Auf Mukoviszidose, eine Krankheit, die durch 450 verschiedene Mutationen zustande kommen kann, läßt sich ein Genom per DNS-Chip in wenigen Stunden zum Preis von ein paar Dollar durchforsten. (Der traditionelle Weg, diese Mukoviszidose-Gene ausfindig zu machen, ist relativ teuer und nimmt mindestens eine Woche in Anspruch.)[65]

Das »nachgenomische« Zeitalter: Vom Jahr 2020 bis zum Jahre 2050

Der rasche Fortschritt bei der Erstellung individueller DNS-Sequenzen wird aller Voraussicht die nächsten 25 Jahre hindurch ungebremst vorangehen. Im großen und ganzen ist er ein Nebenprodukt der Tatsache, daß die DNS-Sequenzierungstechniken sich leicht automatisieren und computerisieren lassen.

Wenn schließlich jeder von uns seinen persönlichen DNS-Code zur Verfügung hat, wird sich das Interesse zunehmend auf die Frage verlagern, wie Gene ihr Wunderwerk in unserem Körper vollbringen. Um es mit den Worten von Walter Gilbert zu sagen: »Die Wissenschaft wird sich dem Problem zuwenden, was eine Sequenz bedeutet, das heißt, was das betreffende Gen tut.«[66]

Nach dem Jahr 2020 werden die Molekularbiologen in Millionen und Abermillionen von Genen der verschiedensten Organismen ersticken, deren Funktionen sie mühselig zu entschlüsseln haben werden. Der Besitz einer eigenen CD mit drei Milliarden dicht notierten Symbolen darauf garantiert uns noch nicht, daß wir darüber Bescheid wissen, wie unsere Gene funktionieren.

Nach der Entschlüsselung des Hefegenoms wird dieses zu einem Pilotprojekt für die menschliche Genforschung werden. Normalerweise finden Wissenschaftler heraus, was ein bestimmtes Gen macht, indem sie es in einem Organismus zerstören oder verändern und dann beobachten, was mit dem Organismus geschieht. (Diese recht primitive Methode läßt sich vielleicht mit dem Versuch vergleichen, die Funktionsweise eines unbekannten Supercomputers zu erkunden, indem man einzelne Bestandteile zertrümmert und abwartet, was dann passiert.) Weil Hefezellen sich innerhalb weniger Tage reproduzieren lassen, bieten sie Mäusen gegenüber einen ungeheuer großen Vorteil. Schon heute weiß man, daß sich sogar das menschliche Tumor-Gen *ras* in Hefe findet, und auch hier, genau wie beim Menschen, dafür sorgt, daß die Hefe die Kontrolle über ihre Wachstums- und Teilungsprozesse verliert. Hefe hat sich auch bei der Suche nach menschlichen Genen als Goldmine erwiesen, unter anderem bei Genen, die mit neurologischen Erkrankungen und Skelettkrankheiten zu tun haben (obwohl Hefe weder über ein Nervensystem noch über Knochen verfügt!).[67] Eine größere Hürde, die den Fortschritt im nachgenomischen Zeitalter empfindlich bremsen wird, ist das vertrackte Problem der »Faltung von Proteinen«. In der Biologie ist Struktur alles. Kennt man die Gestalt eines organischen Moleküls, dann kann man oft auf dessen Funktion schließen. So gibt es zum Beispiel organische Moleküle, deren Wechselwirkung untereinander an das Prinzip von Schlüssel und Schloß erinnert, wobei das eine Molekül in Gestalt eines »Schlüssels« genau in das »Schlüsselloch« des anderen Moleküls paßt. Die Röntgenkristallographie, die Standardtechnik der Proteinbiochemiker, setzt unglücklicherweise voraus, daß man das entsprechende Material in den kristallinen Zustand überführt. Ist das bei einem Protein unmöglich, so kann man es auch nicht mit Röntgenstrahlen untersuchen.

Mit Hilfe chemischer Standardmethoden lassen sich die Atome in einem Proteinmolekül (die häufig in die Tausende gehen) und die Abfolge seiner Aminosäuren bestimmen. Das aber sagt uns nichts darüber, wie diese Aminosäuren strukturell zu einer dreidimensionalen Gestalt angeordnet sind. Ganz allgemein sehen Proteinmoleküle aus wie lange Reihen von Aminosäuren, die auf bizarre Weise zu vielen Bändern und Helices zusammengefügt sind. Auf den ersten Blick scheint es hoffnungslos, die Gestalt eines komplexen Proteins ohne kristallographische Methoden ermitteln zu wollen. An diesem Punkt kommt die Quantentheorie ins Spiel. Die Gesetze der Quantenmechanik liefern uns die Bindungswinkel zwischen jeweils zwei Atomen und erlauben uns damit Rückschlüsse darauf, wie diese Bänder und Helices zueinander angeordnet sind. Um die genaue Form dieser Bänder und Helices zu ergründen, muß man allerdings einen leistungsstarken Computer verwenden.

Grundsätzlich tendieren alle physikalischen Systeme zu einem Zustand minimaler Energie. Stellen Sie sich ein Proteinmolekül vor, das aus einem Haufen Spiralfedern besteht, die durch Bänder miteinander verbunden sind. Jetzt schütteln Sie dieses merkwürdige Gebilde. Zuerst hat es den Anschein, als seien die entstehenden Bewegungen zufällig und vollkommen unmöglich vorherzusagen. Der Endzustand dieser Spiralen aber sieht, so kompliziert das Ganze auch sein mag, immer gleich aus und ist nichts anderes als der Zustand minimaler Energie.

Mit Hilfe eines Supercomputers kann man die Energie von Millionen möglicher Anordnungen dieser Bänder und Helices errechnen. Aus der Konfiguration mit der geringsten Energie läßt sich ableiten, wie das Protein sich zu seiner korrekten Gestalt »falten« wird.

Es verwundert nicht, daß das Problem der Faltung von Proteinen schwer zu lösen ist und eine Menge Computerzeit und Einfallsreichtum erfordert. Da wir bis zum Jahre 2005 im Prinzip sämtliche 100 000 Moleküle in der Hand haben werden, die nötig sind, um einen Menschen entstehen zu lassen, werden die Wissenschaftler über Jahrzehnte hinweg mit Supercomputern versuchen müssen herauszufinden, wie diese Proteine sich zu ihrer dreidimensionalen Struktur falten.

Man kann sich also vorstellen, daß wir in der etwas ferneren Zukunft, nach dem Jahr 2020 etwa, wenn solche diffizilen Probleme wie die Funktion von Genen, die Ursache polygener Krankheiten und die Faltung von Proteinen die Forschung zu beherrschen beginnen, sehr viel langsamere Fortschritte machen werden. Es wird ein zäher und arbeitsintensiver Prozeß werden. Der Lohn all dessen aber wird enorm sein – wir werden eine Vielfalt an genetisch bedingten Krankheiten verstehen lernen, die die Menschheit seit ihren ersten Schritten auf der Erde belastet haben. Vielleicht fällt uns dadurch auch das molekulare Instrumentarium zu, das wir benötigen, um eine der größten Bedrohungen menschlichen Lebens zu besiegen – den Krebs.

8 Den Krebs besiegen – Gene reparieren

> »Wie Krebs entsteht, ist kein Geheimnis mehr.«
>
> Robert A. Weinberg, MIT

> »... die Zeit wird kommen, in der es Wunderwaffen geben wird, mit denen Krebs sich genauso behandeln läßt, wie sich heute viele Infektionskrankheiten mit Impfstoffen und Antibiotika kurieren lassen.«
>
> Steven Rosenberg, NIH

Rebecca Lilly ist eine typische, lebensprühende Sechzehnjährige, wie man sie auf jeder Vorstadt-Highschool findet. Sportlich, intelligent und lebhaft, sorgt sie sich um dieselben Dinge, die den meisten Teenagern im Kopf umgehen: Schule, Zensuren und die Anerkennung der Freunde. Ihr Softball-Trainer Tom Mayers erklärt stolz:»Becca hat ein Herz, so groß wie ein Spielfeld. Sie hat Mut, beklagt sich nie und gibt niemals auf. Sie hält uns alle bei der Stange.«[1]

Einer der Höhepunkte ihres Lebens war eine Überraschungsparty zu ihrem sechzehnten Geburtstag. Sie tanzte Macarena wie alle anderen, lachte und alberte mit ihren Freunden herum. Wie die meisten Teenies träumt sie von Jungens, Partys und von der Zukunft. Leider sind ihre Träume in unerreichbare Ferne gerückt. Denn in Wirklichkeit trennt sie eine unausgesprochene Kluft von ihren Freunden. Rebecca leidet unter einem unheilbaren Hirntumor. Im November 1995 war sie der erste Hirntumorpatient der Geschichte, den man mittels Gentherapie zu behandeln versuchte.

Seit ihrem zehnten Lebensjahr leidet sie unter dem Wissen, daß sie möglicherweise an einem Hirntumor sterben wird, einem hochgradig bösartigen Gliom, das in ihrem Schädel unerbittlich an Größe zunimmt. Unbehandelt wird sich der Tumor ungebremst ausbreiten und allmählich ihr Gehirn zerstören. Seither war sie viele Male im Krankenhaus. Sie weiß mehr über Computertomogramme, Kernspinresonanztomographie, Strahlentherapie und Gehirnchirurgie als manche Krankenschwester.

Viermal hat man sie am Gehirn operiert, und jedes Mal hat der Tumor erneut zu wachsen begonnen. Eine Chemotherapie ist sinnlos, denn die toxischen Medikamente, welche die Tumorzellen zum Absterben bringen sollen, können die Blut-Hirn-Schranke nicht passieren und erreichen den Tumor daher nicht.[2]

Als eine Therapiealternative nach der anderen versagt hatte, stimmten ihre Eltern schließlich einer radikalen, experimentellen Behandlung zu: einer Gentherapie.

Im Laufe einer zermürbenden neunstündigen Operation, bei der man den größten Teil des Tumors entfernte, injizierten die Ärzte ein harmloses Virus in Rebeccas Gehirn. Wissenschaftler hatten den genetischen Code des Virus verändert und ihm ein Gen eingepflanzt, mit dem es Tumorzellen infizieren und dazu bringen sollte, sich selbst zu zerstören. Das Virus war so etwas Ähnliches wie ein Trojanisches Pferd, das die Tumorzellen von innen heraus vernichten, in diesem Falle in den Selbstmord treiben sollte.

Eine Zeitlang schien diese neuartige Therapie von morgen zu funktionieren. Rebecca gewann ihre Fröhlichkeit zurück, ihr Gedächtnis besserte sich, und sie schien auf dem Weg zum Normalzustand zu sein. »Sie hatte sechs gute Monate«, berichtet ihr Arzt.

Tragischerweise zeigte das neueste Kernspinresonanztomogramm vom Mai 1996, daß der Tumor wiederum zu wachsen begonnen hatte. »Das ist ein deprimierendes Gebiet«, gesteht Roger Packer, Neurologe an Rebeccas Klinik in Bethesda, Maryland.[3]

Doch dasselbe Jahr 1996 brachte auch neue Hoffnung für die Gentherapie: Indem sie ein mutiertes Gen, das man bei mehr als 50 % der häufigeren Krebserkrankungen findet, durch seine normale Version ersetzten, konnten Ärzte von der University of Texas Lungentumoren in zwei Fällen erfolgreich zum Schrumpfen bringen, in drei weiteren Fällen am fortschreitenden Wachstum hindern und in wieder einem anderen ganz zum Verschwinden bringen. Das Gen trägt den Namen *p53* und kodiert ein Protein von 53 000 Atomgewichtseinheiten (Dalton).[4]

Obwohl niemand behauptet, daß dies einer Heilung von Krebs gleichkommt, so ist es doch ein Hoffnungsschimmer, daß die Gentherapie eines Tages die Art und Weise revolutionieren wird, wie Ärzte Krebs und genetisch bedingte Erkrankungen behandeln. Die Gentherapie kann letzten Endes vielleicht auch dazu beitragen, HIV-Infektionen oder auch chronische Erkrankungen wie die Alzheimersche Krankheit, psychische Erkrankungen, Arthritis und das Altern zu besiegen.

Es ist gut möglich, daß Ärzte in fünfundzwanzig Jahren Chirurgie, Strahlen- und Chemotherapie mit derselben Ablehnung betrachten, mit der wir heute den Einsatz von Arsen, Blutegeln und Aderlaß zur Behandlung von Krankheiten in der Vergangenheit sehen. Möglicherweise wird man im Jahre 2020 ganze Klassen von genetisch bedingten Erkrankungen – darunter auch viele Arten von Krebs – mit denselben Augen sehen, wie wir die heute ausgerotteten Pocken.

Der Vater der Gentherapie

»Alle Türen stehen weit offen«, verkündet W. French Anderson, den man manchmal auch als den »Vater der Gentherapie« bezeichnet und der an der University of Southern California ein eigenes Institut leitet. »Wir haben grünes Licht. Wir müssen einen Schritt nach dem anderen tun, aber wir stehen am Anfang einer Zeit, die die aufregendste in der Geschichte der Medizin zu werden verspricht. Was für eine unglaubliche Zeit, in der wir leben!«[5]

Anderson prophezeit, daß wir bis zum Jahr 2020 nicht nur die Herstellung individueller DNS-Sequenzen beherrschen werden, sondern daß»... zur Behandlung von nahezu jeder Krankheit auch eine Gentherapie verfügbar sein wird.«[6] Viele seiner Kollegen teilen diesen Enthusiasmus. Leroy Hood von der University of Washington erklärt zuversichtlich: »Im Laufe der kommenden zwanzig bis vierzig Jahre werden wir die Möglichkeiten haben, die wichtigsten Krankheiten auszurotten, unter denen die amerikanische Bevölkerung leidet.«[7]

Hinter all diesen optimistischen Prognosen steht die Gewißheit, daß uns unsere intensive Beschäftigung mit der Entstehung von Krankheiten mehr und mehr in die Lage versetzen wird, deren genetische und molekulare Grundlagen zu verstehen und zu würdigen. Der Nobelpreisträger Paul Berg von der Stanford University ist sogar der Überzeugung, daß sich letzten Endes alle Krankheiten als genetisch bedingt erweisen werden: »Sie können hier eine Stunde lang sitzen, und Sie werden mich nicht zu der Feststellung veranlassen, daß irgendeine x-beliebige Krankheit nicht genetisch bedingt ist.«[8]

Anderson, dessen Hobbys Formel-1-Rennen, Archäologie, Sportmedizin und, als ganz persönliche Spezialität, die martialische koreanische Kampfsportart Tae Kwon Do sind, ist Pionier auf diesem sich gerade erst entfaltenden Gebiet. Er ist Träger des Schwarzen Gürtels vierten Grades und rammt zur Entspannung gerne mal seinen Fuß durch einen Stapel Holzbretter, wobei er auf einen Schlag fünf davon sauber zu trennen vermag. Er war 1988 sogar ärztlicher Hauptbetreuer der amerikanischen Tae-Kwon-Do-Olympiamannschaft in Seoul.

Anderson zieht gerne einen Vergleich zwischen der Ausübung von Kampfsportarten und der Forschung an den grundlegenden genetischen Mechanismen von Zellen. Wissenschaft»... ist etwas, das man am besten betreibt, ohne nachzudenken, etwas Transzendentes, Intuitives«, behauptet er.[9] Im Gegensatz zu anderen Wissenschaften, bei denen die grundlegenden Gesetze fest umrissen sind, ist die Gentherapie ein neues, ungeheuer aufregendes Gebiet, das wie Tae Kwon Do in gleichem Maße kühne Innovationen, Kreativität und harte Arbeit verlangt.

Im Jahre 1990 erhielt Andersons Team als erstes auf der Welt die Erlaubnis, ein Experiment durchzuführen, das die Wissenschaft bis ins nächste

Jahrhundert hinein revolutionieren könnte: Man gestattete ihm den Versuch, bei einem Menschen ein defektes Gen zu reparieren.

Innerhalb weniger Jahre fand sich eine beachtliche Anzahl von Ärzten zusammen, die sich Andersons Vorbild anschlossen und ebenfalls begannen, bei verschiedenen Krankheiten Gentherapie-Experimente durchzuführen. Im Jahre 1993 gab es 40 Versuche zur Gentherapie, 1996 waren es bereits 200, und 1500 Patienten waren daran beteiligt.[10] Ungefähr 30 Krankheiten werden derzeit untersucht, die Hälfte davon sind Krebserkankungen[11]. Experimente im Rahmen der Gentherapie verschlangen bislang 200 Millionen Dollar des NIH-Budgets.[12] Begleitet werden diese klinischen Experimente von den Hoffnungen und Gebeten von Betroffenen wie Rebecca.

Die drei Entwicklungsstadien der Medizin

Gleich der Computerwissenschaft wird auch die Medizin Andersons Ansicht zufolge durch die molekularbiologische Revolution in ein neues – ihr drittes – Stadium befördert werden. Im ersten Stadium durchstöberten Schamanen und Mystiker mühselig das Pflanzenreich nach Kräutern, die böse Geister vertreiben konnten, wobei sie immer wieder auf wertvolle Arzneien stießen, die sogar noch heute im Einsatz sind. Einige von uns häufig verwendete Medikamente haben ihren Ursprung in dieser primitiven, aber wichtigen Epoche. Doch auf jedes Kraut, dessen Wirksamkeit gegen bestimmte Leiden man – durch Versuch und Irrtum – erkannte, kamen Tausende, die nicht halfen, oder manchmal den Patienten sogar schadeten.

Ein Landarzt, der später zu den Gründern der berühmten Mayo-Klinik in Rochester, Minnesota, gehören sollte, stellte mit seltener Freimütigkeit fest, daß die meisten seiner Mittel völlig wertlos seien, zwei Dinge ausgenommen: Morphium und die Säge, mit der er Amputationen durchführte.

Das zweite Stadium der Medizin begann nach dem Zweiten Weltkrieg: Durch den Masseneinsatz von Impfstoffen und Antibiotika überwand man zeitweilig ganze Klassen von Krankheiten. Abigail Salyers und Dixie Whitt, die Autorinnen des Buchs *Bacterial Pathogenesis*, schreiben: »Einer der Hauptgründe dafür, daß Ärzte auf ihren derzeitigen, hoch angesehenen Status gehoben worden sind, war die Tatsache, daß Antibiotika sie in die Lage versetzten, Krankheiten, für die sie in der Vergangenheit nur lindernde (und meist wirkungslose) Therapien hatten verordnen können, tatsächlich zu heilen.«[13]

Das Glück will es, daß die Medizin sich derzeit an der Schwelle zu einem neuen Stadium befindet, ihrem dritten Stadium, dem der »molekularen Medizin«, dem vielleicht aufregendsten und tiefgreifendsten Stadium von allen. Zum erstenmal in der Geschichte beginnt man, jede Ebene pathogener Entwicklungen Protein für Protein, Molekül für Molekül, ja sogar Atom für Atom offenzulegen. Gleich einem General, der sich fieberhaft in die Karten der feindlichen Verteidigungslinien vertieft, können Wissenschaftler heute das komplette Genom eines Erregers lesen und die Schwachstellen in seinen Verteidigungslinien herausfinden.

Dazu Sherwin B. Nuland von der Yale University School of Medicine: »Innerhalb eines Zeitraums von 20 Jahren hat sich die uralte Kunst des Heilens von dem relativ einfachen und eingeschränkten Optimismus des Antibiotikum-Zeitalters zu den scheinbar endlosen Perspektiven des molekularen Zeitalters gewandelt.«[14]

Die Geißel Krebs

Jene Krankheit, die auch dem umfassendsten Kraftakt der Geschichte widerstanden hat, gibt der molekularen Medizin nun allmählich doch ihre Geheimnisse preis. Krebs, die am meisten gefürchtete Krankheit von allen, ist hinter den Herzerkrankungen die zweithäufigste Todesursache in den Vereinigten Staaten – an ihr sterben jährlich eine halbe Million Amerikaner.[15] Krebs ist zudem eine der facettenreichsten Krankheiten: Zusammengenommen gibt es zweihundert verschiedene Arten von Krebs (nahezu jede Zellart im menschlichen Körper kann von ihm betroffen sein). Im Unterschied zu normalen Zellen stellen Krebszellen ihre Teilungstätigkeit nicht mehr ein. Sie sind unsterblich und vermehren sich unbegrenzt, bis sie schließlich die normalen Körperfunktionen abwürgen und ihr Opfer töten. Das bedeutet nicht, daß jede Krebszelle unsterblich ist. Krebszellen sterben genauso wie normale Zellen. Der Unterschied besteht darin, daß Krebszellen sich unbegrenzt vermehren können, damit wird die Zell-Linie unsterblich.

Soeben beginnt die Wissenschaft eine genaue Vorstellung von dem zu entwickeln, was bei der Entstehung von Krebs auf molekularer Ebene geschieht. *Im großen und ganzen ist das Rätsel Krebs gelöst.* Man weiß heute, daß Krebs eine genetisch bedingte Erkrankung ist, und für viele der häufigeren Krebserkrankungen kennt man die vier bis sechs Mutationen, die notwendig sind, um eine Tumorzelle entstehen zu lassen. Man hat nicht nur die wichtigsten daran beteiligten Gene identifiziert, sondern die Wissenschaftler kennen sogar die grundlegenden molekularen Schritte, durch die eine normale Zelle plötzlich zur Krebszelle wird.

»Die Teilchen des Puzzles haben endlich ihren Platz gefunden«, schreibt Robert Weinberg vom MIT.[16] Die Krebsforschungszentren pulsieren zur Zeit vor Aktivität, man bemüht sich fieberhaft um die letzten Einzelheiten der Frage, wie Tumoren entstehen und wachsen. In den Augen von Dennis Salmon, einem Krebsspezialisten an der University of California in Los Angeles, ist dies »... die aufregendste Zeit, die man sich denken kann!«[17]

Die Molekularmedizin hat uns bereits jetzt die Antwort auf eines der zentralen Rätsel im Zusammenhang mit Krebs gegeben, und zwar auf die Frage, warum es eine dermaßen verwirrende Vielfalt an Ursachen für diese Krankheit gibt, angefangen von den Lebensgewohnheiten über Umweltfaktoren, Viren, Toxine, Ernährung, Strahlung, Tabakrauch und tierische Fette bis hin zu Geschlechtshormonen wie Östrogen und vieles mehr. Dreißig Prozent aller Krebserkrankungen lassen sich allein auf das Rauchen zurückführen. Nehmen wir den Beitrag der Ernährung hinzu, dann sind wir bei etwa sechzig Prozent aller Krebserkrankungen. Und aus Vergleichen zwischen verschiedenen ethnischen Gruppierungen, die in fremder Umgebung heranwachsen (Afrikaner und Japaner, die zum Beispiel in den USA aufwachsen), kamen die Epidemiologen zu dem Schluß, daß möglicherweise 70 bis 90 Prozent aller Krebserkrankungen mit den Lebensgewohnheiten und der jeweiligen Umgebung in Zusammenhang gebracht werden können.[18]

Eine umfassende Theorie der Krebsentstehung

Zwei wichtige Arten von Genen spielen bei der Krebsentstehung eine Rolle: *Onkogene* und *Tumorsuppressor-Gene*. Um zu verstehen, wie sie funktionieren, stelle man sich Gas (Onkogen) und Bremse (Tumorsuppressor) an einem schnellen Auto vor. Es gibt zwei Möglichkeiten, wie das Auto außer Kontrolle geraten kann: Das Gaspedal kann klemmen (das entspräche einem aktivierten Onkogen), oder die Bremsen können versagen (was einem inaktivierten Tumorsuppressor-Gen gleichkäme). Mit anderen Worten: Eine Zelle kann Amok laufen, indem sie sich unkontrolliert zu teilen beginnt, aber auch, indem sie die Fähigkeit verliert, ihre Teilungsaktivität rechtzeitig einzustellen.[19]
Die Wissenschaftler kennen inzwischen mehr als 50 Arten von Onkogenen für Krebserkrankungen von Brust, Darm, Blase und Lunge, unter anderem *p-60* und das Gen für ein Protein namens p-21 (mit einem Molekulargewicht von 21 000 Dalton).[20]
Zu der zweiten Kategorie von Genen, die mit der Krebsentstehung zu tun haben, den Tumorsuppressor-Genen, gehören mutierte Versionen der Gene *DCC* und, allen voran, *p53*, das man, wie immer deutlicher wird, offenbar bei der Mehrzahl aller häufigeren Krebserkrankungen findet. Im Unterschied zu den Onkogenen betreffen diese Defekte Gene, die normalerweise den Zellteilungsprozeß beenden. Mutieren sie, so teilt sich die Zelle unkontrolliert endlos weiter.
Bis zum Jahre 2020 erwarten die Ärzte einen nahezu lückenlosen Katalog von möglicherweise einigen hundert Onkogenen und Tumorsuppressor-Genen, der uns ein besseres Verständnis der molekularen Ursachen für die Entstehung von Krebs eröffnet und neue Wege aufzeigt, ihn zu behandeln.

p53: Der Schlüssel zu den meisten Krebs- erkrankungen

Einer der Gründe dafür, daß Wissenschaftler mit einer solchen Zuversicht behaupten, daß in gut zwanzig Jahren möglicherweise ganze Kategorien von Krebserkrankungen heilbar sein werden, ist die Tatsache, daß die meisten Krebserkrankungen auf Mutationen in nur einigen wenigen Genen zurückzuführen sind. Besonderen Stellenwert nimmt dabei das Gen *p53* ein. Es mag zwar Hunderte von Genen geben, die das eine oder andere mit der Entstehung von Krebs zu tun haben. Der Schlüssel zu einer erfolgreichen Behandlung von Krebs wird aber vermutlich darin bestehen, sich auf die geläufigsten unter ihnen zu konzentrieren, das heißt auf Gene, die an der überwiegenden Mehrzahl aller Krebserkrankungen beteiligt sind, und diese mittels Gentherapie oder mit Hilfe von »intelligenten Molekülen« zu neutralisieren.

Jahr für Jahr finden wir mehr Krebserkrankungen, an deren Entstehung eine mutierte *p53*-Version beteiligt ist, angefangen von Tumoren in Lunge, Darm, Brust, Speiseröhre, Leber, Gehirn und Haut bis hin zur Leukämie. Bei 52 häufig auftretenden Krebsarten hat man es bereits nachgewiesen, und die Prozentsätze an Tumoren, in denen es geschädigt ist, sind beeindruckend: Bei 90 Prozent aller Zervikalkarzinome, bei 80 Prozent aller Colonkarzinome, 40 bis 60 Prozent aller Fälle von Eierstockkrebs, 35 bis 60 Prozent aller Fälle von Blasenkrebs und 50 Prozent aller malignen Hirntumoren. »Es ist ziemlich eindeutig das am häufigsten mutierte Gen, das wir bislang bei menschlichen Krebserkrankungen gefunden haben«, bemerkt Bert Vogelstein von der Johns Hopkins School of Medicine. Dieses Gen ist so wichtig, daß die Wissenschaftler der funktionierenden Version von *p53* den Spitznamen »Hüter des Genoms« verliehen haben. Es ist von einer solchen Bedeutung für die Krebsentstehung, daß die Zeitschrift *Science* es zum »Molekül des Jahres« kürte.[21]
Eine bessere Kenntnis seiner Funktionsweise hat zudem dazu beigetragen, einige der Rätsel zu lösen, die der gesamten Krebsforschung seit Jahrzehnten anhingen.[22]
Unter normalen Umständen verhindert *p53* bei einer geschädigten oder mutierten Zelle die Teilung und setzt statt dessen einen zellulären Selbstmordprozeß in Gang (die sogenannte Apoptose). Sobald das Gen mutiert oder neutralisiert ist, können sich auch schadhafte Zellen im Körper weiterteilen und unter anderem Tumoren entstehen lassen.
Wie wir heute wissen, hat die Tatsache, daß es bei einer solchen Vielfalt an Krebserkrankungen anzutreffen ist, mit seiner molekularen Struktur zu tun: Es ist extrem lang (2362 Basenpaare) und zerbrechlich. Das *p53*-Gen befindet sich auf dem kurzen Arm von Chromosom Nr. 17 und kann an über 100 verschiedenen Stellen mutieren. (Zum Vergleich: Andere, ebenfalls an

der Entstehung von Krebs beteiligte Gene weisen in der Regel nur an etwa einem halben Dutzend Stellen nachteilige Mutationen auf.)

Eigentlich handelt es sich bei *p53* um ein zusammengesetztes Gen: Es besteht aus vier oder mehr identischen Kopien einer kleineren Untereinheit. Damit *p53* die Vermehrung von Zellen angemessen kontrollieren kann, müssen alle vier Untereinheiten einwandfrei arbeiten. Die Tatsache, daß *p53* ein so sperriges Molekül ist, macht es besonders mutationsanfällig. Darmkrebs beispielsweise kann durch die Mutation von etwa vier bis sechs Genen zustande kommen. Ein typisches Colonkarzinom entwickelt sich vielleicht in folgenden Schritten: Die Funktion des *APC*-Gens geht verloren, *K-ras* wird aktiviert, und schließlich verlieren *DCC* und *p53* ihre Funktionsfähigkeit.

Das wiederum beantwortet auch eine andere der zentralen Fragen im Zusammenhang mit Krebs: Warum nach dem ersten Kontakt mit karzinogenen Substanzen, Strahlung oder Asbest oftmals 20 bis 40 Jahre vergehen, bis sich ein Tumor entwickelt. Es bedarf, wie wir heute wissen, einer ganzen Reihe von Mutationen, um den Wachstumsmechanismus einer Zelle endgültig zu stören. Diese allmähliche Aushöhlung zellulärer Kontrollmechanismen braucht Zeit, manchmal Jahrzehnte.

All das ist von ungeheurer praktischer Bedeutung. Man wird Blutuntersuchungen machen können, die Auskunft darüber geben, ob jemand Träger einer mutierten Version von *p53* ist. (Bei Menschen mit mutiertem *p53*-Gen ist das Risiko für bestimmte Krebsarten wie beispielsweise Brustkrebs unter Umständen sehr hoch.) Zwar müssen noch drei bis fünf andere Mutationen hinzukommen, aber eine Mutation im *p53*-Gen ist möglicherweise die wichtigste. Bis zum Jahr 2020 werden Tests auf das Vorliegen eines schadhaften *p53* sowie auf zahlreiche andere Gene selbstverständlich sein.

Des weiteren wird sich die Gentherapie mit mutierten *p53*-Versionen auseinandersetzen und herauszufinden versuchen, ob man diese durch normales *p53* ersetzen kann.

Drittens werden wir mit Hilfe von *p53* verstehen lernen, warum bestimmte Klassen von Chemikalien und Wirkstoffen in unserer Umwelt Krebs erzeugen. Das Gen hat mehrere »hot spots«, an denen chemische Karzinogene Mutationen auslösen können. Aflatoxin zum Beispiel, ein gefährliches krebserzeugendes Agens aus Schimmelpilzen, kann Leberkrebs verursachen, und man weiß, daß es im *p53*-Gen eine sogenannte Punktmutation verursacht: Es ersetzt ein G durch ein T. Wenn man analysiert, wie bestimmte Chemikalien im *p53*-Gen Mutationen hervorrufen, versteht man vielleicht auch, warum Umweltfaktoren und Toxine Krebs erzeugen.[23]

Solche Beobachtungen könnten die Geschicke einer Milliardenindustrie tiefgreifend beeinflussen. Die Tabakindustrie beispielsweise hatte in der Vergangenheit gerichtliche Klagen der Angehörigen von Rauchern mit der Begründung abweisen können, niemand könne schlüssig beweisen, daß Tabakrauch Lungenkrebs verursacht. Seit man vor Jahrzehnten indirekt den Zusammenhang zwischen Rauchen und Lungenkrebs mittels Epidemiologie und Statistiken hergestellt hatte, plädierte die Tabakindustrie vor Gericht immer wieder erfolgreich, daß es keine »Pulverspuren« gäbe, die auf Tabak als »Tatwaffe« hinwiesen.

Das änderte sich schlagartig im Jahre 1996, als Wissenschaftler nachwiesen, daß die Substanz Benzpyren-diol-epoxid (BPDE), die sich in Tabakrauch normalerweise findet, an drei ganz bestimmten Stellen im $p53$-Gen eine charakteristische Serie von Mutationen auslöst.[24] Diese drei Mutationen sind so etwas wie ein »Fingerabdruck« von BPDE, und sie lassen sich in einem $p53$-Gen, das durch die Einwirkung von Tabakrauch mutiert ist, leicht nachweisen. Genau dies aber sind die Mutationen, mit denen man es bei Lungenkrebs zu tun hat.

Da jährlich mehr als 400 000 Amerikaner an Lungenkrebs sterben (wobei nach Angaben der American Cancer Society 80 bis 90 Prozent der Fälle in Zusammenhang mit dem Rauchen zu sehen sind), könnte dies von enormer politischer und wirtschaftlicher Tragweite sein. Künftig werden Schadenersatzprozesse vielleicht auf der Grundlage dessen entschieden, ob sich irgendwelche molekularen »Fingerabdrücke« an Schlüsselgenen wie $p53$, $p16$, ras und so weiter mit einem bestimmten Tumor in Zusammenhang bringen lassen.

Bis zum Jahre 2020 werden die Wissenschaftler die genetischen Fingerabdrücke von Hunderten verschiedener chemischer Schadstoffe in unserer Umwelt identifiziert haben. Indem man die Gene eines Tumors mit dem Fingerabdruck eines Karzinogens vergleicht, kann man dann in vielen Fällen genau sagen, wodurch der Betreffende an Krebs erkrankt ist. Das aber könnte tiefgreifende Auswirkungen darauf haben, wie man die Anwendung von Schadstoffen reglementiert, sowie die Frage beantworten, wer für entstandene Schäden aufkommt. Vielleicht kann man in diesem Zusammenhang auch die Frage beantworten, warum Brustkrebs in der westlichen Welt so stark im Steigen begriffen ist, eine Frage, die sich Epidemiologen allerorts stellen.[25]

Eine der faszinierendsten Entdeckungen der vergangenen Jahre aber dreht sich um zelluläre Strukturen, von denen man heute weiß, daß es sich bei ihnen um eine Art biologische Uhr handelt, die sogenannten Telomere. Möglicherweise wird man eines Tages in der Lage sein, Krebszellen den Tod zu befehlen, indem man diese Uhr neu stellt.

Telomere: Die »zellulären Sicherungen«

Seit den Anfängen der Zellforschung haben Wissenschaftler davon geträumt, die geheimnisvolle biologische Uhr verstehen zu lernen, die festlegt, wann normale Zellen sterben und warum Krebszellen unsterblich sind. Vor kurzem hat man diese »Uhr« tatsächlich entdeckt, womit sich für das 21. Jahrhundert ein vollkommen neues Gebiet eröffnet.

Seit den sechziger Jahren wußten die Wissenschaftler, daß sich kultivierte Zellen eines Neugeborenen achtzig- bis neunzigmal teilen, während die Zellen eines Siebzigjährigen nur noch zwanzig bis dreißig Teilungen durchmachen. Wenn aber die Zelle eine Zeitbombe enthält, wo ist dann die Sicherung für deren Zünder? Jetzt wissen wir es.[26]
In den siebziger Jahren stellte man fest, daß sich an den Enden unserer Chromosomen wichtige Strukturen – sogenannte Telomere – befinden. Sie ähneln ein bißchen den Plastikspitzen an Schnürsenkeln, die ein Ausfransen verhindern sollen. Verlieren Chromosomen ihre Telomere, dann kleben sie zu mehreren zusammen, und die Zelle stirbt schließlich. In einer normalen Zelle werden diese Telomere mit jeder Teilung ein bißchen kürzer, bis die Zelle schließlich zugrunde geht. Bestimmte anomale Zellen aber haben, wie wir heute wissen, die bemerkenswerte Fähigkeit, sich die Telomersicherung endlos lange zu erhalten, und werden dadurch unsterblich. Solche Zellen nennt man Tumorzellen.
Eine genauere Analyse der Telomere zeigt, daß diese aus der Sequenz

TTAAGGG...

bestehen, die bis zu zweitausendmal wiederholt wird.[27] Bei jeder Zellteilung verliert die Zelle 10 bis 20 dieser Segmente – die Sicherung wird mit jeder Teilung kürzer. Man hat daher spekuliert, daß das Telomer irgendwann ganz verschwindet, wenn die Sicherung nach zu vielen Zellteilungen zu kurz geworden ist, und daß die Zelle deshalb stirbt.
Im Jahre 1984 entdeckte man das Enzym »Telomerase«, das diesen Prozeß rückgängig machen, die Telomere erneut verlängern und so den zellulären Selbstmord verhindern kann. In den meisten Zellen des Körpers gibt es jedoch keine Telomerase.
Im Jahre 1994 machten Christopher M. Counter, Silvia Baccetti und deren Kollegen an der McMaster University eine entscheidende Entdeckung. Sie konnten zeigen, daß bei einer großen Bandbreite an Tumoren eine genetische Mutation vorliegt, die die Tumorzellen in die Lage versetzt, das Enzym Telomerase zu produzieren. Dadurch wird verhindert, daß die Telomere verschleißen, und die Zelle wird unsterblich.
Mit dieser Beobachtung verfügen wir nunmehr über eine Arbeitshypothese zum Thema Zellalterung, Zelltod und Krebsentstehung. Das Telomer wirkt als eine Art Uhr und ist somit ein Maß dafür, in welchem Zeitrahmen eine Zelle altert und schließlich stirbt. Je kürzer das Telomer, um so älter ist die Zelle. Krebszellen haben, weil sie Telomerase produzieren und damit die Abnahme der Telomere einfrieren können, »verges-

sen, wie man stirbt«, so Samuel Broder, der Direktor des National Cancer Institute.[28]

Diese Entdeckung eröffnet der Krebsdiagnostik und -therapie im 21. Jahrhundert neue Wege. So bestünde eine mögliche Methode im Nachweis von Telomerase im Körper. Da normale Zellen keine Telomerase produzieren, wäre die Anwesenheit dieses Schlüsselenzyms ein Signal für die Anwesenheit aktiver Tumorzellen. Eine andere Möglichkeit bestünde in der Neutralisierung des Enzyms in Krebszellen, so daß diese beginnen würden, ganz normal zu altern. Da man in normalen Zellen keine Telomerase findet, träfe eine solche Therapie nur Tumorzellen. (Chemotherapie wirkt demgegenüber vergleichsweise wie eine Schrotflinte, die normale Zellen ebenso trifft wie Tumorzellen.)

Krebs im Jahre 2020

Krebs wird, da er ein Sammelsurium von mindestens zweihundert Krankheitsbildern darstellt – und für jede Art von menschlichem Gewebe anders aussieht und verläuft –, bis zum Jahre 2020 nicht in seiner Gesamtheit zu heilen sein. Um es mit den Worten von Richard Klausner vom National Cancer Institute auszudrücken:»Es wird niemals eine universelle Heilungsmethode für Krebs geben.«[29]

Bis zum Jahre 2020 sollte die Wissenschaft jedoch über einen nahezu vollständigen Katalog der an diesen zweihundert Krebserkrankungen beteiligten Mutationen verfügen, und dadurch wird es wohl zu einer enormen Zunahme an radikal neuen Krebstherapien und -nachweisverfahren sowie zu einer Vielfalt an spannenden neuen Strategien kommen, die an den molekularen Schwachstellen und Achillesfersen eines Tumors angreifen werden.

Eine Reihe neuer Ansätze erregt derzeit allgemeines Interesse; etliche davon dürften bis zum Jahre 2020 erste Früchte tragen.

Der erste hat mit dem Auffinden eines Tumors zu tun. Gesetzt den Fall, man wäre bereits Jahrzehnte vor der Bildung eines sichtbaren Tumors in der Lage, winzige Kolonien von Krebszellen nachzuweisen. Derzeit ist man im Begriff, extrem sensitive Tests zu entwerfen, mit denen man minimale Mengen an speziellen Proteinen nachweisen kann, wie sie von nur wenigen hundert Krebszellen im Laufe des Wachstums abgesondert werden und die an der Entstehung von Blutgefäßen zur Versorgung des Tumors beteiligt sind. Diese Tests werden in Kürze Marktreife haben. Diese Proteine lassen sich in Urin oder Blut nachweisen. Ganz ähnlich werden Ärzte auch in der Lage sein, unsere genetische Ausstattung direkt auf die Anwesenheit von Krebsgenen hin zu untersuchen. Etwa die Hälfte aller Tumoren, in denen das *ras*-Gen sehr häufig mutiert ist, findet sich in Hohlorganen (Lunge, Darm, Blase). Mit einfachen Tests zur Untersuchung von Blut und Urin auf das *ras*-

Gen (die in Zukunft auch zu Hause gemacht werden können), werden wir in der Lage sein, die Mehrzahl aller Krebserkrankungen, Jahre bevor sich diese in Form von Tumoren und Metastasen manifestieren, zu erkennen. Der zweite Ansatz hat mit der Entwicklung natürlicher Krebsabwehrpräparate zu tun. Die Wissenschaft fängt an, die molekularen Grundlagen dafür zu verstehen, daß manche natürlichen Produkte und Vitamine zum Schutz vor Krebs beitragen. Von Genistein, einer Substanz, die sich in Sojabohnen und Kohl findet und in der japanischen Ernährung in höheren Konzentrationen vorhanden ist, weiß man, daß es die Bildung von Blutgefäßen in malignen Tumoren unterdrückt. (Bei Japanern liegt die Genisteinkonzentration im Blut dreißigmal so hoch wie bei den Bewohnern westlicher Nationen.) Antioxidantien in Lebensmitteln (wie die Vitamine C und E oder Lycopin in Tomaten, Katechine in Beeren und Karotinoide in Möhren) sind dafür bekannt, daß sie die zelluläre Mutationsrate herabsetzen, indem sie freie Radikale binden. Andere Gemüse enthalten chemische Substanzen, die offenbar ebenfalls vor Krebs schützen: die Indole in Kohl, Limonoide in Zitrusfrüchten und Isothiocyanate in Senf.

Der dritte Ansatz besteht in einer Verstärkung der Immunantwort. Normalerweise werden die vom Immunsystem gebildeten Antikörper eine Krebszelle nicht angreifen, da sie sich als körpereigenes Produkt tarnt. Man kann jedoch sogenannte »monoklonale Antikörper« oder andere Substanzen herstellen, die sich ganz spezifisch gegen Proteine auf der Oberfläche von Tumorzellen richten. Nach einer anfänglichen Woge der Begeisterung über diese Antikörper machte sich in der wissenschaftlichen Gemeinschaft jedoch bald Enttäuschung breit. Lloyd Old, ehemaliger Mitarbeiter des Memorial Sloan Kettering Institute for Cancer Research in New York, stellt jedoch fest: »Das Konzept ist nach wie vor solide, und bei der Entwicklung von Antikörpertherapien gibt es einen steten, allmählichen Fortschritt.«[30]

Ein vierter Ansatz richtet sich gegen Krebsgene. Mit Hilfe der Gentherapie lassen sich geschädigte krebsverursachende Gene durch normale ersetzen. An Zellkulturen ist es Wissenschaftlern bereits gelungen, Tumorzellen ein funktionstüchtiges *p53*-Gen zu injizieren und so deren Teilung zu unterbinden, Experimente am Menschen sind in Arbeit. Eine Alternative bestünde darin, Inhibitoren zu schaffen, mit denen sich das durch ein Krebsgen entstandene fehlerhafte Protein blockieren läßt. Das durch das *ras*-Onkogen produzierte Protein beispielsweise läßt sich durch sogenannte Farnesyltransferase-Inhibitoren blockieren.[31]

Ein fünfter Ansatz schließlich verfolgt die Herstellung von Krebsimpfstoffen. Zwar wurde dieser Ansatz, einer der allerersten, die man überhaupt probiert hatte, relativ bald wieder verworfen, doch inzwischen regt sich im Rahmen der molekularbiologischen Fortschritte neues Interesse an dieser Idee. Mit modernen Techniken läßt sich die Wirksamkeit bestimmter Impfstoffe zuverlässig überprüfen – was zuvor nahezu unmöglich war.[32]

Ein sechster Weg, den die Ärzte einschlagen können, besteht darin, dem Tumor die Blutzufuhr abzuschneiden. Damit ein Tumor über die Größe einer Erbse hinaus wachsen kann, muß er das Wachstum von Blutgefäßen und Kapillaren stimulieren, um sich angemessen versorgen zu können. Diesen Vorgang der Entstehung von Blutgefäßen bezeichnet man als »Angiogenese«. Die Strategie, mit der man das Wachstum von Blutgefäßen stoppen kann, besteht in der Schaffung von sogenannten Angiogenese-Hemmern.[33] Schon heute produzieren weltweit 30 Biotechnologie-Firmen solche Angiogenese-Hemmer (beispielsweise TNP-470), die sich teilweise bereits in der klinischen Erprobungsphase befinden.

Und ein weiterer Ansatz schließlich befaßt sich mit der zuvor erwähnten Telomerase. Gelingt es uns, die Telomerase zu neutralisieren, dann können wir die Unsterblichkeit der Tumorzellen aufheben.

Niemand kann vorhersagen, welche Therapie sich bei der Bekämpfung eines Tumors als die wirkungsvollste erweist. Der zentrale Punkt ist jedoch, daß das Rätsel Krebs inzwischen in weiten Teilen gelöst ist und daß uns bereits höchst vielversprechende neue Perspektiven für die Bekämpfung von Krebs zur Verfügung stehen, die schließlich die heute verfügbaren, »primitiven« Methoden der Chemotherapie, Chirurgie und Bestrahlung ersetzen werden.

Viele Wissenschaftler sind der Ansicht, daß man im Jahre 2020 ganze Kategorien von Krebserkrankungen wird heilen können.

Erbkrankheiten – so alt wie die Menschheit

Innerhalb der nächsten fünfundzwanzig Jahre wird man mit den Methoden der Molekularbiologie unter Umständen auch eine weitere Klasse evolutionsbiologisch sehr alter Krankheiten unter Kontrolle bringen können: Krankheiten, die von einer Generation zur nächsten weitervererbt werden. Stephen Hawking, einer der größten Kosmologen der Welt, leidet an amyotrophischer Lateralsklerose (ALS), derselben erblichen Krankheit, die auch den Baseballspieler Lou Gehrig, Senator Jacob Javits und den Schauspieler David Niven das Leben kostete. Zwar sind seine Gedanken so klar und messerscharf wie eh und je, doch die Kontrolle über Hände, Arme, Beine, Zunge, sogar über seine Stimmbänder hat er vollständig verloren. Völlig hilflos an einen Rollstuhl gefesselt, kommuniziert er mit der übrigen Welt über einen Stimmsynthesizer. Alle seine komplexen mathematischen Überlegungen vollzieht er einzig und allein in seinem Kopf.

Ihre gesamte Entwicklungsgeschichte hindurch hat die Menschheit unter schweren und schwersten genetisch bedingten Erkrankungen zu leiden gehabt. Frédéric Chopin litt möglicherweise an Mukoviszidose, Henri Toulouse-Lautrec an der Knochenerkrankung Pyknodystose, Vincent van Gogh an akuter hepatischer Porphyrie (Porphyria acuta intermittens, einer in Schüben auftretenden Stoffwechselkrankheit), der Musiker Woody Guthrie an Chorea Huntington und Nicolo Paganini an dem Ehlers-Danlos-Syndrom (einer Bindegewebserkrankung).[34] Es gibt etwa 5000 genetisch bedingte Erkrankungen des Menschen, dazu gehören unter anderem Muskeldystrophie, Hämophilie, Mukoviszidose, Sichelzellenanämie und das Tay-Sachs-Syndrom. Einen besonders hohen Tribut fordern diese bei Kindern. Sie liegen einem Fünftel aller Todesfälle im Säuglingsalter, der Hälfte aller Fehlgeburten und 80 Prozent aller Fälle von geistiger Unterentwicklung zugrunde.[35] Über Tausende von Jahren hinweg stand die Medizin diesen alten Krankheiten hilflos gegenüber; erst die molekulare Medizin verspricht neue Strategien und Therapien, in manchen Fällen vielleicht sogar die Heilung.

Es ist dies allerdings ein Kampf, der endlos weitergehen wird – zwischen der Evolution (die durch natürliche Selektion schädliche Gene allmählich eliminiert) und immer neuen Mutationen (die durch kosmische Strahlung, Toxine, Umweltverschmutzung und ähnliche Faktoren ständig neu entstehen). In jeder Generation kommt es bei jedem einzelnen von uns zu einigen hundert Mutationen. Nehmen wir an, daß einige Prozent davon schädlich sind, dann schleichen sich bei jedem von uns vielleicht zwei oder drei schädliche Gene durch Mutationen ins Genom ein. Das bedeutet, daß Generation für Generation möglicherweise zehn Milliarden neuer schadhafter Gene in den menschlichen Genpool (die Gesamtheit aller menschlichen Genome) aufgenommen werden. Infolgedessen kann der Kampf gegen genetisch bedingte Erkrankungen niemals ein Ende haben.[36]

Genetisch bedingte Erkrankungen, die Geschichte schrieben

Erst in den vergangenen zehn Jahren etwa hat man im Zuge biotechnologischer Entwicklungen auch viele genetisch bedingte Erkrankungen auf molekularer Ebene verstehen gelernt. Dabei kennt man erbliche Krankheiten schon seit Jahrtausenden. Die Bluterkrankheit, eine ererbte Störung der Blutgerinnung, kannte man schon zu biblischen Zeiten. Bereits der Talmud stellt einen männlichen Säugling von der Beschneidung frei, wenn er Geschwister hat, die zu unkontrollierten Blutungen neigen. Man wußte sogar, daß die Krankheit erblich ist und von der Mutter auf den Sohn übergeht.[37] Solche Krankheiten haben das Schicksal ganzer Nationen bestimmt – nicht zuletzt aufgrund der massiven Inzucht unter den früher regierenden Monarchien Europas.

Der englische König Georg III. litt – durch seine Porphyrie bedingt – während seiner Regierungszeit im 18. Jahrhundert an periodisch wiederkehrenden Anfällen von Wahnsinn. Vielleicht geschah es während einer dieser Episoden von geistiger Umnachtung, daß seinem Premierminister Lord North die Macht in den amerikanischen Kolonien derart aus den Händen glitt, daß es zur amerikanischen Revolution und damit zur Gründung der Vereinigten Staaten kam.[38] Königin Viktoria, eine der Thronfolgerinnen Georgs III. im 19. Jahrhundert, war Überträgerin der Bluterkrankheit, ihre neun Kinder trugen das Gen für diese Blutgerinnungsstörung in die Königshäuser Europas. (Drei ihrer Töchter waren ihrerseits Überträgerinnen, ihr Sohn Leopold war Bluter.) »Unsere arme Familie scheint verfolgt zu werden von dieser Krankheit, der schlimmsten, die ich kenne«, klagte sie.[39] Viktorias Enkelin Alexandra erbte dieses Gen ebenfalls. Sie heiratete Zar Nikolaus II. Ihr Sohn Alexis war Bluter, und der skrupellose, charismatische Mönch Rasputin, der versuchte, die Blutungen mittels hypnotischer Kräfte zu bekämpfen, erlangte ungeheure Macht über die Zarenfamilie. Manche Historiker behaupten sogar, Rasputin habe den Zarenhof gelähmt, dringend notwendige Reformen verzögert und so den Grundstein für die russische Revolution von 1917 gelegt.[40] Der Genetiker Steve Jones vom University College London schreibt: »Es ist eine merkwürdige Vorstellung, daß sowohl die russische als auch die amerikanische Revolution womöglich durch Zufallsschäden an königlicher DNS zustande gekommen sind.«[41]
Viele genetisch bedingte Erkrankungen äußern sich in furchtbaren Symptomen, die einen langsamen schmerzvollen Tod herbeiführen. Manche davon sind wahrhaft alptraumhaft, so beispielsweise das Lesch-Nyhan-Syndrom, von dem in den Vereinigten Staaten jährlich etwa 2000 Kinder betroffen sind, die sich in Anfällen von Selbstverstümmelung ihre Finger und Gliedmaßen zerbeißen.[42] Andere genetische Erkrankungen können furchtbar entstellend sein, so beispielsweise die Neurofibromatose, die einen von 4000 Menschen betrifft und bei der die Haut des Betroffenen über und über mit winzigen bräunlichen Tumoren übersät ist. (Das berühmteste Opfer dieser Krankheit war John Merrick, der berühmte »Elefantenmensch« des ausgehenden 19. Jahrhunderts.)[43]
Historisch betrachtet ist die Chorea Huntington die am meisten gefürchtete Erbkrankheit. Lange Zeit hat man sie mit Hexenkraft und Satanskult in Verbindung gebracht (unter anderem mit der berühmten Hexe von Groton aus dem Jahre 1671). Die Familien der Opfer wurden gnadenlos verfolgt und wie Aussätzige in Lager ausquartiert. Huntington-Patienten verlieren nach und nach die Kontrolle über ihre Muskeln und schließlich über ihren Verstand. Oft kommt es zu massiven Zuckungen und zu grotesk tanzenden Bewegungen, am Ende ist die Haut über und über mit blauschwarzen Flecken übersät. Die Betroffenen sterben häufig an Atem-

not oder verhungern, weil sie durch die heftigen Krämpfe kaum ernährt werden können. In den Vereinigten Staaten sind etwa 30 000 Menschen von dieser Krankheit betroffen, für weitere 150 000 besteht ein erhöhtes Risiko.

Eine Reihe von genetisch bedingten Erkrankungen betrifft nur bestimmte ethnische Gruppierungen:

• *Mukoviszidose:* Bei Menschen kaukasischer Abstammung ist sie das häufigste Erbleiden. Sie könnte sich ungemein weit verbreiten, denn einer von 25 Menschen trägt das entsprechende fehlerhafte Gen.[44] In der weißen Bevölkerung der Vereinigten Staaten und Kanadas betrifft sie derzeit 1800 Säuglinge und 35 000 junge Menschen. Jährlich werden in den Vereinigten Staaten ungefähr 1000 neue Fälle von Mukoviszidose gemeldet. Für Eltern ist diese Krankheit ein Alptraum: Der Bronchialschleim in der Lunge des Kindes und andere Körpersekrete sind extrem zähflüssig. Dadurch wird einerseits die Lunge geschwächt, andererseits werden die Gänge der Bauchspeicheldrüse blockiert, so daß der Körper Nahrung nicht richtig verdauen kann.[45] Einer der ältesten Berichte über diese Krankheit stammt aus dem Mittelalter. Damals kursierte unter den Bewohnern Nordeuropas ein Sprichwort:»Wehe dem Kind, bei dem ein Kuß auf die Stirne salzig schmeckt. Es ist verhext und wird bald sterben.«[46]

• *Tay-Sachs-Syndrom.* Einige genetische Defekte haben sich glücklicherweise auch ohne Gentherapie unter Kontrolle bringen lassen. Ein Beispiel hierfür ist das Tay-Sachs-Syndrom, von dem eines von 3600 jüdischen Kindern osteuropäischer Abstammung betroffen ist. Innerhalb dieser Population ist jede dreißigste Person Träger des entsprechenden Gendefekts.[47]

Beim Tay-Sachs-Syndrom wird durch einen Enzymdefekt das Nervensystem allmählich zerstört. Die Kinder wirken bei der Geburt normal, im Verlauf des Säuglings- und Kleinkindalters kommt es jedoch zu geistiger Retardierung, Blindheit und zum Verlust der Muskelkontrolle. Die Kinder sterben in der Regel vor dem vierten Lebensjahr.

• *Sichelzellenanämie.* Von dieser Krankheit sind in den Vereinigten Staaten 4000 Kinder vor allem afro-amerikanischer Abstammung betroffen, ungefähr jeder fünfhundertste Afroamerikaner leidet unter dieser chronischen Krankheit, aber jeder zehnte ist Träger des entsprechenden Gendefekts. In Afrika werden jährlich 120 000 Kinder mit Sichelzellenanämie geboren, in Südafrika tragen sogar 40 Prozent der Bevölkerung das entsprechende Gen.[48]

Bis zum Jahr 2010: Die Jagd auf Gene

Wenn in sechs bis acht Jahren die erste menschliche DNS vollständig entschlüsselt sein wird, werden die Wissenschaftler über eine allgemeine Karte verfügen, aus der sich die Lage sämtlicher Gene unseres Körpers genau ablesen läßt. Bis zum Jahre 2010 sollten wir über eine genaue Auflistung nahezu aller 5000 genetisch bedingten Erkrankungen verfügen. Manchmal kann die Suche nach solchen Defekten sehr zäh verlaufen.[49] Francis Collins vergleicht die Suche nach einem bestimmten Gen, für das man überhaupt keine »Wegweiser« im Genom kennt, mit »... dem Versuch, eine durchgebrannte Glühbirne in irgendeinem Haus zwischen Ost- und Westküste zu finden, wobei man nicht einmal weiß, in welchem Staat sich dieses Haus befindet, von der Stadt oder der Straße ganz zu schweigen.« Stellen Sie sich einen Augenblick lang einen Stapel aus sämtlichen Telefonbüchern der Vereinigten Staaten vor. Nehmen wir an, wir durchsuchen drei Milliarden Buchstaben nach einem einzigen falsch geschriebenen Namen. Der Besitz sämtlicher Telephonbücher des Landes hilft uns bei der Suche nach diesem einen falsch geschriebenen Buchstaben auch nicht weiter.

Schon jetzt hat die Molekularbiologie bei dem Versuch, den Geheimnissen genetisch bedingter Erkrankungen auf die Spur zu kommen, für einige Überraschungen gesorgt. Im allgemeinen sind die schadhaften Gene außergewöhnlich lang, so daß bei ihnen ein ungemein erhöhtes Fehlerrisiko besteht. In vielen Fällen kommt eine genetisch bedingte Erkrankung durch einen einzelnen Fehler zustande, in anderen durch eine seltsame Wiederholung bestimmter Genfragmente.

Die folgende kurze Übersicht über einige der inzwischen bekannten genetischen Fehlleistungen soll deutlich machen, wie subtil die Buchstabierungsfehler im menschlichen Genom sein können, aus denen sich schließlich unendliches Leid entwickelt.

- *Chorea Huntington.* Das Gen *IT-15*, das für die Ausprägung dieser Krankheit verantwortlich ist, befindet sich auf dem kurzen Arm von Chromosom Nummer 4 und hat eine Länge von 200 000 Basenpaaren. Das Produkt dieses Gens ist an der Herstellung von Acetylcholin und γ-Aminobuttersäure, zweier Neurotransmitter im Gehirn, beteiligt. Im normalen Gen ist das Basentriplett CAG elf- bis 34mal wiederholt. Bei einem erkrankten Patienten findet man jedoch eine weit häufigere, bis zu achtzigfache Wiederholung von CAG. Die Produktion der beiden Neurotransmitter wird dadurch drastisch eingeschränkt. Je weiter die Triplett-Wiederholung über das Vierzigfache der ursprünglichen Zahl hinausgeht, um so schwerer ist der Krankheitsverlauf.
- *Mukoviszidose.* Das entsprechende Gen wurde im Jahre 1989 von Francis Collins und Lap-Chee Tsui identifiziert. Es befindet sich auf dem Chromosom Nummer 7 und ist 250 000 Basenpaare lang. Durch das

Fehlen von nur drei Basenpaaren, einem minimalen Bruchteil des Ganzen, kann es zur Entstehung von Mukoviszidose kommen. Die Mutation – in diesem Falle eine sogenannte Deletion – sieht folgendermaßen aus.[50]

$$ATCTTT \longrightarrow ATT$$

Damit fehlt in dem 1480 Aminosäuren langen Protein, das von diesem Gen kodiert wird, nur eine einzige Aminosäure (Phenylalanin). Dieser so geringfügige Defekt ist die Ursache für die Entstehung von Mukoviszidose.[51]

- *Lesch-Nyhan-Syndrom.* Dieser Krankheit liegt eine einzelne Mutation an einem Schlüsselgen auf dem X-Chromosom zugrunde.[52] Das Gen hat eine Länge von 50 000 Basenpaaren und ist durch die Mutation nicht mehr in der Lage, das Enzym HGPRT (Hypoxanthin-Guanin-Phosphoribosyltransferase) zu produzieren.

- *Muskeldystrophie.* Im Jahre 1986 wurde das entsprechende Gen isoliert, es gehört mit einer Länge von 2,5 Millionen Basenpaaren zu den längsten bisher isolierten Genen und kodiert für ein Protein namens Dystrophin.[53,54] Auch hier erklärt sich die hohe Mutationsrate aus der außergewöhnlichen Länge dieses Gens.[55]

Nun sollten wir zwar bis zum Jahre 2010 über eine relativ vollständige Auflistung der Mutationen verfügen, die den Tausenden von genetisch bedingten Erkrankungen zugrunde liegen, doch es wird mindestens bis zum Jahre 2020 dauern, bis man diese (zumindest teilweise) wird reparieren können. »Zwischen der Möglichkeit, eine genetisch bedingte Krankheit zu diagnostizieren, und der Möglichkeit, sie auch zu behandeln, können durchaus fünf bis zwanzig Jahre vergehen«, so Leroy Hood von der University of Washington.

Was also bringen uns die neugewonnenen Informationen in einer Zeit, in der eine Gentherapie noch nicht zur Realität geworden ist? Nancy Wexler, die an der Identifizierung des an der Entstehung der Chorea Huntington beteiligten Gens verantwortlich beteiligt war, stellt fest, daß manche Leute, nachdem man ihnen eröffnet hat, daß sie an einer unheilbaren Krankheit leiden, »... im Krankenhaus enden – aber nicht wegen ihrer Krankheit, sondern wegen ihrer Depressionen«.[56]

Die sozial verträglichste Strategie gegen die Ausbreitung genetisch bedingter Erkrankungen wird letzten Endes in einer direkten Intervention mit Hilfe der Gentherapie bestehen.

Die letzte Bastion: SCIDS

Gentherapie ist auch der Weg, den W. French Anderson von der University of Southern California beschreitet – er ist einer der Vorreiter auf diesem Gebiet. Anderson hat es mit einer sehr seltenen erblichen Krankheit namens SCIDS zu tun. Der berühmteste Fall in diesem Zusammenhang war David, ein Junge, der ohne funktionstüchtiges Immunsystem geboren wurde und den deshalb schon eine leichte Erkältung hätte umbringen können. David verbrachte sein Leben gefangen in einem sterilen Plastikzelt. Sogar seine Mutter konnte ihn nur mit speziellen Plastikhandschuhen anfassen und auf den Arm nehmen. Kindern mit SCIDS fehlen funktionstüchtige weiße Blutkörperchen, und sie erliegen meist schon im Kindesalter einer Infektion. Vor seinem Tod im Jahre 1984 war David zum Symbol für alle erblichen Krankheiten geworden, die die Menschheit peinigen.[57]

Defekte Gene zu heilen ist kein leichtes Unterfangen. Der menschliche Körper enthält mehr als 100 Billionen Zellen. Jahrmillionen der Evolution aber haben die vielleicht effizientesten »Größen« zur Veränderung dieser Zellen entstehen lassen: Viren. Für die Gentherapie nehmen Wissenschaftler einem Virus zunächst seine krankmachenden Eigenschaften, pflanzen ihm dann das gewünschte intakte Gen ein und infizieren schließlich den Patienten mit diesem veränderten Organismus.

Andersons Experimente werden sich vielleicht als Prototyp für die Gentherapie der Zukunft erweisen. Er entnimmt seinen jungen Patienten zunächst Blut und infiziert dieses mit dem modifizierten Virus, das den Blutzellen dann das gesunde Gen übermittelt. Anschließend wird dem Patienten das Blut erneut injiziert. Der erste Patient der Welt, an dem diese Gentherapie ausprobiert wurde, war ein vierjähriges Mädchen namens Ashanthi DeSilva. Im Jahre 1995 verkündete Andersons Arbeitsgruppe, daß der genetische Mechanismus bei 50 Prozent der weißen Blutkörperchen korrigiert worden sei.

Nach sieben Jahren intensivster Forschung zum Thema Gentherapie sind dennoch viele Ergebnisse noch immer enttäuschend. Ein frustrierendes Problem besteht darin, daß das Immunsystem des Körpers gelegentlich das Virus und die modifizierten Zellen angreift und so verhindert, daß sich die präparierten Gene im Körper ausbreiten können. Das gesamte Gebiet ist in jüngerer Zeit durch einen zynischen Bericht ans NIH in Mißkredit geraten, in dem die Auffassung vertreten wurde, die Gentherapie sei dem amerikanischen Volk mit unlauteren Methoden verkauft worden und die meisten Experimente ließen keinen medizinischen Fortschritt erkennen.

David Rimoin vom Cedars-Sinai Medical Center spiegelt die Skepsis in diesem Bericht wider, wenn er sagt: »Sie brauchen nicht nur eine schlaue Bombe, um die DNS an den rechten Fleck zu kriegen, sondern auch einen schlauen Zünder, der sie zur rechten Zeit hochgehen läßt, und im großen und ganzen stehen beide Mechanismen zur Zeit noch nicht zur Verfügung.«[58]

Die Mukoviszidose-Patienten in den bisherigen klinischen Studien beispielsweise hatten unter Komplikationen zu leiden, weil ihr Immunsystem auf das injizierte Virus – die »schlaue Bombe« – mit dem veränderten Gen heftig reagierte.

Der Bericht war eine nüchterne Bestandsaufnahme gentherapeutischer Realität, keinesfalls aber ihr Todesstoß. Es ist wahr, daß man die Experimente zu sehr aufgebauscht hat, und es stimmt auch, daß die Versuche im großen und ganzen wenig Fortschritt erkennen lassen. Doch kann das den Optimismus der Wissenschaftler und der von einer genetisch bedingten Krankheit Betroffenen nicht dämpfen.

Um es mit Francis Collins auszudrücken: »Das ist ein neues Gebiet. Würden Sie ein Baby in der Wiege dafür kritisieren, daß es nicht aufsteht und Shakespeare zitiert? Immer mit der Ruhe!«[59]

Seit dem Bericht von 1995 hat es eine Reihe von Teilerfolgen gegeben. Wie bereits zuvor erwähnt, konnte eine Arbeitsgruppe von der University of Texas zeigen, daß sich mit einer *p53*-Gentherapie Tumoren schrumpfen oder sogar ganz entfernen lassen.

Ein Mitarbeiter Andersons am NIH, Michael Blaese, erklärt, der Fortschritt der Gentherapie lasse sich mit den ersten Flugversuchen der Gebrüder Wright vergleichen. Auch damals gab es genügend Leute, die sich über die absonderlichen Experimente der beiden Fahrradbauer lustig machten. Doch deren Logik und wissenschaftliche Überlegungen standen auf soliden Füßen, und binnen weniger Jahrzehnte war der Himmel voll mit Flugzeugen.[60]

Zwischen 2020 und 2050: Polygene Krankheiten

In mancher Hinsicht sind die in den kommenden fünfundzwanzig Jahren zu erwartenden raschen Fortschritte im Hinblick auf die Behandlung genetisch bedingter Erkrankungen irreführend. Die exponentielle Zunahme unseres Wissens um unser Genom verdanken wir der Computerisierung und Automatisierung von DNS-Sequenzierungstechniken.

Die Fortschritte jenseits des Jahres 2020 werden sehr viel langsamer vorankommen, denn wir haben es dann mit der nächsten Klasse genetisch bedingter Erkrankungen zu tun: den sogenannten polygenen Erkrankungen, zu deren Entstehung mehrere Gene beitragen. Eine Heilung dieser Erkrankungen mag bis weit in die absehbare Zukunft hinein außerhalb unserer Möglichkeiten liegen, denn sie entstehen durch unbekannte Wechselwirkungen zwischen einer unbekannten Zahl von Genen. Aus diesem Grund werden sich die Methoden zur Isolierung der beteiligten Gene weniger leicht automatisieren lassen. Hinzu kommt, daß in vielen Fällen vielleicht auch unbekannte Umweltfaktoren eine auslösende Rolle spielen.

Eine Krankheit, die in diesem Zusammenhang zu nennen wäre, ist die Schizophrenie, in deren Verlauf Geist und Seele eines Menschen allmählich zerstört werden, so daß der Betreffende schlußendlich Spielball körperloser Stimmen, seiner Wahnvorstellungen, wird. Die Zeitschrift *Nature* nannte diese Krankheit»... die vielleicht schlimmste, die einen Mensch treffen kann.« Ein Prozent aller Menschen ist von dieser Krankheit betroffen, und bis zu 30 Prozent aller amerikanischen Krankenhausbetten werden durch sie belegt, das ist mehr als bei jeder anderen Krankheit.[61]

Für die Entstehung von Schizophrenie gibt es ohne Zweifel eine genetische Komponente. Fünf Prozent aller Fälle treten familiär gehäuft auf, die Verknüpfung ist allerdings schwach: Bei eineiigen Zwillingen besteht eine Wahrscheinlichkeit von 50 Prozent dafür, daß bei einer Erkrankung des einen Zwillings der andere ebenfalls erkrankt, was bedeutet, daß es eine genetische Komponente gibt. Die Tatsache, daß diese Korrelation nicht hundert Prozent beträgt, bedeutet jedoch auch, daß mehrere Gene an ihrer Entstehung beteiligt sind, deren Beitrag zum Teil vielleicht auch durch Umweltfaktoren beeinflußt wird.

Einige vielversprechende Indizien deuten darauf hin, daß zumindest eines der vielen an der Entstehung von Schizophrenie beteiligten Gene auf dem Chromosom Nummer 5 liegt: Im Jahre 1988 machten kanadische Wissenschaftler eine Sippe mit 104 Familienmitgliedern ausfindig, in der 39 Angehörige an Schizophrenie und 15 weitere Mitglieder an anderen psychischen Störungen erkrankt waren. Die Chance dafür, daß dies Zufall ist, steht bei 1:50 Millionen. Die Hoffnung allerdings, daß ein Gen allein für die Krankheitsentstehung verantwortlich sein könnte, zerschlug sich jedoch, als weitere Studien bei anderen Personen keinen Hinweis auf die Beteiligung von Chromosom Nummer 5 ergaben.[62] Im Jahre 1995 ergab eine andere Reihe von Untersuchungen vielversprechende Hinweise auf eine Beteiligung von Chromosom 6, und zwar im Bereich von *6p21* bis *6p24*.[63]

Walter Gilbert ist der Ansicht, daß man bis zum Jahre 2020 vielleicht einige der an der Entstehung von Schizophrenie beteiligten Gene wird ausfindig machen können.[64] Bis zum Jahre 2020 können wir auch mit relativ genauen Vorstellungen bezüglich dessen rechnen, wie diese Gene miteinander und mit der Umgebung wechselwirken; eine Heilung auf genetischem Niveau wird allerdings mit großer Wahrscheinlichkeit noch nicht in Sicht sein.

Zwischen 2020 und 2050: Keimbahntherapie?

Bis hierhin hat sich unser Enthusiasmus über die mögliche Korrektur unserer Gene vor allem auf die Gentherapie *somatischer* Zellen beschränkt, von Körperzellen also, die nicht an unserer Fortpflanzung beteiligt sind. Wenn in einem solchen Fall der Betreffende stirbt, so stirbt das korrigierte Gen mit ihm. Weit heftiger umstritten ist die Gentherapie im Bereich der Keimbahn, bei der man die DNS unserer Geschlechtszellen manipulieren würde. Prinzipiell könnte eine Gentherapie an Keimbahnzellen genetisch bedingte Erkrankungen künftiger Generationen verhindern. Bei einem erfolgreichen Verlauf müßten sich die Nachkommen nie wieder vor einer bestimmten erblichen Krankheit fürchten. Ein solches Vorgehen aber wirft eine Reihe von moralischen und ethischen Fragen auf, denen ich mich im Kapitel 12 zuwenden möchte, denn dieser Themenkomplex hat damit zu tun, daß man die DNS der ganzen menschlichen Art verändert.

Die Wissenschaftler erwarten für die Zukunft noch manche aufsehenerregende, sensationelle Entdeckung, die die Keimbahntherapie zu einer realistischen Option für den Menschen machen wird. Auf jeden Fall haben wir es mit einer Technologie zu tun, der das Potential für ausgesprochen beängstigende Anwendungen ebenso innewohnt wie das einer vorteilhaften Nutzung.

9 Molekularmedizin und die Verknüpfung von Körper und Seele

»Ich gehe von der Annahme aus, daß alle menschlichen Krankheiten genetisch bedingt sind.«

Paul Berg, Nobelpreisträger

»Ein Blick in meine Kristallkugel verrät mir, daß das zunehmende Wissen über unser Immunsystem und die zunehmende Fähigkeit, dieses genetisch zu manipulieren, in den nächsten zehn bis zwanzig Jahren von großer Bedeutung sein werden.«

Steve Rosenberg, Chefarzt der Chirurgie
am National Cancer Institute

Die britische Regenbogenpresse trompetete 1994 mit großem Getöse die Schlagzeile hinaus: »Fleischfressende Bakterien fraßen meinen Bruder in 18 Stunden!« Grausige Bilder von Gesichtern, die von Killermikroben verwüstet worden waren, beherrschten die Nachrichten. Im darauffolgenden Jahr schockierten schreckliche Berichte über einen Ebola-Ausbruch in Zaire die Öffentlichkeit. Notfallteams aus der ganzen Welt versammelten sich binnen kürzester Zeit in den Dorfgemeinschaften Zaires, um die Ausbreitung dieser mysteriösen, unheilbaren Krankheit aufzuhalten, die über 90 Prozent ihrer Opfer tötet. Die Tatsache, daß Ebola sich gar nicht übermäßig rasch ausbreiten kann (weil es die Betroffenen so schnell tötet, daß keine Zeit bleibt, andere zu infizieren), hielt die sensationslüsterne Öffentlichkeit nicht davon ab, alle möglichen Nachrichten und Pamphlete zu diesem Thema in sich aufzusaugen.

Die Medizin im 20. Jahrhundert fiel, so schien es aus allen Wolken angesichts der Horrorgeschichten über »fleischfressende« Bakterien und Ebola-Ausbrüche, über die unaufhaltsame Ausbreitung von AIDS und Rinderwahnsinn, den Tod zahlreicher Schulkinder durch EHEC-Bakterien und das massenhafte Auftreten von Bakterien mit Resistenzen gegen alle bisher bekannten Antibiotika.

In den vergangenen 50 Jahren hatte die Medizin derart rasante Fortschritte gemacht, daß sich die Ärzteschaft in der falschen Sicherheit wog, viele Infektionskrankheiten seien für immer besiegt. Bald darauf mußte sie jedoch feststellen, daß neue Stämme der alten Krankheiten zur wachsenden Gefahr für die Menschheit wurden.

Im Jahre 1969 hatte der Chef der amerikanischen Gesundheitsbehörden, William H. Stewart, feierlich erklärt, es sei »... an der Zeit, das Kapitel Infektionskrankheiten abzuschließen«.[1] Viele Zukunftsforscher prophezeiten daraufhin, daß die Welt im 21. Jahrhundert von keinerlei Infektionskrankheiten mehr geplagt sein würde. Tatsächlich aber müssen wir mehr und mehr erkennen, daß vermutlich das Gegenteil der Fall sein wird, denn wir erleben derzeit eine Neuauflage der mittelalterlichen Schreckenskabinette voll tödlicher Mikroben.

Die Medizin hat in der Vergangenheit nicht hinreichend der Tatsache Rechnung getragen, daß Bakterien und Viren ständig mutieren und eine Evolution durchmachen, die millionenmal rascher abläuft als die des Menschen und einzig darauf ausgerichtet ist, unsere wirksamsten Verteidigungsmechanismen zu unterwandern. Infektionskrankheiten gibt es auf der Erde, seit es Leben gibt, und sie werden, allen Bemühungen der modernen Medizin zum Trotz, auch noch auf unbestimmte Zeit weiterbestehen.

Doch auch sämtliche Schlagzeilen, die unheilvoll von resistenten Erregern und unheilbaren Krankheiten künden, denen es gelungen ist, unsere medizinischen Verteidigungslinien zu durchbrechen, zielen am eigentlichen Thema vorbei: In unserem uralten, ständig währenden Kampf gegen Krankheiten sind wir im Besitz einer neuen Waffe. Aus dem Zusammenwirken der revolutionären Entwicklungen in Quantenphysik, Computerwissenschaft und DNS-Analytik ist eine neue Wissenschaft hervorgegangen: die Molekularmedizin. Sie verspricht neue Wege, den Herausforderungen zu begegnen, vor die uns die ansteckenden Infektionen im 21. Jahrhundert stellen werden.

Schon heute wird am Design neuer Medikamente gearbeitet, indem man die molekularen Schwachstellen eines Krankheitserregers am Computer mittels virtueller Realität analysiert. HIV ist das erste Virus, mit dem sich die Molekularmedizin mit geballten Kräften auseinandersetzte. Man hat es systematisch auseinandergenommen – Protein für Protein, ja beinahe schon Atom für Atom –, bis sämtliche seiner molekularen Schwachstellen offenlagen. Dadurch haben die Wissenschaftler zum ersten Mal neue Hoffnungen auf eine Heilung. Der konzentrierte Angriff auf das HIV-Virus wird Maßstäbe setzen für die Medizin im 21. Jahrhundert.

Bis zum Jahre 2020 werden die Ärzte neben unseren individuellen DNS-Sequenzen auch umfangreiche Kataloge mit den vollständigen Genomen von Viren und Bakterien in der Hand haben, die uns einen nie dagewesenen Einblick in die Frage gewähren werden, über welche Mechanismen Krankheitserreger in unseren Körper hinein gelangen, wie sie sich dort vermehren und ihre schädliche Wirkung entfalten.

Molekularmedizin bis zum Jahre 2020: Kontrolle von Killerviren

Einer der Aufträge an die Centers for Disease Control and Prevention (CDC) in Atlanta und an die schwer bewachten Einrichtungen in Fort Detrick am US Army Medical Research Institute for Infectious Diseases in Frederick, Maryland, für das nächste Jahrhundert lautet, den Ausbruch von Virusepidemien, »... der größten Bedrohung für das Überleben unserer Art«[2], kontrollierbar zu machen. Ein todbringendes, »apokalyptisches« Virus wie AIDS und Ebola, das sich über die Luft ausbreiten kann, könnte den Bestand der Menschheit existentiell gefährden.

Einer der potentesten Killer der Menschheitsgeschichte war das Pockenvirus. Die von ihm ausgelöste Krankheit hat vermutlich vor etwa 10 000 Jahren vom Tier auf den Menschen übergegriffen und ist seither immer eine tödliche Bedrohung für den Menschen gewesen. Sie dezimierte die Armee Alexanders des Großen im vierten Jahrhundert vor Christus und tötete den römischen Kaiser Marc Aurel. Sie hat ganze Kulturen zerstört und ließ große Reiche zerfallen.[3] Noch Ende der sechziger Jahre wurden weltweit 10 Millionen Menschen mit dem Pockenvirus infiziert, mehr als zwei Millionen Menschen starben jährlich daran.

Im Jahre 1966 aber begann die Weltgesundheitsorganisation der Vereinten Nationen (WHO) in 31 Ländern mit einem flächendeckenden Impfprogramm gegen Pocken. Die Zahl der Pockenfälle fiel dadurch rasch auf Null, und der Lebenszyklus des Pockenvirus (das nur menschliche Wirte infiziert) war endlich unterbrochen, die Kette von Neuinfektionen riß ab. Am 8. Mai 1980 erklärte die World Health Assembly die Pocken offiziell für ausgerottet.[4]

Heute gibt es auf der Welt nur noch zwei Reagenzröhrchen mit dem tödlichen Virus: eines im Hochsicherheitstrakt des CDC im Raum 318 B und eines, 5000 Meilen entfernt, am Forschungszentrum für Virologie und Biotechnologie im russischen Koltsovo, Nowosibirsk. Im Juni 1999 sollen Wissenschaftler an beiden Forschungszentren gleichzeitig ihre beiden Proben auf 120 °C erhitzen und damit Pocken auf immer von der Erde verschwinden lassen.[5]

Diese beispiellos erfolgreiche Kampagne wird bis weit ins kommende Jahrhundert tonangebend sein für weitere flächendeckende Maßnahmen des öffentlichen Gesundheitswesens auf der ganzen Welt, mit denen man Krankheiten systematisch zu Leibe rücken und sie für immer verbannen will. Bis zum Jahr 2020 wird eine Reihe anderer Erreger den Pockenviren im Hochsicherheitslabor am CDC Gesellschaft leisten, unter diesen auch Polio und Lepra, von denen die WHO annimmt, daß sie bis zum Jahr 2000 eliminiert sein werden. Wissenschaftler erwarten, daß dasselbe bald darauf für Masern gilt. Vielleicht verlängert sich die Liste noch um die Neugeborentetanie, Drakunkulose, Onchozerkose und um die Chagas-Krankheit. Schwieriger, aber nicht unmöglich zu eliminieren werden Tuberkulose und Malaria sein.[6]

Bis zum Jahre 2020 wird der ganz in der Nähe von Raum 318 B gelegene Bau Nummer 15 eine Verbrecherkartei der schlimmsten »Mörder« der Menschheitsgeschichte enthalten. Für diese Krankheitserreger wird er eine Einbahnstraße sein, in der die letzten Röhrchen mit Erregerproben darauf warten, schließlich erhitzt zu werden. Um jeglichem Entrinnen vorzubeugen, werden diese Räume ununterbrochen auf höchstem Sicherheitsniveau – der sogenannten Bio-Sicherheitsstufe 4 (BSL 4), manchmal auch als «hot zone« betitelt – bei einem Unterdruck gehalten, der dafür sorgt, daß Luft nur in das Labor hineingelangen, nicht aber nach außen dringen und die Viren verbreiten kann. Diese Viren sind derart gefährlich, daß jeder, der mit ihnen arbeitet, wie ein Astronaut angezogen sein muß.[7] Einer der Ärzte meint über das Gefühl, auf dem BSL4 Stockwerk zu arbeiten: »Drinnen im Labor, in den Anzug eingepackt, ist man ziemlich isoliert. Nur du und dein Luftschlauch. Es ist ein bißchen so wie beim Tauchen.«[8]

Doch während Pocken und einige andere Krankheiten sich zu Beginn des nächsten Jahrhunderts vermutlich werden ausrotten lassen, steht zu erwarten, daß Epidemien wie der Ebola-Ausbruch in Zaire häufiger auftreten werden. Ebola ist nur eine aus einer ganzen Reihe von »neuen« Krankheiten, vermutlich verursacht durch urtümliche Pathogene, die einst vom Tier auf den Menschen übergingen und in kleinen, isolierten Gemeinschaften die Jahrhunderte überdauert haben. Moderne Technologien und Entwicklungen werden diesen Erregern früher oder später das Tor zur Allgemeinheit öffnen.

Bis zum Jahre 2020 werden die Wissenschaftler einen riesigen Katalog mit den DNS- und RNS-Genomen vieler hundert Tier- und Menschenviren besitzen. Sie werden in der Lage sein, deren evolutionäres Schicksal und ihre Verwandtschaftsbeziehungen relativ rasch zu entschlüsseln. Denn auch wenn Viren verhältnismäßig rasch mutieren, so wird doch selbst ein völlig »neues« Virus immer auch ein bißchen DNS enthalten, die sich mit der eines bereits bekannten Virus deckt.

Um ein Virus auf atomarer Ebene verstehen zu können, wird man Virusproben kristallisieren und röntgenkristallographisch untersuchen. Oftmals vermittelt die Gestalt eines Virus wichtige Hinweise darauf, wie es sich an eine menschliche Zelle anheftet, deren Membran durchdringt und ihr seine Reproduktionsmaschinerie aufzwingt, so daß die Zelle lauter Virusklone herstellt. Gegenwärtig ist nur eine Handvoll Viren auf atomarer Ebene entschlüsselt. Bis zum Jahre 2020 wird jedoch die atomare Struktur Hunderter von Viren bekannt sein.

Zum erstenmal erfolgreich war man mit dieser Technik im Jahre 1985. Damals konnten Wissenschaftler das komplette dreidimensionale Bild der molekularen Organisation von Rhinovirus 14 darstellen, einem der 200 bis 300 Viren, die eine gewöhnliche Erkältung hervorrufen.[9] Die Physiker hatten das kristalline Virus in einem Beschleuniger mit einem intensiven Teilchenstrahl bombardiert. Der abgelenkte Strahl produzierte ein Muster aus sechs Milliarden Datenbits, die man mit Hilfe eines Supercomputers aufbereitete. Aufgrund der Komplexität der Information brauchte der Computer ungefähr einen Monat Zeit, um ein räumliches Bild des Virus aus diesen Daten zusammenzusetzen.

Das Ergebnis barg eine Überraschung: Das Virus sah ziemlich genau so aus wie ein Fußball: Zwanzig Dreiecke fügen sich zu einer kugelähnlichen Gestalt zusammen. Dem Leder des Fußballs entspricht dabei eine Proteinschicht, im Inneren verbergen sich die Nukleinsäuren. Aus der Analyse der dreidimensionalen Struktur dieses »Fußballs« wurde ersichtlich, warum das Virus den Verteidigungsmechanismen des menschlichen Körpers entgehen kann.[10] Die »Außenhautelemente« sind fest miteinander verbunden und entziehen sich den Antikörpern des Immunsystems oftmals allein dadurch, daß sie dieselben Bausteine wie der Wirtsorganismus verwenden. Inzwischen weiß man, warum wir so leicht eine Erkältung bekommen.[11]

Die Analyse anderer Viren mit Hilfe röntgenkristallographischer Analysen ergab, daß manche von ihnen kleinen Raumkapseln ähneln, die mit speziellen Mechanismen ausgestattet sind, über die sie sich an Zellen anheften können, um in diese einzudringen. So sieht ein Virustyp beispielsweise aus wie eine kleine Raumfähre mit einer Landevorrichtung, über die es an das »Mutterschiff« Zelle andockt. Unter anderem mit Hilfe dieser Methoden hat man gelernt, wie Tollwut- und Polioviren vorgehen.

Wenn wir die dreidimensionale Struktur von Hunderten verschiedener Viren kennen, dann sollte uns das die Möglichkeit verschaffen, neue Wege zu finden, ihre Schutzschilde zu knacken.

Herkunft von Viren

Den größten Teil der menschlichen Entwicklungsgeschichte hindurch ist der Ursprung viraler Infektionen ein Rätsel gewesen, so daß man diesen Krankheiten kaum hat vorbeugen können. In den kommenden fünfundzwanzig Jahren aber werden Wissenschaftler den molekularen Ursprung ganzer Klassen von Viren aufdecken, woraus sich wichtige Rückschlüsse auf die Strategie zu ihrer Bekämpfung ergeben werden.

Man hat beispielsweise schon lange geargwöhnt, daß die meisten Viren als Kreuzinfektionen von Tieren auf den Menschen überspringen. Bis zum Beginn der Molekularmedizin aber war das reine Spekulation. Das Grippevirus ist eines der ersten Viren, deren Vergangenheit man mittels genetischer Untersuchungen bis zu seinen Ursprüngen im Tierreich nachspüren konnte.

Das Influenzavirus gehört zu den großen Geißeln der Menschheit.[12] Die weltweite Epidemie (Pandemie) von 1918 beispielsweise forderte über 20 Millionen Menschenleben, das sind mehr Opfer, als durch den Ersten Weltkrieg zu beklagen waren. Die Hälfte der Erdbevölkerung war von dieser Krankheit betroffen.[13] Allein in den Vereinigten Staaten tötete sie eine halbe Million Menschen und wurde damit zur schwerwiegendsten demographischen Katastrophe des Jahrhunderts. Sie war von einer solchen Virulenz, daß sich durch sie die durchschnittliche Lebenserwartung der US-Bevölkerung von 52 auf 39 Jahre senkte.[14]

Einer Theorie zufolge nahm die asiatische Grippe ihren Ausgang von einer bestimmten Form der chinesischen Landwirtschaft, der sogenannten Polykultur, bei der die Bauern ihrer jahrhundertealten Tradition gemäß Schweine und Enten gemeinsam halten und selbst in großer Nähe zu ihren Tieren leben. Die Viren gingen vermutlich über den Entenkot auf die Schweine über; obendrein gelangte Schweinemist in die Fisch- und Ententeiche. Allem Anschein nach bilden Schweine in dieser Situation so etwas wie einen Umschlagplatz für die viralen Gene der Enten. Sie werden von Enten *und* Menschen infiziert, beide Virusgene verschmelzen in ihnen und werden dann als neue Version weitergegeben.[15] Der Genetiker und Nobelpreisträger Joshua Lederberg warnt, daß »... durch die natürliche Kreuzung von Grippeviren in Vögeln und Schweinen alle paar Jahre neue Grippevarianten entstehen.«

Die frustrierende Tatsache, daß das ursprüngliche Grippevirus von 1918 spurlos wieder verschwand, nahm den Molekularbiologen lange Zeit jede Chance herauszufinden, warum es so viele Millionen Menschenleben forderte. Im Jahre 1997 verkündeten einige Wissenschaftler jedoch die wichtige Nachricht, daß sich in einigen alten Gewebeproben, die von jener Pandemie noch erhalten geblieben sind, auch Spuren des Grippevirus von 1918 nachweisen ließen.

Die genetischen Analysen an Grippeviren sind so detailliert, daß man verschiedene Virusstämme analysieren, die »genetische Entfernung« zwischen diesen errechnen und sogar vorhersagen kann, wann die nächste große Epidemie zu erwarten ist.

Die Molekularmedizin eröffnet uns zum ersten Mal die Möglichkeit, einen Stammbaum von verschiedenen Virusarten anzulegen, sie zu ihren Wurzeln zurückzuverfolgen und vielleicht sogar Möglichkeiten zu entwerfen, mit denen sie sich an der Quelle – in Polykulturen beispielsweise – unter Kontrolle bringen lassen. Bis zum Jahre 2020 sollten wir über ein nahezu lückenloses Wissen darüber verfügen, wie die Evolution von Viren verläuft und wie sie sich ausbreiten. Das wird uns vielleicht auch in die Lage versetzen, mit einer der größten Herausforderungen des 21. Jahrhunderts fertig zu werden: mit AIDS.

HIV als Maßstab für das 21. Jahrhundert

Manche Wissenschaftler sind der Ansicht, daß der derzeit unternommene konzentrierte Angriff gegen das HIV-Virus neue Maßstäbe für eine Zukunft setzt, in der man mit den Mitteln der Molekularmedizin die Schwachstellen von Viren oder Bakterien auf genetischer Ebene wird ausmachen und dementsprechende neue Therapien wird entwerfen können. HIV ist eines der ersten Viren, dem man primär auf molekularem Niveau beizukommen versucht, indem man durch Computersimulationen von chemischen Abläufen neue Behandlungsansätze sucht.

Zum ersten Mal macht sich vorsichtiger Optimismus breit, liegen erste Fortschritte im Bereich des Möglichen – fein abgestimmte »Cocktails« aus Antiviruspräparaten scheinen imstande zu sein, den HIV-Spiegel im Blut unter die Nachweisgrenze zu senken. Diese Präparate sind zwar extrem teuer (die Kosten betragen pro Patient jährlich etwa 15 000 Dollar), und im schlimmsten Fall werden sich möglicherweise resistente Stämme entwickeln – dennoch stellen diese Befunde im Kampf gegen HIV die erste gute Nachricht seit Jahren dar. Unglückseligerweise hat sich HIV in den vergangenen 30 Jahren zu einer solchen Schlagkraft entwickelt, daß es für jede Therapie bis weit ins 21. Jahrhundert hinein problematisch sein wird, sein Fortschreiten aufzuhalten und seiner Ausbreitung vollständig Einhalt zu gebieten.

Berichten aus dem Jahre 1997 zufolge fiel zwar im zurückliegenden Jahr die Zahl der AIDS-bedingten Todesfälle in New York City um 50 Prozent und in den Vereinigten Staaten insgesamt um 12 Prozent[16], doch in weiten Teilen der Welt breitet sich die Krankheit weiterhin nahezu ungehindert aus. Den Höhepunkt ihrer Verbreitung wird sie erst im frühen 21. Jahrhundert haben. Manche Epidemiologen schätzen, daß bis zum Jahre 2000 möglicherweise 100 Millionen Menschen HIV-infiziert sein werden, das sind weit mehr als sämtliche Opfer beider Weltkriege des 20. Jahrhunderts zusammengenommen.

Im Jahre 1996 veröffentlichte das United Nations Joint Program on HIV-AIDS seine neuesten Zahlen, und diese machten die erbarmungslose Ausbreitung dieser Krankheit überdeutlich: Weltweit leiden über 1,3 Millionen Menschen an voll entwickelten AIDS-Symptomen, das entspricht einem Anstieg von über fünfundzwanzig Prozent in nur einem Jahr. Im Jahre 1995 betrug die Zahl der Menschen, die an mit AIDS assoziierten Krankheiten starben, noch 900 000. Noch drastischer ist die Zahl der HIV-Infizierten: Weltweit sind 21 Millionen Menschen infiziert, 42 Prozent davon sind Frauen.[17]

Täglich werden etwa 8500 Menschen neu mit HIV infiziert, zwei Drittel davon in den afrikanischen Ländern südlich der Sahara. Für die kommenden Jahrzehnte bedeutet dies eine Tragödie riesigen Ausmaßes.[18]

Computer und der AIDS-Stammbaum

Auf der Grundlage ihrer Untersuchungen zu den molekularen Eigenschaften des HIV-Virus können Wissenschaftler heute etliche der Rätsel um AIDS lösen, so beispielsweise die Frage, weshalb es zehn Jahre dauert, bis ein Infizierter an seiner Krankheit stirbt, und warum sie so schwer zu heilen ist.

Weit davon entfernt, zehn Jahre im Körper seines Opfers zu schlummern, ficht das HIV-Virus vom Augenblick der Infektion an einen ständigen, unerbittlichen Kampf mit dem Immunsystem seines Wirts. Das Immunsystem zerstört das Virus mit einer Effizienz von etwa einer Milliarde Partikel pro Tag (das entspricht etwa einem Drittel der Gesamtzahl). Das Virus seinerseits zerstört etwa eine Milliarde CD4-Helfer-T-Zellen pro Tag, und der Körper versucht verzweifelt, diese zu ersetzen. Dieser unerbittliche Kampf, dem tagtäglich Milliarden von HIV-Partikeln einerseits und Helferzellen des Immunsystems andererseits zum Opfer fallen, tobt eine Reihe von Jahren, bis die Zahl der Helferzellen allmählich zu sinken beginnt – von 1000 Zellen pro Mikroliter Blut bis hinunter auf 200. Erst ab diesem Punkt entwickelt sich die AIDS-Symptomatik. In aller Regel kommt es dann innerhalb von zwei Jahren zum Tod.[19]

Inzwischen wissen die Molekularbiologen auch, warum es so schwierig ist, eine Heilung von AIDS zu erreichen. Dem HIV-Virus fehlt der normale Reparaturmechanismus, der dafür sorgt, daß die bei jeder Teilung entstehenden genetischen Fehler sofort behoben werden. Die Folge davon ist, daß das Virus unglaublich schnell mutiert: Bei jeder Teilung kommt es zu einem Fehler pro 2000 Nukleotide – eine unglaublich hohe Rate! Innerhalb von zehn Jahren durchläuft das HIV-Virus das Äquivalent von einer Million Jahren menschlicher Evolution. Das HIV-Virus, an dem der Wirt letzten Endes stirbt, ist von dem Virus, das den Patienten ursprünglich infiziert hatte, einige tausend Generationen weit entfernt.

Vom molekularen Gesichtspunkt aus betrachtet, ist das HIV-Virus überraschend einfach gebaut, es besteht aus nur neun Genen und ähnelt seinem Cousin SIV auf verblüffende Weise.

Gerald Myers vom Los Alamos National Laboratory in New Mexiko hat Hunderte von HIV-Sequenzen aus der ganzen Welt analysiert und gezeigt, daß das HIV-1-Genom mit der phänomenalen Geschwindigkeit von einem Prozent pro Jahr zu mutieren scheint. (Zum Vergleich: Der Mensch hat ungefähr 5 Millionen Jahre gebraucht, bis er sich vom Schimpansen in 1,6 Prozent seines Genoms unterschied.) Damit hätte man eine Art »molekularer Uhr« zur Verfügung, an der man ablesen kann, wann sich verschiedene Varietäten voneinander getrennt haben.[20]

Es gibt sechs HIV-Subklassen, die sich in 30 Prozent ihrer Gene unterscheiden. Da wir wissen, daß jede davon mit einer Rate von einem Prozent pro

Jahr mutiert, so bedeutet dies, daß sich vor vielleicht dreißig Jahren ein größeres Ereignis (im Rahmen der Entstehung dieser Krankheit) zugetragen haben muß, das Myers als »Big Bang« bezeichnet.[21] »Wir scheinen eine robuste molekulare Uhr in Händen zu halten«, erklärt Myers. »Wir haben keine Möglichkeit, festzustellen, wo der Ausbruch genau stattfand, doch er scheint zu Beginn der siebziger Jahre erfolgt zu sein. Die verschiedenen Stämme haben sich im Rahmen dieser Pandemie parallel entwickelt.«[22] In den Vereinigten Staaten ist die Variante HIV Typ B die häufigste, sie wird unter anderem beim homosexuellen Geschlechtsverkehr übertragen, meist durch den Austausch von Körperflüssigkeiten über kleine Risse und Verletzungen in der Haut. Die Rate der Neuinfektionen erreicht in der homosexuellen Bevölkerung derzeit ein Plateau, die Mitarbeiter des Gesundheitswesens aber rechnen in Kürze mit einer neuen Invasion, dann nämlich, wenn neue HIV-Stämme anlanden, die vor allem durch heterosexuelle Kontakte verbreitet werden. Wissenschaftler fürchten, daß dies einer Epidemie gleichkäme, an der weite Teile der US-amerikanischen Bevölkerung beteiligt wären, so wie dies in vielen Teilen der Erde bereits heute der Fall ist. In Ländern wie Thailand liegt 90 Prozent aller HIV-Infektionen der Typ E zugrunde, der heterosexuell weiterverbreitet wird. Untersuchungen von Max Essex von der Harvard University geben Aufschluß darüber, warum wer welche Infektion bekommt: HIV Typ E infiziert offenbar sehr viel bereitwilliger Zellen der Vaginalwand als HIV Typ B. In Anbetracht der vielen GIs in Thailand und der dort florierenden Sex-Industrie sowie der problemlosen internationalen Reisemöglichkeiten ist es nur eine Frage der Zeit, wann sich diese anderen Varietäten auch bei uns ausbreiten werden.[23]

Die Entschlüsselung des HIV-Genoms

Der Schlüssel zu einer Therapie wird letztendlich in der genauen Kenntnis der genetischen Beschaffenheit des HIV-Virus bestehen. Als man die genetische Struktur des HIV-Virus (dessen Genom übrigens nicht als DNS sondern als RNS vorliegt) erstmals entschlüsselt hatte, stellten die Wissenschaftler mit Überraschung fest, daß dies das komplizierteste Retrovirus war, das sie je gesehen hatten. Die meisten anderen Retroviren besitzen nur drei Gene namens *gag*, *env* und *pol*. Bei HIV sind es dagegen neun Gene aus insgesamt 9200 Basenpaaren. Im folgenden sind diese neun Gene und deren Funktionen aufgeführt:

env	kodiert die äußere Proteinhülle
gag	kodiert den inneren Proteinkern
pol	kodiert Enzyme wie die Reverse Transkriptase

rev	reguliert den RNS-Transfer ins Cytoplasma
tat	reguliert die RNS-Synthese
vif	kontrolliert die Infektiosität des Virus
vpr	kontrolliert den Transkriptionsaktivator
vpu	kontrolliert Zusammensetzung und Vermehrung von Viruspartikeln
nef	erhält den Grad an Infektiosität

Die drei wichtigsten Gene kodieren die Enzyme HIV-Protease, Reverse Transkriptase und HIV-Integrase. Im Jahre 1994 konnte man die dreidimensionale Struktur dieser drei Moleküle aufklären. Die Strategie bei der Bekämpfung des Virus besteht in der Suche nach Wirkstoffen, die sich gegen diese drei entscheidenden Enzyme richten. Mit einem Cocktail aus Präparaten, die diese Enzyme hemmen, hofft man, die Krankheit aufhalten zu können.

Das HIV-Virus greift seine Wirtszellen in mindestens vier Hauptschritten an, in jedem dieser Stadien sehen Wissenschaftler eine Chance, mit Hilfe neuer Medikamente eingreifen zu können. Im ersten Schritt dieser – im übrigen stark vereinfachten Darstellung – heftet sich das Virus an Rezeptoren auf der Oberfläche der Wirtszelle, beispielsweise einer CD4-Helfer-T-Zelle. Es schleust seine RNS ins Zellinnere, und dort wandelt ein Enzym diese in DNS um. Im zweiten Schritt dringt die fremde Virus-DNS in den Zellkern ein und zwingt den zellulären Apparat dazu, lange Stränge von Virus-RNS beziehungsweise ein vorläufiges Virusprotein herzustellen, das dann in einem weiteren Schritt zur Produktion neuer Partikel in funktionstüchtige, kleinere Moleküle zerlegt wird. Schließlich bilden sich im Zellinneren Tausende neuer Viruspartikel, die aus der zerberstenden Membran freigesetzt werden und den Körper mit einer neuen Generation tödlicher Viren überschwemmen.

In jedem dieser Stadien bestehen Schwachstellen im viralen Lebenszyklus. AZT (Azidodesoxythymidin) beispielsweise ist ein Präparat, welches das AIDS-Virus im ersten Stadium angreift und die Umwandlung von RNS in DNS verhindert. Die Struktur von AZT sieht der normalerweise verwendeten Base Thymidin sehr ähnlich (ihm fehlt gegenüber dem Original lediglich eine Hydroxylgruppe), wodurch das Virus bei der Replikation seiner Nukleinsäure statt Thymidin fälschlicherweise AZT einbaut. Dadurch wird die DNS-Synthese unterbrochen, denn die Thymidin-Hydroxylgruppe ist unerläßlich, um das Grundgerüst der DNS, ihr »Rückgrat«, zu bilden.[24]

Am Anfang hat der Einsatz von AZT viele falsche Hoffnungen geweckt, denn das Präparat brachte die AIDS-Symptome binnen kürzester Zeit nahezu vollständig zum Abklingen. Die Euphorie verflog jedoch rasch, denn bei allen Untersuchungen wurden die mit AZT behandelten AIDS-Patienten binnen einem oder zwei Jahren Opfer einer mutierten HIV-Version.

Im Jahre 1996 hatte man eine neue Präparatserie entwickelt, mit der man HIV an einer anderen Stelle in einem späteren Stadium treffen wollte, und zwar dann, wenn die viruseigene Protease das große virale Vorläuferprotein in kürzere Ketten zerlegt, aus denen sich später neue Viruspartikel bilden. Die sogenannten »Proteasehemmer« verhindern so die Zusammensetzung von Viruspartikeln in einem späteren Stadium des viralen Lebenszyklus, kurz bevor die Zelle die neuen Partikel freigeben würde.

Die vorläufigen Untersuchungen zum Einsatz von Proteaseinhibitoren zeigten beeindruckende Ergebnisse. Nach vier Behandlungsmonaten mit einem dieser Medikamente namens Indinavir ließen sich bei 13 von 26 Patienten überhaupt keine Viruspartikel mehr im Blut nachweisen. Von 26 Patienten, die mit einer Kombination aus Indinavir, AZT und 3TC behandelt wurden, hatten 24 keine Virusspuren mehr im Blut. Diese Kombination ist damit die wirkungsvollste AIDS-Therapie, die man bisher entwickelt hat. Ein weiterer Proteinaseinhibitor, Ritonavir, zeigt ebenfalls vielversprechende Ergebnisse und vermochte bei einer Gruppe von 1100 Patienten die Sterberate auf die Hälfte zu senken. »Wir haben gezeigt, daß wir die Virusreplikation unterdrücken und unten halten können«, erklärt Julio S. G. Monater von der University of British Columbia.

Derzeit sind die AIDS-Forscher eher vorsichtig. Um es mit Harvey Kakadon vom Beth Israel Hospital in Boston auszudrücken: »Glauben Sie bloß keinem, der Ihnen weismachen will, daß wir nicht allesamt total aufgeregt sind.« Hinzu kommt, daß die Medikamente extrem teuer sind und man nicht sicher sein kann, ob sich nicht über kurz oder lang doch ein resistenter Stamm bildet.

Doch jeder Tag scheint im Zusammenhang mit der genetischen Struktur des HIV-Virus neue Erkenntnisse zu bringen. Ende 1996 entdeckte man ein Genprodukt namens *CCR5*, das sich bei einem Prozent aller Menschen kaukasischer Abstammung findet und das im Falle einer Mutation seinen Träger völlig immun gegen HIV werden läßt. Den CD4-Zellen der Betreffenden scheinen die »Anlegestellen« zu fehlen, die das Virus braucht, um sich auf der Zelloberfläche anheften zu können.[25] Daraus aber könnte sich im Hinblick auf die Behandlung einer HIV-Infektion ein völlig neuer Ansatz ergeben: eine Veränderung der T-Zellen mittels Gentherapie, durch die das Virus sich nicht mehr anheften kann.

Zwar wird niemand behaupten wollen, man sei bereits über den Berg, doch Fakt ist, daß die Molekularbiologie etliche neue vielversprechende Wege zu neuen Therapiemöglichkeiten eröffnet hat und Anlaß zu neuem Optimismus gibt. Und die Methoden, die die Wissenschaftler hierzu verwendet haben – Methoden der Molekularmedizin –, sind dieselben, mit denen man auch in den kommenden Jahrzehnten medizinische Forschung betreiben wird. Die langwierige, mühsame, oftmals auch gefährliche Vorgehensweise nach dem Schema von Versuch und Irrtum, wie man sie in der

Vergangenheit betrieben hat, wird schon bald Strategien weichen, in denen DNS-Forschung, Computersimulationen und virtuelle Realität zum Tragen kommen und mit denen man sich einer molekularen Therapie immer mehr annähert.

Neue Mikroben

Grundsätzlich bilden Bakterien ein im Grunde relativ gutes Angriffsziel für Medikamente. (Viren hingegen, winzige proteinumhüllte DNS-Stränge, die sich das Stoffwechselsystem unserer eigenen Zellen unterwerfen, sind nur schwer anzugreifen, ohne daß dabei unsere eigenen Zellen zu Schaden kommen.)[26] Doch eine törichte, kurzsichtige Gesundheitspolitik verhalf resistenten Bakterien zur Blüte. Der erwähnte »karnivore« (fleischfressende) Erreger beispielsweise gehört zu einer ganzen Reihe hoch infektiöser mutierter Stämme der Bakterienart *Streptococcus*, der im nicht mutierten Zustand nur eine gewöhnliche Angina verursacht. Die aktivste unter seinen Mutanten kann jedoch menschliches Gewebe mit der ungeheuerlichen Geschwindigkeit von bis zu fünf Quadratzentimetern pro Stunde zerstören. Noch ist dieser Stamm mit Antibiotika zu behandeln, doch verwandte Stämme haben bereits eine Resistenz gegenüber dem Antibiotikum Erythromycin entwickelt. Der Schöpfer der berühmten Muppets, Jim Henson, den Millionen Kinder seiner phantasievollen Arbeiten mit Puppen wegen geliebt haben, starb im Jahre 1990 an einer Infektion mit antibiotikaresistenten Streptokokken.

Je rascher der moderne Lebensstil fortschreitet, desto mehr müssen wir mit dem Auftreten neuer und resistenter Krankheiten rechnen. Im Zeitalter des Jet-set sind die meisten Orte auf der Welt nur noch ein paar Flugstunden voneinander entfernt. Dazu James Hughes von den Centers for Disease and Prevention: »Eine Krankheit, die sich heute noch in einem entlegenen Winkel der Welt befindet, kann schon morgen vor unserer eigenen Haustür zu finden sein. Wir sind alles andere als gefeit dagegen.«[27] Die Legionärskrankheit, das Syndrom des toxischen Schocks und die Lyme-Krankheit sind Beispiele für Krankheiten, die sich erst durch die weitreichenden Eingriffe und Möglichkeiten modernen Lebens ergeben haben.[28]

Wir treiben in einem Meer von Krankheiten. Wenn wir beim Essen sitzen oder müßig durch einen Park schlendern, umfängt uns seliges Unwissen ob der Tatsache, daß beinahe jeder Quadratzentimeter unserer Umgebung mit Keimen und Krankheitserregern geradezu gespickt ist. In unserem eigenen Körper befinden sich mehr Mikroorganismen als Menschen auf der Erde.

Wir vergessen leicht, daß das Immunsystem unserer Vorfahren Milliarden Jahre hindurch einen stillen, aber unermüdlichen Kampf gegen Krankheiten geführt und in dessen Verlauf Millionen verschiedener Möglichkeiten entwickelt hat, ungebetene Eindringlinge zu zerstören. Doch während die Evolution unsere DNS so veränderte, daß uns neue Verteidigungsstrategien gegen diese Krankheiten erwuchsen, befähigte sie in einem immerwährenden Wettlauf zwischen Leben und Tod gleichzeitig unsere Krankheitserreger, diese Verteidigung zu umgehen. Wie ein Autor treffend schreibt: »Der Mensch kann zwar die bessere Mausefalle bauen, doch die Natur scheint immer die bessere Maus zu haben.«[29] Unglückseligerweise werden Bakterien stets die Oberhand behalten, denn für denselben Grad an Evolution, den sie im Laufe eines Tages erreichen, benötigten wir Menschen etwa tausend Jahre, und damit sind sie entschieden im Vorteil, wenn es darum geht, neue Mechanismen zur Umgehung unserer Verteidigung zu erfinden.[30]

Mit der Nutzbarmachung von Antibiotika nach dem Zweiten Weltkrieg jedoch waren vormals tödliche Erkrankungen wie Lungenentzündung, Tuberkulose, Cholera, Syphilis, Meningitis und andere erstmals zeitweilig unter Kontrolle. Ja, man schätzt, daß sich unsere Lebenserwartung allein dank der Verfügbarkeit von Antibiotika um etwa zehn Jahre verlängert hat. Heutzutage kennt man über 8000 Antibiotika. Ungefähr hundert davon wirken gegen eine große Bandbreite verschiedener Bakterien und werden häufig verschrieben.[31] Gegenwärtig werden weltweit jährlich Antibiotika im Wert von 23 Milliarden Dollar verkauft.

Doch als die Sterberaten für bakterielle Infektionen gesunken waren, verloren Allgemeinheit und pharmazeutische Industrie allmählich das Interesse an diesen uralten Krankheiten (und versäumten es, ihre Medikamente der ständig weiterlaufenden bakteriellen Evolution – der Bildung von Resistenzen beispielsweise – anzupassen). Der kaum mehr aufzuhaltende Fall des Bollwerks Antibiotikum wird in Zukunft schwerste Konsequenzen für die menschliche Gesundheit haben.

Zuviel des Guten

Ein Arzt aus dem Jahre 2020, der auf die Wissenschaft des zwanzigsten Jahrhunderts zurückblickt, wird ungläubig die törichte, kurzsichtige Politik der Vergangenheit betrachten und sich fragen, wie die Ärzte damals nur glauben konnten, daß einige siegreiche Scharmützel gleichbedeutend mit dem Gewinn des ganzen Krieges gegen die Bakterien seien.

Der sorg- und zügellose Einsatz von Antibiotika in unseren Tagen hat dazu geführt, daß sich allmählich immer stärkere resistente Stämme entwickeln konnten. Unser Körper ist zu einem darwinistischen Experimentierfeld geworden, auf dem sich nur die bösartigsten unter den mutierten Bakterienstämmen durchzusetzen vermögen.

Im Schnitt ist etwa eines von 10 Millionen Bakterien resistent gegen ein bestimmtes Antibiotikum.[32] Werden zu viele Antibiotika verschrieben, dann kommen diese resistenten Organismen zum Zuge und vermehren sich. Verordnet man zwei Antibiotika, so erhöht man die Wirksamkeit seines Präparats, denn im Durchschnitt ist dann nur noch ein Bakterium unter 100 Milliarden resistent. Wenn wir jedoch lange genug warten, dann werden sich früher oder später auch Mutanten vermehren, die gegen beide Antibiotika resistent sind.

Im Jahre 1977 entdeckte man zum Beispiel die ersten penicillinresistenten Stämme von *Streptococcus pneumoniae* (einem Erreger von Lungenentzündung). Heute gibt es bereits Mutanten dieses Erregers, die gegen Penicillin, Cephalosporin und andere Antibiotika resistent sind.[33]

Im Jahre 1992 starben in den Vereinigten Staaten 19 000 Patienten an resistenten Krankheitserregern. Indirekt trugen diese Organismen außerdem zum Tode von 58 000 weiteren Kranken bei.

Robert E. Shope, Professor für Epidemiologie an der Yale Medical School meint dazu:»Wenn wir uns nicht langsam in Bewegung setzen, um die Dinge in den Griff zu bekommen, dann stehen uns unter Umständen Krisen ins Haus, die an die AIDS-Epidemie oder an die Grippe-Epidemien heranreichen.«[34]

»Es gibt inzwischen – wenn auch zum Glück sehr selten – Organismen, die gegen jedes bekannte Antibiotikum resistent sind«, warnt auch Fred Tenover von den Centers for Disease Control.»Es gibt nur eine begrenzte Anzahl an Möglichkeiten, ein Bakterium biochemisch anzugreifen, und die meisten haben wir bereits ausgeschöpft. Bei einigen Organismen sind wir bereits mit unserem Latein am Ende.«[35]

Schlimmer noch, die Pharmaindustrie hat die Suche nach neuen Antibiotika sehr locker gehandhabt.»Uns gehen die Medikamente aus. Wir stehen vor einer Ära der tödlichen Infektionen, und das Ganze könnte sich zur Katastrophe auswachsen«, erklärt Mitchell L. Cohen, ein Spezialist für Infektionskrankheiten am CDC.

Das Problem ist, daß die Entwicklung neuer Medikamente Unsummen verschlingt. Da es manchmal zehn bis 15 Jahre dauert und bis zu 300 Millionen Dollar kostet, ein neues Medikament auf den Markt zu bringen, kann es durchaus sein, daß wir zu Beginn des nächsten Jahrhunderts gegen bestimmte resistente Erreger wehrlos sein werden.[36]

Hinzu kommt, daß die Pharmaindustrie riesige Mengen von Antibiotika in der Landwirtschaft absetzt, wo Bauern ihrem Vieh aus vorbeugenden und »wachstumsfördernden« Gründen diese Präparate verfüttern. Im Rahmen einer Studie fütterten Wissenschaftler Hühner mit einem Futter, dem Tetrazyklin zugesetzt worden war. Innerhalb eines halben Jahres konnte man bei sieben von elf Hühnern große Mengen an tetrazyklinresistenten Bakterien im Darm nachweisen. Bei manchen Bakterien entwickelten sich sogar Resistenzen gegen vier weitere Antibiotika. Durch die Nahrungskette sind die Menschen als Endverbraucher die direkten Adressaten dieser im Tierdarm neugebildeten resistenten Bakterien.

Solche Befunde stellen die landwirtschaftliche Praxis, routinemäßig in großem Maßstab riesige Mengen an Antibiotika zur Krankheitsvorbeugung und Ertragssteigerung einzusetzen, ernsthaft in Frage. Jährlich landen etwa zwölftausend Tonnen Antibiotika in den Futtertrögen. Das entspricht dem unglaublichen Anteil von 50 Prozent am gesamten Antibiotikaverbrauch der Vereinigten Staaten.[37] Es überrascht nicht, daß diese Praxis in vielen Teilen Europas inzwischen verboten ist.

Designermoleküle

Wenn man weiß, wie verschiedene organische Chemikalien auf molekularer Ebene funktionieren, werden Wissenschaftler in der Lage sein – in vielen Fällen mittels Computersimulation und virtueller Realität –, neue Molekülvarianten zu entwerfen. Des weiteren werden sie auch imstande sein, Medikamente ohne Nebenwirkungen und neue Antibiotika gegen resistente Erreger zu finden.

Nebenwirkungen gehören zu den frustrierendsten Begleiterscheinungen beim Einsatz vieler neuer Präparate und machen oft vielversprechende neue Therapien zunichte. In manchen Fällen können sie sogar tödlich sein. Die meisten Nebenwirkungen ergeben sich aufgrund der Tatsache, daß ein Molekül mehr als nur die gewünschte Funktion bewirkt. In der molekularen Welt ist Struktur alles. Ein Medikament mit Nebenwirkungen ist so etwas wie ein abgewetzter Schlüssel, der nicht nur eines, sondern mehrere Schlösser öffnet, was unbeabsichtigte Wirkungen zeitigen kann.[38] Künftig werden Computer möglicherweise in der Lage sein, molekulare »Schlüssel« zu konstruieren, die nur in ein einziges molekulares »Schloß« passen. Man wird diese Moleküle in der virtuellen Realität testen können, um zu vermeiden, daß sie ungewollte chemische Reaktionen auslösen.

Methoden der virtuellen Darstellung lassen sich auch nutzen, um neue Klassen von Antibiotika zu entwerfen. Der wirksame Bestandteil des Penicillin-Moleküls beispielsweise ist eine chemische Struktur, der sogenannte β-Lactam-Ring, die bei vielen Bakterien störend in den Aufbau der Zellwand eingreift. Der β-Lactam-Ring verhindert, daß ein Bakterium bestimmte endogene Enzyme kontrollieren kann, die die Quervernetzung einzelner Bestandteile der bakteriellen Zellwand steuern. Sobald das Bakterium die Kontrolle über diese Enzyme verliert, kann es nicht mehr dafür sorgen, daß seine Zellwand wächst, und es zerfällt buchstäblich. »Das ist genauso, als würden Sie einen Schraubenschlüssel in eine laufende Maschine werfen«, erklärt George Jacoby von der Lahey Clinic in Burlington, Massachusetts.[39]

229

Das weist uns zugleich neue Wege bei der Schaffung von »Designerpräparaten«. Durch eine genaue Analyse der molekularen Abläufe in Bakterienzellen wird es den Wissenschaftlern in Zukunft möglich sein, systematisch andere Stellen in Bakterien ausfindig zu machen, die für Antibiotika besonders anfällig sind – so beispielsweise die Ribosomen (winzige Proteinfabriken im Zellinneren) und der Folsäurestoffwechsel. Mittels dreidimensionaler Computersimulation von bakteriellen Proteinen ließen sich dann neue Antibiotika entwerfen, die an genau diesen Stellen angreifen.[40] Streptomycin, Gentamicin und Tetracyclin beispielsweise richten sich gegen bakterielle Ribosomen, Sulfonamide und Trimethoprim dagegen blockieren den Folsäurestoffwechsel.

Unter Einsatz molekularbiologischer Methoden und Überlegungen könnten wir auch Einblick in die Frage gewinnen, welche ausgefeilten Methoden Bakterien entwickelt haben, um Antibiotika zu neutralisieren. Penicillinresistente Bakterien beispielsweise haben einen Weg gefunden, den β-Lactam-Ring des Penicillins zu spalten: Sie produzieren ein Enzym namens β-Lactamase, das den Ring an seiner Kohlenstoff-Stickstoff-Bindung spaltet und unwirksam macht.

»Dabei handelt es sich um ein zielsicheres Gegenmanöver seitens der Bakterien, mit dem das Antibiotikum aufgebrochen wird, bevor es wirksam werden kann«, erläutert Jacoby.[41] Viele Bakterienklassen können inzwischen Enzyme herstellen, die – wie im Falle des β-Lactam-Rings – den wirksamen Bestandteil eines Präparats zerstören oder neutralisieren. Andere Bakterien dagegen haben ein ganz neues System entwickelt, um das Medikament buchstäblich aus der Zelle hinauszupumpen.

Man weiß heute auch, was auf molekularer Ebene abläuft, wenn ein Bakterium seine Resistenzen auf andere Bakterien überträgt. Im Inneren von Bakterienzellen gibt es kurze ringförmige DNS-Stränge, sogenannte Plasmide. Die genetische Information einer solchen Plasmid-DNS kann unter anderem die genaue Sequenz für die Produktion von β-Lactamase enthalten, jenes Enzyms, das die Penicillinresistenz verleiht. Plasmide werden von einem Bakterium zum anderen häufig ausgetauscht, oftmals sogar zwischen Bakterien verschiedener Spezies. Wenn also ein Bakterium eine Antibiotikaresistenz entwickelt hat, so kann es diese folglich an andere Bakterien weitergeben. Sollte ein Bakterium in der Lage sein, Resistenzen gegen sämtliche vorhandenen Antibiotika zu bilden, dann könnte diese Resistenz im Prinzip den Zusammenbruch unseres Gesundheitssystems bedeuten – ein Alptraumszenario. Im Jahre 1976 beispielsweise stellte man fest, daß bestimmte Gonorrhoe-Erreger Penicillin widerstehen konnten, da sie Plasmide mit einem penicillinresistenten *Escherichia-coli*-Stamm ausgetauscht hatten. Schon heute sind 90 Prozent aller Gonorrhoe-Bakterien in Thailand und auf den Philippinen penicillinresistent.[42]

Mystik und Moleküle

Wie wird ein Arzt im Jahre 2020 und danach mit diesen Problemen umgehen? Eine neuartige Möglichkeit besteht darin, die alte Weisheit der Schamanen wiederzuentdecken.

Die Ärzte der Zukunft werden die Welt nach neuen Antibiotika durchkämmen müssen, nach Antibiotika natürlicher Herkunft. Geläufige Arzneimittel wie Aspirin, Codein, Chinin, das blutdrucksenkende Reserpin, das Zytostatikum Vinblastin und Brechwurzelsirup (Ipecacuanha), sie alle haben ihre Wurzeln in uralten Überlieferungen. Durch die Analyse von Pfeilgiften beispielsweise fand man neue Anästhetika mit dem Wirkstoff Curare.[43] Die Haut eines afrikanischen Frosches enthält eine chemische Substanz, die möglicherweise die Ausgangsbasis für eine neue Art von Antibiotikum werden könnte und die man schon heute zur Behandlung von Impetigo (Hautflechten) verwendet.[44]

Paul Cox, ein ehemaliger Mormonen-Missionar, ist ein Paradebeispiel für jene Sorte Pioniere, deren Fähigkeiten die medizinische Welt mehr und mehr mit eifrigem Interesse verfolgt. Cox war bei der Suche nach neuen Arzneigrundstoffen auf Samoa besonderer Erfolg beschieden. (Er spricht die Landessprache fließend und wurde später sogar zum eigenständigen samoanischen Häuptling ernannt.) Cox hatte Schamanen der Insel Upolu von einer Pflanze berichten hören, die gegen Gelbfieber wirken sollte. Er schickte die Pflanze ans National Cancer Institute, wo man ein hochwirksames antivirales Agens namens Prostratin aus ihr isolierte, inzwischen einer der NCI-Kandidaten (Favoriten) für die HIV-Therapie.[45]

Im Normalfall ist die Erfolgsquote für das Auffinden neuer Medikamentengrundstoffe aus dem Pflanzenreich sehr gering und liegt bei weniger als einem Prozent. Cox aber, der der Weisheit und Lehre der Einheimischen geduldig lauschte, kam auf eine Erfolgsrate von sieben Prozent. 86 Prozent der von Cox und von Wissenschaftlern an der Universität Uppsala analysierten Pflanzen weisen eine meßbare biologische Wirkung gegen verschiedene Krankheiten auf.[46]

Der vorläufigen Analyse von Tausenden vielversprechender Pflanzen und Tiere folgt ein mühsamer Prozeß der Extraktion aktiver Inhaltsstoffe. Und hier kommen erneut die Computerwissenschaften ins Spiel. In der Vergangenheit glich die Suche nach neuen Medikamenten eher einer Lotterie – meistens zog man eine Niete. Von 10 000 analysierten Pflanzen wirkten vielleicht hundert vielversprechend, zehn erreichten das Teststadium am Menschen, und eine davon erwies sich vielleicht als tatsächlich wirksam und kam auf den Markt.

Im 21. Jahrhundert wird sich das drastisch ändern. Schon jetzt beschleunigt sich der Prozeß durch die Verfügbarkeit automatisierter Labormethoden um ein Tausendfaches. Ein paar tausend chemische Substanzen in aufwendigen Tierversuchen »per Hand« zu testen, dauert Jahre, die neueren automatisierten Laboratorien der »kombinatorischen Chemie« können Millionen von Verbindungen binnen weniger Monate testen, ohne daß dabei ein einziges Tier eingesetzt werden muß. Dies wird nicht nur die Effizienz unserer Suche nach neuen Antibiotika erhöhen, sondern auch die Kosten hierfür drastisch senken. Letzteres ist ein entscheidender Punkt, da die Kosten für die Entwicklung exotischer neuer Medikamente explosionsartig gestiegen sind und eine erhebliche Belastung für Patienten und Gesundheitswesen darstellen. (Derzeit kann ein einzelner Chemiker jährlich ungefähr 50 neue Verbindungen synthetisieren, zu einem Preis von etwa 5000 bis 7000 Dollar. Neue, computergestützte Methoden können die Kosten erheblich senken und es ermöglichen, daß ein Chemiker 100 000 neue Verbindungen für wenige Dollar pro Stück produzieren kann.)[47]

Wie funktioniert dieser avisierte automatisierte Prozeß? Bei einem Test wird man die aussichtsreichen Substanzen in langen Reihen von Reagenzgläsern mit Proteinen oder anderen Substanzen in Verbindung bringen, die an der Entstehung einer Krankheit wesentlichen Anteil haben. Optische Testverfahren werden die jeweiligen Proben auf ungewöhnliche Aktivitäten – einen Anstieg an ultravioletter Strahlung beispielsweise – absuchen, die als Signal dafür gelten können, daß eine Reaktion stattgefunden hat. Die Chemikalien, bei denen es zu einer Reaktion gekommen ist, werden ausgesucht und durch neue Substanzen, Varianten der Originalverbindungen, ersetzt. Der ganze Prozeß beginnt erneut, stets auf jenes bestimmte Signal ausgerichtet, das für die entsprechende Reaktion verantwortlich ist. Edward Hurwitz, Systemanalytiker im Bereich Biotechnologie bei Robertson, Stephens und Co., nennt dies eine »fundamentale System-Verschiebung bei der Entwicklung von Medikamenten«.[48] Sobald der aktive Inhaltsstoff isoliert ist, können Biochemiker das Molekül analysieren, um festzustellen, wie es seine Wirkung im Detail vollbringt.

Schon jetzt isolieren Wissenschaftler neue Antibiotika, die auf Schwachstellen im zellulären Apparat einer Bakterienzelle zielen. Eine Strategie beispielsweise besteht darin, in die Abläufe einzugreifen, mit denen ein Bakterium an seine Proteinbausteine, die Aminosäuren, kommt. Legt man die Maschinerie zur Herstellung von Aminosäuren lahm, kann ein Erreger sich nicht mehr teilen.

Im 21. Jahrhundert dürfte uns dieser computergestützte Ansatz der Suche nach neuen Antibiotika Hunderte neuer molekularer Möglichkeiten an die Hand geben, mit denen sich bakterielle Zellwände, Ribosomen und andere Schlüsselstrukturen der Zelle angreifen lassen.

Die Beziehung von Körper und Seele

Zahlreiche Experimente haben gezeigt, daß unser seelischer Zustand (Streß eingeschlossen) sowie unsere sozialen Kontakte von unmittelbarem Einfluß auf den Aktivitätszustand unseres Immunsystems sind und damit auch auf unsere Fähigkeit, Krankheitserregern entgegenzuwirken.

Im dritten Stadium der Medizin wird ein wichtiges Forschungsziel darin bestehen, diesen Zusammenhang mit den Mitteln der Molekularbiologie zu erforschen. Die Verknüpfung zwischen Körper und Seele, von der Schulmedizin oftmals als Grenzgebiet zur Quacksalberei abgetan, wird schon bald ihre Geheimnisse der Molekularmedizin preisgeben, mit deren Methoden man imstande sein wird zu klären, auf welche Weise Immunsystem und Geist einander auf zellulärer und molekularer Ebene beeinflussen.

Von historischer Warte aus betrachtet war eines der frustrierendsten Probleme bei der Analyse der Verknüpfung von Körper und Seele die Tatsache, daß man stets auf anekdotische Einzelfallberichte angewiesen war; bekanntlich sind diese solch unkontrollierbaren Einflüssen wie dem Placebo-Effekt, subjektiven Wahrnehmungen und der Macht der Suggestion ausgesetzt. Ohne sorgfältige, kontrollierte Experimente und sorgsamster Protokollierung der Ergebnisse ist es nahezu unmöglich, Berichte aus erster Hand über aufsehenerregende Heilungen und Remissionen objektiv zu bewerten.

Im Laufe der letzten paar Jahre sind jedoch zahlreiche neue, solide Experimente und Analysen bekannt geworden, die für die Existenz dieser Verknüpfung von Körper und Seele sprechen. Im Jahre 1996 wies eine wichtige Studie an der Johns Hopkins School of Hygiene and Public Health einen Zusammenhang zwischen Depressionen und dem Auftreten von Herzanfällen nach. Die Ärzte verfolgten über 13 Jahre hinweg die Krankengeschichten von 1551 Personen und stellten fest, daß Patienten, die unter Depressionen litten, viermal so oft einen Herzinfarkt erlitten wie eine gesunde Kontrollgruppe.[49] Im Jahre 1993 zeigte eine bahnbrechende Untersuchung an 752 Männern, die man über sieben Jahre hinweg begleitet hatte, daß Männer, deren Leben in extremem Maße streßbelastet war, in einem bestimmten Alter ein dreimal so hohes Sterberisiko hatten wie ruhigere Personen – eine direkte Beziehung zwischen emotionalem Status und Langlebigkeit. Ein hohes Maß an Streß erwies sich tatsächlich als höherer Risikofaktor als ein erhöhter Blutdruck, beziehungsweise der Cholesterin- oder Triglyceridspiegel.

Interessanter noch als diese Zusammenhänge ist jedoch vielleicht der Befund, daß bei Personen, die von einem funktionierenden Netz aus sozialen Bindungen mit ausgefüllten Beziehungen zu Freunden, Ehefrau und Familie umgeben waren, keine Beziehung zwischen der Lebenserwartung und dem Streßniveau des Betreffenden bestand. Das wird als Zeichen dafür gewertet, daß soziale Kontakte dazu beitragen können, potentielle Streßwirkungen auf den Körper abzufedern.[50] Es wurde gezeigt, daß soziale Isolation zu alarmierend hohen Sterberaten führt.

Wissenschaftler an der Carnegie Mellon University demonstrierten im Jahre 1991, daß Streß die Reaktion des Immunsystems auf eine Erkältung unterdrücken kann. Sie infizierten zwei Gruppen von Studenten mit Erkältungsviren und stellten fest, daß aus der Gruppe mit streßbelasteten Versuchspersonen 47 Prozent an einer Erkältung erkrankten, während es bei den nicht belasteten Studenten nur 27 Prozent waren.[51]

Untersucht man das Blut eines Menschen zu verschiedenen Tageszeiten, so läßt sich in der Tat eine direkte Korrelation zwischen Streßniveau und der Anzahl an weißen Blutkörperchen zeigen. Unser Immunsystem reagiert also in gewisser Hinsicht wie ein Barometer auf unseren emotionalen Zustand.

In einem wichtigen Artikel aus dem Jahre 1993 stellten Wissenschaftler von der Yale University eine ausführliche Liste aller Forschungen zum Thema »Beziehung von Körper und Seele« auf, unter anderem auch die Befunde über die schädlichen Auswirkungen von Streßzuständen auf Diabetes, Herzerkrankungen, Asthmaanfälle, Darmerkrankungen und die Metastasierung von Tumoren. Streß greift offenbar sogar das zentrale Nervensystem an und läßt Schäden im Hippocampus – und damit in unserem Gedächtnis – entstehen.[52]

Andere Studien aus jüngster Zeit sprechen ebenfalls für einen Zusammenhang zwischen Streß und Krankheiten beziehungsweise Genesungsprozessen:

- streßbedingtes Aufflackern von Herpesbläschen[53]
- Zusammenhang zwischen Darmkrebs und Streß[54]
- Korrelation von Niedergeschlagenheit (Depressionen) und Herzerkrankungen[55]
- eine positive Lebenseinstellung und ihr Einfluß auf die Überlebensraten bei Bypass-Operationen[56]
- Ängste und die Überlebensraten bei einem zweiten Herzinfarkt[57]
- Depressionen und Herzinfarkte[58]
- Zusammenhang zwischen den Überlebensraten bei Brustkrebs und Teilnahme an Selbsthilfegruppen[59]

Der Katalog an experimentellen und epidemiologischen Daten ist inzwischen sehr umfangreich und wird mittlerweile auch in Übersichtsartikeln bedeutender medizinischer Zeitschriften gewürdigt.[60]

Eines der Hauptziele der medizinischen Wissenschaft im 21. Jahrhundert wird es sein, herauszufinden, wie sich die Beziehung von Körper und Seele auf molekularer Ebene ausdrückt. Auf der einen Seite ist die Beziehung zwischen unseren Emotionen und dem endokrinen System eine überaus akzeptierte Tatsache. Angesichts einer lebensgefährlichen Situation sendet unser Gehirn elektrische Signale an unsere Nebennieren und läßt diese Adrenalin,

Noradrenalin und Cortisol ausschütten, die dann in unserem Blut zirkulieren und unseren Körper auf die Alternative »Kampf oder Flucht« vorbereiten. Um uns gegen möglichen Schmerz zu wappnen, veranlaßt das Gehirn unsere Drüsen auch zur Produktion natürlicher Opiate wie β-Endorphin und Enkephalin. Die Überflutung unseres Körpers mit diesen stark stimulierenden Hormonen unterdrückt unser Immunsystem (vielleicht eine archaische Reaktion zum Schutz unserer Notreserven, die durch die Evolution hindurch erhalten geblieben ist).

Im Jahre 1996 unternahmen Wissenschaftler am National Institute for Mental Health eine sorgfältige Studie über die Auswirkungen von Depressionen bei Frauen (Durchschnittsalter 41 Jahre).[61] Sie stellten fest, daß bei depressiven Frauen die Knochendichte um 6,5 bis 14 Prozent erniedrigt war. Es zeigt sich in dieser Studie auch, daß bei diesen Frauen der Cortisonspiegel im Blut erhöht war, und man weiß, daß dieses Hormon unter anderem zu einer Abnahme der Knochendichte führen kann. Bei einem Drittel der untersuchten Frauen war der Knochenschwund (Osteoporose) so gravierend, daß er dem Zustand gleichkam, den man gewöhnlich erst nach der Menopause beobachtet. Eine Hypothese hierzu lautet, daß Depressionen die Freisetzung von Cortison auslösen könnten, welches dann seinerseits die Abnahme der Knochendichte beschleunigt.

Andere Überlegungen gehen davon aus, daß wir es vielleicht mit einem Dreiklang aus Nervensystem, Immunsystem und endokrinem System zu tun haben, die über im Blut zirkulierende Peptide miteinander kommunizieren, so daß über das Blutgefäßsystem eine konstante Rückkopplung zwischen allen drei Systemen gewährleistet ist.

Diese neuen Erkenntnisse, die man zum großen Teil erst im Laufe der vergangenen fünf Jahre gewonnen hat, werden sicher Einfluß darauf haben, wie man im 21. Jahrhundert Medizin praktiziert. Künftig werden Ärzte vermutlich einen umfassenderen Blick auf unsere Lebensgewohnheiten und unseren emotionalen Zustand werfen müssen. Sie werden sich damit zu beschäftigen haben, ob wir über ein Netz von sozialen Verbindungen verfügen, regelmäßig Sport treiben und uns gerne entspannen (durch Yoga, Meditationen und Freizeit) und ob wir über ein Ventil für Streß und Angst verfügen. Die Molekularmedizin wird Ärzte dazu nötigen, den Körper in einem ganzheitlichen Ansatz als komplexes Netz wechselwirkender Systeme zu sehen.

Bildgebende Verfahren im 21. Jahrhundert

Der künftigen Entwicklung der Molekularmedizin werden auch die Fortschritte im Bereich der Quantenphysik zugute kommen, die einer neuen Generation von bildgebenden Verfahren den Weg ebnen werden – unter anderem neuen Entwicklungen in Kernspinresonanz-, Computer- und Positronenemissionstomographie. Schon heute haben diese Methoden völlig neue Gebiete der Medizin erschlossen, erlauben sie doch zum ersten Mal, ein lebendiges, denkendes Gehirn beziehungsweise das Innere des Körpers sichtbar zu machen, während er funktioniert. Im 21. Jahrhundert wird uns eine neue Generation von Visualisierungsverfahren die nie gekannte Möglichkeit eröffnen, kleinste Details – verstopfte Arterien, mikroskopisch kleine Tumoren – im menschlichen Körper zu sehen, worauf die Wissenschaftler bisher verzichten mußten.

Jedes dieser Verfahren gründet sich auf ein quantenmechanisches Prinzip. Die *Computertomographie* (CT) läßt aus vielen einzelnen Röntgenaufnahmen Querschnitte des lebenden Körpers entstehen. Dazu werden Röntgenstrahlen aus verschiedenen Winkeln durch den Körper gesandt. Die entstehenden Bildsequenzen werden dann mit Hilfe von Computern zu Querschnittaufnahmen des Körpers zusammengefaßt. Im Rahmen der *Positronenemissionstomographie* (PET) läßt sich mittels radioaktiv markierter Glucose die neuronale Aktivität des Gehirns beobachten: Da Glucose der Energielieferant für das Gehirn ist und dieses im aktiven Zustand einen erhöhten Glucoseverbrauch hat, können Wissenschaftler die Gehirnaktivität messen, indem sie die Konzentration an radioaktiver Glucose verfolgen. Dies läßt sich relativ problemlos bewerkstelligen, da radioaktive Glucose ein Antielektron (oder Positron) aussendet, das man leicht messen kann. *Kernspintomographen* machen sich die Tatsache zunutze, daß der Kern eines Atoms wie ein Kreisel rotiert. Legt man ein starkes magnetisches Feld am zu messenden Körper an, dann richten sich die rotierenden Kerne alle entsprechend diesem Feld aus. Läßt man nun ein hochfrequentes elektromagnetisches Signal von außen einwirken, dann kann man die Kerne vorübergehend in einen anderen Energiezustand überführen, so daß sie im Magnetfeld eine andere Ausrichtung einnehmen. Schaltet man die elektromagnetische Frequenzeinstrahlung ab, dann nehmen die Kerne wieder ihre ursprüngliche Konfiguration ein, wobei sie selbst kurzzeitig elektromagnetische Strahlung abgeben, und diese kann man messen. Verschiedene Kerne emittieren verschiedene Signale, und so läßt sich zwischen verschiedenen Atomen unterscheiden.

Derzeit ist die Auflösung dieser Geräte noch nicht besonders hoch. Röntgenstrahlen lassen sich nur schwer fokussieren, und die Auflösung der PET läßt zu wünschen übrig. Im 21. Jahrhundert können wir jedoch mit einer neuen Variante der Kernspinresonanztomographie rechnen, der sogenannten echoplanaren Bildverarbeitung. Die Darstellungsgeschwindigkeit bei dieser Technik ist etwa tausendmal so hoch wie bei den gegenwärtig verfügbaren Techniken.[62] Diese hochauflösenden Geräte werden in der Lage sein, bis zu 30 Aufnahmen pro Sekunde zu machen, das entspricht in etwa der Frequenz, mit der Fernsehbilder am Bildschirm aufgebaut werden. Der

Vorteil dieser Geschwindigkeit besteht darin, daß der Arzt damit in der Lage sein wird, Aufnahmen unseres Körpers anzufertigen, ohne daß diese durch Bewegungen oder durch störende Körperflüssigkeiten an Schärfe verlieren. Kernspinresonanzaufnahmen können derzeit beispielsweise keine exakte Darstellung von Fettablagerungen in Herzgefäßen geben, weil die Ablagerungen so dünn sind und das Herz ständig flüssigkeitsgefüllt und in Bewegung ist. Die neue Generation echoplanarer Darstellungsverfahren wird es dagegen möglich machen, schnelle Momentaufnahmen vom schlagenden Herzen festzuhalten, und so dem Arzt Gelegenheit geben, in verschiedene Arterien und Venen »hineinzuschauen«, um den Grad der Gefäßverengung zu bestimmen. Damit ließe sich vielleicht die derzeit größte Bedrohung für die menschliche Gesundheit unter Kontrolle bringen: die Zunahme von Herzerkrankungen.

Röntgenaufnahmen sind unscharf, da Röntgenstrahlen sich schwer fokussieren lassen. Im Jahre 1996 gelang es Wissenschaftlern jedoch zum ersten Mal, einen Röntgenstrahl zu bündeln, indem man ihn durch einen Aluminiumblock hindurchschickte. Röntgenstrahlen passieren Aluminium beinahe widerstandslos, werden auf ihrem Weg jedoch ganz geringfügig abgelenkt. Diese geringe Ablenkung läßt sich ausnutzen, indem man Reihen feiner Löcher in diesen Block bohrt. Durch jedes Loch wird der Originalstrahl ein wenig gebeugt, bis sich der gesamte Strahl schließlich zu einem winzigen Fleck mit einem Durchmesser von ein paar Millionstel Zentimetern bündelt. Dieses Verfahren ist nicht nur zuverlässiger und billiger als die herkömmlichen Methoden, sondern es wird vermutlich auch auf anderen Gebieten Anwendung finden: beim Ätzen der Oberfläche von Silikonchips ebenso wie bei der Verbesserung darstellender Röntgenverfahren.[63]

Zur Zeit werden die bestehenden Geräte in erster Linie erst dann eingesetzt, wenn man es bereits mit einem Problem zu tun hat, das heißt, um entstandene Schädigungen aufzuspüren und deren Ausmaß zu bestimmen. In Zukunft wird die Quantenphysik die Entwicklung einer neuen Generation bildgebender Apparate ermöglichen, die potentielle Probleme Jahre und Jahrzehnte, bevor diese zu einer Gefahr werden, erkennen können. Aber vielleicht besteht der interessanteste Aspekt der Molekularmedizin darin, daß sich der Vorgang des Alterns selbst als eine Krankheit erweisen könnte, die der Behandlung zugänglich ist.

10 Ewig leben?

»Und Gott der HERR sprach: Siehe, der Mensch ist geworden wie unsereiner und weiß, was gut und böse ist. Nun aber, daß er nur nicht ausstrecke seine Hand und breche auch vom Baum des Lebens und esse und lebe ewiglich! Da wies ihn Gott der HERR aus dem Garten Eden, daß er die Erde bebaute (...) und ließ lagern vor dem Garten Eden die Cherubim mit dem flammenden, blitzenden Schwert, zu bewachen den Weg zu dem Baum des Lebens.«

Genesis 3, 22–24 (1. Mose, 3, 22–24)

»Dem Entwurf nach müßte der Körper ewig funktionieren.«

Eliot Crooke, Biochemiker an der Stanford University

»Ich will nicht durch meine Arbeit unsterblich werden. Ich will dadurch unsterblich werden, daß ich nicht sterbe!«

Woody Allen

Das Streben nach ewiger Jugend hat Jahrtausende hindurch die Phantasie alternder Kaiser und Könige ebenso beflügelt wie die des kleinen Mannes. Schon im Altertum sandten die Herrscher in ihrem unstillbaren Verlangen nach dem ewigen Leben Forschungsexpeditionen aus, die den sagenumwobenen Jungbrunnen ausfindig machen sollten – nicht selten haben sie damit den Lauf der Geschichte unfreiwillig verändert.

Dieses Verlangen ist uns bis heute erhalten geblieben. Die Generation des Baby-Booms scheint – urteilt man nach der Bedeutung, die sie dem Jungsein beimißt – finster entschlossen, dem Zahn der Zeit zu widerstehen, und alimentiert den jeweils letzten Schrei in Sachen Diät und Fitneß mit 40 Milliarden Dollar jährlich.

Jeder, der zum wiederholten Mal sein Spiegelbild gemustert und mit der unerbittlichen Ausbreitung von Fältchen, dem Nachlassen jugendlicher Straffheit, den vielen grauen Haaren und bohrenden Rückenschmerzen gehadert hat, hat sich irgendwann wenigstens nach seiner eigenen Jugend zurückgesehnt. Altern ist kein Spaß: Ein beträchtlicher Verlust an Muskelmasse gehört ebenso dazu wie die verstärkte Einlagerung von Körperfett (bei Männern vor allem um die Hüften herum, bei Frauen am Gesäß), die Schwächung der Knochen, die nachlassende Leistungsfähigkeit unseres Immunsystems und der Verlust an Vitalität.

Wie reich, mächtig, berühmt oder einflußreich Sie auch sein mögen, sich mit dem Altern auseinanderzusetzen bedeutet, der eigenen Sterblichkeit ins Auge zu blicken. Oder, wie Butch Cassidy so richtig zu Sundance Kid bemerkt: »Jeden Tag wirst du ein Stück älter. Das ist 'n Naturgesetz«. Das Mysterium des Alterns und das Verlangen nach ewiger Jugend waren stets von Geheimnissen umgeben, beliebter Gegenstand der Quacksalberei und dankbares Ziel von Hochstaplern.

Eigentlich sollte der Körper jedoch für immer leben können. Es gibt Organismen, denen das gelingt. Bestimmte Zellen, sogar manche Tiere mißachten von Natur aus die Gesetze des Alterns und verfügen nicht über eine klar abgegrenzte Lebensdauer. Wenn aber das ewige Leben keines der bekannten Gesetze der Zellbiologie verletzt, warum können wir dann nicht für ewig jung bleiben?

Eine ganze Reihe bemerkenswerter und überraschender Entdeckungen deutet darauf hin, daß man die genetischen und molekularen Grundlagen des Alterns vielleicht schon bald recht gut überblicken wird. Windige Spekulationen und mystische Überlieferungen werden zum erstenmal in der Geschichte der Menschheit durch harte Fakten und konkrete, reproduzierbare Ergebnisse verdrängt. Die Spannung unter den Wissenschaftlern ist deutlich zu spüren. Leonard Hayflick von der University of California in San Francisco – oft auch als »oberster Biogerontologe« bezeichnet – stellt fest: »Die Gerontologie befindet sich heute in einem Stadium, in dem verschiedene Theorien ineinander aufgehen werden, und obwohl diesem Konglomerat noch eine Menge Informationen fehlen, so machen wir doch gute Fortschritte bei unserem biogerontologischen Gegenstück zur großen vereinigten Theorie der Physiker.«[1]

Einige Biogerontologen haben bereits vorsichtige Prognosen für die Zukunft gewagt. Für die kommenden 25 Jahre wird man in puncto Verzögerung oder Umkehrung von Alterungsprozessen am ehesten mit sorgsam überwachten Hormonbehandlungen rechnen können. Diese sicher nicht problemlose, aber dennoch vielversprechende Technik hat einige entscheidende Nachteile gegen sich. Wenn man ihre Nebenwirkungen jedoch unterbinden kann, dann könnte eine Kombination aus Antioxidantien und Hormonen uns einige der Lasten des Alterns abnehmen (wobei dies die menschliche Lebenserwartung allerdings mit großer Wahrscheinlichkeit nicht verändern wird.)

Über das Jahr 2020 hinaus werden sich dann allerdings durch die Verfügbarkeit individueller DNS-Sequenzen völlig neue Wege eröffnen, unter anderem die Identifizierung der legendären »Alterungsgene« – so es sie denn gibt. Hierbei ist zu betonen, daß durchaus nicht alle Wissenschaftler glauben, daß solche Gene tatsächlich existieren.[2] Doch selbst wenn es sie gibt, so wird die Aufgabe, sie aus Tausenden anderer Gene herauszufischen, dennoch ein mühseliges Unterfangen bleiben. Einige Biogerontologen behaupten allerdings, bei Tieren Alterungsgene gefunden zu haben; vielleicht gibt es homologe Gene hierzu beim Menschen. Ein vielversprechender Ansatz bestünde darin, das genetische Material von Menschen zu untersuchen, die außergewöhnlich gesund und lange leben, und diese per Computer miteinander zu vergleichen, um herauszufinden, ob sie etwa irgendwelche Schlüsselfaktoren gemeinsam haben.

In den Jahren zwischen 2020 und 2050 wird sich noch ein weiterer vielversprechender Ansatz ergeben: die Möglichkeit, neue Organe zu züchten. Eine verlängerte Lebensdauer wäre sinnlos, wenn unser Körper allmählich verfiele. Schon heute lassen sich Haut und andere Gewebe im Labor züchten, und es bestehen Pläne, irgendwann einmal ganze Organe wachsen zu lassen. Vielleicht wird die Züchtung neuer Organe eines Tages genauso gang und gäbe sein, wie es Herz- und Nierentransplantate bereits heute sind.

Die Suche nach dem Jungbrunnen

Zum Mythos beinahe jeder Zivilisation gehören und gehörten Geschichten über unsterbliche Wesen. Hindus, Römer, Chinesen, sie alle verfügen über eine eigene Mythologie des Jungbrunnens, und diese hat von Zeit zu Zeit sogar den Lauf der modernen Geschichte beeinflußt. Die griechische Mythologie läßt dem, der versucht, den natürlichen Gang der Dinge zu umgehen, anhand traurigster Beispiele eine eindringliche Warnung zukommen: Eos, die wunderschöne Göttin der Morgenröte verliebte sich in den sterblichen Tithonus und heiratete ihn. Doch während die Götter ewig jung blieben, begann Tithonus zu altern. Eos bat Zeus, ihren Geliebten unsterblich wie die Götter werden zu lassen. Zeus erfüllte ihren Wunsch, aber Eos hatte einen fatalen Fehler begangen – sie hatte nicht daran gedacht, für Tithonus auch die ewige Jugend zu erflehen. Tithonus alterte zu einem verschrumpelten Krüppel, der unablässig vor sich hin brabbelte. Das brachte die Götter derart auf, daß sie ihn in eine Zikade verwandelten.

Die Geschichte von Tithonus beinhaltet eine klare Forderung an die moderne Wissenschaft: Sie darf nicht nur zum Ziel haben, die menschliche Lebensdauer zu verlängern, sondern sie muß unseren Körper gleichzeitig auch wiederbeleben und verjüngen, damit wir nicht zu einer Nation von Pflegeheiminsassen werden.[3]

Unsterbliche Tiere

Vor dem Anbruch des molekularbiologischen Zeitalters konnten die Wissenschaftler nur anhand indirekter Hinweise über den menschlichen Alterungsprozeß spekulieren. Die naheliegendsten Anhaltspunkte ergaben sich hierbei aus dem Tierreich und aus der Evolutionsbiologie.[4] Entgegen weit verbreiteter Ansichten gibt es in der Tat verschiedene Klassen von Lebewesen, die allem Anschein nach unbegrenzt leben und offenbar auch nicht altern. Sie sind unsterblich in dem Sinne, daß ihnen keine absehbare Lebensdauer zueigen ist.

Säugetiere erreichen mit zunehmendem Alter eine festgelegte Körpergröße, andere Tiere jedoch, bei denen die Körperendgröße nicht von vornherein festgelegt ist (manche Hummer beispielsweise, Flundern, Störe, Haie und Alligatoren), nehmen mit der Zeit einfach an Körpergröße zu, zeigen jedoch keine sichtbaren Anzeichen des Alterns. Diese Tiere sind »unsterblich« in dem Sinne, daß ihr Alterungsprozeß so langsam verläuft, daß er entweder als nicht vorhanden beziehungsweise als mit unseren Methoden nicht hinlänglich meßbar gelten muß.[5]

Viele Lehrbücher gehen fälschlicherweise davon aus, daß diese Tiere eine begrenzte Lebensdauer wie alle anderen haben. Die Autoren dieser Bücher verwechseln Lebensdauer mit Lebenserwartung. Die Lebenserwartung beschreibt das durchschnittliche Alter, das ein Organismus erreicht, bis er an Krankheit oder Hunger stirbt, beziehungsweise von einem Räuber erlegt wird – die Lebensdauer aber beschreibt das maximale Alter, das ein Organismus erreichen kann, wenn man diese externen Todesursachen beseitigt. Sie sind der Grund, warum im Amazonas keine 500 Jahre alten Krokodile von der Größe eines Einfamilienhauses herumpaddeln – die Tiere erliegen irgendwann den Gefahren eines Lebens in der Wildnis.

Hält man diese Tiere jedoch in zoologischen Gärten, dann sind sie vor den genannten äußeren Faktoren weitgehend geschützt und wachsen gleichsam endlos weiter, wobei ihre physischen Funktionen nach dem Erreichen der Geschlechtsreife kaum nachlassen. Das klassische Beispiel in diesem Zusammenhang ist die Flunder. Das Männchen erreicht eine bestimmte Körpergröße und altert normal. Die weibliche Flunder hingegen wächst unbegrenzt weiter und zeigt im Laufe der Zeit keine Zeichen von Alter oder Funktionsverlust.[6]

Die Existenz von Tieren ohne festgelegte maximale Lebensspanne könnte man als Hinweis darauf werten, daß es bei anderen in der Tat »Alterungsgene« geben muß. Die Zellen dieser Tiere verlieren allem Anschein nach niemals an Vitalität oder Reproduktionsfähigkeit.

Von einem streng evolutionären Standpunkt aus mag Altern jedoch sehr wohl einen Sinn haben. Die Natur hat nur wenig Verwendung für ein alterndes Tier, das seinen Zenit, das gebärfähige Alter, längst überschritten hat. Ein solches Tier ist für den Rest des Rudels oder der Herde eine Last. Vielleicht sieht die Natur vor, daß ein Organismus würdevoll altert und stirbt, um wertvolle Ressourcen der kommenden Generation zu überlassen, damit die Spezies erhalten bleibt.

Von Tieren auf Menschen zu schließen ist immer sehr gewagt, doch auch beim Menschen scheint der Alterungsprozeß evolutionären Gesetzen zu folgen. Paläontologen, die sich mit den fossilen Resten unseres Vorfahren *Australopithecus* beschäftigt haben, sind inzwischen davon überzeugt, daß sich unsere Linie vor ungefähr fünf Millionen Jahren von den anderen Primaten trennte. Im Laufe dieser fünf Millionen Jahre hat sich unsere Lebensdauer im Vergleich zu unseren verwandten Primaten mehr als verdoppelt. Mit den Zeitmaßstäben der Evolution gemessen sind die dramatische Zunahme unserer Hirngröße, unseres Körpergewichts und unserer Lebensdauer in einem winzigen Augenblick geschehen. Das relativ hohe Tempo dieser bemerkenswerten Beschleunigung könnte darauf hindeuten, daß unsere Lebensdauer in der Tat durch eine Handvoll Alterungsgene bestimmt wird – es beweist dies allerdings in keiner Weise.

Da wir mit den Schimpansen 98,4 Prozent aller Gene gemeinsam haben, könnten wir im Rahmen einer systematischen Analyse der Gene, die uns von unseren Cousins trennen, vielleicht unter anderem auch auf die Alterungsgene stoßen.

Wie alt war Julia?

Generationen von Schülern nahmen bei der Lektüre von Shakespeares Romeo und Julia erstaunt zur Kenntnis, daß Julia erst dreizehn Jahre alt gewesen sein soll.

Wir vergessen manchmal, daß der Mensch den größten Teil seiner Geschichte hindurch ein kurzes, hartes und gefährliches Leben führte. Den größten Teil der Menschheitsgeschichte verbrachten wir damit, wieder und wieder denselben unerbittlichen Zyklus zu durchlaufen: Sobald die Pubertät erreicht war, wurde von uns erwartet, daß wir uns zusammen mit unseren Altvorderen abrackerten, jagten, einen Partner fanden und Kinder produzierten. Wir bekamen reichlich Nachwuchs, doch die meisten Kinder starben bereits bei der Geburt (oder in jungen Jahren). Um es mit Leonard Hayflick zu sagen: »Es ist eine erstaunliche Erkenntnis, daß die menschliche Art Hunderttausende von Jahren, mehr als 99 Prozent ihres Bestehens, mit einer Lebenserwartung von nur achtzehn Jahren auf diesem Planeten überlebt hat.«[7]

Seit den Tagen der industriellen Revolution hat unsere Lebenserwartung dank verbesserter hygienischer Bedingungen, der Einführung von Abwassersystemen, einer besseren Versorgung mit Lebensmitteln, der Einführung von Maschinen für die Erledigung von Schwerstarbeiten und der modernen Medizin dramatisch zugenommen. Noch um die Jahrhundertwende betrug die durchschnittliche Lebenserwartung in den Vereinigten Staaten 49 Jahre. Heute liegt sie bei etwa 76 Jahren, das entspricht einem Anstieg von 55 Prozent innerhalb eines einzigen Jahrhunderts.[8] Joshua Lederberg meint dazu: »In den Vereinigten Staaten läßt sich die erhöhte Lebenserwartung nahezu ausschließlich dem Sieg über die Verbreitung von Infektionskrankheiten, der Ausrottung von Krankheitserregern zuschreiben.«[9] Heute ist der am raschesten wachsende Anteil unserer Bevölkerung die Gruppe der über Hundertjährigen.[10] Zudem gibt es mehr und mehr »vitale Hochbetagte«.[11]

Die Physik des Alterns

Physik, Informationstheorie und Genetik sind für die Formulierung einer »umfassenden Theorie des Alterns« von entscheidender Bedeutung. Da gibt es zunächst einmal den Zweiten Hauptsatz der Thermodynamik, demzufolge die Unordnung (oder Entropie) in jedem geschlossenen System mit der Zeit zunehmen muß. Kurz: Alles geht abwärts, oder mit den Worten George Harrisons: »All things must pass – alles geht vorüber.« Unser Körper, jede Maschine, jede unserer Schöpfungen, sogar das Universum, alles nutzt sich irgendwann ab.

Was das Universum betrifft, so bedeutet dies, daß alle Sterne ihren nuklearen Brennstoff irgendwann aufbrauchen werden, daß die Temperaturen unter den absoluten Nullpunkt absinken und ein düsteres Universum aus ausgebrannten Sternen, schwarzen Löchern und kalten Gasen entstehen lassen. Das Schicksal des Universums ist ein Zustand maximalen Chaos oder maximaler Entropie.[12]

In unserem Körper manifestiert sich diese Entropiezunahme als *Informationsverlust*. Jedesmal, wenn sich unsere Zellen teilen oder von toxischen Chemikalien angegriffen werden, kommt es zu winzigen Fehlern und Irrtümern im Informationsgehalt unserer DNS. Mit der Zeit häufen sich diese mehr und mehr an, bis die Zelle schließlich nicht mehr imstande ist, diese Schäden zu reparieren und normal zu funktionieren. Irgendwann holt der Zweite Hauptsatz der Thermodynamik unsere Zellen ein, und der Alterungsprozeß ist nicht mehr aufzuhalten. Mit zunehmender Entropie verlieren unsere Zellen durch den zunehmenden Informationsverlust ihre ursprüngliche Flexibilität und Vitalität. Hayflick bezeichnet den Umstand, daß Altern durch die allmähliche Anhäufung von Fehlern in unserem molekularen Code zustande kommt, durch die die Leistungsfähigkeit und Vitalität unserer Zellen allmählich nachlassen, als unser »molekulares Los«[13.] Altern entsteht vermutlich durch den Verlust unserer Fähigkeit, diese molekularen Schäden zu reparieren.

Wenn der Zweite Hauptsatz der Thermodynamik ein so ehernes Gesetz der Physik darstellt, dann scheint es auf den ersten Blick hoffnungslos, an Alterungsprozessen etwas ändern zu wollen. Doch in diesem Gesetz gibt es ein Schlupfloch – es bezieht sich nur auf ein »geschlossenes System«.

Das eröffnet uns ein Tauschgeschäft: Wir könnten die Entropie an einer Stelle verringern (und damit Alterungsprozesse aufhalten), wenn wir sie gleichzeitig an anderer Stelle erhöhen, so daß die Entropie insgesamt zunimmt. Die Entstehung eines Kindes beispielsweise stellt eine massive Entropieabnahme dar. Diese aber wird kompensiert durch das Chaos, das das Baby andernorts entstehen läßt (durch die Belastung des mütterlichen Organismus, den erhöhten Nährstoffverbrauch und durch die riesigen Mengen an Energie, die zur Schaffung eines Säuglings notwendig sind). Mit anderen Worten: Das Schlupfloch im Zweiten Hauptsatz läßt sich vielleicht auch im Hinblick auf die Alterungsgene ausnutzen und auf die Fähigkeit, altersbedingte molekulare Schäden zu reparieren.

Altern: Wir rosten einfach ein

Wenn Leute mittleren Alters ihre knirschenden Gelenke und schmerzenden Muskeln beklagen und behaupten, daß sie dabei seien »einzurosten«, dann kommen sie der Wahrheit vermutlich sehr viel näher, als sie denken.

Zu den schlüssigsten Überlegungen im Zusammenhang mit dem Ablauf von Alterungsprozessen gehört die Hypothese, daß der chemische Prozeß der Oxidation (derselbe Vorgang also, der Silber anlaufen, Eisen rosten und Feuer brennen läßt) auch den Prozeß des Alterns antreibt. Bei diesem Vorgang, einem Korrosionsprozeß, wird die in den Molekülen des von uns eingeatmeten atmosphärischen Sauerstoffs eingefangene chemische Energie freigesetzt. Die Oxidation ist eine der Hauptreaktionen, in denen sich der Zweite Hauptsatz der Thermodynamik in unserem Körper manifestiert.

Oxidationsreaktionen liefern uns einerseits die Energie, mit der wir unseren Körper betreiben. Wenn wir tief einatmen, dann gelangt der Sauerstoff über unsere Lungen ins Blut und von dort in die Körperzellen, wo er über eine Reihe von Oxidationsschritten dazu gebracht wird, seine Energie häppchenweise abzugeben. Als Übermittler dieser Energie wirkt eine allgegenwärtige chemische Verbindung namens ATP (Adenosintriphosphat), in der die Energievorräte in genau der richtigen Dosierung abgepackt sind, um die chemischen und mechanischen Aufgaben unseres Körpers zu betreiben.

Dieser Prozeß weist allerdings auch eine Kehrseite auf. Unkontrolliert ablaufende Oxidationsreaktionen richten in unserem System jede Menge Unheil an, lassen sogenannte »freie Radikale« entstehen, die sich in feinabgestimmte zelluläre Funktionen einmischen – etwa so, als würfe man einen Schraubenschlüssel in eine laufende Maschine. Die sehr instabilen freien Radikale können aufgrund ihrer aggressiven chemischen Eigenschaften Proteine und Nukleinsäuren direkt angreifen und die empfindliche Balance des zellulären Apparats stören.

Daß Altern etwas mit Zellschäden zu tun haben könnte, die durch Oxidation entstehen, wurde zum ersten Mal von R. Gerschman im Jahre 1954 vermutet. Denham Harman von der University of Nebraska entwickelte diese Theorie weiter. Wenn jedoch Alterungsprozesse durch Oxidationsprozesse zustande kommen, die durch freie Radikale provoziert werden, so argumentierten sie, dann sollten sie sich durch die Wirkung von Antioxidantien verlangsamen lassen. Zu den häufigsten Antioxidantien gehören die Vitamine E, C, A und β-Karotin sowie die Enzyme Superoxiddismutase (SOD), Katalase und Glutathionperoxidase.[14]

Antioxidantien finden sich sowohl in unserem Körper als auch in unserer Nahrung. (Oft erscheinen sie übrigens als Inhaltsstoffe auf den Etiketten von Backwaren und anderen konservierten Lebensmitteln, weil sie auch den Oxidationsprozeß eindämmen, der Lebensmittel ranzig und schal werden läßt.)

Bei manchen Organismen (wie Ratten und Mäusen, Taufliegen, Nematoden, Rädertierchen und dem Schimmelpilz *Neurospora*) hat man mit Hilfe von Antioxidantien in kontrollierten Experimenten die Lebensspanne verlängern können. Bei Mäusen betrug die Zunahme sogar 30 Prozent. Diese Tiere vergreisten einfach nicht mehr in demselben Maße wie der arme Tithonus. Aus verschiedenen Untersuchungen geht hervor, daß Antioxidantien das Auftreten von Krebs und Herz-Kreislauf-Erkrankungen sowie von Krankheiten des zentralen Nervensystems und des Immunsystems hinauszögern können.[15]

Ein überprüfbares Postulat aus diesen Überlegungen würde beispielsweise lauten, daß bei Tieren mit einer besonders kurzen Lebensdauer auch ein besonders hoher Spiegel an freien Radikalen vorliegen sollte. Das hat sich in eingehenden Studien bestätigt.

Die Hypothese, daß freie Radikale beziehungsweise die durch sie verursachten Oxidationsreaktionen für die Entstehung von Alterungsprozessen verantwortlich sein sollen, gibt uns zwar einen wichtigen Hinweis darauf, welche Schäden sich wie auf molekularer Ebene in unserem Körper anreichern, doch bleibt die Frage offen: Wie können wir diese Schäden verhindern oder gar ihre Wirkung umkehren?

Bis 2020: Hormone als Lebenselixir?

Die bei weitem schmerzloseste und medizinisch am besten abgesicherte Methode, die Lebenserwartung zu erhöhen (und zu verhindern, daß die Nation an explosionsartig steigenden medizinischen Kosten bankrott geht), besteht in gesunden Lebensgewohnheiten: Geben Sie das Rauchen auf, treiben Sie regelmäßig Sport, ernähren Sie sich ballaststoffreich und fett- und cholesterinarm. Zahllose Studien haben gezeigt, daß die amerikanische Bevölkerung sich ihren liebgewordenen ungesunden Lebensgewohnheiten viel zu hemmungslos hingibt.

Bezüglich der weniger gourmetorientierten Seiten der biogerontologischen Forschung ändert die medizinische Wissenschaft derzeit allerdings ihre Ansichten. Hormontherapien gelten traditionell als Domäne der Quacksalber, Scharlatane, Sonderlinge und ausgemachter Schwindler. Die Hormontherapie blickt auf eine äußerst farbenprächtige Geschichte zurück, die voll ist von skandalösen, gelegentlich auch höchst erheiternden Begegnungen mit schillernden Hormondoktoren, die das Blaue vom Himmel herunter versprachen.

So behauptete in den zwanziger Jahren ein fundamentalistischer Prediger namens John »Doc« Brinkley, daß man durch eine Transplantation von Ziegenbock- oder anderen Tierhoden den Alterungsprozeß umkehren könne. Tausende von älteren Menschen hörten seine Äußerungen über den von ihm selbst gegründeten Radiosender und machten sich zu einer Pilgerfahrt zu seiner Klinik in Kansas auf. Er wurde so reich und mächtig, daß er sich sogar zur Wahl zum Gouverneur von Kansas stellte (die er allerdings verlor).

Mit einer Serie neuer Untersuchungen ist die Hormontherapie derzeit im Begriff, sich ihres unseriösen Rufs zu entledigen und in die Reihen ernsthafter Forschung aufzusteigen. Mit einer 2-Millionen-Dollar-Spritze aus dem NIH-eigenen National Institute on Aging unternehmen neun Wissenschaftlerteams gegenwärtig Studien zu »trophischen Faktoren« wie den Hormonen, die Wachstum und Versorgung von Gewebe sicherstellen.

Von heute bis ins Jahr 2020 wird die Hormontherapie vielleicht zu einer wichtigen Methode aufblühen, mit der sich einige der altersbedingten Verfallsprozesse werden aufhalten lassen und ein gewisser Schutz vor Krankheiten erreicht werden wird (wenngleich sich unsere Lebensspanne dadurch nicht verändern wird).[16]

Es ist bekannt, daß Frauen während ihrer fruchtbaren Jahre durch das Hormon Östrogen vor vielen Auswirkungen des Älterwerdens bewahrt werden. Sobald eine Frau jedoch die Menopause erreicht hat, fällt der Östrogenspiegel ab, und der Alterungsprozeß beschleunigt sich. Die Evolutionsbiologen haben daraus den Schluß gezogen, daß einer Frau nach der Menopause »evolutionsbedingt« vermutlich kein langes Leben mehr beschieden ist. Charles Hammond vom Duke University Medical Center nimmt kein Blatt vor den Mund, wenn er sagt: »Um die Jahrhundertwende starben die Frauen bald, nachdem ihre Eierstöcke aufgehört hatten zu funktionieren.«

Schon heute ist Östrogen das meistverschriebene Medikament der Vereinigten Staaten – und auch das meistuntersuchte. Im Rahmen der berühmten Nurses Health Study verfolgte man die Krankengeschichten von über 120 000 Krankenschwestern über mehr als zehn Jahre hinweg, und man stellte fest, daß Frauen, die sich in der Postmenopause einer Östrogenbehandlung unterzogen hatten, nur halb so häufig an Herzerkrankungen litten wie unbehandelte

Frauen.[17] In anderen Untersuchungen zeigte sich, daß Östrogen die Häufigkeit von Knochenbrüchen im Hüftbereich um 50 Prozent senkt, das Gedächtnis verbessert, die Darmkrebshäufigkeit um bis zu 55 Prozent senkt und Kollagen erhält, das die Haut geschmeidig und feucht macht.[18]

Man hat im Rahmen molekularbiologischer Studien auch klären können, auf welche Weise Hormone wie Östrogen wirken: Sie veranlassen bestimmte Gene in ihren Zielzellen dazu, spezielle Proteine (beispielsweise Prolactin) zu bilden, die dann ihre spezifische Funktion im Körper ausüben. Mit anderen Worten, Hormone wie Östrogen »schalten« in der Zelle bestimmte Gene an.

Krebs und Altern

Die Behandlung mit Östrogenen hat allerdings auch eine Kehrseite: Die Wahrscheinlichkeit für das Auftreten von Brustkrebs nimmt zu. Eine Studie der American Cancer Society an 240 000 Frauen verzeichnete bei Frauen, die über mindestens sechs Jahre hinweg Östrogen eingenommen hatten, eine Zunahme der tödlichen Fälle von Eierstockkrebs um 40 Prozent, bei Frauen, die über elf oder mehr Jahre hinweg Östrogen genommen hatten, stieg das Risiko um 70 Prozent.[19]

Allem Anschein nach besteht ein grundsätzlicher Zusammenhang zwischen der Verzögerung von Alterungsprozessen mit Hilfe von Hormonen und einem erhöhten Krebsrisiko. Der Ursprung dieser Beziehung leitet sich unmittelbar aus den biologischen und physikalischen Zusammenhängen her. Hormone wie Östrogen beschleunigen die metabolischen und reproduktiven Fähigkeiten einer Zelle und damit auch das Tempo komplexer genetischer Abläufe. Das wiederum erhöht die Wahrscheinlichkeit, daß sich Fehler einschleichen.

Denken Sie an eine Maschine, die mit maximaler Drehzahl läuft. Je höher die ihr abverlangte Leistung, um so größer ist auch der Teileverschleiß. Ganz ähnlich hat der hormonbedingte Vitalitätsanstieg unausweichlich eine erhöhte Oxidationsrate, eine zunehmende Freisetzung von Radikalen und eine erhöhte Mutationshäufigkeit zur Folge.

Mit anderen Worten: *Altern ist womöglich der Preis, den wir zu entrichten haben, um uns vor Krebs zu schützen.* Dazu V. K. Cristofalo vom Center for Gerontological Research am Medical College of Pennsylvania: »Jede Zelle deines Körpers ist eine Dynamitpatrone – wird sie neoplastisch, bist du erledigt. Damit wir als Art bisher überleben konnten, mußten sich im Laufe der Evolution Mechanismen entwickeln, die es uns erlaubten, die Zellteilung so lange zu kontrollieren, bis wir uns fortgepflanzt haben.«[20]

Mäuse altern zum Beispiel dreißigmal so rasch wie Menschen, und auch die Krebsrate ist bei ihnen auf das Dreißigfache erhöht.[21]

Es gibt jedoch einige Möglichkeiten, das Krebsrisiko zu vermindern. Senkt man die Menge an Östrogen und gibt statt dessen ein weiteres Hormon – Progesteron – dazu, dann läßt sich vorläufigen Untersuchungen zufolge die Brustkrebshäufigkeit senken. Isaac Schiff vom Massachusetts General Hospital meint dazu unverblümt: »Im Grunde stellen Sie Frauen vor die Wahl, ihr Brustkrebsrisiko mit sechzig zu erhöhen, um damit einen Herzanfall mit siebzig oder einen Oberschenkelhalsbruch mit 80 zu verhindern. Wie können Sie jemandem eine solche Entscheidung abnehmen?«[22]

Im Laufe des kommenden Jahrzehnts werden 19 Millionen Angehörige der Baby-Boom-Generation die Fünfzig erreichen, und das läßt einen explosionsartigen Anstieg des Interesses an der Verzögerung männlicher Alterungsprozesse erwarten. Schon heute betrifft etwa ein Viertel aller kosmetischen Operationen Männer (derzeit vor allem zur Behandlung von Haarausfall und zum Absaugen von Fettpölsterchen)[23]. Das stärkste Interesse aber wird schon bald der Hormontherapie mit dem männlichen Geschlechtshormon Testosteron gelten.

Die männliche Menopause verläuft unauffälliger als die weibliche. Im Gegensatz zu Frauen, bei denen es um die Fünfzig zu einer raschen Verschlechterung des Gesundheitszustandes kommt, nimmt bei Männern der Testosteronspiegel ab dem vierzigsten Lebensjahr nur um etwa ein Prozent pro Jahr ab. Daß Testosteron auch die Vitalität alternder Männer erhöht, ist kein Geheimnis. Männer mit einem ungewöhnlich niedrigen Testosteronspiegel (bei Hypogonadismus beispielsweise) leiden unter schwachen Knochen und Muskeln, mangelnder Energie und vermindertem sexuellem Antrieb. Joyce Tenover von der Emory University Medical School behandelte 1992 im Rahmen einer Studie ältere Männer mit Testosteron und konnte zeigen, daß dies zu einer Zunahme an Muskelmasse und allgemeiner Vitalität sowie zu einem verminderten Abbau von Knochenmaterial führte.

Das meiste Wissen über die Nebenwirkungen von Testosteron stammt übrigens aus einer etwas ungewöhnlichen Quelle: von vielen Bodybuildern und Leistungssportlern, die sich bekanntermaßen alle möglichen hochwirksamen, aber auch höchst zweifelhaften Substanzen in großen Mengen spritzen. Die Nebenwirkungen großer Mengen Testosteron sind hinlänglich bekannt: verstärktes Brustwachstum (Gynäkomastie), Sterilität (man hat Testosteron in hoher Dosierung als mögliches Verhütungsmittel in Betracht gezogen), Krebs (insbesondere Prostatatumoren) und Blutverdickung (erhöhtes Schlaganfallrisiko).

Über die nächsten fünfundzwanzig Jahre hinweg werden Wissenschaftler nach Wegen suchen, die Nebenwirkungen dieser wirksamen Behandlung unter Kontrolle zu bringen. Zum Glück läßt sich das auf verschiedene Arten bewerkstelligen. Zur Kontrolle von Krebserkrankungen ließen sich möglicherweise die Methoden der Gentherapie heranziehen. Eine praktikable Methode bestünde auch darin, mittels virtueller Realität Proteine zu modellieren, die von diesen Hormonen kontrolliert werden, aber nur die gewünschten Effekte und keine Nebenwirkungen zeigen, also einen »Schlüssel« zu formen, der in nur *ein* »Schlüsselloch« paßt.

Aussichtslose Kandidaten

Das National Institute on Aging warnte 1997 davor, daß ungetestete »Anti-Alterungs-Hormone« sich ungebremst ausbreiten würden – trotz allgemeiner Warnungen. Eine sehr umstrittene experimentelle Therapie arbeitet mit dem menschlichen Wachstumshormon Somatotropin oder HGH. In der Vergangenheit stand HGH nur in minimalen Mengen zur Verfügung, man isolierte es aus den Hypophysen Verstorbener. Seit 1985 setzen die Biologen jedoch biotechnologische Methoden ein, um verschiedene menschliche Hormone und Peptide – darunter auch HGH und Insulin – künstlich von Bakterien herstellen zu lassen. Im Jahre 1990 leitete der inzwischen verstorbene Medizinprofessor Daniel Rudman von der University of Wisconsin in Milwaukee eine Untersuchung, bei der man dieses potente Hormon sechs Monate lang zwölf gesunden älteren Männern injizierte. Er behauptete, daß er eine beinahe augenblickliche Veränderung habe feststellen können und allmählich dahinsiechendes Leben durch sprühende Vitalität ersetzt habe.

Einer der ersten Teilnehmer an Rudmans Experimenten war der pensionierte Automechaniker Fred McCullough. Zur Zeit der Untersuchung war er 65 Jahre alt, und er sagt: »Ich fühlte mich wieder wie ein Teenager. Eigentlich habe ich mich in meinem ganzen Leben nie so stark gefühlt!« Seine schlaffe Haut nahm ein glattes, jugendliches Aussehen an, seine schlaffen Muskeln wurden wieder fest. Die Fettpolster verschwanden, im Laufe des Lebens geschrumpfte innere Organe erholten sich zu ursprünglicher Größe und Vitalität.[24] Seine Geschichte war typisch für die Berichte der an dieser Studie Beteiligten. Rudmans Bericht ließ rasch einen blühenden schwarzen Markt für Wachstumshormone entstehen, auf dem sich insbesondere Sportler, Bodybuilder und andere Leute tummelten, die sich nach einem verjüngten, neu belebten Körper sehnten.

Die Versuche, Rudmans bahnbrechende Ergebnisse zu wiederholen, hatten allerdings sehr gemischte Resultate zu verzeichnen. Im Jahre 1996 untersuchte Maxine Papadakis von der University of California in San Francisco 52 Männer ab 70 Jahren und bestätigte Rudmans Beobachtung, daß es unter Hormoneinfluß zu einem Anstieg der Muskelmasse um vier Prozent und um eine Abnahme des Körperfetts um 13 Prozent kam. Mehr jedoch als die Muskelmasse zählen Kraft, Ausdauer und geistige Fähigkeiten. Hier aber fand sich keine Verbesserung, sondern man mußte sogar eine Reihe unangenehmer Nebenwirkungen vermerken, unter anderem geschwollene Knöchel, schmerzende Gelenke und steife Hände. »Das ist keineswegs ein Jungbrunnen«, stellt Papadakis fest, und ihre Arbeitsgruppe kam zu dem Schluß: »Wir können diese Therapie nicht empfehlen.«[25, 26] Ein weiteres populäres Hormon ist DHEA (Dehydroepiandrosteron), ein von den Nebennierenrinden ausgeschüttetes Hormon, dessen Konzentration im Laufe der Pubertät ansteigt, um dann im Alter von 25 bis 30 Jahren wieder zu sinken. Bekannt ist dieses Hormon bereits seit 1934, doch erst in jüngster Zeit hat man seine potentielle Wirksamkeit gegen die Entstehung von Krebs und gegen das Altern gewürdigt. Verfüttert man DHEA an Mäuse, dann beobachtet man eine verminderte Brustkrebsrate, eine erhöhte Lebensspanne und zunehmende Vitalität. Skeptiker weisen allerdings darauf hin, daß die Mäuse dadurch auch weniger fressen und daß es daher vielleicht weniger das DHEA selbst als vielmehr eher die verminderte Kalorienaufnahme sein könnte, durch die sich die Krebsrate verringert und die Lebensdauer verlängert.[27] Dies wird in weiteren Studien zu klären sein.

Der Mikrobiologe Arthur Schwartz beschäftigt sich seit mehr als 15 Jahren mit DHEA und sieht in ihm ein potentielles Medikament gegen Darmkrebs. »Bei Tieren ist seine Wirkung gegen Krebs erwiesen. Wenn beim Menschen dasselbe passiert, dann haben wir wirklich etwas in der Hand.«[28]

Im Jahre 1995 behandelte man im Rahmen einer Untersuchung an der University of California in San Diego 16 ältere Menschen mit DHEA und fand eine Verbesserung ihres Gesundheitszustands um 75 Prozent.[29] Wenn man bei diesen Menschen den DHEA-Level auf das Niveau eines Dreißigjährigen anhob, verringerten sich Gelenkschmerzen, verbesserten sich Schlafqualität und Beweglichkeit, und bei Männern nahm die Muskelmasse zu (bei Frauen allerdings nicht).

Da sich durch DHEA der Geschlechtshormonspiegel im Blut erhöht, vermutet man – so die derzeit wichtigste Hypothese –, daß DHEA eigentlich über die Stimulation eben dieser Hormone wirkt. (Wenn das stimmt, heißt das natürlich, daß man bei DHEA letztendlich mit denselben ernsten Nebenwirkungen zu rechnen hat wie bei der Hormontherapie mit Geschlechtshormonen.)

Ein weniger aussichtsreiches Hormon scheint Melatonin zu sein, ein natürliches Hormon, das von der Zirbeldrüse ausgeschüttet wird und offenbar dazu beiträgt, unseren Schlaf-Wach-Zyklus zu steuern. Viele klinische Untersuchungen zur Wirkung von Melatonin haben sich mit dem Jetlag, mit Schlaflosigkeit und anderen Aspekten des Schlafs beschäftigt. Da der Melatoninspiegel in der Lebensmitte absinkt, hat so mancher voreilig und lauthals (in etlichen Bestsellern) gefordert, daß Melatonin die Auswirkungen von Alterungsprozessen eindämmen müsse.

Vielleicht ist daran sehr viel weniger, als man denken möchte. Auf einer im Jahre 1996 abgehaltenen Konferenz der National Institutes of Health verurteilten Ärzte die immense Popularität dieses zweifelhaften Hormons (des einzigen übrigens, das man in den Vereinigten Staaten ohne Rezept und ohne Unbedenklichkeitsbescheinigung der Federal Food and Drug Administration kaufen kann). Richard Wurtman vom MIT, dessen 1994 durchgeführte Studie zum Thema Melatonin und Schlaf den ganzen Aufruhr unerwarteterweise angezettelt hat, bemängelt die mangelnde Umsicht beim Einsatz dieses Hormons: »Kein Mensch paßt auf den Laden auf.«[30] Bis jetzt sind diese Spekulationen noch nicht durch Fakten ersetzt worden. Die Melatonin-Mode speist sich hauptsächlich aus Einzelfallberichten, denn klinische Doppelblindstudien zur Wirkung von Melatonin sind so gut wie nicht vorhanden.

In den kommenden Jahren wird es noch jede Menge anderer sensationeller Behauptungen geben, daß dieses oder jenes Hormon *das* Elixir für die Erlangung ewiger Jugend sein müsse, da seine Konzentration im Körper mit dem Alter abnimmt. Aber, wie Hayflick betont, *alle* Hormone werden mit dem Alter weniger – das ist kein Beweis dafür, daß sie die Quelle ewiger Jugend sind.[31] Es ist überhaupt nicht klar, ob ein verminderter Hormonspiegel *Ursache* oder *Ergebnis* des Alterns ist.

Letztendlich werden wir die zelluläre, genetische und molekulare Basis dieser Hormone untersuchen müssen, um herauszufinden, wie sie auf molekularer Ebene wirken, und um die unausweichlichen Nebenwirkungen in den Griff zu bekommen. Im besten Falle erhöhen Hormone vielleicht wirklich unsere Vitalität und schützen uns vor Krankheiten. Aber es gibt keinen Hinweis darauf, daß sie unsere Lebenserwartung oder maximale Lebensdauer tatsächlich verlängern können. Damit öffnet sich der Blick auf die nächste Front: die Suche nach den »Alterungsgenen«.

Nach 2020: Alles hängt an unseren Genen

Jenseits des Jahres 2020 werden die Wissenschaftler mit allem Nachdruck versuchen, »Alterungsgene« zu finden, um molekulare Schäden, die sich infolge von Alterungsprozessen ergeben, zu verzögern oder zu reparieren.

Michael Rose von der University of California at Irvine hat einen faszinierenden Befund zur Lösung dieses Rätsels beizusteuern: Durch selektive Züchtung konnte er die Lebensspanne von Taufliegen um 70 Prozent verlängern. »Das ist es, was dieses Gebiet zur Zeit so interessant macht – wir können Dinge tun, die funktionieren«, erklärt er. Seine »Superfliegen« waren überdies physisch sehr viel widerstandsfähiger als normale Taufliegen. Interessanterweise konnte er auch feststellen, daß seine langlebigen Fliegen größere Mengen des antioxidativen Enzyms Superoxiddismutase produzieren, das dazu beiträgt, die Wirkungen des gefährlichen Superoxidradikals zu neutralisieren. Leben diese Fliegen also deshalb länger, weil sie imstande sind, den zerstörerischen Kräften der Oxidation zu widerstehen?

Der Biologe Thomas Johnson vom Institute for Behavior Genetics der University of Colorado verblüffte die wissenschaftliche Welt mit der Nachricht, daß er es fertiggebracht habe, zum erstenmal die Lebensspanne eines Organismus genetisch zu verändern. Er hatte aus einem winzigen Fadenwurm (einem Nematoden) ein neues Gen isoliert, dem er in weiser Voraussicht den vielversprechenden Namen *age1* gab. Durch Manipulationen an *age1* konnte er die normalerweise drei Wochen umfassende Lebensspanne des Wurms um 110 Prozent verlängern, eine verblüffende Erkenntnis, die ein für allemal zu beweisen schien, daß es – zumindest bei bestimmten Organismen – ein Alterungsgen gibt, das sich systematisch manipulieren läßt.

Dazu Johnson: »Wenn es beim Menschen so etwas gibt wie ein *age1*-Gen, dann werden wir etwas wirklich Spektakuläres vollbringen können.«[32] Sein nächstes Ziel ist nun, herauszufinden, ob es im menschlichen Genom ein Gegenstück zu *age1* gibt.

Andere Wissenschaftler haben ebenfalls ermutigende Resultate vorzuweisen. Cynthia Kenyon von der University of California in San Francisco konnte zeigen, daß Würmer (genaugenommen eine bestimmte Wurmart namens *Caenorhabdis elegans*) mit einer Mutation in einem Gen namens *daf-2* mehr als doppelt so lange leben wie normale Würmer, nämlich 42 Tage im Vergleich zu 18 Tagen.[33]

Siegfried Hekimi von der McGill University in Montreal hat Würmer »produziert«, die sogar die fünffache Lebensspanne haben – ein Rekord für jedes Tier. »Diese Tiere sind so nah an der Unsterblichkeit, wie ein Wurm je sein kann«, meint er dazu. Er hat vier Gene isolieren können, die bei seinen Würmern nicht nur das Altern verlangsamen, sondern alles andere auch – Fressen, Zellteilung und Schwimmen. Er bezeichnet diese Gene als »Uhrgene«.

Das Altern umkehren: Vom Tier zum Menschen

Von Nematoden auf Menschen zu schließen ist allerdings ein gewagtes Unterfangen. Ein Nematode besteht aus nur 959 somatischen Zellen. »Aber«, so erklärt Tom Johnson von der University of Colorado, »für 40 Prozent der 8000 Gene, die man von diesem Wurm bereits kennt, gibt es bei Säugetieren Homologe.«[34] Mensch und Wurm stehen einander sogar so nahe, daß sich die Genfunktion mutierter Wurm-Gene durch menschliche Gene wiederherstellen läßt.

Siegfried Hekimi ist der Auffassung, daß diese »Uhrgene« wirken, indem sie die Stoffwechselrate verlangsamen und so den Verschleiß im Gewebe vermindern. Michael Jazwinski vom Louisiana State University Medical Center arbeitet an Bäckerhefe, und seine Ergebnisse sprechen für diese Argumente. Er hat mehrere Gene isoliert, die die Lebensspanne von Hefe zu beeinflussen scheinen. Das bestuntersuchte Hefe-Gen *LAG1* (benannt nach der englischen Bezeichnung *longevity assurance gene 1*) verlängert, wenn man es in ältere Hefezellen einführt, deren Lebensspanne um etwa ein Drittel. Er hat zudem allem Anschein nach auch das Pendant dazu im menschlichen Genom gefunden und spekuliert jetzt darauf, daß dieses vielleicht von Nutzen sein könnte, um auch die Lebensspanne menschlicher Zellen zu verlängern.

Des weiteren ist ein Gen gefunden worden, welches das bereits zuvor erwähnte antioxidative Enzym Superoxiddismutase kontrolliert. Dieses Gen befindet sich etwa vier Millionen Basenpaare vom äußersten Marker des Chromosoms 21 – *D21S58* – entfernt und reguliert die Produktion dieses einflußreichen Enzyms. Das Superoxidradikal kann sich im Körper mit Wasserstoffperoxid zu dem toxischen Hydroxyl-Molekül verbinden, von dem wir wissen, daß es Gene angreift und ganze Zellen zu zerstören imstande ist.[35] Zwischen der Einwirkung freier Radikale und der Kontrolle von Alterungsprozessen durch Gene wäre vielleicht eine Art Rückkopplungsmechanismus denkbar: Gene könnten die Produktion von Antioxidantien kontrollieren, welche die oxidationsbedingte Schädigung der DNS eindämmen.[36] Die Arbeiten von James Fleming vom Linus Pauling Institute in Palo Alto, Kalifornien, stützen diese Überlegungen: Durch die Einführung einer zusätzlichen Kopie des SOD-Gens konnte er die Lebensspanne von Taufliegen verlängern.[37]

Alle diese Einzelbefunde bilden wichtige Querverbindungen auf dem Weg zu einer umfassenden Theorie des Alterns, in der sich alle Daten – vom alterungsbedingten Informationsverlust in unseren Zellen ebenso wie von oxidativen Prozessen und genetischen Veränderungen – werden vereinigen lassen.

Wie lange können wir leben?

Der vielleicht einfachste Weg, um festzustellen, ob Langlebigkeit beim Menschen genetisch bedingt ist, besteht darin, herauszufinden, ob sie erblich ist. Die erste einer ganzen Reihe ausführlicher Studien zur Erblichkeit von Langlebigkeit stammt aus dem Jahre 1934 und wurde von Ruth Pearl durchgeführt. Man hat seither festgestellt, daß bei 87 Prozent aller Menschen über neunzig Jahren wenigstens ein Elternteil über siebzig geworden ist.[38]

Eine überzeugende Untersuchung zur möglichen Vererbbarkeit menschlicher »Alterungsgene« gründet sich auf die Beobachtung eineiiger Zwillinge. Es gibt Studien, die belegen, daß eineiige Zwillinge in der Regel innerhalb eines Zeitraums von drei Jahren sterben. (Zweieiige Zwillinge gleichen

Geschlechts hingegen zeigen einen Unterschied in ihrer Lebensspanne von sechs und mehr Jahren.) Die meisten Biogerontologen würden heute der Aussage beipflichten, daß es eine zwar schwache, aber durchaus meßbare Korrelation zwischen Langlebigkeit und genetischer Veranlagung gibt.[39] Weitere Aufschlüsse erhofft man sich aus so bizarren Erbkrankheiten wie Progerie und Werner-Syndrom, zwei Formen der Frühvergreisung, bei denen der normale Alterungsprozeß mit ungeheurer Geschwindigkeit abläuft und aus knuddligen pausbäckigen Babys binnen weniger Jahre alternde, gebrechliche Menschen macht. Forschungen zu den Ursachen dieser Vergreisung haben ergeben, daß bei den Betroffenen ungewöhnlich geringe Mengen des Enzyms Helikase vorliegen. Dieses Molekül ist von entscheidender Bedeutung für die Reparatur von DNS.[40] Auch hier scheint Altern also direkt mit dem Versagen von DNS-Reparaturmechanismen korreliert zu sein. Bislang ist niemand einer Isolierung menschlicher Alterungsgene, wenn es sie überhaupt gibt, auch nur im entferntesten nahe gekommen. Der Molekularbiologe Michael West von der University of Texas allerdings behauptet, einen vielversprechenden ersten Schritt in diese Richtung getan zu haben, indem er Gene in menschlichen Zellen nachweisen konnte, die offenbar den Alterungsprozeß in den Zellen von Haut, Lunge und Blutgefäßen kontrollieren. Seine Gene haben einen so dramatischen Effekt, daß er sie als »Mortalitätsgene« M-1 und M-2 bezeichnete.[41] Er prophezeit: »In den kommenden Jahren werden wir die Gene, die das Altern von Zellen regulieren, vollständig charakterisieren. Und dann werden Sie erleben, daß diese Erkenntnisse auf Teufel komm raus auf Krankheiten wie Arteriosklerose, Gefäßerkrankungen des Herzens, altersbedingtes Nachlassen der Gehirnleistung und andere Leiden wie Osteoarthritis und Hautalterung angewandt werden.«

Um dieser Behauptung Nachdruck zu verleihen, erzählt er von den schon beinahe magischen Kräften, die seinen Befunden nach in den Genen M-1 und M-2 schlummern. Schaltet er die beiden Gene ein und aus, dann kann er damit wie mit einem Yoyo auch den Alterungsprozeß an- und abstellen. Selbst seinen Kritikern hat er plausibel machen können, daß hier eine möglicherweise sehr enge Ursache-Wirkungs-Beziehung zwischen Genen und Alterungsprozessen bestehen könnte.

Normalerweise steht sowohl der M-1- als auch der M-2-Schalter in alternden Zellen auf »ein«. Doch West konnte zeigen, daß man, indem man das M-1-Gen chemisch abschaltet, den Zellen ihre Jugendlichkeit »zurückzaubern« und die Zahl der verbleibenden Zellteilungen verdoppeln kann. Schaltet er das M-2-Gen chemisch ab, dann erreicht er einen sogar noch stärkeren Effekt: Die so veränderten Zellen können sich endlos teilen. Schaltet er beide Gene wieder an, dann fangen die Zellen erneut an zu altern. Er nimmt für sich in Anspruch, »... durch das An- und Abschalten dieser Gene Zellen nach Belieben dazu veranlassen zu können, jünger oder älter zu werden.«

Ein Gen, dessen Wirkung auf den Alterungsprozeß besonders gut dokumentiert ist, ist das Gen *apo-E*, das die Information für ein Protein namens Apolipoprotein enthält. *apo-E* gibt es in drei Varianten, E2, E3 und E4, und es steht in enger Beziehung zur Alzheimerschen Krankheit. Bei Menschen mit zwei Kopien des *apo-E2*-Gens ist das Risiko, an der Alzheimerschen Krankheit zu erkranken, achtmal so hoch wie bei Leuten mit nur einer Kopie. Wer drei Kopien von *E3* hat, erkrankt in aller Regel bis spätestens zum 75. Lebensjahr.

Interessant in diesem Zusammenhang ist allerdings die Tatsache, daß es eine Beziehung zu geben scheint zwischen dem Vorhandensein des *E4*-Gens und dem Alter, das der Betreffende zu erreichen imstande ist. Untersuchungen an bis zu 103 Jahre alten Menschen haben gezeigt, daß das *E4*-Gen mit steigendem Alter innerhalb einer Altersgruppe immer seltener zu finden ist: Bei Menschen unter 65 Jahren beträgt die Häufigkeit 25 Prozent, für die Altersgruppe von 90 bis 103 nur noch 14 Prozent. Möglicherweise verringert das *E4*-Gen die Lebenserwartung dadurch, daß es das Risiko erhöht, an Alzheimer zu erkranken.[42]

Die Altersforschung zwischen 2020 und 2050

Wohin werden diese Tendenzen in der Zukunft führen?

Die sich mehrenden Hinweise auf die Existenz von Alterungsgenen, die den Alterungsprozeß beeinflussen sollen, liefern alles andere als ein schlüssiges Bild. Gleichwohl sind sie recht eindrucksvoll, wenn man bedenkt, aus wie vielen unterschiedlichen Richtungen sie durch völlig unabhängige Forschungen zusammengetragen wurden: vom Altern bei Würmern und Taufliegen bis hin zu Antioxidantien, Genreparaturmechanismen und Mutationen beim Menschen. Dennoch sind es nur Indizien.

Christopher Wills, Biologieprofessor an der University of California in San Diego, ist der Ansicht, daß die Gentechnik bis zum Jahre 2025 mit großer Wahrscheinlichkeit die Alterungsgene von Säugetieren isoliert haben wird. Die Tatsache, daß wir 75 Prozent unserer Gene und einen Großteil der Chemie in unserem Körper mit Mäusen gemeinsam haben, gibt hinreichend Anlaß zu der Annahme, daß ein bei Mäusen nachgewiesenes Alterungsgen ein menschliches Gegenstück haben dürfte. Hat man solche Gene also lokalisiert, dann bestünde der nächste Schritt darin, herauszufinden, ob sie auch beim Menschen zu finden sind. Wills ist der Ansicht, daß sich die menschliche Lebensdauer, falls es solche Gene gibt, möglicherweise auf bis zu 150 Jahre verlängern ließe.[43]

Mit der im Laufe der nächsten fünfundzwanzig Jahre zu erwartenden Verfügbarkeit individueller DNS-Sequenzen aber dürfte sich noch ein zweiter Ansatz als hoffnungsvoll erweisen. Wenn man genügend Gene gesunder

Menschen jenseits der neunzig analysiert hat, sollte es möglich sein, mit Hilfe von Computern nach einem genetischen Hintergrund zu suchen und auf eventuelle Ähnlichkeiten in Schlüsselgenen zu achten, die im Verdacht stehen, etwas mit dem Altern zu tun zu haben. Eine Kombination der DNS-Analysen an langlebigen Tieren und der Untersuchung von individuellen DNS-Sequenzen alter Menschen könnte die Suche nach den Alterungsgenen beträchtlich einengen.[44]

Du bist nicht, was du ißt: Die Kalorientheorie

Keine der Methoden liefert bisher ein Indiz dafür, daß wir imstande sein werden, die menschliche Lebensdauer zu verlängern. Die vielleicht einzige Theorie, der man dies in gewisser Weise zubilligen kann, betrifft die Einschränkung der Kalorienzufuhr und besagt, daß Tiere, die man mit einer Kalorienmenge gerade oberhalb der Hungergrenze ernährt, deutlich länger leben als der Durchschnitt. Diese Theorie läuft zwar auf den ersten Blick jeglichem gesunden Menschenverstand zuwider (denn ein gut genährtes und gesundes Tier sollte Krankheiten und Alterungsprozessen mehr Widerstand entgegensetzen), doch sie hält wiederholten Überprüfungen an einem breiten Spektrum an Organismen stand. Wissenschaftler haben mit großer Beständigkeit die Lebensspanne von Mäusen und Ratten um 50 bis 100 Prozent verlängern können. Dabei handelt es sich um die *einzige* im Labor überprüfte Theorie zur Verlagerung der Altersgrenze bei Tieren, die Jahrzehnte sorgsamster Überprüfung überstanden hat. Warum?

Das ganze Tierreich hindurch zeigt die Lebensdauer von Tieren ziemlich genau eine umgekehrte Relation zur Stoffwechselrate. Je langsamer der Stoffumsatz, um so länger die Lebensspanne: Setzt man die Stoffwechselrate durch die Einschränkung der Kalorienzufuhr künstlich herab, so verlängert man die Lebensspanne.

Die Kalorientheorie ist so etwas wie die Umkehrung des Sprichworts: »Lebe rasch, dann stirbst du jung.« Sie besagt: »Lebe langsam, dann lebst du lange.« Zum erstenmal bemerkt hat man diesen Effekt um die Jahrhundertwende.[45] Clive MacKay von der Cornell University konnte ihn im Jahre 1934 überzeugend dokumentieren[46], und der Pathologe Roy L. Walford von der University of California in Los Angeles (der übrigens der Ansicht ist, er selbst könne mit einer Diät hart am Rande des Verhungerns 140 Jahre alt werden) untersuchte ihn weiter. Derzeit werden die gründlichsten Studien zu diesem Thema am National Center for Toxicological Research der FDA in Jefferson, Arkansas, durchgeführt.

Im Rahmen einer Untersuchung der NIH aus dem Jahre 1996 reduzierte man bei 200 Affen die Kalorienaufnahme um 30 Prozent. Die Affen wiesen eine verminderte Stoffwechselrate, eine längere Lebensdauer und eine geringere Häufigkeit für das Auftreten von Krankheiten wie Krebs, Herzerkrankungen und Diabetes auf. »Wir wissen seit 70 Jahren, daß Labormäuse, denen man wenig füttert, langsamer altern, länger leben und weniger häufig krank werden. Wir beobachten, daß Affen sich in dieser Hinsicht genau wie die Nager verhalten, und nehmen daher an, daß es sich hier möglicherweise um dieselben biologischen Abläufe handelt«, erklärt George Roth vom National Institute of Aging.[47]

Wissenschaftler versuchen verzweifelt, eine solche spartanische Diät zum Bestandteil amerikanischer Lebenskultur zu machen. Die meisten Amerikaner würden allerdings schockiert sein, konfrontierte man sie mit einer 940-Kalorien-Diät, mit der sich ihr Leben möglicherweise verlängern ließe.

Der Harvard-Biologe Steven Austad demonstrierte, welch bittere Gegenleistung man für ein derart verlängertes Leben erbringen müßte. Bei der Durchsicht seiner Befunde fiel ihm nämlich auf, daß die Mäuse, die mit eingeschränkter Kalorienzufuhr ernährt wurden, keine Jungen bekommen hatten. Sie paarten sich nicht einmal! Menschen, die man auf eine solche Diät setzte, würden vielleicht so träge, daß sie schließlich das Interesse an den meisten Dingen verlieren, die das Leben lebenswert machen.[48]

Was bleibt, ist jede Menge Raum für eine lebhafte wissenschaftliche Debatte zur Frage »Warum?« Ron Hart, Wissenschaftler am National Center for Toxicological Research, glaubt, daß die Antwort vielleicht etwas mit den evolutionären Kompromissen zu tun hat, die Säuger und insbesondere Menschen haben eingehen müssen, um eine konstant hohe Körpertemperatur zu unterhalten.

»Unter Wärmeeinwirkung zerfallen nach dem Zufallsprinzip ständig Teile des DNS-Moleküls und müssen repariert werden«, so Hart. »Bei eingeschränkter Kalorienzufuhr läuft die Maschine nicht so heiß, infolgedessen es zu weniger Schäden kommt. Schon eine Verringerung der Kalorienaufnahme um 40 Prozent verringert die spontane DNS-Schädigung um beinahe 24 Prozent!«[49]

»Das Faszinierende ist«, faßt Hart zusammen, »daß eine verringerte Nahrungsaufnahme der einzige jemals gefundene experimentelle Parameter ist, der zuverlässig die Schädigung von DNS verhindert.« Hart ist von der Wichtigkeit seiner Arbeiten derart überzeugt, daß er im Jahre 1993 mit den ersten systematischen Studien zur Einschränkung der Kalorienzufuhr beim Menschen begann.

Viele Wissenschaftler sind der Ansicht, daß der Alterungsprozeß in den »Kraftwerken« der Zelle, den Mitochondrien, stattfindet, in denen ein Großteil der zellulären Energie als ATP gespeichert vorliegt. Hier findet auch der größte Teil der bereits erwähnten Oxidationsreaktionen statt, aus denen freie Superoxidradikale in großen Mengen hervorgehen. Superoxidradikale reagieren zu Wasserstoffperoxid, und dieser kann zu dem hoch reaktiven freien Hydroxylradikal weiterreagieren. Mit der Zeit wird die

ATP-Produktion hierdurch vermindert, und damit die Leistungsfähigkeit der Zelle empfindlich reduziert. Hinzu kommt, daß die Mitochondrien zwar ihre eigene DNS enthalten, diese aber nicht in derselben Weise von einer schützenden Proteinhülle umgeben ist wie die DNS im Zellkern, durch die letztere davor bewahrt wird, allzu viele Fehler anzusammeln. Die »Mitochondrientheorie« des Alterns ist deshalb so attraktiv, weil sich in ihr alle drei Ansätze zur Erklärung von Alterungsprozessen vereinigen: Oxidationsreaktionen, DNS-Schädigungen und der Einfluß der Kalorienzufuhr.

Vielleicht wird man eines Tages, wenn man den Wirkungsmechanismus einer eingeschränkten Kalorienzufuhr kennt, einen Weg finden, der ohne Kalorienopfer auskommt. »Unser Ziel ist es, den Mechanismus zu entdecken, der in diesen Tieren greift, und dann herauszufinden, wie wir dasselbe pharmakologisch oder mittels Gentherapie erreichen können«, erklärt Hart. Er ist zuversichtlich, daß er und seine Kollegen dem »Master-Gen des Alterns« dicht auf den Fersen sind, und fügt hinzu: »Ich prophezeie Ihnen, daß wir das Gen sehr bald in Händen halten werden.«

Zwischen 2020 und 2050: Die Herstellung neuer Organe

Angenommen, es gibt Alterungsgene, und angenommen, wir können sie ändern – würde es uns dann gehen wie Tithonus, der verdammt war, auf ewig in einem gebrechlichen Körper zu leben? Es steht keineswegs fest, daß die Veränderung der Alterungsgene unseren Körper wieder jugendlich frisch machen wird. Was für einen Sinn hätte es, ewig zu leben, wenn uns Geist und Körper fehlen, dies auch zu genießen?
Eine Versuchsserie aus jüngster Zeit demonstriert, daß es eines Tages möglich sein könnte, neue Organe für unseren Körper »zu züchten«, um alte, abgenutzte zu ersetzen. Eine ganze Reihe von Tieren – Eidechsen beispielsweise und Amphibien – sind imstande, ein verlorenes Bein oder einen verlorenen Schwanz nachwachsen zu lassen. Säugetieren geht diese Fähigkeit leider ab, doch prinzipiell müßte die genetische Information für die Regeneration ganzer Körperteile in der DNS unserer Zellen enthalten sein.
Die Organtransplantationen der Vergangenheit waren mit einem langen Katalog von Problemen behaftet; an erster Stelle stand die Abstoßung körperfremder Gewebe durch den Empfängerorganismus. Mit den Methoden der Gentechnologie lassen sich inzwischen Linien einer sehr seltenen Zellart herstellen, so etwas wie »Universalspenderzellen«, die unser Immunsystem davon abhalten, sie anzugreifen. Damit wird eine vielversprechende neue

Technologie möglich, mit der sich Organteile »züchten« lassen könnten, wie Joseph Vacanti vom Children's Hospital in Boston und Robert S. Langer vom MIT zeigen konnten.[50] Um neue Organe heranzüchten zu können, konstruieren die Wissenschaftler zunächst ein komplexes »Gerüst«, das die Umrisse des gewünschten Organs hat. Danach läßt man an diesem Gerüst die gentechnologisch konstruierten Zellen wachsen. Wenn die Zellen anfangen, ein Gewebe zu bilden, löst sich das Gerüst allmählich auf, und was übrig bleibt, ist ein – korrekt strukturiertes – gesundes, neues Gewebe. Bemerkenswert ist, daß die Zellen die Fähigkeit haben, ohne einen »Vorreiter«, der sie führt, zu wachsen und die richtige Position einzunehmen. Das »Programm«, das es ihnen erlaubt, komplette Organe zusammenzufügen, ist offenbar in ihren Genen verankert.

Mit Hilfe dieser Technologie hat man bereits künstliche Herzklappen für Lämmer wachsen lassen, als Gerüst diente dabei ein biologisch abbaubares Gerüst aus Polyglykolsäure.[51] Die auf das Gerüst ausgebrachten Zellen stammten aus den Blutgefäßen des Tiers.[52] Die Zellen »halten sich an dem Gerüst fest«, wie Kinder an einem Klettergerüst.

In den vergangenen Jahren hat man diesen Ansatz benutzt, um Hautschichten als Transplantate für Patienten mit Verbrennungen zu züchten. Solche auf Polymeren gewachsene Hautzellen hat man sowohl Verbrennungsopfern transplantiert als auch Diabetikern, bei denen aufgrund der verminderten Blutzirkulation »offene Beine« oftmals nicht heilen, so daß letztlich eine Amputation unumgänglich wird. Vielleicht wird diese Methode die Behandlung von Menschen mit schweren Hautproblemen revolutionieren können. Dazu Marie Burk von Advanced Tissue Sciences: »Aus einer Neugeborenenvorhaut können wir heute ungefähr sechs Fußballfelder [Haut] wachsen lassen.«[53]

Menschliche Organe wie beispielsweise ein Ohr lassen sich schon jetzt in Tieren züchten. Wissenschaftlern vom MIT und von der University of Massachusetts ist es unlängst gelungen, das Abstoßungsproblem zu umgehen und auf einer Maus ein Ohr wachsen zu lassen. Das Gerüst eines menschlichen Ohrs wurde aus einem biologisch abbaubaren Polymer hergestellt und einer speziell gezüchteten Maus mit unterdrücktem Immunsystem unter die Haut transplantiert. Anschließend wurden menschliche Bindegewebszellen auf das Gerüst aufgebracht, die dann durch die Nährstoffe im Blut der Maus ernährt wurden. Als das Gerüst sich aufgelöst hatte, war auf dem Rücken der Maus ein menschliches Ohr gewachsen. Letztes Endes werden Wissenschaftler in der Lage sein, ein solches Ohr auch ohne die Hilfe einer Maus zu schaffen. Damit würde eine neue Ära der »Gewebekonstruktion« anbrechen.

Aus weiteren Experimenten geht hervor, daß sich auch Nasen konstruieren lassen. Dabei bedienen sich die Wissenschaftler computergestützter Entwürfe zur Herstellung des Gerüsts, das sie dann wiederum von Bindegewebszellen bewachsen lassen.

Nachdem man im Kleinen gezeigt hat, daß diese Technologie leistungsfähig ist, wird man sich im nächsten Schritt ganzen Organen, Nieren beispielsweise, zuwenden. Walter Gilbert prophezeit, daß es in etwa zehn Jahren durchaus alltäglich sein wird, Organe wie die Leber zu züchten.[54] Eines Tages wird es vielleicht möglich sein, eine bei einer Mastektomie entfernte Brust durch Gewebe zu ersetzen, das man aus den Körperzellen der Patientin gezüchtet hat. Unlängst gab es eine Reihe von Erfolgen bei der Herstellung von künstlichem Knochengewebe. Dies ist besonders für ältere Menschen von Bedeutung, da bei ihnen Knochenverletzungen sehr häufig sind. In den Vereinigten Staaten gibt es jährlich über zwei Millionen ernsthafte Knochenbrüche und Bindegewebsverletzungen.[55]

Mit den Methoden der Molekularbiologie haben Wissenschaftler über zwanzig verschiedene Proteine isoliert, die das Knochenwachstum kontrollieren. In vielen Fällen kennt man sowohl das Gen als auch das entsprechende Protein für das Knochenwachstum. Diese sogenannten morphogenetischen Proteine des Knochengewebes (BMP, *bone morphogenetic protein*) veranlassen bestimmte undifferenzierte Zellen dazu, sich zu Knochenzellen zu differenzieren. Bei einem Experiment wurden zwölf Patienten mit schweren Knochenschäden im Oberkiefer erfolgreich mit BMP-2 behandelt. (Normalerweise hätten die Ärzte Knochen aus der Hüfte des Patienten entnehmen müssen – eine komplizierte Prozedur, zu der es eines größeren Eingriffs bedarf.)

Das Fernziel dieser Bemühungen wird darin bestehen, auch komplexere Organe wie die Hand künstlich zu züchten. Bis es soweit ist, mag es noch Jahrzehnte dauern, aber so etwas liegt heute nicht mehr außerhalb aller Möglichkeiten. Welche Schritte für einen solchen Vorgang notwendig sind, ist in der Theorie bereits klar:[56]

Zunächst muß das biologisch abbaubare Gerüst einer Hand geschaffen werden, und zwar mit sämtlichen Strukturanlagen bis hinunter zu den mikroskopisch feinen Details der Bänder, Muskeln und Nerven. Anschließend muß man das Gerüst mit biotechnologisch hergestellten Zellen beimpfen, die jeweils bestimmte Gewebe entstehen lassen. Während die Zellen wachsen, muß sich das Gerüst allmählich auflösen. Da bis zu diesem Zeitpunkt noch kein Blut zirkuliert, müssen mechanische Pumpen während des Wachstums Nährstoffe anliefern und Abbauprodukte abtransportieren. Als nächstes wäre das Nervengewebe zu regenerieren. (Nervenzellen sind bekannt dafür, daß sie nur sehr schwer rekonstruieren. Im Jahre 1996 konnte jedoch gezeigt werden, daß durchtrennte Nervenfortsätze im Rückenmark der Maus erneut über eine Schnittstelle hinweg wachsen können.) Am Ende müßten Chirurgen Nerven, Blutgefäße und Lymphsystem mikrochirurgisch mit dem Empfängerorganismus verbinden. Man schätzt, daß es nur etwa sechs Monate dauern würde, bis man ein so komplexes Organ wie die Hand nachgebaut hätte.

Bis zum Jahre 2020 wird möglicherweise eine große Bandbreite an menschlichen »Ersatzteilen« kommerziell zu erwerben sein – allerdings nur solche, an denen nicht mehr als einige wenige Zelltypen beteiligt sind: Haut, Knochen, Gefäßklappen, Ohr, Nase und vielleicht sogar Organe wie Leber und Nieren. Diese werden entweder auf Gerüsten gezogen oder aber aus Embryonalzellen hergestellt werden.

Zwischen 2020 und 2050 können wir erwarten, daß auch komplexere Organe und Körperteile im Labor herzustellen sein werden, unter anderem Hände, Herzen und andere innere Organe. Über 2050 hinaus wird sich möglicherweise jedes Organ unseres Körpers ersetzen lassen.

Unser Leben zu verlängern ist natürlich nur einer der uralten Träume des Menschen. Ein anderer, noch ehrgeizigerer Traum betrifft die Kontrolle des Lebens selbst – die Erzeugung neuer Organismen, Lebewesen, die es noch nie zuvor auf der Erde gegeben hat. Auf diesem Gebiet nähert sich die Wissenschaft mit Riesenschritten der Fähigkeit, neue Lebensformen zu schaffen.

11 Der Mensch spielt Gott: Designerkinder und Klone

»Da machte Gott der HERR den Menschen aus Erde vom Acker und blies ihm den Odem des Lebens in seine Nase. Und so ward der Mensch ein lebendiges Wesen. ... Und er nahm eine seiner Rippen und schloß die Stelle mit Fleisch. Und Gott der HERR baute ein Weib aus der Rippe, die er von dem Menschen nahm, und brachte sie zu ihm.«

Genesis 2, 7, 21–22

»Ob wir in der Lage sein werden, das Leben zu kontrollieren? Ich glaube, schon. Wir alle wissen, wie unvollkommen wir sind. Warum sollten wir uns nicht selbst ein bißchen besser fürs Überleben rüsten? Das ist, was wir tun werden. Wir werden uns selbst ein bißchen verbessern.«

James Watson

Jede Kultur kennt uralte Mythen und Erzählungen über phantastische Geschöpfe, die aus Lehm oder Schlamm geschaffen wurden. In der Schöpfungsgeschichte ist es Gott, der dem Staub Leben einhaucht, um Adam und aus dessen Rippe dann Eva zu erschaffen. In der griechischen Legende hatte Venus Mitleid mit Pygmalion, jenem Bildhauer, der sich unsterblich in Galatea, sein wunderschönes marmornes Werk, verliebte, und sie läßt die Statue lebendig werden. Die Mythologie wimmelt von merkwürdigen Kreaturen, Geschöpfen, halb Mensch, halb Tier: Zentauren, Harpyien, Satyrn und dem Minotaurus (jeweils halb Mensch, halb Pferd, Vogel, Ziegenbock und Stier).

In modernen Erzählungen wird die Macht der Götter durch die Wissenschaft der Sterblichen verdrängt, und so tragen diese die moralische Verantwortung für die Kreaturen, die sie mit Leben erfüllt haben. In Mary Shelleys *Frankenstein* schlägt sich Dr. Victor Frankenstein mit dem moralischen Dilemma herum, eine Gefährtin für sein Monster schaffen zu müssen. Entsprängen dieser Verbindung Kinder, so schüfe er damit eine neue, furchterregende Lebensform, die mit dem Menschen rivalisieren würde. Er malt sich voller Schrecken die Folgen aus: »... ein Geschlecht von Teufeln würde sich auf der Erde fortpflanzen, das die Existenz des Menschengeschlechts gefährden und Schrecken verbreiten würde. Hatte ich das Recht, um meines eigenen Vorteils willen diesen Fluch allen künftigen Geschlechtern aufzuladen?«[1] (Shelley war damals allerdings nicht klar, daß die genetische Ausstattung des Endprodukts gar nicht berührt wird, wenn man Körperteile verschiedener Herkunft zu einem neuen Ganzen zusammenfügt, und daß die Kinder von Dr. Frankensteins Geschöpfen normale menschliche Gene haben würden.)

Im Zuge der umwälzenden neuen Entwicklungen beim Einsatz rekombinanter DNS müssen wir womöglich einige dieser alten Mythen aus einer völlig neuen Perspektive analysieren. Der uralte Traum des Menschen, das Leben selbst kontrollieren zu können, gewinnt im Rahmen der molekularbiologischen Revolution allmählich Realität. Hier aber stellt sich die Frage: Wo liegen die wissenschaftlichen und ethischen Grenzen für die Erschaffung neuer Lebensformen? Wird die Wissenschaft einmal in der Lage sein, neue Tierrassen als Chimären bereits bekannter Arten oder gar eine neue Menschenrasse, einen »Metamenschen« oder einen »Homo superior« mit übermenschlichen Fähigkeiten entstehen zu lassen?

Die Manipulation tierischer und pflanzlicher Gene

Daß man den Genpool einer Tier- oder Pflanzenart verändert, um neue Lebensformen zu schaffen, ist nichts Neues. Der Mensch hat mit den Genen anderer Arten seit mehr als zehntausend Jahren »herumgespielt« und viele Nutz- und Zierpflanzen und Tiere um uns herum entstehen lassen. Doch gleichzeitig mit unseren wachsenden Fähigkeiten, das Genom anderer Lebensformen manipulieren zu können, haben wir anhand der Züchtung von Pflanzen und Tieren auch lernen müssen, daß dies unvorhergesehene Auswirkungen haben kann.

In der Vergangenheit galt die genetische Manipulation von Pflanzen mit dem Ziel, eine neue Nutzpflanze entstehen zu lassen, als so wertvoll, daß Thomas Jefferson dazu schon bemerkte: »Der größte Dienst, den man einem Land erweisen kann, besteht darin, seiner Kultur eine neue, nützliche Pflanze hinzuzufügen.«[2]

Charles Darwin entwickelte viele seiner Überlegungen über die natürliche Selektion aus Gesprächen mit Tier- und Pflanzenzüchtern. Er beobachtete, daß bei Kreuzungsversuchen zwischen Tieren mit erwünschten Merkmalen bestimmte Eigenschaften auf die Nachkommen übergingen. Über viele Generationen hinweg ließ sich das entsprechende Merkmal verstärken und verfeinern, bis es zu einem zentralen Charakteristikum einer neuen Sorte geworden war. Solche Beobachtungen stützten Darwins Annahme, daß dieser Prozeß in freier Wildbahn fast genauso abläuft, hier ersetzt die natürliche Selektion die Hand des Züchters.

Hunde beispielsweise wurden vermutlich vor etwa 12 000 Jahren erstmalig domestiziert, ihr Vorfahre ist der Wolf *(Canis lupus)*, der sich allmählich zu dem uns vertrauten Haushund *(Canis lupus familiaris)* entwickelte. Unzählige Kreuzungen ließen eine schier unfaßbare Vielfalt an Hunden für die verschiedensten Aufgaben entstehen: zum Jagen und Apportieren ebenso wie zum Schafehüten, Bewachen oder einfach als Begleiter. Selektive Züchtungsbemühungen haben die ursprüngliche Art *Canis lupus* in derzeit 136 vom Verein amerikanischer Hundezüchter anerkannte und zahllose nicht anerkannte Hunderassen aufgesplittert.[3] Katzen hingegen wurden erst vor relativ kurzer Zeit domestiziert, wahrscheinlich von den Ägyptern vor etwa 5000 Jahren. Sie stammen von der Wildkatze *Felis sylvestris* ab und wurden vermutlich gezähmt und gehalten, um Getreidevorräte vor Ratten zu schützen. Die Katze ist das einzige domestizierte Tier, das von einer rein solitär lebenden Art abstammt, alle anderen Vorfahren unserer Haustiere sind sozial lebende Tiere (woraus sich vermutlich erklärt, warum Katzen reservierter und weniger zugänglich als Hunde sind).[4] Aus der Domestikation von Haustieren läßt sich eine wichtige Lehre ziehen, die besagt, daß alles seinen Preis hat.[5] Für den Hund besteht der Vorteil der Domestikation in der Ausbreitung: In Nordamerika gibt es 50 Millionen Hunde, während die Wolfpopulation auf 38 000 geschrumpft ist. Aber die Hunde zahlen einen hohen Preis für das Leben im Luxus: Intensive Inzucht hat eine Vielfalt an genetischen Defekten wie Blindheit, Hüfterkrankungen und Blutgerinnungsstörungen geschaffen und verstärkt. Indem wir mit Hilfe der Biotechnologie neue Lebensformen schaffen, richten wir möglicherweise unvorhergesehene Schäden an.

Ähnlich verhält es sich mit den Manipulationen am Pflanzengenom, die bald nach dem Ende der Eiszeit, vor etwa 10 000 Jahren, begannen. Es war die Zeit, als die Menschheit den Übergang vom Jäger-und-Sammler-Dasein zu Ackerbau und Viehzucht und damit zu einem seßhaften Leben in Dörfern und Städten und zunehmender Zivilisation vollzog. Im Laufe dieser Entwicklung schufen wir allmählich unsere heutigen Sorten von Mais, Bohnen, Tomaten, Kartoffeln, Weizen, Reis und was sich sonst noch in den Regalen unserer Supermärkte findet. Sie allesamt unterscheiden sich beträchtlich von ihren wilden Vorfahren.[6] Wie die Hunde, so hatten auch die Nutzpflanzen ihren Preis zu zahlen. Jahrhunderte selektiver Züchtung durch die amerikanischen Ureinwohner haben den Mais so vom Menschen abhängig gemacht, daß er nicht mehr allein überleben könnte. Um die Ernte zu erleichtern, wurde er so gezüchtet, daß die Körner fest in den Kolben eingebettet sind. Dadurch wird es ihm allerdings unmöglich, sich von selbst auszusäen, um sich hinlänglich ausbreiten zu können. Das heißt, der Mais ist (mehr oder minder) davon abhängig, daß der Mensch seine Körner aus dem Kolben entfernt und in den Boden pflanzt. Ohne den Menschen würde er vermutlich aussterben.

Bis 2020: Transgene Tiere und Pflanzen

Genetische Manipulationen an Tieren und Pflanzen sind schon seit zehntausend Jahren im Gange, doch erst in den letzten zwanzig Jahren ist es den Wissenschaftlern möglich geworden, Kreuzungen zwischen verschiedenen Arten vorzunehmen, Gene aus einer Tier- oder Pflanzenart in eine andere einzufügen. Da sich alles Leben auf der Erde höchstwahrscheinlich aus einem ursprünglichen DNS- oder RNS-Molekül entwickelt hat, überrascht es nicht, daß die DNS aus einer Art so leicht im Genom einer anderen weiterbestehen kann.

Heutzutage ist es möglich, Jahrmillionen und -milliarden der Evolution binnen weniger Minuten kurzzuschließen und völlig neue Arten »transgener« Lebewesen zu schaffen, die es nie zuvor auf der Erde gegeben hat.

Über die nächsten fünfundzwanzig Jahre hinweg wird sich das Tempo der Erzeugung transgener Tiere immens beschleunigen, denn uns werden zur Orientierung die kartierten Genome einiger tausend irdischer Lebensformen zur Verfügung stehen. Insbesondere bei Pflanzen scheinen die Möglichkeiten unbegrenzt. »Wir können so ziemlich jedes Molekül von therapeutischem Wert in Pflanzen einbringen«, erklärt Andrew Hiatt vom Research Institute of Scripps Clinic in La Jolla, California.[7] Wissenschaftler kratzen derzeit erst an der Oberfläche der Möglichkeiten transgener Organismen. Diese Entwicklung wird sich im 21. Jahrhundert ungeheuer beschleunigen, denn die Genome verschiedener Tier- und Pflanzenarten werden mehr oder weniger gleichzeitig mit dem menschlichen entschlüsselt werden.

Bislang hat die Mehrzahl erfolgreicher Gentransfers darin bestanden, ein einzelnes Gen, die Information für ein bestimmtes Enzym oder für ein anderes spezielles Molekül, von einer Tier- oder einer Pflanzenart in eine andere einzuführen. (Ein Merkmal aus einer Art läßt sich grundsätzlich immer dann in eine andere Art einbringen, wenn das gewünschte Protein im Empfängerorganismus denselben chemischen Prozeß zu kontrollieren vermag wie im Ausgangsorganismus.)

Indem man bestimmte menschliche Gene mit Restriktionsenzymen aus dem Genom herausgeschnitten und in Bakterien eingebracht hat, konnte man mit sehr einfachen transgenen Lebensformen wertvolle, lebensrettende Hormone und Wirkstoffe herstellen. Seit 1978 produziert man das früher nur aus der Bauchspeicheldrüse von Schweinen herstellbare Insulin, indem man das menschliche Insulin-Gen in das Bakterium *E. coli* einführt. In einem Prozeß, der entfernt an eine Gärung erinnert, können diese modifizierten Bakterien unbegrenzte Mengen an Insulin herstellen. Vier Millionen Diabetiker hängen von diesem entscheidenden Fortschritt ab.[8]

Auch das menschliche Wachstumshormon, das einst nur in minimalen Mengen aus den Hypophysen Verstorbener gewonnen werden konnte, läßt sich heute auf dieselbe Weise sehr kostengünstig im Labor herstellen. Seither hat man mittels Gentechnologie große Mengen anderer seltener und wertvoller Medikamente hergestellt, unter anderem Interleukin-2 (zur Behandlung von Nierenkarzinomen), den Gerinnungsfaktor VIII (für Bluter), den Hepatitis-B-Impfstoff, Erythropoietin (zur Behandlung von Anämien), einen Keuchhustenimpfstoff und Somatotropin (zur Behandlung von hypophysärem Minderwuchs).[9]

Es handelt sich hierbei um einige der wirklich großen Erfolge molekularbiologischer Forschung. Von heute bis zur Verfügbarkeit individueller DNS-Sequenzen im Jahre 2020 wird man möglicherweise in der Lage sein, mehr oder weniger alle Hormone und Enzyme des Körpers in großen Mengen herzustellen, indem man die Gene hierfür in Bakterien einpflanzt und sie von ihnen »ausbrüten« läßt.

Schon heute studieren Wissenschaftler die genauen chemischen Mechanismen, über die bestimmte Drogen Neurotransmitter freisetzen, die die Nerven in unserem Gehirn dazu veranlassen, allesamt zur selben Zeit zu feuern, und so die Empfindung verursachen, »high« zu sein. Wenn man in der Lage ist, diese seltenen Neurotransmitter herzustellen, läßt sich das Drogenproblem eines Tages möglicherweise dadurch in den Griff bekommen, daß man den Drang zum Griff nach der Droge eindämmen kann.

Auch die Fortschritte bei der Entwicklung transgener Tiere werden sich bis zum Jahre 2020 rasch beschleunigen. Der erste Durchbruch zur Erzeugung transgener Säuger war im Jahre 1976 zu verzeichnen: Damals ließen Wissenschaftler am Fox Chase Cancer Institute in Philadelphia durch das Einbringen eines Leukämievirus in embryonale Mauszellen einen neuen Mausstamm entstehen.[10] Mit der Entwicklung neuer »Mikroinjektionstechniken« im Jahre 1980 wurde diese Methode weiter verfeinert: Zunächst wurden einer Maus 15 bis 20 frisch befruchtete Eier entnommen. Mit einer über einen Manipulator beweglichen, haarfeinen Glasnadel injizierte man dann unter dem Mikroskop minimale Mengen eines fremden Gens in diese Eizellen. Anschließend pflanzte man die Eier einer Ersatzmutter ein, die 20 Tage darauf die Jungen zur Welt brachte. Die Genomanalyse ergab, daß die Erbinformation der Jungen permanent verändert worden war.

Man hat diese Technik seither bei Kaninchen, Schweinen, Ziegen, Schafen und Kühen erfolgreich angewendet und so eine Vielfalt transgener Tiere entstehen lassen. Im Jahre 1982 schufen einige Wissenschaftler im Labor einen Stamm von »Supermäusen«. Richard Palmiter und seine Mitarbeiter am Howard Hughes Medical Institute verkündeten, daß sie das Wachstumshormon der Ratte mittels Mikroinjektion in Mauseier injiziert und so Mäuse hervorgebracht hatten, die zwei- bis dreimal so rasch wuchsen wie normale Mäuse und das Doppelte ihrer normalen Größe erreichten. Problemlos gaben die Mäuse dieses neue Gen an ihre Nachkommen weiter.[11, 12]

Während transgene Tiere reichen Ertrag in bezug auf die Gewinnung wertvoller Medikamente versprechen, lassen transgene Pflanzen eine Erweiterung unseres Nutzpflanzenrepertoires erhoffen. Gegenwärtig ist die Menschheit bereits durch kleinste Störungen ihrer Lebensmittelversorgung gefährlich verwundbar. Es gibt 250 000 Blütenpflanzenarten auf der Erde, doch nur 150 Pflanzenarten werden landwirtschaftlich kultiviert. Und nur *neun* von diesen (Weizen, Reis, Mais, Gerste, Hirse, Kartoffeln, Süßkartoffeln, Zuckerrohr und Sojabohnen) sind zuständig für drei Viertel der Gesamtenergie, die wir mit unserer Nahrung zu uns nehmen.[13] Krankheiten, Ernteausfälle durch Schädlingsbefall oder Dürren können bei diesen Hauptnutzpflanzen folglich zu einer Hungersnot von riesigen Ausmaßen führen.

Da erwartet wird, daß sich die Weltbevölkerung von derzeit 5,7 Milliarden Menschen im Laufe der nächsten 50 Jahre etwa verdoppeln wird, werden die Ansprüche an die begrenzten landwirtschaftlich nutzbaren Flächen der Erde (die gleichzeitig durch die rasche Industrialisierung und Urbanisierung fortwährend beschnitten werden) sogar noch steigen.[14] Die Biotechnologie wird diese enormen demographischen Probleme nicht lösen können, sie kann aber möglicherweise dazu beitragen, einige davon einzudämmen.

Die gentechnologische Veränderung von Pflanzen wurde im Jahre 1983 vorgestellt, man hatte damals die DNS des Bakteriums *Agrobacterium tumefaciens* in Pflanzen inseriert. Im Jahre 1987 zeigten Wissenschaftler, daß sich ein Geschoß vom Kaliber 0,22 als »DNS-Schrotflinte« verwenden läßt, um die DNS buchstäblich in die Pflanzen hineinzuschießen. Heute werden routinemäßig Gold- oder Wolframkügelchen mit DNS beschichtet und durch Beschießen in die Zellen eingebracht. Diese Methodik findet in der Landwirtschaft weitreichenden Einfluß.

Sprecher der Industrie sind der Ansicht, daß zu Beginn des 21. Jahrhunderts etwa die Hälfte des amerikanischen Nutzpflanzenanbaus aus Pflanzen mit mindestens einem Fremdgen bestehen wird. »Die Verkaufszahlen für solche Produkte werden im Jahr 2000 bei etwa 2 Milliarden Dollar liegen, im Jahre 2005 werden es 6 Milliarden und im Jahre 2010 vielleicht 20 Milliarden Dollar sein«, so Simon Best von Zeneca Plant Sciences.[15] Die größte Samenfabrik der Vereinigten Staaten, Pioneer Hi-Breed International, prophezeit, daß bis zum Jahre 2000 ein Drittel bis die Hälfte aller Samenlinien gentechnologisch hergestellt werden wird.[16] »Das könnte für die Landwirtschaft von derselben Bedeutung sein wie der erste Pflug«, stellt Rick McConell, einer der Senior-Vizepräsidenten bei Pioneer fest.[17]

Diese Techniken werden mit großem Erfolg zur Herstellung neuer Pflanzensorten eingesetzt werden. Von heute bis zum Jahre 2020 sind Fortschritte auf folgenden Gebieten zu erwarten:

- Pestizidproduzierende Pflanzen: Gentechnologisch veränderte Pflanzen können ihr eigenes natürliches Pestizid produzieren. *Bacillus thuringiensis*, meist nur kurz als Bt bezeichnet, produziert beispielsweise ein

Toxin, das viele Schädlinge angreift, so beispielsweise die Tabakthripse und den Baumwollrüßler. Wir könnten das entsprechende Bt-Gen in die Nutzpflanzen inserieren, so daß jede Pflanze ihr eigenes natürliches Pestizid produzieren kann.[18] Baumwolle könnte so den Baumwollrüßler und Tabakthripse fernhalten.

- Krankheitsresistente Pflanzen: Man könnte neue Pflanzensorten entwickeln, die Pilz- und Viruserkrankungen gegenüber resistent sind. Aus Reis haben Wissenschaftler inzwischen das Gen *Xa21* isoliert, das die Information für ein Protein enthält, welches die Pflanze vor einem Pilz schützt, der manchmal bis zu 50 Prozent des Reisanbaus in Asien und Afrika zerstört. Dieses Gen ließe sich auch in Weizen, Mais und eine Vielzahl anderer Nutzpflanzen inserieren, um diese ebenfalls pilzresistent zu machen.

- Herbizidresistente Pflanzen: Ein Gen aus Petunien läßt sich in Sojabohnen inserieren und macht diese unempfindlicher gegenüber Total-Herbiziden.

- Pflanzen, die wertvolle Medikamente produzieren: Pflanzen sind für die Herstellung bestimmter Wirkstoffe gegen Erkrankungen des Menschen im Grunde noch leichter zu manipulieren als Bakterien oder Hefe. Durch die Insertion von Genen würden solche Pflanzen zu regelrechten Medikamentenfabriken.[19]

Klone

Wie weit können wir diese Technologie treiben? Viele der Techniken, die bereits für Pflanzen und Tiere entwickelt worden sind, werden früher oder später ohne Zweifel auch bei komplexeren Organismen eingesetzt werden, unter anderem zur Klonierung von Säugetieren.

Grundsätzlich gibt es zwei Möglichkeiten zur Klonierung höherer Organismen. Im ersten Fall entnimmt man einem Embryo Zellen (bevor sich diese zu spezialisierten Haut-, Muskel- oder Nervenzellen entwickelt haben), verändert diese und kultiviert sie in einem Labor oder pflanzt sie einer Leihmutter ein. Die zweite Methode ist sehr viel schwieriger und interessanter, denn man nimmt dazu reife Zellen, die bereits differenziert sind, und bringt sie dazu, wieder ins embryonale Stadium zurückzufallen. Bis vor kurzem hat man die Klonierung eines erwachsenen Säugetiers für unmöglich gehalten.

Im Prinzip enthalten auch reife Zellen die komplette DNS, die notwendig ist, um einen vollständigen Organismus entstehen zu lassen, doch bislang konnte man ausdifferenzierte Zellen nicht dazu bringen, wieder ins Embryonalstadium zurückzufallen. Mehr als ein Jahrzehnt hindurch hatte man die Hoffnung aufgegeben, aus einer Hautzelle beispielsweise ein ganzes Tier entstehen zu lassen.

Mit den Arbeiten von Ian Wilmut am schottischen Roslin Institute vor den Toren Edinburghs hat sich all das geändert. Seine Arbeitsgruppe hatte zunächst Zellkerne aus neun Tage alten Embryonalzellen von Dorsetschafen in befruchtete Eizellen (Oozyten) eingebracht, aus denen man zuvor den Kern entfernt hatte. Dabei wurden Spender- und kernlose Empfängerzelle durch einen elektrischen Impuls zur Fusion gebracht, der gleichzeitig auch die embryonale Weiterentwicklung aktivierte. Die daraus resultierenden Embryonen wurden Mutterschafen eingepflanzt, die somit genetisch identische Schafe – Klone – zur Welt brachten.

Nicht vorbereitet war die Welt jedoch auf Wilmuts Nachricht zu Beginn des Jahres 1997: Seiner Arbeitsgruppe war es gelungen, auch den zweiten Weg erfolgreich zu gehen und ein Schaf aus den Zellen eines erwachsenen Tiers – den Euterzellen eines ausgewachsenen Schafs – zu klonieren.[20] Nach 277 erfolglosen Versuchen schuf Wilmuts Arbeitsgruppe das erste aus einem erwachsenen Schaf klonierte Säugetier, ein Lamm namens Dolly. »Seit Gott Adams Rippe nahm, um ihm eine Gehilfin zu geben, ist nichts derart Faszinierendes geschehen«, jubelte *Newsweek*.

Wilmuts Arbeiten hatten relativ konventionell begonnen. Wie bei den Embryonalzellen hatte er auch in diesem Falle die Spenderzelle, die diesmal aus dem Euter eines trächtigen Schafs stammte, durch einen elektrischen Impuls mit einer kernlosen Oozyte fusioniert. Normalerweise entwickelt sich ein solches Hybrid nicht zu einem Embryo. Der Schlüssel zu Wilmuts Erfolg bestand darin, daß er die Zelle dazu veranlassen konnte, in ihrem Zellkern verstaute, seit langem schlummernde Gene »aufzuwecken«.

Ein großer Teil der DNS in reifen Zellen liegt zumeist dicht gepackt und für die üblichen zellulären Aktivitäten unzugänglich vor. Das stellt unter anderem sicher, daß aus einer Hautzelle nicht plötzlich eine Leberzelle wird. Man wußte, daß die Bestandteile der Proteinhülle, von der die DNS einer reifen Zelle umgeben ist, irgendwie dafür verantwortlich sein müssen, daß Gene an- und abgeschaltet werden. Zu Wilmuts Technik gehörte unter anderem der Trick, die Zellen etwa eine Woche lang »hungern« zu lassen, indem er ihnen Nährstoff vorenthielt. Vielleicht veränderte dieser Dreh die Proteinhülle so, daß die Zellen wieder ins Embryonalstadium zurückfielen.

Wilmut konnte damit zeigen, daß auch reife, längst differenzierte Zellen über das Potential verfügen, wieder zu einem undifferenzierten Zustand zurückzukehren, daß Differenzierung nicht, wie gelegentlich angenommen wurde, eine Einbahnstraße darstellt. Diese Erkenntnis kann für die Medizin der Zukunft von ungeheurem Wert sein. Zellen in Rückenmark, Gehirn und Herz regenerieren bekanntermaßen schwer, da sie im Laufe ihrer Entwicklung »vergessen« haben, wie man sich im Embryonalstadium teilt. Wenn man diese Zellen dazu bringen kann, sich erneut zu teilen, können die Ärzte vielleicht schwere Rückenmarksverletzungen, bei Schlaganfällen geschädigtes Hirngewebe und durch Infarkte geschädigte Herzen regenerieren lassen. Millionen von Menschen, die zur Zeit an den Rollstuhl gefesselt sind oder in Krankenhäusern und Pflegeheimen gelähmt dahinsiechen, könnten geheilt werden, wenn sich diese Zellen verjüngen ließen. Vielleicht ließen sich auch Ersatzorgane für Transplantationspatienten züchten oder gefährdete Arten klonieren, die sich in Gefangenschaft nur schwer oder gar nicht fortpflanzen.

Noch gibt es zahlreiche Hürden. Das Experiment muß sich zuerst einmal von anderen Labors wiederholen lassen. Vielleicht werden Dollys Zellen, die ja von einem sechs Jahre alten Schaf stammen, auch frühzeitige Alterungserscheinungen aufweisen. Auch ist möglich, daß es bei der Klonierung zu Genschäden gekommen sein könnte. Und, wichtiger noch, der genaue Mechanismus, durch den Zellen sich an langvergessene Gene »erinnern«, muß erst einmal geklärt werden.

Ron James von der Firma PPL Therapeutics, die ein Drittel der Forschungsmittel für Wilmuts Labor zur Verfügung stellt, sieht die praktischen Anwendungen vor allem in der Produktion von Herden transgener Schafe, deren Milch therapeutisch nutzbare Medikamente und Enzyme enthält. Als man ihn jedoch fragte, wie lange es seiner Ansicht nach noch dauern würde, bis diese Methode zur Klonierung von Menschen Verwendung fände, antwortete er: »Hoffentlich eine Ewigkeit.«[21]

Der Ethiker Arthur Caplan rechnet jedoch innerhalb der nächsten sieben Jahre mit den ersten menschlichen Klonen. Wenn man Klonierungsexperimente am Menschen verbieten würde, besteht die Gefahr, daß sich rasch eine regelrechte Klonierungsindustrie im Untergrund entwickelt.

Klonierungsexperimente werfen ohne Zweifel heikle Fragen der Ethik auf, mit denen ich mich im folgenden Kapitel beschäftigen werde. Doch das moralische Dilemma, das der Klonierung anhaftet, verblaßt völlig neben dem, das der gentechnologischen Veränderung des Menschen anhängt. Aus einer Klonierung geht nur die Kopie eines Einzelwesens hervor. Die Gentechnologie aber beinhaltet die Möglichkeit, das menschliche Genom und damit die menschliche Rasse zu verändern. Um es mit einer Analogie zu sagen: Es ist relativ einfach, ein Drama von Shakespeare zu fotokopieren – es verbessern zu wollen ist ungleich schwieriger.

Über 2020 hinaus: Polygene Merkmale

Die Entwicklung der Biotechnologie wird, wie wir gesehen haben, durch die Automatisierung der DNS-Sequenzierung und die Computerisierung vieler Forschungsbereiche in den kommenden 25 Jahren immer rascher voranschreiten. Und solange wir uns mit dem Transfer einzelner Gene auf Pflanzen und Tiere befassen, sollten wir in der Lage sein, alle möglichen gewünschten Ergebnisse zu erzielen.

Über das Jahr 2020 hinaus werden die Fortschritte jedoch höchstwahrscheinlich sehr viel langsamer verlaufen. Zum einen werden wir das Riesenpotential, das uns die Computerisierung der DNS-Sequenzierung beschert, ausgeschöpft haben. Zweitens sind komplexere Merkmale in aller Regel polygenen Ursprungs und beinhalten komplexe Interaktionen sowohl zwischen verschiedenen Genen als auch zwischen Genen und der Umwelt. Drittens bedarf es, um die Struktur und damit auch die Eigenschaften vieler komplexer Proteine zu verstehen, in vielen Fällen der Lösung des verzwickten Problems der »Proteinfaltung«. (Wir erinnern uns, daß die Röntgenkristallographie uns bei der Bestimmung der dreidimensionalen Struktur eines Proteins nur behilflich sein kann, wenn wir imstande sind, das Molekül in den kristallinen Zustand zu überführen. Das zwingt Wissenschaftler dazu, sich mit Quantenphysik und Computern auseinanderzusetzen, um mathematisch zu berechnen, wie ein Proteinmolekül sich faltet.)

So wie uns die gesammelten Telefonnummern sämtlicher Bürger der Vereinigten Staaten nichts darüber sagen, wie jeder einzelne seinen Lebensunterhalt verdient, was er oder sie denkt oder wie die amerikanische Gesellschaft als Ganzes funktioniert, so heißt das Wissen um die genaue Position sämtlicher 100 000 Gene unseres Körpers noch lange nicht, daß wir ihre Funktion kennen oder wissen, wie sie miteinander und mit ihrer Umgebung in Wechselwirkung treten.

Je näher wir dem Jahr 2020 kommen, um so mehr wird sich im Bereich der Biotechnologie die Betonung allmählich von der reinen DNS-Sequenzierung weg und hin zu einer Auseinandersetzung mit Funktion und Wechselwirkung von Genen verlagern – zur sogenannten »funktionellen Genetik«. Im Gegensatz zur Sequenzierung von DNS, deren Tempo sich exponentiell gesteigert hat (weil sie sich automatisieren läßt), werden die Fragen und Zusammenhänge der funktionellen Genetik nur mit quälender Langsamkeit gelöst werden können. Auf diesem Gebiet läßt sich möglicherweise nie eine vollständige Automatisierung der Methodik erreichen.

Eine Möglichkeit zur Bestimmung von Genfunktionen besteht in der Analyse von Genen anderer Tiere. Seit Jahren mutieren oder entfernen Wissenschaftler in mühsamer Kleinarbeit bestimmte Gene aus Taufliegen und Mäusen, um zu sehen, wie sich dies auf die Nachkommenschaft auswirkt. Da diese Tiere einen relativ kurzen Generationszyklus haben, konnte man relativ rasch viele nützliche Labordaten sammeln. Sobald die Funktion eines tierischen Gens bekannt war, hofften die Wissenschaftler, mit Hilfe von Computern menschliche Homologe zu finden. Doch in vielen Fällen unterscheidet sich das menschliche Homolog an verschiedenen wichtigen Stellen seiner DNS-Sequenz von seinem tierischen Gegenstück, so daß man nie ganz sicher sein kann, welche Funktion das menschliche Gen wirklich hat. Dieser arbeitsintensive Prozeß läßt sich nicht ohne weiteres computerisieren.

Aufgrund der Schwierigkeiten bei der Bewertung polygener Merkmale werden die Wissenschaftler bis zum Jahr 2020 vermutlich nicht in der Lage sein, mehr zu tun, als einen Großteil der einzelnen Schlüsselgene zu isolieren, die an der Ausprägung eines polygenen Merkmals beteiligt sind. Um es mit einer Analogie zu umschreiben: Sie werden ihren Wandteppich nie in seiner Gesamtheit betrachten können, sondern nur die einzelnen Fäden sehen, aus denen er gewebt ist.

Zwischen 2020 und 2050 sollte die Forschung in der Lage sein, diese Fäden allmählich als Ganzes zu sehen und herauszufinden, wie es zu dem vollständigen Wandteppich kommt. Der Fortschritt wird langsamer verlaufen, aber bestimmte polygene Merkmale, insbesondere solche, die von einer kleineren Anzahl von Genen kontrolliert werden, werden im Laufe dieser Zeitspanne vermutlich dekodiert werden.

Mehr als eine Handvoll Gene zu manipulieren wird jedoch auf Jahrzehnte hinaus außerhalb unserer Möglichkeiten liegen. Sogar jenseits des Jahres 2050 wird die Wissenschaft nicht in der Lage sein, die in manchen Sciencefiction-Romanen beschworenen genetischen Heldentaten zu vollbringen. Sie wird höchstwahrscheinlich machtlos sein, wenn es darum geht, Gene zu manipulieren, die die Entwicklung ganzer Organe steuern. Etliche tausend Gene sind zur Kontrolle der Schlüsselorgane unseres Körpers notwendig, und diese Größenordnungen werden sich (außer im allereinfachsten Sinne) vermutlich auch noch Ende des 21. Jahrhunderts außerhalb der Möglichkeiten genetischer Manipulationen befinden. Die Idee, ganze Körperteile – wie Flügel beispielsweise – von einer Spezies zur anderen zu transplantieren, liegt mit großer Sicherheit jenseits all dessen, was sich im 21. Jahrhundert erreichen läßt.

Kurz, es wird bei der Herstellung transgener Organismen im kommenden Jahrhundert explosionsartige Fortschritte geben, solange es darum geht, einzelne Proteine von einer Lebensform in eine andere zu überführen und so »neue« Organismen zu schaffen, oder wenn es darum geht, einen Organismus zu klonieren. Die technologischen Zaubereien, die sich in den Hollywood-Streifen so gut ausnehmen (die Schaffung von »Metamenschen« oder eines »*Homo superior*«, zu der es der Manipulation Tausender von Genen bedürfte), sind jedoch noch Jahrhunderte von unseren Möglichkeiten entfernt – wenn sie denn überhaupt machbar sein sollten. Gegenwärtig können wir gerade einmal DNS-Schnipsel von einem Organismus zum anderen transferieren, von der Modifikation Hunderter oder gar Tausender von Genen, die unsere Körperfunktionen kontrollieren, kann überhaupt keine Rede sein.

2020 bis 2050: Designerkinder?

Zu den polygenen Merkmalen, die von einer kleinen Anzahl Gene kontrolliert werden, gehören der grobe Zuschnitt des menschlichen Körpers und einfache Verhaltensmuster. Lassen sich die oben angeführten Techniken benutzen, um »Designerkinder« zu produzieren, bei denen die Eltern über die Gene ihrer Kinder entscheiden?

Schon in nächster Zukunft wird die Wissenschaft in der Lage sein, die Gene unserer Nachkommen zu verändern – so sie nicht von Gesetzes wegen daran gehindert wird. Schon jetzt ist es möglich, die Größe unserer Kinder durch gentechnisch hergestelltes Wachstumshormon zu kontrollieren. Eine Vielzahl von Merkmalen, die durch einzelne Gene kontrolliert werden, dürften sehr bald manipulierbar sein.

Gene für die Körperstatur

Soeben haben Wissenschaftler einige Gene ausgemacht, die mit dem Körpergewicht des Menschen in Zusammenhang stehen – die sogenannten »Übergewichtsgene«. Bei Mäusen hat man bereits fünf solcher Gene gefunden. Die menschlichen Homologe sind inzwischen ebenfalls bekannt, und die Forscher erwarten, daß diese auch beim Menschen das Körpergewicht kontrollieren. Man geht davon aus, daß in den nächsten zehn Jahren noch viele andere Einzelgene gefunden werden, die bestimmte Körpermerkmale beeinflussen, wobei es allerdings bis zum Jahre 2020 dauern kann, bis die Wissenschaftler eine komplette Vorstellung davon haben, wie sich diese Myriaden von Genen gegenseitig beeinflussen, um unseren Stoffwechsel und unsere Körperform genau festzulegen.

Bereits die Kontrolle über jene Handvoll Gene, die unser Körpergewicht steuern, könnte bedeutende Konsequenzen haben. Einem Bericht des Institute of Medicine aus dem Jahre 1995 zufolge sind in der amerikanischen Bevölkerung 59 Prozent der Erwachsenen übergewichtig. Dieser Umstand hat nicht nur eine gigantische Industrie der Diätbücher, -programme und -kassetten auf den Plan gerufen, auch die wirtschaftliche Belastung durch das Gesundheitsproblem Übergewicht ist enorm. Den Epidemiologen an der Harvard Medical School zufolge kostete dieses Problem die Nation im Jahre 1990 45,8 Milliarden Dollar an medizinischen Maßnahmen, hinzu kamen weitere 23 Milliarden an Arbeitsausfällen. Die Kosten des Gesundheitswesens steigen damit ins Unermeßliche, jährlich sterben etwa 300 000 Amerikaner an den Folgen ihres Übergewichts. Diabetes, Herzerkrankungen, Schlaganfälle und Darmkrebs sind ernstzunehmende Folgen übermäßiger Körperfülle.[22]

Die Tatsache, daß jede Industrienation eine solch explosive Zunahme der Taillenweite zu verzeichnen hat, ist einerseits Ausdruck der weiten Verbreitung übermäßig fett- und zuckerhaltiger Lebensmittel, sie läßt jedoch andererseits auch auf eine möglicherweise generell vorhandene genetische Veranlagung zum Übergewicht schließen. Anhand von Zwillingen, die in unterschiedlicher Umgebung aufgewachsen sind, läßt sich quantifizieren, inwieweit Größe und Gewicht von genetischen Einflüssen abhängen. Die meisten Studien deuten darauf hin, daß Gewicht und Körpergröße zu 50 Prozent genetisch bedingt sind (in einigen wenigen Untersuchungen beträgt die Korrelation sogar bis zu 80 Prozent). Das Körpergewicht scheint allerdings nicht durch ein einzelnes, sondern durch mehrere Gene festgelegt zu sein, und diese kommen zum Teil offenbar erst durch Umwelteinflüsse zum Tragen.

Die Wissenschaft gewinnt allmählich eine Vorstellung davon, wie diese Gene miteinander in Wechselwirkung stehen.

Erstens: Das von diesen Genen kontrollierte Hormon Leptin steuert unseren Appetit. Je mehr man an Gewicht zulegt, um so mehr Leptin wird produziert, die Stoffwechselrate wird erhöht, und der Appetit wird gebremst. Wenn man zu dünn wird, beginnt die Leptinkonzentration zu sinken, der Appetit nimmt zu, und man beginnt, weniger Fett zu verbrennen.

Zweitens: Da an dieser Rückkopplungsschleife das Gehirn beteiligt ist, kann man Wirkstoffe herstellen, über die sich bestimmte Neurotransmitter beeinflussen lassen, die das Sättigungsgefühl ansprechen. Der Appetitzügler Dexfenfluramid (im Jahre 1996 von der amerikanischen Arzneimittelbehörde FDA unter dem Namen Redux gebilligt, in 65 anderen Ländern unter verschiedenen anderen Namen auf dem Markt – unter anderem in Deutschland als Isomeride) ist einer von mehreren Wirkstoffen, die mit dem Neurotransmitter Serotonin wechselwirken, der unter anderem auch unseren Appetit zügelt.

Bis zum Jahre 2020 wird sich diese Handvoll Einzelgene stetig erweitern, bis die Wissenschaftler schließlich eine genaue Vorstellung davon haben, wie die einzelnen Gene nicht nur die Einlagerung von Fett, sondern auch andere Merkmale unseres Körpers wie Muskelmasse und Skelettbau steuern. Doch es wird vermutlich noch um einiges länger dauern, bis wir verstanden haben, wie alle diese einzelnen Gene zusammenwirken, um dem menschlichen Körper eine bestimmte Form zu verleihen.

Gene für die Gesichts- und Schädelform

In ähnlicher Weise dürften im kommenden Jahrhundert auch die Gene isoliert werden, die für Form und Aussehen unseres Gesichts und unseres Schädels verantwortlich sind. Im Jahre 1996 verkündete eine Gruppe, die sich größtenteils aus Angehörigen der University of Washington in St. Louis zusammensetzte, daß ein Gen für den Haarwuchs isoliert sei. Ein Defekt in diesem auf dem X-Chromosom lokalisierten Gen kann zu einer anhidrotischen Ektodermaldysplasie führen, einer Krankheit, von der etwa 125 000 Amerikaner betroffen sind. Zu den Symptomen dieser Störung gehören schwerer Haarausfall bis zur Kahlköpfigkeit (oft fehlen den Betroffenen auch Zähne) und unterentwickelte oder fehlende Schweißdrüsen. Frauen sind von dieser Erkrankung nicht betroffen. Man hofft, aus der Untersuchung dieses Gens auch Schlüsse ziehen zu können, die für die Behandlung von Haarausfall bedeutsam sind.[23]

Am anderen Ende des X-Chromosoms fanden die Wissenschaftler ein Gen, das möglicherweise verantwortlich ist für ein unkontrolliertes Haarwachstum, eine Störung, der man in Amerika den Spitznamen »Werwolfsyndrom« gegeben hat. Bei Menschen mit einer sogenannten angeborenen Hypertrichosis besteht das angeborene Wollhaar weiter, das normalerweise verlorengeht und der adulten Körperbehaarung Platz macht. Die Betroffenen sind von Kopf bis Fuß stark behaart und fristeten in der Vergangenheit ihr Dasein sehr häufig als Attraktionen von Zirkus und Jahrmärkten. (Wissenschaftler sind der Ansicht, daß der Mensch in der Vergangenheit eine schützende Haardecke besessen hat, die ihm durch irgendeine Mutation seiner evolutionären Vergangenheit abhanden gekommen ist.[24] Wir besitzen vermutlich Hunderte von Genen, die im Körper unserer weit entfernten Ahnen aktiv waren, im Laufe der Jahrmillionen aber abgeschaltet wurden.)

Einigen Wissenschaftlern ist es überdies gelungen, einen Teil der Gene zu identifizieren, die die Form unseres Gesichts festlegen. Forscher, die seltene genetische Defekte analysieren, machen immer häufiger die Beobachtung, daß ein bestimmtes Gen nicht nur Informationen für ein einzelnes Organ enthält, sondern auch komplexe Merkmale und Körperteile wie Gesicht, Herz und Hände beeinflußt.

»Die Leute stoßen jetzt auf all diese Supergene, die dem Gesicht sein Aussehen verleihen. Oft handelt es sich dabei um überraschende Erkenntnisse. Entweder man hatte noch nie von dem Gen gehört, oder man hatte nicht den geringsten Hinweis darauf gehabt, daß es mit der Gesichtsform zu tun haben könnte«, stellt Robin M. Winter vom Institute for Child Health in London fest.[25]

Zu den Genen, die etwas mit der Form des menschlichen Gesichts zu tun haben, gehören:

- Das Gen für das Protein Elastin. Ein Defekt in diesem Gen führt zum Williams-Beuren-Syndrom. Bei dieser seltenen Erkrankung kommt es zu Gesichtsanomalien (zum sogenannten Faunsgesicht, mit eingefallenem Nasenrücken, hängenden Wangen und vollen Lippen). Da das Protein Elastin ein wichtiger Bestandteil des elastischen Bindegewebes ist, hat diese Mutation zudem eine Verengung der Aorta und Hirnschäden zur Folge.

- Gene, die im Falle einer Fehlfunktion das Verhalten von Fibroblasten verändern. Fibroblasten sind Zellen, die bei der Entwicklung der verschiedensten Organe und Gewebe eine wichtige Rolle spielen. Im Falle des Crouzon-Syndroms beispielsweise liegt ein Defekt in einem Fibroblasten-Gen vor, durch den sich die Kranznaht des Schädels zu früh schließt. Dadurch kommt es zur Bildung eines sogenannten Turmschädels.

- *PAX-3*, ein Gen, das man mit dem Waardenburg-Syndrom in Zusammenhang bringt (bei dem typischerweise die Augen weit auseinanderstehen und von verschiedener Farbe sind (grün und blau)).
- *GL-13*, ein Gen, das mit dem Greig-Syndrom in Zusammenhang steht. Das Greig-Syndrom äußert sich in Fehlbildungen von Kopf, Händen und Füßen.
- Das Gen, das im Falle eines Defekts zum Treacher-Collins-Syndrom, einer Gesichtsmißbildung mit extrem kleinem Kinn, flachen Wangenknochen und schräg stehenden Augen führt.

Die Isolierung einer Handvoll einzelner Gene, die unser Körpergewicht sowie unsere Schädel- und Gesichtsform kontrollieren, wird die Wissenschaftler möglicherweise in die Lage versetzen, diese schweren, genetisch bedingten Anomalien künftig zu verhindern. Bis zum Jahr 2020 dürfte diese kleine Kollektion an Genen sich zu einem nahezu vollständigen Satz von Genen für die Kodierung von Schädel und Gesicht erweitert haben. Es wird jedoch unter Umständen bis weit über das Jahr 2020 hinaus dauern, bis wir verstehen, auf welche Weise diese polygenen Eigenschaften zusammenwirken und wie sie die Gestalt unseres Körpers und das Aussehen unseres Gesichts prägen.

Für die absehbare Zukunft besteht der beste Weg zur Schönheit nach wie vor darin, sich, wie Candice Bergen es einst formulierte, »seine Eltern sorgfältig auszusuchen«.

Gene, die Verhaltensweisen beeinflussen

Viele Wissenschaftler sind seit langem davon überzeugt, daß bestimmte Verhaltensweisen eine genetische Grundlage haben, wobei ein komplexes Muster an Genen mit einem ebenso komplexen Netz an Umwelteinflüssen korrespondiert. Zum ersten Mal sind jetzt einige wenige Einzelgene isoliert worden, die sich mit bestimmten Verhaltensweisen in Zusammenhang bringen lassen. (Auf die bedeutenden sozialen Auswirkungen dieser Art von Forschung werde ich im nächsten Kapitel eingehen.)

Eine interessante Entdeckung bildete ein Befund aus dem Jahre 1996: Das Paarungsverhalten eines Taufliegenmännchens wird von einem einzigen Gen namens *fru* gesteuert.[26] Damit war zum ersten Mal ein Einzel-Gen gefunden, das eine komplexe Hirnfunktion kontrolliert. Wissenschaftler an vier verschiedenen Universitäten (Stanford University, University of Texas Southwestern Medical Center, Oregon State University und Brandeis University) zeigten, daß dieses eine Gen dafür verantwortlich ist, daß ein Taufliegenmännchen ein Weibchen erkennt, umwirbt, durch das Vibrieren seiner Flügel anlockt und sich mit ihm paart, wenn seine Werbung angenommen worden ist. Da das Gehirn einer Taufliege von relativ einfacher Struktur ist (es enthält nur 10 000 Zellen – ein Zehnmillionstel dessen, was ein Menschenhirn umfaßt), sind in ihrem Gehirn vermutlich viele Verhaltensweisen fest verkabelt.

Man erwartet, daß das gesamte Taufliegen-Genom etwa im Jahre 2000 entschlüsselt sein wird. Da das Verhaltensrepertoire der Taufliege insgesamt nicht übermäßig komplex ist, können wir damit rechnen, daß Wissenschaftler bereits im Jahre 2010 herausgefunden haben werden, welche Gene welche Verhaltensmuster kontrollieren.

Die Gene und Genwechselwirkungen, die das Verhalten von Mäusen kontrollieren, werden sich als sehr viel komplexer erweisen, doch einige davon kennt man heute bereits ebenfalls, und diese könnten auch für die menschliche Gesundheit von Bedeutung sein. Im Jahre 1997 isolierten Wissenschaftler beispielsweise ein Gen, das Einfluß auf unser Gedächtnis nimmt, ein Meilenstein genetischer Forschung. Biologen vermuten bereits seit langem, daß das Gehirn viele seiner Erfahrungen zuerst im Hippocampus verarbeitet, einer winzigen nußähnlichen Hirnstruktur tief im Inneren des Gehirns. Der Hippocampus ist ein Integrationsorgan, das alle möglichen Impulse unserer verschiedenen Wahrnehmungssysteme verarbeitet. Er trägt unter anderem dazu bei, daß sich in unserem Gehirn eine Art dreidimensionaler »mentaler Karte« von unserer Umgebung bildet, mit deren Hilfe wir uns in der realen Welt bewegen können.

Erinnerungen werden nach allem, was man weiß, zuerst im Hippocampus verarbeitet und dort für einige Wochen gespeichert, bevor sie zur permanenten Speicherung an die Großhirnrinde weitergegeben werden. Patienten, die einen Hirnschaden im Bereich des Hippocampus erlitten haben, können sich an lange zurückliegende Dinge erinnern, haben aber Probleme bei der Speicherung von Kurzzeiterinnerungen und vergessen soeben Erlebtes binnen Sekunden.

Der Hippocampus der Maus enthält etwa eine Million großer Nervenzellen, sogenannter »place cells«, die es der Maus ermöglichen festzustellen, wo im Raum sie sich befindet, und die ihr räumliche Lernprozesse gestatten. Diese Zellen konsolidieren ihre Erinnerung über eine Proteinkinase.

Wissenschaftler vom MIT (Massachusetts Institute for Technology) und an der Columbia University verkündeten unabhängig voneinander, daß sie das Erinnerungsvermögen bei Mäusen verändern können, indem sie das Gen für diese Proteinkinase verändern.[27] Die Gruppe von der Columbia University konnte einen Mäusestamm züchten, bei dem das Kinasemolekül fehlerhaft war. Die Wissenschaftler vom MIT schalteten das Gen für den Kinaserezeptor (das Molekül, an das die Kinase bindet und das deren Funktion weitervermittelt) aus und schufen damit Mäuse, in denen es überhaupt keine Kinaseaktivität mehr gab. In beiden Fällen schienen die Mäuse völlig normal, ihre Fähigkeit, sich zurechtzufinden, war jedoch massiv gestört. Die Verbindungen zwischen ihren Nervenzellen (Synapsen) bildeten sich nicht mehr ordnungsgemäß aus, und so konnten die Mäuse nicht lernen, sich einer neuen Umgebung anzupassen.

Wenn sich beim Menschen ein homologes Gen für dieses spezielle Gedächtnis-Gen finden ließe, könnten sich hieraus sehr bedeutende Konsequenzen für die Medizin ergeben. Walter Gilbert ist der Ansicht, daß Wissenschaftler bis zum Jahr 2020 in der Lage sein dürften, Medikamente zu entwickeln, die Menschen mit einem beeinträchtigten Gedächtnis helfen können. Die Alzheimersche Krankheit beispielsweise nimmt ihren Ausgang im Hippocampus und beginnt mit dem Verlust des Kurzzeitgedächtnisses. Gilbert ist außerdem der Ansicht, daß diese Forschung uns auch Präparate an die Hand geben wird, die dazu beitragen werden, Gedächtnis und Lernfähigkeit normaler Menschen zu verbessern.[28] Vielleicht ist es in nächster Zukunft möglich, die Fähigkeit zu verbessern, neue Erfahrungen zu verarbeiten, indem man ein Protein einnimmt, das die Synapsenbildung fördert. Obwohl das Gedächtnis des Menschen sicher durch komplexe Interaktionen zwischen verschiedenen Genen beeinflußt wird, meint Gilbert, daß wir bis in etwa zehn Jahren in der Lage sein werden, eine Klasse gedächtnisverbessernder Medikamente zu entwickeln.

Eine weitere Verhaltensstörung, die möglicherweise genetische Wurzeln hat, ist der Alkoholismus, der für die Hälfte aller Verkehrsunfälle und Gewalttaten verantwortlich ist und die Nation jährlich etwa eine Milliarde Dollar kostet. Bei eineiigen Zwillingen von Alkoholikern ist die Wahrscheinlichkeit, daß diese ebenfalls zu Alkoholikern werden, doppelt so hoch wie bei zweieiigen Zwillingen, so daß ein genetischer Zusammenhang hier auf der Hand liegt. Da diese Korrelation nicht eins zu eins verläuft, bedeutet dies, daß an der Entstehung von Alkoholismus viele Gene und Einflüsse aus der Umgebung beteiligt sein müssen. Zum gegenwärtigen Zeitpunkt liegen den Wissenschaftlern Daten vor, die auf einen Zusammenhang mit Genen auf den Chromosomen 1, 4, 8 und 16 schließen lassen.

Im Jahre 1996 wurde eine mögliche genetische Grundlage für die Entstehung von Ängsten entdeckt, und zwar Veränderungen in der regulatorischen Region des Gens für ein Protein, das den Neurotransmitter Serotonin transportiert, dessen Konzentration von verschiedenen Antidepressiva reguliert wird. Das Gen kommt in zwei verschiedenen Versionen vor, einer langen und einer kurzen, beide werden von den Eltern ererbt. Menschen mit zwei »langen Genen« (das sind etwa ein Drittel der Gesamtbevölkerung) wiesen in Persönlichkeitstests eine optimistische Sichtweise der Zukunft auf. Die übrigen Personen, die das kurze Gen geerbt hatten, waren in höherem Maße von Ängsten, Sorgen und Neurosen betroffen.[29]

Im selben Jahr verkündeten Psychologen von der University of Minnesota, daß auch das Gefühl des »Glücklichseins« genetisch bedingt sein könne. Sie konnten zwar kein Gen lokalisieren, welches »Glücklichsein« kodiert, behaupteten jedoch aufgrund einer Analyse von 2000 in den Jahren zwischen 1936 und 1955 in Minnesota geborenen Zwillingen,[30] daß es einen vorprogrammierten »Fixpunkt des Glücklichseins« gäbe, der in unseren Genen fest angelegt zu sein scheint. Ob wir gute oder schlechte Zeiten durchleben, am Ende landen wir immer wieder an diesem Fixpunkt. Mit der Zeit wird sich herausstellen, ob diese Gene einer unabhängigen Analyse standhalten oder nicht. Wichtig ist, daß wir im Augenblick zum ersten Mal dabei sind, Einzelgene zu isolieren, die auf komplexe Weise bei der Ausprägung polygener Merkmale beteiligt sind. In Zukunft werden wir mehr und mehr solcher Einzelgene finden. Bis zum Jahre 2020 werden wir einige Gene kennen, die maßgeblich eine Reihe von Verhaltensmustern beeinflussen – doch mag es noch viele Jahre dauern, bis wir verstehen, wie sie aufeinander abgestimmt sind und wie sie durch äußere Einflüsse mitbestimmt werden.

Über 2050 hinaus

In der Neuverfilmung von *Die Fliege* (1987) spielt Jeff Goldblum einen brillanten Physiker, der den ersten Teleporter der Welt erfindet, ein Gerät, welches das Transportwesen revolutionieren soll, indem es Menschen in Moleküle zerlegt, durch den Raum transportiert und wieder zusammensetzt. Ihm entgeht bei seinem ersten Versuch allerdings die kleine Fliege, die ihn beim Betreten der Transportkammer begleitet. Als er sich von seinem Gerät durch den Raum transportieren läßt, vermischt sich die DNS der Fliege irreversibel mit der seinen, und zu seiner Verblüffung muß er feststellen, daß die Fliegen-DNS in seinem Körper allmählich seinen Stoffwechsel, seinen Appetit, sein sexuelles Verlangen, seine Körperkräfte und seine Körperstatur verändert, so daß er sich allmählich in eine riesige Fliege verwandelt. Wir wissen nun genug über gentechnologische Methoden, um uns über die Szenarios einiger Science-fiction-Filme unser Urteil bilden zu können. So ist es beispielsweise völlig unwahrscheinlich, daß die zufällige Vermengung einiger tausend Menschen- und Fliegen-Gene eine Spezies in die andere verwandelt. Die Wirklichkeit ist sehr viel komplizierter. Viele der Gene, die die allgemeine Form unseres Körpers kontrollieren, werden nur im Embryonalzustand aktiviert. Im erwachsenen Zustand haben unsere Zellen bereits den für das jeweilige Organ notwendigen, hochspezialisierten Differenzierungsgrad erreicht und hören nicht mehr auf neue Instruktionen, die ihre Funktionsweise verändern könnten. DNS von anderen Tieren mit der unseren zusammenzuführen hieße daher nicht, daß unser Körper sich in den des betreffenden Tieres verwandeln würde. In den allermeisten Fällen geschähe überhaupt nichts.

Die zufällige Vermischung von Genen würde vor allem viele der biochemischen Abläufe in einer menschlichen Zelle stören. Unsere Gene sind dazu da, Proteine zu produzieren, die chemische Reaktionen kontrollieren und Gewebe bilden. Vermischt man die Gene, dann werden gewisse Proteine womöglich nicht mehr hergestellt, so daß die Zelle am Ende nicht mehr funktioniert und stirbt. Statt also allmählich einen Organismus in einen anderen zu verwandeln, würde die willkürliche Durchmischung von DNS dazu führen, daß viele Organe des Körpers nicht mehr richtig funktionierten und abstürben.

Auf den ersten Blick mag es hoffnungslos erscheinen, die Tausende von Genen entschlüsseln zu wollen, die nötig sind, um ein einzelnes Organ unseres Körpers entstehen zu lassen. Man nimmt beispielsweise an, daß Bau und Unterhaltung des Nervensystems fast die Hälfte unseres Genoms in Anspruch nehmen, das sind beinahe 50 000 Gene. So viele Gene auseinanderzudividieren scheint kaum denkbar. Doch die Zeit nach 2050 muß dennoch nicht notwendigerweise von totaler Konfusion regiert werden. Ein Schlüssel zum Verständnis polygener Eigenschaften ist die Konzentration auf *Kontrollgene*, die für die Regulierung von Entwicklungsabläufen und für die Einhaltung eines bestimmten Körperbauplans verantwortlich sind. Diese Gene haben sich im Laufe der Evolution über Hunderte von Jahrmillionen entwickelt. Einige dieser Gene kennt man bereits. Wissenschaftler haben beispielsweise ein Gen isoliert, das die Entwicklung des Taufliegenauges steuert und diese damit nach Belieben manipulierbar macht.

Kontrollgene für die Entwicklung des Auges

Die Evolution baut, wie man heute weiß, in aller Regel auf bereits vorhandene Strukturen auf. Es gibt Ausnahmen von dieser Regel, aber gewöhnlich sehen wir, daß in der Natur bereits existierende Strukturen zu neuen umgeformt und angepaßt werden. Das bedeutet, daß sich auch in unserem Körper Gene finden, die schon die Körperfunktionen unserer frühesten Urahnen kontrollierten. (Es ist schon eine etwas merkwürdige Vorstellung, daß die Genome unserer eigenen Zellen Zeugnisse und Fragmente aus der frühesten Evolution enthalten und auf Fische, Würmer, sogar auf früheste Bakterien zurückreichen.)

Bis zu einem gewissen Grad kann man ein Abbild dieser Evolution in der Entwicklung des Embryos verfolgen, der in seinen frühen Stadien die Entwicklung von Würmern, Fischen und Säugern durchläuft. Darwin erklärt in seinem Buch *Die Entstehung der Arten*, daß »... der Embryo oft mehr oder weniger deutlich den Bau der weniger modifizierten alten Vorfahren der

Gruppe zeigt.« Die Theorie besagt, daß die Kiemen des menschlichen Embryos die Überbleibsel der urtümlichen Kiemen sind, die unsere fischähnlichen Vorfahren einst besessen haben.[31]

Die Revolution auf dem Gebiet der Molekularbiologie hält auch hier einige Überraschungen bereit, die uns zwingen werden und auch bereits gezwungen haben, unsere Biologielehrbücher umzuschreiben. So hatten Biologen beispielsweise Jahrzehnte lang geglaubt, daß die Evolution das Auge auf vielen Ästen des phylogenetischen Stammbaums etliche Male unabhängig voneinander »erfunden« haben muß. Das Auge eines Säugers mit einer einzigen Retina unterscheidet sich in einem solchen Maße von dem aus 750 hexagonalen Facetten bestehenden Auge einer Fliege, daß man stets davon ausgegangen war, daß die Evolution durch Versuch und Irrtum mehrmals unabhängig voneinander auf die Idee des Auges verfallen sein müsse.

Manche Biologen hatten sich dabei allerdings schon immer gefragt, warum sich dann das für die Lichtabsorption entscheidende Pigment Rhodopsin in allen Augen finden läßt, wo doch die Entwicklungen »unabhängig voneinander« verlaufen sein sollen. Heißt das, so fragte man sich, daß man, geht man nur weit genug zurück, auf ein Ur-Auge stoßen muß, auf die »Mutter aller Augen«?

Die Molekularbiologen sind heutzutage der Ansicht, daß dem so ist. Im Jahre 1995 stellten Walter Gehring von der Universität Basel und seine Mitarbeiter fest, daß es bei Taufliegen ein regulatorisches Gen gibt, das festlegt, ob sich bei der Fliege ein Auge entwickelt oder nicht, wobei an der eigentlichen Entwicklung des Auges und seiner Millionen Zellen durchaus an die 5000 Gene beteiligt sein können.[32] Das Gen erhielt den Namen *eyeless* (da seine Abwesenheit das Fehlen des Auges zur Folge hat). Gehring und seine Kollegen konnten, indem sie dieses Gen an verschiedene Stellen der Fliegenlarve plazierten, auf Flügeln, Beinen und sogar auf den Antennen der Fliege komplette Augen entstehen lassen. Eine ihrer Fliegen hatte als Resultat ihrer Experimente 14 Augen auf dem ganzen Körper verteilt.

Dieses Ergebnis veranlaßte die sonst eher nüchterne Wissenschaftszeitschrift *Science*, ihr Titelbild mit augenübersäten Fliegen zu schmücken. »Der Artikel des Jahres. Das ist Frankensteinsche Forschung vom Feinsten«, alberte Charles Zuker vom Howard Hughes Institute in San Diego.[33]

Gehring wies nach, daß man dieses Gen quer durch das ganze Tierreich findet – bei Plattwürmern, Tintenfischen, Mäusen und sogar beim Menschen. »Wo immer wir suchen, finden wir es«, berichtet Gehring.[34] »All das weist auf ein gemeinsames urtümliches Auge hin«, so Russel Fernald von der Stanford University.[35]

Das bedeutet zum einen, daß das *eyeless*-Gen uralt und damit vielen Abteilungen des Tierreichs eigen ist. Es läßt den Schluß zu, daß wir vermutlich allesamt von einem winzigen wasserlebenden Organismus abstammen, der vor mehr als 500 Millionen Jahren lebte und als erster über ein »Urauge« verfügte. Dieser erste mehrzellige Organismus, der das für den Betrieb eines funktionierenden Protoauges notwendige Rhodopsin produzierte, hinterließ dieses Gen vermutlich allen augenbesitzenden Geschöpfen der Erde. »Im Grunde sind wir alle nichts anderes als große Fliegen«, blödelte Zuker. Andererseits heißt das auch, daß es auf unseren Chromosomen höchstwahrscheinlich noch andere Kontrollgene gibt, die die Entwicklung ganzer Organe steuern. So mancher Wissenschaftler hat sich früher gefragt, wie knappe 100 000 Gene alle notwendigen Instruktionen für die Produktion eines menschlichen Wesens enthalten können. Es ist also mehr als sinnvoll, anzunehmen, daß manche Gene eine übergreifende Wirkung haben und damit einflußreicher sein sollten als andere.

Wenn Sie ein Fertighaus bauen, gibt es einen allgemeinen Konstruktions- oder Bauplan, Instruktionen, die den Ausführenden sagen, wie die einzelnen Räume und Installationen anzuordnen sind. Ganz ähnlich verhält es sich mit »Bauplan-Genen«, die Tausende an genetischen Instruktionen – zum Beispiel zur Entwicklung bestimmter Körperteile – vorgeben können. Wie die Instruktionen für den Vorarbeiter, der das Fertighaus erstellt, sagen manche genetische Instruktionen anderen Genen, wie sie ein Gesamtbild einer Struktur anzulegen haben, andere hingegen sagen ihnen, wie man die Details anbringt. Wenn wir die übergeordneten genetischen Instruktionen kennen, wird es sicher einfacher werden, den Bauplan für den Gesamtorganismus mit all seinen Organen zu erfassen.

Was hat all das zu bedeuten? An der Entwicklung einzelner Körperorgane sind Tausende von Genen beteiligt – schlicht viel zu viele, um ihnen einzeln nachgehen zu können. Ein Schlüssel zur Betrachtung komplexer Gencluster wird auch in Zukunft die Identifizierung der erwähnten Kontrollgene sein. Mit der Isolierung von Genen mit übergeordneten regulatorischen Aufgaben können die Wissenschaftler sich der Frage zuwenden, wie Tausende anderer Gene sukzessive an- und abgeschaltet werden, um ein ganzes Organ entstehen zu lassen.

Das heißt allerdings nicht, daß wir eines Tages in der Lage sein werden, wie in dem Film *Die Fliege* das Auge einer Taufliege auf andere Organismen zu übertragen. Die im vorhergehenden angesprochenen übergeordneten Gene sprechen keine adulten Zellen an, sondern undifferenzierte Embryonalzellen. Doch hat man bereits zeigen können, daß es homologe Gene auch beim Menschen gibt, und so ist es nur logisch, davon auszugehen, daß menschliche Embryonen sich ganz ähnlich wie Taufliegen entwickeln.

Wenn wir alle diese übergeordneten Gene bei Säugetieren finden könnten, würde sich unser Wissen darüber, wie Tausende von Genen zusammenwirken, um ein einzelnes Organ entstehen zu lassen, bedeutend rascher vermehren. In der Zeit nach 2050 werden sich solche Kontroll-Gene als wichtiges Hilfsmittel bei der Funktionsanalyse sämtlicher 100 000 Gene unseres Genoms und vor allem bei der Untersuchung polygener Merkmale erweisen, an denen Tausende von Genen aktiv beteiligt sind.

»Architekturkontroll-Gene« bestimmen den Körperbau

Eine weitere wichtige Entdeckung, die unser Verständnis vom Zusammenwirken vieler tausend Gene erleichtern wird, sind Kontroll-Gene, die dazu beitragen, die Gesamtanlage unseres Körpers zu überwachen.

Die genauere Betrachtung tierischer Körperbaupläne läßt auf die Existenz solcher universellen Gene schließen: Die meisten Organismen verfügen über eine Kopf-Schwanz-Achse und über eine bilaterale Symmetrie. Die Gestalt unseres Körpers – die Anlage von Kopf und Rumpf, vorderen und hinteren Körperöffnungen, Gliedmaßen an beiden Seiten, allesamt orientiert an einer Symmetrielinie entlang der Längsachse unseres Körpers – geht auf einen Jahrmillionen alten Bauplan zurück. Denken Sie an Dinosaurier, Insekten, Haie, Krokodile und Kaninchen, sie alle verfügen über den gleichen Rohentwurf.

Vor nicht allzu langer Zeit haben Wissenschaftler Gene isoliert, die für die Gesamtanlage des Körperplans sorgen. Diese bemerkenswerte Klasse von Genen ist dafür verantwortlich, daß sich aus zunächst mehr oder minder einheitlichen Embryonalzellen allmählich Vorder- und Hinterende, bilaterale Symmetrie und beiderseits Gliedmaßen entwickeln. Solche sogenannten *homöotischen Gene* (*Hox*-Gene) kontrollieren quer durchs Tierreich hindurch – bei Fliegen, Mäusen und Menschen – die Gesamtanlage des Körperbauplans und die Ausbildung bestimmter Muster. (Bei wirbellosen Tieren hat man diese Gene zu Anfang auch als HOM-Gene bezeichnet, das Gegenstück bei Wirbeltieren sind die *Hox*-Gene.) Viele, wenngleich nicht alle homöotischen Gene von Taufliege, Maus und Mensch haben dieselbe Anordnung, und die Reihenfolge dieser Gene entlang des Chromosoms stimmt bei allen Arten gleichermaßen haargenau (sozusagen »von Kopf bis Fuß«) mit der Reihenfolge ihrer Expression im sich entwickelnden Organismus überein, was ihre Auffindung mitunter sehr erleichtert hat.

Die Tatsache, daß wir einige dieser Gene zwischen weit voneinander getrennten Arten frei austauschen können, zeigt, wie alt sie sein müssen. Die Gene *Pax-6*, *Dlx-A*, *Hox-7* und *wnt-7a* beispielsweise sind homolog zu den Genen *eyeless*, *distalless*, *msh* und *wingless* aus Taufliegen, die die Entwicklung des Auges, der Gliedmaßen, Muskeln und Flügel kontrollieren.

Daß *Hox*-Gene in der Tat den Bauplan des Insektenkörpers festlegen, wurde mit Mutationsexperimenten an Taufliegen nachgewiesen. Man beobachtete, was geschah, wenn man bestimmte *Hox*-Gene veränderte, und konnte so die Funktion der Gene bestimmen. Eine bestimmte Mutation im *Antennapedia*-Gen beispielsweise läßt der Fliege statt eines Antennenpaares am Kopf ein Beinpaar wachsen.

Eine Wissenschaftlergruppe an der Harvard Medical School wies nach, daß eine bestimmte Fehlentwicklung beim Menschen, das Gruber-Syndrom, bei der es zu Verwachsungen zwischen den Fingern (Syndaktylie) und zur Anlage zusätzlicher Finger (Polydaktylie) kommt, auf eine Mutation in einem homöotischen Gen zurückzuführen ist. Eine andere Arbeitsgruppe zeigte, daß ein Protein aus einer Familie von Wachstumsfaktoren (den bereits zuvor erwähnten BMPs, benannt nach dem englischen Begriff *bone morphogenetic protein*) als chemisches Signal darüber entscheidet, ob es zu einer Verwachsung kommt oder ob die einzelnen Gliedmaßen getrennt werden. Durch eine Blockierung des entsprechenden BMPs schuf sie ein Huhn mit Schwimmhäuten gleich denen einer Ente und ließ statt Schuppen Federn auf seinen Beinen wachsen.

Wissenschaftler sind inzwischen der Ansicht, daß solche homöotischen Gene generell chemische Substanzen wie die genannten BMPs entstehen lassen, die andere Gene kontrollieren, sie an- oder abschalten. In manchen Fällen (wie bei den »Schwimmhäuten« zwischen sich entwickelnden Fingern und Zehen) kann ein BMP sogar manchen Zellen befehlen, Selbstmord zu begehen, damit eine vorgesehene Struktur (in diesem Falle Hand und Fuß) ordnungsgemäß entstehen kann.

Wenn wir die Funktionsweise homöotischer Gene verstehen, werden wir mehr darüber wissen, wie unser Körperbauplan im Embryonalstadium angelegt und verwirklicht wird. Eine genaue Karte sämtlicher Entwicklungs- und Bauplankontroll-Gene wird wohl im Laufe des kommenden Jahrzehnts verfügbar sein und wird nach 2050 entscheidend dazu beitragen, uns den Weg durch den dichten Dschungel polygener Merkmale zu weisen, an deren Ausprägung Tausende von Genen beteiligt sind.

Nach 2050: Engel in Amerika

Wir haben gelernt, wie rudimentär unsere Kenntnisse im Hinblick auf den Transfer von Genen derzeit noch sind: Wir sind lediglich in der Lage, kleine DNS-Schnipsel, einzelne Gene zumeist, von einem Organismus auf den anderen zu übertragen. Wir haben inzwischen gesehen, wie ungemein schwierig es ist, polygene Merkmale (Stoffwechselcharakteristika und Körperbau, Haarwuchs, Physiognomie und Körperorgane) auf genetischer Ebene zu verstehen, weil an ihrer Entstehung Tausende von Genen beteiligt sind. Doch sollten wir eines Tages in der Lage sein, die Kontroll-Gene zu manipulieren, die die Anlage ganzer Organe kontrollieren, dann ergibt sich naturgemäß die Frage: Wird dieses Wissen uns befähigen, in ferner Zukunft einen »Übermenschen«, einen »Homo superior« zu schaffen?

Zwischen 2020 und 2050 werden wir vermutlich in der Lage sein, viele der einige tausend Gene zu entziffern, die für die Gestaltung entscheidender Körperteile und Funktionen verantwortlich sind. Bis wir allerdings in der Lage sein werden, sie auch manipulieren zu können, werden womöglich noch Jahrzehnte vergehen.

Der menschliche Traum vom Fliegen, der seit den frühesten Anfängen der Menschheitsgeschichte die Phantasie von Träumern, Mystikern und Theologen beflügelte, ist ein gutes Beispiel, um sich die Schwierigkeiten einer Manipulation polygener Eigenschaften vor Augen zu führen. Seit Tausenden von Jahren gibt es in der religiösen Mythologie Engel.

Menschen zu schaffen, die fliegen können, würde voraussetzen, Tausende von Genen zu manipulieren, die die Entwicklung von Flügeln kontrollieren könnten und allesamt in der richtigen Abfolge miteinander korrespondieren müßten, um die notwendigen Knochen und Gewebe in angemessener Reihenfolge entstehen zu lassen. Das aber liegt weit außerhalb aller Möglichkeiten der modernen Biotechnologie. Vielleicht wird es eines Tages ja wirklich möglich sein, einige solcher wundersamen Dinge zu vollbringen (die Evolution hat sehr viel größere biologische Zauberkunststücke vollbracht), doch es wird vielleicht Jahrhunderte dauern, bis man die dazu notwendige Technologie beherrscht.

Zur Illustration dessen müssen wir uns zunächst einmal klar darüber sein, daß die Kontroll-Gene für die Entstehung von Vogelflügeln uns hier vielleicht gar nichts nützen. Die Entwicklung von Flügeln wird vermutlich wie im Falle des Taufliegenauges durch ein oder mehrere Kontroll-Gene gesteuert, aber nur Vögel und ausgewählte fliegende Lebewesen verfügen über den geeigneten genetischen Hintergrund, vor dem die entprechenden Kontroll-Gene auf die richtigen Gene zurückgreifen können. Ein Kontroll-Gen für die Entstehung von Flügeln in einen Menschen einzupflanzen führte möglicherweise zu gar nichts oder nur zur Entstehung eines zusätzlichen, dem Flügel homologen Organs wie eines weiteren Arms.

Stellen Sie sich weiterhin einmal die Reihe komplizierter Schritte vor, die zur Erschaffung eines geflügelten Tiers vonnöten sind. Das Genom eines Vogels mag zwar Anfang des 21. Jahrhunderts vollständig sequenziert sein, doch die Identifikation der riesigen Kollektion an Genen und deren Wechselwirkungen untereinander, die zur Entstehung von Flügeln notwendig sind, werden vielleicht erst viele Jahrzehnte später bekannt sein. Herauszufinden, was geschehen muß, damit die richtigen Knochen, Muskeln, Sehnen, Federn, Blutgefäße und Immunorgane zur richtigen Zeit am richtigen Ort sind, wird möglicherweise noch weitere Jahrzehnte in Anspruch nehmen.

Sodann müßte man sich Gedanken über die Aerodynamik machen. Einer der Gründe, warum Vögel fliegen können, sind ihre leichten Röhrenknochen. Menschen haben solide Knochen und sind im Vergleich zu Vögeln relativ schwer, unsere Flügelspannweite müßte also enorm sein. Nach dem Bernoullischen Prinzip, das der Aerodynamik des Fliegens zugrunde liegt, müßten wir über eine Spannweite von etwa sieben Metern verfügen, das entspricht etwa der Tragfläche eines Gleitschirmes. Dann aber übersteigt die zum Fliegen nötige Muskelkraft alles, was im Rahmen menschlicher Möglichkeiten liegt. Flügel dieser Größe bedürften einer größeren Um-

strukturierung des menschlichen Körpers im Hinblick auf starke Rücken-
muskeln und leichtere, aber stärkere Knochen.

Schließlich haben wir es noch mit dem Problem zu tun, wie man die Flügel-
Gene auf dem menschlichen Rücken installiert. Erstens müßte man die Gene für einen Vogelflügel so verändern, daß sich eine Spannweite von gut sieben Metern ergibt. Das allein wäre schon schwierig genug, da die Vergrößerung der Flügelfläche auch eine Vergrößerung der Blutzufuhr, eine
Stärkung der Muskeln und eine Verhärtung der Knochen voraussetzte.
Dann müßte das menschliche Genom dahingehend verändert werden, daß es
das Flügel-Gen annimmt und exprimiert. Es mag relativ einfach sein, den
richtigen Ort zwischen all den anderen homöotischen Genen zu finden, an
dem das Flügel-Gen inseriert werden müßte. Das Problem aber ist, daß unsere anderen Körperorgane radikal verändert werden müßten: Unsere Muskeln müßten stärker und unsere Knochen leichter werden. Muskeln, Knochen und Gewebe eines Vogels, die durch Tausende von Genen festgelegt
werden, für menschliche Verhältnisse zu adaptieren, erforderte Jahrzehnte
des Experimentierens und neuer Mikroinjektionstechniken, die zum gegenwärtigen Zeitpunkt und in absehbarer Zukunft nicht vorstellbar scheinen.

Was ich damit sagen will, ist, daß sich unsere relativ guten Erfolge bei der
Herstellung transgener Tiere und Pflanzen, die auf der Übertragung einzelner Gene beruhen, keinesfalls auf die Schaffung irgendwelcher Chimären
übertragen läßt, bei denen polygene Eigenschaften und Organe einer Tier-
art (die Flügel eines Vogels etwa, die Flossen eines Fischs oder der Rüssel eines Elefanten) auf eine andere übertragen werden. Hierzu wären Techniken
vonnöten, die es erst lange nach 2050, vielleicht sogar erst im 22. Jahrhundert geben wird.

Mit anderen Worten: Die meisten phantastischen Geschöpfe der alten Mythen werden bleiben, was sie sind – Mythen eben. Chimären im Hinblick
auf polygene Eigenschaften liegen vermutlich noch für ein Jahrhundert oder
mehr außerhalb der Reichweite der Biotechnologie.

Die große, bislang völlig vernachlässigte Frage jedoch, die diese ganze Diskussion aufwirft, lautet: Ist es ethisch vertretbar, das menschliche Genom zu
manipulieren? Und wenn ja, unter welchen Voraussetzungen und Gesichtspunkten?

Im nächsten Kapitel wollen wir uns einigen der heiklen moralischen und
ethischen Fragen zuwenden, die die biomolekulare Revolution aufwirft,
denn diese verspricht keinesfalls nur Gesundheit und Wohlstand, sondern
stellt auch unsere moralischen Prinzipien in Frage – und sie zwingt uns
möglicherweise dazu, neu darüber nachzudenken, wer und was wir sind.

12 Die Genetik einer schönen neuen Welt?

»Es gibt ein paar Dinge, zu denen wir einfach sagen müssen: Das geht nicht.«

James Watson

»Jeder Versuch, die Welt und die menschliche Natur zu formen, um einen selbstgewählten Lebensentwurf zu verwirklichen, wird zahllose ungeahnte Konsequenzen haben. Menschliches Streben wird immer ein Glücksspiel bleiben, denn zu irgendeinem unvorhersehbaren Zeitpunkt wird die Natur auf irgendeine nicht absehbare Art zurückschlagen.«

Rene Dubos, *Mirage of Health* (1959)

»Derselbe Reduktionismus, der die medizinische Revolution vorwärtstreibt, stellt uns gleichzeitig vor die größte moralische Herausforderung unserer Zeit. Wir müssen entscheiden, bis zu welchem Grad wir unsere Nachkommen selbst gestalten wollen.«

Arthur Caplan, University of Pennsylvania
Center for Bioethics

Die Revolution in der Molekularbiologie vermittelt uns mindestens zwei erstaunlich unterschiedliche Visionen der Zukunft. Die eine, die sich die biotechnologische Industrie auf die Fahnen geschrieben hat, ist eine Vision von Gesundheit und Wohlstand: Die Gentherapie wird Erbkrankheiten beseitigen und vielleicht Krebs heilbar machen. Die Gentechnologie wird neue Medikamente schaffen, um Infektionskrankheiten zu bekämpfen, und sie wird neue Tier- und Pflanzenvarianten kreieren, um die explodierende Weltbevölkerung ernähren zu können.

Eine andere, sehr viel düsterere Vision vermittelte Aldous Huxley in seinem ebenso aufrüttelnden wie prophetischen Buch *Schöne neue Welt* aus dem Jahre 1932, als die Menschheit noch immer unter den schlimmen Folgen des Ersten Weltkriegs und der quälenden Armut infolge der großen Depression zu leiden hatte. Der Roman spielt 600 Jahre in der Zukunft, nachdem eine Reihe ähnlicher katastrophaler Kriege die Führer der Welt veranlaßt hatte, eine radikal neue Weltordnung zu schaffen. Aus Angst vor dem Chaos der Vergangenheit beschließen sie, der Menschheit ein Utopia aufzuzwingen, das sich auf Stabilität und Zufriedenheit gründet statt auf jene Konzepte, die sich als so unzuverlässig und chaotisch erwiesen haben wie Demokratie, Freiheit und Gerechtigkeit. Unglücklich zu sein verstößt gegen die Gesetze des Landes. Und der Schlüssel zu diesem staatlich verordneten Paradies ist die Biotechnologie.

Babys werden als Massenware in großen Embryofabriken produziert, und zwar als Klone in einem Kastensystem aus Alpha-, Beta-, Gamma-, Delta- und Epsilon-Menschen. Indem sie die Sauerstoffzufuhr für die einzelnen Embryonen genau dosieren, können die Wissenschaftler selektive Hirn- schäden verursachen und so eine Klasse gehorsamer Arbeiter schaffen. Die schwersten Hirnschäden fügt man den Epsilon-Menschen zu, Untermen- schen, die man einer sorgfältigen Gehirnwäsche unterzieht, damit sie zur Zufriedenheit der Gesellschaft alle niederen Dienste erledigen. Die höchste Kaste sind die Alpha-Menschen, die im Gegensatz dazu sorgfältig gepflegt und zur herrschenden Elite herangebildet werden. Zufriedenheit und Glücksgefühl werden durch unausgesetzte, beruhigende Gehirnwäschen, Sex und die uneingeschränkte Verfügbarkeit einlullender Psychopharmaka garantiert.

Die Welt war aus dem Häuschen über Huxleys unerhörte Erzählung, und es gab viele Versuche, sie zu zensieren. Wie so oft bei solchen Visionen, wurden sie von der Wirklichkeit längst eingeholt. In den fünfziger Jahren schrieb Huxley: »Ich hatte sechshundert Jahre in die Zukunft geblickt. Heutzutage erscheint es mir durchaus möglich, daß diese Schreckensvision sich bereits innerhalb eines einzigen Jahrhunderts erfüllen wird.«[1] Doch vielleicht ist sogar ein Jahrhundert zu hoch gegriffen, schon heute sind vie- le seiner technologischen Phantasien in Reichweite.

Huxleys Vorhersagen waren in der Tat prophetisch. Er schrieb sie zu einer Zeit, in der die Gesetze der Embryonalentwicklung großenteils unbekannt waren. Keine vierzig Jahre später wurde Louise Brown, das erste »Retor- tenbaby« geboren. Bereits in den achtziger Jahren stand Paaren mit Kin- derwunsch eine ganze Palette an Möglichkeiten zur Geburtenplanung of- fen: Embryonen ließen sich einfrieren und auftauen, unfruchtbare Paare konnten sich Leihmütter nehmen, die ihre Kinder austrugen, Großmütter konnten ihre eigenen Enkel zur Welt bringen (indem sie sich befruchtete Ei- zellen ihrer erwachsenen Töchter in die Gebärmutter einpflanzen ließen). Und mit dem Anbruch der molekularbiologischen Revolution werden viel- leicht viele der anderen Prophezeiungen Huxleys ebenfalls in greifbare Nähe rücken: die Klonierung von Menschen, die selektive Zucht und der- gleichen mehr.

Es muß daher die Frage gestellt werden: Auf welche Zukunft steuern wir zu?

In diesem Kapitel möchte ich mich mit der Frage beschäftigen, wie sich die molekularbiologische Revolution auf unsere Gesellschaft auswirken wird –

zum Guten und zum Schlechten. Kaum jemand wird das enorme Potential dieser Entwicklung in Frage stellen wollen. Doch selbst ihre Begründer haben Vorbehalte gegen moralische und ethische Konsequenzen geäußert, die diese Revolution mit sich bringen wird, wenn man ihren Auswüchsen nicht Einhalt gebietet. Nur durch eine fundierte Diskussion unter mündigen Bürgern demokratischer Gesellschaften können ausgewogene Entscheidungen über eine Technologie zustande kommen, die eine so ungeheure Machtfülle verheißt, daß wir sogar davon träumen können, das Leben an sich zu manipulieren.

Die Kernenergiediskussion und ihre Konsequenzen für die Gentechnologie

Die ungeheure Menge an wissenschaftlichem Detailwissen, die sich im kommenden Jahrhundert weiter ansammeln wird, verlangt es, daß man sich mit allen ethischen, sozialen und politischen Fragen auseinandersetzt, die sich dadurch ergeben. Eine mögliche Diskussionsgrundlage für die Auseinandersetzung mit der biomolekularen Revolution bieten unsere Erfahrungen mit der Entwicklung der Kernenergie.

Die Wissenschaftler aus Biologie und Medizin sind fest entschlossen, die Fehler ihrer Kollegen aus der atomaren Forschung zu vermeiden, die von Anfang an unter strengster Geheimhaltung und unter dem Siegel »nationale Sicherheit« agierten. Weil es so gut wie keine demokratische Diskussion über die ungeheuren Folgelasten der Atomenergie gegeben hat, stehen die Vereinigten Staaten jetzt mit 17 undichten Atommülldeponien da, deren Aufreinigung an die 500 Milliarden Dollar verschlingen wird. Der Preis, den Menschen dafür entrichten mußten, ist mit Zahlen nicht zu benennen. An mehr als 20 000 Menschen wurden seit den vierziger Jahren ethisch verantwortungslose Strahlungsexperimente vorgenommen: Unter anderem injizierte man arglosen Versuchspersonen Plutonium in die Venen, setzte über bewohnten Gegenden radioaktives Material frei und ließ Schwangere radioaktiv verseuchte Lebensmittel essen.

Eingedenk solcher Horrorberichte reservierten die Begründer des Human Genome Project drei Prozent ihres Budgets vorsorglich für die Abteilung »Ethische, legale und soziale Konsequenzen« des Human Genome Project (ELSI, nach der englischen Bezeichnung *Ethical, Legal and Social Implications*). Es ist das erste Mal, daß ein Großprojekt der Regierung überhaupt einen Teil seines Budgets für umfassendere soziale Fragen zur Verfügung stellt.

Eine Gefahr, die Vertreter und Kritiker der Technologie fürchten, ist das Äquivalent zu einem GAU (= größter anzunehmender Unfall), einer vor allem auf menschliches Versagen, Designfehler oder die unzureichende Überprüfung von Methoden und Präparaten zurückzuführenden Katastrophe, die das Leben von Millionen Menschen gefährden könnte und die gesamte Industrie in Mißkredit brächte.

Es gibt jedoch einen bedeutsamen Unterschied zwischen atomarer und molekularbiologischer Revolution: Im Falle der Atomforschung ist es möglich, Vermehrung und Verbreitung der Waffen zumindest zu einem gewissen Grad zu kontrollieren, denn die entsprechende, groß angelegte Infrastruktur mit Anreicherungslabors, Reaktoren und Spitzenforschern zu etablieren verschlingt zig Millionen Dollar. Man kann einfach kein Atomwaffenprogramm im eigenen Keller starten. Mögliche Verbreitungspfade angereicherten Urans und Plutoniums sind durch strikte Sicherheitsvorkehrungen gut kontrollierbar – einer der Hauptgründe dafür, daß heute nur eine Handvoll Nationen Atomwaffen besitzt.[2] Man kann den Geist nicht wieder in die Flasche bannen, aber man kann die Zahl der freigesetzten Flaschengeister klein halten.

Im Falle der Biotechnologie liegt die Sache völlig anders. Mit der geringen Investition von 10 000 Dollar kann man gentechnologische Experimente zur Genmanipulation von Pflanzen und Tieren daheim im eigenen Wohnzimmer durchführen. Mit ein paar Millionen kann man eine blühende Industrie ins Leben rufen. Diese geringen Anfangsinvestitionen, der immense Gewinn und die Möglichkeit, das eigene Volk ernähren zu können, sind nur einige der Gründe, weshalb eine arme Nation wie Kuba den Sprung in die Biotechnologie gewagt hat.

Das aber heißt auch, daß man diese Technologie nicht einschränken kann. Man kann die Ausbreitungspfade von DNS nicht überwachen. DNS ist überall. Und eben weil man die Technologie niemals völlig wird verbieten können, ist es so wichtig, darüber zu diskutieren und zu entscheiden, welche der verschiedenen Technologien man gestatten und welche man mit Einschränkungen belegen sollte – entweder durch Maßnahmen seitens der Regierungen oder durch sozialen und politischen Druck.

Nutzpflanzen kann man nicht zurücknehmen

Jane Rissler von der Organisation Union of Concerned Scientists äußert Bedenken, daß durch die fehlende Transparenz möglicherweise ein scheinbar harmloses Gen in unsere Lebensmittel gelangen könnte, das sich für manchen arglosen Verbraucher gleichwohl als lebensbedrohliches Allergen erweisen könnte. So hat man beispielsweise Bananen-Gene in Tomaten eingepflanzt. Diese Tomaten aber könnten unwissentlich auch von Kindern mit schweren Bananen-Allergien gegessen werden. Die Wissenschaftlerin Rebecca Goldberg vom Environmental Defense Fund gibt zu bedenken, daß es in Amerika fünf Millionen Lebensmittelallergiker gibt, deren Allergien von harmlos bis lebensbedrohlich reichen. Sie erinnert an einen Fall aus jüngster Zeit, eine Sojabohnensorte, die ein Gen aus Paranüssen enthielt. Eine firmeninterne Untersuchung ergab, daß das Produkt allergen war und einen lebensbedrohlichen Schock hätte hervorrufen können, wenn man es frühzeitig auf den Markt gebracht hätte.[3]

Kritiker befürchten außerdem, daß das FDA neue Lebensmittel ohne hinreichende Überprüfung für den Markt zulassen und daß das Landwirtschaftsministerium den Firmen erlauben könnte, Feldversuche ohne Genehmigungen durchzuführen. »Ich glaube, hier hat man eine gute Idee zu weit getrieben«, meint Rebecca Goldberg abschließend.[4]

Unter dem Druck mächtiger Industrieinteressen, die endlich den Weg freigegeben sehen wollten, hat das US-Landwirtschaftsministerium die Freilandtests an diesen Pflanzen stark verkürzt. Zwischen 1987 und 1995 hatte das Ministerium 500 Freilandversuche an vierzig neuen Arten (unter anderem an Brokkoli, Chicorée, Erdnüssen, Gerste, Möhren, Preiselbeeren, Sojabohnen, verschiedenen Beerenarten und Wassermelonen) zugelassen, wobei Koordination und Überwachung ein denkbar geringes Niveau hatten.[5]

Was Goldberg besonders beunruhigt, ist die Tatsache, daß dieselben Firmen, die Pestizide vertreiben, jetzt gentechnologisch veränderte Pflanzen auf den Markt bringen, die pestizidresistenter sind. Das, so glaubt sie, riecht sehr nach Eigennutz. Das Ergebnis wird sein, daß die Landwirte mehr Pestizide einsetzen, weil sie wissen, daß ihre Nutzpflanzen das vertragen; das bedeutet gleichzeitig mehr Pestizide in der Nahrung und letzten Endes die Entstehung pestizidresistenter Schädlinge. Das Ganze könnte nämlich in eine Art »Wettrüsten« zwischen Schädlingen und gentechnologisch hergestellten Produkten ausarten, dessen Ergebnis immer neue »Superviecher« wären, die imstande sind, immer höhere Pestiziddosen zu tolerieren, so daß man den Pflanzen immer stärkere Pestizidresistenzen angedeihen lassen müßte, was dann wiederum zu noch mehr Rückständen in unserer Nahrung führte.

Die Hauptangst aber besteht darin, daß sich, wenn die Tore erst mal geöffnet sind, völlig neue Pflanzen in freier Wildbahn etablieren könnten, die bislang in der Natur nicht vorgekommen waren. Sie könnten einheimische Gewächse verdrängen und so ganze Ökosysteme mit unabsehbaren Folgen überrollen.

»Wenn man Pflanzen im Freiland zieht und die neuen Gene in den wilden Genpool gelangen, dann kann das ein ganzes Ökosystem aus dem Gleichgewicht bringen«, erklärt Jeremy Rifkin von der Foundation for Economic Trends, einer der führenden Kritiker der Biotechnologie.

Die mit transgenen Nutzpflanzen verbundenen Befürchtungen lassen sich zusammenfassen in dem Satz: »Gentechnologisch hergestellte Nutzpflanzen lassen sich nicht wieder zurücknehmen.« Viele Kritiker verweisen auf andere Beispiele unvorhergesehener Entwicklungen durch die Einführung fremder Arten in eine neue Umgebung, wie man sie im Falle der Wandermuschel, der holländischen Ulmenkrankheit, bei Kudzu und Kastanienmehltau kennt. Die Einschleppung einer neuen Art kann das ökologische Gleichgewicht massiv ins Wanken bringen.[6]

Ein gutes Beispiel hierzu ist auch die afrikanische Honigbiene (von den Medien häufig als »Killerbiene« tituliert).[7] Im Jahre 1957 hatte man diese Bienensorte nach Brasilien gebracht, um die europäische Honigbiene zu ersetzen, die sich an die äquatorialen Tageslichtverhältnisse nur schlecht anpassen ließ. Als jedoch einige Königinnen mit ihren Schwärmen entkamen, geriet diese hochaggressive Art außer Kontrolle und fügte der heimischen Imkerei großen Schaden zu. Im Unterschied zu der zahmeren europäischen Biene ist die afrikanische Biene extrem leicht erregbar, greift an und schwärmt zu Tausenden. Ihr sind bereits über 1000 Menschen zum Opfer gefallen, und sie hat Schäden in Millionenhöhe verursacht.

Heute ist die afrikanische Bienensorte auf mehr als 20 Millionen Quadratkilometern der westlichen Hemisphäre die vorherrschende Art – vor allem in Süd- und Mittelamerika. Im Jahre 1990 erreichten die Bienen Texas, 1993 Arizona, und man rechnet damit, daß sie den größten Teil des amerikanischen Südwestens besiedeln werden und ihnen erst etwa um das Jahr 2000 das kühlere Klima im Norden Einhalt gebieten wird.

Hier haben wir es mit einem vielsagenden Beispiel zu tun, wie Menschen ein natürliches Ökosystem aus dem Gleichgewicht gebracht haben, weil sie unbedachterweise eine neue Lebensform einführten, die aggressiv genug war, die friedlichere, domestizierte Art zu verdrängen.

Rissler macht sich für eine alternative Vision der Zukunft stark, für eine umweltfreundliche Form der Landwirtschaft, bei der man bei bestimmten Schädlingen statt auf Pestizide auf natürliche Feinde zurückgreift, um die Populationen gering zu halten. Indem man das ökologische Gleichgewicht der Insekten auf einer Anbaufläche stabilisiert, wird man möglicherweise bestimmte Schadinsekten unter Kontrolle halten können.

Wem gehört das Genom?

Kritiker stören sich daran, daß die Firmen, die das Geheimnis des Lebens entschlüsseln, dabei nach Wildwestmanier vorgehen. Das *Science Magazine* widmete der Frage »Wem gehört das Genom« sogar ein Titelbild. Zu den ersten, die in aller Öffentlichkeit ihre Vorbehalte zu diesem Thema äußerten, gehörte der damalige Direktor des Human Genome Project, James Watson, der sich mit Bernadine Healy, der Direktorin des NIH, über die Patentierung neuer Lebensformen heftig in die Haare geriet. Frau Healy hatte sich für eine Beschleunigung des Patentierungsverfahrens ausgesprochen, was für die gentechnologische Industrie einen erheblichen finanziellen Anreiz bedeutet hätte, während Watson ein sehr viel langsameres, bedächtigeres Vorgehen gefordert hatte. Dies und etliche andere Streitpunkte hatten schließlich im Jahre 1992 zu Watsons Kündigung als Leiter des Human Genome Project und zur Verpflichtung von Francis Collins geführt. Daniel Cohen vom Center for the Study of Human Polymorphisms verglich den Patentierungsvorgang mit dem »... Versuch, die Sterne zu patentieren ... Wenn man etwas patentiert, ohne dessen Nutzen zu kennen, behindert man die Industrie. Das könnte einer Katastrophe gleichkommen.«[8]

Im Jahre 1996 stand Jeremy Rifkin an der Spitze einer Bewegung, die gegen die Patentierung des mit Brustkrebs assoziierten Gens *BRCA1* protestierte. Die Firma Myriad Genetics aus Salt Lake City, deren Angestellte das Gen im Jahre 1994 isoliert hatten, ließ das Gen patentieren und begann, genetische Tests kommerziell zu vertreiben. Die Protestbewegung argumentierte, daß eine Patentierung des Gens die Privatsphäre von Frauen verletze, insbesondere dann, wenn die Informationen in die Hände von Versicherungsgesellschaften fielen. Ein anderes Argument lautete, daß die Patentierung von Genen den wissenschaftlichen Wettbewerb ersticke, die Preise in die Höhe treibe und es der Privatindustrie möglich mache, Profite aus einer Forschung zu schlagen, die durch die öffentliche Hand finanziert wird.[9]

Collins ist der Meinung, daß diese leidige Frage sich allmählich von allein erledigen wird. »Wenn das Human Genome Project beendet ist, werden alle Sequenzen frei verfügbar sein, niemand wird mehr in der Lage sein, eine Sequenz patentieren zu lassen. An diesem Punkt wird sich die Patentierung (wenn es sie denn geben wird, wovon ich allerdings überzeugt bin) auf den Nutzen einer Sequenz beschränken, auf den Nachweis etwa, daß diese oder jene Region dazu benutzt werden kann, ein Produkt herzustellen, das dem Menschen zugute kommt. Und das ist mit Sicherheit nur von Vorteil.«[10]

Gene und Privatsphäre

»Sollte man von Gesetzes wegen das Recht haben, von jemand, der einer Vergewaltigung angeklagt ist, eine DNS-Probe zu verlangen?« fragt James Watson. »Sollten Sie, wenn Sie sich um die Präsidentschaftskandidatur bemühen, Ihren Genstatus offenlegen müssen?«[11] Was wäre geschehen, wenn J. Edgar Hoover, jener gnadenlose Direktor des FBI, die genetischen Profile von Politikern in der Schublade gehabt hätte, fragt Watson. Jahrzehntelang brachte er mächtige Politiker zu Fall, weil er Informationen über deren sexuelle Fehltritte und Trinkgewohnheiten gesammelt hatte. Wieviel mehr Druck hätte er ausgeübt, hätte er Einblick in den genetischen Hintergrund manch eines eigenwilligen Washingtoner Politikers gehabt?

Wie sollte man verhindern, daß jemand ein Haar vom Anzug des Präsidentschaftskandidaten zupft und einer genetischen Analyse unterzieht? John F. Kennedy beispielsweise wäre vielleicht nie zum Präsidenten gewählt worden, hätte man gewußt, daß er einen ernsthaften Nebennierendefekt hatte, den man erst nach seinem Tode entdeckte. Unlängst wies man in alten DNS-Proben des ehemaligen Vizepräsidenten Hubert Humphrey von 1967 eine *p53*-Mutation nach, von der man weiß, daß sie mit Blasenkrebs assoziiert ist (Humphrey starb 1976 an Krebs). Mit modernen Techniken hätte man seine Veranlagung für Krebs gleich nach der Präsidentenwahl von 1968 feststellen können und ihn möglicherweise aus dem Rennen genommen. David Sidransky von der Johns Hopkins University, der diese Untersuchung durchführt hat, stellt fest, dies hätte »den Gang der politischen Geschichte verändern können«.[12]

Ganz ähnlich liegt der Fall bei Zwangsuntersuchungen. Schon heute legt man in unserem Land Datenbanken aus den DNS-Analysen von Gefängnisinsassen an. Sollte es der Regierung aber erlaubt sein, jemanden gegen seinen Willen zu untersuchen? Arthur Caplan vom Center for Bioethics ist der Überzeugung, daß die Gesundheitskosten in den Vereinigten Staaten in 30 Jahren derart exorbitant hoch sein werden, daß einige Regierungsmitglieder versucht sein werden, die Zwangsuntersuchung auf genetisch bedingte Erkrankungen zu fordern, und die Kassen sich schlicht weigern werden, die Krankheitskosten für ein Baby zu übernehmen, das an einer erblichen Krankheit leidet, die man mit einem Test hätte feststellen und verhindern können.[13]

Caplan ist der Ansicht, daß in 15 Jahren die Debatte darüber, ob man seine Kinder genetisch untersuchen lassen muß oder nicht, noch um einiges hitziger geführt werden wird als die derzeitige Abtreibungsdebatte. Ist es verantwortungslos, Kinder ohne vorherige genetische Untersuchung in die Welt zu setzen? Und, falls ja, ist die Regierung dann verpflichtet, für eine solche Verantwortungslosigkeit aufzukommen? Es wird seiner Ansicht nach dahin kommen, daß Menschen, deren Kinder nicht genetisch untersucht wurden, wie Aussätzige betrachtet werden.

Und dann: Was geschieht, wenn Informationen über Ihren Genstatus in die Öffentlichkeit durchsickern? An Ihre Arbeitgeber beispielsweise, Ihre Krankenversicherung, Ihre Verlobte beziehungsweise Ihren Verlobten – was ist mit denjenigen, die potentiell problematische Gene in sich tragen? Seit undenklichen Zeiten haben menschliche Lebensgemeinschaften die eine oder andere Form genetischer Diskriminierung begangen. Menschen mit deutlich sichtbaren Fehlbildungen und Erkrankungen wurden verspottet, als Hexen denunziert (wie im Falle der Chorea Huntington), systematisch aus der Gesellschaft ausgeschlossen oder gar umgebracht. Neu ist, daß man heutzutage Menschen auf genetisch bedingte Erkrankungen untersuchen kann, die vielleicht niemals in Erscheinung treten werden. Womöglich wird jemandem, bei dem eine erhöhte Wahrscheinlichkeit für das Auftreten einer genetisch bedingten Erkrankung besteht, der Versicherungsschutz oder eine Arbeitsstelle verweigert, obwohl diese Krankheit bei ihm niemals auftreten wird.

Nancy Wexler, die Leiterin der Ethik-Kommission des Human Genome Project erklärt: »Die Informationen zum Genstatus an sich schaden der Allgemeinheit sicher nicht. Was schaden könnte, sind die bestehenden sozialen Strukturen, die politischen Strömungen und Vorurteile, auf die diese Informationen treffen. Wir brauchen diese Informationen aber, und wir brauchen sie jetzt, damit wir bessere Entscheidungen treffen können, die unser Leben verbessern. Wir brauchen die besseren Therapieformen, die aus diesen Informationen letzten Endes hervorgehen werden. Ich bin daher der Ansicht, daß die Antwort sicher nicht darin bestehen kann, den wissenschaftlichen Fortschritt zu verlangsamen, sondern wir müssen irgendwie versuchen, unsere Gesellschaft auf dieses neue Wissen besser vorzubereiten.«

Den Unterlagen des inzwischen aufgelösten Office of Technology Assessment, ehemals der investigative Arm des amerikanischen Kongresses, zufolge wurden bereits 164 000 Krankenversicherungsbewerbungen aus medizinischen Gründen abgelehnt. Das OTA stellt fest: »Bewerber für eine bestimmte Krankenversicherung werden bereits heute aufgefordert, ihrer künftigen Versicherung Informationen über genetisch bedingte Störungen wie Sichelzellenanämie zukommen zu lassen. Manche Experten fürchten, daß es für den einzelnen Versicherungsnehmer immer schwieriger werden wird, eine Police zu erwerben, je mehr genetische Tests zur Verfügung stehen.«[14]

Eine kürzlich durchgeführte Studie der Universitäten Harvard und Stanford deckte 200 Fälle auf, in denen Personen aufgrund ihres Genstatus der Versicherungsschutz verweigert wurde beziehungsweise die Betreffenden aus dem Dienst entlassen oder daran gehindert wurden, ein Kind zu adoptieren.

Dem amerikanischen Kongreß liegen vier und den Gesetzgebern der einzelnen Staaten weitere zwanzig Gesetzentwürfe vor, mit denen der genetischen Diskriminierung begegnet werden soll. Vierzehn Staaten haben bisher entsprechende Gesetze erlassen. Präsident Clinton unterzeichnete im Jahre 1996 ein Gesetz, das es Versicherungsgesellschaften verbietet, Bewerber auf der Grundlage einer »bereits vorhandenen Erkrankung« zu diskriminieren.

Auch Ihre Heiratschancen könnten sich durch eine derartige genetische Diskriminierung verschlechtern. Da niemand frei ist von jeglicher Veranlagung zu einer genetisch bedingten Erkrankung, könnte ein solches Wissen massiv die Partnerwahl beeinflussen. Schon heute gibt es Partnervermittlungen, die nur HIV-negative Singles annehmen. Künftig gibt es vielleicht Institute, die nur Leute vermitteln, bei denen erwiesenermaßen kein Risiko für eine potentiell tödliche Krankheit wie Krebs besteht.

Aber Collins ist der Ansicht, daß ein Teil dieser Angst vor einem Dasein als »genetisches Mauerblümchen« übertrieben ist. »Solche Befürchtungen relativieren sich ziemlich schnell, wenn Sie sich klarmachen, daß jeder von uns mit vier oder fünf Genen herumläuft, die in einem vergleichsweise üblen Zustand sind, und vielleicht noch 20 oder 30 andere Gene mit kleineren Defekten herumträgt. Wenn Sie also warten wollen, bis das genetisch vollkommene Exemplar vorbeikommt, um Sie zu heiraten, dann werden Sie für den Rest Ihres Lebens ein Single bleiben. Es wird nicht dazu kommen – und Sie wären zudem auch nicht in der Lage, ihm ein genetisch perfektes Gegenstück zu sein. Jeder hat seine Fehler. So ist das nun mal.«[15]

Sind wir unsere Gene?

Ein Gebiet, auf dem beträchtliche Mißverständnisse vorprogrammiert sind, betrifft den Zusammenhang zwischen Genen und menschlichen Verhaltensweisen. Zwar wird menschliches Verhalten in komplexer Weise durch Gene beeinflußt, doch die Sichtweise, daß wir das Gen für das eine oder das andere Verhalten in uns tragen, geht zu weit. Caplan ist der Ansicht, daß diese Ursache-Wirkung-Verknüpfung bestimmter Gene mit menschlichen Verhaltensmustern eine »Bombe mit tickendem Zeitzünder ist«. Er ist zwar davon überzeugt, daß die Fähigkeit zu mathematischem Denken, die Neigung zu einem bestimmten Persönlichkeitstyp, manche psychischen Störungen (Depressionen, Schizophrenie), Homosexualität, Alkoholismus und Fettleibigkeit genetische Wurzeln haben, warnt aber: »Es wäre töricht, Verhalten einfach mit Genen gleichzusetzen. Es ist nicht daran zu rütteln, daß sogar in ein und derselben Familie aufgewachsene Zwillinge nicht exakt dieselben Verhaltensweisen an den Tag legen.«[16]
Christopher Wills von der University of California in San Diego erklärt: »Nur die Sequenz all dieser DNS bestimmt zu haben bedeutet noch lange nicht, daß wir damit alles gelernt haben, was es über ein menschliches Wesen zu wissen gibt – nicht mehr jedenfalls, als uns die Notenfolge einer Beethoven-Sonate in die Lage versetzt, das Stück auch zu spielen. Die wirklichen Virtuosen in der Genetik werden diejenigen sein, die diese Information zum Laufen bringen können und die den empfindlichen Wechselwirkungen der Gene untereinander und mit ihrer Umgebung Rechnung tragen.«[17]
Es hat bereits jede Menge falschen Alarm gegeben. Im Jahre 1996 wurde die Titelseite der *New York Times* von der Nachricht geprägt, daß beim Menschen das Gen *D4DR* die Neugier kontrolliere. Eine ausführliche Untersuchung an 331 Personen konnte allerdings keinen derartigen Zusammenhang nachweisen.[18]
Noch umstrittener und nach gründlicher Überprüfung ebenfalls unhaltbar ist die genetische Veranlagung zur Gewalttätigkeit. Entzündet hatte sich die Kontroverse ursprünglich an einer Untersuchung aus dem Jahre 1965, der

zufolge 3,5 Prozent der 197 Patienten im Hochsicherheitstrakt eines psychiatrischen Krankenhauses in Schottland über die Chromosomenanomalie XYY verfügten.[19] XYY-Männer wurden damit stereotyp als gewalttätig und abnorm eingestuft. Die Medien gaben dem Y-Chromosom den Beinamen »kriminelles Chromosom«.[20] (Spätere Studien ergaben, daß Männer mit XYY-Chromosomen sehr viel weiter verbreitet sind, als man bis dahin angenommen hatte, und daß 96 Prozent von ihnen ein völlig normales Leben führten. Die am meisten verbreiteten Merkmale bei XYY-Männern schienen überdurchschnittliche Körpergröße, überdurchschnittlicher IQ und eine etwas undeutliche Aussprache zu sein.)
Daraus ergibt sich eine wichtige Lehre für die Zukunft. Wenn dereinst individuelle DNS-Sequenzen verfügbar sein werden, wird es jede Menge Leute geben, die für sich in Anspruch nehmen werden, das »Gewalt-Gen« isoliert zu haben. Es werden mit Sicherheit Gene entdeckt werden, die, zumindest oberflächlich betrachtet, etwas mit der Gewalttätigkeit von Einzelpersonen zu tun haben. So wird man beispielsweise Gene finden, die die Produktion von männlichen Hormonen wie Testosteron beeinflussen, von dem manche Forscher annehmen, daß es unter bestimmten Umständen die Aggressivität erhöht. Die Behauptung aber, daß man ein »Gewalttätigkeits-Gen« entdeckt habe, wird sich vermutlich kaum halten lassen. Zwar werden sich diese Gene vielleicht wirklich bei einem kleinen Bruchteil gewalttätiger Einzelpersonen finden lassen, doch in der überwiegenden Mehrzahl der Fälle wird die Gewalttätigkeit einer Person möglicherweise mit ganz anderen Faktoren (wie Armut und Rassismus) in Zusammenhang stehen.
Diese Kontroverse brach im Jahre 1992 erneut auf, und zwar im Rahmen der Vorbereitungen für eine größere, von der amerikanischen Regierung geförderte Konferenz zum Thema Gewalttätigkeit und genetische Veranlagung. Afroamerikanische Kritiker beklagten sich, daß die Konferenz unausgewogen sei und den Eindruck vermittle, daß die Genetik bei der Entstehung von Gewalt als treibender Faktor zu gelten habe und nicht nur als ein Aspekt unter vielen zu sehen sei. Dazu der Psychiater Peter Breggin: «Wenn Sie zurückdenken, vor ein paar Jahren noch lautete ein genpolitisches Argument, daß Schwarze fügsam und gelehrig seien – innerhalb einer Generation sollen sie nun die genetische Veranlagung zur Gewalttätigkeit haben. Das hat nichts mit Wissenschaft zu tun. Das ist Mißbrauch von Psychiatrie und Wissenschaft im Interesse einer rassistischen Sozialpolitik.«[21]
Eine der Kontroversen über die genetischen Wurzeln von Verhaltensmustern, die noch jahrzehntelang geführt werden wird, betrifft eines der heikelsten Themen der modernen Gesellschaft: Rassenzugehörigkeit und IQ. Die Molekularbiologen vermeiden in aller Regel vereinfachende Stellungnahmen zu der Frage, ob Gene die einzige Ursache menschlicher Verhaltensweisen sind. Bei anderen, insbesondere bei Personen, die ein eigennütziges politisches Anliegen verfolgen, besteht jedoch die Tendenz, die Ergeb-

nisse genetischer Forschung umzuinterpretieren, um die eigenen, oft völlig an den Haaren herbeigezogenen Behauptungen zu untermauern.

Die ganze Spannung, die das Thema DNS, Genetik und Rassenzugehörigkeit beherrscht, entlud sich 1995 auf nationaler Ebene durch die Publikation von *The Bell Curve* von Richard Hernstein und Charles Murray. An ihr entzündete sich binnen kurzem eine landesweite Kontroverse, die tiefe Wunden riß.

Manche Tatsachen sind unbestreitbar. Afroamerikaner lagen in IQ-Tests mit großer Beständigkeit etwa zehn Prozent unter den Ergebnissen weißer Amerikaner. Amerikaner asiatischer Abstammung hingegen schnitten stets besser ab als Amerikaner europider Abstammung. Heißt das aber nun wirklich, daß Amerikaner asiatischer Abstammung ein bißchen klüger sind als Amerikaner europider Abstammung, die wiederum zehn Prozent schlauer sind als Afroamerikaner?

Vom evolutionären Standpunkt aus betrachtet scheint es wenig wahrscheinlich, daß Rasse und Intelligenz einen deutlichen Zusammenhang aufweisen. Die verschiedenen Menschenrassen der Erde begannen sich vor etwa 100 000 Jahren im Zuge verschiedener Wanderungsbewegungen auseinanderzuentwickeln. Das war, lange nachdem der Mensch zu seinem großen Gehirn gekommen war, eine Entwicklung, die Jahrmillionen in Anspruch genommen hatte. Die Entstehung verschiedener Rassen auf der Erde ist also ein relativ junges Phänomen, die menschliche Intelligenz ist sehr viel älter. (DNS-Analysen läßt sich im übrigen unschwer entnehmen, daß die größte genetische Vielfalt nicht zwischen verschiedenen Rassen besteht, sondern innerhalb einer Rasse selbst. Die genetische Kluft, die Richard Hernstein und Nelson Mandela trennt, ist unter Umständen sehr viel geringer als die zwischen Hernstein und Murray.)

Caplan gibt die Meinung vieler Wissenschaftler wieder, wenn er feststellt, daß Intelligenz im Grunde mehrdimensional ist und viele Facetten umschließt, die von den gängigen IQ-Tests völlig vernachlässigt werden. Er kommt zu dem Schluß: »*The Bell Curve* war ziemlich blödsinnig. Psychiater und Genetiker wissen gleichermaßen, daß Intelligenz ein sehr komplexes Merkmal ist, das aus vielen verschiedenen Aspekten besteht. Wir alle kennen Leute, die prima rechnen können, die aber nicht in der Lage sind, soziale Kontakte zu knüpfen und zu pflegen, oder jemanden, der sich völlig problemlos in seinem Viertel auskennt, während ein anderer kaum die Tür im eigenen Haus zu finden scheint. Nichts von alledem kommt in *The Bell Curve* vor.«[22]

Auch dies birgt eine Lehre für die Zukunft. So manchem Kommentator ist nicht entgangen, daß das Thema Rassenzugehörigkeit und Intelligenz in aller Regel immer zu Zeiten wirtschaftlicher Probleme auf den Tisch kommt. Die Gesetze der Wirtschaft machen es unausweichlich, daß es auch im 21. Jahrhundert manche Zeiten geben wird, in denen die Wirtschaft in Rezession versinkt. Die Demagogen, die nach Sündenböcken suchen, finden immer ein offenes Ohr bei den Millionen von Menschen, die ihre Arbeit verloren haben. In der amerikanischen Geschichte erlangten rassistische Theorien zur Entstehung von Intelligenz ihre größte Verbreitung immer wieder in wirtschaftlichen Krisenzeiten, wenn die Bevölkerung sich von immer neuen Einwandererwellen bedroht sah. Im Jahre 1923 veröffentlichte Carl Brigham beispielsweise *A Study of American Intelligence*, in der er anhand von Intelligenztests bewies, daß die alpinen und mediterranen »Rassen« der nordischen »Rasse« unterlegen seien und daß Afrikaner an beide nicht heranreichten. Daraus speiste sich eine Bewegung, die Menschen aus Süd- und Osteuropa – vor allem Italiener und Juden – auszuschließen suchte. Ein Kongreßabgeordneter stellte fest: »Der Hauptgrund für die Eindämmung des Flüchtlingsstroms ... ist die Notwendigkeit, Amerikas Blut zu reinigen und rein zu halten.«[23] Präsident Calvin Coolidge, der ein Einwanderungsgesetz unterzeichnete, das bestimmten Nationalitäten Quoten zuteilte, wird die Aussage zugeschrieben: »Die Gesetze der Biologie zeigen ..., daß die nordische Rasse sich durch die Vermischung mit anderen Rassen verschlechtert.«[24]

Nach 2020: Keimbahnmanipulationen am Menschen?

Jenseits des Jahres 2020 werden sich – zusätzlich zu den bestehenden – vermutlich neue ethische Fragen ergeben. Die Gentherapie, wie wir sie in Kapitel 8 diskutiert haben, hat mit der Genmanipulation an somatischen Zellen zu tun. Das heißt, ein neues Gen kann nicht an künftige Generationen weitergegeben werden. Mit dem Patienten sterben auch die neuen implantierten Gene. Die Gentherapie an unseren Keimzellen aber würde das Genom unserer Geschlechtszellen verändern, so daß das neue Gen permanent in unseren Nachkommen verankert wäre. Wie im Falle transgener Mäuse bedeutete das Mikroinjektionen an menschlichen Embryonalzellen zur permanenten Veränderung des Erbguts – Mukoviszidose beispielsweise ließe sich damit für immer aus einer Erblinie verbannen.

Nun ist die Vorstellung, genetisch bedingte Erkrankungen aus der eigenen Keimbahn tilgen zu können, zweifellos ungemein attraktiv, aber in dieser Möglichkeit liegt natürlich auch eine unglaublich große Gefahr des Mißbrauchs. Im großen und ganzen hat sich die wissenschaftliche Gemeinde bisher gegen die Manipulation von Keimbahnzellen ausgesprochen. Im Jahre 1988 erklärte der Europäische Forschungsrat kurz und knapp: »Die Gentherapie an Zellen der Keimbahn sollte nicht in Betracht kommen.«[25] Unter Wissenschaftlern besteht hier freilich Uneinigkeit.[26]

Würden Eltern für eine Keimbahnveränderung votieren, falls diese machbar wäre, um Größe, Geschlecht, Körperkraft, Augen- und Haarfarbe ihrer Kinder festzulegen?

»Machen Sie Witze? Aber natürlich!« behauptet Arthur Caplan.[27] Es gibt Hinweise genug, daß manche Familien bereitwillig zahlen würden, um so etwas tun zu können, falls es diese Möglichkeit gäbe. Eltern versuchen ohnehin schon ihre Kinder auf hundert verschiedene Arten zu formen – lassen sie Klavier spielen, Sprachen und verschiedene Sportarten lernen. »Ich glaube, daß kein Zweifel daran bestehen kann, daß viele Eltern die Möglichkeit genetischer Manipulationen nutzen würden, um ihre Kinder wunschgemäß zu gestalten«, erklärt Caplan.[28]

Aber wäre das gut? Die Frage ist: Wie sollte die Rolle der Ärzte aussehen? Sind sie Dienstleistende, die schlicht den Wünschen des Verbrauchers zu entsprechen haben? Oder wollen wir sie als Hüter und Wächter unserer Moral sehen, die für uns entscheiden, welche Form der Behandlung ethisch vertretbar ist und welche nicht? Caplan meint, daß sich das zu einer »gigantischen Moraldiskussion« auswachsen wird.[29]

Ein Verbot der Gentherapie an Keimbahnzellen aber könnte einen blühenden Schwarzmarkt entstehen lassen, insbesondere in den Ländern der Dritten Welt. Schon ein ganz einfacher Befund wie die Geschlechtsbestimmung am ungeborenen Kind ist imstande, ein demographisches Erdbeben auszulösen. »Der Einsatz dieser Technologie für die Wahl des Geschlechts wäre ein glatter Affront gegen mein Motiv, sich der Genetik zuzuwenden. Geschlecht ist keine Krankheit, sondern ein Merkmal!« erklärt Francis Collins.[30]

Werden Eltern beispielsweise in erster Linie Jungen wollen, die groß, stark und gutaussehend sind? Die Antwort muß für manche Länder und viele Familien leider ja lauten. Die Gesetze der Evolution diktieren, daß Tierarten versuchen werden, ihrem Nachwuchs jeden nur möglichen genetischen Vorteil zu verschaffen. Und der Mensch unterscheidet sich in dieser Hinsicht sicher nicht vom Tier. Bewußt oder unbewußt möchten wir unseren Kindern jeden nur möglichen Vorsprung beim Start ins Leben mitgeben.

Für einkommensschwache Familien in der Dritten Welt scheint die Möglichkeit, das Geschlecht ihrer Kinder beeinflussen zu können, ein Weg aus der Armut. Lange bevor die Genmodifikation im nächsten Jahrhundert zur Realität wird, hat die Einführung eines so simplen Apparats wie des Ultraschallgeräts einen demographischen Erdrutsch in China und Indien heraufbeschworen, der massive Auswirkungen auf die nächste Generation haben wird.

In weiten Teilen der Dritten Welt legen Bauernfamilien außerordentlich großen Wert auf die Geburt von Söhnen. Nicht nur, weil Jungen den Familiennamen weitertragen und zahlreiche Feudalprivilegien genießen, sondern vor allem auch, weil die Familien gezwungen sind, bei der Verheiratung von

Töchtern eine große Mitgift zur Verfügung zu stellen, die die Mittel einer in Armut lebenden Familie über Gebühr belastet. Monica Das Gupta von der Harvard University zufolge wurden nach der Einführung von Ultraschallgeräten in den Jahren 1981 bis 1991 in Indien eine Million Mädchen abgetrieben. Weitere vier Millionen Mädchen »verschwanden« einfach während ihrer ersten vier bis sechs Lebensjahre. Mit anderen Worten: 3,6 Prozent der in diesem Zeitraum geborenen weiblichen Bevölkerung sind verschwunden.[31]

Chinas Einzelkindpolitik brachte zwar die Bevölkerungsexplosion im Land unter Kontrolle, hatte aber als unerwünschte Nebenwirkung einen massiven Anstieg beim Kindesmord an Mädchen zu verzeichnen. Inoffizielle Schätzungen der weiblichen Population in ländlichen Gebieten ergaben, daß bis zu zehn Millionen Mädchen und junge Frauen »fehlen«. An der chinesischen Südküste hatte sich im Jahre 1995 das Geschlechterverhältnis, das normalerweise bei 100 Mädchen pro 103 neugeborenen männlichen Säuglingen liegt, auf 100 Mädchen je 115,4 Jungen verschoben.[32]

Wenn schon die Einführung eines einfachen Ultraschallgeräts einen solchen demographischen Alptraum zur Folge haben kann, dann stelle man sich einmal vor, welche weitreichenden sozialen Konsequenzen es haben würde, wenn wir unseren Nachwuchs genetisch beeinflussen könnten. Dazu ein harmloses Beispiel: Im Falle einer Behandlung mit gentechnisch hergestelltem menschlichem Wachstumshormon (Somatotropin oder HGH) – für die nur Kinder mit einem angeborenen HGH-Mangel oder chronischem Nierenversagen in Frage kommen – kam eine kürzlich angefertigte Studie zu dem Schluß, daß 60 Prozent aller mit HGH behandelten Kinder im Grunde gar nicht als behandlungsbedürftig einzustufen waren. Allem Anschein nach drängen ängstliche Eltern die Ärzte trotz der hohen Kostenbelastung von bis zu 16 000 Dollar jährlich zu einer Somatotropinbehandlung.[33]

Die Gesellschaft wird sich ohne Zweifel im Laufe des kommenden Jahrhunderts eine Reihe von Gesetzen auferlegen müssen, die hemmungsloses Herumwursteln am menschlichen Genom und insbesondere an der Keimbahn untersagen. Es gibt Leute, die der Ansicht sind, man solle schwere Genschäden, die seit Generationen furchtbare Schmerzen und ungezähltes Leid gebracht haben, für immer aus unserer Keimbahn entfernen. Andere halten das Gesetz der unerwünschten Nebenwirkungen dagegen – die Gefahr nämlich, daß wir bei unserem Versuch, Gott zu spielen, später womöglich (unbeabsichtigterweise) noch größeren Schaden anrichten werden. Die Frage, die die ethischen Streitgespräche noch weit bis ins nächste Jahrhundert hinein beherrschen wird, lautet, wo diese dünne Trennlinie genau zu ziehen sein wird. Viele Wissenschaftler sind der Ansicht, daß die genetische Manipulation unserer Keimbahn aus rein kosmetischen Gründen verboten werden sollte, bedeute dies doch einen leichtfertigen (und potentiell gefährlichen) Umgang mit einer machtvollen Technologie. Wenn jedoch bewiesen wäre, daß bizarre Krankheiten wie die Chorea Huntington keinerlei evolutionsbiologisch zu begründenden Gegenwert haben, dann ließe sich ein ebenso schwerwiegendes Argument dafür finden, diese für immer aus der Keimbahn zu tilgen. Vielleicht gibt es keine definitive Antwort darauf, wo die Linie zu ziehen ist, da sich die Beurteilung durch die Allgemeinheit und der Stand der wissenschaftlichen Erkenntnis im Laufe der Jahrzehnte immer wieder ändern werden. Da jedoch zufällige Fehler in chemischen Reaktionen, kosmische Strahlung, die chemische Verschmutzung unserer Umwelt, mangelhafte Ernährung und andere umweltbedingte Faktoren immer wieder neue Mutationen in unserem Genom entstehen lassen werden, wird uns diese Frage auch in den kommenden Jahrhunderten beschäftigen.

Wie man einen Menschen kloniert

Manche Vorausahnungen aus Huxleys *Schöner neuer Welt* liegen noch in weiter Zukunft. So ist es derzeit beispielsweise unmöglich, ein befruchtetes Ei in künstlicher Umgebung ausreifen zu lassen. Huxleys Prophezeiung also, daß der Gebärvorgang durch riesige Embryofabriken überflüssig gemacht werden könnte, geht weit über alle heutige Technologie hinaus. Das empfindliche und komplexe chemisch-physiologische Umfeld der Gebärmutter »nachzubauen«, das einen menschlichen Fetus über neun Monate hinweg ernähren kann, wird vermutlich noch über viele Jahrzehnte hinweg weit außerhalb aller technischen Möglichkeiten liegen.

Die Klonierung von Menschen hingegen liegt inzwischen eindeutig im Bereich des Machbaren. Ian Wilmuts überraschende Nachricht von der erfolgreichen Klonierung eines Schafs aus den Zellen eines erwachsenen Tiers hat Fragen von enormer ethischer und gesellschaftlicher Tragweite aufgeworfen. Viele Biologen sind der Ansicht, daß gegenwärtig nur noch technische und rechtliche Hürden die Klonierung des Menschen behindern.

Die Konsequenzen einer Klonierung von Menschen sind beträchtlich und werden irgendwo im Bereich zwischen dem Törichten und Menschlichen und dem Phantastischen angesiedelt sein:

- Herausragende Athleten verschiedener Sportarten und vielleicht sogar verschiedener Jahrzehnte könnten kloniert werden, um ein lukratives »Dreamteam« zu bilden.
- Kinderlose wohlhabende Einzelpersonen und alternde Monarchen könnten Vermögen und Thron ihren eigenen Klonen hinterlassen.
- Eltern könnten den Wunsch verspüren, ein an einer tödlichen Krankheit oder an einem Unfall gestorbenes Kind klonieren zu lassen.
- Vielleicht würden talentierten und berühmten Personen Zellen gestohlen und an Leute weiterverkauft werden, die solche Stars zum Kind haben möchten.

- Die Gräber berühmter Persönlichkeiten könnten geplündert werden, um DNS-Proben zu ergattern, aus denen sich ein Klon ziehen ließe.
- Diktatoren könnten sich Armeen klonierter Soldaten oder Sklaven von großer Körperkraft und beschränkten geistigen Fähigkeiten halten oder gar menschliche Hybride, wie sie die Alpträume in *Die Insel des Dr. Moreau* bevölkern.

Die Möglichkeit, Personen zu klonieren, die wie in *Schöne neue Welt* die verachteten, niederen Dienste in einer Gesellschaft erledigen, ist nicht einmal so sehr weit hergeholt, bedenkt man, daß Industrienationen schon heute schlecht bezahlte Immigranten für diese Aufgaben importieren.

Manche Leute haben sogar über eine fiktive Gesellschaft spekuliert, in der die Fortpflanzung ausschließlich auf Klonierung beruht und Männer überflüssig würden. Die Parthenogenese oder »Jungfernzeugung«, bei der Frauen ohne männliches Zutun ihren Nachwuchs bekommen, wäre dann die vorherrschende Art menschlicher Fortpflanzung. (Auf lange Sicht wäre eine solche Gesellschaft vermutlich instabil, da einer der evolutionären Gründe für die Existenz von Sexualität in der Sicherstellung genetischer Variabilität liegt. Letztere ist von entscheidender Bedeutung für das Überleben in einer sich ständig ändernden Welt.)

Mit Sicherheit wird Bedarf für diese Art von Biotechnologie bestehen, sei diese nun legal oder nicht. Wenn sich manche Eltern nach dem Apfel vom eigenen Stammbaum sehnen, warum sollten sie sich dann mit etwas Geringerem zufriedengeben als mit einer exakten Kopie ihrer selbst? Manche werden die eigene Klonierung als Erfüllung ihres tiefsitzenden Wunsches nach Unsterblichkeit sehen. Schließlich hat der Wunsch nach Unsterblichkeit schon die ägyptischen Pharaonen zum Bau ihrer Pyramiden und sterbende Könige zur Anlage prächtig ausgestatteter Grabkammern veranlaßt. Klonierung böte eine ungleich kostengünstigere Form der Unsterblichkeit.

Mit der Möglichkeit zur Klonierung von Menschen ist eine Vielzahl ungelöster Fragen verbunden. Theologen haben darüber debattiert, ob ein menschlicher Klon eine »Seele« habe. Wenn Menschen sich endlos klonieren ließen, wo bliebe dann ihre Individualität, ihr ureigenes Wesen? Ethiker haben sich gefragt, ob es moralisch zu rechtfertigen ist, unserem wehrlosen Nachwuchs unsere eigenen genetischen Wünsche aufzuzwingen, Moralisten beunruhigt die Perspektive, daß möglicherweise Hunderte von Embryonen geopfert werden könnten, um einen einzigen erfolgreichen Klon zu produzieren. Rechtsanwälte haben gefragt, wie die rechtliche Situation eines klonierten Wesens aussieht – kann es etwa die juristische Position, die Privilegien und Schulden seines Vorfahren übernehmen? Wenn man Klone ziehen wollte, um deren Organe »zu ernten«, was würde geschehen, wenn die Betreffenden sich weigern würden, sich für andere zu opfern?

Manche Dinge liegen auf der Hand. Es gibt keinen Grund zu der Annahme, daß die Klonierung weltberühmter Persönlichkeiten einen Nachwuchs von gleicher Qualität hervorbringt. In dem Film *The Boys from Brazil* klonieren Neonazis beispielsweise verschiedene Versionen des jungen Hitler, um das Dritte Reich wieder auferstehen zu lassen. Viele Historiker argumentieren allerdings, daß es vor allem der wirtschaftliche Zusammenbruch des deutschen Mittelstandes in den dreißiger Jahren gewesen sei, der die Ausgangsbasis für den Faschismus bildete und Hitler zum Aufstieg verhalf. Eine soziale oder politische Bewegung kommt nur sehr selten durch einen Mann allein zustande. Die Klonierung eines Hitler bringt vielleicht nur einen zweitklassigen Maler hervor.

Auch eine Klonierung Einsteins würde noch lange keinen großen Physiker ausmachen, denn Einstein lebte zu einer Zeit, als die Physik sich in einer tiefen Krise befand – viele der großen Probleme der heutigen Physik sind aber gelöst. Große Persönlichkeiten sind mit Sicherheit ebensosehr Produkt der gesellschaftlichen und ökonomischen Umstände wie ihrer vorteilhaften Genausstattung.

Womöglich wird man die Klonierung von Menschen in den meisten Ländern verbieten. Schon vor Wilmuts sensationeller Nachricht hatte die britische Regierung den Human Embryo Act erlassen, der Experimente an menschlichen Embryonen untersagt. Präsident Clinton schränkte die Mittel für die Forschung an menschlichen Embryonen ein.

Leider werden – vorausgesetzt, es kommt nicht zu irgendwelchen unvorhergesehenen Problemen – Klonierungsexperimente am Menschen trotzdem bald Realität sein. Gesetzliche Verbote werden die Klonierungsforschung deshalb nur in den Untergrund und in andere Länder verlagern, die diese Forschungsrichtung ohne größere Probleme weiterführen werden, weil die Anfangskosten so gering und der ökonomische Anreiz so ungeheuer hoch sind.

Infolge der Gesetze des Marktes prophezeien manche Kritiker eine kleine, aber sehr effektive Klonierungsindustrie im Untergrund. »Ich sehe keinen Weg, wie man so etwas verhindern kann. Wir sind diesen technologischen Entwicklungen auf Gedeih und Verderb ausgeliefert. Sind sie erst einmal passiert, lassen sie sich kaum zurückdrehen«, so Daniel Callahan vom Hastings Center in Briarcliff Manor.[34]

Es ist relativ wahrscheinlich, daß – als Resultat von Angebot und Nachfrage – in Zukunft ein Teil der Gesellschaft aus klonierten Personen bestehen wird. Großenteils wird die Gesellschaft schließlich das Vorhandensein einer klonierten Minderheit akzeptieren, so wie sie sich auch an die Existenz von Retortenbabys, Leihmüttern und andere unorthodoxe Möglichkeiten, Kinder in die Welt zu setzen, gewöhnt hat.

Gemessen an dem Ausmaß der Kontroverse, die das Thema Klonierung aufgeworfen hat, werden die gesellschaftlichen Konsequenzen dieser Option letzten Endes vernachlässigbar gering sein. Die Menschen werden lernen, daß die wenigen existierenden klonierten Individuen keine Bedrohung der

Gesellschaft darstellen. Schließlich leben wir ja auch in einer Welt mit Zwillingen. Viel bedrohlicher ist die Gefahr, daß die Möglichkeiten zur Klonierung zu einem Wiederaufleben der Eugenik führen könnten.

Die Eugenikbewegung

Wir vergessen nur allzugerne, daß die Eugenik in den Vereinigten Staaten auf eine lange, unschöne Geschichte zurückblickt. Gründer und Hauptvertreter der Bewegung war Francis Galton, ein Cousin von Charles Darwin. Angeregt durch Darwins Arbeiten, verbrachte Galton mehrere Jahrzehnte damit, die Stammbäume herausragender Autoren, Wissenschaftler, Philosophen, Künstler und Staatsmänner zu durchleuchten, und gelangte zu dem Schluß, daß deren außergewöhnliche Fähigkeiten von Generation zu Generation weitergegeben wurden. (Selbst Abkömmling einer wohlhabenden Familie, war Galton allem Anschein nach seltsam blind für Einflüsse aus der Umgebung. Er hätte niemals eingestanden, daß die Unterschicht vielleicht deshalb so selten große Staatsmänner hervorbrachte, weil ihre Mitglieder den größten Teil ihrer Zeit damit zubringen mußten, irgendwie das Überleben zu sichern.)

Galton kam zu dem Schluß, daß es wünschenswert sei, »... durch sorgsame Eheschließungen über mehrere Folgegenerationen hinweg eine hochbegabte Rasse von Menschen zu schaffen.« Im Jahre 1883 prägte er in Anlehnung an das Griechische den Begriff Eugenik, was soviel bedeuten sollte wie »(von Geburt an) mit besonders hohen, ererbten Fähigkeiten versehen«.[35] Man unternahm sogar Versuche, den perfekten Menschen zu züchten. Elisabeth Förster-Nietzsche, die Schwester des Philosophen Friedrich Nietzsche, suchte im Jahre 1886 eine Gruppe »reinblütiger Personen« aus und segelte mit diesen nach Paraguay, um dort Nueva Germania (das Neue Deutschland) zu gründen. Der Genetiker Steve Jones berichtet: »Heute sind die Bewohner von Nueva Germania arm, krank und leiden an den Folgen ihrer Inzucht. Ihr Utopia ist gescheitert.«[36]

Einer der Schüler Galtons war Charles Davenport, ein Professor an der University of Chicago. Er nutzte seinen Einfluß, um in Cold Spring Harbor auf Long Island ein größeres Institut zu gründen, mit dem Ziel, ein umfangreiches Archiv über den genetischen Hintergrund verschiedener Familien anzulegen. Sein populäres Buch *Heridity in Relation to Eugenics* trug dazu bei, die Eugenikbewegung in den Vereinigten Staaten in Gang zu setzen. Er fordert in diesem Buch nicht nur die selektive Züchtung zur Verbesserung intellektueller Qualitäten, wie man sie bei Künstlern, Musikern, Wissenschaftlern und anderen herausragenden Personen findet, sondern er erklärt auch, daß es unter Umständen notwendig sein könne, unerwünschte Personen mit ungewollten Eigenschaften gewaltsam zu eliminieren. »Die Gesell-

schaft muß sich schützen«, schreibt er. »So wie sie sich das Recht vorbehält, einem Mörder das Leben zu nehmen, mag sie sich auch der häßlichen Schlange hoffnungslos bösartigen Protoplasmas entledigen.«[37]
Im Jahre 1927 erhielt diese Position eine legale Grundlage, denn der Oberste Gerichtshof der Vereinigten Staaten billigte im Falle Buck gegen Bell, in dem es um das Sterilisationsstatut des Staates Virginia ging, die Zwangssterilisation. Der Richter Oliver Wendell Holmes schrieb: »Es wäre auf jeden Fall besser, wenn es der Gesellschaft gelingt, diejenigen, die erwiesenermaßen ungeeignet sind, ihr Wesen weiterzugeben, daran zu hindern, statt darauf zu warten, degenerierten Nachwuchs wegen eines Verbrechens zu exekutieren oder wegen seiner Schwachsinnigkeit verhungern zu lassen. Das Prinzip der Impfpflicht ist weit genug gefaßt, um es auch auf die Durchtrennung von Eierstöcken anwenden zu können.«[38]
Im Jahre 1930 hatten 24 Staaten Gesetze erlassen, die bei einem breiten Spektrum an »Unerwünschten« – zu denen man Kriminelle, Epileptiker, Geisteskranke und geistig Zurückgebliebene gleichermaßen zählte – die Sterilisation legalisierte. Bis zum Jahre 1941 hatte man in den Vereinigten Staaten 36 000 Personen sterilisiert.
Die Nationalsozialisten brachten in aller Öffentlichkeit ihre tiefe Dankbarkeit der amerikanischen Eugenikbewegung gegenüber zum Ausdruck, weil sie ihren eigenen Ideen als Inspiration gedient hatte. Die Eugenik wurde zum zentralen Bestandteil nationalsozialistischer Ideologie, die sich die Züchtung einer arischen »Herrenrasse« zum Ziel gesetzt hatte. Am Ende hatte man viele Millionen Menschen in Konzentrationslagern zusammengetrieben und vergast – Opfer unter anderem der abstrakten theoretischen Verirrungen der Eugeniker.
Viele dieser Ideen gären in den Vereinigten Staaten noch immer. In den achtziger Jahren forderte William Shockley, Nobelpreisträger für Physik und Miterfinder des Transistors, andere Nobelpreisträger dazu auf, Sperma an eine Samenbank zu spenden. Entsprechend geeignete Frauen könnten der Menschheit dann einen Dienst erweisen und die menschliche Rasse verbessern, indem sie sich mit Sperma aus dieser Samenbank der »Genies« befruchten ließen.
Eine Gefahr für die fernere Zukunft besteht darin, daß es sich die Wohlhabendsten werden leisten können, ihre Keimbahn zu verbessern, die meisten anderen hingegen nicht, so daß der Rest der Gesellschaft zu kurz kommen und ein neues biologisches Kastensystem entstehen wird. Der Philosoph Gregory Kavka von der University of California at Irvine erklärt: »Jedwede Bestrebung mit dem Ziel genetischer Verbesserung birgt das Potential, soziale Ungleichheit wiedereinzuführen – wenn auch in einem neuen Sinne. Die alte Aristokratie der Geburt, der Hautfarbe oder des Geschlechts wird sich möglicherweise auflösen, aber nur um ersetzt zu werden durch eine neue Aristokratie der Genetik oder ›Genetokratie‹.«[39]

Die bereits bestehenden tiefen Bruchstellen in der heutigen Gesellschaft könnten zu Abgründen werden, wenn es nur den Wohlhabenden vorbehalten bliebe, ihre Keimbahn zu gestalten (und schlußendlich eine alptraumartige Zweiklassengesellschaft entsteht, wie H. G. Wells sie in seiner Erzählung *Die Zeitmaschine* porträtiert, in der die Morlocks in unterirdischen Höhlen an ihren Maschinen schuften, während die kindlich-kindischen Eloi sich spielend und tändelnd im Tageslicht tummeln).[40]
Die Gesellschaft der Zukunft muß auf der Hut sein vor denjenigen, die sich die Errungenschaften der genetischen Revolution nur für sich und ihre eigenen gesellschaftlichen Vorteile zunutze machen wollen.

Biologische Kriegführung

Die vielleicht größte Gefahr im Zusammenhang mit der Gentechnologie besteht in ihrem vorsätzlichen Mißbrauch, insbesondere zum Zwecke der Kriegführung. Die biologische Kriegführung blickt auf eine lange und häßliche Geschichte zurück. Wenn Eroberungen oder nationales Überleben auf dem Spiel standen, flüchteten sich Nationen nicht selten in die vernichtendsten Waffen, die ihnen zur Verfügung standen – und zu diesen gehören auch biologische Waffen.
Einer der frühesten Berichte über biologische Kriegführung stammt aus dem Jahre 600 vor Christus. Damals vergiftete Solon von Athen die Wasservorräte der Stadt Kirrah mit dem Gift der Christrose. Im 14. Jahrhundert katapultierten die Tataren auf der Krim die Leichen von Pesttoten über die Mauern der Stadt Kaafa, um dort eine Epidemie auszulösen. Und im 18. Jahrhundert verkauften britische Soldaten und Händler der amerikanischen Regierung Wolldecken von Pockenopfern an die amerikanischen Ureinwohner und beschleunigten dadurch deren Ausrottung.[41]
Während des Ersten Weltkriegs wurden 100 000 Tonnen Giftgas (Phosgen, Chlor und Senfgas) eingesetzt. 100 000 Soldaten starben daran, weitere 1,3 Millionen wurden verletzt.[42]
Im Zweiten Weltkrieg vergasten die Nationalsozialisten viele Millionen Juden, Russen, Sinti, Roma und andere »unerwünschte Personen«. Die Japaner führten an chinesischen Kriegsgefangenen heimliche Experimente zur biologischen Kriegführung durch (auch Briten und Amerikaner hatten den – allerdings nie ganz verwirklichten – Plan, Anthrax mittels 200-Kilogramm-Bomben als Waffe beziehungsweise zur Ausrottung feindlicher Viehbestände einzusetzen)[43].
Im März 1995 setzte ein Angehöriger der fanatischen Aum-Sekte in Japan in der Tokioter U-Bahn das Nervengas Sarin frei und tötete 12 Menschen, 5500 weitere Personen wurden verletzt. Der einzige Grund dafür, daß nicht Zehntausende daran starben, war die Tatsache, daß die Mischung hoch-

gradig unrein war. (Sarin, in den dreißiger Jahren von den Deutschen entwickelt, blockiert wie andere Nervengase auch das zur Übertragung von Nervenimpulsen notwendige Enzym Acetylcholinesterase.) Es gibt Hinweise darauf, daß dieselbe Sekte versucht haben soll, sich Proben von Ebola-Viren zu besorgen.

Die allergrößte Sorge aber ist vielleicht, daß die ungewollte Freisetzung eines Krankheitserregers, gegen den es kein Gegenmittel gibt, aus einem der Zentren für die Entwicklung biologischer Waffen (wie Fort Detrick vor den Toren Washingtons) die Existenz der gesamten Menschheit bedrohen könnte. Ein mutiertes, durch die Luft übertragbares Ebola-Virus könnte binnen Wochen oder Monaten den gesamten Planeten infizieren.

Karl Johnson von den CDC (Centres for Disease Control) brachte die größte Sorge vieler Wissenschaftler zum Ausdruck, als er sagte: »Mir macht die ganze Virulenzforschung Kummer. Es ist eine Frage von Monaten – bestenfalls Jahren –, bis man die Gene für Virulenz und die Übertragung auf dem Luftweg kennt – bei Influenza, Ebola, Lassa, was immer Sie wollen. Und dann kann jeder Idiot mit einer Ausstattung im Wert von ein paar tausend Dollar und ein paar Collegekursen in Biologie in der Tasche Biester herstellen, neben denen eine Ebola-Infektion der reinste Spaziergang ist.«[44]

Ein solches Katastrophenszenario kann nicht einfach ignoriert werden. D. A. Henderson, einer der Leiter der Kampagne zur Ausrottung von Pocken gibt ein anschauliches Beispiel: »Wie ständen wir heute da, wenn HIV sich plötzlich auf dem Luftwege verbreiten ließe? Und mit welcher Berechtigung ließe sich sagen, daß dies mit einer vergleichbaren Infektion in Zukunft nicht passieren könne?«[45]

Eine kriegführende Nation könnte die Gentechnologie auch benutzen, um Keime zu schaffen, mit denen sich die Ernte des Feindes zerstören und eine Hungersnot auslösen ließe. »So etwas ist leicht zu machen. Das ist keine Science-fiction«, erklärt A. N. Mukhopadyay, Dekan der landwirtschaftlichen Fakultät der G. S. Pant University in Indien.[46] Und Barbara Rosenberg von der Federation of American Scientists meint: »Nichts an den Produktionsanlagen ist so hochtechnisiert, daß sie sich nicht in jedem Land einrichten ließen, das beabsichtigt, biologische Waffen zu entwickeln. Kein Land ist gegen diese Gefahr immun.«[47]

Auf der Jahrestagung der American Society of Tropical Medicine and Hygiene inszenierten Wissenschaftler 1989 in Honolulu ein außergewöhnliches, aber rein hypothetisches Sandkastenszenario, das auch auf einen Krieg mit biologischen Waffen passen würde. Bei dieser Inszenierung sollte in Zentralafrika ein Bürgerkrieg ausbrechen, der massenhafte Flüchtlingsströme auslöst. Aus einem der Flüchtlingslager sollte plötzlich ein auf dem Luftweg übertragbares Ebola-Virus freigesetzt werden. Innerhalb weniger Tage würde es anfangen, sich auch außerhalb des Lagers auszubreiten, es erreichte die Flughäfen und gelangte nach Europa und Amerika. Binnen

zehn Tagen wäre es in Washington, D. C., New York, Honolulu, Genf, Frankfurt, Manila und Bangkok angelangt. Innerhalb eines Monats käme es zu einer Pandemie, die weltweite Panik auslöste.«[48]
In Erinnerung an dieses furchteinflößende Szenario erklärt Karl Johnson: »Sie mögen sagen: ›Lächerlich‹, aber ich bin der Ansicht, daß wir diese Möglichkeit nicht ignorieren dürfen. Sie war und ist noch immer eine potentielle Gefahr.«[49]
Eine der vielleicht beängstigendsten Formen biologischer Kriegführung, die man sich vorstellen kann, betrifft die sogenannten »ethnischen Waffen«, genetisch veränderte Keime, die nur bestimmte ethnische Gruppen oder Rassen infizieren. Diese Art Waffen wurde zum ersten Mal im Jahre 1970 in der Zeitschrift *Military Review* publik gemacht: In einem Heftbeitrag ging es darum, daß die Angehörigen mancher asiatischen Völker keine Kuhmilch verdauen können. Der Artikel zog diesen Umstand als Beispiel dafür heran, daß bestimmte ethnische Gruppierungen durch bestimmte Chemikalien besonders verwundbar sind.[50]
Vor kurzem zur Veröffentlichung freigegebene Dokumente enthüllten, daß die amerikanische Marine im Jahre 1951 streng geheime Tests durchführen ließ, um herauszufinden, wie verwundbar ihre Angehörigen einem feindlichen Angriff gegenüber sein würden, der vor allem afro-amerikanische Truppenangehörige zum Ziel habe. Dieser Angriff sollte mit dem Pilz *Coccidioides immitis* geschehen, dem Erreger des Talfiebers, an dem Menschen afro-amerikanischer Abstammung zehnmal so häufig sterben wie Menschen europider Abstammung.[51]
Charles Piller, der Verfasser von *Gene Wars*, berichtet, daß der Erreger des Talfiebers, einer systemischen Pilzerkrankung (Mykose), von den Amerikanern in den vierziger Jahren als potentielle biologische Waffe entwickelt worden sei. Die Militärplaner zogen damals in Erwägung, den Organismus so zu verändern, daß er nur bestimmte ethnische Gruppen angreift.[52]

Die »Genomgesetzgebung«

»Ich bin nicht ein solches Unschuldslamm, daß ich mir nicht vorstellen könnte, daß Informationen von solcher Tragweite in Zukunft nicht in irgendeiner Weise mißbraucht werden könnten ... Wenn Sie aber der Ansicht sind, daß eine der wichtigsten Aufgaben des Menschen darin besteht, menschliches Leiden zu lindern, dann können Sie nicht grundsätzlich gegen diese Forschung sein. Es handelt sich dabei um Wissen. Nicht um Gut oder Böse, sondern einfach um Wissen«, erklärt Francis Collins.[53]
Wissen aber ist Macht, und Macht ist ein zutiefst politischer und gesellschaftlicher Faktor. Um deutlich zu machen, welche vitalen Fragen mit der

Genetik der Zukunft auf dem Spiel stehen, hat die Ethikkommission des Human Genome Project (ELSI) einige einfache Richtlinien für den Umgang mit einigen dieser heiklen ethischen Fragen gegeben. Das Komitee tritt für folgende Forderungen ein:

> Gleiches Recht für alle – keine genetische Diskriminierung;
> Recht auf Privatsphäre – Verhinderung (unerwünschter) Offenlegung von Informationen;
> Recht auf medizinische Versorgung – Verfügbarkeit für jedermann;
> Pflicht zur Information – um das Bewußtsein der Öffentlichkeit zu wecken.

Diese Richtlinien sprechen einige der zentralen Themen an und liefern zwingende Antworten darauf. Wie die Einhaltung dieser Richtlinien zu gewährleisten ist, bleibt jedoch weiter offen. Irgendwann werden sich viele dieser Probleme durch eine Kombination aus sozialem Druck, Gesetzgebung und Verträgen zwischen Nationen lösen lassen.

Es gibt keinen gangbaren Weg, den Fortschritt der Wissenschaft zu bremsen – doch wir müssen Wege finden, die Auswüchse dieser Technologie zu kontrollieren. Gewisse Aspekte genetischer Forschung werden vielleicht ganz verboten werden müssen. Insgesamt dürfte die beste Politik jedoch darin bestehen, Risiko und Potential der genetischen Forschung der Öffentlichkeit transparent zu machen und auf demokratischem Wege Gesetze zu erlassen, mit denen sich die Technologie an die Linderung von Krankheit und Leid binden läßt.

Caplan glaubt, daß sich ein paar der einfacheren Probleme vermutlich durch sozialen Druck von selbst lösen werden. So werden sich viele Frauen vielleicht freiwillig zu einer genetischen Untersuchung während der Schwangerschaft bereit finden. Ob die Betreffende dann im Einzelfall bei einer genetisch bedingten Erkrankung tatsächlich einer Abtreibung zustimmen wird, ist und bleibt eine heikle Frage, eine Frage jedoch, die vermutlich am besten von der Mutter und nicht durch irgendeine Gesetzgebung zu beantworten ist.

Andere Aspekte werden um eine definitive gesetzliche Regelung nicht herumkommen. In den Vereinigten Staaten liegen bereits heute verschiedene Gesetzesentwürfe vor, mit denen verhindert werden soll, daß Versicherungsgesellschaften eine Person aufgrund ihre Genstatus diskriminieren.

In ähnlicher Weise wird man vielleicht Gesetze verabschieden müssen, die festlegen, welche Form der Gentherapie verboten ist. Gilt beispielsweise eine zu geringe Körpergröße als Krankheit? Vielen der Wissenschaftler, die sich mit Methoden und Möglichkeiten der Gentherapie beschäftigen, würden beispielsweise die Haare zu Berge stehen, wenn sie sich vorstellen sollten, ihre Erkenntnisse würden zu rein kosmetischen Zwecken mißbraucht.

Sie sind entschieden dafür, daß die Gentherapie an Zellen der Keimbahn zu kosmetischen Zwecken verboten, für bestimmte genetisch bedingte Erkrankungen jedoch zugelassen werden sollte.

Die Frage der biologischen Kriegführung schließlich wird durch Verträge gelöst werden müssen. Das Abkommen über den Einsatz biologischer Waffen, das im Jahre 1972 sowohl von den Vereinigten Staaten als auch von der damaligen Sowjetunion sowie von zahlreichen anderen Staaten unterzeichnet worden war, bildete einen Meilenstein auf dem Weg zu Verbot beziehungsweise Einschränkung der biologischen Kriegführung. Leider kam es zu diesem Abkommen vor dem Aufstieg der DNS-Technologie, und deshalb gibt es jede Menge potentieller Schlupflöcher. So verbietet es beispielsweise den Einsatz von biologischen Waffen in »feindlicher Absicht oder im bewaffneten Konflikt«. Im Zeitalter der DNS-Technologie aber gibt es beängstigend wenig Unterschiede zwischen dem offensiven und dem defensiven Einsatz tödlicher Keime. Des weiteren ächtet es die »Entwicklung« biologischer Waffen, erlaubt aber die »Forschung« daran. Das bedeutet leider, daß es legal ist, »Forschungen« an großen Mengen tödlicher Keime mit dem Ziel durchzuführen, sie in einem künftigen Krieg einzusetzen. In der Biotechnologie gibt es nur wenig Unterschied zwischen der Forschung an einer biologischen Waffe und ihrer Entwicklung.

Im Hinblick darauf, daß es keine eindeutige Trennungslinie zwischen dem defensiven und dem offensiven Einsatz biologischer Waffen gibt, wird man letzten Endes vielleicht den gesamten militärbiologischen Bereich unter Verbot stellen müssen. Ein Bericht aus dem Jahre 1995, der Erkenntnisse des Office of Technology Assessment und verschiedene Aussagen aus Senatsanhörungen zusammenfaßte, kam zu dem Schluß, daß in 17 Ländern an biologischen Waffen gearbeitet wird.[54]

Hier wird es letztendlich strenge internationale Beschränkungen geben müssen, zu denen Inspektionen und die Zerstörung bekannter Herstellungseinrichtungen für biologische Waffen ebenso gehören werden wie die Überwachung der Handelswege bestimmter Chemikalien und Lebensformen. Das wird nicht einfach sein, aber solche Garantien sind notwendig, will man verhindern, daß irgendwelchen Renegaten-Laboratorien gefährliche Lebensformen entfleuchen.

Wenn die betreffenden Nationen eines Tages erkannt haben sollten, daß biologische Waffen sich im Rahmen tatsächlicher Kriegshandlungen als instabil, unwägbar und unzuverlässig erweisen, wird ein Verbot dieser Waffen vielleicht allgemein akzeptiert werden.

Letzten Endes kommt es darauf an, daß die Gesellschaft demokratische Entscheidungen darüber fällt, ob sie bestimmte Arten von Technologie mit Einschränkungen belegen soll oder nicht. Gemessen an der Nukleartechnologie steckt die Gentechnologie noch in den Kinderschuhen und mit ihr die Debatte um ihre Risiken und ihren potentiellen Nutzen. Dies läßt der Gesellschaft Zeit genug zu entscheiden, welche Technologieformen verboten werden sollten und welche man freigibt. Entscheidend in einer Demokratie ist die freie Diskussion einer gut informierten, aufgeklärten Wählerschaft.

IV

Die Quanten-
revolution

13 Die quantenmechanische Zukunft

>»Wer von der Quantentheorie nicht schockiert ist, hat sie nicht
>verstanden.«
>
>   Niels Bohr

>»In der Zukunft gibt es keine Straßen!«
>
>   Doc Brown, *Zurück in die Zukunft*

In der Schlußszene des Films *Zurück in die Zukunft* kündigen knisternde
Elektrizität, Blitz und Donner die Ankunft eines eleganten »Luftkissenautos« an, das aus der Zukunft heransegelt. Es landet sanft auf dem Rasen
von Michael J. Fox, und der besessene Wissenschaftler Doc Brown springt
heraus, um hektisch nach Treibstoff für seinen leeren Tank zu suchen. Er
rennt zur nächsten Mülltonne und hebt den Deckel hoch, unter dem stinkende Bananenschalen, zerbrochene Eierschalen und anderer Abfall zum
Vorschein kommen.
Aha, Bananenschalen. Er wirft die Bananenschalen in seinen Treibstofftank, und dem Start steht nichts mehr im Wege.
Bananenschalen?
Dann fährt die Kamera nahe an den Tank heran, auf dem steht: »Mr. Fusion«. Die Fusionskammer des Luftkissenfahrzeugs ionisiert sehr schnell den
Abfall, das Gefährt erhebt sich in die Luft und schießt in den Himmel. Als
Doc Brown den Zeitsprung vollzieht und zurück in die Zukunft fährt, verkündet er lauthals: »In der Zukunft gibt es keine Straßen!«
Diese Szene nahm die Phantasie vieler Millionen Menschen derart gefangen, daß sogar Präsident Reagan sie in einer Rede erwähnte. Natürlich ist
Zurück in die Zukunft nur ein Hollywood-Produkt, und Fahrzeuge, die mit
Hilfe starker Magnete in der Luft schweben, oder Miniatur-Fusionsmaschinen zum Antrieb wird es vielleicht nie geben. Doch letztlich wird nur die
Quantenphysik Antworten auf solche Fragen liefern.
Die Quantenphysik leistete in den fünfziger Jahren grundlegende Schrittmacherdienste für die Erforschung der DNS und die Entwicklung der Molekularbiologie. Mit PET, MRI und CAT trug sie in den Neunzigern zu einem tiefgreifenden Wandel in der medizinischen Forschung bei. Und wir
verdanken ihr auch Laser und Transistor, die das Wesen von Handel, Wirtschaft, Unterhaltung und Wissenschaft grundlegend verändert haben. Der
bruchlose Übergang in die Welt des Jahres 2020, wobei sich die Leistung
bei Computern und DNS-Sequenzierung ungefähr alle zwei Jahre verdop-

pelt, wird nur auf der Grundlage der Quantentheorie möglich sein. Aber auch die Quantenphysik selbst ist in den letzten 40 Jahren nicht stehengeblieben. In einigen Bereichen gab es wichtige Fortschritte, die sich auf die Entwicklungen des kommenden Jahrhunderts auswirken werden.

Nanotechnologie: Molekülmaschinen

Doc Browns Luftkissenfahrzeug in *Zurück in die Zukunft* wurde von der kosmischen Kraft der Sonne angetrieben, und zwar mit einem Aggregat, das nicht größer war als ein Teekessel. Damit stellt sich die Frage: Wie klein können Maschinen werden?

Die Nanotechnologie eröffnet die Aussichten auf die kleinsten Maschinen, die überhaupt möglich sind: auf Molekülapparate. Zwar sind noch mehrere grundlegende Weiterentwicklungen notwendig, bevor die Nanotechnologie marktreif wird, aber sie steht offenbar in völligem Einklang mit den Gesetzen der Physik. Außerdem verspricht sie so verblüffende Möglichkeiten, daß man sie schlicht und einfach nicht übergehen kann.

Die Nanotechnologie könnte in unserem Verhältnis zu Biologie und Technik ein ganz neues Zeitalter einläuten. Da man seit einiger Zeit sogar auf einzelne Atome zugreifen kann, ist es durchaus vorstellbar, daß man eines Tages Getriebe und Räder mit einem Durchmesser von wenigen Atomen herstellen wird. Angesichts der großen Fortschritte im Umgang mit einzelnen Atomen sind sich die Fachleute darüber einig, daß es in absehbarer Zukunft Maschinen in diesem Größenbereich geben wird.

Ein besonders reizvoller (und zugleich höchst umstrittener) Gesichtspunkt der Nanotechnologie ist die Aussicht, daß solche Maschinen aus ihrer Umgebung Moleküle aufnehmen und sich damit *selbst fortpflanzen* können. Die so entstehende, unbegrenzte Zahl molekularer Roboter könnte technische Arbeiten ausführen, die heute noch jenseits unserer Vorstellungskraft liegen. Solche winzigen Maschinen, die etwa ein Zehntel eines Mikrometers messen, könnten einzelne Moleküle zusammensetzen wie aus einem atomaren Baukasten. Wenn Billionen und Aberbillionen solcher Roboter sich an einer Stelle sammeln, könnte man (zumindest im Prinzip) biologische und technische Probleme lösen, die heute noch unüberwindlich erscheinen.

Die atomaren Maschinen wären wie Viren oder Bakterien zur Selbstvermehrung in der Lage, so daß sie sich wie Lebewesen »fortpflanzen« und ihre Umwelt neu gestalten. Unter anderem könnte man sie zu folgenden Zwecken einsetzen:

- zur Zerstörung von Krankheitserregern;
- zum Abtöten von Krebszellen;
- zur Überwachung des Blutkreislaufes und zur Entfernung von Ablagerungen in den Arterien;

- zur Beseitigung von Schadstoffen in der Umwelt;
- zur Herstellung großer Mengen billiger Lebensmittel, die den Hunger in der Welt beenden;
- zum Bau anderer Maschinen von Raketen bis zu Mikrochips;
- zur Reparatur geschädigter Zellen und zum Aufhalten des Alterungsprozesses;
- zum Bau von Supercomputern, die so groß sind wie Atome.[1]

Die Nanotechnologie, so ihre Fürsprecher, könnte uns sogar zu einer Art Unsterblichkeit verhelfen. Nach dieser Vorstellung soll man Tote einfrieren und später mit den Molekülrobotern die Zellschäden reparieren, die zwangsläufig durch die Eiskristalle entstehen. (Viele Vertreter dieser Fachrichtung haben bereits verfügt, daß ihr Körper nach dem Tod eingefroren werden soll.)

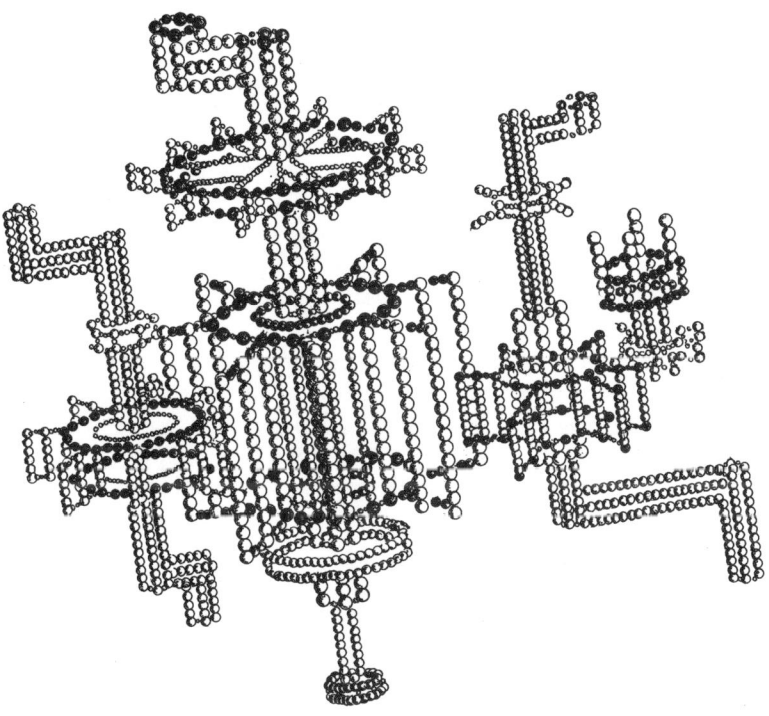

Im Prinzip lassen sich Molekülmaschinen mit Gängen und beweglichen Teilen durch den Zugriff auf einzelne Atome herstellen. Sollten sie in nicht allzu ferner Zukunft so zu programmieren sein, daß sie sich selbst fortpflanzen, könnten diese Maschinen in Biotechnologie und Technik heute nahezu Unvorstellbares leisten. (Mit freundlicher Genehmigung von Robert O'Keefe)

Da die Molekülmaschinen sich von selbst vermehren, würden sie so gut wie nichts kosten. Für eine solche Armee von Molekülrobotern, die sich fortpflanzen und die Atome um sich herum nutzen können, kann man sich Tausende atemberaubender Anwendungsmöglichkeiten ausdenken.

Lauten Widerhall fanden die Verlockungen der Nanotechnologie im Silicon Valley, wo man in der Mikroelektronik immer um Jahrzehnte vorausdenkt. Und die militärischen Anwendungsmöglichkeiten dieser vielversprechenden Technologie sind auch der Aufmerksamkeit des Pentagons nicht entgangen. Admiral David E. Jeremiah, der frühere zweite Vorsitzende des Generalstabs, meint dazu: »Die militärischen Anwendungen der molekularen Produktion haben noch stärker als die Kernwaffen das Potential, das Kräftegleichgewicht grundlegend zu verändern.« Die fast unsichtbaren Heerscharen mit Billionen selbstvermehrender Roboter könnten einer feindlichen Macht innerhalb weniger Stunden eine Niederlage beibringen.

Aber bei allen Möglichkeiten der Nanotechnologie muß man der Begeisterung der Wissenschaftler auch einen Dämpfer versetzen, und zwar wegen der praktischen Beschränkungen durch Technik und Physik. Es bleibt die Frage, ob Nanotechnologie wirklich möglich ist.

Der erste, der die Nanotechnologie ins Gespräch brachte, war der Nobelpreisträger und Querdenker Richard Feynman. Er schrieb einen aufsehenerregenden Artikel mit dem Titel »There's Plenty of Room at the Bottom« (etwa: »Ganz unten ist noch reichlich Platz«). Darin stellte er die Frage, wie klein man eine Maschine machen kann, ohne die Gesetze der Physik zu verletzen. Zu seiner eigenen Überraschung fand er heraus, daß es in der ganzen Quantenmechanik keine Gesetzmäßigkeit gibt, die Maschinen von Molekülgröße verbieten würde.

»Soweit ich erkennen kann«, schreibt Feynman, »sprechen die physikalischen Gesetze nicht gegen die Möglichkeit, Dinge Atom für Atom zusammenzusetzen. Es ist nicht der Versuch, irgendwelche Gesetze zu verletzen; im Prinzip kann man es machen; in der Praxis hat man es bisher nicht getan, weil wir zu groß sind ... Für chemische und biologische Fragestellungen wäre es eine große Hilfe, wenn wir endlich die Fähigkeit entwickeln würden, auf der Ebene der Atome etwas zu tun und es auch zu sehen – und diese Entwicklung läßt sich nach meiner Überzeugung nicht vermeiden.« Die Physikergemeinde forderte er heraus, indem er demjenigen, der als erster den Beweis für die Nanotechnologie erbringt, einen Preis von 1000 Dollar versprach.[2]

Kritiker der Nanotechnologie weisen darauf hin, daß die vollmundigen Behauptungen ihrer Befürworter im krassen Gegensatz zu den mageren Ergebnissen stehen. Diese Kritik ist nur allzu berechtigt. Bisher hat man keine einzige Molekülmaschine hergestellt, und auch für die kommenden zehn Jahre ist damit nicht zu rechnen. Und die sich selbst vermehrenden Roboter sind ein Entwicklungssprung, der nochmals weit darüber hinausgeht.

Ein scharfer Kritiker dieser Technologie ist David E. Jones, ein Chemiker und Kolumnist des angesehenen Wissenschaftsmagazins *Nature*. Er fragt: Woher sollen solche Maschinen wissen, wo sich die einzelnen Atome befinden? Wie programmiert man sie, damit sie ihre wundersamen Tätigkeiten ausführen können? Wie orientieren sie sich? Woher stammt ihre Energieversorgung?

Die Tätigkeiten einiger Billionen winziger Maschinen im atomaren Bereich genau zu koordinieren könnte sich durchaus als unmöglich erweisen. »Solange diese Fragen nicht richtig formuliert und beantwortet sind, bleibt die Nanotechnologie nur eines von vielen Ausstellungsstücken im Kuriositätenkabinett der grenzenlos optimistischen technischen Prophezeiungen«, schließt Jones seine vernichtende Kritik.

Ein weiterer Kritiker ist Philip W. Barth, Ingenieur bei Hewlett-Packard: »Es gibt für alles plausible Argumente und für nichts genaue Antworten.« Auf einer Web-Seite behauptet Barth sogar, die Nanotechnologie werde immer mehr zu einer pseudowissenschaftlichen, politisch-gesellschaftlichen Lehre wie jede andere religiöse Überzeugung.

Tatsächlich ist die Nanotechnologie mittlerweile ein Modethema von Science-fiction-Autoren geworden. Istvan Csicsery-Ronay jr., ein Redakteur bei *Science Fiction Studies*, meint dazu: »Es scheint, als sei Nanotechnologie zum Zaubertrank geworden, zu dem magischen Staub, mit dem sich alles, wenn auch nur unter pseudowissenschaftlichen Aspekten machen läßt.«[3]

Bis 2020: MEMS

Für die absehbare Zukunft rechnet also niemand mit einem sich selbst vermehrenden Molekülroboter. Dennoch gibt es einen echten, stetigen – allerdings auch langsamen – Fortschritt auf verschiedenen Gebieten, die weiterhin die Neugier der Skeptiker wie der Befürworter reizen. Statt über die Möglichkeiten der Nanotechnologie zu diskutieren, bauen Physiker und Chemiker in ihren Labors lieber Prototypen solcher Apparate.

In den kommenden 25 Jahren wird die erste Generation mikroskopisch kleiner Maschinen in der Wirtschaft wahrscheinlich verbreitete Anwendungen finden. Diese Geräte, die man auch mikroelektromechanische Systeme (MEMS) nennt, sind winzige Sensoren und Motoren von der Größe eines Staubkorns. Sie sind zwar noch weit von echten Molekülmaschinen entfernt, aber Prototypen von MEMS kommen schon heute auf den Markt. Sie haben eine 2,2 Milliarden Dollar schwere Industrie entstehen lassen, deren Umsätze Vorausberechnungen zufolge bis zu Beginn des neuen Jahrhunderts auf 15 Milliarden Dollar anwachsen werden.[4]

Die Grundtechnologie des MEMS-Marktes beruht auf den gleichen Ätztechniken, die man ursprünglich für die Mikrochip-Herstellung entwickelt hatte. Statt Millionen Transistoren ätzt man heute auch winzige Sensoren und Motoren auf die Siliziumscheiben. Und mit winzigen Röntgenstrahlen werden auch Polymere geätzt, die man dann durch elektrischen Strom mit Metallen verbinden kann.

Auto-Airbags enthalten schon heute einen Bewegungsmelder, der nicht dicker ist als ein Haar. Dieses dünne Siliziumteil, das eine plötzliche Verzögerung des Wagens wahrnimmt, ist mittlerweile an die Stelle der älteren, schwerfälligeren Airbag-Bewegungsdetektoren getreten. Die Denso Corporation, eine Tochterfirma von Toyota, stellte einen der kleinsten Motoren der Welt her. Er ist nur 0,7 Millimeter groß und kann ein winziges Auto auf fünf Zentimeter pro Sekunde beschleunigen.

Die MEMS könnten zu Umwälzungen auf mehreren Gebieten führen. In der Medizin zum Beispiel könnte man sich folgendes vorstellen:

- eine drastische Kostensenkung für Laborspektrometer von 20 000 auf 10 Dollar;

- ein vollständiges Labor auf einem Chip, das alle medizinischen Diagnosen und chemischen Analysen vornehmen kann;

- winzige Geräte, die – angetrieben von einem mikroskopischen Fahrzeug – sich durch die Blutgefäße schlängeln.

Auch in der industriellen Produktion dürften MEMS zu einem Standardhilfsmittel werden:

- In Stahl und andere Baumaterialien könnte man Millionen preisgünstige, druckempfindliche MEMS einbauen, die Belastungen wahrnehmen und so beispielsweise bei einem Erdbeben vielleicht Tausenden das Leben retten;

- auf der Oberfläche von Flugzeugtragflächen könnten MEMS den Luftwiderstand vermindern und die Effizienz der Flugbewegung steigern.

Auch das Militär zeigt sich interessiert. Dort befaßt man sich mit MEMS, die als »Überwachungsstaub« bezeichnet werden, weil man sie über einem Kriegsgebiet versprühen kann. Der »Staub« würde stundenlang in der Luft schweben, und wenn er mit Infrarotsensoren, Funk oder Giftgasdetektoren ausgestattet ist, kann man damit die Position des Feindes feststellen.

Ein wichtiger Befürworter der MEMS-Technologie ist Gordon Moore, der Mitbegründer des Chip-Herstellers Intel, der auch das Moore-Gesetz formulierte. Er sagt: »Es hat lange gedauert, bis der Transistor voll zum Tragen kam. MEMS gehören zu einer wirklich spannenden Entwicklung, die nach meiner Überzeugung im nächsten Jahrhundert bedeutenden Einfluß gewinnen wird.«[5]

2020 bis 2050: Molekülmaschinen werden Wirklichkeit

In der Zeit nach 2020 könnten echte Molekülmaschinen an die Stelle der MEMS treten. Bei der Handhabung von Strukturen, die nicht größer sind als der Durchmesser von ein paar Atomen, hat man schon heute im Labor verblüffende Fortschritte erzielt. Zwei Wissenschaftler bei IBM konnten 1989 insgesamt 35 einzelne Xenon-Atome mit Hilfe eines Raster-Tunnelelektronenmikroskops (RTEM) so auf einer Nickel-Oberfläche anordnen, daß sie die Buchstaben »IBM« bildeten. Im RTEM wird eine winzige Nadel über die Oberfläche eines Gegenstandes gezogen, und anhand der geringen elektrischen Störungen, die diese Bewegung an den Atomen verursacht, kann man die Lage einzelner Atome erkennen. (Das ganze ähnelt ein wenig dem Lesen von Blindenschrift, bei dem die Finger einzelne Erhöhungen auf dem Papier wahrnehmen.) Die Elektronen wandern wie in einem Tunnel durch die elektrische Barriere zwischen Nadel und Atomen, und der dabei entstehende Strom zeigt die Lage der Atome an. Man kann mit dem RTEM aber auch ein Atom nach dem anderen verschieben.

Ein weiterer Durchbruch gelang Wissenschaftlern des IBM-Labors in Zürich 1996: Sie konnten mit der Nadel des RTEM auch einzelne Moleküle bewegen, so daß bei Raumtemperatur stabile Sechserringe aus Molekülen entstanden. Ende 1996 trieben dieselben Wissenschaftler ihre Leistung nochmals ein Stück weiter: Sie stellten einen funktionsfähigen Abakusrechner aus einzelnen Atomen her. Er ist zwar höchst unpraktisch, zeigt aber deutlich, wie schnell man auf diesem Gebiet Fortschritte macht. Die »Kugeln« des Abakus bestehen aus »Buckybällen« (Kugeln aus 60 Kohlenstoffatomen, die angeordnet sind wie die Lederstücke auf einem Fußball – der Name erinnert an den Architekten Buckminster Fuller). Die Buckybälle wurden dann in Furchen gebracht, die so breit waren wie der Durchmesser eines Kupferatoms. Anschließend konnte man die Buckybälle mit der Nadel des RTEM in den Furchen hin- und herschieben wie bei einem richtigen Abakusrechner.[6] (Ein Physiker stellte einen Größenvergleich an: Es sei, als ob man die Kugeln eines echten Abakus mit dem Eiffelturm verschiebt.) Ein wichtiger Kritikpunkt bei der Nanotechnologie ist die Tatsache, daß es keine Entsprechung zu Elektrokabeln gibt, die Strom leiten und die Teile einer solchen Maschine verbinden könnte. Dieses Problem löst man jedoch mit Hilfe eines ungewöhnlichen Materiezustandes, den man auch als »Kohlenstoff-Nanotubus« bezeichnet. Die Chemiker interessieren sich in letzter Zeit stark für diese Hohlzylinder aus Kohlenstoffatomen, die hundertmal stabiler als Stahl sind, und das bei nur einem Sechzigstel dessen Gewichts. Nanotuben sind so dünn, daß erst 50000 von ihnen nebeneinandergelegt die Dicke eines menschlichen Haars hätten.

Diese phantastischen Fasern werden auf die gleiche Weise hergestellt wie die Buckybälle: Man erhitzt gewöhnlichen Kohlenstoff, bis er verdampft, und läßt ihn dann im Vakuum oder einem nicht reagierenden Gas kondensieren. Dabei ordnen sich die Kohlenstoffatome ohne weitere Eingriffe zu Buckybällen und Nanotuben an. Normale Buckybälle bilden fußballähnliche Fünf- und Sechsecke, Nanotuben dagegen kondensieren als verknüpfte Sechsecke in Form eines Zylinders. Die Nanotuben sind so widerstandsfähig, daß man sie auch als »ultimative Fasern« bezeichnet. Außerdem leiten sie Elektrizität, so daß sich vielfältige Anwendungsmöglichkeiten in Computern eröffnen. Derzeit kann man zwar nur wenige Gramm Nanotuben auf einmal herstellen, aber die Chemiker malen sich bereits die Zeit aus, wenn sie tonnenweise in den Handel kommen. Für solche bemerkenswerten Fasern gibt es eine Fülle von Einsatzgebieten – unter anderem könnte man aus ihnen molekulare Transistoren herstellen. Wenn man einen normalen Buckyball aus 60 Kohlenstoffatomen in einen Nanotubus bringt (in einen Typ solcher Röhren paßt er gerade hinein), kann er durch den Zylinder wandern und dabei seine elektrischen Eigenschaften ändern, so daß er als molekularer Schalter für elektrische Ströme wirkt. Auf diese Weise ließen sich sogar neue elektronische Geräte herstellen, für die es heute noch keine Entsprechung gibt. Man könnte in einen Buckyball zum Beispiel ein Metallatom einschließen und den Ball seinerseits in einen Nanotubus bringen; dann hätte man die Entsprechung zu einem Draht mit dem Durchmesser eines Atoms und ganz neuen elektrischen Eigenschaften. Andere Anwendungsmöglichkeiten sind Moleküldrähte zur Verbindung von Molekülen oder auch molekulare »Sensoren«, die den Molekülaufbau einer Oberfläche »erspüren« (was die Herstellung ultrareiner Siliziumscheiben ermöglichen würde).

Vielleicht die spekulativste Anwendung, die dennoch den Gesetzen der Physik gehorcht, wäre der »Himmelshaken«, ein mythisches Gebilde, das in der dünnen Luft verankert ist.

Ein Satellit, der die Erde in einer Höhe von etwa 32 000 Kilometern begleitet, heißt geostationär, wenn er immer über derselben Stelle der Erdoberfläche steht, das heißt, wenn seine Umlaufgeschwindigkeit genau der Erdrotation entspricht. Ein solcher Satellit erscheint von der Erde aus unbeweglich. Wenn man ein Kabel von ihm zur Erde spannt, scheint es in der Luft zu schweben; es würde sich in den Himmel erheben und in den Wolken verschwinden, so daß es scheinbar den Gesetzen der Schwerkraft Hohn spricht. Im Prinzip könnte man an einem solchen Himmelshaken hochklettern und ohne starke Raketen in den Weltraum gelangen, was die Raumfahrt revolutionieren würde.

Leider zeigt aber schon eine einfache Berechnung, daß ein konventionelles Kabel unter der Belastung reißen würde, so daß der Himmelshaken sich nicht verwirklichen ließe. Daniel T. Colbert von der Rice University in Houston stellt sich dagegen starke molekulare Kabel aus Nanotuben vor. Sie wären seinen Berechnungen zufolge im Gegensatz zu allen anderen Materialien auf der Erde in der Lage, ihr eigenes Gewicht zu tragen und einen geostationären Satelliten mit der Erde zu verbinden.

Zwischen 2020 und 2050 wird es wahrscheinlich immer raffiniertere Maschinen zur Manipulation einzelner Atome geben. In dieser Zeit könnte man die molekulare Entsprechung zu Getrieben, Zahnrädern, Hebeln und Drähten bauen. Solche mikroskopisch kleinen Gerätschaften sind aber noch weit entfernt von den selbstvermehrenden Robotern, die sich die »Hohepriester« der Nanotechnologie so gern ausmalen. Wenn es sie überhaupt geben wird, dann erst nach 2050.

Vielleicht wird der stets zu Scherzen aufgelegte Feynman zuletzt lachen. Die Nanotechnologie verletzt anscheinend keine bekannten physikalischen Gesetze, aber ihr erstes handfestes wissenschaftlich-technisches Produkt läßt noch auf sich warten. Der eigentliche Beweis wird nach Ansicht der meisten Physiker erst erbracht sein, wenn man eine solche futuristische, sich selbst vermehrende Maschine gebaut hat. Bis dahin bleibt der Streit rein akademisch.

Angesichts der schnellen Fortschritte in der Handhabung einzelner Atome könnte es die erste Generation einfacher Molekülmaschinen bereits in den nächsten zehn Jahren geben. Aber das eigentliche Ziel der Nanotechnologie – sich selbst vermehrende Maschinen, die Moleküle gezielt bewegen – bleibt derzeit völlig im Bereich der Spekulation.

Ein alter Traum: Supraleitung bei Raumtemperatur

Das Fahrzeug des Doc Brown in *Zurück in die Zukunft* schwebte auf Luft. Im Prinzip könnte ein solches Gefährt auch mit Magneten vom Boden abheben – ihre Kräfte werden im 21. Jahrhundert gewaltig an Bedeutung gewinnen. Schon heute »stehen« Magnetschwebebahnen ein paar Zentimeter über ihren metallenen Schienen, so daß sie fast ohne Reibung auf einem Luftkissen entlanggleiten und mit geringer Energie auf hohe Geschwindigkeiten beschleunigen können. Die Reibung, die in mechanischen Systemen fast für den gesamten Energieverlust verantwortlich ist, läßt sich auf diese Weise fast auf Null verringern.

Der Schlüssel zur Konstruktion billiger Magnetschwebebahnen oder -autos liegt in einer anderen bizarren Eigenschaft aus der Welt der Quanten: der Supraleitung. Supraleitende Magnete könnten mit sehr geringem Energieaufwand gewaltige Magnetfelder erzeugen und so einige Zukunftsträume Wirklichkeit werden lassen.

Eine der Ursachen, warum große Magnete äußerst ineffizient arbeiten, liegt in der konstruktionsbedingten Wärmeentwicklung elektrischer Geräte.

Selbst sehr gut leitende Materialien wie Silber oder Kupfer setzen dem elektrischen Strom einen gewissen Widerstand entgegen. Für den Ingenieur ist das ein großes Hindernis, denn die dabei entstehende »Reibungswärme« bedeutet einen Energieverlust und verursacht außerdem kostspielige Pannen und Fehlschläge. Ein PC zum Beispiel, der (abgesehen von Diskettenlaufwerk, Festplatte und CD-Laufwerk) keine beweglichen Teile enthält, müßte im Prinzip ewig halten. In Wirklichkeit versagt er aber irgendwann durch die ständige Wärmeentwicklung, die der elektrische Widerstand entstehen läßt. Das alles könnte sich durch die Supraleitung ändern. Entdeckt wurde diese seltsame Eigenschaft 1911 von Heike Kamerlingh-Onnes in Leiden: Er bemerkte, daß Quecksilber seinen elektrischen Widerstand völlig verliert, wenn man es bis auf 4,2 Grad über dem absoluten Nullpunkt abkühlt. Diese bahnbrechende Beobachtung brachte ihm 1913 den Nobelpreis ein. Heute weiß man, daß erstaunlich viele Substanzen Supraleiter sind – ihre Zahl geht in die Tausende. Die Schwierigkeit ist nur, daß man sie mit großen Mengen an teurem flüssigem Helium bis fast zum absoluten Nullpunkt herunterkühlen muß. Mit supraleitenden Materialien, die man in flüssiges Helium taucht, kann man zwar gewaltige Magnetfelder erzeugen, aber in vielen Fällen verhindern die Kosten eine wirtschaftliche Nutzung. Deshalb ist es nicht verwunderlich, daß ein vordringliches Ziel die Entdeckung eines »Raumtemperatur-Supraleiters« ist, der keinerlei Kühlung braucht. Sollte man ein solches Material jemals finden, würde das die moderne Industrie in unvorstellbarem Umfang verändern. Elektrizität ist die Energie, die unsere Maschinen antreibt, unsere Städte erleuchtet, unser Brot toastet, uns am Abend unterhält und unsere Berechnungen ausführt, so daß alle Aspekte unseres Lebens zutiefst betroffen wären.
Manche Physiker behaupten, die Supraleitung werde eine »zweite industrielle Revolution« in Gang setzen. Unter anderem würden folgende Veränderungen stattfinden:

- Wie wir in Kapitel 5 erfahren haben, stoßen Supercomputer mit ihren immer kleineren Transistoren an die »Null-Komma-eins-Grenze«, und dabei produzieren sie gewaltige Wärmemengen. Ein Supercomputer aus Raumtemperatur-Supraleitern würde weniger Hitze abgeben und damit eine ganz neue Computerarchitektur möglich machen.

- Ein großer Teil unserer Elektrizität geht beim Transport über weite Strecken verloren. Ein Raumtemperatur-Supraleiter würde solche Verluste vermeiden und Milliardenbeträge einsparen.

- Der verminderte Energieverlust in Elektrogeräten könnte den Bedarf an neuen, mit fossilen Brennstoffen betriebenen Kraftwerken vermindern, so daß die Energiekrise sich entschärft und der Treibhauseffekt verringert wird. Mit steigender Energieausbeute der Maschinen würde der Energiebedarf der Industriegesellschaft zurückgehen.

- Auch die kostspieligen Schäden, die bei Elektrogeräten durch den elektrischen Widerstand und die damit verbundene Wärmeentwicklung entstehen, würden sich drastisch verringern. Das alles summiert sich zu riesigen Einsparungen für Verbraucher und Industrie.

- Mit Raumtemperatur-Supraleitern könnte man preiswert starke Magnetfelder erzeugen, was wiederum zur Entwicklung von Magnetkissenzügen und -autos sowie von neuartigen Kernresonanzspektrometern und Teilchenbeschleunigern führen würde.

- Supraleiter machen sogenannte SQUIDs möglich, äußerst empfindliche Nachweisgeräte, mit denen man ganz geringe Schwankungen von Magnetfeldern feststellen könnte. In Krankenhäusern dienen sie schon heute zur Messung des Körpermagnetfeldes.

Jahrzehntelang verzweifelten Materialforscher an der Aufgabe, diese sagenumwobenen Supraleiter zu finden. Die Bemühungen um den Raumtemperatur-Supraleiter wurden häufig mit der Suche der Alchemisten früherer Zeiten nach dem »Stein der Weisen« verglichen, der Blei in Gold verwandeln sollte.

Einen großen Schritt nach vorne gab es 1986: In diesem Jahr gaben K. Alexander Müller und J. Georg Bednorz vom IBM-Forschungslabor in Zürich bekannt, sie hätten einen keramischen Supraleiter bei der Rekordtemperatur von 35 Grad über dem absoluten Nullpunkt hergestellt. Ihr Bericht, auf diesem Gebiet seit 70 Jahren die erste wichtige Weiterentwicklung, versetzte die Physikergemeinde in Staunen und brachte den beiden den Nobelpreis ein. Daß Lanthan-Barium-Kupferoxidkeramik, die normalerweise als Isolator dient, supraleitende Eigenschaften haben könnte, hatte niemand vorhergesehen. Bald darauf wiesen Maw-Kuen Wu und Paul Chu nach, daß Yttrium-Barium-Kupferoxid (YBCO) bei der »lauwarmen« Temperatur von 93 Grad über dem absoluten Nullpunkt (etwa −180 Grad Celsius) supraleitend wird.

Nun setzte eine Art Goldrausch ein: Auf der ganzen Welt versuchten Wissenschaftler, einen Raumtemperatur-Supraleiter zu finden. Innerhalb weniger Wochen wurden immer neue Rekorde aufgestellt, und die Kupferkeramik wurde bei immer höheren Temperaturen supraleitend.

Den derzeitigen Weltrekord (der sicher bald gebrochen werden wird) halten Andreas Schilling und seine Kollegen von der Eidgenössischen Technischen Hochschule in Zürich: Sie wiesen für eine Quecksilber-Barium-Calcium-Kupferoxidkeramik schon bei 134 Grad über dem absoluten Nullpunkt (−139 Grad Celsius) supraleitende Eigenschaften nach. Verblüffend sind vereinzelte Befunde aus verschiedenen Labors (die sich allerdings nie wiederholen ließen), wonach manche Materialien schon bei 250 Kelvin (−23 Grad Celsius) supraleitend wurden. Wenn sich solche Berichte bestätigen sollten, läge die Raumtemperatur (etwa 300 Kelvin) in greifbarer Nähe.

Aber obwohl man die Raumtemperatur noch bei weitem nicht erreicht hat, sorgt diese neue Gruppe der Supraleiter in der Forschung bereits für eine lautlose Umwälzung. Die Kupferkeramik kann man mit flüssigem Stickstoff kühlen, der nur etwa 20 Pfennig pro Liter kostet, während man herkömmliche Supraleiter mit flüssigem Helium (8 DM je Liter) auf die erforderliche Temperatur bringen muß. Dadurch eröffnet sich für die keramischen Werkstoffe eine Fülle wirtschaftlich sinnvoller Anwendungen.

Dennoch hat sich die Begeisterung, mit der man Supraleiter Ende der achtziger Jahre betrachtete, im wesentlichen gelegt. An ihre Stelle trat die nüchterne Erkenntnis, daß echte Raumtemperatur-Supraleiter noch Jahre oder Jahrzehnte auf sich warten lassen werden.

Bevor man Supraleiter in großem Umfang wirtschaftlich nutzen kann, müssen noch mehrere Probleme gelöst werden.

Erstens muß man natürlich die Supraleitung bei Raumtemperatur möglich machen. Damit würde sich die aufwendige Kühlung einschließlich des flüssigen Stickstoffs erübrigen.

Zweitens handelt es sich bei den Materialien nicht um Metalle, sondern um Keramik, die sich nur schwer zu Drähten verarbeiten läßt. Keramik ist in der Regel sehr spröde, während Metalle geschmeidig und biegsam sind, so daß man sie zu beliebigen Formen krümmen und aufwinden kann. Die Kupferoxide sind so zerbrechlich wie Kreide und bestehen aus winzigen, unregelmäßig geformten Körnern, die den Fluß der Elektrizität behindern.

Drittens verlieren die Supraleiter ihre guten Leitungseigenschaften, wenn sie starken Magnetfeldern ausgesetzt sind, weil in ihrem Inneren magnetische Wirbel entstehen, die den Stromfluß ebenfalls bremsen.

Grundsätzlich betrachtet, gibt es bei den keramischen Supraleitern vor allem einen frustrierenden Gesichtspunkt: Man weiß nicht genau, wie sie funktionieren. Die Hochtemperatur-Supraleiter führen uns an die Grenzen unserer Kenntnisse über die Quantentheorie keramischer Werkstoffe.

Die Erklärung für die erste Generation der Supraleiter lieferten John Baarden, Leon Cooper und J. Robert Schrieffer, die dafür auch den Nobelpreis bekamen. (Für Baarden war es sogar die zweite derartige Auszeichnung; den ersten Nobelpreis hatte er für die Entwicklung des Transistors erhalten.) Die BCS-Theorie, wie sie heute genannt wird, geht von der Tatsache aus, daß Elektronen bei ihrer Wanderung durch ein Kristallgitter kleine Störungen und Wellen erzeugen können. Ein zweites Elektron, das in einer solchen Gitterstörung eingefangen wird, bildet mit dem ersten ein Elektronenpaar, und in einem solchen »Cooper-Paar« wird die natürliche Abstoßung der Elektronen überwunden. Nach der Quantentheorie kann das Cooper-Paar dann ohne Widerstand durch das Gitter wandern.

Bei der zweiten Generation der Supraleiter – den keramischen Werkstoffen – gilt diese einfache Gesetzmäßigkeit aber offenbar nicht. Warum sie supraleitende Eigenschaften annehmen, konnte bisher niemand vollständig erklären.

Der Nobelpreisträger Philip Anderson von der Princeton University meint dazu: »Die bisherigen Theorien sind ein Katalog der Fehlschläge; es ist an der Zeit, daß wir neuen Denkweisen gegenüber aufgeschlossener werden.«[7] Im Prinzip ist die Quantenmechanik einzelner Atome aufgrund der Schrödinger-Gleichung gut zu verstehen. Auch die Eigenschaften einfacher Kristallgitter lassen sich aus der Gleichung ableiten. Bei komplexeren Substanzen wie der Kupferoxid-Keramik wird die Schrödinger-Gleichung aber so kompliziert, daß sie selbst mit Supercomputern nicht zu lösen ist.

Ein Schlüssel zur Erklärung der neuen keramischen Supraleiter ist die Beobachtung, daß ihre Atome in einem regelmäßigen Kristallgitter angeordnet sind. Ein solches Gitter kann man sich als Stapel aus einzelnen Ebenen vorstellen, wobei die Elektronen in jeder Ebene frei beweglich sind. Schon eine geringfügige Änderung der Gitterstruktur zerstört die supraleitenden Eigenschaften. Leider weiß niemand, warum die Gitterstruktur aus der Kupferkeramik einen Supraleiter macht.

Aber trotz aller Schwierigkeiten erobern die Hochtemperatur-Supraleiter in bescheidenen, aber dennoch wichtigen Bereichen allmählich den Markt.

Magnetschwebebahnen

Wann man Raumtemperatur-Supraleiter entdecken wird, läßt sich unmöglich vorhersagen. Für Supraleiter gibt es kein Moore-Gesetz, das vernünftige Aussagen erlauben würde. Man kann sie morgen finden oder nie. Angesichts der bemerkenswerten Erfolge in den letzten zehn Jahren steht allerdings zu vermuten, daß sie möglicherweise in den kommenden 15 bis 20 Jahren entdeckt werden.

Aber auch ohne Raumtemperatur-Supraleiter wird man in den kommenden zehn Jahren in mehreren Ländern große Städte mit Magnetschwebebahnen verbinden. Sie gleiten zwar auf einem Luftkissen dahin, aber ihre Magnetspulen verbrauchen sehr viel Energie, weil sie ohne Supraleiter arbeiten. Da die zunehmende Verkehrsdichte in der Luft und auf den Straßen mittlerweile das Wirtschaftswachstum behindert, wäre eine Magnetschwebebahn, die mit 450 bis 500 Stundenkilometern verkehrt, die ideale Verbindung für Städte mit einer Entfernung von bis zu 600 Kilometern.

Die grundlegende Technologie der Magnetschwebebahnen wurde vor etwa 30 Jahren in den Vereinigten Staaten entwickelt, und zwar von Physikern des Brookhaven National Laboratory in New York. Später aber verlagerte sich die Entwicklung sehr schnell nach Japan und Europa. In Japan wurde ein Magnetzug namens ML-500R entwickelt, der 1979 mit 517 Stundenkilometern einen Geschwindigkeitsrekord aufstellte (auf einer etwa sieben Kilometer langen Teststrecke). Mit einer Magnetschwebebahn, die regelmäßig zwischen Tokio und Osaka verkehrt, rechnet man dort für das Jahr 2005.[8]

Ein weiterer Prototyp für eine Magnetschwebebahn ist der deutsche Transrapid, der regelmäßig Geschwindigkeiten von 400 bis 450 Stundenkilometern erreicht. Seine zwei aneinandergekuppelten Wagen fahren auf einer 35 Kilometer langen Teststrecke. Die erste deutsche Transrapid-Verbindung zwischen Hamburg und Berlin soll 2005 fertig sein und das Kernstück verbesserter Verkehrsverbindungen zwischen den alten und neuen Bundesländern darstellen.

In den Vereinigten Staaten interessierten sich staatliche Stellen in den achtziger Jahren vorübergehend für Magnetschwebebahnen, aber das Projekt, National Maglev Initiative genannt, wurde 1994 stillschweigend begraben, weil die Privatwirtschaft zu wenig Interesse zeigte.

Die Entdeckung eines Raumtemperatur-Supraleiters würde die heutigen Wirtschaftlichkeitsberechnungen der Magnetschwebebahnen auf den Kopf stellen, denn dann würden die Energiekosten in den Keller gehen. Bis es soweit ist, kann man bei den Magnetschwebebahnen mit einem stetigen, aber nicht gerade stürmischen Fortschritt rechnen.

Kernfusion: Ein Stückchen Sonne nutzbar machen

Billig, unerschöpflich und unbegrenzt – diese Kriterien muß die Energiequelle des 21. Jahrhunderts erfüllen. In den kommenden 30 Jahren werden fossile Brennstoffe immer knapper und damit unbezahlbar teuer werden. Außerdem wird sich der Treibhauseffekt eindeutig bemerkbar machen. Welche Alternativen gibt es für die unerschöpfliche Energieversorgung der Zukunft? Die Physiker sehen drei Möglichkeiten:

- Kernfusion
- Brutreaktoren
- Sonnenenergie

Alle drei sind eng mit den Gesetzen der Quantenphysik verknüpft.
Die Kernfusion eröffnet die Aussicht, daß wir unsere Städte eines Tages mit der gleichen kosmischen Energie beleuchten, die auch die Sonne und alle anderen Sterne unserer Galaxis strahlen läßt. Die Brennstoffe für Fusionsreaktoren liefert einfaches Meerwasser, das in Hülle und Fülle vorhanden ist.
Aber wann können wir damit rechnen, daß die ersten Fusionskraftwerke den Strom für unsere Städte liefern? Harold P. Furth, von 1980 bis 1990 Direktor des berühmten Labors für Plasmaphysik an der Princeton University, prophezeit:»Mitte des nächsten Jahrhunderts werden unsere Enkelkinder die Früchte dieser Vision ernten können.«[9] Nach seinen Schätzungen wird es in etwa 50 Jahren die ersten großen Fusionskraftwerke geben.
Die Aussichten der Fusionsenergie werden zwar seit vielen Jahren stark übertrieben dargestellt, aber für Furths Ansicht spricht die Tatsache, daß

die Ölreserven (die derzeit weltweit ungefähr 40 Prozent der Primärenergie liefern) zu Beginn des kommenden Jahrhunderts zur Neige gehen werden. Die nachgewiesenen und hochgerechneten Lagerstätten haben ein Volumen von etwa einer Billion Barrel, davon liegen 77 Prozent in den OPEC-Ländern und allein 65 Prozent am Persischen Golf. Zu Beginn des nächsten Jahrhunderts wird die Ölförderung und -verarbeitung immer aufwendiger werden, so daß der Ölpreis weiter steigt. Und wenn es keine bedeutenden neuen Funde gibt, wird er ab 2020 drastisch in die Höhe schießen.[10] Um 2040 wird Öl fast unbezahlbar werden, und dann kann es zu einer Weltwirtschaftskrise kommen, wenn nicht schon bald entsprechende Alternativen verfügbar sind.

Parallel zum Anstieg der Ölpreise wächst auch der weltweite Energiebedarf, vor allem durch die zunehmende Industrialisierung in vielen Ländern der Dritten Welt. Den Vorausberechnungen zufolge wird sich der Energieverbrauch auf der Erde bis 2040 verdreifachen, nämlich von 10 auf 30 Billionen Watt (und das unter Berücksichtigung großer Fortschritte beim Energiesparen).

Was wird an die Stelle der fossilen Energieträger treten? Die Kohlevorräte der Vereinigten Staaten würden vielleicht noch 500 Jahre reichen, aber durch sauren Regen, Treibhauseffekt und Luftverschmutzung entstehen so große Umweltschäden, daß Kohle in Zukunft keine große Rolle mehr spielen kann.

Hier kommt die Kernfusion ins Spiel. Da Deuterium (eine Form des Wasserstoffs) in gewöhnlichem Meerwasser praktisch unbegrenzt zur Verfügung steht, wäre die Energieversorgung mit Kernfusion nach Schätzungen der Physiker in Princeton für eine bis zehn Millionen Jahre gesichert![11] Leider ist die Fusion aber trotz aller guten Aussichten ein schwer erreichbares Ziel, und das aus einem einfachen Grund. Die Atomkerne des Wasserstoffs tragen eine positive elektrische Ladung und stoßen deshalb einander ab. Um diese elektrostatische Abstoßung zu überwinden, muß man sie durch sehr hohe Temperaturen so stark beschleunigen, daß sie in ausreichend engen Kontakt kommen. Wie man in den dreißiger Jahren erkannte, herrschen unter solchen Bedingungen die Quantenkräfte vor, und sie sorgen dafür, daß die Wasserstoffkerne zu Helium verschmelzen, wobei riesige Energiemengen frei werden. Das Problem ist die Temperatur, die man aufwenden muß, um die Wasserstoffkerne zusammenzubringen: Sie liegt bei 10 bis 100 Millionen Grad, viel höher als alle Temperaturen, die in der Natur auf der Erde vorkommen. Bei der Wasserstoffbombe erreicht man sie, indem man erst einmal eine Atombombe detonieren läßt, die dann als »Zünder« dient und den Wasserstoff auf unvorstellbare Temperaturen aufheizt. Damit stellt sich die Frage: Wie läßt sich ein Stück des Sonnenfeuers auf der Erde zähmen? Bei 10 bis 100 Millionen Grad verdampfen alle bekannten Werkstoffe.

Man hat aber für die Kernfusion zwei Konstruktionsprinzipien gefunden, mit denen sich diese Schwierigkeit umgehen läßt. Das eine funktioniert nach dem gleichen Grundsatz wie die Sonne, das andere nach dem Prinzip der Wasserstoffbombe.

Wenn ein Stern entsteht, preßt ein starkes Gravitationsfeld den Wasserstoff so stark zusammen, daß im Inneren des Gasballs 10 bis 100 Millionen Grad erreicht werden, genug, um die Verschmelzung des Wasserstoffs zu Helium in Gang zu setzen. Die Energieproduktion beginnt, und der Stern ist geboren und strahlt. Zusammengehalten wird das ganze Gebilde von der eigenen Schwerkraft.

Auf der Erde können wir heißes Plasma nicht durch Schwerkraft zusammendrücken, aber wir können statt dessen eine »Magnetflasche« benutzen. Dieses Konstruktionsprinzip ist im Tokamak verwirklicht, einem Fusionsreaktor, dessen Grundbauplan die russischen Wissenschaftler Andrej Sacharow und Igor Tamm in den fünfziger Jahren entwickelten und der heute weltweit kopiert wird. In dem Tokamak der Princeton University zum Beispiel hält ein Magnetfeld heißes Plasma in einem ringförmigen Rohr zusammen. Es verhindert, daß das Gas mit den Wänden des Behälters in Berührung kommt und sie verdampfen läßt.

Das Magnetfeld wird von großen, rund um das Rohr angeordneten Spulen erzeugt, während zum Aufheizen des Gases ein durch das Rohr geleiteter elektrischer Strom dient. Im Jahr 1994 stellten die Wissenschaftler in Princeton einen Weltrekord auf: In einem kurzen Energieimpuls, der nur einen Sekundenbruchteil dauerte, lieferte ihr Reaktor neun Millionen Watt. (Ein typisches heutiges Kernkraftwerk dagegen erzeugt fast ununterbrochen 1000 Megawatt.)

In den Reaktoren des zweiten Typs wird das Plasma durch seine Trägheit zusammengehalten. Nach diesem Prinzip, das man sich im Livermore National Laboratory in Kalifornien zunutze macht, funktioniert auch die Wasserstoffbombe: Mit einer kleinen Atombombe erzeugt man eine Welle energiereicher Röntgenstrahlen, die eine Masse aus Lithiumdeuterid zusammenpreßt. Wenn diese Substanz sich aufheizt, verschmelzen die Wasserstoffatomkerne zu Helium, und dabei wird die Fusionsenergie als Wärme frei.

In dem Fusions-Reaktor in Livermore wird die Fusion durch mehrere Laserstrahlen in Gang gesetzt, die sich auf eine kleine Menge Lithiumdeuterid richten. Sie lassen die Oberfläche der Substanz verdampfen und erzeugen so eine Druckwelle, die das Lithiumdeuterid implodieren läßt; dabei steigen Druck und Temperatur so stark an, daß die Fusion in Gang kommt.

Um die Fusionsenergie nutzbar zu machen, bringt man bei beiden Reaktortypen Wasser zum Kochen. Die Fusion der Wasserstoffatome erzeugt eine starke Neutronenstrahlung, die man in eine um den Reaktor angebrachte »Decke« lenkt, die wassergefüllte Röhren enthält. Die Neutronen heizen die Umhüllung auf, das Wasser beginnt zu sieden, und der so erzeugte

Dampf treibt wie in einem Wasser- oder Kohlekraftwerk eine Turbine an. Die Vereinigten Staaten wenden derzeit jährlich 370 Millionen Dollar für die Fusionsforschung auf. In Japan und Deutschland sind es jeweils 40 Prozent mehr.

Sowohl beim Tokamak- als auch beim Laser-Fusionsreaktor besteht das Ziel darin, das »Gleichgewicht« zu erreichen, das heißt den Punkt, an dem der Reaktor ebensoviel Energie abgibt, wie man zuvor hineingesteckt hat. Derzeit ist dieser Punkt bei beiden Konstruktionen noch nicht erreicht. Beim Tokamak-Reaktor stellt sich das Problem, daß das heiße Plasma in dem Ring ein eigenes Magnetfeld besitzt, das mit dem Hauptmagnetfeld des Reaktors in Wechselwirkung tritt. Durch ihr Zusammenwirken können die beiden Magnetfelder kleine Wirbelströme und andere Unvollkommenheiten soweit verstärken, daß das Plasma zum Teil austritt. Bisher ist es mit keinem der beiden Konstruktionsprinzipien gelungen, das Plasma ausreichend lange stabil zusammenzuhalten.

In der Expertensprache bezeichnet man die Voraussetzung für die Fusion als Lawson-Kriterium – dieses ist bisher nicht erfüllt. (Das Lawson-Kriterium besagt: Zu einer selbstlaufenden Fusionsreaktion kommt es, wenn das Produkt aus Teilchendichte und der Einschlußzeit des Plasmas über 10^{14} Sekunden je Kubikzentimeter liegt.) Jedesmal wenn wir die Sonne, die Sterne oder ein Bild von einer Wasserstoffbombenexplosion sehen, haben wir ein Beispiel vor Augen, wie das Lawson-Kriterium im kosmischen Maßstab erfüllt ist.

Einen Rückschlag für die Fusionsforschung brachte das Jahr 1997, als der Tokamak-Reaktor in Princeton wegen Mittelkürzungen abgeschaltet wurde. Den nächsten großen Fortschritt wird jedoch der ITER (International Thermonuclear Experimental Reactor) bringen, ein Gemeinschaftsprojekt Rußlands, Japans, der Europäischen Union und der Vereinigten Staaten. Er soll nicht nur für Sekundenbruchteile arbeiten, sondern die Fusion mehrere tausend Sekunden lang aufrechterhalten.

Da wir auf dem Weg zur Erfüllung des Lawson-Kriteriums langsam, aber sicher Fortschritte machen, haben die Physiker in Princeton grob abgeschätzt, wann wir unsere Städte durch Fusionsreaktoren mit Energie versorgen werden:

* bis 2010: Bau des ITER-Reaktors mit einer Leistung von 1000 Megawatt;
* bis 2025: Nachweis, daß Fusionskraftwerke möglich sind;
* bis 2035: erste wirtschaftlich nutzbare Fusionskraftwerke;
* bis 2050: Fusionskraftwerke setzen sich allgemein durch.

Verschmelzung oder Spaltung?

Wie sich in Meinungsumfragen immer wieder zeigt, steht die Öffentlichkeit der Kernkraft – also der Energiegewinnung durch Spaltung von Uran- und Plutoniumatomen – sehr kritisch gegenüber. Jeder kennt die Katastrophen von Harrisburg und Tschernobyl, die ungelösten Probleme der Atommüllentsorgung, die Experimente früherer Jahre, in denen in den USA Menschen ohne ihr Wissen radioaktiver Strahlung ausgesetzt wurden, und die 17 ausgedienten Kernwaffenstützpunkte in den Vereinigten Staaten, die mit einem Aufwand von 500 Millionen Dollar saniert werden müssen. Ein Fusionsreaktor hätte gegenüber einem herkömmlichen Kernkraftwerk mehrere Vorteile. Erstens erzeugt er nicht jedes Jahr tonnenweise hochradioaktiven Müll. Das einzige, was bei einem Fusionsreaktor irgendwann besonders entsorgt werden muß, ist die Stahlhülle, die allmählich radioaktiv wird, und radioaktiver Wasserstoff, der eventuell entweicht. Das ist ein großer Vorteil, denn in konventionellen Kernkraftwerken entstehen schwindelerregende Mengen von Atommüll. Ein 100-Megawatt-Reaktor erzeugt jedes Jahr 30 Tonnen hochradioaktiven Abfall, und in den Vereinigten Staaten gibt es über hundert solcher Anlagen. Dieser Atommüll bleibt Millionen Jahre lang lebensbedrohlich.

Zweitens kann bei einem Fusionsreaktor keine Kernschmelze eintreten. In herkömmlichen Kraftwerken bleibt der Reaktorkern nach dem Ende der Kernspaltung noch monatelang sehr heiß, und das kann zur Kernschmelze führen (was in Harrisburg um ein Haar geschehen wäre). Wenn der Reaktorkern auf diese Weise seine Umhüllung durchbricht, kann das zu einer katastrophalen Freisetzung radioaktiver Strahlung führen. Wenn dagegen beispielsweise das Magnetfeld eines Fusionsreaktors zusammenbricht und ultraheißes Gas austritt, kann die Umhüllung zwar teilweise schmelzen, aber dann kommt die Fusion zum Stillstand, weil das Lawson-Kriterium nicht mehr erfüllt ist, und damit ist der Störfall schlagartig zu Ende.

Drittens kann ein Fusionsreaktor nicht wie eine Atombombe überkritisch werden. In einem herkömmlichen Reaktor kann ein vorübergehender Leistungsanstieg sich hochschaukeln und außer Kontrolle geraten, wenn die Zahl der Neutronen zu stark zunimmt.

Einen Nachteil haben die Fusionsreaktoren jedoch mit den Reaktoren zur Kernspaltung gemeinsam: In beiden herrscht eine so starke Neutronenstrahlung, daß in dem Metall der Ummantelung Materialermüdung eintreten kann. Wenn die Neutronen immer wieder Atome aus dem Kristallgitter des Metalls herausschlagen, können sich winzige Risse bilden, bis es schließlich zu einem katastrophalen Zusammenbruch des gesamten Reaktormantels kommt.

Es wäre voreilig, schon heute das Pro und Kontra der Fusionsreaktoren gegeneinander abzuwägen, denn zur Zeit existieren sie noch gar nicht. Erst wenn es einen funktionsfähigen Versuchsreaktor gibt – also vielleicht um 2025 –, wird man eine verläßliche Analyse der Probleme vornehmen können.

Brutreaktoren und Terrorismus

Die beiden anderen unerschöpflichen Energiequellen sind Brutreaktoren und die Sonnenenergie.

Unter allen Methoden zur Energieerzeugung sind die Brutreaktoren politisch vielleicht am stärksten umstritten. In den USA prophezeiten Fachleute der Atomenergiekommission bis zum Jahr 2000 einen Bedarf von 1000 konventionellen Kernkraftwerken und 1000 Brutreaktoren. Heute besitzt das Land etwas über 100 Kernkraftwerke und keinen einzigen Brüter. Brutreaktoren bieten den großen Vorteil, daß sie aus Uranabfällen spaltbares Plutonium »ausbrüten«. Aber genau hier liegt auch das große Problem: Sie arbeiten mit hochangereicherten Brennstoffen, die sowohl die Gefahr schwerwiegender Störfälle als auch das Risiko für Sabotage oder Diebstahl bergen.

Zu Beginn des Atomzeitalters erschienen Brutreaktoren attraktiv, weil sie aus unnützem Uran-238 das spaltbare Plutonium-239 herstellen. Jedes Uran-Atom nimmt in dem Reaktor nacheinander mehrere Neutronen auf, und wenn das Element ein paar Monate in dem Brüter »geschmort« hat, ist das Uran zum größten Teil zu Neptunium und schließlich zu Plutonium-239 geworden.

Aber die Brutreaktoren waren eine große Enttäuschung. Die erste derartige Anlage in den USA, der Experimentelle Brutreaktor EBR-I (der auch als erster Strom lieferte), schmolz 1955 bei einem der ersten Reaktorunfälle zusammen; dabei wurde sein Urankern zu 40 bis 50 Prozent zerstört.[12] Der zweite war ein kommerzieller Brüter namens Fermi-1, den man vor den Toren der Großstadt Detroit baute. Er erlebte 1966 einen großen Störfall: Der Natrium-Kühlkreislauf war durch ein Stück Zirkonium von der Größe einer Bierdose blockiert, und zwei Prozent des Reaktorkerns schmolzen.[13] Nach Natriumexplosionen und anderen Problemen wurde die Anlage schließlich stillgelegt. Zum Nachfolger von Fermi-1 wurde der Brutreaktor von Clinch River, dessen Abschaltung der Kongreß 1983 beschloß.

Auch in Japan und Frankreich, wo man die Brütertechnologie energisch vorantrieb, war man nicht sonderlich erfolgreich. Da man das Plutonium bei der Aufarbeitung der Brennelemente mit flüchtigen Lösungsmitteln wiedergewinnen muß, besteht immer eine erhebliche Feuergefahr. In der Tat erlebte die Anlage im französischen La Hague, die den Reaktor Superphenix belieferte, bereits mehrere Großbrände. In dem japanischen Monju-Brutreaktor wurde 1996 eine große Menge Natrium frei, und die nachfolgenden Vertuschungsversuche wurden für die Regierung äußerst peinlich.

(Pikanterweise ist »Monju« das japanische Wort für Weisheit.) Im Jahr 1997 gab es im Kraftwerk von Tokaimura eine größere Explosion. Außerdem macht man sich um die Brutreaktoren Sorgen, weil sie große Plutoniummengen erzeugen und deshalb ein bevorzugtes Ziel für Terroristen darstellen könnten. Plutonium ist nicht nur eines der stärksten Gifte, die man auf der Erde kennt, sondern zwei bis fünf Kilo dieser Substanz reichen bereits aus, um eine kleine Atombombe herzustellen. Deshalb bestehen rund um das Brüterprogramm erhebliche Befürchtungen. Darüber hinaus sind Plutoniumtransporte äußerst gefährlich. Als 1995 etwa 200 Tonnen Plutonium von der französischen Wiederaufarbeitungsanlage nach Japan gebracht werden sollten, gab es umfangreiche internationale Proteste, weil das Schiff durch internationale Gewässer fuhr und den Gefahren von Unfall und terroristischen Anschlägen ausgesetzt war.

Da man Kernreaktoren nicht in Autos und Lastwagen einbauen kann, wird die Atomenergie immer nur einen kleinen Beitrag zur gesamten Energieversorgung leisten. (Die Kernkraft liefert ausschließlich Strom und tritt deshalb an die Stelle der Kohlekraftwerke. Auf den Ölverbrauch wirkt sie sich dagegen kaum aus, denn dieser entsteht vor allem durch Verkehr und Heizung.) Bei der derzeitigen Uranschwemme auf dem Weltmarkt, den Sicherheitsbedenken gegenüber Kernkraftwerken nach den Unfällen von Harrisburg und Tschernobyl, den explosionsartig wachsenden Kosten für den Bau neuer Kraftwerke und dem wachsenden öffentlichen Widerstand gegen die Kernenergie ist es wahrscheinlich klüger, das Uran in der Erde zu lassen.

Ich schwärme für Sonnenwärme

Die vielleicht vielversprechendste Lösung für die Energieprobleme der Zukunft heißt Sonnenenergie. Solarzellen (auch photovoltaische Zellen genannt) bedienen sich wiederum eines anderen Prinzips aus der Quantenmechanik. Wie man um die Jahrhundertwende entdeckte, löst Licht, das auf bestimmte Metalle fällt, dort geringfügige elektrische Ströme aus. Die Erklärung für diese Beobachtung lieferte Einstein: Er kam auf die Idee, daß ein Lichtteilchen, Photon genannt, beim Auftreffen auf das Metall dort ein Elektron herausschlagen könnte. Die Gleichungen, mit denen Einstein diesen photovoltaischen Effekt erklärte, brachten ihm den Nobelpreis ein. (Seine Relativitätstheorie hingegen war offenbar so exotisch, daß das konservative schwedische Nobelpreiskomitee sie nicht zu würdigen wußte.) Nach dem Prinzip der Photovoltaik funktionieren auch Fernseh- und Videokameras. Das Licht, das auf die »Netzhaut« der Kamera fällt, erzeugt dort elektrischen Strom. Auf die gleiche Weise wandeln Solarzellen das Sonnenlicht in Elektrizität um.

Sonnenenergie steht im Prinzip in unbegrenzten Mengen zur Verfügung. Die Energiemenge, die jedes Jahr auf die Erde fällt, ist 15 000mal so groß wie der gesamte Verbrauch der Menschen.[14] Und sie ist völlig umsonst. William Hoagland vom National Renewable Energy Laboratory in Golden (Colorado) schätzt, daß der weltweite Strombedarf bis 2025 um 265 Prozent steigen wird, und macht eine optimistische Voraussage: Im gleichen Zeitraum werden bis zu 60 Prozent der Stromproduktion aus Sonnenenergie stammen. Ein Hindernis sind bisher allerdings die hohen Produktionskosten der Solarzellen. Einerseits haben sie derzeit nur einen Wirkungsgrad von durchschnittlich 15 Prozent (der Rekord liegt bei 30 Prozent), aber bei Kosten von ungefähr 18 Pfennig je Kilowattstunde wird die Sonnenenergie im Vergleich zu Kohle und Öl allmählich konkurrenzfähig.[15]

Das alles wird sich im 21. Jahrhundert ändern. Durch weitere technische Fortschritte und die Massenproduktion von Solarzellen wird der Preis für Solarstrom drastisch sinken. Schon in den achtziger Jahren ist beispielsweise der Preis von Solarzellen um den Faktor 40 gesunken. Die Befürworter der Solartechnik weisen außerdem darauf hin, daß man auch für die ersten Taschenrechner noch um die 1000 DM bezahlen mußte. Heute hingegen kosten sie durch die Massenproduktion der Mikrochips nur noch wenig mehr als ein Hundertstel dieses Betrages.

Die Anhänger der Sonnenenergie haben immer behauptet, die neue Energieform brauche einen ersten Impuls, um in Fahrt zu kommen. Sie weisen darauf hin, daß auch die Kernenergie in den Vereinigten Staaten zunächst staatlich gefördert wurde: Bis zu 100 Milliarden Dollar flossen in Grundlagenforschung und in die Subventionierung von Firmen, die am Urankreislauf beteiligt waren.

Die Hoffnung, daß eine solche Anschubfinanzierung in dem derzeitigen politischen Umfeld vom Staat kommt, ist wohl umsonst. Aber im Jahr 1995 begannen zwei Firmen, die Enron Company (der größte US-amerikanische Erdgaslieferant) und die Amoco Corporation, die mit ihrer Tochterfirma Solarex Sonnenzellen produziert, ein Gemeinschaftsprojekt mit dem Ziel, eine ganze Stadt mit 100 000 Einwohnern durch Sonnenenergie zu versorgen. Das Sonnkraftwerk, das sie für 150 Millionen Dollar bauen, soll Strom angeblich für fünf Cents je Kilowattstunde liefern, also etwa drei Cents preisgünstiger als Kraftwerke mit fossilen Energieträgern.[16]

»Wenn das klappt, bedeutet es für die ganze Branche eine Umwälzung. Und wenn es schiefgeht, wirft es die Technologie um zehn Jahre zurück«, sagt Robert H. Williams von der Princeton University.

Sonnenenergie wird von Jahr zu Jahr wirtschaftlicher, während die Kosten für Kernenergie in die Höhe gehen und die Probleme durch das Verbrennen fossiler Energieträger immer größer werden. In Verbindung mit einem verbesserten Wirkungsgrad und alternativen Energien (Windkraft, geothermische Kraftwerke, Kraft-Wärme-Kopplung und so weiter) wird die Solartechnik im 21. Jahrhundert zwangsläufig weiter Aufschwung nehmen – trotz aller Knüppel, die ihr die Politiker und manche Stromproduzenten zwischen die Füße werfen.

Autos mit Hybridantrieb

Zu Beginn des 20. Jahrhunderts war noch nicht klar, ob sich bei Autos der Dampf-, Elektro- oder Benzinantrieb durchsetzen würde. In Michigan gab es zum Beispiel im Jahre 1895 Fahrzeuge aller drei Typen ungefähr in gleicher Anzahl. Thomas Edison und Henry Ford stritten (freundschaftlich) darüber, ob Elektro- oder Verbrennungsmotoren die Oberhand gewinnen würden. Zwanzig Jahre später hatte der Benzinmotor eindeutig gewonnen, und daß er auch heute noch den Elektrofahrzeugen überlegen ist, hat einen einfachen Grund: Energie ist im Benzin hundertmal dichter konzentriert als in einer Batterie gleicher Masse. Deshalb hinken elektrisch angetriebene Autos bis heute den kraftstoffbetriebenen Autos hinterher. (Eine herkömmliche Blei-Säure-Batterie liefert beispielsweise je Kilogramm nur etwa 25 bis 40 Wattstunden.)

Die meisten Elektrofahrzeuge haben nur eine Reichweite von ungefähr 150 Kilometern – ein Drittel des Wertes für Benzinmotoren –, und das Nachladen dauert drei bis zehn Stunden. Neuere Batterien – zum Beispiel solche aus Nickel und Metallhydriden – lassen ein Auto mit einer einzigen Ladung bis zu 500 Kilometer weit fahren, aber dafür ist schnelles Beschleunigen nicht möglich. Umgekehrt haben Batterien, die gute Beschleunigungswerte liefern, keine große Reichweite.[17]

Dennoch dürfte der Verbrennungsmotor im 21. Jahrhundert allmählich ausgedient haben. Ein durchschnittliches Auto mit Benzinantrieb verbraucht in seinem »Leben« etwa 12 000 Liter Treibstoff und spuckt 35 Tonnen Kohlenstoff aus, die zu Luftverschmutzung, saurem Regen und Treibhauseffekt beitragen.[18] Mehr als die Hälfte der Luftverschmutzung in städtischen Ballungsräumen und ein Viertel der Treibhausgase werden von Kraftfahrzeugen verursacht.[19] Und in den USA sind Autos für die Hälfte des gesamten Ölverbrauchs verantwortlich.

Die vielleicht reizvollste Alternative zum Verbrennungsmotor wird Anfang des 21. Jahrhunderts der Elektro-Hybridantrieb sein, dessen verschiedene Elemente durch hochentwickelte Computer koordiniert werden. Er gewinnt bei Autoingenieuren immer mehr an Beliebtheit. Prototypen, die sich auf den kurzen Fahrtstrecken des Stadtverkehrs wirtschaftlich einsetzen lassen, gibt es bereits. In den kommenden zehn Jahren wird der Hybridantrieb voraussichtlich die Leistung des Verbrennungsmotors erreichen und in den Städten zu einem vertrauten Bild werden. Er könnte den Weg für den reinen Elektroantrieb bereiten.

Der Hybridantrieb kombiniert die Vorteile von Batterien, Elektromotor, Schwungrädern und kleinem Benzinantrieb. Bei einem Modellbeispiel dienen Batterien für den Stop-and-go-Verkehr in der Stadt, für den Dauerleistung nicht wichtig ist. Im Leerlauf wird die Bewegungsenergie auf ein Schwungrad übertragen, so daß ein großer Teil der Energie auch dann erhalten bleibt, wenn der Wagen an einer Ampel oder im Verkehrsstau anhalten muß. (Rotoren aus neuen Verbundwerkstoffen ermöglichen bis zu 100 000 Umdrehungen in der Sekunde und können deshalb große Mengen von Bewegungsenergie speichern.) Sobald man wieder aufs Gaspedal tritt, wird das Schwungrad eingekuppelt, und die Energie wird auf die Räder des Wagens übertragen, so daß er gut beschleunigt, was mit Batterien allein schwer zu bewerkstelligen ist. Für Langstrecken schaltet man auf den kleinen Verbrennungsmotor um; dieser ist so konstruiert, daß er wesentlich weniger Kohlenwasserstoffe und Kohlenmonoxid ausstößt als die heutigen Modelle. Bei einer anderen Konstruktion lädt der kleine Verbrennungsmotor eine Batterie, die dann über einen Elektromotor den Wagen antreibt.

Besonders nützlich könnten für den Hybridantrieb die neuen Verbundwerkstoffe werden, aus denen die NASA auch die Raumsonden der nächsten Generation bauen will. Das Schweizer Esro-Fahrzeug zum Beispiel, das aus solchen Verbundfasern besteht, verbraucht nur noch erstaunliche zwei Liter Benzin auf 100 Kilometer. Es wiegt ungefähr 400 Kilogramm und bietet zwei Personen Platz; damit ist es das ideale Fahrzeug für den Stadtverkehr. Mit einem Hybridantrieb ausgestattet, wäre es bei größerer Reichweite noch sparsamer.

Noch attraktiver könnte der Hybridantrieb ab 2010 werden, wenn er eine Kombination aus Ultrakondensatoren und Brennstoffzellen umfaßt. Beide Elemente wurden im US-Raumfahrtprogramm bereits erfolgreich eingesetzt. Ein Kondensator besteht in seiner einfachsten Form nur aus zwei parallelen Platten, die elektrische Ladungen speichern. Die neuesten technischen Fortschritte haben den Bau von Ultrakondensatoren aus Kohlenstoff und flüssigen Elektrolyten ermöglicht, die es mit der Speicherkapazität herkömmlicher Batterien aufnehmen können.

Ganz ähnlich verhält es sich mit der Brennstoffzelle: Sie verspricht für Elektrofahrzeuge eine noch größere Sparsamkeit und verursacht im Gegensatz zu Bleibatterien keinerlei Umweltverschmutzung. Batterien muß man aufladen, und das wiederum erfordert Kraftwerke, die unter Umständen Schadstoffe erzeugen. Brennstoffzellen dagegen gewinnen Energie aus der Reaktion von Wasserstoff und Sauerstoff, wobei als Abfallprodukt nur Wasser entsteht. Attraktiv sind Brennstoffzellen auch wegen ihres hohen Wirkungsgrades: Er liegt bei 40 Prozent, doppelt so hoch wie bei Verbrennungsmotoren.

Leider werfen auch Brennstoffzellen ihre eigenen Probleme auf. Erst wenn diese Schwierigkeiten überwunden sind, kommt eine Massenproduktion in Frage. Ihre Herstellung ist noch sehr teuer, und der Wasserstoff ist höchst explosiv, so daß man sehr vorsichtig mit ihm umgehen muß. Aber durch die wirtschaftlichen Vorteile der Serienfertigung wird der Solar-Wasserstoff-Elektro-Hybridantrieb bis 2010 zunehmend attraktiv werden. Die Daimler-Benz AG gab 1996 sogar bekannt, sie werde 2006 den ersten Mercedes mit Brennstoffzellen verkaufen.

Während die technischen Probleme der Elektrofahrzeuge sich kontinuierlich verringern, bleibt ein wichtiges Hindernis: der Widerstand der Öl- und Autoindustrie. Sie starteten 1996 in den USA eine große Kampagne und erreichten, daß eine Vorschrift des Staates Kalifornien aus dem Jahr 1990, Fahrzeuge ohne Schadstoffemissionen zu entwickeln, 1996 aufgehoben wurde. Die Quoten für schadstoffreie Fahrzeuge wurden für 1998 und 2001 außer Kraft gesetzt, und es blieb nur die Zusage, daß im Jahr 2003 zehn Prozent der Fahrzeuge in Kalifornien keine Schadstoffe mehr ausstoßen werden.[20] Aber immerhin: Wenn nicht auch diese Zahl durch den Druck der Autoindustrie noch aufgeweicht oder der Termin verschoben wird, können wir mit einer Riesenzahl von Hybridfahrzeugen rechnen. Nach einer Schätzung des Verkehrsexperten Daniel Sperling, der das Institute of Transportation Studies an der University of California in Davis leitet, wird die Zahl der Elektrofahrzeuge schon 2010 in die Millionen gehen, insbesondere wenn auch Konkurrenzunternehmen aus anderen Ländern ihre Elektro-Hybridmodelle auf den amerikanischen Markt bringen.[21]

Die nächste Laser-Generation

Eine der wichtigsten Triebkräfte des Informationszeitalters war die Erfindung des Lasers: Er macht es schon heute möglich, Milliarden Telefongespräche mit Licht über Glasfaserkabel zu übertragen. Aber der Laser bedeutete nicht nur für die Telekommunikation eine Umwälzung, sondern auch für viele andere Gebiete: Er war die Voraussetzung für Laserdruck, Laser-CD, Laserchirurgie und Laser-Schneidegeräte für die Industrie. Weitere neue Möglichkeiten wird die nächste Lasergeneration eröffnen, denn dann wird es mikroskopisch kleine und riesengroße Geräte geben. Irgendwann werden sie uns sogar das dreidimensionale Fernsehen ins Wohnzimmer bringen.

Wie wir in Kapitel 5 erfahren haben, sind Mikrolaser das entscheidende Element der optischen Computer, die gegenüber den Rechnern auf Siliziumbasis eindeutige Vorteile haben. Die heutigen optischen Computer sind noch sehr groß und leisten relativ wenig, vor allem wegen der Größe der Laser und der optischen Transistoren (S-Seeds). Aber das dürfte sich zu Beginn des nächsten Jahrhunderts ändern.

Die derzeitige Gerätegeneration, die zum Abspielen von CDs und zur Kommunikation über Glasfaserkabel dient, basiert auf dem Halbleiterdioden-Laser, einem der Zugpferde der Elektronikbranche. Das Problem der Diodenlaser sind ihre Abmessungen: Sie sind hundertmal größer als die nur wenige Mikrometer messenden Siliziumtransistoren, die heute das Standardprodukt der Computerindustrie sind. (Ein Diodenlaser ist in der Regel 250 Mikrometer groß.) Die optischen Transistoren befinden sich heute in dem gleichen Entwicklungsstadium wie die Siliziumtransistoren in den fünfziger Jahren.

Aber mittlerweile ätzt man mit den gleichen Photolithographie-Methoden, die in den siebziger und achtziger Jahren zur Herstellung der Mikroprozessoren dienten, auch die Mikrolaser von morgen. Zunächst sprüht man Aluminium- oder Galliumarsenidmoleküle auf einen Siliziumwafer und erzeugt damit eine Schicht von der Dicke eines Atoms. Etwa 500 solche Schichten bilden einen typischen Mikrolaser. Anschließend ätzt ein Lichtstrahl photolithographisch dünne Furchen in die Schichten; dabei entsteht eine Reihe von Mikrolasern, die in ihrer Form einer Getränkedose ähneln.

Die erste aufsehenerregende Vorführung eines Mikrolasers gelang Wissenschaftlern, die vorwiegend bei den Bell Laboratories arbeiteten, bereits 1989: Sie konnten *eine Million Laser* auf einem Chip unterbringen, der kleiner war als ein Fingernagel.[22] Diese Mikrolaser, jeder etwa so groß wie ein Bakterium, waren millionenfach in einer Anordnung aufgereiht, die säuberlich aufgestellten Fässern ähnelte. Mittlerweile kann man Mikrolaser mit einem Durchmesser von einem bis fünf Mikrometern herstellen. Die unterste Grenze liegt nach Ansicht der Fachleute wahrscheinlich bei 0,3 Mikrometer. (Der Grund für diese Beschränkung ist die Tatsache, daß ein Mikrolaser größer sein muß als die Wellenlänge des Laserlichts. Wäre er kleiner, könnte er das Licht nicht mehr richtig abstrahlen. Das in diesen Experimenten verwendete Laserlicht hatte eine Wellenlänge von einem Mikrometer; sie ist im Inneren des Galliumarsenids wegen der Lichtbrechung geringer und liegt dort bei 0,3 Mikrometer; dieser Wert stellt für solche Mikrolaser wahrscheinlich die endgültige Grenze dar.)

Damit liegt der Mikrolaser immer noch über der Null-Komma-eins-Grenze (0,1 Mikrometer) der Silizium-Mikrochips. Aber da Laserstrahlen einander problemlos überkreuzen können, läßt sich der optische Computer würfelförmig gestalten, was zu einer erheblich höheren Leistungsdichte führt.

Außerdem produzieren Mikrolaser nur sehr wenig Wärme, was eine immer stärkere Miniaturisierung der Bürocomputer erlaubt.

Am anderen Ende des Spektrums stehen Riesengeräte wie der Röntgenlaser. Er hat den Vorteil, daß er wesentlich mehr Information als heutige Geräte übertragen kann. Je höher die Frequenz ist, desto kürzer sind die einzelnen digitalen Impulse, die mit dem Laserstrahl übertragen werden. Bei derart kurzen Wellenlängen (sie sind kaum größer als ein Atom) läßt sich ein Laser in der Industrie zu vielfältigen Zwecken einsetzen. Unter anderem kann er sehr dünne Linien in Siliziumscheiben ätzen und so vielleicht die Null-Komma-eins-Grenze durchbrechen.

Außerdem läßt sich mit den kurzwelligen Röntgenlaserstrahlen vielleicht auch die mikroskopische Welt der Bakterien und Viren besser durchleuchten, so daß wir den atomaren Aufbau dieser winzigen Gebilde enträtseln können. Aber wie ich in früheren Kapiteln schon erwähnt habe, bringt der Röntgenlaser auch Schwierigkeiten mit sich. Röntgenstrahlen sind sehr energiereich, so daß man nur schwer mit ihnen arbeiten kann, und da sie nicht gut reflektiert werden, findet man kaum »Spiegel«, mit denen sie sich verstärken lassen.

Ein anderes Problem ist die Tatsache, daß Laserstrahlen normalerweise durch die Reflexion zwischen zwei parallelen Spiegeln verstärkt werden, bis sie schließlich einen der Spiegel durchdringen. Da Röntgenstrahlen ohnehin sehr durchdringend sind, bieten sie diesen Vorteil nicht.

Die Schwierigkeit mit der Verstärkung kann man umgehen, wenn man eine so starke Energiequelle verwendet, daß ein einziger Durchgang ausreicht. Diese Möglichkeit bietet der nuklear betriebene Laser, ursprünglich ein Kernstück in dem schlecht durchdachten Star-Wars-Programm des früheren US-Präsidenten Reagan. Eine Wasserstoffbombe gibt eine derart starke Röntgenstrahlung ab, daß man mit einem einzigen Durchgang durch Kupferstäbe einen Röntgen-Laserstrahl erzeugen könnte.[23] Da aber keine Wasserstoffbomben zur Explosion kommen, bereitet die Entwicklung eines Röntgenlasers für den kommerziellen Einsatz große Schwierigkeiten.

Man könnte auch versuchen, die großen Lasergeräte des Livermore National Laboratory umzuwandeln. Das ist zwar für die Probleme mit dem Röntgenlaser die naheliegendste Lösung, aber für die kommerzielle Anwendung eignet sie sich nicht, denn diese Apparate sind sehr groß und teuer – sie erreichen die Ausmaße eines Fußballfeldes.

Eine Anwendung des Lasers im Alltagsleben ist das dreidimensionale Fernsehen, das die herkömmliche Flimmerkiste ablösen könnte. Eine solche technische Neuerung dürfte sich irgendwann auch auf unsere Einstellung zur Unterhaltung auswirken. Das Holographiefernsehen liegt zwar noch einige Jahrzehnte weit in der Zukunft, aber die Hindernisse sind nicht grundsätzlicher, sondern ausschließlich technischer Natur.

In der Holographie nutzt man die Tatsache aus, daß zwei Laserlichtstrahlen auf einer lichtempfindlichen Schicht zusammentreffen und dort ein Interferenzmuster erzeugen können. (Dabei enthält der eine Strahl das Bild, während der andere, der sich in der gleichen Phase wie der erste befindet, als Referenz dient.) Das Interferenzmuster – es besteht aus winzigen wirbel- und spinnennetzförmigen Linien – wird auf der Fotoschicht festgehalten. Fällt anschließend ein zweiter Laserstrahl durch die Schicht, wird das räumliche Wellenmuster des ersten originalgetreu wiederhergestellt.

Wenn man die Information in den Interferenzmustern in einen Computer einliest, kann dieser das ursprüngliche Wellenmuster auf einem Bildschirm wiedergeben und so ein räumliches Bild erzeugen.

Ein 3-D-Fernsehgerät der Zukunft könnte aussehen wie eine große Kristallkugel; wenn man hineinblickt, sieht man in seinem Inneren dreidimensionale, bewegte Bilder. Vielleicht hat es auch die Form eines Wandbildschirms, vor dem der Zuschauer an einer Stelle sitzt und die Bewegungen der Menschen in dem Bildschirm beobachtet. Man könnte es sogar in Form eines Planetariums konstruieren, so daß man die Bilder rings um sich hat. Derzeit ist dreidimensionales Fernsehen nicht möglich, weil holographische Bilder ungeheuer viel Speicherplatz benötigen. Im MIT-Medienlabor hat man mit dem Computer ein paar Prototypen holographischer Bilder erzeugt, aber dabei haben die Beteiligten ein wenig gemogelt: Das Bild ist leicht verzerrt – bewegt man den Kopf zur Seite, verändert es sich wie erwartet, aber bei einer senkrechten Bewegung bleibt es, wie es ist. Mit der heutigen Technik wäre ein Holographie-Fernsehgerät ein monströser Apparat. Eine ganze Batterie von Supercomputern wäre notwendig, um ein holographisches Bild nach dem anderen zu erzeugen, und das Ganze funktionierte nur langsam und mit primitiven Abbildungen. Die Übertragung holographischer Bilder über normale Fernsehkabel oder Telefonleitungen wäre völlig unmöglich.
Aber um die Mitte des 21. Jahrhunderts könnte das dreidimensionale Fernsehen Wirklichkeit werden, denn dann sind die Computer so leistungsfähig, daß sie die Informationsfülle holographischer Bilder verarbeiten können.

Nach 2100: Antimaterieantrieb

Die meisten bisher beschriebenen Technologien dürften in der Zeit zwischen 2020 und 2100 Wirklichkeit werden. Danach werden ganz neue technische Prinzipien auf der Bildfläche erscheinen, und das reizvollste davon ist der Antimaterieantrieb.[24] Jeder *Star Trek*-Fan weiß, daß das Raumschiff *Enterprise* seine Energie aus Antimaterie bezieht. Weniger bekannt ist etwas anderes: Die Idee hat der Autor Gene Roddenberry eigentlich aus der Quantenphysik gestohlen.
P.A.M. Dirac, einer der Begründer der Quantentheorie, formulierte 1928 eine Gleichung zur Beschreibung von Elektronen, die der Einsteinschen Relativitätstheorie gehorchen. Dabei erkannte er, daß Einsteins berühmte Gleichung $E = mc^2$ eigentlich nicht ganz richtig ist. Um sie abzuleiten, mußte Einstein aus einer anderen Gleichung die Quadratwurzel ziehen, und deshalb muß das Ergebnis eigentlich lauten:

$$E = + \; oder - mc^2$$

Das Minuszeichen überging Einstein bei der Formulierung der Relativitätstheorie. Wie Dirac jedoch feststellte, war seine Elektronentheorie nur dann widerspruchsfrei, wenn er es berücksichtigte. Er mußte einen ganz neuen Zustand der Materie postulieren: die Antimaterie mit ihren bemerkenswerten Eigenschaften.

Auf den ersten Blick unterscheidet Antimaterie sich nicht von gewöhnlicher Materie. Aus Antielektronen und Antiprotonen kann man Antiatome zusammensetzen. Selbst Antimenschen und Antiplaneten sind theoretisch möglich; sie würden genau wie normale Menschen und normale Planeten aussehen. Aber damit sind die Gemeinsamkeiten auch zu Ende. Die Ladung der Antimaterie ist der normaler Materie genau entgegengesetzt, und wenn beide zusammentreffen, vernichten sie sich gegenseitig in einem Energieblitz. Wer ein Stück Antimaterie in die Hand bekäme, würde sofort mit der Gewalt von tausend Wasserstoffbomben explodieren.

Deshalb sollte man Antimaterie lieber nicht in die Hand nehmen, aber sie ist vielleicht der ideale Stoff zum Antrieb von Raumschiffen. Sie würde keine Abfälle hinterlassen und gewaltige Schubkräfte erzeugen.

Mit winzigen Mengen Antimaterie spielen die Physiker in ihren Labors schon seit Jahrzehnten herum, denn sie entsteht beim Zerfall radioaktiver Atome. (Ich selbst fotografierte in meiner Schulzeit im Rahmen einer naturwissenschaftlichen Vorführung die Spuren von Antimaterie, die von radioaktivem Natrium-22 abgegeben wurde.) Auch wenn große Teilchenbeschleuniger einen energiereichen Protonenstrom auf ein Ziel auftreffen lassen, entsteht Antimaterie, die man beobachten kann: Unter den vielen tausend Trümmern, die sich mit starken Magneten trennen lassen, sind auch Antielektronen und Antiprotonen. Aber die Herstellung großer Mengen von Antiatomen und Antimolekülen ist wirtschaftlich und technisch nicht praktikabel. Erst vor kurzer Zeit, nämlich 1995, erzeugten Physiker mit dem europäischen Teilchenbeschleuniger der CERN in Genf erstmals eine geringe Menge Antiwasserstoff.

Einen Antimateriestrahl kann man erzeugen, indem man gewöhnliche Materie auf ein Ziel schießt, so daß dort zahlreiche Teilchentrümmer entstehen; ein Teil davon besteht aus Antimaterie. Mit einem Magnetfeld lassen sich Materie und Antimaterie anschließend trennen. Bei CERN ließen die Physiker einen Strahl aus Antiprotonen in ihrem Teilchenbeschleuniger rotieren und schossen ihn dann durch einen Strom aus Xenongas. Beim Zusammenstoß von Antiprotonen und Xenon-Atomen entstanden Antielektronen, und einige davon verbanden sich kurzfristig mit den Antiprotonen zu Antiwasserstoff.[25] Leider blieben diese Antiatome aber nur 40 Milliardstelsekunden lang erhalten, zu kurz, als daß man sie eingehend hätte untersuchen können.

Immerhin weiß man jetzt, daß es Antiwasserstoff geben kann. Der nächste Schritt besteht nun darin, ihn in stabiler Form in einem Behälter zu sammeln. Man hat bereits »Antimateriefallen« konstruiert, die Antielektronen und Antiprotonen mit einer Kombination aus magnetischen und elektrischen Feldern festhalten. Jetzt geht es darum, aus den Teilchen stabile Antiwasserstoffatome zusammenzusetzen. Am Max-Planck-Institut für Quantenoptik in Garching experimentiert man mit Kohlendioxidlasern, um die Antielektronen und Antiprotonen in den Fallen zu Antiwasserstoff zu vereinigen. Da sich schon allein Antiwasserstoff nur mit gewaltigem Aufwand herstellen läßt, wird es Antimoleküle erst in vielen Jahrzehnten geben. Der Versuch, mit heutiger Technologie ausreichend Antimaterie für den Antrieb eines Raumschiffs zu erzeugen, würde die Vereinigten Staaten in den Bankrott treiben.

Außerdem stellt sich bei der Antimaterie ein weiteres Problem: Wie bewahrt man sie auf? Jede Kiste mit Antimaterie würde sofort explodieren. In ein Magnetfeld oder ein Magnetbehältnis kann man sie auch nicht bringen, denn Antiatome sind in ihrer elektrischen Ladung neutral. Antikunststoff würde zum Beispiel wie gewöhnlicher Kunststoff auch vom stärksten Magnetfeld nicht beeinflußt.

Es gibt keine wissenschaftliche Begründung, einen Antimaterieantrieb für die ferne Zukunft auszuschließen; der Herstellung stehen allerdings starke wirtschaftliche Hindernisse entgegen. (Unter anderem hofft man, daß im Weltraum vielleicht ein Meteorit aus Antimaterie gefunden wird. Seine Masse würde ausreichen, um unsere Maschinen anzutreiben.) Wegen des hohen Aufwandes müßte man aber zunächst neue Wege finden, um Antimaterie kostengünstig herzustellen. Deshalb wird es den Antimaterieantrieb wahrscheinlich erst in ferner Zukunft geben.

Wider die bekannten Gesetze der Physik

Zu behaupten, etwas sei ein für allemal unmöglich, ist immer gefährlich. Nur allzu oft haben die Neinsager schon erlebt, daß solche Dinge Wirklichkeit wurden. Wie oft bekamen die Gebrüder Wright, James Watt oder Thomas Edison zu hören, das Flugzeug, die Dampfmaschine oder die Glühbirne seien unmöglich, und dann mußten die Heerscharen der Pessimisten zusehen, wie diese Erfindungen den Lauf der Geschichte veränderten. Andererseits kennen wir die Naturgesetze mittlerweile recht gut, und deshalb können wir heute mit einiger Sicherheit sagen, ob bestimmte technische Prinzipien mit den bekannten Gesetzen der Elektrodynamik, Quantenphysik, Relativitätstheorie und so weiter vereinbar sind oder nicht. Das heißt nicht, daß die im folgenden beschriebenen Erfindungen unmöglich wären, aber nach dem derzeitigen Stand unseres Wissens über die Naturgesetze sind sie zumindest sehr unwahrscheinlich.

Man hat sich eine ganze Reihe phantastischer technischer Entwicklungen ausgedacht, die zur Zeit außerhalb unserer Kenntnisse und Möglichkeiten liegen und vielleicht auch immer dort bleiben werden.

Tragbare Strahlenpistolen

In *Krieg der Welten* führte H. G. Wells die Vorstellung von »Wärmestrahlen« ein, die von wandelnden Maschinen vom Mars abgefeuert werden, ganze Städte verwüsten und die Menschheit in die Sklaverei treiben. Die heutigen Laserstrahlen leisten in jeder Hinsicht das gleiche: Wir können Laserenergie von vielen Millionen Watt erzeugen und damit sogar Stahl durchlöchern. Die einzige Begrenzung für die Energie von Laserstrahlen liegt offenbar in der Stabilität des Materials, das sie aussendet (und sich dabei aufheizt, so daß es bei hoher Energie bricht und instabil wird), sowie in der Energiequelle. Problematisch ist aber die Herstellung einer tragbaren Laserquelle. Wenn man die Energie eines Kernkraftwerks aus einer Pistole abfeuern will, muß die Pistole nun einmal mit einem Kernkraftwerk verbunden sein. Vor der gleichen Schwierigkeit stand der frühere US-Präsident Reagan, als er sich 1983 den »Krieg der Sterne« ausdachte. Dazu brauchte man eine kleine Energiequelle, die man auf kleinen Satelliten unterbringen und in eine Erdumlaufbahn befördern konnte. Die einzige derart starke und gleichzeitig bewegliche Energiequelle ist nach heutiger Kenntnis die Wasserstoffbombe. Wenn sie explodiert, kann man, wie bereits erwähnt, die freiwerdende Röntgenstrahlung mit Hilfe von Kupferstäben zur Erzeugung energiereicher Laserstrahlen verwenden. Tatsächlich hatte Edward Teller in seinen ursprünglichen »Star Wars«-Plänen vor, jeden seiner »Excalibur«-Röntgenlaser in der Erdumlaufbahn mit Tausenden von Wasserstoffbomben auszurüsten.

Aber wie sich später herausstellte, hätten nicht einmal von Bomben angetriebene Laser genügend Energie gehabt, um Tausende von russischen Gefechtsköpfen in kurzer Zeit abzuschießen.

Ohne Wasserstoffbomben kann es heute keine tragbare Energiequelle für eine Strahlenpistole geben, und die Wissenschaftler haben auch keine Ahnung, wo man danach suchen sollte.

Kraftfelder

Das Kraftfeld – eine durchsichtige, undurchdringliche Wand aus reiner Energie – ist ein beliebtes Element der Science-fiction. Um ein solches Feld zu konstruieren, müßte man die vier grundlegenden Kräfte des Universums untersuchen: die elektromagnetische Kraft, die Gravitation sowie die starke und schwache Wechselwirkung im Atomkern. Für ein Kraftfeld kommt keine davon ohne weiteres in Frage.

Elektromagnetische Felder sind unwahrscheinlich, denn manche Gegenstände werden weder von elektrischen noch von magnetischen Kräften beeinflußt: Sie fliegen durch ein elektromagnetisches Feld einfach hindurch.

Wie bereits erwähnt, bewegt sich beispielsweise ein Stück Kunststoff auch durch die stärksten Magnetfelder, ohne seine Richtung zu ändern. Gravitationsfelder sind ebenfalls unwahrscheinlich, denn sie stoßen nicht ab, sondern ziehen an. Außerdem sind sie sehr schwach. Wenn man sich beispielsweise die Haare gekämmt hat, zieht der Kamm anschließend kleine Papierstückchen an. Die Schwerkraft eines ganzen Planeten kann man also mit einem einfachen Kamm überwinden!

Auch die starken und schwachen Wechselwirkungen kommen nicht in Frage, denn sie wirken nur über die Entfernungen in Atomen und Atomkernen. Die Kraftfelder in den Science-fiction-Romanen dagegen üben ihre Einflüsse über Meter oder Kilometer hinweg aus.

Es gibt allerdings ein paar mögliche Schlupflöcher. Eines wäre eine bis heute unbekannte »fünfte Kraft«. Man hat mehrfach ernsthaft versucht, eine solche Kraft zu finden, die vielleicht über Entfernungen von einigen Metern wirkt, und es gab auch Berichte, man habe sie gefunden, aber das stellte sich später jedesmal als Irrtum heraus. Und zweitens haben wir über die starken und schwachen Wechselwirkungen nur sehr unvollkommene Kenntnisse; vielleicht könnte man eines Tages Kraftfelder aufbauen, die so dick wie ein Atom oder Atomkern sind, sich aber über viele Kilometer ausdehnen. Wie man das bewerkstelligen soll, weiß heute aber niemand.

Transporter und Replikatoren

»Beam mich rauf, Scotty!« war ein beliebter Spruch für Millionen *Enterprise*-Fans. In Umfragen gaben die meisten Zuschauer an, dieser Raumsprung-Mechanismus sei zwar ein Phantasieprodukt, aber eines Tages werde man ihn wohl bauen können. In Wirklichkeit ist es wahrscheinlich genau umgekehrt. Eine Theorie der Raumsprünge und Wurmlöcher ergibt sich aus Einsteins Gleichungen und aus der Quantentheorie. Aber wenn man nach einem möglichen Transportmechanismus fragt, zucken die Physiker in völliger Ratlosigkeit mit den Schultern. Wir haben nicht die geringste Ahnung.

Schon die Vorstellung, etwas Atom für Atom auseinanderzunehmen, durch den Raum zu schießen und wieder zusammenzusetzen, liegt jenseits aller Kenntnisse. Jeder dieser drei Schritte ist nach dem heutigen Stand physikalischen Wissens unmöglich.

Erstens kann man einen Menschen nicht in seine Atome zerlegen, weil man die Position der einzelnen Atome nicht kennt. Allein diese Information würde die Fähigkeiten aller Computer der Erde sprengen. Zweitens kann man Atome nicht durch den Raum schicken, auch nicht über Funk. Und drittens wissen wir nicht, wie wir einen Menschen wieder zusammensetzen sollten, selbst wenn uns die Lage aller seiner Atome bekannt wäre.

Unsichtbarkeit

In dem Roman *Der Unsichtbare* von H. G. Wells ist der Held nach einem Unfall nicht mehr zu sehen. Sein Körper treibt knapp außerhalb unseres dreidimensionalen Universums durch die vierte Dimension und ist deshalb für uns unsichtbar, obwohl er in unserer Welt alles beobachten kann. In Wirklichkeit kennt man leider keinen Weg, um einen Menschen unsichtbar zu machen. Ob ein Gegenstand zu sehen ist oder nicht, hängt von der Struktur der Elektronenhülle seiner Atome ab: Absorbiert oder reflektiert sie das Licht, erscheint der Gegenstand undurchsichtig. In durchsichtigen Objekten absorbieren die Elektronenhüllen das Licht ebenfalls, aber dann streuen sie es, so daß die ursprüngliche Wellenfront wiederhergestellt wird. Bisher haben wir keine Ahnung, wie wir die Elektronenhüllen der Atome so abändern sollen, daß sich ihre optischen Eigenschaften ändern und der Gegenstand unsichtbar wird.

Obwohl solche Ideen an den Haaren herbeigezogen sind und wahrscheinlich grundlegende physikalische Gesetze verletzen, gibt es jedoch eine Zukunftstechnologie, die durchaus im Bereich unseres Begreifens liegt: die Raumfahrt zur Erforschung nahe gelegener Sterne.

14 Der Griff nach den Sternen

»Es gibt keinen Weg zurück in die Vergangenheit. Wir haben die
Wahl zwischen dem Universum – und nichts.«

H. G. Wells

»Es gibt zwei Möglichkeiten: Entweder sind wir allein im Universum, oder wir sind es nicht. Beide sind gleichermaßen er-
schreckend.«

Arthur C. Clarke

Die Nachricht schlug ein wie ein Blitz: In einem Stück Marsgestein hatte man versteinerte, wurmähnliche Gebilde gefunden. Auf einmal rückte der rote Planet in den Mittelpunkt des Interesses, und ein elektrisierter Präsident Clinton erklärte: »Heute spricht der Stein Nummer 84001 zu uns, über Milliarden Jahre und Millionen Meilen hinweg ... Er spricht von der Möglichkeit des Lebens. Wenn sich diese Entdeckung bestätigt, wird sie sicher eine der gewaltigsten Erkenntnisse über das Universum sein, die die Wissenschaft jemals enthüllt hat.« In diesen Worten faßte der Präsident im Sommer 1996 die ganze Spannung und Aufregung zusammen, die durch die mögliche Entdeckung von Leben auf dem Mars entstanden war. Und 1997 spekulierten Wissenschaftler sogar, es könne Leben auf Jupitermonden geben.

Im 21. Jahrhundert, wenn Forscher die Grenzen unseres Wissens immer mehr erweitern, werden wir zweifellos Zeugen zahlreicher verblüffender Entdeckungen im Weltraum werden. Wir werden miterleben, wie selbständig arbeitende Roboter die Marsoberfläche erkunden, und der X-33 Venturestar, der Nachfolger des Space Shuttle, wird in den Orbit hinauffliegen, um dort an die neue Raumstation Alpha anzudocken, die in Zusammenarbeit mehrerer Staaten gebaut wurde. Mit neuartigen Teleskopen werden wir Planeten außerhalb unseres Sonnensystems entdecken, und wenn es sie gibt, werden manche Wissenschaftler sicher bestrebt sein, Raumsonden zu benachbarten Sternen zu schicken, um dort nach intelligentem Leben zu suchen.

Da die physikalischen und technischen Prinzipien von Raketen sehr gut bekannt sind, kann man über den Verlauf der Weltraumforschung im 21. und sogar im 22. Jahrhundert begründete Voraussagen machen. In diesem Kapitel werde ich zunächst umreißen, wie sich die Raumfahrt voraussichtlich in den kommenden 20 Jahren entwickeln wird; für diese Zeit hat die NASA sich bereits einige allgemeine Ziele gesteckt. Anschließend wird von der Zeit von 2020 bis 2050 die Rede sein, wenn neue Triebwerksysteme den Transport zwischen den Planeten zu etwas Normalem machen, und schließlich von der Epoche von 2050 bis ins 22. Jahrhundert, wenn die Menschheit über die Besiedlung anderer Planeten nachdenken wird.

Die Besiedlung des Weltraums ist nicht nur leere Spekulation oder Wunschdenken, sondern sie stellt für unsere Spezies langfristig eine Überlebensfrage dar. Die Erde befindet sich mitten in einer kosmischen Schießbude. Betrachtet man Zeiträume von Jahrtausenden oder Jahrmillionen, wird unausweichlich der Einschlag eines Meteors, eines Kometen oder eine andere Naturkatastrophe das Leben auf unserem Planeten zum größten Teil auslöschen. Oder anders ausgedrückt: Irgendwann wird unsere Spezies im Weltraum eine neue Heimat finden müssen. Sie zu suchen ist schlicht lebensnotwendig.

Bis 2020

Die Invasion des Mars hat begonnen! Als H. G. Wells 1898 seinen Klassiker *Krieg der Welten* schrieb, ging er davon aus, daß Marsbewohner auf die Erde kommen. In Wirklichkeit dringen nun die Erdbewohner auf den Mars vor. Zwischen 1997 und 2007 sollen zehn Raumsonden der NASA den roten Planeten genauer untersuchen, also durchschnittlich jedes Jahr eine.[1] Auf diese Weise könnten die Voraussetzungen für einen ständigen Roboterstützpunkt und später im 21. Jahrhundert sogar für bemannte Flüge geschaffen werden.

Mit den Marsmissionen wird es zweifellos schneller vorangehen, falls sich die Befunde des Johnson Space Center bestätigen, wonach es auf dem Planeten möglicherweise Leben in Form von Mikroorganismen gegeben hat. Mittlerweile gibt es aus der ganzen Welt neue Berichte über Untersuchungen an einer ungewöhnlichen Gruppe von Meteoriten, die vor vielen tausend Jahren in der Antarktis niedergingen. (Da die Antarktis fast völlig weiß ist, sind Meteorite auf ihren Eisflächen besonders leicht zu finden.) Diese Meteorite haben genau die gleiche Mineral- und Gaszusammensetzung wie die Marsoberfläche, und deshalb sind die Fachleute davon überzeugt, daß sie vom roten Planeten stammen. Der Mars ist nur halb so groß wie die Erde und hat eine entsprechend geringe Anziehungskraft. Deshalb, so die Theorie, könnten Meteoriteneinschläge dort Stücke des Marsbodens in den Weltraum geschleudert haben, wo sie Jahrmillionen lang umhertrieben, bevor sie schließlich auf der Erde landeten. Vierzehn solche Mars-Meteorite hat man bisher in der Antarktis entdeckt.

Einer davon – ein etwa zwei Kilo schwerer Steinmeteorit vom Umfang einer großen Kartoffel, den man auf die Bezeichnung ALH84001 getauft hatte – erregte besondere Aufmerksamkeit. Er wurde vor 16 Millionen Jahren aus der Marsoberfläche herausgeschlagen und irrte durch den Weltraum, bis er vor rund 13 000 Jahren im Südpolarbereich niederging. Die eingehende Analyse seiner Bestandteile weist darauf hin, daß es auf dem Mars vor 3,6 Milliarden Jahren Leben gegeben haben könnte. Auf den Fotos sind wurmähnliche Strukturen zu sehen, die stark den Überresten der ersten versteinerten Mikroorganismen auf der Erde ähneln und die ebenfalls drei Milliarden Jahre alt sind.

Weitere Unterstützung für diese erstaunliche Behauptung kam wenige Monate später aus Großbritannien: Dort gaben Wissenschaftler bekannt, ein von ihnen untersuchter Meteorit zeige ebenfalls Anzeichen organischer Substanzen, wie sie in Lebewesen vorkommen.[2]

Solche Befunde ließen natürlich das öffentliche Interesse an den ersten Marsmissionen seit 20 Jahren wachsen: Die Sonden »Pathfinder« und »Mars Global Surveyor« wurden 1996 gestartet und erreichten 1997 den Mars. Sie sind nur der Anfang nachdrücklicher Anstrengungen der NASA, den Nachbarplaneten genauer zu erkunden.

Derzeit arbeitet man bei der NASA an einem umfassenden Zeitplan für die Erforschung des roten Planeten. Die nächsten Marssonden sollen den Planeten eingehender erkunden als je zuvor; das käferähnliche, 60 Zentimeter lange Marsauto »Sojourner« fuhr länger als erwartet im Umkreis der Landestelle herum und analysierte Marsgesteine. Dieses Gefährt (das auf die in Kapitel 4 beschriebenen, insektenähnlichen Roboter von Rodney Brooks zurückgeht) kann das unebene Gelände ohne genaue Anweisungen von der Erde selbständig erforschen.

Zukünftige Marsmobile werden eine kleine Schaufel besitzen, mit der sie Bodenproben entnehmen, nach Leben fahnden und die Zusammensetzung des Bodens untersuchen. Ihren Höhepunkt werden diese Arbeiten im Jahr 2005 erleben, wenn ein Roboter zum erstenmal Gestein vom Mars zur Erde bringt. (Wegen der geringen Schwerkraft ist das Abheben vom Mars für die Rückkehr nicht sonderlich schwierig.) Die Wissenschaftler der NASA befassen sich derzeit mit der Möglichkeit, Treibstoff und Sauerstoff auf dem Mars selbst zu gewinnen, denn sein Boden enthält vermutlich viel Eis, und seine Atmosphäre ist reich an Kohlendioxid. Das würde die Kosten für den Rückflug beträchtlich senken und ist vielleicht die erste Voraussetzung für einen dauerhaften Roboterstützpunkt auf dem Mars.[3]

Wenn sich bestätigt, daß es auf dem Mars früher Leben in Form von Mikroorganismen gab, stellt sich die Frage: Wie konnte sich diese Lebensform auf einem so unwirtlichen Planeten entwickeln?

Der Mars: eine eisige Wüste

Durch die Mariner- und Viking-Sonden wissen wir, daß der Mars eine »eisige Wüste« ist, ein kalter, unwirtlicher Planet mit Minusgraden, öden Landschaften, gewaltigen Stürmen und einer dünnen Kohlendioxidatmosphäre, die man nicht atmen könnte und die nur ein Prozent der irdischen Luftdichte hat. (Ein Mensch ohne Raumanzug würde auf dem Mars ersticken, erfrieren und schließlich »explodieren«.) Aber so war es nicht immer. Vor mehreren Milliarden Jahren gab es auf dem Mars große Seen, Meere und vielleicht sogar Ozeane. Noch heute erkennt man alte Flußbetten und die Überreste von Inseln; sie wurden von Wasser geformt, das einst ungehindert über die Oberfläche des Planeten floß, und zeigen, daß das Klima damals auf dem Mars völlig anders war. Carl Sagan meint dazu: »Vor 4 bis 3,8 Milliarden Jahren dürften die Bedingungen auf dem Mars ... die Entstehung von Leben begünstigt haben. Die Marsoberfläche zeigt viele Hinweise auf alte Flüsse, Seen und vielleicht sogar Meere, die über 100 Meter tief waren.«[4] (Die Verhältnisse waren so günstig für die Entstehung von Leben, daß manche Wissenschaftler sogar die Vermutung geäußert haben, das Leben könne vom Mars stammen, und Meteoriten hätten später die ersten Mikroorganismen auf die Erde gebracht.»Wer weiß, vielleicht sind wir alle Marsianer«, sagt Richard Zare von der Stanford University.[5,6])

Für die Zeit nach 2010 faßt man bei der NASA ernsthaft die Möglichkeit ins Auge, auf dem Mars einen ständigen Roboterstützpunkt einzurichten. Von ihm aus sollen die Verhältnisse auf dem Planeten überwacht und im Boden nach nützlichen Mineralien gesucht werden, so daß er eine autarke Operationsbasis bildet.

Neuen Auftrieb erhielten Pläne, weitere Sonden zur Erkundung der Planeten zu starten, im Jahr 1997 durch die Entdeckung, daß auch der eisbedeckte Jupitermond Europa möglicherweise die Voraussetzungen für die Entstehung von Leben bietet. Zwar ist Europa wie der Mars ein unwirtlicher, kalter Himmelskörper, aber unter seiner Schale aus ewigem Eis könnte es einen riesigen, flüssigen Ozean geben, der durch Vulkantätigkeit, radioaktiven Zerfall und die gewaltigen Gezeitenkräfte des Jupiter aufgeheizt wird. Die Raumsonde »Galileo« kam auf ihrer Jupitermission bis auf etwa 550 Kilometer an Europa heran und fotografierte Strukturen, die wie rote Meere mit schwimmenden Eisbergen aussehen. Auf der Erde leben manche Mikroorganismen rund um Vulkanschlote am Meeresboden, und genauso könnte es auch in den Ozeanen auf Europa Lebewesen geben. »Ich bin sicher, daß dort Leben ist«, sagt der Astronom John Delany von der University of Washington.[7]

Die Idee, Menschen zum Mars und noch weiter in den Weltraum zu schicken, läßt zwar Erinnerungen an die berühmte Entscheidung des US-

Präsidenten Kennedy wach werden, der den ersten Menschen auf den Mond bringen wollte, aber ein solches Schnellprogramm wäre sehr riskant und würde im Verhältnis zum Aufwand wenig wissenschaftlichen Ertrag bringen.

Eine bemannte Marsmission würde gewaltige Kosten verursachen – nach Schätzungen mancher Experten mindestens 500 Milliarden Dollar; sie würde eine Vergeudung knapper Mittel bedeuten und wäre für die Mannschaft äußerst riskant.

Deshalb hat man sich bei der NASA klugerweise entschlossen, nicht noch einmal den gleichen Fehler zu machen wie in den sechziger Jahren. Damals war der kalte Krieg die wichtigste Triebkraft des Raumfahrtprogramms, und als die Politiker das Interesse am Mond verloren, brach es zusammen. Voraussagen über die Zukunft der Raumfahrt sind oftmals so schwierig, weil dahinter keine wissenschaftlichen, sondern politische Beweggründe stehen: Politiker wollen, daß Astronauten im Weltraum aufsehenerregende, im wesentlichen aber zeremonielle Handlungen vollziehen, die ein Roboter zu einem Bruchteil der Kosten erledigen könnte.

William Walter schreibt in seinem Buch *Space Age*:»Unsere Liebesgeschichte mit dem Mond war anscheinend nur ein Flirt, eine kurze Affäre, die durch die Leidenschaften des kalten Krieges angeheizt wurde.« Die Einstellung der politisch Verantwortlichen faßte der frühere US-Präsident Johnson vielleicht am besten zusammen: Er sagte grimmig, er wolle »nicht im Licht eines kommunistischen Mondes zu Bett gehen«. Ebenso prägnant formulierte es Isaac Asimov, als er nach der gelungenen Mondlandung das rasch schwindende Interesse der politischen Führung an der Raumfahrt satirisch aufs Korn nahm:»Wir haben die Landung geschafft. Der Mohr hat seine Schuldigkeit getan, der Mohr kann gehen.«

In den geplanten Marsmissionen der NASA spiegelt sich das realistischere Motto ihres Direktors Daniel Goldin wider:»Kleiner, schneller, billiger, besser.« Statt alle 20 Jahre einen unglaublich teuren Raumflug zum Mars zu unternehmen (wie das gescheiterte, milliardenschwere Projekt des Mars Observer, der 1993 vermutlich bei der Annäherung an den Planeten explodierte), will die NASA jetzt Risiko und Kosten besser aufteilen und lieber in den kommenden zehn Jahren zehn kleine, dafür aber intelligentere Sonden zum roten Planeten schicken.

Die Raumstation im Jahr 2002

Bei aller Energie und Zukunftsorientierung muß NASA-Direktor Goldin sich aber mit ein paar Dinosauriern herumschlagen, die ihm seine Vorgänger hinterlassen haben, so mit dem Space Shuttle und der Raumstation Alpha. Die Raumstation ist das Musterbeispiel, denn eine echte wissenschaftliche Rechtfertigung für sie gibt es bis heute nicht.

Wenn die internationale Raumstation Alpha im Jahr 2002 gebaut wird, hat sie kaum etwas gemein mit dem eleganten, atemberaubenden Weltraumbahnhof, den Stanley Kubrick und Arthur C. Clarke sich in dem Film *2001 – Odyssee im Weltraum* ausmalten. Alpha wird nur klägliche 433 Tonnen wiegen, und wenn man die ausladenden Sonnensegel mitrechnet, ist sie so groß wie ein Fußballfeld – etwa 90 mal 110 Meter. Sie wird – so die Formulierung eines Kritikers – aussehen wie eine Badewanne mit Flügeln, und kann nur sechs Astronauten aufnehmen, die in einer Umlaufbahn etwa 320 Kilometer über der Erde in sieben Labors arbeiten.

Um das gesamte Baumaterial in den Weltraum zu bringen, sind voraussichtlich 67 Raketenstarts notwendig: 22 davon sind Space-Shuttle-Flüge, den Rest übernimmt Rußland. Die Kosten dürften sich insgesamt auf über 100 Milliarden DM belaufen, also etwa 1,6 Milliarden je Raketenstart. Knapp 80 Milliarden (43 Milliarden Dollar) steuern die USA bei, der Rest kommt aus anderen Ländern. Der Rechnungshof der USA bezeichnet die

Die Raumstation Alpha soll 2002 für schätzungsweise 100 Milliarden US-Dollar fertiggestellt sein. (Mit freundlicher Genehmigung der National Aeronautics and Space Administration)

Schätzungen der NASA als viel zu optimistisch und spricht von Gesamtkosten um die 93,9 Milliarden Dollar (etwa 170 Milliarden DM).

Albert Wheelon, der frühere Vorstandsvorsitzende des Flugzeugherstellers Hughes, der 1993 auch in dem Beratergremium des Präsidenten für die Raumstation saß, meint dazu:»Der wissenschaftliche Wert wird bei weitem übertrieben ... Es ist schlicht und einfach ein Programm zur Schaffung von Arbeitsplätzen.«[8] Nach Ansicht des National Research Council, dem einige führende Weltraumforscher angehören,»... ist es mit wissenschaftlichen Argumenten nicht zu begründen.«[9]
Aus rein wissenschaftlicher Sicht lautet der wichtigste Einwand gegen die Raumstation Alpha: Im Verhältnis zu den Kosten von 100 Milliarden leistet sie für die Wissenschaft relativ wenig.[10] Fast alle Experimente, die für Alpha geplant sind, lassen sich zu einem Bruchteil der Kosten auch auf einzelnen Raumflügen oder in kleineren Stationen wie der russischen Mir ausführen. Eines der wissenschaftlichen Ziele war ursprünglich die Erforschung der »Mikrogravitation«, das heißt der Herstellung ausgefallener Werkstoffe und Proteine in der Schwerelosigkeit des Weltraums. Aber wie der Physiker und wissenschaftliche Berater des früheren Präsidenten Bush meinte:»Die Mikrogravitation ist von mikroskopischer Bedeutung.«
Die Eindrücke der meisten Fachleute faßte der Weltraumforscher James Van Allen so zusammen:»Shuttle und Raumstation sind genau das Gegenteil von dem, was Goldin seinen eigenen Behauptungen zufolge will. Sie sind größer, langsamer, teurer und schlechter.«[11]
Zwei weitere schwere Schläge gegen das Projekt wurden 1997 geführt. Das National Research Council gab eine Schätzung bekannt, wonach die Raumstation während ihrer 15 Betriebsjahre mit einer Wahrscheinlichkeit von 50 Prozent einen katastrophalen Zusammenstoß mit einem kleinen Meteor erleben wird. Manche derartigen Brocken sind so klein, daß man sie auf dem Radarschirm nicht erkennt, aber ihre Größe reicht dennoch aus, um die Außenhaut der Station zu durchschlagen. Außerdem wird Rußland angesichts seines wirtschaftlichen Niedergangs möglicherweise nicht in der Lage sein, das zentrale Versorgungsmodul fertigzustellen, seinen wichtigsten Beitrag zur Raumstation.[12] »Die Zusammenarbeit mit den Russen stand vom ersten Tag an auf des Messers Schneide«, sagt Goldin.[13] Das Programm wurde dadurch um bis zu einem Jahr zurückgeworfen.
Vielleicht ist die Raumstation schon veraltet, bevor sie im Jahr 2002 gebaut wird, aber zumindest ist die NASA bereit, den Space Shuttle abzulösen.

X-33: Das Arbeitspferd des 21. Jahrhunderts

Der Kongreßabgeordnete Dana Rohrbacher bezeichnete den Space Shuttle einmal als»das wirksamste Mittel zur Vernichtung von Dollars, das wir

Die X-33 VentureStar, ein wiederverwendbares Raumfahrzeug, soll das Space Shuttle zu Beginn des kommenden Jahrhunderts ablösen. Zum Bau werden weiterentwickelte Kunstharze verwendet, die strapazierfähiger und leichter als Stahl sind. (Mit freundlicher Genehmigung der National Aeronautics and Space Administration)

kennen«.[14,15] Die Raumfähre ist eine Hinterlassenschaft des kalten Krieges und stellt für die NASA zunehmend eine Belastung dar. Mit seinen explodierenden Kosten und einer mageren Leistung von nur acht Starts im Jahr ist das Gerät zu einem Faß ohne Boden für Steuergelder geworden. Der Shuttle kann eine Nutzlast von 27 Tonnen befördern, aber zu dem atemberaubenden Preis von 800 Millionen Dollar je Start. Das macht etwa 50 000 DM je Kilogramm Nutzlast, mehr als das Doppelte des Goldpreises (der bei etwa 20 000 DM je Kilo liegt).

Deshalb beherrscht die Europäische Weltraumagentur mit ihrer wendigen Ariane-Rakete mittlerweile zwei Drittel des Marktes für Raketenstarts, der früher die ausschließliche Domäne der Vereinigten Staaten war.

Aber diese traurige Leistungsbilanz könnte sich ins Gegenteil verkehren. Im Juli 1996 vergab die Clinton-Regierung eine Milliarde Dollar an die Firma Lockheed Martin für die völlige Neukonstruktion einer billigen, effizienten Rakete. Diesen Schritt halten viele Fachleute für den Beginn einer neuen Ära mit kostengünstigen, häufigen Raumflügen.

356

Das elegante neue Modell – das erste seit 30 Jahren – ist die X-33 Venturestar, ein wiederverwendbares Raumfahrzeug, dessen Prototyp im März 1999 den Jungfernflug unternehmen soll; bis zum Jahr 2000 sollen 15 Erprobungsflüge stattfinden. Entscheidend ist an der Konzeption der Venturestar, daß sie billig und wirklich wiederverwendbar ist, was die Kosten auf ein Zehntel vermindert. Diese veränderte Wirtschaftlichkeitsrechnung könnte dazu führen, daß sich auch eine andere Einstellung zur Raumfahrt durchsetzt: Während sie früher als viel zu teuer galt, könnte sie nun endlich zu etwas relativ Alltäglichem werden. Der Astronom John Lewis von der University of Arizona malt sich sogar eine Zeit aus, wenn ein Raumflug kaum mehr kosten wird als ein Flug über den Atlantik, so daß jedermann ins Weltall reisen kann.

Die X-33 hat eine ungewöhnliche Form, die an das Raumschiff »Millenium Falcon« aus dem Film *Krieg der Sterne* erinnert. Und wie das Film-Raumschiff kann sie sich sowohl in den Weltraum erheben als auch auf einem ganz normalen Flughafen landen. Die großen und teuren Schubraketen, die bei jedem Flug weggeworfen werden, sind nicht mehr notwendig. Das Ziel sind 30 Flüge im Jahr, etwa viermal so viele wie derzeit mit dem Space Shuttle.

Ein Prototyp der Venturestar, der mit 22 Metern Länge halb so groß ist wie die endgültige Konstruktion, soll 1999 seinen Jungfernflug absolvieren. Bis 2006 soll das Raumschiff in voller Größe zur Verfügung stehen. Und 2008, so Gene Austin, der Leiter des X-33-Programms bei der NASA, wird die Venturestar »Fracht und Besatzungen zur Versorgung der Raumstation transportieren und kommerzielle Raketenstarts durchführen«.[16] Bis 2012 soll sie den Space Shuttle völlig ablösen. Letztlich wird die Industrie die X-33 übernehmen.[17]

Der Orientexpreß

Die Venturestar könnte zu Beginn des 21. Jahrhunderts Gesellschaft durch ein ganz anderes Verkehrsmittel bekommen: das Weltraumflugzeug. Diese Überschallmaschine wurde von dem früheren Präsidenten Reagan auf den Namen »Orientexpreß« getauft, weil sie von New York aus in etwa einer Stunde Tokio erreichen kann. Sie soll wie ein ganz gewöhnliches Flugzeug starten und landen, zwischendurch aber wie eine Rakete in den Weltraum aufsteigen. Im Gegensatz zu herkömmlichen Raketen braucht sie keine schweren Sauerstofftanks oder Schubstufen, denn sie bezieht den Sauerstoff unmittelbar aus der Luft und erreicht damit zunächst eine Geschwindigkeit von Mach 2 bis Mach 3 (2500 bis 3600 Kilometer in der Stunde). In den oberen Atmosphärenschichten, wo die dünne Luft zum Antrieb der Düsentriebwerke nicht mehr ausreicht, wird dann der Raketenantrieb gezündet, und das Flugzeug bewegt sich mit Mach 23 auf einer Erdumlaufbahn vorwärts.

William Safire von der *New York Times* meint dazu:»Diesmal befassen wir uns mit der Entwicklung eines Weltraumflugzeugs, das 6000 Stundenkilometer erreicht und die britisch-französische Concorde hinter sich lassen wird wie ein getunter Sportwagen den Ford T.« Das erste Programm zur Entwicklung des Weltraumflugzeugs hatte ein Volumen von 1,5 Milliarden Dollar und lief 1992 aus. Das Nachfolgeprojekt, Advanced Space Transportation Technology Program genannt, wird vom Marshall Space Flight Center der NASA in Huntsville (Alabama) betreut. Der erste Flug eines kleinen Modells ist für 2002 geplant, und mit Tests im großen Maßstab ist für 2005 zu rechnen.

Einen Vertrag über 33,4 Millionen Dollar schloß die NASA 1997 mit der Firma Microcraft Inc., die ein neues Triebwerk für das Weltraumflugzeug entwickeln soll. Im Rahmen des Projekts, das die Bezeichnung Hyper-X trägt, wird man vier unbemannte Flugzeuge bauen, die 1998 Mach 5 bis Mach 10 erreichen sollen.

Letztlich verfolgt man mit den neuen Überschall-Raumfahrzeugen das Ziel, die Kosten für das Aussetzen von Satelliten in niedrigen Umlaufbahnen bis 2009 um 95 Prozent zu verringern.[18] Wenn diese Verbilligung gelingt, wird man in Zukunft sehr häufig Nutzlasten und sogar zahlende Passagiere in den Weltraum befördern.

Eine Voraussetzung für diese neue Generation der Raumfahrzeuge sind umwälzende Fortschritte in der Materialforschung, die zu widerstandsfähigen, elastischen, leichten Kunststoffharzen für den Rumpf geführt haben; sie treten an die Stelle der schweren (und möglicherweise auch gefährlichen) Keramikplatten, die den Hitzeschild des Space Shuttle bilden. (Beim Wiedereintritt in die Atmosphäre heizt sich der Space Shuttle außen durch die Luftreibung auf sehr hohe Temperaturen auf. Wenn dabei nur einige Platten des Hitzeschutzes verlorengehen, kann es zu katastrophalen Schäden am Rumpf kommen. Man weiß, daß die Ingenieure in dieser Flugphase die Daumen drücken oder heimlich beten, damit die Platten sich nicht lösen.) Bei den neuen Raumfahrzeugen dagegen erfüllen fortschrittliche, leichte Graphit-Verbundwerkstoffe oder Aluminium-Lithiumharze diesen Zweck; sie machen die Rakete erheblich leichter und damit wirtschaftlicher.

Die High-Tech-Verbundwerkstoffe haben nur ein Fünftel des Gewichts von Stahl, sind aber viel widerstandsfähiger. Sie kosten etwa fünf bis sieben DM je Kilo (im Vergleich zu 70 Pfennig bis 1,50 DM je Kilo Stahl), aber dieser Preis wird durch die Massenproduktion sicher noch sinken. Sie haben so viele Vorteile, daß manche Ingenieure schon gefordert haben, man solle auch Autos und Züge aus diesen Materialien herstellen, weil das den Landverkehr ebenfalls sicherer und wirtschaftlicher machen würde. Zur Herstellung der Verbundwerkstoffe verschmilzt man Fasern, die aus Kohlenstoff, Glas und anderen Rohstoffen gesponnen werden, mit einer Grundsubstanz aus Kunststoff, Keramik oder Metall.

Mit Supercomputern und virtueller Realität simulierte man die Luftströmungen am Flugzeugrumpf und konnte ohne kostspielige Erprobung berechnen, welchen Temperaturen und Belastungen ein Flugzeug beim Überschallflug ausgesetzt ist. Da die mathematischen Grundlagen der Aerodynamik gut bekannt sind, beschreibt der Supercomputer sehr genau, welche Belastungen die Außenhaut eines solchen Fahrzeugs aushalten muß, wenn es mit 30 000 Stundenkilometern in die Erdatmosphäre eintritt.

2020 bis 2050

In der Zeit nach 2020 wird man ganz andere Raketen brauchen, die eine neue Aufgabe erfüllen: interplanetare Langstreckenreisen, die Versorgung eines Roboterstützpunktes auf dem Mond, die Erforschung des Asteroidengürtels und der Kometen sowie die Belieferung einer bemannten Basis auf dem Mars. Reisen zu den Nachbarplaneten werden dann Routine sein, und dazu braucht man ein kostengünstiges, zuverlässiges Transportmittel.

Für den Raketenantrieb der Zukunft hat man sich mehrere Konstruktionsprinzipien ausgedacht, so den Ionenantrieb, die Nuklearrakete, die Abschußkanone und das Sonnensegel.[19,20] Fast alle haben aber entscheidende Schwachpunkte. Nuklearraketen würden beispielsweise eine ernste Gefahr darstellen, wenn es im Weltraum zur Kernschmelze kommt. Die Abschußkanone beschleunigt Gegenstände so stark, daß die Nutzlast in den meisten Fällen zerstört würde, und Sonnensegel lassen sich nur schwer bauen und im Weltraum instand halten. Der Physiker Freeman Dyson meint dazu: »Ich erkläre den solarelektrischen [Ionen]antrieb in der Raumfahrt zum Sieger, denn mit ihm können wir in Sachen Geschwindigkeit, Effizienz und Wirtschaftlichkeit soweit kommen, wie die Gesetze der Physik es erlauben.«[21]

Während der chemische Raketenantrieb der Standard des 20. Jahrhunderts war, wird der solarelektrische Ionenantrieb wahrscheinlich im nächsten Jahrhundert die Hauptlast tragen. Er funktioniert im wesentlichen nach dem gleichen Prinzip wie die Kathodenstrahlröhre in einem Fernsehgerät: Solarzellen erzeugen elektrische Energie, die ein Gas wie Xenon aufheizt und ionisiert. Die Ionen werden dann von einer geladenen Platte angezogen und am Ende aus einer Düse ausgestoßen.

Der Ionenantrieb ist eigentlich das genaue Gegenteil der Saturn-V-Rakete, die innerhalb weniger Minuten einen Schub von mehreren tausend Tonnen erzeugte, um die Apollo-Kapseln auf den Weg zum Mond zu bringen. Solche chemischen Raketentriebwerke erzeugen für kurze Zeit gewaltige Kräfte. Der Ionenantrieb dagegen stößt einen dünnen Ionenstrahl aus und erzeugt damit nur einen bescheidenen Schub, der aber fast unbegrenzt lange andauern kann.

Die beiden Antriebsarten erinnern an Schildkröte und Hase. Chemische Raketen entsprechen dem Hasen: Sie eignen sich gut, um schnell das Schwerefeld der Erde hinter sich zu lassen, aber ihr Treibstoff geht bald zur Neige, so daß sie nur wenige Minuten lang brennen. Ionenantriebe dagegen können wie eine Schildkröte große Entfernungen überwinden, weil sie ihre geringe, aber stetige Beschleunigung über Jahre hinweg beibehalten.

Wie wir aus der Physik wissen, ist das Entscheidende nicht der Schub, sondern der »spezifische Impuls«, das Produkt aus dem Schub und der Zeit, über die er wirkt. Ein geringerer Schub läßt sich also durch eine längere Wirkungszeit ausgleichen. Eine chemische Rakete erreicht in der Regel einen spezifischen Impuls von etwa 500 Sekunden, beim Ionenantrieb dagegen sind 10 000 Sekunden möglich – das Maximum liegt sogar bei ungefähr 400 000 Sekunden. (Die Einheit für den spezifischen Impuls ist nach allgemeiner Übereinkunft die Sekunde.[22])

Das einfachste Konstruktionsprinzip für Langstreckenflüge zu den Planeten würde sich einer Kombination mehrerer Antriebsarten bedienen. Das Schwerefeld der Erde müßte man mit chemischen Antrieben überwinden, während im Weltraum das Raumschiff dann mit einem Ionenantrieb allmählich auf hohe Geschwindigkeiten beschleunigt würde, um zu den äußeren Planeten und darüber hinaus zu reisen.

Da der Ionenantrieb ganz allmählich eine hohe Geschwindigkeit erzeugt, eignet er sich insbesondere für Langstreckenreisen im Sonnensystem, bei denen es nicht in erster Linie auf die Zeit ankommt. Man kann sich vorstellen, daß eines Tages große Lasten mit Ionenantrieb zwischen den Planeten transportiert werden. Damit könnte er zum Kernstück eines »kosmischen Eisenbahnnetzes« werden. »Ein vielschichtiges System solarelektrischer Raumschiffe würde das gesamte Sonnensystem für Handel und Erforschung ebenso zugänglich machen, wie es die Küsten der Kontinente im Zeitalter der Dampfschiffe wurden«, sagt Freeman Dyson.[23]

Im Lewis Research Center in Cleveland erprobt man zur Zeit den Kuiper Express, eine Raumsonde mit Ionenantrieb, die Kometen im sogenannten Kuiper-Gürtel jenseits der Neptun-Umlaufbahn erforschen soll. Das Ionentriebwerk des Kuiper Express bezieht seine Energie aus Solarzellen, die den Strom für die Ionisation von Xenongas liefern. Elektroden zwingen die Ionen dann durch eine Düse, so daß der Schub entsteht. Die großen Sonnensegel des Kuiper Express können sogar jenseits des Planeten Pluto noch Energie aus Sonnenlicht erzeugen, obwohl die Sonne dort kaum noch heller wirkt als andere Sterne.

Planeten anderer Sterne

Im weiteren Verlauf des 21. Jahrhunderts wird sich das Interesse von unserem eigenen Sonnensystem allmählich zu den benachbarten Fixsternen verlagern. Großes Aufsehen bei den Wissenschaftlern erregte 1997 die Entdeckung von insgesamt dreizehn Planeten, die benachbarte Sterne in den Sternbildern Jungfrau, Großer Bär und Pegasus umkreisen.[24] Dabei handelt es sich allerdings in allen Fällen um Riesenplaneten, die dem Jupiter ähneln und vermutlich nicht bewohnt sind.

Nach 2020 werden wir aber voraussichtlich über so leistungsfähige Instrumente verfügen, daß wir bei unseren Sternennachbarn auch kleine, erdähnliche Planeten entdecken können. Das könnte für die Wissenschaft ein Anlaß sein, nach den Sternen zu greifen. »Das Fernziel ist die Entdeckung eines Planeten außerhalb unseres Sonnensystems, auf dem Leben möglich ist«, sagt der Astronom Alan P. Boss von der Carnegie Institution in Washington.

In der ersten Hälfte des 21. Jahrhunderts dürfte vor allem die Aussicht, Leben auf dem Mars zu finden, die Weltraumforschung vorantreiben. Gegen Ende des Jahrhunderts dagegen wird vermutlich die Möglichkeit, erdähnliche Planeten außerhalb unseres Sonnensystems aufzuspüren, zur entscheidenden Triebkraft für die Erkundung des interstellaren Raumes werden.

Aufgrund der Newtonschen Bewegungsgestze wissen wir, daß unsere Sonne von den Riesenplaneten Jupiter und Saturn geringfügig zum »Wackeln« gebracht wird. Entsprechend zerrt die Schwerkraft großer Planeten auch an unseren Nachbarsternen, so daß sie schwanken. Da die Planeten selbst kein Licht aussenden, können wir mit unseren Teleskopen nur die Zitterbewegung des Zentralgestirns beobachten.

Mit solchen Methoden fanden die Astronomen einen Planeten, der 47 Ursae major umkreist, einen 320 Billionen Kilometer entfernten Stern im Großen Bären; der Planet ist doppelt so groß wie der Jupiter. Ein weiterer Planet mit der sechsfachen Jupitermasse umkreist den Stern 70 Virginis im Sternbild Jungfrau. Diese Planeten sind 20 bis 40 Lichtjahre von uns entfernt, wahrscheinlich so weit, daß unsere Raumsonden sie auch im nächsten Jahrhundert nicht erreichen können. Im Juni 1996 entdeckten Astronomen der University of Pittsburgh jedoch einen bemerkenswert nahen Planeten. Er ist nur 8,1 Lichtjahre entfernt, hat eine ähnliche Größe wie der Jupiter und umkreist Lalande 21185, einen kleinen roten Stern, der von allen Fixsternen der viertnächste zur Erde ist.[25] Außerdem entdeckte man in diesem Sternsystem Hinweise auf zwei kleine Planeten.

Obwohl man also noch keinen erdähnlichen Planeten aufgespürt hat, stimmen solche Befunde zuversichtlich: Dieses Sternsystem ist der Erde relativ nahe und ähnelt stark unserem eigenen Sonnensystem. Möglicherweise liegt es in der Reichweite zukünftiger Raumschiffe – ein zusätzlicher Anreiz, im kommenden Jahrhundert neue Raketen zu konstruieren und mit ihnen einige Lichtjahre weit in den Weltraum vorzudringen. Die geringe Entfernung und die Ähnlichkeit mit unserem Sonnensystem veranlaßten Alan Boss zu den Worten:»Das ist phantastisch! Genau darauf haben wir gewartet!«[26] Allerdings sind alle diese Planeten größer als der Jupiter, das heißt, es handelt sich wahrscheinlich um Gasriesen, die vorwiegend aus Wasserstoff bestehen. Die Aussichten, dort auf Kohlenstoff basierende Lebensformen wie unsere zu finden, sind also sehr gering. Und kleinere Planeten als den Jupiter können wir aufgrund technisch-optischer Beschränkungen bisher nicht finden.

Erdähnliche Planeten im Weltraum

In den kommenden zehn Jahren könnte eine neue Generation astronomischer Geräte die Möglichkeit eröffnen, eine Fülle kleiner Planeten von der Größe der Erde zu finden, auf denen Leben in der uns bekannten Form denkbar ist. Damit würde in der Astronomie ein ganz neues Zeitalter anbrechen: Wenn man zeigen kann, daß die Voraussetzungen für Leben im Universum nicht so selten sind, wie man früher dachte, würden sich möglicherweise alle unsere Vorstellungen vom Leben ändern.

Die Teleskope der nächsten Generation bedienen sich eines ganz neuen Prinzips, nämlich der Interferenz des Lichtes. Bisher bestimmte die Grenze der optischen Auflösung die Größe des Teleskopspiegels. Ein solches Instrument ist ein»Lichtsammler«: Je mehr Licht es nachts einfangen kann, desto besser ist das Bild aufgelöst. Aber damit stößt man bei der Herstellung der Spiegel irgendwann an technische Grenzen. Der 5-Meter-Spiegel auf dem Mount Palomar zum Beispiel war eine technische Meisterleistung: Etwa 60 Jahre lang hielt er den Weltrekord für Spiegelteleskope. Moderne Instrumente wie das Keck-Doppelteleskop auf Hawaii sind größer als das vom Mount Palomar und wurden nach neuartigen Prinzipien konstruiert, zum Beispiel indem man die Spiegel aus einzeln beweglichen Glasstücken zusammensetzte. Aber allmählich stoßen die Astronomen an die Grenzen dessen, was man mit riesigen gläsernen Spiegeln erreichen kann.

Die Interferenzteleskope der neuen Generation verbessern die Auflösung mit einem Kunstgriff. Durch die neuesten technischen Kniffe kann man Licht, das von zwei weit entfernten Teleskopen stammt, an einer Stelle zusammenführen. Vereinigen die beiden Signale sich genau in der Mitte zwischen den Instrumenten, erzeugen die beiden Wellenfronten durch ihre Wechselwirkungen ein Interferenzmuster. Solche Muster kann man analysieren, und das so erzeugte Bild sieht aus, als stamme es von einem Superteleskop, dessen Spiegeldurchmesser dem Abstand zwischen den beiden Teleskopen entspricht. Statt also kilometergroße Spiegel zu bauen – was physikalisch unmöglich ist –, simuliert man dieses Rieseninstrument mit zwei kleineren Teleskopen, die einige Kilometer voneinander entfernt sind.

Auch Satelliten werden die Suche stark vereinfachen. Die NASA will im Jahr 2001 ein Gerät namens Kepler starten; es ist so empfindlich, daß es bis zu 2400 neue Planeten ausfindig machen wird, davon vermutlich etwa 100 erdähnliche. Bis 2007 werden weitere Satelliten hinzukommen, so die Space Interferometry Mission und der Terrestrial Planet Finder. Ihre Instrumente arbeiten so genau, daß sie von der Erde aus erkennen könnten, ob ein Astronaut auf dem Mond eine Taschenlampe von der einen Hand in die andere nimmt.

Erdähnliche Planeten dürften auch den kostbarsten Stoff des Universums enthalten: flüssiges Wasser, das »universelle Lösungsmittel«. Soweit wir wissen, löst nur Wasser komplizierte Kohlenstoffverbindungen, so daß ihre Moleküle sich zu den Bausteinen des Lebens vereinigen können: zu Proteinen und Nucleinsäuren.

Ein Garten Eden im Weltraum

Wenn Langstreckenreisen zu den Planeten nach 2020 zu etwas Alltäglichem werden, wird in der Wissenschaft die Forderung laut werden, Kolonien im Weltraum zu gründen, aber zum größten Teil wird es wohl bei theoretischen Debatten bleiben. Zwar wird man Nutzlasten bis dahin zu erheblich geringeren Kosten ins All befördern können, aber der Transport wird immer noch viel zu teuer sein, als daß man die riesigen Materialmengen für eine Kolonie dorthin bringen könnte. Außerdem herrschen im Weltall lebensfeindliche Bedingungen, und die dort tätigen Menschen wären ständig durch kosmische Strahlung, Sonnenwind, kleine Meteoriten und eisige Temperaturen bedroht. Deshalb werden die notwendigen Sicherheitsysteme immer recht teuer bleiben.

Das wird aber Fachleute nicht davon abhalten, vernünftige Kosten-Nutzen-Analysen über den Sinn solcher Weltraumkolonien zu entwickeln, beispielsweise für einen Stützpunkt auf dem Mond oder die Angleichung des Klimas auf einem anderen Planeten an erdähnliche Verhältnisse. Der russische Visionär Konstantin Tsiolkowskij sagte einmal: »Die Erde ist die Wiege der Menschheit, aber man kann nicht zeitlebens in der Wiege bleiben.«

Als man 1996 im Südpolarbereich des Mondes Eis entdeckte, stellte sich die Frage, ob man auf dem Erdtrabanten auf lange Sicht einen Stützpunkt einrichten könnte. Die Vorstellung, auf dem Mond könne es Eis geben, wurde früher von den Fachleuten abgetan, denn das glühende Sonnenlicht sollte auf der Mondoberfläche jede Form von Wasser verdampfen lassen. Aber in einem Krater, der ständig im Schatten liegt, fand die Raumsonde Clementine dennoch Eis. Neben der Idee, einen Mondstützpunkt zu bauen, böte sich damit auch die Möglichkeit, das Eis in Wasserstoff und Sauerstoff zu zerlegen, so daß man es als Raketentreibstoff verwenden kann.

Ein weiteres Ziel wäre die Schaffung erdähnlicher Verhältnisse auf Mars oder Venus, unseren nächsten Nachbarplaneten – angesichts der dortigen lebensfeindlichen Atmosphären eine beträchtliche Herausforderung. Nach Ansicht von Fachleuten, die sich ernsthaft mit einer Umgestaltung der Venus beschäftigt haben, kommt so etwas nicht in Frage. Die Temperaturen auf diesem Planeten steigen bis auf 500 °C, doppelt so hoch wie in einem Backofen. Der Grund ist die kohlendioxidreiche Atmosphäre, die gewaltige Mengen an eingestrahlter Sonnenenergie festhält – ein extremer Treibhauseffekt. Außerdem würde die Venusatmosphäre – sie ist neunzigmal so dicht wie die Lufthülle der Erde – ein Raumschiff wie eine Eierschale zermalmen, und die schweflige Säure in den Wolken würde es auflösen. »Alle Vorschläge, auf der Venus erdähnliche Verhältnisse zu schaffen, sind unausgegoren, plump und absurd teuer«, urteilte Carl Sagan.

Beim Mars sieht es etwas besser aus. Einen ersten Eindruck von einer erdähnlichen Umgestaltung erhielten Kinofreunde in dem Film *Total Recall*, in dem Arnold Schwarzenegger ohne Raumanzug in einer Marswüste ausgesetzt wird. Als sein Blut fast zu kochen und seine Haut zu reißen beginnt, wird ein altes, außerirdisches Gerät zur erdähnlichen Umgestaltung aktiviert, und aus dem gefrorenen Boden werden riesige Wassermengen freigesetzt, so daß die alten Marsmeere neu entstehen.

In Wirklichkeit wäre es äußerst schwierig, Wasser auf den Mars zu bringen. Zumindest für das kommende Jahrhundert und vielleicht auch darüber hinaus kann man es sich nicht vorstellen.

Manche Wissenschaftler haben mit der Vorstellung gespielt, Seen und Meere auf dem Mars mit Hilfe von Kometen zu schaffen, die eigentlich riesige Weltraum-Eisberge sind. Im Jahr 1986 machte eine Raumsonde Nahaufnahmen des Halley-Kometen, und bis zum 22. Jahrhundert haben wir wahrscheinlich ausreichende Erfahrungen mit der Landung auf solchen Himmelskörpern. Da der Kuiper-Gürtel in unserem Sonnensystem wahrscheinlich etwa 200 Millionen Kometen enthält, hat man vorgeschlagen, auf einigen davon Raketentriebwerke zu befestigen und ihre Umlaufbahn damit geringfügig zu verändern, so daß sie irgendwann auf dem Mars einschlagen.[27] Wenn ein solcher Komet in der dünnen Marsatmosphäre verglüht, würden Wolken entstehen und anschließend auch heftige Regenfälle auf den roten Planeten niedergehen.

Um die Temperaturen auf dem Mars steigen zu lassen, hat man vorgeschlagen, man solle einen künstlichen kleinen Treibhauseffekt erzeugen. Dazu könnte man absichtlich geringe Mengen an Fluorchlorkohlenwasserstoffen (FCKW – die gleichen Chemikalien, die heute auf der Erde weitgehend verboten sind) und Ammoniak in die Marsatmosphäre bringen. Chloride könnte man beispielsweise aus den Salzablagerungen gewinnen, die von den alten Marsmeeren übriggeblieben sind.

Treibhausgase in großen Mengen von der Erde auf den Mars zu schaffen wäre wahrscheinlich sehr teuer, so daß man erst nach einigen Jahrhunderten des interplanetaren Verkehrs daran denken kann. Naheliegender wäre in ein bis zwei Jahrhunderten der Bau roboterbetriebener Chemiefabriken auf dem Mars, die diese Verbindungen an Ort und Stelle aus Boden oder Atmosphäre herstellen könnten. Die Roboter würden dann den Marsboden abbauen, große Anlagen zusammensetzen und chemische Reaktionen in Gang setzen, bei denen die Treibhausgase entstehen.

Wenn die Temperaturen auf dem roten Planeten durch den Mini-Treibhauseffekt anstiegen, würde das Eis unter der Marsoberfläche und an den Polkappen allmählich schmelzen, so daß ebenfalls große Wassermengen frei würden. Das Ganze ginge aber entsetzlich langsam vonstatten, und selbst wenn es möglich wäre, dürfte es noch einmal 100 Jahre dauern, bis Luftdruck und Temperatur sich den Verhältnissen auf der Erde annäherten.

Mars ist der einzige Planet im Sonnensystem, bei dem eine entfernte Aussicht besteht, erdähnliche Bedingungen herzustellen. Merkur ist zu heiß und öde, Jupiter und die anderen Gasriesen bestehen aus Wasserstoff und sind zu kalt und weit entfernt. Titan, einer der Saturnmonde, besitzt eine Atmosphäre aus Stickstoff und Methan, aber dort ist es einfach zu kalt, als daß etwas anderes als Robotermissionen möglich wäre.

Eine geeignete Heimat für Weltraumsiedler könnte aber nach Ansicht des Astronomen John Lewis der Asteroidengürtel sein.[28] Er glaubt, man könne Asteroiden aushöhlen und zu Behausungen für Millionen Menschen machen. Im Inneren eines Asteroiden wäre man vor kosmischer Strahlung, Sonnenwind und dem Meteoritenhagel geschützt. Außerdem könnte man aus den Asteroiden auch Rohstoffe gewinnen und damit Fabriken und Städte versorgen; das ebenfalls vorhandene Helium könnte Fusionskraftwerken zur Energieerzeugung dienen.

Für Lewis hat die Besiedelung des Weltraums wenig mit Romantik und Heldentum zu tun. Früher oder später, so glaubt er, wird den Menschen nichts anderes übrigbleiben, weil die Bevölkerung weiter anwächst und die Ressourcen der Erde erschöpft sind. Die dann naheliegende Ausbeutung von Mond, Planeten und Asteroiden ist in seinen Augen eine Überlebensfrage.

Wenn wir den Mars nicht erdähnlich gestalten können, wenn die Mondstützpunkte scheitern und wenn sich die Asteroiden nicht aushöhlen lassen, werden wir irgendwann außerhalb unseres Sonnensystems nach geeigneten Planeten suchen müssen, die uns in ferner Zukunft ein Zuhause bieten können. Angesichts der Aussicht, daß man jenseits unseres Sonnensystems mit einiger Sicherheit erdähnliche Planeten finden wird, dürfte in der Wissenschaft der Chor derjenigen wachsen, die Raumsonden zur Erkundung benachbarter Sterne fordern.

Nach 2050: Ein Raumschiff zu den Sternen

Bis hierher war der Rahmen für die Erkundung des Weltraums recht eindeutig durch die physikalischen Gesetze vorgegeben. Eine Rakete für interplanetare Langstreckenflüge braucht nur einen spezifischen Impuls von ein paar tausend Sekunden, und das liegt für Ionenantriebe im Bereich des Möglichen.

Die Voraussetzungen für einen Flug zu anderen Sternen sprengen dagegen die heute bekannten physikalischen Beschränkungen und die Ressourcen der Erde. Man hat dafür verschiedene Konstruktionsprinzipien vorgeschlagen, jedes mit seinen eigenen Vor- und Nachteilen. Die physikalischen Gesetze für interstellare Flüge sind wohlbekannt, aber der Bau eines Raumschiffes, das wirtschaftlich ist und die erforderliche Geschwindigkeit erreicht, stellt die Konstrukteure vor schier unlösbare Schwierigkeiten.

Grundsätzlich stellen sich bei der Reise zu den benachbarten Sternen zwei Probleme. Erstens sind die Entfernungen buchstäblich astronomisch. Ein Lichtstrahl, der sich mit 300 000 Kilometern in der Sekunde fortpflanzt, braucht von der Erde bis zu den äußeren Planeten unseres Sonnensystems ungefähr einen Tag. Bis zu Alpha Centauri, dem nächstgelegenen Fixstern, ist er schon vier Jahre unterwegs, und bei vielen Sternen, die uns vom Nachthimmel vertraut sind, kommt er erst nach 100 Jahren an. Ein Raumschiff, das nur mit einem Bruchteil der Lichtgeschwindigkeit fliegt, würde also schon zu den nächsten Sternen Jahrhunderte brauchen. Und zweitens kann, wie Einstein erkannte, nichts sich schneller bewegen als das Licht.[29]

Um Lichtgeschwindigkeit zu erreichen, wäre ein spezifischer Impuls von 30 Millionen Sekunden notwendig, ein Vielfaches der Leistung aller bisher erwähnten Raketentriebwerke. Dennoch haben manche ehrgeizigen Raketeningenieure Vorschläge für interstellare Reisen gemacht. Ganz oben auf der Liste stehen verschiedene Fusionstriebwerke. Ein gewöhnlicher Fusionsreaktor wäre eine vergrößerte Version der heutigen Prototypen; er würde einen spezifischen Impuls von 2 500 bis 400 000 Sekunden liefern – recht enttäuschende Zahlen und immer noch weit entfernt von der »magischen Million«, die für einen nennenswerten Prozentsatz der Lichtgeschwindigkeit erforderlich wäre.

Am reizvollsten ist jedoch das hypothetische Staustrahl-Fusionstriebwerk, das ein Raumschiff fast auf Lichtgeschwindigkeit beschleunigt und dabei interstellaren Wasserstoff als Brennstoff ansaugt. Es kann sehr leicht gebaut sein, weil es den Brennstoff nicht mitführt, sondern aus der Umgebung bezieht; in dieser Hinsicht ähnelt es einem herkömmlichen Düsentriebwerk, das die Luft zur Verbrennung ansaugt.

Das Staustrahltriebwerk ähnelt in seiner Form einem großen Trichter, der am Vorderende den Wasserstoff sammelt. Diese Konstruktion schlug Robert Bussard schon 1960 vor. Seinen Schätzungen zufolge könnte es ein 1000

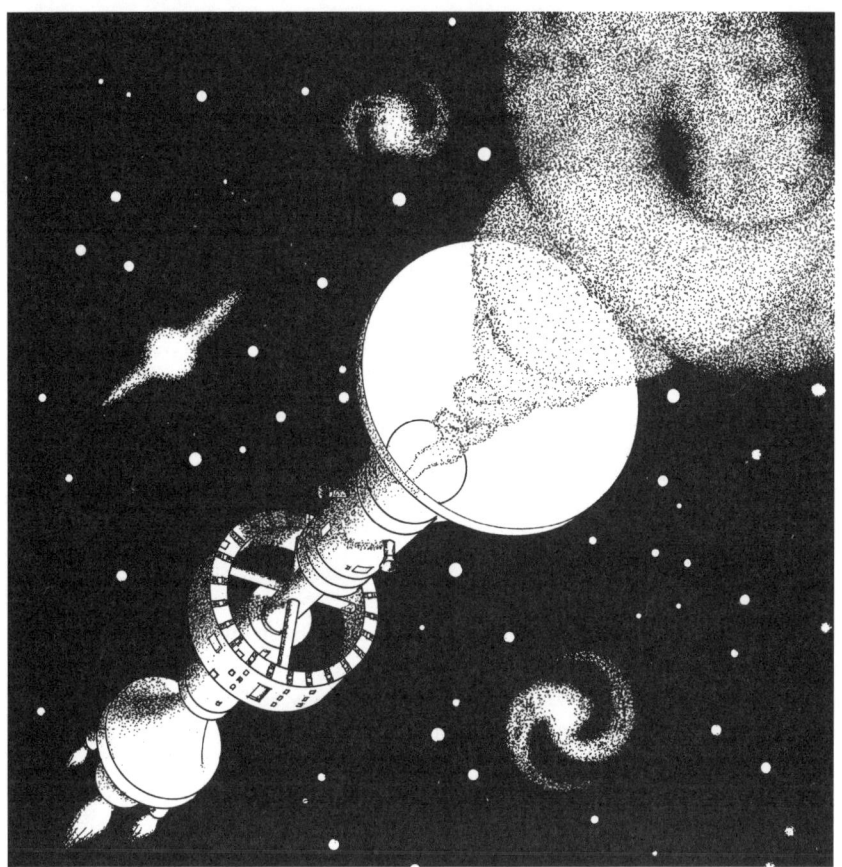

Das Staustrahl-Fusionstriebwerk saugt interstellaren Wasserstoff als Brennstoff an. Diese Technik könnte uns eines Tages, wenn die Protonenfusion endgültig erforscht ist, zu den nächsten Sternen tragen. (Mit freundlicher Genehmigung von Robert O'Keefe)

Tonnen schweres Raumschiff unendlich lange mit einem g beschleunigen. Das wäre sehr angenehm, denn die Menschen in dem Raumschiff würden dann gegen den Boden gedrückt, so daß sie die gleichen Schwereverhältnisse erlebten wie auf der Erde. Ein solches Raumschiff würde nach seinen Berechnungen in etwa einem Jahr die Lichtgeschwindigkeit erreichen.

Auf diese Weise könnte eine Besatzung, die unter fast irdischen Verhältnissen bei einem g lebt, in fünf Jahren den nächsten Fixstern erreichen. An Bord des Raumschiffes würde sich die Zeit aber nach Einsteins spezieller Relativitätstheorie verlangsamen, so daß die Besatzung beispielsweise in elf Jahren (nach den Uhren im Raumschiff) bei dem 400 Lichtjahre entfernten Sternhaufen der Pleiaden ankommen könnte. Nach 25 Bordjahren hätte das

Raumschiff sogar den Großen Andromedanebel erreicht (auf der Erde wären aber mittlerweile über zwei Millionen Jahre vergangen).[30] Aber obwohl das Staustrahltriebwerk so reizvoll erscheint, hat es mittlerweile an Beliebtheit verloren. Die Idee hat einen grundlegenden Haken: das Triebwerk arbeitet mit Protonen aus dem Weltall. Die Fusion von Protonen läßt sich aber viel schwerer erreichen als die herkömmliche Verschmelzung von Deuterium und Tritium, die in den heutigen Prototypen der Fusionsreaktoren abläuft. Bisher ist die Fusionstechnik noch nicht so weit entwickelt, daß man über das Staustrahltriebwerk und insbesondere über die schwierige Protonenfusion endgültige Aussagen machen kann. Immerhin widerspricht das Prinzip aber keinen bekannten physikalischen Gesetzen, sondern scheitert nur an beträchtlichen technischen Schwierigkeiten.[31] Deshalb wurde die Idee im Laufe der Jahrzehnte immer wieder abgewandelt. Wenn wir die Kernfusion eines Tages besser erforscht haben, rückt dieses Triebwerk vielleicht in den Bereich des Möglichen.

Die Nuklearpuls-Rakete

Das vielleicht seltsamste Triebwerk, das ernsthaft für die Raumfahrt vorgeschlagen wurde, ist die Nuklearpuls-Rakete, die ein Raumschiff kraft vieler Wasserstoffbombenexplosionen vorwärtstreiben soll. Ein solches Triebwerk würde am Hinterende eine Reihe kleiner Wasserstoffbomben zünden, deren Detonationsstoßwellen das Raumschiff weiterbewegen.

Das Grundprinzip erdachte Stanislaw Ulam aus Los Alamos (der auch die erste Wasserstoffbombe plante und die Computer-DNS-Analyse vorschlug) im Jahr 1946. Wie er nachweisen konnte, wird eine graphitbeschichtete Stahlplatte, die man in einer gewissen Entfernung von einer Atombombe anbringt, durch die Explosion nicht zerstört, sondern vorwärtsbewegt. Befestigt man Stoßdämpfer an der Platte, wird die ganze Anordnung von der Atomexplosion vorwärtsgetrieben.

Die Idee der Nuklearpuls-Rakete lebte später in verschiedenen Versionen wieder auf, etwa als Projekt Orion (1958–1965) oder als Projekt Daedalus (1973–1978). Die Obergrenze für den spezifischen Impuls, der mit einem solchen Antrieb zu erreichen ist, liegt bei einer Million Sekunden, und das würde ausreichen, um die nächstgelegenen Sterne in einigen Jahrzehnten oder Jahrhunderten zu erreichen. Die Daedalus-Sonde könnte einer Berechnung zufolge durch aufeinanderfolgende kleine Explosionen bis auf zwölf Prozent der Lichtgeschwindigkeit beschleunigen und so innerhalb von 50 Jahren den 5,9 Lichtjahre entfernten Barnard-Stern erreichen – allerdings ohne jemals zurückzukehren.

Solche Triebwerke werfen jedoch eine ganze Reihe schwerwiegender Probleme auf, beispielsweise die starke Röntgenstrahlung und die Wärme, die bei der Explosion frei werden und sowohl die Besatzung als auch die Stabilität des Raumschiffs gefährden können. Da die physikalischen Vorgänge während der Kernexplosionen genau abgestimmt sein müssen, erfordert es umfangreiche Kenntnisse aus Atomtests, was dem derzeitigen Trend zu einem völligen Atomteststopp widerspricht. Außerdem läßt sich die Technologie auch zur Kriegsführung einsetzen, so daß die Atomwaffengefahr wieder zunähme. Wahrscheinlich wiegen die Risiken beim Herumprobieren an dieser schwierigen Technologie schwerer als der mögliche Nutzen. (Theodor Taylor, der Atomwaffen konstruierte und in den sechziger Jahren bei der General Dynamics Corporation das Projekt Orion leitete, fordert heute die völlige Abschaffung aller Kernwaffen.)[32]

Photonenantrieb und Sonnensegel

Nachdem man heute mit unglaublichem Tempo ständig neue Lasergeräte für überraschende Anwendungsgebiete entwickelt, liegt die Möglichkeit, ein Raumschiff gegen Ende des 21. Jahrhunderts auf diese Weise anzutreiben, nicht mehr außerhalb aller Denkmöglichkeiten. Der sogenannte Photonenantrieb ist eigentlich ein starker Laser, der durch den Druck des Lichts ein Raumschiff durch den Weltraum bewegt. Es wurden mehrere Abwandlungen dieses Prinzips vorgeschlagen. Bei einer davon treiben kräftige, auf der Erde oder dem Mond angebrachte Laser ein Sonnensegel in den Weltraum.

Sonnensegel, die den Lichtdruck der Sonne ausnutzen, wären jedoch mit Problemen verbunden, weil das Sonnenlicht in den äußeren Bereichen unseres Planetensystems nur sehr schwach ist. Vom Saturn oder Jupiter aus erscheint die Sonne kaum heller als die anderen Sterne. Deshalb müßte ein Sonnensegel riesengroß sein – mit einem Durchmesser von mehreren hundert Kilometern –, um genügend Sonnenlicht für einen Raumflug aufzufangen. Außerdem wäre ein derartiges Raumschiff auf dem Rückflug schwer zu manövrieren. Ein Segelschiff kann die Richtung ändern und gegen den Wind kreuzen, aber ein Raumschiff ist dazu nicht in der Lage (es sei denn, es gäbe neue, noch unerprobte Methoden, um gegen das Magnetfeld im Weltraum zu kreuzen). Und was noch wichtiger ist: Ein solches Raumschiff wäre sehr langsam und würde erst nach Jahren eine merkliche Geschwindigkeit erreichen. Hat es aber einmal Fahrt aufgenommen, kann man es nur schwer wieder bremsen.

Viele dieser Probleme könnte man lösen, wenn man das Segel mit einem Laserstrahl vom Mond aus antreibt.[33] Für den Rückweg könnte das Sonnensegel um den Stern plötzlich wenden und durch diesen »Schleudereffekt« in die neue Richtung steuern. (Das bedeutet allerdings, daß das Schiff nicht anhalten und auf einem Planeten landen kann. Wenn es Erkenntnisse über Planeten außerhalb des Sonnensystems sammeln will, muß es kleine Sonden aussetzen.) Das größte Problem des Sonnensegel-Laserantriebs ist sein Energiebedarf. Einer Berechnung zufolge müßte die Energie des Laserstrahls tausendmal so groß sein wie die gesamte derzeitige Energieproduktion auf der Erde. Und bis zu den Sternen würde das Raumschiff mehrere hundert Jahre brauchen, zu lange, als daß man die politische Stabilität des Lasers gewährleisten könnte! In einer anderen Variante ist ein eher bescheidenes Sonnensegel mit einem Staustrahltriebwerk kombiniert. Durch die Verbindung dieser beiden Antriebsarten lassen sich manche Probleme der Energieversorgung, des spezifischen Impulses und so weiter lösen. Andere Ideen sind noch futuristischer, so der Antimaterie- und der Raumsprung-Antrieb. Selbst wenn man solche Maschinen eines Tages wirklich bauen kann, liegen sie noch Jahrhunderte weit in der Zukunft. Wie bereits erwähnt, wäre ein Antimaterie-Antrieb selbst dann, wenn er technisch möglich wäre, wegen der hohen Kosten nicht zu verwirklichen. Auf den Raumsprung-Antrieb komme ich in Kapitel 16 zurück.

Das Leben unterbrechen

Mit den meisten bisher beschriebenen Antriebsarten braucht ein Raumschiff Jahrzehnte oder sogar Jahrhunderte, um die nächstgelegenen Sterne zu erreichen. Deshalb müssen solche Missionen zumindest am Anfang wahrscheinlich unbemannt sein. Wenn man aber ernsthaft in Erwägung zieht, Menschen in den Weltraum zu schicken, werden wir für diese entsetzlich langen Reisen eine Art Unterbrechung des Lebens brauchen.
Das ist nicht so einfach, wie die Boulevardmedien uns gern glauben machen, auch wenn einige Prominente schon verfügt haben, daß man sie nach dem Tod in flüssigem Stickstoff einfrieren soll. Die Lebensunterbrechung ist nämlich mit einer ganzen Reihe technischer Schwierigkeiten verbunden. Unter anderem bilden sich beim Einfrieren Eiskristalle in den Körperzellen. Diese Eisnadeln werden so groß, daß sie die Wände der Zellen schließlich zerstören und zu irreparablen Schäden an lebenswichtigen Organen führen. Auch das Auftauen ist für das Gewebe schädlich. Wenn die Temperatur bis zum Schmelzpunkt steigt, verschmelzen die Eiskristalle, und das führt zu Quetschungen, Verformungen und Zerstörungen an den Zellen.
So lassen sich beispielsweise Leber oder Nieren derzeit im gefrorenen Zustand höchstens drei Tage lang am Leben erhalten, und für Herz oder Lunge liegt die Grenze sogar nur bei einem halben Tag. Deshalb ist das Einfrieren menschlicher Körperteile – abgesehen von Sperma und Blutzellen – bisher kaum möglich.

Mehrfach hat man versucht, Gewebe sehr schnell einzufrieren und so die Entstehung der gefährlichen Eiskristalle auf ein Minimum zu beschränken. Auf diese Weise kann man zwar die Bildung der Eiskristalle weitgehend verhindern, aber dafür tritt ein anderes Problem auf: Die Lipide (Fettsubstanzen) in den Zellmembranen, die normalerweise in flüssiger Form vorliegen, werden zu einem Gel (ganz ähnlich wie Schmalz, das beim Abkühlen fest wird). Das führt dazu, daß die Zellmembran undicht wird; dann geraten die Zellen aus ihrem empfindlichen chemischen Gleichgewicht und sterben schnell ab. Die Natur hat jedoch eine ganze Reihe raffinierter Mechanismen entwickelt, mit denen kaltblütige Tiere auch einen strengen, eisigen Winter überleben können. Manche Fische in den Polarmeeren schwimmen beispielsweise noch bei Minustemperaturen, und Frösche, die man zu einem Eisklumpen gefrieren läßt, sind nach dem Auftauen wieder quicklebendig.[34] Die biologischen Mechanismen, die so etwas möglich machen, hat man in jüngster Zeit aufgeklärt. Die Fische haben in der Evolution besondere »Frostschutzproteine« entwickelt, die ihr Blut auch in arktischen Gewässern bei minus zwei Grad flüssig halten, so daß sie in den eisigen Temperaturen überleben. Bei Fröschen sorgen sogar zwei Mechanismen dafür, daß sie das Einfrieren und Auftauen überleben. Erstens besitzen sie ebenfalls chemische Verbindungen (zum Beispiel Glucose), die als Frostschutz wirken und das Gefrieren verlangsamen. Noch wichtiger aber ist, daß Frösche im Inneren ihrer Zellen einen hohen Glucosespiegel aufrechterhalten können; deshalb bilden sich dort niemals Eiskristalle, selbst wenn der Frosch steinhart gefriert.[35] Mit abgewandelten Versionen dieser Methoden konnte man das Leben mancher Säugetierorgane um ein paar Stunden verlängern, aber nicht um Wochen oder gar Jahre, wie es für lange Weltraumreisen erforderlich wäre. Kurz gesagt: Bisher konnte noch niemand glaubhaft machen, daß die Lebensunterbrechung möglich ist.

Nach 2100: Unser Platz im Weltall

Letztlich muß die Zukunft der Menschheit in den Sternen liegen. Das ist kein Wunschdenken hoffnungsloser Phantasten, sondern es ergibt sich aus den Gesetzen der Quantenphysik. Irgendwann, das sagt uns die Physik, muß die Erde zugrunde gehen.

Da die Erde in ferner Zukunft zwangsläufig zerstört wird, ist ein umfassendes Raumfahrtprogramm letztlich für unsere Spezies die einzige Rettung. In ferner Zukunft können wir entweder auf unserem Planeten bleiben und mit ihm sterben, oder wir wandern zu den Sternen aus.

Carl Sagan schrieb einmal, das menschliche Leben sei zu kostbar, als daß man es auf einen Planeten beschränken könne. Genau wie Tiere, die sich ausbreiten und in neue Gebiete einwandern, um ihre Überlebenschancen zu verbessern, müssen auch die Menschen eines Tages neue Welten erkunden – und sei es auch nur aus Eigennutz. Nach den Sternen zu greifen ist unsere Bestimmung.

Die Obergrenze für die Dauer des Lebens auf der Erde liegt bei etwa fünf Milliarden Jahren;[36] danach ist der Wasserstoff, der die Sonne speist, erschöpft, und sie wird zu einem roten Riesenstern: Sie wird sich gewaltig aufblähen und noch die Umlaufbahn des Mars in sich aufnehmen. Auf der Erde werden die Ozeane zu sieden beginnen, die Berge werden schmelzen, der Himmel wird in Flammen stehen, und der ganze Planet wird zu einem Häufchen Asche verbrennen. Die Dichter haben lange gerätselt, ob die Erde in Feuer oder in Eis untergehen wird. Die Gesetze der Quantenphysik geben die Antwort: Unser Planet wird im Feuer sterben. Aber schon lange bevor der Sonne in fünf Milliarden Jahren der Brennstoff ausgeht, wird die Menschheit eine ganze Reihe von planetaren Katastrophen erleben, die ihre Existenz bedrohen: kosmische Kollisionen, neue Eiszeiten, Supernova-Explosionen.

Kosmische Kollisionen

Die Erde liegt mitten in einer kosmischen Schießbude, in der Tausende von ENOs (erdnahen Objekten) das Leben auslöschen können. Einige Wissenschaftler des Jet Propulsion Laboratory am California Institute of Technology glauben, daß mindestens 2000 Asteroiden, jeder so groß wie ein Berg, noch unentdeckt im Weltraum »lauern«. Nach einer Schätzung der NASA aus dem Jahr 1991 kreuzen 1000 bis 4000 Asteroiden mit einem Durchmesser von mehr als 800 Metern die Erdumlaufbahn, und jeder davon könnte der menschlichen Zivilisation gewaltigen Schaden zufügen. Die Astronomen der University of Arizona schätzen die Zahl der erdnahen Asteroiden, die mehr als 100 Meter messen, auf 500 000. Für Objekte mit zehn Metern Durchmesser liegt diese Zahl demnach sogar bei 100 Millionen.[37] Und tatsächlich stürzt durchschnittlich einmal im Jahr ein Asteroid mit einer Sprengkraft von 100 Kilotonnen zur Erde. (Glücklicherweise zerbrechen diese Asteroiden aber meist schon in den oberen Atmosphärenschichten, so daß sie keinen Schaden anrichten.)[38]
Eine gefährliche Annäherung eines erdnahen Objekts fand im Juni 1996 statt. Der etwa 600 Meter große Asteroid 1996JA1 kam bis auf 400 000 Kilometer an die Erde heran, das heißt, er war ein wenig weiter entfernt als der Mond. Hätte er die Erde getroffen, wäre eine Sprengkraft von 10 000 Megatonnen frei geworden (mehr, als alle Atomwaffen der USA und Rußlands zusammen aufbringen).
Im Zusammenhang mit den beiden Asteroiden gab es einige beunruhigende Erkenntnisse. Erstens kannte man sie bis dahin nicht – sie tauchten plötz-

lich aus dem Nichts auf. Und zweitens wurden sie nicht von staatlichen Überwachungsstellen entdeckt (die gibt es nämlich nicht), sondern durch reinen Zufall. (Auf 1996JA1 stießen zwei Studenten der University of Arizona.)[39] Schon ein Asteroid mit nur einem Kilometer Durchmesser würde bei einem Einschlag auf der Erde unglaubliche Verwüstungen anrichten. Er hätte nach einer Schätzung des Astronomen Tom Gehrels von der University of Arizona die Energie von einer Million Hiroshima-Bomben. Gehrels meint dazu: »Wenn er die Westküste trifft, geht die Ostküste in einem Erdbeben unter; bei euch in New York würden alle Häuser zusammenstürzen.«[40] Die Stoßwelle würde fast die gesamten Vereinigten Staaten dem Erdboden gleichmachen. Bei einem Asteroideneinschlag im Ozean würde eine eineinhalb Kilometer hohe Flutwelle entstehen, die fast alle Küstenstädte auf der Erde zerstörte. An Land würde der Einschlag soviel Staub und Gestein in die Atmosphäre schleudern, daß die Sonne sich verdunkeln und die Temperatur weltweit sinken würde.

Der größte Einschlag der jüngeren Geschichte ereignete sich am 30. Juni 1908 in der Nähe des sibirischen Flusses Tunguska: Dort explodierte ein Meteorit oder Komet von etwa 50 Metern Durchmesser in der Luft und ebnete über 2000 Quadratkilometer Wald ein, als ob eine riesige Hand aus dem Himmel ihn plattgedrückt hätte. Die Erschütterung war noch in London wahrzunehmen.

Vor ungefähr 15 000 Jahren wurde Arizona von einem Meteoriten getroffen; er hinterließ den berühmten Barringer-Krater, ein Loch von über einem Kilometer Durchmesser. Der Meteorit bestand aus Eisen und war ungefähr so groß wie ein zehnstöckiges Gebäude.[41]

Vor rund 64,9 Millionen Jahren (so das Ergebnis der radiometrischen Datierung) wurden die Dinosaurier wahrscheinlich ebenfalls durch einen Kometen oder Meteoriten ausgelöscht, der auf der mexikanischen Halbinsel Yucatán einschlug und einen gewaltigen, fast 300 Kilometer großen Krater riß. Er war der größte Himmelskörper, der während der letzten Milliarde Jahren mit der Erde kollidierte.

Aus alledem kann man schließen, daß die Menschheit früher oder später in jedem Fall durch einen weiteren Kometen- oder Meteoriteneinschlag bedroht ist. Aufgrund der früheren Ereignisse kann man sogar ungefähr abschätzen, wann mit einer solchen Kollision zu rechnen ist. Wie man aus Newtons Bewegungsgesetzen entnehmen kann, werden 400 Asteroiden von über einem Kilometer Durchmesser die Erde irgendwann ohne jeden Zweifel treffen.

Demnach können wir schon für die nächsten 300 Jahre mit einem weiteren Einschlag in der Größenordnung der Tunguska-Katastrophe rechnen, der eine ganze Großstadt ausradieren könnte. Rechnet man in Jahrtausenden, ist auch ein Ereignis nach Art des Barringer-Kraters zu erwarten, das eine

Region verwüsten würde. Und im Bereich der Jahrmillionen könnte ein großer Asteroideneinschlag die Existenz der Menschheit gefährden. Leider wird die Existenz erdnaher Objekte nicht besonders ernst genommen. So wendet die NASA auch nur eine Million Dollar im Jahr auf, um diese gefährlichen Himmelskörper zu identifizieren. Zum größten Teil bleiben solche Arbeiten einer Handvoll Amateure überlassen.[42]

Tod in Feuer und Eis

Mit Sicherheit wird wieder eine Eiszeit kommen, wahrscheinlich im Laufe der nächsten 10 000 Jahre. Die letzte große Kälteperiode dürfte die Evolution unserer Spezies entscheidend beeinflußt haben, denn sie führte wahrscheinlich vor etwa 10 0000 Jahren zur Aufspaltung des *Homo sapiens* in verschiedene Rassen. Die seit etwa 10 000 Jahren anhaltende Warmzeit erlaubte die rasche Entwicklung der heutigen Zivilisation. Aber wenn diese kurze Wärmewelle zu Ende geht, wird unsere Zivilisation vermutlich wieder zum Stillstand kommen. Große Teile Nordamerikas könnten wieder wie in der letzten Eiszeit unter kilometerdickem Eis verschwinden. Die Ursachen der Eiszeiten ahnt man nur; nach der plausibelsten Theorie werden sie durch geringfügige Unregelmäßigkeiten der Erddrehung ausgelöst.

Wenn wir nicht im Eis sterben, sterben wir im Feuer. Falls im Umkreis einiger Lichtjahre eine Supernova explodiert, wird die Erde mit Röntgenstrahlung bombardiert werden, die alles Leben auslöscht. Eine solche Sternenexplosion ereignet sich in unserer Galaxis ungefähr alle 500 Jahre. Die Analyse eines dieser Ereignisse im Jahr 1987 bestätigte die Theorie über die Energiefreisetzung in Supernovae: Sie entstehen, wenn die Kernfusion in einem alternden Stern plötzlich aufhört, so daß es durch die eigene Gravitation zu einem gewaltigen Zusammenbruch des ganzen Sterns kommt. Da wir über die Entwicklung der Sterne recht gut Bescheid wissen, hätten wir allerdings eine lange Vorwarnzeit, falls ein Nachbarstern zur Supernova werden sollte.

Aber nehmen wir einmal an, irgendeine drohende Katastrophe zwingt uns, unser Sonnensystem zu verlassen. Was würden wir draußen vorfinden? Ist da noch jemand?

Außerirdische

Die erste vernünftige Schätzung über die Zahl der Planeten, die in unserer Milchstraße mit ihren rund 200 Milliarden Sternen intelligentes Leben beherbergen könnten, stammt von Frank Drake, einem Astronomen der University of California in Santa Cruz. Geht man von einer Reihe plausibler

Annahmen aus (zum Beispiel über die Zahl der Sterne, die unserer Sonne ähneln, über den Anteil derer, die Planeten besitzen, über die Zahl der erdähnlichen Planeten, die Zahl erdähnlicher Planeten mit intelligentem Leben und so weiter), gelangt man zu einer Schätzung, der zufolge bis zu 10 000 Planeten in unserer Galaxis die Heimat intelligenter Lebewesen sein könnten. Deshalb glauben heute die allermeisten Fachleute, daß das Universum voller (fremder) Lebensformen ist. Meinungsverschiedenheiten gibt es nur in der Frage, ob sie schon auf der Erde waren.

Während des Zweiten Weltkriegs, als die amerikanischen Wissenschaftler an der Atombombe arbeiteten und sich Sorgen über das Vorrücken der Deutschen in Europa machten, wurden Fragen über das Universum oft beim Mittagessen diskutiert. Einmal kam das Gespräch auf Außerirdische. Der Nobelpreisträger Enrico Fermi, der solchen Themen gegenüber stets aufgeschlossen war, mischte sich ein und fragte: »Aber wo sind sie?« Fermis Frage quält uns bis heute. Wie die meisten Fachleute bin auch ich überzeugt, daß es im Weltall Leben gibt. Zu glauben, wir seien auf den Milliarden erdähnlicher Planeten im Universum die einzigen intelligenten Wesen, ist einfach zu arrogant. Aber das Projekt SETI (Suche nach extraterrestrischer Intelligenz) hat bisher keine Anzeichen für intelligentes Leben gefunden.[43]

Die Astronomen suchen im Umkreis von 100 Lichtjahren um die Erde nach Radio- und Fernsehsignalen, aber bisher haben sie aus dem Weltraum nichts aufgefangen, was auf intelligentes Leben schließen ließe.[44] Unser eigener Planet sendet seit 50 Jahren elektromagnetische Wellen in Form von Funk- und Fernsehsignalen aus, und diese Wellen pflanzen sich mit Lichtgeschwindigkeit fort. Sie bilden eine Kugel, die sich ständig ausdehnt und einen repräsentativen Querschnitt durch die kulturellen Errungenschaften der Erde enthält. Jeder Planet im Umkreis von 50 Lichtjahren müßte also unsere Signale empfangen können. (Wenn die dortigen Bewohner allerdings manche Sendungen entschlüsseln, werden sie ernsthaft daran zweifeln, ob der Inhalt wirklich auf intelligentes Leben schließen läßt ...) Daß wir noch keine Signale anderer Lebensformen aufgefangen haben, ist verblüffend. Aber es hält die Menschen einschließlich der Wissenschaftler nicht davon ab, über die Außerirdischen und ihr Aussehen zu spekulieren.

Werden sie aussehen wie wir?

Unzählige Fernsehsendungen, Augenzeugenberichte, sensationslüsterne Bücher, Schlagzeilen in Boulevardblättern, Filme von »Obduktionen« durch Außerirdische und Interviews mit »Entführten« zeichnen von den »normalen Außerirdischen« mehr oder weniger das gleiche Bild: Sie sind klein, schmächtig und blaß, mit großen Augen und großem Mund.

Aber wenn man sich einmal die reiche Fülle der Lebensformen auf unserem eigenen Planeten ansieht, erkennt man sofort, daß die Natur in der Lage ist, Millionen verschiedener Körpergestalten zu schaffen. Diese Formen sind zudem phantasievoller als die recht altbackenen Vorstellungen der Sciencefiction-Autoren, die meist mit kleinen Abwandlungen den menschlichen Körperbau wiedergeben. (Der Mythos, Außerirdische im Universum müßten aussehen wie Menschen, entstand zum Teil durch die Außerirdischen in unseren Filmen. Vielleicht schreibt der Tarifvertrag für Schauspieler vor, daß alle Außerirdischen von Gewerkschaftsmitgliedern gespielt werden müssen!)

Nach der vorherrschenden Ansicht der Exobiologen müssen intelligente Lebensformen nur wenige Grundkriterien erfüllen. Wenn man beispielsweise wissen will, wie unsere eigene Spezies ihre Intelligenz erworben hat, braucht man sich nur einmal unsere Hände anzusehen. Der Daumen, der ursprünglich zum Greifen von Ästen diente, wurde zum entscheidenden Hilfsmittel für den Umgang mit der Umwelt. Jene Affenartigen, die vor fünf Millionen Jahren aus den Wäldern vertrieben wurden und sich mit ihrem Daumen auf das Greifen von Werkzeugen einstellen konnten, überlebten und gediehen, während alle anderen untergingen. Mit anderen Worten: Der Mensch schuf nicht die Werkzeuge, sondern die Werkzeuge schufen den Menschen.

Unsere räumlich sehenden Augen haben sich für die Jagd entwickelt. Tiere, deren Augen sich seitlich am Kopf befinden, sind in der Regel weniger intelligent als solche, die nach vorn blicken. Der Grund: Arten mit seitlich angebrachten Augen – zum Beispiel Kaninchen oder Antilopen – sind Beutetiere und müssen wachsam nach Verfolgern Ausschau halten. Raubtiere dagegen – unter anderem Wölfe, Katzen und Bären – blicken nach vorn und machen mit räumlichem Sehvermögen die Beute aus.

Schließlich zeichnen wir uns als soziale Spezies aus – ohne Kommunikation und Kultur können wir nicht leben. Mit Hilfe der Sprache können wir Kultur und Wissenschaft über Hunderte von Generationen hinweg ansammeln, und das verschafft uns Wissen und Erkenntnisse von Menschen, denen wir nie begegnet sind.

Aus der Sicht der Exobiologie können wir jetzt die wenigen Voraussetzungen für intelligente Lebensformen im Weltraum zusammenfassen:

Erstens müssen diese Lebensformen eine Art Augen besitzen. (Damit sind nicht die zwei Augen gemeint, die wir selbst im Gesicht haben. Es könnten auch mehrere sein oder vielleicht auch ein ganz neues Sinnesorgan, das ebenfalls Informationen über die Umwelt sammelt.)

Zweitens gehört so etwas wie Hände zum Umgang mit der Umwelt dazu. (Auch das heißt nicht, daß es sich um zwei Hände handeln muß. Es könnten viele Hände oder auch Tentakel sein.)

Und drittens ist eine Form von Sprache notwendig, damit Wissen und Kultur weitergegeben werden können.

Interessanterweise schaffen diese drei Kriterien einen riesigen Spielraum für mögliche Formen fremden Lebens. Der Körperbau, den Hollywood den intelligenten Wesen zuschreibt (zum Beispiel Achsensymmetrie, affenähnlicher Kopf, Hals, Rumpf, Arme und Beine hat mit diesen Kriterien kaum etwas zu tun. Selbst auf der Erde kann man sich andere Lebensformen vorstellen, die diese drei Kriterien erfüllen und allmählich intelligent werden. Uns würden sie in keinerlei Hinsicht ähneln. Wale sind zum Beispiel relativ klug, aber sie atmen durch ein Loch im Kopf.

Die letzte Frage der Wissenschaftler lautet: Wie sieht die Zivilisation der Außerirdischen aus? Um Hunderte von Lichtjahren durch den Weltraum zu reisen, müssen sie uns technisch um Jahrhunderte oder sogar Jahrtausende voraus sein. Mit dieser Frage haben sich die Wissenschaftler, die nach außerirdischem Leben suchen, sehr ernsthaft beschäftigt. Ein besseres Bild von dem hohen Entwicklungsstand einer solchen Zivilisation kann man sich machen, wenn man anhand der physikalischen Gesetze vorherzusagen versucht, wie sie in ein paar tausend Jahren ihre Energie erzeugt. Und wenn wir mit Hilfe der Physik die Eigenschaften von Zivilisationen ergründen, die uns technisch um Jahrtausende voraus sind, können wir ein wenig von unserer eigenen Zukunft erkennen.

15 Auf dem Weg zur planetaren Zivilisation

»Schicksal ist keine Frage des Zufalls –
sondern eine Frage der eigenen Entscheidung.
Es ist nicht etwas, worauf man warten kann –
sondern etwas, das man erreichen muß.«

William Jennings Bryan

Die wissenschaftlichen Umwälzungen und Erfindungen der Vergangenheit – Schießpulver, Maschinen, Dampfkraft, Elektrizität oder Atombombe – haben die Zivilisation in zuvor unvorstellbarer Weise verändert. Deshalb sollte jeder von uns sich die Frage stellen: Wie werden Molekularbiologie, Computertechnik und Quantentheorie das 21. Jahrhundert umgestalten? Schon vor dem Beginn des neuen Jahrhunderts beschleunigt sich das Tempo der wissenschaftlichen Entdeckungen immer stärker. Die Molekularbiologie wird uns eine vollständige genetische Beschreibung aller Lebewesen liefern und uns die Möglichkeit verschaffen, zu Regisseuren des Lebens auf der Erde zu werden. Die Computertechnik wird uns fast kostenlose, unbegrenzte Rechenleistung zur Verfügung stellen, so daß schließlich sogar künstliche Intelligenz in greifbare Nähe rückt. Und die Quantentheorie wird uns neue Werkstoffe, Energiequellen und vielleicht sogar die Fähigkeit zur Schaffung neuer Materieformen liefern.

Wie könnte unsere Zivilisation bei derart schnellen Fortschritten in ein paar Jahrhunderten aussehen?

Natürlich besitzt niemand die Kristallkugel, in der man die Zukunft der Zivilisation sehen könnte. Es gibt aber eine wissenschaftliche Disziplin, in der diese Frage im Mittelpunkt des Interesses steht. Die Astrophysiker erforschen schon seit langem eingehend die Frage, was für Zivilisationen es in ferner Zukunft geben könnte, also vielleicht in einigen Jahrhunderten oder Jahrtausenden. Auf der Grundlage physikalischer Gesetze hat man hypothetische Richtlinien für die Analyse außerirdischer Zivilisationen formuliert, und diese Richtlinien könnten zum Vorbild werden, wenn wir über die weitere Entwicklung unseres eigenen Planeten in den nächsten paar tausend Jahren nachdenken.

Das Universum ist etwa 15 Milliarden Jahre alt. Deshalb ist es durchaus denkbar, daß es in unserer Galaxis Zivilisationen gibt, die uns buchstäblich um Jahrmillionen voraus sind.[1] Da unsere eigene Milchstraße mit ihren 200

Milliarden Sternen nur eine unter Billionen Galaxien im Universum ist, besteht sogar eine relativ große Wahrscheinlichkeit, daß Tausende von Zivilisationen im Weltall mit ihrer Wissenschaft und Technik unvorstellbar viel weiter sind als wir.

Um die scheinbar hoffnungslose Suche nach außerirdischer Intelligenz einzuengen, hält man sich an charakteristische Energiemodelle, die dabei als Leitfaden dienen können. Der russische Astronom Nikolai Kardaschew führte dazu plausible Kategorien ein: Er unterteilt außerirdische Zivilisationen nach der natürlichen Entwicklung ihres Energieverbrauchs in die Typen I, II und III.[2]

Aus rein physikalischen Überlegungen kann man zu dem Schluß gelangen, daß jede Zivilisation im Universum nacheinander auf drei Energiequellen zurückgreifen wird: auf den eigenen Planeten, den eigenen Stern und die eigene Galaxis; diese drei Stufen entsprechen die Zivilisationstypen I, II und III. Jeder dieser Typen hat eine etwa zehnmilliardenmal höhere Energieproduktion als die vorherige. Eine Zivilisation, die sich auch nur in bescheidenem Umfang ausweitet, kann selbst solche gewaltigen Unterschiede überbrücken.

Nehmen wir beispielsweise einmal an, daß unsere eigene Weltwirtschaft mit der recht kläglichen Rate von einem Prozent im Jahr wächst – eine sehr vorsichtige Schätzung. Da das Wirtschaftswachstum von steigendem Energieverbrauch vorangetrieben wird, wächst auch die Energieproduktion entsprechend. Damit wird unsere Welt in wenigen hundert Jahren den Zustand einer planetaren Zivilisation des Typs I erreichen.

Der Übergang vom Typ I zum Typ II wird bei einer solchen Wachstumsrate länger dauern, nämlich ungefähr 2500 Jahre.[3] Bei einer realistischeren Wachstumsrate von zwei Prozent allerdings wird sich dieser Zeitraum bereits auf 1200 Jahre verkürzen. Und bei einem jährlichen Wachstum von drei Prozent wären es nur noch 800 Jahre.

Irgendwann wird eine Zivilisation des Typs II sogar mehr Energie benötigen, als ihr eigener Stern ihr liefern kann. Sie wird gezwungen sein, auf der Suche nach Ressourcen und Energie benachbarte Sternsysteme aufzusuchen, so daß sie sich schließlich in eine galaktische Zivilisation verwandelt.

Der Übergang vom Typ II zum Typ III erfordert viel mehr Zeit, denn eine solche Zivilisation muß die interstellare Raumfahrt beherrschen. Aber man kann davon ausgehen, daß eine Zivilisation des Typs II in einigen hunderttausend bis Millionen Jahren (je nach den Fortschritten in der interstellaren Raumfahrt) den Übergang zu einer galaktischen Zivilisation des Typs III vollzieht.

Wo stehen wir zur Zeit? Nach solchen kosmischen Maßstäben sind wir eine Zivilisation des Typs 0: Wir beziehen unsere Energie aus toten Pflanzen (den fossilen Brennstoffen). Wir sind wie Kinder, die gerade zum erstenmal über das gewaltige Spektrum möglicher Zivilisationen nachdenken. Unsere

Zivilisation ist so jung, daß wir unsere Energie noch vor 100 Jahren zum größten Teil aus der Verbrennung von Holz und Kohle bezogen, und jede Diskussion über außerirdische Energiequellen hätte damals völlig verrückt geklungen.

Gefahren für Zivilisationen des Typs 0

Von allen drei Übergängen ist der vom Typ 0 zum Typ I vielleicht am gefährlichsten. Wie ein Kind, das gerade gehen lernt, muß die Zivilisation plötzlich die lebensbedrohlichen Gefahren erkennen, die ihr bei der Erkundung und Beherrschung ihrer Welt drohen. Je mehr sie über ihr Universum in Erfahrung bringt, desto mehr Gefahren lernt sie kennen – Eiszeiten, Meteoriten- und Kometeneinschläge, Supernovae und Umweltgefahren wie der Zusammenbruch der Atmosphäre oder die Verbreitung von Kernwaffen. Außerdem ist eine Zivilisation des Typs 0 wie ein ungezogenes Kind nicht in der Lage, ihre selbstzerstörerischen Temperamentsausbrüche und Wutanfälle zu zügeln. Aufgrund ihrer wechselvollen Geschichte wird sie noch immer von dem sektiererischen, fundamentalistischen, nationalistischen und rassistischen Haß früherer Jahrtausende verfolgt. Eine Zivilisation des Typs 0 ist zutiefst gespalten – durch Abgründe, die über Jahrtausende hinweg entstanden sind.

Die größte Gefahr für eine Zivilisation des Typs 0 tritt auf, wenn sie das Periodensystem der chemischen Elemente entdeckt hat. Dann folgen in jeder intelligenten Zivilisation des Weltalls zwangsläufig zwei Entwicklungen: Das Element Nummer 92 (Uran) wird gefunden, und es entsteht eine chemische Industrie. Aus der Entdeckung des Urans erwächst die Fähigkeit zur Selbstvernichtung mit Kernwaffen. Und die chemische Industrie schafft die Möglichkeit, die Umwelt mit Giftstoffen zu verunreinigen und die lebenspendende Atmosphäre zu zerstören.

Angesichts der Tatsache, daß die Astrophysiker in benachbarten Sternsystemen keinen Hinweis auf Leben gefunden haben, obwohl die Drake-Gleichungen Tausende von intelligenten Zivilisationen in unserer Galaxis fordern, wäre es durchaus möglich, daß unsere Milchstraße voller Ruinen von Zivilisationen des Typs 0 ist, die entweder alte Streitigkeiten und Eifersüchte mit Hilfe des Elements 92 beigelegt oder ihre Planeten unkontrolliert vergiftet haben.

Wenn es gelingt, diese beiden globalen Katastrophen abzuwenden, wird die Wissenschaft zwangsläufig die Geheimnisse von Leben, künstlicher Intelligenz und Atomen entschlüsseln, das heißt, die Zivilisation wird die molekularbiologische, computerwissenschaftliche und quantenmechanische Revolution durchmachen, und das wird ihrer Gesellschaft den Weg zur planetaren Zivilisation eröffnen. Durch die Computerrevolution werden alle Individuen in ein leistungsfähiges, globales Telekommunikations- und Wirtschaftsnetz eingebunden; die molekularbiologische Revolution wird ihnen das Wissen verschaffen, um Krankheiten zu heilen und eine wachsende Bevölkerung zu ernähren; und die Quantenrevolution wird ihnen Energie und Rohstoffe zum Aufbau einer planetaren Gesellschaft liefern.

Typ I: Die planetare Zivilisation

Eine Zivilisation, die den Zustand des Typs I erreicht hat, ist politisch von einzigartiger Stabilität. Sie umfaßt zwangsläufig den ganzen Planeten. Nur eine planetare Zivilisation kann die Entscheidungen treffen, die für den Energie- und Ressourcenfluß notwendig sind. Eine Zivilisation des Typs I wird beispielsweise ihre Energie vorwiegend aus dem Planeten selbst beziehen – aus seinen Ozeanen, seiner Atmosphäre und seinem Inneren. Durch die Beeinflussung des Wetters und die Ausbeutung der Meere wird sie planetare Ressourcen nutzen, von denen wir heute höchstens träumen.

Betrachten wir zum Beispiel die Beeinflussung des Wetters.[4] Ein einziger Hurrikan setzt mehr Energie frei als 100 Wasserstoffbomben. Die Steuerung des Wetters liegt heute noch in weiter Ferne, aber da die Klimaverhältnisse weltweit eng verflochten sind, ist sie, wenn überhaupt, nur durch Zusammenarbeit vieler Staaten möglich. Ganz ähnlich verhält es sich mit den Treibhausgasen und Ozonschichtkillern: Wenn ein Land sie in großen Mengen produziert, ist der ganze Planet davon betroffen. Um das Wetter zu lenken und Bedrohungen für die Umwelt des Planeten abzuwenden, ist eine Zivilisation des Typs I zwangsläufig auf ein hohes Maß an Kooperation unter ihren Völkern angewiesen. Nichts anderes ist mit dem Begriff »planetare Zivilisation« gemeint.

Eine Zivilisation des Typs I verbraucht im Gegensatz zu uns derart viel Energie, daß der Planet aus dem Weltraum aussieht wie ein leuchtender Christbaumschmuck. Unsere Erde dagegen, die zum Typ 0 gehört, zeigt auf Fotos aus dem Weltraum nur schwache Linien und matte Lichtflecken, die den großen Städten der Vereinigten Staaten (vor allem zwischen Boston und Washington), Europas und Japans (vor allem im Umkreis von Tokio) entsprechen.

Eine Zivilisation des Typs I ist aber immer noch stark durch astronomische und umweltbedingte Katastrophen gefährdet. Da benachbarte Planeten sich nur schwer erdähnlich gestalten lassen und da sie von Nachbarsternen durch gewaltige Entfernungen getrennt ist, wird eine Zivilisation auch nach Erreichen des Typs I noch jahrhundertelang ausschließlich ihren Heimatplaneten bewohnen, so daß sich Gefahren für das langfristige Überleben ergeben. Sie schickt vielleicht kleine Gruppen zu den Planeten und sogar zu nahe gelegenen Sternen, um dort erste Außenposten zu errichten, aber die

Versorgung großer, dauerhafter Kolonien übersteigt wahrscheinlich ihre Möglichkeiten.

Eine Zivilisation des Typs I wird im Laufe der Zeit ein planetenumspannendes Kommunikationssystem, eine planetare Kultur und eine planetare Wirtschaft entwickeln. Die Gesellschaft wird durch die Möglichkeit sofortiger Kommunikation verbunden sein, und das wird alte kulturelle und nationale Schranken, die einst auch zu Kriegen führten, allmählich verschwinden lassen. Die Spaltungen und Konflikte, unter denen eine Zivilisation des Typs 0 zu leiden hat, werden angesichts des materiellen Wohlstands und der Energieressourcen einer Gesellschaft des Typs I zu verblaßten Erinnerungen schrumpfen.

Wenn man davon ausgeht, daß auf einem Planeten des Typs I die gleichen biologischen Evolutionsgesetze herrschen wie bei uns, kann man auch zu dem Schluß gelangen, daß die Evolution zum Stillstand kommen wird. Evolution beschleunigt sich durch die Isolation der Individuen und unwirtliche Umweltbedingungen. In kleinen Kolonien oder Stämmen werden geringfügige genetische Unterschiede durch die Inzucht allmählich größer, so daß innerhalb einer biologischen Art eine »Gendrift« entsteht. (In alten Zeiten heirateten die Menschen beispielsweise meist jemanden aus dem eigenen oder einem benachbarten Stamm, und die gesamte derart verbundene Bevölkerungsgruppe umfaßte noch nicht einmal 100 Personen. Heute stehen in der Regel einige Millionen Partner zur Auswahl.) Je größer die Bevölkerung ist, in der Kreuzungen möglich sind, desto langsamer verläuft in der Regel die Evolution.

Da es in einer Zivilisation des Typs I keine genetisch isolierten Gruppen mehr gibt, werden sich die Individuen gleichmäßig vermischen, und damit ist ihre Evolution als biologische Art beendet.[5]

Zivilisationen des Typs II:
Keine Bedrohung durch Naturkatastrophen

Wenn eine Zivilisation erst einmal den Zustand des Typs II erreicht hat, ist sie unsterblich: Sie wird erhalten bleiben, solange das Universum besteht. Eine Zivilisation des Typs II kann durch nichts, was wir heute aus der Natur kennen, zerstört werden. Mit ihrer Technologie kann sie eine Fülle astronomischer oder ökologischer Katastrophen abwenden. Meteoriten- oder Kometeneinschläge werden verhütet, indem man alle kosmischen Trümmer, die den Planeten gefährden könnten, schon im Weltraum ablenkt. Über Jahrtausende hinweg betrachtet, wendet man Eiszeiten durch entsprechende Beeinflussung des Wetters ab – das heißt, man beeinflußt beispielsweise die Luftströmungen in den hohen Atmosphärenschichten über den Polarkappen oder bringt vielleicht kleine Korrekturen bei der Rotation des Planeten an.

Die Maschinen auf einem solchen Planeten produzieren große Wärmemengen, so daß er ein ausgeklügeltes Abfallentsorgungs- und Recyclingsystem braucht. Da man aber mit der Verwaltung und Wiederverwertung von Abfällen über jahrhundertelange Erfahrungen verfügt, wird es nicht zu einem katastrophalen Zusammenbruch der Umwelt kommen.

Die vielleicht größte Gefahr droht einer Zivilisation des Typs II, wenn in der Nähe eine Supernova explodiert und die benachbarten Planeten mit einem Schauer tödlicher Röntgenstrahlen überschüttet. Aber eine solche Zivilisation überwacht ihre Nachbarsterne, und wenn sie feststellt, daß ein Stern in der Nähe bald sterben wird, hätte sie mehrere Jahrhunderte lang Zeit, um »Weltraumarchen« zu bauen und ihre Bewohner zu anderen Sonnensystemen zu bringen.

Eine Zivilisation des Typs II, die definitionsgemäß zehnmilliardenmal mehr Energie verbraucht als eine Zivilisation des Typs I, hat die Ressourcen ihres Planeten völlig ausgeschöpft. Ihr Energiebedarf ist so groß, daß sie ihre eigene Sonne unmittelbar anzapfen muß. Sie bezieht die Sonnenenergie nicht passiv aus Solarkollektoren, sondern schickt riesige Raumschiffe zu ihrem Zentralgestirn, um die Energie direkt zum Heimatplaneten zu lenken. (Die Planetenföderation in *Star Trek* steht gerade im Begriff, zu einer Zivilisation des Typs II zu werden. Sie hat seit Jahrhunderten planetare Regierungen und kommt jetzt in das Stadium, wo sie sterbende Sterne zünden kann.) Der Physiker Freeman Dyson von der Princeton University hat spekuliert, eine Zivilisation des Typs II könne eine riesige Hohlkugel um ihre Sonne bauen, um die gesamte Energie des Gestirns einzufangen und es gleichzeitig vom übrigen Universum zu isolieren.

Eine Zivilisation des Typs II im Weltraum zu finden könnte ein wenig schwierig werden, denn möglicherweise entschließt sie sich, ihre Radio- und Fernsehwellen zu verheimlichen.[6] Aber den Zweiten Hauptsatz der Thermodynamik kann auch sie nicht verletzen.[7] Insbesondere ist nach heutiger Kenntnis nicht zu verhindern, daß ihre Maschinen reichlich überschüssige Wärme abgeben, und das müßte mit Infrarotsensoren von der Erde aus deutlich zu erkennen sein. Aus dem Weltraum betrachtet, würde eine Zivilisation des Typs II soviel Energie abstrahlen wie ein kleiner Stern. Und da solche Zivilisationen unsterblich sind, könnte es eine ganze Reihe von ihnen geben. Dyson hat sogar den Bau besonderer Infrarotdetektoren vorgeschlagen, in der Hoffnung, man könne damit benachbarte Zivilisationen des Typs II aufspüren.

Eine Zivilisation des Typs II dürfte auch in großem Umfang Funk- und Fernsehsignale aussenden. Im Rahmen des SETI-Projekts hat man intensiv und Frequenz für Frequenz nach elektromagnetischen Signalen von vielen

Sternen gesucht – und nichts gefunden. Aber pikanterweise könnte unsere Galaxis voller Zivilisationen des Typs II sein, die der Entdeckung durch unsere Radioteleskope entgehen – vielleicht weil sie nicht nur auf einer Frequenz senden, was entsetzlich ineffizient ist, sondern ihre Nachrichten über die gesamte Radio-Bandbreite verstreuen und sie dann beim Empfänger wieder zusammensetzen. Wenn wir solche verstreuten Nachrichten empfangen, hören wir nur ein Durcheinander, das vom Hintergrundrauschen nicht zu unterscheiden ist. Möglicherweise spiegeln die Radiowellen, die wir aus dem Weltraum empfangen, also Übertragungen von Zivilisationen des Typs II wider, und wir können sie nur schlicht und einfach nicht erkennen.

Zivilisationen des Typs III: Die Eroberung der Galaxis

Der Übergang einer Zivilisation vom Typ II zum Typ III wird mehr Zeit in Anspruch nehmen, denn eine solche Entwicklung hängt davon ab, ob sie die interstellare Raumfahrt beherrscht – eine außerordentlich schwierige Aufgabe. Aber wenn eine solche Zivilisation über Raumschiffe verfügt, die einen nennenswerten Prozentsatz der Lichtgeschwindigkeit erreichen, könnte die Besiedelung anderer Teile der Galaxis durchaus in den Bereich des Möglichen rücken.

Auch wenn Hollywood die heldenhaften Raumschiffkapitäne verherrlicht, die mutige Entdeckermannschaften bei der Suche nach außerirdischem Leben führen und geeignete Planeten für eine Besiedelung erkunden: Wahrscheinlich ist das die ineffizienteste Methode, um die Galaxis zu erforschen. Am einfachsten könnte eine Zivilisation des Typs III vielversprechende Sternsysteme ausfindig machen, indem sie viele tausend sogenannte »Von-Neumann-Sonden« in den Weltraum schickt, kleine Robotersonden, die auf den Monden weit entfernter Sternsysteme landen und dort selbstreproduzierende Fabriken bauen. Mit Methan, Erzen und anderen Rohstoffen aus Boden und Atmosphäre würden solche Roboterfabriken Tausende von Kopien der ursprünglichen Sonde bauen, die dann erneut in den Weltraum starten und weitere Sternsysteme erkunden. Der Vorgang kann sich endlos wiederholen, wobei die Zahl der Sonden in jedem Zyklus um einen Faktor von mehreren tausend wächst.

Auf diese Weise könnte man in der kürzestmöglichen Zeit Millionen Sternsysteme untersuchen. (Von-Neumann-Sonden waren übrigens auch die Grundlage der Monolithen in den Filmen *2001 – Odyssee im Weltraum* und *2010*.) Freeman Dyson malt sich sogar aus, solche leichtgewichtigen Sonden könnten Produkte von Biotechnologie und künstlicher Intelligenz

sein, die sich von dem Methan auf weit entfernten Monden »ernähren«.
(Die Sonden würden nicht auf Planeten, sondern auf Monden landen, weil
sie das geringere Schwerefeld eines Mondes leichter wieder verlassen können. Außerdem können die Sonden vom Mond aus feststellen, ob es auf
dem zugehörigen Planeten Anzeichen für intelligentes Leben gibt.) Solche
Sonden bezeichnet Dyson als »Astrohühner«: Es sind kleine, gedrungene,
gentechnisch konstruierte Geschöpfe, die durch den Weltraum reisen können, in der widrigen Umwelt weit entfernter Monde gedeihen und Nachrichten an ihren Heimatplaneten schicken.

Die ideale Von-Neumann-Sonde könnte aus der endgültigen Verschmelzung
von künstlicher Intelligenz und Biotechnologie hervorgehen. Eine solche
hochentwickelte Raumsonde ist ein Lebewesen in jedem Sinn des Wortes:
Sie könnte sich bei Schäden selbst regenerieren, würde »Nahrung« auf der
gefrorenen Oberfläche fremder Monde finden und könnte Tausende von
»Kindern« hervorbringen, die wiederum die Galaxis weiter erkunden. Sie
würde alle Funktionen eines Lebewesens ausführen und besäße ein hohes
Maß an künstlicher Intelligenz, so daß sie ihren Hauptauftrag (die Erforschung fremder Sternsysteme) ausführt und eigenständige Entscheidungen
treffen kann, die mit diesem Auftrag im Einklang stehen. Außerdem hätte
sie auch Gefühle, die ebenfalls zu ihrer Funktion im Weltall beitragen. Sie
würde »Schmerzen« empfinden und deshalb Gefahren meiden, beim
Nachtanken auf einem weit entfernten Mond würde sie »Freude« erleben,
ihren Nachkommen gegenüber hätte sie »mütterliche« Gefühle, und die
Ausführung ihrer Hauptaufgabe würde ihr »Spaß« machen und ihr ein Gefühl der Zufriedenheit verschaffen.

Wenn eine Zivilisation des Typs III solche Sonden mit halber Lichtgeschwindigkeit ausschickt, braucht sie anschließend nur darauf zu warten,
bis Nachrichten über interessante Sternsysteme eintreffen. Innerhalb von
1000 Jahren könnten die Von-Neumann-Sonden alle Sternsysteme im Umkreis von 500 Lichtjahren erforschen, und in 100 000 Jahren wäre die halbe Galaxis vollständig erkundet. Mit den leistungsfähigen Von-Neumann-
Sonden kann eine Zivilisation des Typs III sehr schnell feststellen, welche
Sternsysteme sich für eine Besiedelung eignen.

Manche Wissenschaftler haben Vermutungen darüber angestellt, ob es in
unserer Galaxis eine Zivilisation des Typs III gibt. Da eine solche Zivilisation unsterblich wäre, könnte sie bereits große Teile der Milchstraße erforscht und überall Von-Neumann-Sonden hinterlassen haben wie in dem
Film 2001. Einer anderen Theorie zufolge ist eine Zivilisation des Typs III,
die uns technisch um Jahrtausende voraus wäre, vielleicht einfach nicht an
uns interessiert. Würden wir uns beim Anblick eines Ameisenhaufens hin-
unterbeugen und den Ameisen Geschenke, Arzneien, Kenntnisse und Wissenschaft anbieten? Im Gegenteil: Manch einer wäre vielleicht versucht, ein
paar von ihnen zu zertreten.

386

Ein noch ehrgeizigeres Ziel für eine fortgeschrittene Zivilisation wäre die Nutzung der »Planckschen Energie«, mit der man das Gewebe von Raum und Zeit zerreißen könnte. Die phantastische Größenordnung dieser Energie übersteigt zwar hoffnungslos die Möglichkeiten einer Zivilisation des Typs 0, aber für eine reife Zivilisation des Typs I oder höherer Stufen, die nach unserer ursprünglichen Annahme hundertmilliardenmal bis eine Milliarde billionenmal mehr Energie verbraucht als wir, könnte sie durchaus in greifbare Nähe rücken.

Eine Zivilisation mit einer derart kosmischen Energieproduktion könnte vielleicht Löcher im Raum öffnen (vorausgesetzt, diese Wurmlöcher verletzen keine Gesetze der Quantenphysik). Das wäre vielleicht der effizienteste Weg, nach den Sternen zu greifen und eine galaktische Zivilisation zu schaffen: Man baut keine schwerfälligen Raumschiffe mehr, sondern öffnet ein Fenster zwischen den Dimensionen und erkundet so unbekannte Welten.

Auf dem Weg zur planetaren Zivilisation

Unsere Zivilisation auf der Erde gehört noch zum Typ 0: Wir sind hoffnungslos zersplittert in zänkische, eifersüchtige Staaten, und uns trennen tiefe rassische, religiöse und politische Gräben. Eine Ausbeutung der Ozeane oder die Beeinflussung des Wetters kommen nicht in Frage, solange wir gerade einmal kümmerliche Raumsonden zu benachbarten Planeten schicken können und noch nicht in der Lage sind, uns um unseren Nahrungs- und Energiebedarf zu kümmern. Die Welt erlebt derzeit zwei widersprüchliche Entwicklungen. Einerseits zersplittert sie sich immer weiter, weil Bürgerkriege, ethnische Konflikte und nationales Eigeninteresse in vielen Teilen der Erde vorherrschen, andererseits rückt sie immer näher zusammen, unter anderem durch eine neue globale Kooperation der Staaten und durch neue wirtschaftliche Organisationen wie die Europäische Union. Um zu erkennen, welcher Trend letztlich die Oberhand gewinnen wird, sollte man sich einmal die Welt in 100 Jahren vorstellen. Nachdem manche asiatischen Staaten heute die phantastische jährliche Wachstumsrate von zehn Prozent erreichen, ist es durchaus keine unrealistische Annahme, daß das Wachstum in den kommenden 100 Jahren durchschnittlich knapp unter fünf Prozent im Jahr liegen wird, denn auch in der Dritten Welt nimmt die Industrialisierung zu. Bei einem solchen Wachstum werden das Weltbruttosozialprodukt und der weltweite Energieverbrauch in 100 Jahren 130mal so hoch sein wie heute.

Die wirtschaftlichen, technischen und wissenschaftlichen Errungenschaften in 100 Jahren werden alles, was wir uns heute vorstellen können, um einen Faktor von mehr als 100 übertreffen. Ganze Regionen, die heute noch Schwerpunkte entsetzlicher Armut sind, werden bis dahin industrialisiert sein. Zu einem großen Teil wird sich dieser Wohlstand natürlich nicht gleichmäßig verteilen, aber Leidenschaften und Haß, die den Nationalismus und das Sektierertum früher angetrieben haben, dürften allmählich verschwinden, weil es den Menschen bessergeht und weil sie in dem System mehr zu verlieren haben. Wenn die Menschen satt und zufrieden sind, haben Hitzköpfe es schwer, die Zündschnur von Separatismus und Zersplitterung in Brand zu setzen. Oder, wie ein Witzbold einmal bemerkte:»Fette Nationalisten gibt es nicht.«

Bis zum Ende des 21. Jahrhunderts wird ein gewaltiger gesellschaftlicher, politischer und wirtschaftlicher Druck bestehen, aus der globalen Wirtschaft auch eine planetare Zivilisation zu machen. Natürlich wird es immer eine herrschende Klasse geben, die Einfluß und Macht eifersüchtig zu hüten versucht. Sie dürfte noch über das Ende des 21. Jahrhunderts hinaus jahrzehntelang versuchen, sich dem globalen Trend zur Entwicklung einer Zivilisation des Typs I zu widersetzen. Aber ihre Macht wird sich mit jedem Jahrzehnt vermindern, zurückgedrängt von den gewaltigen sozialen und wirtschaftlichen Kräften, die diese wissenschaftlichen Revolutionen freisetzen.

Der Zusammenbruch des Planeten

Eine der Kräfte, die uns in Richtung einer planetaren Zivilisation drängen, ist die Angst vor dem Zusammenbruch des Planeten. Besonders deutlich wird das an der drohenden Auflösung der Ozonschicht: Sie hat die Trägheit der Regierungen und nationale Rivalitäten in den Hintergrund gedrängt und die Vereinten Nationen aufgerüttelt. Die lebensnotwendige, schützende Ozonschicht liegt etwa 25 Kilometer über der Erdoberfläche und absorbiert die schädliche Ultraviolettstrahlung. Als man 1982 entdeckte, daß diese Schicht über dem winterlichen Südpol ein gewaltiges Loch hat, das ungefähr so groß ist wie die Vereinigten Staaten, machte man sich international große Sorgen. Später bestätigten Satellitenbilder, daß die Ozonmenge auch über der nördlichen Erdhalbkugel zurückgeht – in manchen Gebieten um bis zu ein Prozent im Jahr. Wird die Auflösung der Ozonschicht nicht rückgängig gemacht, könnte es bis 2075 einen Anstieg der Hautkrebsfälle um 60 Millionen geben, ganz zu schweigen von den Schäden an lebenswichtigen Nutzpflanzen und dem Tod von Tieren, die in der Nahrungskette unentbehrlich sind.

Als wissenschaftlich bewiesen war, daß die häufig als Kühlmittel verwendeten Fluorchlorkohlenwasserstoffe (FCKW) die größte Gefahr für die Ozonschicht darstellen, taten sich 31 Staaten sehr rasch zusammen und unterzeichneten 1987 das Abkommen von Montreal, dem zufolge die Verwendung der FCKW bis zum Jahr 2000 beendet werden soll.

Das Protokoll von Montreal zum Schutz der Ozonschicht und der historische, von den UN finanzierte Umweltgipfel von Rio 1992 waren entscheidende Ereignisse: Sie lenkten das internationale Interesse auf Themen wie Artenschutz, Umweltverschmutzung, Bevölkerungsexplosion und so weiter. Derzeit sind über 170 internationale Abkommen in Kraft, die verschiedene Aspekte des Umweltschutzes betreffen.

Aber nicht immer führt die Gefahr eines Zusammenbruchs der Atmosphäre zu weltweiter Kooperation. Im Gegenteil: Obwohl fast alle Fachleute überzeugt sind, daß die Temperaturen im nächsten Jahrhundert weltweit durch den Treibhauseffekt gefährlich ansteigen werden, haben die Staaten noch kaum etwas unternommen. Eindeutig dargelegt wurde die Gefahr der globalen Erwärmung 1995 auf der UN-Klimaschutzkonferenz, auf der 2000 führende Wissenschaftler aus der ganzen Welt vertreten waren.[8] Der Konferenzbericht zeichnete ein düsteres Bild vom Zusammenbruch des Klimas im kommenden Jahrhundert, wenn die Kohlendioxidmenge weiter ansteigt: Ein Drittel bis die Hälfte aller Eismassen könnten schmelzen, ein Drittel aller Ökosysteme völlig zerstört werden, der Meeresspiegel würde bis 2100 um 15 bis 90 Zentimeter steigen, 92 Millionen Menschen in Küstenregionen (zum Beispiel in Bangladesh) wären unmittelbar gefährdet, weitere Millionen könnten an Malaria und anderen Tropenkrankheiten sterben, und der Hunger in der Welt würde zunehmen, weil sich fruchtbare Gebiete in Staubwüsten verwandeln.[9-12]

Da die globale Erwärmung durch das Verbrennen fossiler Energieträger verursacht wird und da viele Länder stark auf Kohle und Öl angewiesen sind, wird sich der stetige Anstieg von Kohlendioxidkonzentration (die schon heute die höchste der letzten 150 000 Jahre ist) und Temperatur auch im nächsten Jahrhundert fortsetzen. In den kommenden Jahrzehnten, wenn die globale Erwärmung das Wetter und die ökologischen Verhältnisse auf der Erde erkennbar beeinträchtigt, werden auch die heute noch widerstrebenden Staaten (allen voran die USA, Anm. d. Übers.) endlich soviel Einsicht gewinnen, daß sie etwas unternehmen und zum Beispiel eine »Kohlendioxidsteuer« einführen, um Öl und Kohle als Energieträger abzulösen. Die Gefahr des globalen Zusammenbruchs wird unausweichlich eine internationale Kooperation erzwingen, auch wenn man vielleicht nur widerwillig damit beginnt.

Bevölkerungsexplosion und Schrumpfung der Ressourcen

Eines der drängendsten globalen Probleme, ökologisch wie auch sozial, wird langfristig der Anstieg der menschlichen Bevölkerung sein, der die

Ressourcen der Erde enorm belasten wird. Bis eine Weltbevölkerung von einer Milliarde erreicht war – ungefähr um 1830 –, waren mehrere Millionen Jahre vergangen. Nur ein Jahrhundert später war die nächste Milliarde voll. Bis 1974 hatte sich die Zahl nochmals verdoppelt. Und in den folgenden 20 Jahren ist die Bevölkerung bereits auf 5,7 Milliarden gestiegen. Jedes Jahr kommen auf der Erde 90 Millionen Menschen hinzu. Ein Zwanzigstel aller Menschen, die jemals über die Erde gingen, lebt noch heute. Diese beispiellose Bevölkerungsexplosion bedeutet eine gewaltige Belastung für Ernährung, Ökosysteme und Artenvielfalt. Der Fischfang hat nach Angaben des World Watch Institute mittlerweile einen Höchststand von 100 Millionen Tonnen im Jahr erreicht, und die Weltgetreideproduktion liegt bei 1,7 Milliarden Tonnen im Jahr.[13] Gleichzeitig wurden Wälder von der Größe der gesamten Vereinigten Staaten gerodet.[14] Das hat zur Folge, daß weniger Flächen für die Nahrungsproduktion zur Verfügung stehen und daß viele Tier- und Pflanzenarten aussterben. Nach Schätzungen mancher Biologen wird es zur Jahrhundertwende bis zu einer Million Arten nicht mehr geben, und bis zur Mitte des 21. Jahrhunderts könnte ein Viertel aller Arten verschwunden sein.

Der Biologe Robert W. Kates weist darauf hin, daß es in der Geschichte im Grunde drei Bevölkerungsexplosionen gegeben hat, die jeweils mit der Verbreitung neuer technisch-wissenschaftlicher Errungenschaften zusammenfielen. Die erste begann vor etwa einer Million Jahren, als die Menschen lernten, Werkzeuge herzustellen; die Folge war ein Anstieg der Weltbevölkerung von ein paar hunderttausend auf fünf Millionen. Die zweite Vermehrungswelle, die vor etwa 10 000 Jahren einsetzte, entstand durch die »Erfindung« der Landwirtschaft und der Domestizierung von Tieren und Pflanzen. Als Folge verhundertfachte sich die Zahl der Menschen auf 500 Millionen. Und die dritte Bevölkerungsexplosion setzte vor mehreren hundert Jahren mit der industriellen Revolution ein.

Nun stellt sich die Frage: Kann die Erde ihre Bewohner weiterhin ernähren, wenn die Bevölkerung auch in Zukunft so schnell wächst? Der ungebremste Anstieg dürfte eines Tages zu Ende gehen. Nach Schätzungen der Vereinten Nationen wird das Bevölkerungswachstum sich abflachen, so daß unser Planet 1999 sechs Milliarden, 2011 sieben Milliarden, 2025 acht Milliarden, 2041 neun Milliarden und 2071 zehn Milliarden Menschen beherbergen wird. Möglicherweise pendelt sich die Bevölkerungszahl im 22. Jahrhundert bei etwa zwölf Milliarden ein.[15] Diese Annahme gründet sich auf der Beobachtung, daß die Bevölkerung sich in industrialisierten Ländern immer stabilisiert hat. In Japan und Deutschland schrumpft sie sogar. Jedes Industrieland erlebt zunächst einen Bevölkerungsanstieg, weil die Sterblichkeit durch die Fortschritte in Medizin und Hygiene zurückgeht, aber irgendwann tritt eine Stabilisierung ein.

Derzeit ist die Bevölkerungszahl in 30 Ländern (mit insgesamt 820 Millionen Menschen) stabil.[16] Der Biologe Kates meint dazu:»Industrielle Entwicklung ist das beste Verhütungsmittel.« Der Grund: Wirtschaftlicher Fortschritt, so Kates,»vermindert die Notwendigkeit oder den Wunsch, mehr Kinder zu haben, weil mehr Kinder überleben; er verringert den Bedarf an Kinderarbeit und steigert die Nachfrage nach gut ausgebildeten Kindern. Außerdem steht in entwickelten Ländern weniger Zeit für Schwangerschaften zur Verfügung, denn Frauen haben größere Chancen, eine Ausbildung und bezahlte Arbeit zu bekommen. Und schließlich bietet das kulturelle Umfeld besseren Zugang zu Verhütungsmitteln.«[17] (Ironischerweise wächst in den Industrieländern die Gruppe der älteren Menschen am schnellsten, in der Dritten Welt dagegen die Gruppe der Jugendlichen.)

Unserer Zivilisation des Typs 0 drohen im kommenden Jahrhundert mit Sicherheit gewaltige Gefahren. Die Staaten, die sich früher immer gegen die Kooperation mit anderen gewehrt haben, werden gezwungen sein, sich mit diesen globalen Fragen auseinanderzusetzen und gemeinsam daran zu arbeiten.

Das Ende der Zersplitterung

Die Kultur war für die Menschheit seit jeher Segen und Fluch zugleich. Während 99 Prozent unserer Geschichte lebten die Menschen in kleinen Nomadenstämmen, die oft nicht mehr als 50 Personen ernähren konnten. (Wie sich in Untersuchungen gezeigt hat, kann ein Stamm, der diese Größe überschreitet, nicht mehr alle seine Mitglieder versorgen – er spaltet sich auf.) Zusammengehalten wurden solche Stämme durch ihre Kultur – durch Riten, Sitten und Sprache, die zum gegenseitigen Schutz und zur Unterstützung von Freunden und Verwandten dienten. Heldengeschichten und Mythen, die in alter Zeit an den Lagerfeuern erzählt wurden, festigten die Bindungen innerhalb des Stammes. Gleichzeitig entstanden auf diese Weise die heutige Vielfalt der Menschen und das reichhaltige Mosaik aus Tausenden von Sprachen, Religionen und Gebräuchen.

Aber die Kultur war auch ein Fluch. Viele Mythen verstärkten das Gefühl des Gegensatzes zwischen »wir« und »sie«, so daß es in den Nomadenkulturen zu heftigen Konkurrenzkämpfen und Stammeskriegen kam.

Vor etwa 100 000 Jahren, kurz nachdem in Afrika der moderne *Homo sapiens* entstanden war, setzte die große Zersplitterung ein: Kleine Stämme wanderten aus Afrika aus, getrieben vermutlich von veränderten Klimabedingungen. Es waren vielleicht nur ein paar tausend Menschen, die sich nach Norden vorwagten und sich schließlich in Mesopotamien sowie in Südeuropa niederließen. Vor ungefähr 50 000 Jahren gelangte eine zweite

Gruppe nach Asien und von dort schließlich bis nach Amerika. Aber da es durch diese Wanderungen zur genetischen Isolation kam, spalteten sich die Menschen in Anpassung an die jeweiligen Klimabedingungen in die heutigen Rassen auf. Jetzt waren die Stämme nicht nur kulturell getrennt, sondern auch durch ihre Rasse.

Im kommenden Jahrhundert wird es hoffentlich anderes sein: Die derzeitigen wissenschaftlichen Umwälzungen setzen zum erstenmal Kräfte frei, durch die sich die große Zersplitterung nach 100 000 Jahren allmählich abmildern wird. Die früheren, auf Trennung ausgerichteten Entwicklungen gehen zu Ende. Dieser Trend zu einer planetaren Zivilisation ist an mehreren Stellen zu erkennen: am Aufstieg der Weltwirtschaft, am schwindenden Gewicht der Einzelstaaten, am Aufblühen einer internationalen Mittelschicht, an der Entwicklung einer weltweiten gemeinsamen Sprache und am Aufstieg einer planetaren Kultur.

Geht das Zeitalter der Staaten zu Ende?

Das größte Hindernis für die Entstehung einer planetaren Zivilisation ist die offenkundige Tatsache, daß die politische Macht in den Händen konkurrierender Staaten liegt. Wir leben im Zeitalter der Staaten, und die Staaten dürften ihre beherrschende Stellung annähernd auch über das gesamte 21. Jahrhundert behaupten. Aber manchmal vergessen wir, daß Staaten in der Geschichte keine ewigen Größen sind, sondern ein relativ neues Phänomen, das vorwiegend im Kielwasser der industriellen Revolution und durch den Aufstieg des Kapitalismus entstand. Vor der industriellen Revolution lag die Macht meist bei Fürsten, Königen und Feudalherren. Der Einfluß der Staaten war recht gering und spiegelte vielfach mehr den politischen Ehrgeiz der Herrscher oder die Phantasie der Kartographen wider als die Möglichkeiten eines funktionsfähigen politischen Gebildes. Alvin Toffler schreibt:»Selbst die größten Kaiser geboten in der Regel über einen Flickenteppich aus winzigen, lokal verwalteten Gemeinden.«[18] Vor der industriellen Revolution, so der Schriftsteller S. E. Finer, reiste man von Ort zu Ort, und dabei wechselten die Gesetze ebensooft wie die Pferde.[19] Er kommt zu dem Schluß:»Könige und Prinzen hatten Macht über Weiler und Flecken.« Auch wenn die Könige und Fürsten vom Schicksal und der Bestimmung großer Nationen schwärmten, wurden die Gesetze und Gebräuche für jede Siedlung im wesentlichen an Ort und Stelle festgelegt.

Deutschland in seiner heutigen Gestalt gibt es zum Beispiel erst seit dem 19. Jahrhundert: 1871 fügte der»Eiserne Kanzler« Otto von Bismarck etwa 350 zerstrittene Fürstentümer und Preußen zu einem Staatsgebilde zusammen. Und die konkurrierenden Stadtstaaten Italiens, die Machiavelli in seiner teuflisch ehrlichen Abhandlung *Der Fürst* unsterblich machte, legten ihre jahrhundertealten Streitigkeiten ebenfalls erst 1870 bei. Auch die heutigen Staaten der Dritten Welt sind ein relativ junges Phänomen. Eine der Ursachen für die vielen Konflikte im Nahen Osten und in Afrika ist die Tatsache, daß sie von den alten Kolonialmächten geschaffen wurden, insbesondere von Großbritannien und Frankreich. Die verschiedenen Gebiete dieses Teils der Erde wurden von den Großmächten meist unter strategischen Gesichtspunkten aufgeteilt, damit sie von London oder Paris aus einfacher zu verwalten waren. Ihre künstlichen politischen Grenzen gestaltete man häufig so, daß sie die Streitigkeiten zwischen den ethnischen Gruppen verstärkten (»Teile und herrsche«), und heute sind sie in diesen Gegenden der Erde die Ursache für ständig schwärende politische Instabilität.

Obwohl wir noch mitten im Zeitalter der Staaten stecken, kann man jedoch erkennen, wie es zu Ende gehen wird. Wirtschaftliche Verbindungen nehmen globalen Charakter an. Die Staatsgrenzen weichen wirtschaftlichen Kräften, ganz ähnlich wie die Machtbereiche der Feudalherren mit dem Heraufdämmern der industriellen Revolution von den Nationalstaaten verdrängt wurden.

Kenichi Ohmae, ein früherer Seniorpartner der Unternehmensberatungsfirma McKinsey & Company und Berater internationaler Finanzunternehmen, schreibt in seinem Buch *Der neue Weltmarkt*: »Die herkömmlichen Nationalstaaten sind unnatürliche, ja sogar unmögliche Geschäftseinheiten in einer globalen Wirtschaft geworden.«[20] Nach seiner Sicht der Dinge geht die Zeit der Nationalstaaten durch den gewaltigen ökonomischen Druck einer expandierenden Weltwirtschaft zu Ende.

Er fährt fort: »Nationalstaaten sind politische Organismen, und in ihren wirtschaftlichen Kreisläufen steigt der Cholesterinspiegel. Mit der Zeit verhärten sich die Arterien, und die Vitalität des Organismus läßt nach.«[21] Solche Ansichten vertritt nicht nur Ohmae, sondern sie finden sich auch bei vielen anderen politischen Autoren. Der französische Politologe Denis de Rougemont meint:»Der Nationalstaat, der sich als völlig souverän betrachtet, ist offensichtlich viel zu klein, als daß er im globalen Maßstab noch eine Rolle spielen könnte ... Von unseren 28 europäischen Staaten kann kein einziger mehr allein seine militärische Verteidigung, seinen Wohlstand und seine technischen Ressourcen aufrechterhalten...«[22] Toffler fügt hinzu:»Wir bewegen uns in Richtung eines Weltsystems aus Elementen, die nicht organisiert sind wie die Abteilungen einer Behörde, sondern eng verflochten wie die Nervenzellen in einem Gehirn.«[23]

Andere, so der Wirtschaftswissenschaftler und Diplomat John Kenneth Galbraith, sehen die Möglichkeit für den Aufstieg einer Art Weltregierung, die an die Stelle der recht blutleeren Vereinten Nationen treten könnte. Schließlich meinte schon John Lennon in seinem Song »Imagine«, es sei vielleicht gar nicht so schwer, sich eine Welt ohne Staaten vorzustellen.

Aber neben dem Aufstieg der Weltwirtschaft und der Schwächung der Nationalstaaten treibt noch eine weitere, nicht weniger einflußreiche Kraft uns in Richtung von Stabilität und planetarer Zivilisation: der Aufstieg der internationalen Mittelschicht.

Der Aufstieg der Mittelschicht

Während des größten Teils unserer dokumentierten Geschichte herrschten winzige Eliten über eine große Masse verarmter Menschen, und das oft mit brutalen Methoden. Nur diese herrschende Klasse verfügte über Bildung, Wissen, Wohlstand und militärische Stärke, die zur Erhaltung der Macht notwendig waren.

Nun ist es einfach eine Binsenweisheit, daß die politisch Herrschenden ihr Handeln vor allem darauf ausrichten, die eigene Macht zu erhalten, und zu dieser Gedankenwelt paßt eine planetare Zivilisation nicht. Deshalb wird sich die derzeit herrschende Klasse zwar der Tendenz zur Vereinigung mit ihrer ganzen, nicht unbedeutenden Kraft widersetzen, aber eine andere Triebkraft drängt die Welt dazu, näher zusammenzurücken, und das ist ein relativ neuer, aber möglicherweise sehr bedeutsamer Faktor: die internationale Mittelschicht. Mit dem Aufstieg der mittleren Schichten in vielen Ländern wird sich die Macht der Herrschenden immer mehr abschwächen.

Die meisten Menschen leben in der Dritten Welt, die heute, 300 Jahre später als Europa, eine umfangreiche Industrialisierung erlebt. Und so wie die Industrialisierung in Europa letztlich zum Sturz der alten Monarchien und Kaiserreiche führte, wird sie auch in der Dritten Welt eine neue Mittelschicht entstehen lassen, die zum Motor des gesellschaftlichen Wandels werden wird.

Die Mittelschicht, die ebenso egoistisch ist wie alle anderen gesellschaftlichen Gruppen, hat indessen ein Interesse an der Erhaltung des Friedens, an der Förderung des internationalen Handels und am freien Informationsaustausch. Und da sie über Faxgeräte, Internet, Satellitenschüsseln und Mobiltelefone verfügt, kann sie auch einflußreiche politische Strömungen in ihrem Interesse bündeln. Wer einmal den Geschmack des Wohlstands kennengelernt hat, will immer mehr davon.

Wie Ohmae deutlich macht, hat die wachsende Mittelschicht weltweit immer größere Erwartungen und Wünsche. Nach seiner Ansicht spielt sich bei Menschen, die ein Pro-Kopf-Einkommen von 5000 Dollar – oder 20 000 Dollar für ein vierköpfige Familie – erreicht haben, eine kaum merkliche, aber konsequente psychologische Veränderung ab.[24] Wer nicht mehr danach fragen muß, woher die nächste Mahlzeit kommen soll oder an welcher Krankheit das nächste Mal ein Angehöriger stirbt, der verlangt nach Konsumgütern. Und was noch wichtiger ist: Wenn die Menschen ein gewisses

Maß an Wohlstand und Stabilität erreicht haben,»dann schauen sie sich früher oder später um und fragen, warum sie nicht das gleiche haben können wie andere. Und – was ebenso wichtig ist – warum sie es bisher nicht haben konnten.«[25]

Planetare Sprache und Kultur

Auf der Erde werden derzeit etwa 6000 Sprachen gesprochen. In ihnen spiegeln sich die historischen Trennlinien wider, die durch die große Zersplitterung der Völker entstanden sind. Aber im kommenden Jahrhundert könnten bis zu 90 Prozent dieser Sprachen verschwinden, so jedenfalls Michael E. Krauss, der Leiter des Native Language Center der University of Alaska. Nach seiner Ansicht werden nur 250 bis 600 Sprachen überleben.[26] Unter diesen hat sich das Englische schon heute als Universalsprache für Wirtschaft und Wissenschaft herauskristallisiert. Nicht nur die meisten Handelskonferenzen, wissenschaftlichen Tagungen und wirtschaftlichen Transaktionen werden auf englisch abgewickelt, sondern es ist auch die Sprache des Internet und verbindet auf diese Weise mindestens 30 Millionen Computerbenutzer. Schon heute muß jeder, der am weltweiten wirtschaftlichen und wissenschaftlichen Austausch teilnehmen will, das Englische beherrschen, denn es ist der gemeinsame Nenner für alle weltumspannenden Tätigkeiten.

Der Kolumnist William Safire bemerkt dazu:»Das Englische wird im Jahr 2100 weltweit die erste Fremdsprache sein.«[27,28] Nach seiner Schätzung sind schon heute eine Milliarde Menschen des Englischen mächtig, und diese Zahl wird im nächsten Jahrhundert rasch zunehmen.

Paradoxerweise wird die Entwicklung der Computertechnik dazu beitragen, die alten, durch die große Zersplitterung entstandenen Sprachen sowohl zu erhalten als auch zu vernichten. Einerseits beschleunigt sich der Aufstieg des Englischen und seiner weltweiten Vormachtstellung durch Telekommunikation, Reiseverkehr, Handel und Wissenschaft. Andererseits trägt der Computer aber auch dazu bei, viele kleinere, gefährdete Sprachen zu erhalten, die manchmal nur noch von einer Handvoll älterer Menschen gesprochen werden. Viele dieser Sprachen werden in Form von Tonbändern und Computer-Wörterverzeichnissen überleben.

Die gemeinsame Sprache erleichtert auch die Entwicklung einer gemeinsamen Weltkultur. Einer der ersten, die in unserem Jahrhundert die Saat einer planetaren Kultur aufgehen sahen, war Aldous Huxley. Er schrieb in *Those Barren Leaves*:»Billiger Druck, drahtlose Telefone, Eisenbahn, Autos, Grammophone und so weiter ermöglichen die Vereinigung von Stämmen, die nicht nur Tausende, sondern Millionen umfassen.«

Diese Entwicklung beschleunigt sich durch das Internet. Bill Gates behauptet: »Der Information Highway wird alle nationalen Grenzen überwinden und zu einer Weltkultur oder zumindest einem regen Austausch von kulturellen Aktivitäten und Werten führen ... wir Menschen brauchen das Empfinden, zu vielen Gemeinschaften zu gehören, auch zu einer Weltgemeinschaft.«[29]

Nachrichtendienste und Telekommunikation vereinigen sich in CNN, Sky Television und vielen anderen neuen Kanälen, die auch in den abgelegensten Gegenden der Erde ausgestrahlt werden. Selbst streng religiös orientierte Staaten wie der Iran können nicht völlig verhindern, daß die Satellitenschüsseln sich ausbreiten. Sie schießen in der Dritten Welt wie Pilze aus dem Boden und transportieren neben verführerischen Bildern vom Wohlstand neue Ideen in andere Länder.

Dieser Trend zur globalen Kultur mag nicht für jeden ästhetisch reizvoll sein. Zu den größten Exportbranchen der USA, sowohl nach Umsatz als auch nach Gewinn, gehören Film- und Popmusikindustrie. Filme mit Arnold Schwarzenegger sind unglaublich beliebt, weil sie voller Action stecken und in unterschiedlichen Kulturkreisen verstanden werden. Und die Popmusik findet in den wohlhabenden, aufmüpfigen Teenagern der ganzen Welt ein aufnahmebereites Publikum.

Die globale Kultur mag nicht nach jedermanns Geschmack sein, aber sie hat eine heilsame Wirkung: Sie reißt die kulturellen Schranken ein, während wir zu einer Zivilisation des Typs I werden.

16 Herren über Raum und Zeit

> »Am schwersten ist zu verstehen, warum wir überhaupt etwas verstehen können.«
>
> Albert Einstein

> »Die Bibel sagt uns, wie man in den Himmel kommt, aber nicht, wie es im Himmel zugeht.«
>
> Johannes Paul II.

Materie. Leben. Geist.

Wie wir gesehen haben, sind diese drei Grundpfeiler der modernen Wissenschaft nicht mehr von Geheimnissen umhüllt, denn im 20. Jahrhundert hat man die entscheidenden Gesetze der Quantentheorie, der DNS und der Computer aufgeklärt. Im 21. Jahrhundert werden wir lernen, alle drei fast nach Belieben einzusetzen, so daß wir dem Tanz der Natur nicht mehr nur zusehen, sondern zu seinen aktiven Choreographen werden.

Außerdem werden wir miterleben, wie alle drei Bereiche sich gegenseitig befruchten, und diese Wechselbeziehungen werden zum typischen Kennzeichen für die Wissenschaft des 21. Jahrhunderts werden.

Aber noch ist unsere Beschreibung der zukünftigen Wissenschaft unvollständig. Ihr fehlt ein vierter Bestandteil, der ebenfalls zu unserem Wissen über das Universum gehört: die Raumzeit. Die Physiker haben sich in jüngster Zeit sehr nachdrücklich bemüht, die Rätsel von Raum und Zeit zu erklären. Was wir dabei erfahren, wird letztlich wahrscheinlich einige besonders tiefschürfende Fragen beantworten, beispielsweise die, ob der Raum sich biegen kann, ob die Zeit sich umkehren läßt, wie das Universum geboren wurde und wie es eines Tages sterben wird. Damit liefert die Beschäftigung mit Raum und Zeit vielleicht die Antwort auf unsere spannendsten Fragen über die Zukunft: Welcher endgültigen Bestimmung geht alles intelligente Leben im Universum entgegen?

Raumzeit: Die vierte Säule

In dem Film *Star Trek – Der erste Kontakt* und in der *Foundation*-Trilogie von Isaac Asimov stellt die Erfindung des »Warp Drive« oder »Raumsprungantriebs« einen Wendepunkt in der galaktischen Geschichte dar: Die Menschheit wird »erwachsen«, verläßt die Einsamkeit und Beschränktheit ihres eigenen Planeten und gesellt sich zur galaktischen Bruderschaft. Nach dieser umfassenden Vision sind wir tatsächlich von Geburt und Bestimmung Kinder der Sterne, bereit, unseren rechtmäßigen Platz unter den Zivilisationen weit entfernter Sonnensysteme einzunehmen.[1] Ist ein solcher dafür notwendiger »Raumsprungantrieb« möglich? Läßt er sich mit den Gesetzen der Physik vereinbaren, oder ist er nur ein Phantasieprodukt der Science-fiction-Autoren? Interessanterweise führt uns die Beantwortung dieser Frage an die äußersten Grenzen unserer physikalischen Kenntnisse. Die Verwirklichung des Raumsprungantriebs dürfte im 21. Jahrhundert noch nicht gelingen, aber nach unserem derzeitigen Wissen über die Physik ist er nicht völlig auszuschließen, insbesondere für Zivilisationen des Typs I oder II.

In den vorangegangenen Kapiteln haben wir erfahren, wie man über die Zukunft der Wissenschaft vernünftige Voraussagen machen kann, weil die Grundgesetze von Quantentheorie, Computer und DNS im wesentlichen bekannt sind. Aber um eine Zeitmaschine oder einen Raumsprungantrieb zu konstruieren, müssen wir uns an die äußersten Grenzen unserer physikalischen Kenntnisse begeben. Nur mit einer »Theorie für alles« werden wir letztlich sicher sagen können, ob es möglich ist, die Zeit brezelförmig zu biegen und Löcher in den Raum zu stanzen. Die Physik des Raumsprungantriebs führt uns auf eine seltsame und gleichzeitig faszinierende Odyssee durch den gekrümmten Raum, parallele Universen und die zehnte Dimension.

Die Entwicklung des Raumsprungantriebs könnte mit den Gesetzen der Physik vereinbar sein, vorausgesetzt, man kann im Raum ein »Wurmloch« öffnen. Was ein Wurmloch ist, kann man sich folgendermaßen deutlich machen: Man nimmt ein Blatt Papier und markiert darauf zwei Punkte A und B. Die kürzeste Entfernung zwischen ihnen, so sagt man uns normalerweise, ist eine Gerade. Aber das gilt nur für zwei Dimensionen (das heißt in der flachen Ebene des Papiers). Wenn wir das Blatt so biegen, daß A und B sich berühren, und die beiden Punkte dann durch ein ins Papier gebohrtes Loch verbinden, ist die kürzeste Entfernung zwischen ihnen eben dieses »Wurmloch«.

Wir können auch zwei Bögen Papier nehmen und sie parallel übereinanderlegen. Jetzt markieren wir auf dem einen Blatt den Punkt A und auf dem anderen den Punkt B, und dann verbinden wir die parallel liegenden Blätter wiederum durch ein Wurmloch. Eine Ameise, die auf einem Blatt herumkriecht, kann zufällig durch das Wurmloch fallen und findet sich dann auf einem ganz anderen Blatt wieder. Das verdutzte Insekt stellt plötzlich fest, daß sich nach dem Sturz durch das Loch ein ganz neues »Universum« geöffnet hat.

In der Mathematik bezeichnet man solche seltsamen Anordnungen als »mehrfache verbundene Räume«; sie sind die Voraussetzung für alle möglichen köstlichen Paradoxa, die unseren gewohnten Vorstellungen vom Raum widersprechen. Die Vorstellung hört sich bizarr an, aber sie ist völlig logisch, wenn unser Universum durch Wurmlöcher verbunden ist.

Der Öffentlichkeit wurden die Wurmlöcher erstmals vor über 100 Jahren in einem Buch vorgestellt, das ein Mathematiker aus Oxford verfaßt hatte. Vielleicht wußte er, daß Erwachsene über die Idee von mehrfachen verbundenen Räumen den Kopf schütteln würden, und deshalb schrieb er das Buch unter einem Pseudonym und für Kinder. Er hieß Charles Dodgson, das Pseudonym lautete Lewis Carroll, und das Buch hatte den Titel *Alice im Spiegelland*.

Der Spiegel ist eigentlich ein Wurmloch. Auf der einen Seite liegt die ländliche Umgebung von Oxford in England, auf der anderen das Wunderland. Wenn man in den Spiegel hineingeht, verläßt man bruchlos das eine Universum und tritt durch das Wurmloch in ein anderes ein. Wie siamesische Zwillinge, die an der Hüfte zusammengewachsen sind, werden Oxford und das Wunderland durch den Spiegel verbunden.

Durch solche Wurmlöcher kann man sich theoretisch über Lichtjahre hinweg durch den Raum bewegen und »schneller als mit Lichtgeschwindigkeit« reisen, ohne die Gesetze der Relativitätstheorie zu verletzen. Bezeichnenderweise tritt man in den Spiegel mit sehr geringer Geschwindigkeit ein. Die Lichtgeschwindigkeit wird nirgendwo überschritten. Mißt man jedoch die zurückgelegte Entfernung, ergibt sich eine viel höhere Geschwindigkeit als die des Lichts.[2]

Nun war Lewis Carroll kein Physiker, sondern Mathematiker, und deshalb wußte er nicht, ob sein Phantasieprodukt Wirklichkeit werden kann. Das änderte sich erst, als Einstein 1915 die allgemeine Relativitätstheorie niederschrieb. Sie beinhaltet die Möglichkeit, Wurmlöcher und sogar Zeitmaschinen zu konstruieren.

Grundlage der allgemeinen Relativitätstheorie ist die Vorstellung, daß der Raum gekrümmt ist. Die »Kräfte«, die wir um uns herum beobachten, wie beispielsweise die Gravitation, sind demnach in Wirklichkeit Illusionen, die sich aus der Biegung von Raum und Zeit ergeben.

Wenn man beispielsweise einen schweren Stein auf ein Bett legt, sinkt er in die Matratze ein. Eine kleine Murmel, die man nun über das Bett rollen läßt, beschreibt in der Nähe des Steins einen gebogenen Weg. Von weitem sieht das so aus, als übe der Stein eine geheimnisvolle »Kraft« auf die Murmel aus, die sie in eine Umlaufbahn zwingt. Entsprechend glaubte auch Newton, eine geheimnisvolle »Kraft« namens Gravitation wirke auf die Erde ein. (Newton selbst verstand, welches Problem sich aus diesem Bild ergibt, denn obwohl nichts die Erde berührt, bewegt sie sich. In seinen Schriften zeigte der Brite sich tief beunruhigt über die Tatsache, daß die Erde sich bewegen kann, obwohl nichts sie berührt; er hielt das für einen großen Schönheitsfehler seiner Theorie.)

In Wirklichkeit folgt die Kugel nur der Krümmung des Bettlakens, und ganz ähnlich hält auch der Raum selbst die Erde auf ihrer Bahn um die Sonne. Einstein gelangte zu der Ansicht, daß die Gravitation durch die Geometrie der Raumzeit bestimmt wird, das heißt, sie ist eine Illusion, die der Biegung des Geflechtes von Raum und Zeit entspringt. Mit anderen Worten: Wenn wir mit beiden Beinen fest auf der Erde stehen und nicht in den Weltraum hinausschweben, dann nur deshalb, weil die Erde das vierdimensionale Kontinuum von Raum und Zeit um unseren Körper krümmt.

(Genauer gesagt, gründet sich die allgemeine Relativitätstheorie auf das Äquivalenzprinzip, wonach die physikalischen Gesetze lokal in einem gravitationsbestimmten oder beschleunigten Bezugssystem immer gleich sind. Da sich Licht in einem beschleunigten Bezugssystem krümmt, muß es sich auch in einem gravitativ bestimmten Bezugssystem krümmen. Da Licht aber bei seiner Bewegung die Geometrie des Raumes mitreißt, muß die Geometrie des Raumes sich durch die Gravitation ebenfalls krümmen. Deshalb kann man die Gravitation als Ergebnis der Raumkrümmung ansehen.)

Schwarze Löcher und Wurmlöcher

Die vielleicht interessanteste Verzerrung von Raum und Zeit findet man im Umfeld von Schwarzen Löchern. Ein Schwarzes Loch ist definitionsgemäß ein Objekt, das so schwer ist, daß nichts seiner gewaltigen Anziehungskraft entkommen kann. Da nichts schneller sein kann als das Licht, kann auch nichts, das einmal in ein Schwarzes Loch gefallen ist, wieder herauskommen – auch das Licht nicht. Dennoch hat man bisher mit dem Hubble-Weltraumteleskop und mit erdgebundenen Teleskopen etwa ein Dutzend Schwarze Löcher im Weltraum entdeckt. Sie liegen im Zentrum riesiger Galaxien, die etwa 50 Millionen Lichtjahre von der Erde entfernt sind, so in den Galaxien M-87 und NGC-4258.

Da Schwarze Löcher definitionsgemäß unsichtbar sind, weisen die Astrophysiker sie im Weltraum mit indirekten Methoden nach. Die Instrumente zeigen einen gewaltigen kosmischen Wirbel, einen Hurrikan aus heißen Gasen, die um ein winziges Zentrum kreisen. Ihre »Windgeschwindigkeit« hat man mit den Instrumenten des Weltraumteleskops gemessen: Sie liegt bei 1,5 Millionen Stundenkilometern. Ganz in der Mitte erkennt man einen winzigen Lichtfleck mit einem Durchmesser von etwa einem Lichtjahr, der der Masse von einer Million Sternen entspricht. Und mitten in diesem Zentrum befindet sich das unsichtbare, rotierende Schwarze Loch.

Mit den Newtonschen Bewegungsgesetzen kann man die ungefähre Masse des rotierenden Objekts und damit auch seine Fluchtgeschwindigkeit berechnen. Sie entspricht, wie sich herausstellt, der Lichtgeschwindigkeit, das heißt, nicht einmal das Licht kann seinem Schwerefeld entkommen.

Aber das vielleicht aufschlußreichste Bild der Schwarzen Löcher ergibt sich aus Einsteins Theorie des gekrümmten Raumes. Wenn der Stein in dem zuvor angeführten Vergleich immer schwerer wird, sinkt er immer tiefer in die Matratze ein, so daß ihre Oberfläche eine Art langen Trichter bildet. Wird ein solcher Trichter tief genug – wie bei einem Schwarzen Loch – verbindet er sich schließlich mit einem anderen Trichter aus einem Paralleluniversum, das heißt mit einem Universum von der anderen Seite des Schwarzen Loches. Damit würde sich in dem anderen Universum gewissermaßen ein »Weißes Loch« öffnen. Am Ende sieht die ganze Anordnung aus wie zwei parallele Bettlaken, die in der Mitte durch einen dünnen zylinderförmigen Tunnel verbunden sind.

Eine solche Verbindung zwischen zwei Universen bezeichnet man als Einstein-Rosen-Brücke. Einstein selbst machte sich um diese Brücken keine Sorgen: Er meinte, wer so dumm wäre, in ein Schwarzes Loch zu fallen, würde darin ohnehin zerquetscht, weil Raumkrümmung und Gravitation unendlich groß werden. Deshalb glaubte Einstein zeitlebens, eine solche Verbindung zwischen den Universen sei unmöglich.

Aber 1963 versuchte der Mathematiker Roy Kerr die erste realistische Beschreibung eines rotierenden Schwarzen Loches. Anders als ein stillstehendes Schwarzes Loch stürzt es nicht zu einem Punkt zusammen, sondern zu einem schnell rotierenden Ring aus Neutronen. Entscheidend ist dabei, daß das Schwarze Loch rotiert: Die Zentrifugalkraft verhindert, daß der Ring sich zu einem Punkt zusammenzieht.

Wie Kerr bewies, würde ein Mensch, der durch einen solchen Ring fällt, entgegen der allgemeinen Ansicht nicht sterben, sondern in ein Paralleluniversum gelangen. Die Berührung des Ringes wäre tödlich, das Hindurchfallen aber nicht. Mit anderen Worten: Das Wurmloch ist ein kreisender Ring aus Neutronen, der dem Rahmen des Spiegels entspricht. Die Hand durch den Spiegel zu schieben ist das gleiche, als wenn man sie durch ein Kerrsches Schwarzes Locht steckt, ein Wurmloch, das unsere Welt mit einem Paralleluniversum verbindet.[3]

Seither haben die Physiker buchstäblich Hunderte von Wurmloch-Anordnungen formuliert. Heute ist es relativ einfach, ein Wurmloch mathematisch in ein physikalisch realistisches Universum einzubetten.

Zeitreisen

Einstein erkannte nicht nur die seltsamen Eigenschaften der Einstein-Rosen-Brücke, sondern ihm war auch klar, daß seine Gleichungen die Zeitreise ermöglichten. Da Raum und Zeit so eng verknüpft sind, kann jedes

Wurmloch nicht nur zwei weit voneinander entfernte Raumgebiete, sondern auch verschiedene Zeitpunkte verbinden.

Um die Zeitreise zu verstehen, muß man zunächst bedenken, daß Newton die Zeit für einen Pfeil hielt: Einmal abgeschossen, fliegt er in gerader Linie weiter und weicht nie mehr von seinem Weg ab. Nichts kann die Zeit von ihrem gleichförmigen Weg durchs All abbringen. Eine Sekunde auf der Erde gleicht genau einer Sekunde auf dem Mond oder auf dem Mars.

Einstein brachte eine andere Idee ins Spiel: Danach gleicht die Zeit eher einem Fluß, der sich durch das Universum windet und im Schwerefeld von Sternen und Planeten langsamer oder schneller fließt. Dann ist eine Sekunde auf der Erde nicht mehr gleich einer Sekunde auf Mond oder Mars. (Tatsächlich tickt eine Uhr auf dem Mond geringfügig schneller als auf der Erde.)

Großes Interesse erregte vor allem ein besonderer Dreh an dieser Vorstellung: In dem Zeitfluß kann es in sich geschlossene Wirbel geben, und er kann sich gabeln und zwei Flüsse bilden.

So konnte der Mathematiker Kurt Gödel, Einsteins Kollege am Institute for Advanced Study in Princeton, im Jahr 1949 etwas Eigentümliches beweisen: In einem Universum, das mit einer rotierenden Substanz (Flüssigkeit oder Gas) gefüllt ist, kommt jeder, der ständig vorwärtsgeht, irgendwann an dieselbe Stelle zurück, aber zeitlich zurückversetzt. In einem Gödelschen Universum wäre die Zeitreise eine Selbstverständlichkeit.

Einstein war wegen der Einstein-Rosen-Brücke und der Gödel-Zeitmaschine zutiefst beunruhigt, denn sie bedeuteten, daß seine Gravitationstheorie einen Fehler haben könnte. Schließlich gelangte er zu dem Schluß, man könne beide aus physikalischen Gründen ausschließen: Wer in die Einstein-Rosen-Brücke fiel, würde demnach sterben, und das Universum rotiert nicht, sondern es dehnt sich der Urknalltheorie zufolge aus. Mathematisch waren Wurmlöcher und Zeitmaschinen demnach durchaus denkbar, aber physikalisch, so Einstein, sind sie unmöglich.

Nach Einsteins Tod entdeckte man für seine Gleichungen aber so viele Lösungen, die Zeitmaschinen und Wurmlöcher möglich erscheinen lassen, daß die Physiker den Gedanken heute ernst nehmen. Neben Gödels rotierendem Universum und Kerrs rotierendem Schwarzen Loch erlauben auch andere Anordnungen die Zeitreise, so ein unendlicher rotierender Zylinder, zusammenstoßende kosmische Strings und negative Energie.

Natürlich wirft die Idee der Zeitmaschine alle möglichen verwirrenden Fragen nach Ursache und Wirkung auf, das heißt, es ergeben sich Zeitparadoxa. Wenn beispielsweise ein Jäger in der Zeit zurückkreist, um Dinosaurier zu jagen, und dabei zufällig ein nagetierähnliches Geschöpf zertritt, das der unmittelbare Vorfahre aller Säugetiere und damit der Menschen ist: Verschwindet dann der Jäger? Oder: Wer in der Zeit zurückkreist, um vor der eigenen Geburt die Eltern zu erschießen, kann selbst nicht existieren.

Ein anderes Paradox ergibt sich, wenn man die Vergangenheit erfüllt. Angenommen, ein junger Erfinder schlägt sich mit der Konstruktion einer Zeitmaschine herum. Plötzlich taucht ein älterer Mann auf und erklärt ihm das Geheimnis der Zeitreise. Er gibt dem jungen Mann Baupläne für die Maschine, aber unter einer Bedingung: Wenn er alt wird, soll er in der Zeit zurückreisen und sich selbst das Geheimnis der Zeitreise anvertrauen. Damit stellt sich die Frage: Woher kommt die Lösung ursprünglich? Die Antwort auf alle diese Fragen könnte sich letztlich aus der Quantentheorie ergeben.

Probleme mit Wurmlöchern und Zeitmaschinen

Einsteins Theorie läßt Wurmlöcher und Zeitmaschinen zwar zu, aber das heißt nicht, daß man sie auch tatsächlich bauen kann. Bevor es soweit ist, müssen mehrere schwerwiegende Hindernisse überwunden werden.
Erstens liegen die Energiemengen, bei denen es zu Anomalien von Raum und Zeit kommt, weit jenseits aller Größenordnungen, die auf der Erde zu erreichen sind. Die erforderliche Energie liegt im Bereich der Planckschen Energie, das heißt bei 10^{19} Elektronenvolt; das ist ungefähr das Trillionenfache der Energie, die in dem nicht verwirklichten Supraleiter-Superteilchenbeschleuniger erzeugt werden sollte. Mit anderen Worten: Wurmlöcher und Zeitmaschinen könnte höchstens eine fortgeschrittene Zivilisation des Typs I oder II bauen, der milliardenfach größere Energiemengen zur Verfügung stehen als uns.
(Wenn ich darüber nachdenke, kann ich mir vorstellen, was Newton vor 300 Jahren empfunden haben muß. Er konnte berechnen, wie fest man absringen muß, um den Mond zu erreichen: Dazu muß man die Fluchtgeschwindigkeit von über 40 000 Stundenkilometern erreichen. Und was für Transportmittel hatte Newton im 17. Jahrhundert? Pferd und Wagen. Eine solche Geschwindigkeit muß für ihn völlig unvorstellbar gewesen sein. Ganz ähnlich ergeht es uns heute. Wir Physiker können berechnen, daß alle diese Verzerrungen von Raum und Zeit eintreten, wenn man in die Nähe der Planckschen Energie kommt. Aber was haben wir heute? »Pferd und Wagen«, die wir Wasserstoffbomben und Raketen nennen und die viel zu schwach sind, um die Plancksche Energie zu erreichen.)
Eine andere Möglichkeit wäre die Verwendung »negativer Materie« (nicht zu verwechseln mit Antimaterie). Wie in Kapitel 13 erwähnt, hat man diese seltsame Form der Materie nie beobachtet.[4] Könnte man genügend negative Materie an einem Ort sammeln, würde sich vermutlich ein Loch im Raum öffnen. Negative Energie und negative Materie gelten in der Physik seit jeher als möglich, und für die negative Energie hat man kürzlich mit Hilfe der Quantentheorie nachgewiesen, daß das tatsächlich stimmt. Die

Quantentheorie besagt: Wenn zwei elektrisch nicht geladene, parallel angeordnete Metallplatten durch einen Zwischenraum getrennt sind, ist das Vakuum zwischen ihnen eigentlich nicht leer, sondern voller virtueller Annihilationsereignisse zwischen Elektronen und Antielektronen. Eine Folge dieser Quantenaktivität im Vakuum ist der »Casimir-Effekt«, das heißt eine Anziehungskraft zwischen den ungeladenen Platten. Und diese Anziehung konnte man tatsächlich experimentell messen. Wenn es gelänge, den Casimir-Effekt zu verstärken, könnte man wahrscheinlich eine einfache Zeitmaschine bauen.

Nach einer solchen Vorstellung würde ein Wurmloch zwei Paare von Casimir-Platten verbinden. Fällt nun jemand zwischen die beiden Platten eines solchen Paars, würde er sofort zu dem anderen Paar transportiert. Befinden sich die Paare an weit entfernten Orten, könnte man die Anordnung als Raumsprung-System nutzen. Sind sie dagegen zeitlich getrennt, funktioniert das System als Zeitmaschine.

Das letzte Hindernis für diese Theorie ist vielleicht das wichtigste: Wahrscheinlich sind solche Systeme physikalisch nicht stabil. Manche Physiker nehmen an, daß die auf ein Wurmloch einwirkenden Quantenkräfte das Loch destabilisieren, so daß es sich schließt. Das Problem besteht darin, daß Einsteins Gleichungen im Inneren des Wurmlochs nutzlos sind, weil dort die Quanteneffekte gegenüber der Gravitation vorherrschen.

Der Versuch, die heikle Frage nach der Quantenkorrektur der Wurmlöcher zu beantworten, führt uns auf ein ganz neues Wissenschaftsgebiet. Letztlich sind die Schwierigkeiten mit Raumsprüngen, Zeitmaschinen und Quantengravitation nur zu überwinden, wenn man eine »Theorie für alles« entwickeln kann. Um herauszufinden, ob Wurmlöcher wirklich stabil sind, und um die Paradoxa der Zeitmaschinen aufzulösen, muß man sich mit der Quantentheorie befassen. Und das erfordert, daß man die vier grundlegenden Kräfte der Natur kennt.

Auf dem Weg zu einer »Theorie für alles«

Eine der großen Leistungen der modernen Naturwissenschaft war die Erkenntnis, daß es in der Natur vier grundlegende Kräfte gibt: die Gravitation (die Sonnensysteme und Galaxien zusammenhält), die elektromagnetische Kraft (Licht, Radar, Radio- und Fernsehwellen, Mikrowellen und so weiter), die schwache Kraft im Atomkern (die über den radioaktiven Zerfall der Elemente bestimmt) und die starke Kraft im Atomkern (die überall im Universum Sonne und Sterne leuchten läßt).

Viele Voraussagen in diesem Buch waren nur möglich, weil wir die grundlegenden Gleichungen kennen, denen diese Kräfte gehorchen. Alle Gleichungen zur Beschreibung der vier Kräfte wären in kleiner Schrift auf einer einzigen Seite dieses Buches unterzubringen. Verblüffend, aber wahr: Aus diesem einen Blatt Papier könnte man im Grundsatz alle Kenntnisse der Physik ableiten.

Aber der krönende Abschluß einer zweitausendjährigen wissenschaftlichen Arbeit wäre die »Theorie für alles«, die zusammenfassende Beschreibung der vier Kräfte in einer einzigen Gleichung, die vielleicht nur wenige Zentimeter lang wäre. Einstein verbrachte die letzten 30 Jahre seines Lebens mit der vergeblichen Suche nach dieser sagenumwobenen Theorie. Er wies als erster den Weg in Richtung der Vereinigung, aber letztlich gelang sie ihm nicht.

Eine »Theorie für alles« wäre nicht nur philosophisch und ästhetisch erfreulich, weil sie alle offenen Denkrichtungen der Physik zu einem einheitlichen Ganzen vereinigen würde, sondern sie wäre auch eine ungeheure Hilfe zur Beantwortung einiger besonders hartnäckiger physikalischer Fragen: Gibt es Wurmlöcher? Sind Zeitmaschinen möglich? Was geschieht in einem Schwarzen Loch? Wie entstand der Urknall? Eine solche Theorie, so die Formulierung des Kosmologen Stephen Hawking, würde uns in die Lage versetzen, »Gottes Gedanken zu lesen«.

Eine einheitliche Theorie würde auch deutlich machen, welche Energiemengen und welche Dynamik notwendig sind, damit man Raum und Zeit manipulieren kann. Eine ausgereifte Zivilisation des Typs I oder II, die mit millionenfach größeren Energiemengen umgeht als wir auf der Erde, könnte so weit kommen, daß ihre Angehörigen zu Herren über Raum und Zeit werden. Wir können heute nur davon träumen, Löcher in den Raum zu reißen oder in die zehnte Dimension zu springen. Für eine fortgeschrittene Zivilisation im Weltraum könnte es zur Selbstverständlichkeit werden.

Eine »Theorie für alles« würde auch die zuvor beschriebenen Paradoxa auflösen. Wenn die Quantenschwankungen im Umfeld eines Wurmloches sich steuern und stabilisieren lassen, kann man vermutlich in der Zeit rückwärts reisen und die Vergangenheit verändern. Aber an dieser Stelle würde sich ein neues Quantenuniversum öffnen, und der Zeitfluß würde sich in zwei »Arme« gabeln, die jeweils in ein anderes Universum führen. Wurden wir zum Beispiel in die Vergangenheit reisen und Abraham Lincoln vor der Ermordung bewahren, wäre er in einem Universum gerettet, und die Richtung der Zeit hätte sich geändert. Das Universum, aus dem wir gekommen sind, wäre aber gleich geblieben. Man kann die Vergangenheit nicht ändern. Wir hätten nur einem Quanten-Doppelgänger Lincolns in einem Quanten-Paralleluniversum das Leben gerettet. Auf diese Weise lassen sich alle Paradoxa aus der Science-fiction mit der Quantentheorie auflösen.

Ein diametraler Gegensatz

Einstein sagte einmal:»Die Natur zeigt uns nur den Schwanz des Löwen. Aber ich habe keinen Zweifel, daß der Löwe dazugehört, auch wenn er sich wegen seiner gewaltigen Größe nicht auf einmal zeigen kann.« Mit dem »Schwanz des Löwen« meinte Einstein das Universum, wie wir es wahrnehmen. Der Löwe selbst ist die sagenumwobene einheitliche Feldtheorie, die wir, die kümmerlichen Menschen, nicht in ihrer ganzen Majestät erkennen können.

Den Schwanz des Löwen spiegeln derzeit zwei Theorien wider: die Quantentheorie (die den Elektromagnetismus sowie die schwache und starke Wechselwirkung beschreibt) und die allgemeine Relativitätstheorie (die sich mit der Gravitation befaßt). Einige der klügsten Köpfe des 20. Jahrhunderts, darunter Albert Einstein, Werner Heisenberg und Wolfgang Pauli, haben sich um die Schaffung einer einheitlichen Feldtheorie bemüht und sind gescheitert. Denn die beiden Theorien gründen sich auf völlig verschiedene Voraussetzungen, unterschiedliche Gleichungen und andersartige physikalische Bilder.

In den letzten 50 Jahren gab es einen regelrechten kalten Krieg zwischen Quantentheorie und allgemeiner Relativitätstheorie; beide entwickelten sich unabhängig voneinander weiter, und beide feierten beispiellose Erfolge, solange sie jeweils in ihrem Geltungsbereich blieben. Aber beide Theorien müssen zwangsläufig zusammenfließen, und zwar sowohl im Urknall, als Gravitation und Temperatur so gewaltig waren, daß selbst Elementarteilchen auseinandergerissen wurden, als auch im Zentrum der Schwarzen Löcher. Bei den dort herrschenden Energieverhältnissen wird Einsteins Theorie nutzlos, und die Quantentheorie tritt in den Vordergrund. Bei welcher Temperatur Quanteneffekte über die allgemeine Relativität die Oberhand gewinnen, kann man berechnen: bei 10^{38} Kelvin, das ist eine Billion billionenmal mehr als im Zentrum einer Wasserstoffbombenexplosion.

Tatsächlich scheint es so, als seien Quanten- und allgemeine Relativitätstheorie das genaue Gegenteil voneinander. Aber man kann sich nur schwer vorstellen, daß die Natur auf ihrer grundlegendsten Ebene ein Universum geschaffen hat, in dem die rechte Hand nicht weiß, was die linke tut.

Die allgemeine Relativitätstheorie liefert zum Beispiel eine überzeugende Beschreibung für Gravitation und Makrokosmos, für die Welt der Galaxien, der Schwarzen Löcher und des expandierenden Universums. Sie ist eine wunderschöne Theorie der Gravitation, die aus bruchlos gekrümmten Oberflächen erwächst. »Kräfte« entstehen durch Verformungen von Raum und Zeit. Wenn auf einen Gegenstand eine »Kraft« einwirkt, dann nur deshalb, weil er sich in dem umgebenden gekrümmten Raum bewegt.

Aber in der allgemeinen Relativitätstheorie klaffen auch große Lücken. Sie versagt im Zentrum der Schwarzen Löcher oder im Augenblick des Urknalls, wenn die Krümmung der Raumzeit unendlich stark wird.

Entsprechend verhält es sich mit der Quantentheorie: Sie beschreibt sehr vollständig die Welt des Allerkleinsten, den geisterhaften Bereich der Elementarteilchen. Ihre Grundlage ist die Vorstellung, daß »Kräfte« durch den Austausch winziger, abgegrenzter Energiepakete oder »Quanten« entstehen. An die Stelle des schönen, geometrischen Bildes der allgemeinen Relativitätstheorie setzt die Quantentheorie das Gegenteil: winzige Energieportionen. Ein Lichtquant bezeichnet man beispielsweise als Photon, ein Quant der schwachen Wechselwirkung heißt W-Boson, und das Quant der starken Wechselwirkung ist das Gluon. Jede Kraft hat ihre eigenen, abgegrenzten Quanten.

Die am weitesten entwickelte Form der Quantentheorie ist heute unter der Bezeichnung »Standardmodell« bekannt und gründet sich auf einen bizarren, buntscheckigen »Zoo« von Elementarteilchen, die seltsame Namen tragen. (In den fünfziger Jahren entdeckte man mit den Teilchenbeschleunigern so viele Partikel, die kleiner waren als ein Atom, daß die Physiker fast die Übersicht verloren. J. Robert Oppenheimer, der damals an der Atombombe arbeitete, schlug in seiner Verzweiflung vor, man solle den nächsten Nobelpreis an denjenigen Physiker vergeben, der in dem betreffenden Jahr *kein* neues Teilchen entdeckte!)

Mit dem Standardmodell konnte man die Zahl der Teilchen zurückstutzen: Übrig blieben nur Quarks, W- und Z-Bosonen, Gluonen, Higgs-Teilchen, Elektronen und Neutrinos. Das Standardmodell ist vielleicht die erfolgreichste physikalische Theorie aller Zeiten, denn es gibt die Natur zum allergrößten Teil richtig wieder.

Aber wie die Relativitätstheorie, so hat auch das Standardmodell große Lücken. Die Theorie enthält 19 Zahlen (unter anderem die Masse der Quarks, Elektronen und Neutrinos sowie die Stärke ihrer Wechselwirkungen), die völlig willkürlich gewählt sind. Sie erklärt nicht, warum es in der Natur drei »Generationen« oder »Kopien« von Quarks gibt, und der daraus erwachsende dreifache Überschuß ist zutiefst beunruhigend, zur Zeit aber völlig unerklärlich. Außerdem ist sie eine der häßlichsten Theorien aller Zeiten. Die Teilchen haben darin anscheinend weder Sinn noch Verstand. Es ist, als würde man ein Erdferkel, einen Wal und eine Giraffe zusammennähen und dann behaupten, das Ganze sei die eleganteste, zierlichste Schöpfung der Natur, entstanden in Millionen Jahren der Evolution. Und das schlimmste von allem: Das Standardmodell sagt nichts über die Gravitation. Bisher sind alle Versuche, die beiden Theorien zu vereinigen, fehlgeschlagen. In einer naiven Quantentheorie der Gravitation würde man beispielsweise versuchen, auch die Schwerkraft in winzige Energiepakete oder »Gravitonen« zu zerlegen. Aber sobald die Gravitonen zusammenstoßen, platzt die Theorie, weil sich unendliche Größen ergeben. Damit wird eine einfache Verbindung der beiden Theorien nutzlos. Dieses Problem der unendlichen Größen entzieht sich seit 50 Jahren allen Lösungsversuchen.

Superstrings

Viele führende Physiker sind überzeugt, daß es eine »Theorie für alles« gibt. Der Nobelpreisträger Steven Weinberg vergleicht die derzeitige Situation mit der Erkundung des Nordpols. Die Seefahrer des 19. Jahrhunderts wußten, daß ihre Kompaßnadeln, die immer nach Norden wiesen, letztlich auf denselben Punkt zeigten. Wo sie auf der Erde auch herumsegelten, immer wiesen ihre Kompaßnadeln auf eine sagenumwobene Stelle, die man Nordpol nannte. Aber erst zu Beginn des 20. Jahrhunderts kamen Menschen tatsächlich am Nordpol an. Entsprechend meint Weinberg: »Wenn man überhaupt etwas aus der Geschichte lernen kann, dann wohl dieses, daß es tatsächlich eine endgültige Theorie gibt.«[5]
Die bisher einzige Theorie, mit der sich die unendlichen Größen beseitigen lassen, ist die Theorie der zehndimensionalen Superstrings, die in der Physik für großes Aufsehen sorgte und die Mathematiker mit ihrer eleganten Geometrie verblüffte. In diesem Punkt sind sich Weinberg und der Nobelpreisträger Murray Gell-Mann, von dem das Quark-Modell stammt, einig. Gell-Mann meint: »Mit der Superstringtheorie haben wir jetzt einen ausgezeichneten Kandidaten für eine einheitliche Theorie aller Elementarteilchen einschließlich des Gravitons und ihrer Wechselwirkungen.«[6]
Einstein sagte einmal, alle großen Theorien gründeten sich auf einfache physikalische Bilder. Tatsächlich ist eine Theorie, der kein physikalisches Bild zugrunde liegt, vermutlich wertlos. Und die Superstringtheorie mit ihrer magischen Kraft basiert glücklicherweise auf einem eleganten physikalischen Bild.
Erstens können die Strings ganz ähnlich wie Violinsaiten vibrieren. Niemand würde behaupten, die Stimmung der Violinsaiten – g, d, a und e – sei etwas Grundsätzliches. Grundsätzlich ist, wie jeder weiß, die Saite selbst. Entsprechend kann auch ein Superstring verschiedene Stimmungen oder Resonanzen haben. Jede Schwingung entspricht einem Teilchentyp aus dem Zoo, den wir um uns beobachten, also den Quarks, Elektronen, Neutrinos und so weiter. Deshalb kann man mit den Superstrings auf einfache Weise erklären, warum es ein solches Durcheinander von Teilchen gibt. Eigentlich sollte ihre Zahl sogar unendlich sein, genau wie es für eine Violinsaite eine unendliche Zahl von Schwingungsmöglichkeiten gibt.
Wenn wir ein Supermikroskop hätten, könnten wir erkennen, daß Elektronen in Wirklichkeit keine punktförmigen Teilchen, sondern winzige schwingende Strings sind. Wenn ein solcher String auf andere Weise vibriert, wird er zu einem anderen Teilchen. In diesem Bild sind die physikalischen Gesetze nichts anderes als die Harmonien eines Superstring. Das Universum ist eine Symphonie aus vibrierenden Strings. (In einem gewissen Sinn erfüllt sich damit der Traum der Pythagoräer im alten Griechenland, die als erste die Harmoniegesetze schwingender Saiten verstanden. Sie nahmen an, man

könne das ganze Universum anhand der Harmoniegesetze erklären, aber wie das aussehen sollte, wußte niemand.)
Zweitens schließt die Superstringtheorie auch Einsteins Gravitationstheorie mit ein. Wenn der String sich in Raum und Zeit fortbewegt, zwingt er das umgebende Kontinuum, sich zu krümmen, wie Einstein es vorhergesagt hatte. Deshalb gibt die Superstringtheorie mühelos alle Aussagen der allgemeinen Relativitätstheorie wieder, so auch die über Schwarze Löcher und die Ausdehnung des Universums.

Die zehnte Dimension

Einer der begrifflich schönsten (und gleichzeitig umstrittensten) Gesichtspunkte der Superstringtheorie ist die Tatsache, daß sie in einer zehndimensionalen Raumzeit formuliert ist. Sie ist bisher die einzige wissenschaftliche Theorie, die sich für Raum und Zeit ihre eigene Zahl von Dimensionen aussucht.

Die Formulierung einer Theorie im Hyperraum ist ein bequemer Weg, um immer mehr Kräfte mit einzuschließen. Schon 1919 erkannte der Mathematiker Theodor Kaluza, daß sich mit einer fünften Dimension, die man zu Einsteins vierdimensionaler Gravitationstheorie hinzufügt, die Maxwellsche elektromagnetische Kraft wiedergeben läßt. Auf diese Weise kann man erkennen, daß die Schwingungen der unsichtbaren fünften Dimension die Eigenschaften des Lichtes wiedergeben. Indem man immer mehr Dimensionen hinzunimmt, kann man weitere Kräfte einbeziehen, so die schwache und starke Wechselwirkung in den Atomkernen.

Um zu verstehen, wie die grundlegenden Naturkräfte sich durch das Hinzufügen weiterer Dimensionen vereinheitlichen lassen, kann man sich zum Vergleich ansehen, wie die alten Römer ihre Kriege zu führen pflegten. In der Antike war die Nachrichtenübermittlung zwischen Truppen, die an verschiedenen Fronten kämpften, eine mühselige Angelegenheit: Botschaften wurden von Kurieren übermittelt. Deshalb begaben sich die Römer immer in den »Hyperraum«, das heißt in die dritte Dimension: Sie besetzten einen Hügel. Von diesem erhöhten Standpunkt aus waren mehrere Schlachtfelder als zusammenhängendes, einheitliches Bild zu erkennen. Ganz ähnlich kann man auch aus dem Blickwinkel der zehnten Dimension hinunterschauen und die vier Grundkräfte der Natur als einheitliche Überkraft erkennen.

In jüngerer Zeit gab es eine Welle von Arbeiten über Superstrings in der elften Dimension. Wie Edward Witten vom Institute for Advanced Study in Princeton und Paul Townsend von der Universität Cambridge kürzlich zeigen konnten, lassen sich viele Geheimnisse der Superstringtheorie durchschauen, wenn man sie in elf Dimensionen darstellt. Witten sprach in diesem Zusammenhang von der »M-Theorie«. (Da die Physiker die Eigenschaften der M-Theorie noch nicht ganz verstehen, kann das M »mysteriös«, »magisch« oder »Membran« bedeuten – man kann es sich aussuchen.) Das grundlegende Problem der Superstringtheorie besteht zur Zeit darin, daß man für ihre Gleichungen Millionen Lösungen gefunden hat, von denen aber keine genau zur bekannten Palette von Quarks, Gluonen, Neutrinos und so weiter paßt. Schon viele Fachleute sind an der Frage verzweifelt, ob man jemals alle Lösungen der Stringtheorie finden und damit unser Universum erklären kann. Die M-Theorie besitzt aber eine neuartige Symmetrie, »Dualität« genannt, mit deren Hilfe man zuvor unzugängliche Lösungen der Stringtheorie finden kann (die sogenannten »nichtperturbativen Lösungen«). Möglicherweise ist unser Universum eine nichtperturbative Lösung.

Mittlerweile haben die Physiker die M-Theorie auf weniger Dimensionen reduziert und so fast die vollständige Menge aller möglichen Universen in acht Dimensionen gefunden. Derzeit kommt auch die vollständige Analyse der möglichen sechsdimensionalen Universen schnell voran. Das nächste Problem wird noch viele Jahre harter Arbeit erfordern: Man muß alle vierdimensionalen Universen aufspüren und feststellen, ob unseres eines davon ist.

Da die M-Theorie in elf Dimensionen formuliert wurde, hat sie noch eine weitere erstaunliche Eigenschaft: Sie erlaubt exotische Gebilde eines anderen Typs, die man Membranen nennt. Mittlerweile scheint es, als würden die Strings im Hyperraum zusammen mit verschiedenen Typen von Membranen existieren.

Alle diese Entdeckungen haben das Interesse an der Stringtheorie in jüngster Zeit stark wachsen lassen.

Was war vor dem Urknall?

Eine Quantentheorie der Gravitation würde nicht nur erklären, was im Zentrum eines Schwarzen Loches geschieht, sondern man könnte mit ihrer Hilfe auch etwas darüber aussagen, was vor dem Urknall geschah.

Derzeit sprechen überzeugende Indizien dafür, daß eine gewaltige Explosion vor etwa 15 Milliarden Jahren die Galaxien in alle Richtungen schleuderte. Der Physiker George Gamow und seine Kollegen meinten schon vor Jahrzehnten, das »Echo« oder Nachglühen des Urknalls müsse auch heute noch im Universum aufspürbar sein, und zwar in Form einer Strahlung einige Grad über dem absoluten Nullpunkt. Im Jahre 1992 fing der Satellit COBE (Cosmic Background Explorer) dieses »Echo« des Urknalls tatsächlich auf. Nun stellten die Physiker zu ihrer Erleichterung fest, daß Hunderte von Meßwerten genau mit den theoretischen Voraussagen übereinstimmten. Der COBE-Satellit registrierte eine Hintergrund-Mikrowellenstrahlung mit einer Temperatur von drei Grad über dem absoluten Nullpunkt, die das ganze Universum erfüllt.

Die Urknalltheorie ist also experimentell gut belegt, aber Einsteins Theorie sagt leider nichts darüber aus, was vor dem Urknall geschah oder warum es zu dieser kosmischen Explosion kam.[7] Im Gegenteil: Nach Einsteins Theorie war das Universum anfangs ein einziger Punkt mit unendlicher Dichte, und das ist physikalisch unmöglich.

Unendliche Singularitäten sind in der Natur nicht erlaubt, und deshalb kann letztlich nur eine Quantentheorie der Gravitation Aufschlüsse darüber liefern, wie es zum Urknall kam.

Tiefere Einblicke in die Zeit vor dem Urknall liefert die Superstringtheorie, die ausnahmslos endlich ist. Danach war das Universum im Augenblick seiner Entstehung eine infinitesimale, zehndimensionale Blase, die sich aber (ähnlich wie eine Seifenblase) in eine sechs- und eine vierdimensionale Blase aufspaltete. Das sechsdimensionale Universum brach plötzlich zusammen, und dadurch dehnte sich das vierdimensionale wie in der üblichen Urknalltheorie aus.

Die Begeisterung über die Quantengravitation wurde auch zur Triebkraft für ein ganz neues Teilgebiet der Physik namens »Quantenkosmologie«; sie versucht, die Quantentheorie auf das Universum als ganzes anzuwenden. Der Begriff »Quantenkosmologie« hört sich zunächst nach einem Widerspruch in sich selbst an. Die Quantentheorie befaßt sich mit dem ganz Kleinen, die Kosmologie dagegen mit dem ganz Großen, dem gesamten Universum. Aber im Augenblick seiner Entstehung war das Universum tatsächlich sehr klein, so daß die Quanteneffekte zu diesem frühen Zeitpunkt vorherrschten.

Grundlage der Quantenkosmologie ist die einfache Vorstellung, man solle das Universum wie ein Elektron als Quantengebilde betrachten. Elektronen liegen der Quantentheorie zufolge in mehreren Energiezuständen gleichzeitig vor: Das Elektron kann ungehindert zwischen verschiedenen »Umlaufbahnen« oder Energiezuständen wechseln. Das wiederum war der Ausgangspunkt für die moderne Chemie. Nach dem Heisenbergschen Unschärfeprinzip weiß man also nie genau, wo sich das Elektron gerade befindet: Es existiert in mehreren »Parallelzuständen« zur gleichen Zeit.

Nehmen wir nun an, das Universum ähnele einem Elektron. Wenn wir es in Quanten zerlegen, muß es gleichzeitig in Form mehrerer »Paralleluniversen« existieren. Eine solche Vorstellung führt also zwangsläufig zu der Erkenntnis, daß das Universum in parallelen Quantenzuständen vorliegen kann – aus dem Universum wird das »Multiversum«.

Das Multiversum

In diesem verblüffenden Bild war ganz am Anfang überhaupt nichts. Kein Raum. Keine Zeit. Weder Materie noch Energie. Nur das Quantenprinzip war da, das besagt, daß es eine Unschärfe geben muß; also wurde sogar das Nichts instabil, und es bildeten sich winzige Teilchen eines Etwas. Als Vergleich kann man sich das Sieden von Wasser vorstellen, einen ganz und gar quantenmechanischen Vorgang. Die Blasen kommen scheinbar aus dem Nichts, dehnen sich aus und steigen im Wasser hoch. Ganz ähnlich beginnt nach dieser Vorstellung auch das Nichts zu sieden, indem sich winzige Blasen bilden, die sich dann schnell ausdehnen. Da jede Blase ein ganzes Universum darstellt, bezeichnen wir ein solches unendliches Ensemble aus Universen auch als »Multiversum«. Eine der Blasen ist in diesem Bild unser Universum, und die Ausdehnung ist der Urknall.

Zunächst mag es so aussehen, als verletzte die Entstehung von Etwas aus einem Meer des Nichts das Prinzip der Erhaltung von Materie und Energie. Aber das ist eine Illusion, denn der Materie- und Energiegehalt des Universums ist positiv, und die Gravitationsenergie ist negativ. Die Summe aus beiden ist in Wirklichkeit Null, das heißt, es ist keine Energie erforderlich, um aus dem Nichts ein Universum zu erschaffen![8]

Verschiedene Physiker haben diesem Bild jeweils eigene Akzente hinzugefügt.

So glaubt der Kosmologe Stephen Hawking, unser Universum sei vielleicht das wahrscheinlichste all dieser unendlichen Universen. In seiner Vorstellung existieren wir zusammen mit einem Ozean anderer Blasen (die er Babyuniversen nennt), aber unseres ist etwas Besonderes. Es ist das stabilste, und die Wahrscheinlichkeit, daß es existiert, ist am größten. Nach seiner Auffassung sind alle Babyuniversen durch ein Netz dünner Wurmlöcher verbunden. (Indem er die Wurmlöcher als Faktor mit einbezieht, kann er tatsächlich Argumente darlegen, wonach unser Universum das stabilste ist.) Die Wurmlöcher sind sehr klein, so daß wir uns keine Sorgen machen müssen, daß wir vielleicht in eines davon hineinfallen und uns in einem Paralleluniversum wiederfinden.

Steven Weinberg findet die Vorstellung vom Multiversum sehr reizvoll: »Meines Erachtens ist es ein sehr attraktives Bild, und es lohnt sicher, sehr ernsthaft darüber nachzudenken. Unter anderem kann man daraus die wichtige Folgerung ableiten, daß es keinen Anfang gab; es gab nur immer größere Urknalle, so daß das Multiversum immer weiterbesteht – mit der Frage nach der Zeit vor dem Urknall braucht man sich nicht mehr herumzuschlagen. Das Multiversum war immer da. Ich finde dieses Bild sehr befriedigend.« (Nebenbei bemerkt: Die Theorie des Multiversums kann offenbar den jüdisch-christlichen Schöpfungsbericht, der von einem Anfang ausgeht, mit der buddhistischen Vorstellung vom Nirwana in Einklang bringen, die mit einem zeitlosen Universum beginnt. Nach diesem Bild findet im Nirwana ständig eine Genesis statt.

) Weinberg glaubt aber auch, viele der Paralleluniversen seien tot, das heißt, Protonen sind in diesen Universen nicht stabil, so daß es dort weder DNS noch überhaupt stabile Materie geben kann. Zwar dürfte jede Blase ein lebensfähiges Universum darstellen, aber die meisten davon sind uninteressant, weil sie nur aus einer Fülle von Elektronen und Neutrinos bestehen, aber keine stabile Materie enthalten. Unter anderem hat dieses einfache Bild den Vorteil, daß es eine Antwort auf eine der seltsamsten Fragen unseres Universums liefert. So weiß man zum Beispiel, daß die physikalischen Konstanten unseres Universums in einem sehr engen Bereich liegen müssen. Wären diese Konstanten (zum Beispiel Masse und Verknüpfungen bestimmter Elementarteilchen) nur geringfügig anders, wäre Chaos die Folge, und Leben wäre nicht möglich: Die Protonen würden zerfallen, Atomkerne wären instabil, DNS könnte nicht entstehen, und das auf Kohlenstoff basierende Leben auf der Erde gäbe es nicht.

Diese Aussage ist alles andere als trivial. Bisher hat sich für alle untersuchten physikalischen Konstanten herausgestellt, daß sie in diesem engen Bereich liegen, der mit dem Leben vereinbar ist. Man spricht deshalb vom anthropischen Prinzip, wonach die physikalischen Konstanten des Universums so sind, daß Leben möglich wird. Manche Wissenschaftler vertreten die Ansicht, es sei reiner Zufall, aber das kann man kaum glauben. Andere meinen, es weise auf eine kosmische Vorsehung hin, die dieses Universum mit diesen physikalischen Konstanten ausgewählt hat, so daß Leben und Bewußtsein entstehen konnten. Im Zusammenhang mit dem Multiversum kristallisiert sich aber eine neue Interpretation heraus.

Wenn es tatsächlich eine unendlich große Zahl von Universen gibt, herrschen in anderen Universen tatsächlich andere physikalische Konstanten. Und wie Weinberg feststellt, sind diese Universen wahrscheinlich tote Meere aus Elektronen und Neutrinos. Rein zufällig sind aber auch einige darunter, deren grundlegende physikalische Konstanten stabile DNS möglich machen. Ein solches Universum ist das unsere, und das ist die Erklärung, warum wir da sind und uns überhaupt über das Thema unterhalten können. Oder anders ausgedrückt: Die Idee von Multiversum liefert eine einfache Erklärung, warum das anthropische Prinzip stimmt.

In ferner Zukunft: Das Schicksal des Universums

Eine Beschreibung der Zukunft wäre nicht vollständig, wenn man sich nicht auch mit den allerletzten Dingen befassen würde: mit dem Schicksal des Universums selbst. Aufgrund der physikalischen Gesetze können wir recht gut eingrenzen, welches Schicksal uns etwa in den kommenden 100 Milliarden Jahren erwartet.

Unsere Blase dehnt sich seit etwa 15 Milliarden Jahren aus, aber in der Frage, wie lange es so weitergehen kann, sind sich die Wissenschaftler unsicher. Ob das Universum im Feuer oder im Eis sterben wird, ist nicht geklärt. Wenn die Dichte des Universums einen bestimmten Wert überschreitet, könnte die dabei entstehende Gravitation ausreichen, um die Ausdehnung des Kosmos rückgängig zu machen. Dann wird die Rotverschiebung, die wir heute am Sternenhimmel beobachten, zu einer Blauverschiebung werden, weil die Gravitation die auseinanderstrebenden Galaxien bremst und ihre Bewegungsrichtung schließlich umkehrt. Wenn diese Verdichtung einsetzt, werden die Temperaturen im Universum in die Höhe schießen. Weitere Milliarden Jahre später werden die Ozeane sieden, die Planeten werden schmelzen, und die Galaxien mit allen ihren Sternen werden zu einem gigantischen »Uratom« zusammengepreßt. Nach diesem Szenario wird das Universum also einen großen Zusammenbruch erleben und im Feuer zugrunde gehen.

Ist dagegen nicht genügend Materie vorhanden, dehnt das Universum sich vielleicht ewig weiter aus, und dabei wird es immer kälter – die unausweichliche Folge des Zweiten Thermodynamischen Hauptsatzes. In diesem Bild besteht das Universum am Ende nur noch aus toten Sternen und Schwarzen Löchern, und die Temperaturen sinken bis fast zum absoluten Nullpunkt. Billionen Jahre später verdampfen auch die Schwarzen Löcher, und das Universum zerfällt zu einem Gas aus Elektronen und Neutrinos. Demnach stirbt das Universum im Eis den sogenannten Entropietod.

Welches Szenario wahrscheinlicher ist, können die Fachleute heute nicht mit Sicherheit sagen. Die Menge der sichtbaren Materie reicht nicht aus, um die Ausdehnung rückgängig zu machen, und deshalb glaubten die Astrophysiker lange, das Universum werde immer weiter expandieren. Seit einiger Zeit ist man jedoch überzeugt, daß vielleicht bis zu 90 Prozent der Materie im Weltall in Form der unsichtbaren »dunklen Materie« vorliegt, und dieser rätselhafte Stoff, den noch niemand gesehen hat, besitzt natürlich ebenfalls eine Masse. Die dunkle Materie umgibt nach der neueren Vorstellung die Galaxien und verhindert, daß sie durch ihre Rotation auseinandergetrieben werden. Da wir nicht genau wissen, wieviel dunkle Materie es im Universum gibt, können wir auch nicht sicher sagen, ob die Menge für eine Umkehr der kosmischen Expansion ausreicht.

So oder so wird das Universum aber eines Tage sterben, und dann stirbt das intelligente Leben mit ihm. Nichts, so scheint es, kann dem Tod des Universums entgehen, auch eine Zivilisation des Typs III nicht. Solche Zivilisationen werden entweder verbrennen, wenn ihre Maschinen den unendlich hohen Anstieg der Temperatur nicht mehr aufhalten können, oder einfrieren, weil sie die Abkühlung bis zum absoluten Nullpunkt nicht verhindern.

Auch wenn eine Zivilisation des Typs III sich der Energie einer ganzen Galaxis bemächtigt, reicht das nicht aus, um dem Tod des Universums etwas entgegenzusetzen.

Nach beiden Szenarien geht das Universum und mit ihm auch das intelligente Leben irgendwann zugrunde. Ein solches Ende erscheint als letzte existentielle Absurdität – Jahrmillionen kämpft das intelligente Leben, bis es sich aus dem Morast erhebt und nach den Sternen greift, nur um mit dem Tod des Universums hinweggefegt zu werden.

Aber dieses traurige Bild bietet einen Lichtblick. Möglicherweise werden manche Zivilisationen im Weltraum den Zustand IV erreichen und die Fähigkeit besitzen, auch die vierte Säule der Naturwissenschaft zu manipulieren, das Kontinuum von Raum und Zeit. Eine Zivilisation des Typs IV könnte die Wurmlöcher vergrößern, die verschiedene Universen ständig verbinden, und in ein anderes Universum reisen. Wenn sie die gewaltigen Energiemengen steuern kann, die zur Schaffung einer Verbindung zwischen den Universen notwendig sind, könnte sie ein solches Wurmloch vielleicht durchschreiten und dem Tod ihres Universums entkommen.

Wenn das gelingt, könnte sich die »Theorie für alles«, die zunächst ziemlich nutzlos scheint und sich kaum praktisch anwenden läßt, letztlich als Rettung des intelligenten Lebens im Universum erweisen.

Schluß

Als Isaac Newton am Strand entlangging und Muschelschalen aufsammelte, konnte er nicht wissen, daß der riesige Ozean der unbekannten Wahrheiten solche wissenschaftlichen Wunder enthielt. Vermutlich sah er nicht voraus, wann die Wissenschaft das Geheimnis des Lebens, des Atoms und des Geistes lüften würde.

Heute hat der Ozean viele seiner Geheimnisse preisgegeben. Wie wir gesehen haben, ist es ein Meer der erstaunlichen Möglichkeiten und Anwendungsgebiete. Vielleicht werden wir noch zu unseren Lebzeiten Zeugen, wie viele dieser Wunder sich vor uns entfalten. Wir sind nicht mehr nur passive Beobachter der Natur, sondern sind dabei, ihre aktiven Lenker zu werden.

Nachdem wir die Grundgesetze der Quanten, der DNS und der Computer entdeckt haben, begeben wir uns jetzt auf eine viel längere Reise, die letztlich verspricht, uns zu den Sternen zu führen. Wenn unser Wissen über die vierte Säule der Raumzeit zunimmt, eröffnet sich die Aussicht, daß wir in ferner Zukunft zu Herren über Raum und Zeit werden.

Wenn nicht eine Naturkatastrophe, ein Krieg oder ein Zusammenbruch der Umwelt dazwischenkommt, sind wir dabei, in den nächsten 100 bis 200 Jahren die Fähigkeiten einer Zivilisation des Typs I zu erlangen und zu einer echten planetaren Gesellschaft zu werden. Und möglich wird das durch die drei wissenschaftlichen Revolutionen. Letztlich können wir mit ihrer Hilfe unsere Bestimmung erfüllen und unseren Platz unter den Sternen einnehmen. Die Nutzung der drei wissenschaftlichen Revolutionen ist der erste Schritt zu dem Ziel, das Universum zu unserer Domäne zu machen.

Anhang

Anmerkungen

Kapitel 1
Die Choreographie von Materie, Leben und Intelligenz

1 Dies erkennt man zum Beispiel an der jährlichen Seitenzahl wissenschaftlicher Fachzeitschriften.

2 David Wallechinsky, *The People's Almanac Presents the Complete Idiosyncratic Compendium of the Twentieth Century*, Little, Brown, Boston 1995; siehe auch die Zeitschrift *Parade*, 10. Sept. 1995, S. 16.

3 Nach dem dritten Postulat der Quantentheorie ist das Quadrat des absoluten Wertes der Schrödinger-Gleichung ein Maß für die Wahrscheinlichkeit, daß man ein Teilchen an einer bestimmten Stelle in Raum und Zeit findet. An die Stelle des Newtonschen Determinismus, wonach man alle Ereignisse mit unendlicher Genauigkeit beschreiben kann, treten also Wahrscheinlichkeiten und Wellen. Das wiederum führt zum Heisenbergschen Unschärfeprinzip: Es besagt, daß man Position und Geschwindigkeit eines Teilchens nicht gleichzeitig genau bestimmen kann.

4 John Horgan, *An den Grenzen des Wissens*, München 1997, S. 17.

5 Sheldon Glashow und Leon Lederman, »The SSC: A Machine for the Nineties«, *Physics Today*, März 1985, S. 332.

6 Lester C. Thurow, *Die Zukunft des Kapitalismus*, Düsseldorf/München 1996, S. 411.

7 Ebenda, S. 102.

8 Ebenda, S. 103.

9 Ebenda, S. 101–102.

10 Freeman Dyson, *Disturbing the Universe*, Harper & Row, New York 1979, S. 212.

11 In den Filmen gibt es nur eine wirklich galaktische Zivilisation: Sie heißt Borg, gehört vermutlich zum Typ III und wird deshalb von allen Zivilisationen des Typs II gefürchtet. Außerdem gibt es ein geheimnisvolles, fast gottähnliches Volk von Überwesen, die Q, die Raum, Zeit, Materie und Energie nach Belieben manipulieren können. Diese mystische Zivilisation würde wahrscheinlich eine ganz neue Kategorie erfordern; man könnte sie vielleicht als Typ IV bezeichnen.

Kapitel 2
Der unsichtbare Computer

1 Gespräch mit Mark Weiser. Webseite von Mark Weiser.

2 *The Computer in the 21st Century*, New York 1995, S. 78.

3 Ebenda.

4 Ebenda.

5 Steven Lubar, *Info Culture*, Boston 1993, S. 336.

6 Ebenda, S. 368–369.

7 Gespräch mit Mark Weiser.

8 Bill Gates, *Der Weg nach vorn*, Hamburg 1995, S. 397.

9 *Forbes ASAP*, 2. Feb. 1996, S. 60.

10 Paul Saffo, *The International Design Magazine*, Jan.–Feb. 1995, S. 74.

11 *Scientific American*, Jan. 1996, S. 62.

12 Genauer gesagt, entspricht die Auflösung eines Lichtstrahls seiner Wellenlänge, dividiert durch den Durchmesser der Objektivöffnung (Rayleigh-Gesetz).

13 Gespräch mit Paul Saffo, 14. Feb. 1996.

14 Ebenda.

15 *The Computer in the 21st Century*, S. 78–80.

16 Ebenda, S. 85–87.

17 Ebenda, S. 87–88.
18 Gespräch mit Neil Gershenfeld, 26. Juli 1996.
19 Gespräch.
20 Gespräch.
21 Gespräch.
22 Web-Seite des Medienlabors.
23 Web-Seite des Medienlabors.
24 *Business Week*, 24. Juni 1996, S. 119.
25 *Scientific American*, April 1996, S. 68.
26 Ebenda, S. 71–73.
27 Ebenda, S. 72, 74.
28 *New York Times Magazine*, 16. Juni 1996, S. 28.
29 Ebenda.
30 *Scientific American*, Aug. 1996, S. 43.
31 *The Economist*, 22. Juni 1996, S. 3.
32 *Wall Street Journal Supplement*, Juli 1996, S. 8.
33 *New York Times*, 5. März 1996, S. D1.
34 Ebenda.
35 In England gibt es zum Beispiel bereits das Trafficmaster-System. *The Economist*, 22. Juni 1996, S. 16.
36 *International Herald Tribune*, 29.–30. Juni 1996, S. 2.
37 Gespräch mit Weiser.
38 *Science News*, 15. April 1995, S. 235.

Kapitel 3
Der intelligente Planet

1 *Fortune*, 9. Juli 1996, S. 46.
2 *The Computer in the 21st Century*, Scientific American Books, New York 1995, S. 4–5.
3 Als der 27jährige Jerry Yang und der 30jährige David Filo 1996 mit ihrer Firma Yahoo! an die Börse gingen, waren sie in dem Augenblick, als die Aktie zum erstenmal gehandelt wurde, um 132 Millionen Dollar reicher, obwohl sie noch keinen Pfennig Gewinn bekanntgegeben hatten. (*USA Weekend*, 10.–12. Mai 1996, S. 4.)
4 *Business Week*, 15. Juli 1996, S. 63.
5 Michio Kaku / Daniel Axelrod, *To Win a Nuclear War*, South End Press, Boston 1987, S. 200.
6 Das Pentagon sprach von »Erstschlagfähigkeit«. Das bedeutet nicht, daß es wirklich zum Erstschlag in der Lage war; es konnte einen Gegner nur glaubwürdig damit bedrohen.
7 Diese Idee stammte von Paul Baran, einem Einwanderer aus Osteuropa, der die Telekommunikation unempfindlich gegen die Auswirkungen eines Atomkriegs machen wollte. Zur Entstehung des ARPANET trugen auch andere Computerexperten bei, die sich ausschließlich für zivile Anwendungen interessierten. (*New York Times*, 21. Aug. 1996, Web-Seite der New York Times. Siehe auch Katie Hafter und Mathew Lyon, *Where Wizards Stay Up Late*, Simon & Schuster, New York 1996.)
8 *Newsweek*, 8. Aug. 1996, S. 57.
9 Nicholas Negroponte, *Total digital*, München 1995.
10 Ebenda.
11 *Washington Post Magazine*, 4. Aug. 1996, S. 26.
12 *Wall Street Journal*, 17. Juni 1996, S. R28.
13 Ebenda.
14 *New York Times*, 21. Juni 1996, S. D6; *Wall Street Journal*, 23. Aug 1996, S. B1.
15 *Wall Street Journal*, 23. Aug. 1996, S. B1.
16 *The Computer in the 21st Century*, S. 156.

17 Steven Lubar, *Info Culture*, Boston 1993, S. 134.
18 Gespräch mit Clifford Stoll.
19 Ebenda; siehe auch Clifford Stoll, *Die Wüste Internet*, Frankfurt/M. 1996.
20 Lubar, *Info Culture*, S. 236.
21 Ein anderer Visionär in der ursprünglichen Gruppe war Alan Kay; seine rege Phantasie war der Auslöser für einen großen Teil dieser Neuerungen.
22 Gespräch mit Larry Tesler.
23 Ebenda.
24 *Wall Street Journal*, 17. Juni 1996, S. R6. Die Fluggesellschaften haben erkannt, daß 20 Prozent ihrer Kosten durch den Vertrieb entstehen (als Provisionen für Reisebüros und den Betrieb der Reservierungssysteme). Deshalb sind sie eifrig darauf bedacht, Reservierungen im Internet anzubieten, insbesondere wenn es um Restplätze geht.
25 *Wall Street Journal*, 17. Juni 1996, S. R8.
26 Die Online-Buchhandlung Amazon.com Inc. bietet eine gewaltige Zahl von Büchern an: eine Million Titel. Ihr Vostandsvorsitzender Jeffrey Bozos sagt:»Das schafft man mit einem echten Laden nicht, und auch nicht mit einem Katalog aus Papier, denn der wäre siebenmal so dick wie das Telefonbuch von Manhattan.« *Wall Street Journal*, 6. Juni 1996, S. R6.
27 *Wall Street Journal*, 17. Juni 1996, S. R10.
28 Ebenda, S. R6.
29 *New York Times*, 19. Feb. 1996, S. C3.
30 *Fortune*, 9. Juli 1996, S. 46.
31 ISDN ist die Abkürzung für»integrated services digital network«. Ein Baud ist ein Bit pro Sekunde; die Bezeichnung erinnert an den französischen Erfinder Emile Baudot. Ein ISDN-Signal von 144 Kilobaud umfaßt zwei Signale zu je 64 Kilobaud.
32 *New York Times*, 4. Nov. 1994, S. D5.
33 *Time*, 12. Aug. 1996, S. 43.
34 *New York Times*, 20. Mai 1996, S. D7.
35 Ebenda.
36 *New York Times*, 10. Feb. 1997, S. D5.
37 Gespräch mit David Nahamoo, Juni 1996.
38 Ebenda.
39 Ebenda.
40 *Time*, 25. März 1996, S. 58.
41 *Scientific American*, Sept. 1995, S. 85–86. Gespräch mit Pattie Maes.
42 Ebenda. S. 85.
43 *Discover*, Juni 1996, S. 48.
44 *Time*, 25. März 1996, S. 55.
45 *Washington Post*, 19. Feb. 1996, S. A11.
46 *Scientific American*, Sept. 1995, S. 81.
47 Dennis Shasha und Cathy Lazere, *Out of Their Minds*, New York 1995, S. 226.
48 Crevier, *AI*, S. 242.
49 Ebenda, S. 240.
50 Ebenda, S. 241.
51 David H. Freedman, *Brainmakers*, Simon & Schuster, New York 1993, S. 56.
52 *Scientific American*, Dez. 1991, S. 134.
53 Gespräch mit Pattie Maes.
54 Crevier, *AI*, S. 243.

Kapitel 4
Denkende Maschinen

1 Gespräch mit Michael Wessler, KI-Labor des MIT, 10. Juli 1996.
2 David H. Freedman, *Brainmakers*, Simon & Schuster, New York 1993, S. 15.
3 Gespräch mit Rodney Brooks, 10. Juli 1996.

4 Freedman, *Brainmakers*, S. 24.
5 Gespräch mit Rodney Brooks.
6 Gespräch mit Donna Shirley, 14. Aug. 1996. Rodney Brooks und Anita M. Flynn, »Fast, Cheap and Out of Control«, *Journal of the British Interplanetary Society*, Vol. 42 (1989), S. 478–485.
7 Web-Seite der NASA; Web-Seite über die Marsmission Pathfinder; Gespräch mit Donna Shirley.
8 Gespräch mit Rodney Brooks.
9 Rodney A. Brooks, »Intelligence Without Reason«, *Proceedings of the 1991 Conference on Artificial Intelligence*, 1991, S. 569–595. Rodney Brooks, »Elephants Don't Play Chess«, in *Designing Autonomous Agents*, MIT Press, Cambridge, Mass., 1990, S. 3–15.
10 Die Bezeichnung »Turing-Maschine« geht auf den britischen Mathematiker Alan Turing zurück, der in den dreißiger Jahren die Grundprinzipien der Rechenmaschinen untersuchte. Jeder Digitalcomputer, und sei er noch so komplex, ist eine Turing-Maschine, die man deshalb manchmal auch »universelle Rechenmaschine« nennt. Eine Turing-Maschine besteht aus einem unendlich langen, binären Band für Input und Output, einem Prozessor und einem Programm. Der Prozessor liest von dem Band den Input, verarbeitet ihn anhand der Anweisungen in dem Programm und gibt ihn über das Band als Output aus. Der Prozessor kann nur vier Operationen ausführen: Er kann eine 1 durch eine 0 ersetzen und umgekehrt, und er kann einen Schritt vorwärts oder einen Schritt zurück gehen. Bemerkenswerterweise kann man auch die Tätigkeit jedes modernen Digitalcomputers auf diese vier Operationen zurückführen.
11 *Scientific American*, Dez. 1991, S. 130.
12 Daniel Crevier, *AI*, Basic Books, New York 1993, S. 7.
13 Freedman, *Brainmakers*, S. 29.
14 Ebenda.
15 Ebenda, S. 30.
16 Ebenda.
17 Hans Moravec, *Mind Children*, Hamburg 1990, S. 32.
18 Ebenda.
19 Ebenda.
20 George Harrar, *Radical Robots*, New York 1990, S. 36.
21 Gespräch mit Miguel Virasoro, Juni 1992.
22 Daniel Crevier hat beispielsweise eine Schätzung für den Zeitpunkt abgegeben, zu dem der Supercomputer mit seiner Verarbeitungsleistung das menschliche Gehirn überflügeln wird. Das wird frühestens 2009 und spätestens 2049 der Fall sein. (Crevier, *AI*, S. 303.)
23 Auf eines sollte man hinweisen: Das Gehirn scheint zwar ein neuronales Netz zu sein, aber manche Fachleute argumentieren aus technischer Sicht, man könne die Schaltkreise eines neuronalen Netzes im Prinzip mit einer Turing-Maschine nachvollziehen. Indirekt kann man das Gehirn also durchaus als sehr komplexe Turing-Maschine ansehen. Entscheidend ist aber, daß es sich um eine sehr umständliche Herangehensweise handelt, die sich nicht für die Gehirnforschung eignet. Praktischer ist es, wenn man mit den Untersuchungen direkt bei den neuronalen Netzen anfängt.
24 Wie bereits erwähnt, betrachte ich die neuronalen Netze als Teil der KI, obwohl sie nach Ansicht mancher Leute ein eigenes Wissenschaftsgebiet darstellen.
25 Sejnowski ist heute Professor an der University of California in San Diego.
26 William F. Allman, *Apprentices of Wonder*, New York 1988.
27 Bei der Gewichtung kann es sich zum Beispiel um die Widerstände der Leitungsbahnen in einem neuronalen Netz handeln. Entscheidend ist, daß die Gewichtung des betreffenden Schaltkreises sich nach jedem gelungenen Versuch verstärkt, so daß der gleiche Schaltkreis noch einmal arbeiten kann. Bei erfolglosen Versuchen dagegen wird der Schaltkreis geschwächt, so daß er in Zukunft mit geringerer Wahrscheinlichkeit aktiv wird.
28 Allman, *Apprentices of Wonder*, S. 2.
29 Heinz R. Pagels, *The Dreams of Reason*, New York 1988, S. 140.

30 Allman, *Apprentices of Wonder*, S. 179.
31 Pagels, *The Dreams of Reason*, S. 130.
32 Allman, *Apprentices of Wonder*, S. 81.
33 Hopfields Entdeckung war nicht die einzige, die zur Wiederbelebung der neuronalen Netze beitrug. Eine weitere war die »Rückwärts-Fortpflanzung«, eine Verbesserung, der Art und Weise, wie Neuronen in einem neuronalen Netz in Wechselwirkung treten.
34 Allman, *Apprentices of Wonder*, S. 99.
35 *New York Newsday*, 22. Jan. 1991, S. 65.
36 Allman, *Apprentices of Wonder*, S. 146.
37 Ebenda, S. 147.
38 Peter Coveney und Roger Highfield, *Frontiers of Complexity*, New York, S. 262.
39 Gespräch mit Rodney Brooks.
40 Ebenda.
41 *Time*, 25. März 1996, S. 57.
42 Charles Sheffield, Marcelo Alonso und Morton A. Kaplan, *The World of 2044*, St. Paul 1994, S. 33–34.
43 Marvin Minsky, *The Society of Mind*, New York 1985, S. 94.
44 Crevier, *AI*, S. 266.
45 Ebenda, S. 267.
46 *Discover*, Juni 1996, S. 50.
47 *Scientific American*, Nov. 1993, S. 38.
48 *Time*, 25. März 1996, S. 53.
49 Sein »Beweis«, daß denkende Maschinen unmöglich sind, war kein Beweis im strengen Sinn des Wortes, sondern eine recht verwickelte und im wesentlichen intuitive Argumentation, die er aus mathematischen und physikalischen Analogien ableitete, insbesondere aus Gödels Theorem über die Unvollständigkeit der Arithmetik und aus Heisenbergs Unschärfeprinzip.
   In einer abgewandelten Form seiner Argumente zitiert Penrose die Tatsache, daß eine Turing-Maschine bestimmte Zahlen nicht in endlicher Zeit berechnen kann. Da Menschen also Probleme lösen können, an denen Turing-Maschinen scheitern, könnte man daraus schließen, daß Menschen keine Maschinen sein können. (Darauf lautet die Erwiderung: Unser Gehirn ist keine Turing-Maschine, sondern ein neuronales Netz, und deshalb trifft Penroses Argumentation nicht zu.)
50 Pagels, *The Dreams of Reason*, S. 240.
51 Turing glaubte, die Computer würden eines Tages so weit entwickelt sein, daß sie sich in den Ergebnissen ihrer Tätigkeit nicht mehr von Menschen unterscheiden. Um das zu beweisen, erdachte er den berühmten »Turing-Test«: Man steckt in eine Kiste einen Computer und in die andere einen Menschen. Dann stellt man beiden Kisten beliebige Fragen. Kann man auf diese Weise den Menschen vom Computer unterscheiden? Als Turing das Gedankenexperiment zum erstenmal vortrug, waren die Computer noch so primitiv, daß man den Test nie ausprobierte. Nachdem aber die Computerleistung explosionsartig gewachsen war, führte man den Turing-Test tatsächlich auf einem PC durch. Letztlich fiel der Computer zwar durch, aber er war immerhin so raffiniert, daß er mehrere menschliche Schiedsrichter täuschen konnte.

Kapitel 5
Was kommt nach dem Silizium?

1 Moore selbst führte sein eigenes Gesetz ad absurdum: Er zeigte, daß danach allein der Umsatz der Halbleiterindustrie größer wäre als das gesamte Weltsozialprodukt.
2 »Flop« steht für »floating point operation« (»Fließkomma-Operation«), das heißt für die Multiplikation zweier Dezimalzahlen. »Giga« bezeichnet eine Milliarde, »Tera« eine Billion und »Peta« eine Trillion.
3 *USA Today*, 26. Juli 1996, S. B1.
4 Hans Moravec, *Mind Children*, Hamburg 1990, S. 98.

5 *Scientific American*, März 1994, S. 62.
6 *Scientific American*, Feb. 1995, S. 94.
7 Ebenda, S. 91.
8 *New York Times*, 30. Jan. 1990, S. D8.
9 Ebenda.
10 *Spektrum der Wissenschaft*, Jan. 1996, S. 50.
11 Man beachte, daß an dieser Stelle ein kleiner Teil der Information verlorengeht. Im Prinzip lassen sich mit vier Buchstaben weit mehr Zahlen wirtschaftlich erzeugen als mit zwei. Bisher wurde dieser Vorteil aber für DNS-Computer nicht in vollem Umfang ausgenutzt.
12 *New York Times*, 11. April 1995, S. C10.
13 Ebenda.
14 Ebenda.
15 Ebenda.
16 *Dallas Morning News*, 3. Aug. 1992, S. 5F.
17 Das heißt nicht, daß Quantencomputer Berechnungen in einem Augenblick ausführen. Auch sie brauchen dafür eine gewisse Zeit, aber schwierige Probleme lösen sie in der sogenannten »polynomialen Zeit«, das heißt, der Zeitbedarf steigt nicht exponentiell an, sondern nur linear, was gegenüber der Turing-Maschine einen gewaltigen Vorteil darstellt.
18 *Discover*, Okt. 1995, Web-Seite des Magazins *Discover*.
19 Ebenda.
20 *Science News*, 6. April 1996, S. 223.
21 Homepage von Ralph Merkle, Xerox PARC.
22 Das ist möglicherweise nicht so abwegig, wie es zunächst klingt. Erstens, so Minsky, weiß das menschliche Gehirn eigentlich nicht besonders viel. Nach einer Berechnung von K. Landauer lernt beispielsweise ein Mensch durchschnittlich mit einer Geschwindigkeit von zwei Bits je Sekunde. Daraus folgert Minsky: Wenn man diese Geschwindigkeit 100 Jahre lang jeden Tag zwölf Stunden beibehalten könnte, hätte man insgesamt etwa drei Milliarden Bits gespeichert – weniger als wir derzeit auf einer normalen CD unterbringen (*Scientific American*, Okt. 1994, S. 113). Zweitens ist Minsky überzeugt, daß es nur eine Frage der Zeit ist, bis man den Geist auf technischem Weg übertragen kann, wie auch Moravec es sich ausmalt. Er glaubt auch, die »Nanotechnologie« (siehe Kapitel 13) werde eines Tages winzige Maschinen hervorbringen, die viel kleiner sind als ein menschliches Haar und die das Ziel haben, eine Ansammlung von Silizium-Neuronen genauso zu verdrahten wie das menschliche Gehirn. Er schreibt: »Wenn wir eine Million Maschinen hätten, die in jeder Sekunde 1000 Teile zusammenbauen, wäre das Ganze nur eine Frage weniger Minuten.« Ebenda.
23 Ebenda.

Kapitel 6
Wird der Mensch überflüssig?

1 *Spektrum der Wissenschaft*, Dez. 1992, S. 96.
2 *Science News*, 10. Feb. 1996, S. 92.
3 *Wall Street Journal*, 17. Juni 1996, S. R26.
4 *Newsweek*, 2. Sept. 1996, S. 63.
5 *Wall Street Journal*, 17. Juni 1996, S. R26.
6 Ebenda.
7 Ebenda.
8 *Washington Post*, 21. Juni 1996, S. A23.
9 Ebenda.
10 Hamish McRae, *The World in 2020*, Harvard Business School Press, Cambridge, Mass. 1994, S. 11.

11 »The War After Byte City«, Progress and Freedom Foundation, Internetadresse: http://www.pff.org/pff/bigchange/wrbcity.html, *Village Voice*, 6. Feb. 1996, S. 31.
12 Ebenda.
13 Ebenda.
14 Jeremy Rifkin, »A Radically Different World«, *Forbes ASAP*, 2. Dez. 1996, S. 66.
15 Lester C. Thurow, *Die Zukunft des Kapitalismus*, Düsseldorf/München 1996, S. 430
16 Ebenda, S. 417.
17 Ebenda, S. 477.
18 Daniel Crevier, *AI*, New York 1993, S. 341.
19 Hans Moravec, *Mind Children*, Hamburg 1990, S. 140.
20 Crevier, *AI*, S. 316.
21 Crevier, *AI*, S. 318.

Kapitel 7
Individuelle DNS-Codes

1 Interview mit Francis Collins vom 7. Mai 1996.
2 Ebenda.
3 Jeff Lyon und Peter Gorner, *Altered Fates*, W.W. Norton: New York 1995, S. 359.
4 Interview mit Francis Collins.
5 Ebenda.
6 Wie viele Gene das menschliche Genom genau umfaßt, ist nicht bekannt. Manche Genetiker sind der Ansicht, daß die Anzahl unter 100 000, bei etwa 60 000, liegen könnte.
7 Jeff Lyon und Peter Gorner, *Altered Fates*, New York 1995, S. 535.
8 *New York Times* vom 9. September 1995, S. A24.
9 Sir John Kendrew, *The Encyclopedia of Molecular Biology*, Cambridge, England, 1994, S. 489.
10 *New York Times* vom 25. Oktober 1996, S. A18. *Science*, Oktober 1996.
11 *New York Times* vom 28. September 1995, S. A24.
12 Interview mit Walter Gilbert vom 30. Dezember 1996.
13 Jeff Lyons und Peter Gorner, *Altered Fates*, New York 1995, S. 532.
14 Grundsätzlich dürfte die Zahl der genetisch bedingten Erkrankungen sehr viel größer als die hier genannte sein, denn selbstverständlich kann jede Mutation in einem Gen eine erbliche Krankheit zur Folge haben. Die Zahl 5000 repräsentiert in etwa die Zahl der Krankheiten, über die bislang von Ärzten berichtet wurde.
15 *Scientific American*, September 1995, S. 140.
16 Jeff Lyon / Peter Gorner, *Altered Fates*, New York 1995, S. 532.
17 Daniel Kevles / Leroy Hood (Hrsg.), *The Code of Codes*, Cambridge, Mass., 1992, S. 96.
18 Interview mit Walter Gilbert; Daniel Kelves / Leroy Hood, *The Code of Codes*, S. 94.
19 *Time Magazine*, Sonderheft Herbst 1996, S. 25.
20 Interview mit F. Collins.
21 Interview mit F. Collins.
22 Michael S. Murphy / Luke A. J. O'Neill, *Was ist Leben? Die Zukunft der Biologie. Eine alte Frage in neuem Licht – 50 Jahre nach Erwin Schrödinger*, Heidelberg 1997, S. 35.
23 Walter Moore, *Schrödinger, Life and Thought,* Cambridge University Press, Cambridge, England, 1989, S. 403.
24 Watson erinnert sich: »Ein entscheidender Grund dafür, daß er [Crick] die Physik aufgab und sich mehr und mehr für die Biologie interessierte, war für ihn, im Jahre 1946, die Lektüre des Buchs »Was ist Leben?« von dem berühmten theoretischen Physiker Erwin Schrödinger gewesen.« Aus: James Watson, *Die Doppelhelix*, Reinbek 1969, S. 35.

25 James Watson, *Die Doppelhelix*, Reinbek 1969.

26 Die Buchstaben stehen für die vier DNS-Bausteine, die Nukleotide A = Adenin, T = Thymin, C = Cytosin, G = Guanin.

27 Interview mit Collins. *Time Magazine* vom 17. Januar 1994, S. 55.

28 Eine moderne Methode, DNS-Fragmente zu vervielfachen, ist die Polymerasekettenreaktion, kurz PCR (nach dem englischen Begriff *polymerase chain reaction*). Der DNS-Doppelstrang wird durch Erhitzen in Einzelstränge aufgetrennt. Beim Abkühlen setzt man Nukleotide und DNS-Polymerase zu, und jeder Einzelstrang wird zum Doppelstrang repliziert. Wo vorher ein DNS-Molekül vorhanden war, hat man nun zwei. Wenn man die Probe abwechselnd erhitzt und abkühlt, erhöht man demnach die Zahl der vorhandenen DNS-Moleküle exponentiell. Mit dieser Technik lassen sich DNS-Fragmente problemlos millionenfach kopieren.

29 Dies gilt nur in Fällen, in denen die DNS im Laufe der Zeit nicht allzu rasch mutiert. Viren beispielsweise mutieren derart rasch, daß man vielleicht nie in der Lage sein wird, ihren Stammbaum komplett zu rekonstruieren.

30 Robert Cook-Deegan, *The Gene Wars*, New York 1994, S. 111.

31 Interview mit Francis Collins.

32 Christopher Wills, *Exons, Introns, and Talking Genes*, New York 1991, S. 273; Daniel J. Kevles / Leroy Hood (Hrsg.), *The Code of Codes*, Harvard Univ. Press, Cambridge, Mass., 1992, S. 137.

33 Man hat seither das Genom zahlreicher anderer Viren und Bakteriophagen (das sind Viren, die Bakterien infizieren) entschlüsselt: Anfang der achtziger Jahre gelang es, die 48 514 Basen im Genom des Bakteriophagen *Lambda* zu entziffern, sie repräsentieren die Informationen für 50 verschiedene Proteine. (Der Phage *Lambda* befällt das Bakterium *E. coli*).

34 Christopher Wills, *Exons, Introns, and Talking Genes*, New York 1991, S. 42; Daniel Kevles / Leroy Hood, *The Code of Codes*, Harvard Univ. Press, Cambridge, Mass., 1992, S. 65.

35 Enzo Russo / David Cove, *Genetic Engineering*, San Francisco 1995, S. 54.

36 Thomas Lee, *The Human Genome Project*, New York 1991, S. 170; Christopher Wills, *Exons, Introns, and Talking Genes*, New York 1991, S. 317.

37 *New York Times* vom 1. August 1995, S. C1. Dieselbe Arbeitsgruppe berichtete auch über die Sequenzierung eines weiteren Organismus: *Mycoplasma genitalium* mit einem Genom von 580 067 Basenpaaren. Inzwischen war die Technologie derart fortgeschritten, daß man die Sequenzierung dieses zweiten Organismus in nur drei Monaten bewerkstelligte.

38 *Progress from the National Center for Human Genome Research*, NIH, 24. April 1996.

39 *Science News* vom 8. Februar 1997, S. 84.

40 Ein unerwartetes Ergebnis war zum Beispiel die Erkenntnis, daß 95 bis 98 Prozent der Information in unserer DNS nach Anschein nur Unsinn ist und keinen erkennbaren Informationsgehalt birgt. Die verbleibenden zwei bis fünf Prozent allerdings sind essentiell. Diese Gene kodieren lebenswichtige Proteinmoleküle, die Arbeitspferde unseres Körpers: Enzyme, Zell- und Gewebebestandteile, die unseren Körper funktionieren lassen.

41 *Progress from the National Center for Human Genome Research*, NIH, Bethesda, MD, 24. April 1996.

42 Steve Jones / Robert Martin / David Pilbeam (Hrsg.), *The Cambridge Encyclopedia of Human Evolution*, Cambridge Univ. Press, Cambridge, England, 1992, S. 310.

43 Da die DNS in den Mitochondrien einer Zelle ausschließlich von der Mutter stammt, verändert sie sich im Laufe vieler Generationen extrem wenig. Sie kann uns daher als eine Art »genetische Uhr« dienen, die uns im Maß für die Mutationsrate im menschlichen Genom vermittelt. Vgl.: *The Cambridge Encyclopedia of Human Evolution*, Cambridge 1992, S. 396.

44 Thomas F. Lee, *Gene Future*, New York 1993, S. 67.

45 *New York Times* vom 5. Februar 1996, S. A12; *Washington Post* vom 5. Januar 1997, S. A1. Im Jahre 1993 konnte man anhand von DNS-Analysen an Knochenge-

webe bestätigen, daß es sich bei den vermeintlichen sterblichen Überresten der Zarenfamilie in der Tat um Zar Nikolaus II. und seine Familie handelte, die während der russischen Revolution von den Bolschewiki ermordet worden waren. Man hatte die DNS des Zaren mit der von Prinz Philip, dem Gemahl der englischen Königin, verglichen. (Seine Großmutter war eine Schwester der Zarin Alexandra gewesen.) [*Discover Magazine*, Januar 1994, S. 90.]
DNS-Analysen bei zwei Personengruppen aus England und Deutschland ergaben auch, daß es sich bei Anna Anderson Manahan, jener Frau, die sich nach dem Ende der russischen Revolution als »Anastasia« ausgegeben hatte, um eine Betrügerin handelte. [Research in the News, NIH Web page, http://www.nih.gov.]

46 *New York Times* vom 30. Januar 1995, S. C10.
47 *Science News* vom 3. August 1996, S. 77.
48 *New York Times* vom 14. Juni 1996, S. A12. Bei einer Untersuchung dieser Fälle kam man zu der Erkenntnis, daß die meisten dieser fälschlicherweise Beschuldigten in ärmlichen Verhältnissen lebten und sich keinen teuren Rechtsanwalt leisten konnten, der einem falschen Eindruck oder einer irrtümlichen Identifizierung seitens der Polizei oder des Opfers hätte entgegentreten können.
In sage und schreibe 48 Fällen wurden Gefangene, die seit 1973 auf die Vollstreckung ihres Todesurteils warteten, auf der Grundlage von DNS-Analysen und anderen neuen Indizien auf freien Fuß gesetzt. In einem besonders dramatischen Fall stellte sich am 14. Juni 1996 heraus, daß vier junge Männer aus Chicago, die man als Jugendliche der brutalen Vergewaltigung und des Mordes angeklagt und verurteilt hatte – in zwei Fällen sogar zum Tode –, unschuldig gewesen waren. Die vier hatten 18 Jahre im Gefängnis zugebracht. »Nur dank der DNS-Analytik sind wir heute hier«, so Jeffrey Undangen, der Rechtsanwalt eines der Betroffenen. Man entließ sie umgehend aus der Haft. [*New York Times* vom 15. Juni 1996, S. 6]
Mehr als 5000 DNS-Tests werden in den Vereinigten Staaten landesweit routinemäßig durchgeführt, und die Zahl wächst rasch. [*The Washington Post* vom 14. August 1996, S. C3]
49 *New York Times* vom 14. Juni 1996, S. A12.
50 Siehe oben, Anmerkung zum Thema Polymerasekettenreaktion
51 *The New York Times* vom 11. Juni 1996, S. C1.
52 Daniel J. Kevles / Leroy Hood Hrsg., *The Code of Codes*, Cambridge, 1992, S. 146.
53 Robert Cook-Deegan, *The Gene Wars*, New York 1994, S. 283–285.
54 Christopher Wills, *Exons, Introns, and Talking Genes*, New York 1991, S. 51, 90.
55 *The New York Times* vom 11. Juni 1996, S. C12.
56 Ebenda.
57 *The New York Times* vom 11. Juni 1996, S. C12.
58 Robert Cook-Deegan, *The Gene Wars*, New York 1994, S. 293.
59 Ebenda, S. 293.
60 Ebenda, S. 293–294.
61 Christopher Wills, *Exons, Introns, and Talking Genes*, New York 1991, S. 97.
62 Daniel J. Kevles / Leroy Hood, *The Code of Codes*, Cambridge 1992, S. 147.
63 *The New York Times* vom 18. August 1996, Sektion 3, S. 1.
64 *Scientific American*, September 1996, S. 42.
65 Ebenda.
66 Daniel J. Kevles / Leroy Hood, *The Code of Codes*, Cambridge 1992, S. 93.
67 *Progress from the National Center for Human Genome Research*, NIH, 24. April 1996.

Kapitel 8
Den Krebs besiegen – Gene reparieren

1 *The Washington Post* vom 11. Juni 1996, Sektion Gesundheit, S. 11.
2 Ebenda.

3 Ebenda.
4 *The Washington Post* vom 29. August 1996, S. A9.
5 Jeff Lyon / Peter Gorner, *Altered Fates*, New York 1995, S. 24.
6 *Time Magazine*, Sonderheft, Herbst 1996, S. 28.
7 Jeff Lyon / Peter Gorner, *Altered Fates*, New York 1995, S. 35.
8 Ebenda, S. 28.
9 Ebenda, S. 37.
10 Experimente zur Gentherapie unternimmt man derzeit bei der Immunschwäche SCID (*severe combined immuno defiency*), der Bluterkrankheit, einem Mangel an Purin-Nukleosid-phosphorylase, einem Mangel an α1-Antitrypsin und bei der Gaucher Krankheit, bei Mukoviszidose, familiärer Hypercholesterinämie, Fanconi-Anämie, Huntersyndrom, chronischer Granulomatose, rheumatoider Arthritis, AIDS und Krebs (hier bei Melanomen, Neuroblastomen, Mesotheliomen, Lymphomen, Leukämien und multiplem Myelom, sowie bei Tumoren in Gehirn, Brust, Darm, Lunge, Leber, Niere und bei Prostatakarzinomen). *Scientific American*, Sept. 1995, S. 128.
11 *Time Magazine*, Sonderheft Herbst 1996, S. 29.
12 *Science News* vom 23. und 30. Dezember 1995, S. 428.
13 Abigail Salyers / Dixie Whitt, *Bacterial Pathogenesis*, Washington, D.C., 1994, S. 100.
14 *Time Magazine*, Sonderheft Herbst 1996, S. 12.
15 Enzo Russo / David Cove, *Genetic Engineering*, New York 1995, S. 4.
16 Robert A. Weinberg, *Racing to the Beginning of the Road*, New York 1996, S. 256.
17 *Time Magazine* vom 25. April 1994, S. 56.
18 Enzo Russo / David Cove, *Genetic Engineering*, New York 1995, S. 123.
19 Zu einem bedeutsamen Durchbruch kam es im Jahre 1975, als J. Michael Bishop und Harold Varmus von der University of California in San Franciso zeigten, daß normale menschliche Zellen Onkogene enthalten, die unter bestimmten Umständen die Zelle dazu veranlassen können, unkontrolliert zu wachsen. Ihre bahnbrechende Arbeit brachte ihnen den Nobelpreis ein.
20 Thomas F. Lee, *The Human Genome Project*, New York 1991, S. 198.
21 *Time Magazine* vom 25. April 1994, S. 60.
22 Das Gen *p53* wurde zwar bereits im Jahre 1979 von Arnold J. Levine von der Princeton University und von David Lane vom Molecular Research Council in Cambridge entdeckt, doch erst in den letzten sechs Jahren ist der Wissenschaft klargeworden, wie wichtig dieses Gen ist.
23 *New York Times* vom 23. April 1991, S. C9.
24 Mikhail F. Denissenko u. a., »Preferential Formation of Benzo[a]pyrene Aducts at Lung Cancer Mutational Hotspots in *p53*«, *Science* vom 18. Oktober 1996, S. 430.
25 Zu den gefürchtetsten Krebserkrankungen gehört Brustkrebs. In den Vereinigten Staaten erkranken jährlich 180000 Frauen, 46000 sterben daran. Die Ursache für Brustkrebs zu finden ist eine mühselige Angelegenheit, denn offenbar tragen viele Faktoren zu seiner Entstehung bei. Im Gespräch sind: eine übermäßig fettreiche Ernährung, früh einsetzende Monatsblutungen, späte Geburten, eine spät einsetzende Menopause, die familiäre Veranlagung, Strahlung, Chemikalien und so weiter. Was alle diese Faktoren verbindet, sind Ereignisse auf genetischer Ebene.
Die Beobachtung, daß ein Zusammenhang zwischen der Entstehung von Brustkrebs und der Anzahl der Menstruationszyklen zu bestehen scheint, die eine Frau im Laufe ihres Lebens durchgemacht hat, könnte seine Häufung in modernen Zeiten erklären. Manche Wissenschaftler sind der Ansicht, daß sich durch die Tatsache, daß Frauen heute früher ihre Menarche haben und weniger Kinder bekommen als im vergangenen Jahrhundert, die Anzahl der durchlaufenen Menstruationszyklen drastisch erhöht hat und infolgedessen auch die Brustkrebshäufigkeit stark angestiegen sein muß. Nach Ansicht von Boyd Eaton von der Emory University durchläuft die moderne amerikanische Frau 3,5 mal so viele Menstruationszyklen wie ihre Vorfahren von 10000 Jahren, so daß sich auch die Brustkrebshäufigkeit entsprechend auf das 3,5fache erhöht haben muß. [*Discover Magazine*, Oktober 1995.]
Im Jahre 1990 verkündete eine internationale Arbeitsgruppe die Entdeckung des er-

sten Brustkrebsgens, dem man später den Namen *BRCA1* gab. *BRCA1* befindet sich auf dem Chromosom Nummer 17. In Familien mit einer erhöhten Brustkrebsrate besteht für eine Trägerin des *BRCA1*-Gens eine Wahrscheinlichkeit von 85 Prozent, tatsächlich an Brustkrebs zu erkranken. [*Science News* vom 9. Dezember 1995, S. 395.] Im Jahre 1995 fand man ein weiteres Brustkrebsgen – *BRCA2* – auf Chromosom Nr. 13. Wissenschaftler am Institute for Cancer Research in Sutton, England, konnten zeigen, daß 90 Prozent aller Fälle von familiär gehäuft auftretendem Brustkrebs auf eines dieser beiden Gene zurückzuführen sind.

Die Forscher betonen in diesem Zusammenhang, daß *BRCA2* ein relativ langes Gen von etwa 12 000 Basenpaaren ist, von denen man bislang nur 7000 Basen identifiziert hat.

Schon jetzt weiß man, daß *BRCA1* und *BRCA2* an der Brustkrebsentstehung bei einer bestimmten ethnischen Gruppe beteiligt sind, und zwar bei den Ashkenasim, Juden osteuropäischer Abstammung. Neunzig Prozent aller amerikanischen Juden gehören zu dieser Gruppe, in der *BRCA1* und *BRCA2* zusammen für 25 Prozent aller Brustkrebsfälle verantwortlich sind. Man kennt inzwischen 125 verschiedene Mutationen in diesen Genen, *BRCA2* hält womöglich noch mehr Möglichkeiten bereit.

26 *Scientific American*, Februar 1996, S. 95 [deutsch: C. W. Greider / Elisabeth H. Blackburn,»Telomere, Telomerasen und Krebs«, *Spektrum der Wissenschaften*, April 1996].

27 Ebenda, S. 92.

28 Ebenda sowie *Time Magazine* vom 25. April 1994, S. 58.

29 *Time Magazine*, Sonderheft Herbst 1996.

30 *Scientific American*, September 1996, S. 138. Siehe auch: *Spektrum der Wissenschaften*, Spezialheft Krebsmedizin, S. 79.

31 *Scientific American*, September 1996, S. 148. Siehe auch: *Spektrum der Wissenschaften*, Spezialheft Krebsmedizin, S. 88.

32 *Scientific American*, September 1996, S. 141. Siehe auch: *Spektrum der Wissenschaften*, Spezialheft Krebsmedizin, S. 81, 82.

33 *Scientific American*, September 1996, S. 152. Siehe auch: *Spektrum der Wissenschaften*, Spezialheft Krebsmedizin, S. 91.

34 *New York Times* vom 6. Juni 1995, S. C3.

35 Ebenda, S. 30.

36 Christopher Wills, *Exons, Introns, and Talking Genes*, New York 1991, S. 310.

37 Jeff Lyon / Peter Gorner, *Altered Fates*, New York 1995, S. 38.

38 Steve Jones, *The Language of Genes*, New York 1993, S. 73; *New York Times* vom 6. Juni 1995, S. C3.

39 Steve Jones, *The Language of Genes*, New York 1993, S. 73. Alles in allem waren immerhin 20 ihrer weiblichen königlichen Nachfahren Trägerinnen des Gens, zehn ihrer männlichen Nachfahren waren Bluter. [Steve Jones / Robert Martin / David Pilbeam / Sarah Bunney (Hrsg.), *The Cambridge Encyclopedia of Human Evolution*, Cambridge University Press, Cambridge, England, 1992, S. 260.]

40 *Science News* vom 9. Dezember 1995, S. 394.

41 Steve Jones, *The Language of Genes*, New York 1993, S. 73.

42 Jeff Lyon / Peter Gorner, *Altered Fates*, New York 1995, S. 86.

43 Merrick (von dem auch behauptet wird, er habe eigentlich an einer anderen, ähnlichen Krankheit gelitten) ist durch ein Broadway-Stück und einen Film mit David Bowie unsterblich geworden. Michael Jackson, von Merricks Persönlichkeit fasziniert, soll sogar versucht haben, sein Skelett zu erwerben. [Jeff Lyon / Peter Gorner, *Altered Fates*, New York 1995, S. 337; Thomas F. Lee, *The Human Genome Project*, New York 1991, S. 195.]

44 Es besteht eine reelle Chance, daß sich in Ihrem Bekanntenkreis etliche »stumme Überträger« dieser Krankheit befinden. Da bei einem Weißen europider Abstammung eine Chance von 1/25 besteht, daß er Träger des defekten Gens ist, beträgt die Chance, daß zwei Überträger aufeinandertreffen, 1/25 x 1/25. Nur bei einem Viertel der Nachkommen dieses Paares muß man mit dem Zusammentreffen der beiden defekten Versionen dieses rezessiven Gens rechnen. Damit ergibt sich eine Wahrscheinlichkeit

von 1/25 x 1/25 x 1/4 = 1/2600, und das entspricht in etwa der Häufigkeit, mit der man Mukoviszidose unter Menschen europider Abstammung findet.

45 Christopher Wills, *Exons, Introns, and Talking Genes*, New York 1991, S. 195; Jeff Lyon / Peter Gorner, *Altered Fates*, New York 1995, S. 384; Thomas F. Lee, *Gene Future*, New York 1993, S. 89.
46 *Scientific American*, Dezember 1995, S. 52 (deutsch: Michael Welsh und Alan E. Smith, »Mukoviszidose«, *Spektrum der Wissenschaften*, Februar 1996, S. 32).
47 Thomas F. Lee, *The Human Genome Project*, New York 1991, S. 263; Thomas F. Lee, *Gene Future*, New York 1993, S. 90; Jeff Lyon / Peter Gorner, *Altered Fates*, New York 1995, S. 3, 215.
48 Christopher Wills, *Exons, Introns, and Talking Genes*, New York 1991, S. 216; Thomas F. Lee, *The Human Genome Project*, New York 1991, S. 93; Thomas F. Lee, *Gene Future*, New York 1993, S. 96.
49 *Time Magazine* vom 17. Januar 1994.
50 Jeff Lyon / Peter Gorner, *Altered Fates*, New York S. 383, 398, 401.
51 *Scientific American*, Dezember 1995, S. 52 (deutsch: Michael Welsh und Alan E. Smith, »Mukoviszidose«, *Spektrum der Wissenschaften*, Februar 1996, S. 32).
52 Jeff Lyon / Peter Gorner, *Altered Fates*, New York, S. 92.
53 Jeff Lyon / Peter Gorner, *Altered Fates*, New York 1995, S. 355.
54 Christopher Wills, *Exons, Introns, and Talking Genes*, New York 1991, S. 192.
55 Jeff Lyon / Peter Gorner, *Altered Fates*, New York 1995, S. 358.
56 *Time Magazine*, Sonderheft Herbst 1996, S. 29.
57 Thomas F. Lee, *Gene Future*, New York 1993, S. 182.
58 *Time Magazine*, Sonderheft Herbst 1996, S. 29.
59 Interview mit Francis Collins vom 7. Mai 1996.
60 Interview mit M. Blaese vom 7. Mai 1996.
61 *New York Times* vom 31. Oktober 1995, S. C3. In den sechziger Jahren führte der Irrglauben, man könne Schizophrene mit Neuroleptika und Psychopharmaka »heilen«, offenbar dazu, daß Hunderttausende von ihnen aus den staatlichen Kliniken entlassen wurden. Die Betroffenen endeten nicht selten irgendwo heimatlos unter armseligen Umständen, ständig verfolgt von imaginären Stimmen in ihrem Kopf. [Jeff Lyon / Peter Gorner, *Altered Fates*, New York 1995, S. 467.]
62 Jeff Lyon / Peter Gorner, *Altered Fates*, New York 1995, S. 468; Christopher Wills, *Exons, Introns, and Talking Genes*, New York 1991, S. 259.
63 *New York Times* vom 31. Oktober 1995, S. C3.
64 Interview mit W. Gilbert.

Kapitel 9
Molekularmedizin und die Verknüpfung von Körper und Seele

1 Randolph M. Nesse / George C. Williams, *Why We Get Sick*, New York 1994, S. 52 (dt.: *Warum wir krank werden*, München 1997); Laurie Garrett, *The Coming Plague*, New York 1994, S. 33 (dt.: *Die kommenden Plagen*, Frankfurt/Main 1996).
2 *Viruses: The Greatest Threat to the Survival of Our Species*, Pangea Digital Pictures, IVN Communications, in Zusammenarbeit mit dem *Discover Magazine*.
3 Die Mumie des großen Ramses, jenes Pharaos, von dem man annimmt, daß er Moses begegnet war und die Juden aus Ägypten vertrieben habe, weist Anzeichen dafür auf, daß er an dieser Krankheit gestorben ist. [Arnold J. Levine, *Viruses*, New York 1992, S. 57.]
4 *The World Paper*, Mai 1996, S. 1. Da die komplette Sequenz des aus etwa 190 Genen bestehenden Pockenvirusgenoms für künftige Studien zur Verfügung steht, haben die meisten Wissenschaftler wenig Bedenken, die letzten Proben dieses tödlichen Erregers zu zerstören. Als zusätzliche Sicherheit hat man für unerwartete Notfälle Pockenimpfstoff gelagert.

5 Man hat das Datum bereits mehrfach geändert, und es kann noch immer durch das Votum der WHO-Spitze geändert werden. Es gibt eine kleine Anzahl von Leuten, die der Ansicht sind, daß man Virusproben für künftige Studien am Leben erhalten sollte. Allerdings ist es sehr unwahrscheinlich, daß sich auf der Erde weitere Pockenviren befinden, denn der WHO sind über viele, viele Jahre hinweg keine neuen Fälle mehr gemeldet worden – über einen sehr viel längeren Zeitraum übrigens, als ihn das Pockenvirus benötigt hätte, um neue Opfer zu infizieren. Es hat den Anschein, als sei die Kette der Infektionen abgerissen.

6 *Executive Summary of the World Health Report 1996* der WHO, 1996, S. 12, WHO web page: http://www.who.org.

7 Im Gebäude Nr. 15 wird das Ebola-Virus untersucht, der Erreger einer Form von hämorrhagischem Fieber, durch das es aufgrund unkontrollierter heftiger Blutungen zum Tode kommt. [*Scientific American*, Oktober 1995, S. 56–57]. Am CDC werden noch weitere tödliche Erreger von hämorrhagischem Fieber untersucht, unter anderem die Erreger des Lassa-Fiebers, Hantaviren, der Denguefieber-Erreger, das Gelbfiebervirus und der Enzephalitiserreger. Über das Ebolavirus ist derart wenig bekannt, daß wir noch nicht einmal wissen, in welchen »Vektoren« (Überträgern wie Moskitos, Läuse, Ratten etc.) es überdauert, bevor es Menschen infiziert.

8 *New York Times* vom 21. August 1994, S. 37.

9 Ann Giudici Fettner, *The Science of Viruses*, New York 1990, S. 125.

10 Daß man die Struktur von Rhinovirus 14 kennt, ist leider kein entscheidender Vorteil im Kampf gegen eine normale Erkältung. Da es Hunderte verschiedener Virusvarianten gibt, die eine Erkältung verursachen können, wäre es zum gegenwärtigen Zeitpunkt unerhört teuer, einen Frontalangriff gegen Erkältungen vom Zaun zu brechen.

11 Wir können hieran sehen, warum es so leicht ist, sich diese Art von Erreger zuzuziehen. Dieser Fußball bindet sich an Lymphozyten im Inneren unserer Lunge, indem er an Rezeptormoleküle, sogenannte interzelluläre Adhäsionsmoleküle (ICAM), auf der Zelloberfläche »andockt«. Das ist außerordentlich geschickt, denn dadurch werden die Lymphozyten veranlaßt, Chemikalien freizusetzen, die die Zahl der ICAMs auf der Zelloberfläche erhöhen. Damit aber werden noch mehr Eintrittspforten für Viren geschaffen. [Randolph M. Nesse / George C. Williams, *Warum wir krank werden*, München 1997, S. 59].

12 Man nimmt an, daß die Pandemie durch das soziale Chaos des Ersten Weltkriegs zustandegekommen ist, in dessen Folge es große Flüchtlingsströme gab, und das in einer Zeit, in der das Immunsystem der meisten Menschen sicher stark geschwächt war.

13 Ann Giudici Fettner, *The Science of Viruses*, New York, S. 134.

14 Enzo Russo / David Cove, *Genetic Engineering*, New York 1995, S. 62; *New York Times*, 27. Jan. 1996, S. 21.

15 Ann Giudici Fettner, *The Science of Viruses*, New York, S. 132.

16 *The Washington Post* vom 25. Januar 1997, S. A1; *The New York Times* vom 28. Februar 1997, S. A1.

17 *The New York Times* vom 7. Juni 1996, S. A3.

18 Auch in den Vereinigten Staaten kommen optimistische Schätzungen zu dem Schluß, daß im Jahre 1993 630 000 bis 900 000 Menschen mit HIV infiziert waren. 1996 starben etwa 50 000 Menschen an AIDS oder seinen Folgen. In jenem Jahr hatten sich ungefähr 40 000 bis 80 000 Menschen neu infiziert. Im kommenden Jahrhundert werden die Opfer möglicherweise hauptsächlich in Afrika und Asien zu suchen sein. Leider stehen politische und religiöse Führer einer Diskussion über diese Krankheit zögerlich oder gar ablehnend gegenüber, und so wird sie sich weiterhin über weite Teile der Dritten Welt mehr oder weniger ungehindert ausbreiten können.
In manchen Gebieten sind bis zu 40 Prozent der erwachsenen Bevölkerung HIV-infiziert. Afrikanische Staaten wie Botswana, Uganda und Zimbabwe könnten ein Viertel ihrer Bevölkerung durch die Krankheit verlieren.
Die meisten schlechten Nachrichten kommen zwar derzeit aus Afrika, doch die nächste und größte AIDS-Welle wird Asien heimsuchen, dort leben zwei Drittel der Weltbevölkerung. Die Weltgesundheitsorganisation (WHO) prophezeit aufgrund ihrer Ana-

lyse der alarmierenden demographischen Tendenzen in Asien das Allerschlimmste. Derzeit sind, so schätzt die WHO, 3,5 Millionen Asiaten mit dem Virus infiziert. Bis zum Jahre 2000 wird diese Zahl auf zwölf Millionen ansteigen. Die optimistischste Schätzung besagt, daß bis zum Jahre 2015 zehn Millionen Asiaten an AIDS sterben werden.
19 *Scientific American*, August 1995, S. 60.
20 *New York Newsday* vom 21. Dezember 1993, S. 63.
21 Meyers wies folgende HIV-Subklassen nach:

HIV-Subklasse	geographische Verbreitung
Typ A	Zentral- und Südafrika, Indien
Typ B	Nordamerika, Peru, Europa, Brasilien, Südthailand, Afrika
Typ C	Malaysia, Indien, Südamerika
Typ D	Ruanda, Tansania, Uganda
Typ E	Afrika, Thailand, Indien
Typ F	Rumänien, Gabun, Kongo, Brasilien

22 Ebenda.
23 *Discover*, Juni 1996, S. 69.
24 Ebenda, S. 494.
25 Die Untersuchung der Gene dieser immunen Personen ergab bald, daß die Zellen im Immunsystem der Betreffenden eine Mutation aufwiesen, die verhinderte, daß das HIV-Virus sich an die T-Zellen anheften kann. Normalerweise tragen T-Zellen auf ihrer Oberfläche eine »Andockstelle«, an der das Virus anlegt, bevor es in die Zelle eindringt. Mutanten ohne diese Andockstelle verfügen offenbar über eine vollkommene Immunität.
Aus der Klonierung der beteiligten Gene wissen die Forscher heute, wie dieser bemerkenswerte Mechanismus arbeitet. Jeder von uns besitzt zwei Kopien des etwa 1000 Basenpaare langen Gens *CKR5*, das für das erwähnte Andockmolekül kodiert. Bei der mutierten Version fehlen etwa 32 dieser Basenpaare, und dadurch ist die Bildung der Andockstelle gestört.
Erbt man also zwei Kopien von *CRK5* (eine von jedem Elternteil), dann ist man offenbar immun gegen eine HIV-Infektion. Besitzt man allerdings nur ein mutiertes Gen, dann ist die Produktion zwar eingeschränkt, aber nicht so sehr, daß sich daraus eine Immunität ergäbe. Leute mit nur einer Version des mutierten Gens leben allerdings ein bißchen länger – im Durchschnitt dreizehn Jahre gegenüber den üblichen zehn Jahren.
26 Von Rechts wegen sollten Bakterien ein leichtes Ziel bieten. Da sie über einen eigenen Stoffwechselapparat verfügen und sich vermittels komplexer molekularer Prozesse reproduzieren, sind sie durch jede Störung eines dieser empfindlichen Vorgänge leicht zu treffen.
27 *Parade* vom 23. April 1995, S. 10
28 Die Legionärskrankheit ist das Ergebnis des vermehrten Einsatzes von Klimaanlagen. Das verantwortliche Bakterium wächst in einer komplett künstlichen Umgebung – es tauchte erstmals im Wasser von Hotelklimaanlagen auf. Das Syndrom des toxischen Schocks kam zustande durch die Erfindung eines neuen, hochabsorbierenden Tamponmaterials, das mit einer enorm vergrößerten Oberfläche und reichlich Sauerstoff eine neuartige Umgebung schuf. Damit ergaben sich ideale Wachstumsbedingungen für Staphylokokken (in diesem Falle *Staphylococcus aureus*, der unter diesen Bedingungen 10000 mal so rasch wächs wie sonst und dabei Riesenmengen seines tödlichen Toxins TSST-1 freisetzte. (Garrett, *The Coming Plagues*, S. 408 und 553).
Die Borreliose wurde zum Problem, als sich die Vorstädte immer weiter in ehemals von Wild und Mäusen (den Wirten für die übertragenden Zecken) bewohntes Terrain vorschoben. Das verantwortliche Bakterium *Borrelia burgdorferi* hat Zecken als Zwischenwirt.
29 G. Youmans, P. Paterson und H. Sommers, *The Biological and Clinical Basis of Infectious Diseases*, Philadelphia 1980.
30 Randolph M. Nesse / George C. Williams, *Warum wir krank werden*, München 1997, S. 69.

31 Bernhard Dixon, *Power Unseen*, W. H. Freeman: New York 1994, S. 21. *The New York Times* vom 26. April 1996, S. D1.
32 Russo / Cove, *Genetic Engineering*, S. 97.
33 Ebenda, S. 96.
34 *Washington Post* vom 27. Juni 1995, S. A6.
35 *Discover*, August 1994, S. 46.
36 *Washington Post* vom 14. April 1996, S. H1. Abigail Salyers und Dixie Witt nehmen in diesem Zusammenhang kein Blatt vor den Mund und schieben die Schuld auf reines Profitstreben: »Die Pharmaunternehmen reagieren auf die Kräfte des Marktes, insbesondere auf die gegenwärtige Antibiotika-Schwemme, indem sie ihre Antibiotika-Entwicklungsprogramme zurückfahren oder ganz einstellen.« (Abigail Salyers / Dixie Whitt, *Bacterial Pathogenesis*, Washington D.C., 1994, S. 101).
37 *Washington Post* vom 27. Juni 1996, S. A6.
38 Bevor man in der Lage war, Human-Insulin mit Hilfe der Gentechnologie in großen Mengen herzustellen, waren Wissenschaftler gezwungen, zur Kontrolle von Diabetes Schweine-Insulin zu verwenden, das oftmals unangenehme Nebenwirkungen mit sich brachte. Auch Psychopharmaka zur Kontrolle von Schizophrenie müssen sorgsam überwacht werden, denn sie verursachen häufig abnorme Zungenbewegungen.
39 *Discover*, August 1994, S. 49.
40 Ebenda.
41 Ebenda.
42 Randolph M. Nesse / George C. Williams, *Warum wir krank werden*, München 1997, S. 72.
43 *Scientific American*, Juni 1994, S. 84.
44 *New York Times* vom 26. April 1996, S. D3.
45 *Discover*, November 1993, S. 60.
46 *Scientific American*, Juni 1994, S. 84.
47 *Washington Post* vom 14. April 1996, S. H6.
48 Ebenda.
49 *New York Times* vom 17. Dezember 1996, S. C3.
50 Annika Rosengren u.a., »Stressful Events, Social Support, and Mortality in Men Born in 1933«, *British Medical Journal* vom 19. Oktober 1993.
51 Sheldon Cohen u.a., »Psychological Stress and Susceptibility to the Common Cold«, *New England Journal of Medicine*, Vol. 325, 1991.
52 Bruce McEwen / Elliot Stellar, »Stress and the Individual: Mechanisms Leading to Di sease«, *Archives of Internal Medicine*, Vol. 153 (27. September 1993); M. Robertson / J. Ritz, »Biology and Clinical Relevance of Human Natural Killer Cells«, *Blood*, Vol. 76, 1990.
53 Ronald Glaser / Janice Kiecolt-Glaser, »Psychological Influences on Immunity«, *American Psychologist*, Vol. 43, 1988; H. E. Schmidt u.a., »Stress as a Precipitating Factor in Subjects with Recurrent Herpes Labialis«, *Journal of Family Practice*, Vol. 20, 1985.
54 Joseph McCourtney u.a., »Stressful Life Events and the Risk of Colorectal Cancer«, *Epidemiology*, Heft 4 (5), September 1993.
55 Robert Anda u.a., »Depressed Affect, Hopelessness, and the Risk of Ischemic Heart Disease in a Cohort of U.S. Adults«, *Epidemiology*, Juli 1993.
56 Chris Peterson u.a., *Learned Helplessness: A Theory for the Age of Personal Control*, Oxford University Press, New York 1993.
57 Carl Thoreson, International Congress on Behavioral Medicine, Uppsala, Schweden, Juli 1990.
58 Nancy Frasure-Smith u.a., »Depression Following Myocardial Infarction«, *Journal of the American Medical Association* vom 20. Oktober 1993.
59 David Spiegel u. a., »Effect of Psychological Treatment on Survival of Patients with Metastatic Breast Cancer«, *Lancet*, Nr. 8668, 1989.
60 Wir sollten an dieser Stelle erwähnen, daß einige Untersuchungen aus jüngster Zeit diesen Ergebnissen zum Teil widersprechen. Wie bei jeder Wissenschaft bedarf es auch

hier weiterer Untersuchungen an größeren Personengruppen, um die Frage zu lösen. Wissenschaft basiert stets auf reproduzierbaren Ergebnissen.
61 *Washington Post* vom 17. Oktober 1996, S. A8; *New England Journal of Medicine*, Oktober 1996.
62 M. Steheling / R. Turner / P. Mansfield, »Echoplanar Imaging: MRI in a Fraction of a Second«, *Science*, 254, 1991, S. 2–11; Clement Bezold / Jerome A. Halperin / Jaqueline L. Eng, *2020 Visions*, U.S. Pharmacopeial Convention Press, Rockville Maryland, 1993, S. 121.
63 *New York Times* vom 19. November 1996, S. C9.

Kapitel 10
Ewig leben?

1 Leonard Hayflick, *How And Why We Age*, New York 1994, S. 259.
2 Daß Gene Einfluß auf die Lebensspanne haben, steht außer Frage. Kontrovers diskutiert wird allerdings die Möglichkeit, daß für Alterungsprozesse vielleicht nur eine Handvoll Gene verantwortlich ist. Viele Wissenschaftler sind der Ansicht, daß die Evolution Gene entstehen ließ, »die ihren Preis haben«, das heißt, Kompromisse geschaffen hat, bei denen ein Gen in einer Hinsicht Vorteile gewährt, auf anderem Gebiet jedoch vielleicht ein Problem entstehen läßt. Selektionierte die Evolution beispielsweise auf ein Gen, das uns in der Jugend Vitalität und Energie schenkt, so ist nicht gesagt, daß dieses Gen nicht im Alter dazu beiträgt, unseren Körper verfallen zu lassen. Selbst wenn wir also in der Lage wären, bestimmte Gene zu verändern, um unseren Körper in der einen oder anderen Hinsicht zu verjüngen, so könnten diese Gene doch unter Umständen gleichzeitig den Verfall anderer Körperorgane beschleunigen. Da die Evolution im allgemeinen die Gesundheit fortpflanzungsfähiger Organismen begünstigen wird, gibt es vielleicht überhaupt kein besonderes Ensemble von Genen mit der Funktion, unsere Lebensspanne zu verlängern. Falls das zutrifft, dann wäre die »Feinabstimmung« von Genen zum Zwecke der Lebensverlängerung und der Verbesserung des Gesundheitszustands eine schwierige Sache, zu der es unter Umständen des Zusammenwirkens Hunderter oder gar Tausender von Genen bedarf.
3 Leonard Hayflick äußert ernsthafte Zweifel daran, daß es weise ist, die menschliche Lebensspanne verlängern zu wollen, die mit ungeheurem menschlichen Leid verbunden ist. Ein längeres Leben bedeutet auch den Verbrauch von Ressourcen, die man unter Umständen besser den Jüngeren zukommen läßt. [Interview]
4 Aus Tierstudien läßt sich entnehmen, daß bezüglich der Lebensdauer verschiedener Arten eine verblüffende Vielfalt herrscht. Taufliegen leben bestenfalls drei Wochen, Mäuse zwei bis drei Jahre. Elephanten leben 70 Jahre. Kalifornische Grannenkiefern leben ^{14}C-Messungen zufolge 5000 Jahre. Den Weltrekord im Pflanzenreich halten allem Anschein nach die Creosote-Büsche der Mojavewüste in Kalifornien, die seit den letzten Eiszeit 11 000 Jahre überlebt haben. [Jeff Lyon / Peter Gorner, *Altered Fates*, New York 1995, S. 509.]
5 Leonard Hayflick, *How and Why We Age*, New York 1994, S. 21.
6 Ebenda.
7 Leonard Hayflick, *How and Why We Age*, New York 1994, S. 86.
8 Jeff Lyon / Peter Gorner, *Altered Fates*, New York 1995, S. 516.
9 *New York Times* vom 27. Januar 1996, S. 21.
10 Randolph M. Nesse / George C. Williams, *Warum wir krank werden*, München 1997.
11 Eine Studie an 20 000 Personen über 65 Jahren kam unlängst zu dem Schluß, daß die Amerikaner dieser Generation unter weniger langfristigen Beeinträchtigungen zu leiden haben als ihre Vorfahren aus der vorangegangenen Generation. Je jünger die Betreffenden waren, um so weniger Erkrankungen fanden sich im selben Lebensabschnitt, stellten die Wissenschaftler fest. Dieser Umstand wirkt sich bereits jetzt deutlich auf die Kostenentwicklung im Gesundheitswesen aus. Dr. Kenneth Manton von der Duke University wies nach, daß es die Krankenversicherung 200 Milliarden

Dollar mehr kosten würde, wenn die älteren Menschen im Jahre 1995 noch mit derselben Häufigkeit erkrankten wie ihre Vorfahren im Jahre 1982!

12 Man geht bei dieser Überlegung davon aus, daß unser Universum nicht über hinreichende Materiemengen verfügt, um die Expansion des Big Bang rückgängig machen zu können. Dies steht zwar im Einklang mit modernen experimentellen Daten, ist aber insofern nicht schlüssig, als wir nichts über die Gesamtmenge an dunkler Materie im Universum wissen.

13 Interview mit Leonard Hayflick vom 15. November 1996.

14 Leonard Hayflick, *How and Why We Age*, New York 1994, S. 244.

15 Ebenda, S. 246.

16 Hayflick ist der Ansicht, daß diese Art von Maßnahmen vielleicht dazu angetan sein könnten, uns vor Krankheiten zu schützen und die jährliche Todesrate zu senken, daß wir aber dennoch irgendwann unser Lebensmaximum erreichen und trotz solcher Therapien sterben werden [Interview].

17 Ebenda.

18 Ebenda.

19 Ebenda.

20 Ebenda.

21 Ebenda.

22 Ebenda.

23 *Newsweek Magazine* vom 16. September 1996, S. 75.

24 Jeff Lyon / Peter Gorner, *Altered Fates*, New York 1995, S. 508.

25 *New York Times* vom 15. April 1996, S. A13.

26 Wodurch also kam es zu einer solchen Diskrepanz der Ergebnisse? Papadakis ist der Ansicht, daß dies damit zu tun habe, daß Rudmans Studie kein Blindversuch war. Die Personen, die an seiner Studie teilnahmen, wußten, daß sie das Wachstumshormon einnahmen, so daß die Macht der Suggestion, der Placeboeffekt, das Ergebnis beeinflussen konnte.
Das menschliche Wachstumshormon scheint damit gewisse Auswirkungen auf den Körper zu haben, ihn kräftiger zu machen, wobei es seine Leistung jedoch nicht zu erhöhen vermag. Hinzu kommt, daß die Einnahme des Hormons mit Nebenwirkungen verbunden ist: Die Wasseransammlung im Gewebe erhöht sich, Diabetes und Herzinsuffizienz werden verstärkt. [*New York Times* vom 8. Juli 1995.]

27 Leonard Hayflick, *How And Why We Age*, New York 1994, S. 232.

28 Jeff Lyon / Peter Gorner, *Altered Fates*, New York 1995, S. 514.

29 *Science News* vom 24. Juni 1995.

30 *Washington Post* vom 20. August 1996, S. 7.

31 Interview mit Leonard Hayflick.

32 Jeff Lyon / Peter Gorner, *Altered Fates*, New York 1995, S. 521.

33 *New York Times* vom 7. Dezember 1993, S. C13.

34 Ebenda.

35 Ebenda.

36 Jeff Lyon / Peter Gorner, *Altered Fates*, New York 1995, S. 437.

37 Ebenda, S. 521.

38 Leonard Hayflick, *How and Why We Age*, New York 1994, S. 64.

39 Die Studien ergaben, daß das hohe Lebensalter von Eltern und Großeltern zwar keine Garantie für ein langes Leben darstellt, daß bei Personen mit langlebigen Vorfahren jedoch eine erhöhte statistische Wahrscheinlichkeit besteht, selbst diese glückliche Eigenschaft zu erben. Die Chance, dieses Glück zu haben, ließ sich nach den Erhebungen dieser Gruppe sogar in eine mathematische Formel fassen.

40 Die wichtigste Krankheit in diesem Zusammenhang ist die Progerie, bei der es in jungen Jahren zu einer raschen Abfolge von Alterungsprozessen kommt. Die Krankheit ist sehr selten (man kennt in den Vereinigten Staaten insgesamt nur 12 Fälle), ihr Ablauf ist überaus dramatisch. Bereits im Kleinkindalter kommt es zu Wachstumsverzögerungen, das Gesicht wird knochig und schmal wie bei einem Greis, die Haut altert und wird schrumpelig, und das Haupthaar fällt aus. Die intellektuelle Entwicklung der Betroffenen verläuft ungestört. Es kommt früh zu Herzerkrankungen und Arterio-

sklerose, Cholesterinspiegel und Blutdruck steigen, und die Betroffenen sterben oft bereits mit 12 bis 13 Jahren. Autopsien bei diesen Kindern haben gezeigt, daß die inneren Organe allem Anschein nach wie »im Zeitraffer« altern. Man geht derzeit davon aus, daß Progerie durch ein defektes dominantes Gen vererbt wird, hat aber bislang keinen festen Anhaltspunkt für die genaue Krankheitsursache. [Leonard Hayflick, *How And Why We Age*, New York 1994, S. 107.]

Bei einem anderen Vergreisungssyndrom, dem Werner-Syndrom, hingegen, das sich im Kindesalter nur durch einen leichten Minderwuchs und in seiner ganzen Dimension erst im Erwachsenenalter bemerkbar macht, hat man die genetischen Ursachen nachgewiesen. Weltweit sind zehn von einer Million Menschen von dieser Krankheit betroffen, ihr Verlauf ist ähnlich dramatisch: Das Haupthaar wird weiß und fällt aus, die Haut verfällt zusehends, die Knochendichte nimmt gefährlich ab, und die Betroffenen erkranken an grauem Star. Sie sterben meist zwischen vierzig und fünfzig, meist an Herzinfarkten oder bösartigen Tumoren. Hier weiß man, daß die Krankheit rezessiv vererbt wird.

41 Jeff Lyon / Peter Gorner, *Altered Fates*, New York 1995, S. 517.
42 *Scientific American*, Jan. 1995, S. 73.
43 Christopher Wills, *Exons, Introns, and Talking Genes*, New York 1991, S. 5.
44 Die Evolutionsbiologen sind allerdings sehr viel vorsichtiger als die Molekularbiologen, wenn es darum geht, öffentlich Medikamente anzupreisen, die solche Alterungsgene beeinflussen könnten. Sie stehen auf dem Standpunkt, daß ein Alterungsgen, das den Prozeß des Alterns und des Verfalls beschleunigt, andererseits vielleicht eine vitale Bedeutung für unsere Jugend haben könnte. Gene, so die Evolutionsforscher, wirken oftmals pleiotrop, das heißt, sie haben mehr als eine Wirkung. Die Evolution aber selektioniert nur auf Gene, die uns in unserem fruchtbaren Lebensabschnitt, wenn wir noch Nachwuchs bekommen können, jung und vital halten. Solche Gene aber können durchaus als Kehrseite einen Effekt haben, der den Alterungsprozeß beschleunigt, sobald wir aufgehört haben, fruchtbar zu sein.
So begünstigt die Evolution beispielsweise vielleicht ein Gen, das unsere Knochen rascher heilen läßt. Wenn das Gen dies allerdings tut, indem es Calcium anhäuft, dann hat es unter Umständen den unerwünschten Nebeneffekt, daß sich Jahrzehnte später in unseren Arterien Calciumablagerungen bilden. Ein Gen also, daß uns gesund hält, solange wir noch fruchtbar sind, beschleunigt unter Umständen unseren späteren Alterungsprozeß.
Ein weiteres Beispiel ist unser Immunsystem. Solange wir jung sind, sorgen unsere Gene möglicherweise dafür, daß unser Immunsystem pausenlos alle möglichen Substanzen produziert, die eindringende Keime zerstören sollen. Mit den Jahren aber können dieselben hochwirksamen Substanzen zusammenwirken und Zellen und Gewebe schädigen, vielleicht sogar Tumoren entstehen lassen.
Wie Rudolph Nesse und George Williams in *Why We Get Sick*, feststellen: »Altern ist der Preis für unsere Vitalität in jungen Jahren« (deutsch: *Warum wir krank werden*, München 1997).
45 Jeff Lyon / Peter Gorner, *Altered Fates*, New York 1995, S. 524.
46 Kritisiert wird an diesen Arbeiten vor allem, daß Tiere in freier Wildbahn sich signifikant von Labortieren unterscheiden: Freilebende Tiere ernähren sich nicht »regelmäßig« wie die Laborratten bei Walford und MacKay, sondern sind Aasfresser und Jäger, die meist sehr einseitig und vor allem unregelmäßig Nahrung zu sich nehmen. Vielleicht, so die Kritiker, zeigen diese Experimente genau das Gegenteil: Gesunde, wohlbehütete Labortiere, die man mit dem nährstoffreichen Laborfutter ernährt, haben vielleicht eine verkürzte Lebensspanne. Vielleicht haben die Wissenschaftler, die davon ausgehen, daß sie die Lebensspanne unterernährter Tiere verlängern können, in Wirklichkeit vorher deren Lebenserwartung durch eine zu reichhaltige Ernährung künstlich verkürzt. Selbst wenn das zuträfe, so ist hierzu allerdings zu sagen, daß eine eingeschränkte Nahrungsmittelzufuhr im Vergleich zu einer reichhaltigen Ernährung immer mit der längeren Lebensspanne korreliert. Tierexperimente in freier Wildbahn sind leider schwer durchzuführen.
47 *New York Times* vom 30. April 1996, S. C7.

48 Randolph M. Nesse / George C. Williams, *Why We Get Sick*, New York 1994, S. 118. (deutsch: *Warum wir krank werden*, München 1997).

49 Jeff Lyon / Peter Gorner, *Altered Fates*, New York 1995, S. 528.

50 *Scientific American*, Sept. 1995, S. 130–133; Robert Langer / Joseph S. Vacanti,»Tissue Engineering,« *Science*, Vol. 260, S. 920–926, 14. Mai 1993.

51 *Scientific American*, Juni 1995, S. 46.

52 Siehe D. J. Mooney / G. Organ / J. Vacanti / R. Langer,»Design and Fabrication of Biodegradable Polymer Devices to Engineer Tubular Tissues«, *Cell Transplantation*, Vol. 3, No. 2, S. 203–210, 1994.

53 *New York Times Magazine* vom 29. September 1996, S. 152.

54 Interview mit Walter Gilbert vom 30. Dezember 1996.

55 *New York Times* vom 22. Oktober 1996

56 *Scientific American*, September 1995, S. 131.

Kapitel 11
Der Mensch spielt Gott: Designerkinder und Klone

1 Steve Jones, *The Language of Genes*, New York 1993, S. 235. Mary Shelley, *Frankenstein*, zitiert aus der Reclam-Ausgabe: Stuttgart 1986, S. 213.

2 Thomas F. Lee, *Gene Future*, New York 1993, S. 288.

3 Steve Jones / Robert Martin / David Pilbeam (Hrsg.), *The Cambridge Encyclopedia of Human Evolution*, Cambridge University Press, Cambridge, England, 1992, S. 382–384; *Discover Magazine*, Oktober 1994, S. 382–384. *Discover Magazine*, Oktober 1994, S. 94.

4 Steve Jones / Robert Martin / David Pilbeam (Hrsg.), *The Cambridge Encyclopedia of Human Evolution*, Cambridge 1992, S. 382.

5 Alle domestizierten Tiere (Schafe, Rinder, Ziegen etc.) weisen im Vergleich zu ihren Vorfahren dieselben dramatischen Auswirkungen menschlicher Zuchtbestrebungen auf: geringere Körpergröße, kleineres Gehirn, verkürzter Kopf und mehr Körperfett. Die Gehirngröße bei Hunden beispielsweise sank von 400 cm³ auf 250 cm³. Die Zuchtergebnisse sind derart überdreht, daß die meisten domestizierten Tiere in der Wildnis nicht mehr überleben könnten. [*Discover Magazine*, Oktober 1994, S. 98.]

6 Steve Jones / Robert Martin / David Philbeam (Hrsg.), *The Cambridge Encyclopedia of Human Evolution*, Cambridge 1992, S. 376.

7 *New York Times* vom 16. Januar 1990, S. 241.

8 Enzo Russo / David Cove, *Genetic Engineering*, New York 1995, S. 74, 93.

9 Ebenda, S. 95.

10 Thomas F. Lee, *Gene Future*, New York 1992, S. 166.

11 Ebenda, S. 174.

12 Palmiter war sich über die tiefgreifenden Konsequenzen seiner Entdeckung durchaus im klaren. In seinem Artikel in *Nature* stellt er fest, daß diese Technik eingesetzt werden könne,»um bestimmte genetisch bedingte Erkrankungen zu korrigieren oder nachzuempfinden«. Er schrieb auch, daß sie»die Produktion kommerziell wertvoller Tiere stimulieren kann«.

13 Thomas F. Lee, *Gene Future*, New York 1992, S. 288.

14 Interview mit Lester Brown vom World Watch Institute.

15 *New York Times* vom 3. März 1996, S. 3.

16 Ebenda.

17 Ebenda.

18 Ebenda.

19 *New York Times* vom 16. Januar 1990, S. C1.

20 Ian Wilmut u. a.,»Viable Offspring Dereived from Fetal and Adult Mammalian Cells«, *Nature* vom 27. Februar 1997, S. 810.

21 *Time Magazine* vom 10. März 1997, S. 65.

22 *Scientific American*, August 1996, S. 88 (deutsch in: *Spektrum der Wissenschaften*, November 1996, S. 54).
23 *New York Times* vom 30. Juli 1996, S. C9.
24 *Science News* vom 3. Juni 1995, S. 348.
25 *New York Times* vom 13. Februar 1996, S. C7.
26 Lisa C. Ryner u. a., »Control of Male Sexual Behavior and Sexual Orientation in *Drosophila* by the *fruitless* Gene«, *Cell* vom 13. Dezember 1996, S. 1079.
27 Thomas McHugh u. a., »Impaired Hippocampal Representation of Space in CA1-Specific NMDAR1 Knockout Mice«, *Cell* vom 27. Dezember 1996, S. 1339.
28 Interview mit Walter Gilbert.
29 Klaus-Peter Lesch u. a., »Association of Anxiety-Related Traits with a Polymorphism in the Serotonin Transporter Gene Regulatory Region«, *Science* vom 29. November 1996, S. 1527.
30 *Newsweek*, 20. Juli 1996, S.78.
31 Rudolf A. Raff, *The Shape of Life*, University of Chicago Press, Chicago 1996, S. XV.
32 W. J. Dickinson u. a., »Eye Evolution«, *Science* vom 26. April 1996, S. 5261.
33 *New York Times* vom 24. März 1995, S. A1.
34 *Discover Magazine*, Juli 1996, S. 114.
35 Ebenda.

Kapitel 12
Die Genetik einer schönen neuen Welt?

1 Aldous Huxley, *Brave New World*, New York 1946, S. XVII, deutsche Ausgabe: *Schöne neue Welt*, Fischer TB, Frankfurt/Main 1996.
2 Zu den Nationen, die im Besitz von Kernwaffen sind, gehören: Die Vereinigten Staaten, Großbritannien, Frankreich, Rußland und China, der Status verschiedener Teile der ehemaligen Sowjetunion ist derzeit noch Gegenstand von Verhandlungen. Die südafrikanische Regierung hatte sich zu sieben Atombomben bekannt, die sie seither abgewrackt hat, von Israel wird angenommen, daß es über 200 Atomwaffen verfügt. Indien testete in den siebziger Jahren eine Atombombe, und auch von Pakistan nimmt man an, daß es Atombomben besitzt. Welchen Status Nordkorea hat, ist derzeit unklar.
3 Interview mit Rebecca Goldberg.
4 *New York Times* vom 27. August 1995, S. 30.
5 Interview mit Rebecca Goldberg.
6 Ebenda.
7 Ebenda.
8 Thomas F. Lee, *Gene Future*, New York 1993, S. 301.
9 *Discover Magazine*, Januar 1997, S. 78.
10 Interview mit Francis Collins.
11 Lois Wingerson, *Mapping Our Genes*, New York 1990, S. 297.
12 *Newsweek Magazine* vom 23. Dezember 1996, S. 47.
13 Interview mit Arthur Caplan.
14 Jeff Lyon / Peter Gorner, *Altered Fates*, New York 1995, S. 484.
15 Interview mit Francis Collins.
16 Interview mit Arthur Caplan vom 21. Juli 1996.
17 Christopher Wills, *Exons, Introns, and Talking Genes*, New York 1991, S. 10.
18 *Washington Post* vom 4. November 1996
19 Normalerweise haben Männer die Chromosomenkombination XY, Frauen die Kombination XX.
20 Lois Wingerson, *Mapping Our Genes*, New York 1990, S. 9S.
21 *Washington Post* vom 29. Januar 1995, S. C4.
22 Interview mit Arthur Caplan.
23 Enzo Russo / David Cove, *Genetic Engineering*, New York 1995, S. 170.

24 Thomas F. Lee, *The Human Genome Project*, New York 1991, S. 276.
25 Thomas F. Lee, *Gene Future*, New York 1993, S. 160.
26 Auf der Konferenz des Council for International Organizations of Medical Sciences in Japan im Jahre 1990 vertraten die Teilnehmer allerdings eine andere Position: »Obgleich die Gentherapie an Zellen der Keimbahn derzeit nicht erwogen wird, bleibt die Diskussion hierüber dennoch von großer Bedeutung. Die Möglichkeit genetischer Eingriffe in die Keimbahn darf nicht vorschnell ausgeschlossen werden. Sie könnte eines Tages klinische Möglichkeiten eröffnen, die auf keine andere Art und Weise zu erreichen sind.« [Thomas F. Lee, *Gene Future*, New York 1990, S. 161.]
27 Interview mit Arthur Caplan.
28 Ebenda.
29 Ebenda.
30 Interview mit Francis Collins.
31 *Washington Post* vom 11. Mai 1996, S. A1.
32 *New York Times* vom 7. Juni 1996, S. A11.
33 *Science News* vom 7. September 1996, S. 154.
34 *Time Magazine* vom 10. März 1997, S. 72.
35 Thomas F. Lee, *The Human Genome Project*, New York 1991, S. 275.
36 Steve Jones, *The Language of Genes*, New York 1993, S. 224.
37 Ebenda.
38 Ebenda, S. 150.
39 Carl F. Cranor (Hrsg.), *Are Genes Us?*, Rutgers University Press, New Brunswick 1994, S. 150.
40 Pikanterweise kommen die Moorlocks am Ende zu ihrer Rache: Sie fressen die Eloi auf.
41 David Suzuki, *Genetics*, Harvard University Press, Cambridge, Mass., 1990, S. 197.
42 Ebenda.
43 Ebenda.
44 Ebenda.
45 Ebenda.
46 Ebenda.
47 Ebenda.
48 Ebenda, S. 93–94.
49 Ebenda.
50 Charles Piller / Keith R. Yamamoto, *Gene Wars*, New York 1988.
51 Diese geheimen Tests wurden im Armeedepot Mechanicsburg, Pennsylvania, durchgeführt. In dem Dokument hieß es: »Innerhalb dieses Systems sind viele Arbeiter beschäftigt, unter anderem viele Schwarze, deren Arbeitsunfähigkeit das Nachschubsystem ernsthaft gefährden könnte. Da Schwarze auf Coccidioides sehr viel empfindlicher reagieren als Weiße, wurde ein Befall durch diesen Organismus mit dem Pilz *Aspergillus fumigatus* simuliert.« [Charles Piller / Keith R. Yamamoto, *Gene Wars*, New York 1988, S. 99.]
52 Interview mit Charles Piller; Charles Piller / Keith R. Yamamoto, *Gene Wars*, New York 1988.
53 Interview mit Francis Collins.
54 *Scientific American*, Dezember 1996, S. 62.

Kapitel 13
Die quantenmechanische Zukunft

1 *Scientific American*, April 1996, S. 94.
2 Richard Feynman, »There's Plenty of Room at the Bottom«, *Engineering and Science*, Februar 1960. Im einzelnen lautete die Aufgabe: Eine Buchseite sollte um den Faktor 25 000 verkleinert werden, und zwar so, daß man sie mit dem Elektronenmikroskop lesen konnte. Einen zweiten Preis von 1000 Dollar sollte derjenige erhalten,

der einen funktionierenden Elektromotor mit eines Kantenlänge von 0,4 Millimeter baute.

3 *Scientific American*, April 1996, S. 99.
4 *New York Times*, 27. Januar 1997; *High-Technology Careers*, Februar/März 1997, S. 1.
5 *New York Times*, 27. Januar 1997, S. D12.
6 *New York Times*, 19. November 1996, S. C1.
7 *Science News*, 9. März 1996, S. 157.
8 *Scientific American*, September 1995, S. 100B.
9 *Scientific American*, September 1995, S. 174.
10 Der Zeitpunkt hängt von vielen Faktoren ab, unter anderem von der Entdeckung neuer Öllagerstätten und dem künftigen Ölverbrauch; beide lassen sich nicht genau vorausberechnen.
11 Deuterium ist ein Isotop des Wasserstoffs. Der normale Wasserstoff-Atomkern besteht aus einem einzelnen Proton, beim Deuterium enthält er zusätzlich ein Neutron. An den einfachsten Fusionsvorgängen, die man heute untersucht, ist neben dem Deuterium auch das Tritium beteiligt, ein weiteres Wasserstoffisotop mit einem Proton und zwei Neutronen.
12 T. J. Thompson / J. G. Beckerley, *The Technology of Nuclear Safety*, MIT Press, Cambridge, Mass., 1964, Bd. 1, S. 631.
13 Der Reaktorkern enthielt 25 Prozent angereichertes Uran, viel mehr als die heute üblichen drei Prozent. Deshalb hatte man Sorge, das geschmolzene Uran könne die kritische Masse erreichen, so daß sich der Unfall durch starke Energiefreisetzung verschlimmerte. Deshalb untersuchte man den Reaktorkern sehr sorgfältig, damit das geschmolzene Uran nicht die kritische Masse erreichte. Schließlich fand man die Ursache des Unfalls: Ein Teil des Natrium-Kühlmittels war verlorengegangen, weil ein Stück Zirkonium abgebrochen war und die Kühlmittelleitungen blockierte. Die Betreiber des Kraftwerks konnten den Unfall der Öffentlichkeit gegenüber erfolgreich vertuschen.
14 *Scientific American*, September 1995, S. 170.
15 Ebenda, S. 172.
16 Ebenda, S. 173.
17 *The Economist*, 22. Juni 1996, S. 8.
18 Nach Schätzungen des World Watch Institute ist die Luftverschmutzung so stark, daß in den USA nur jeder fünfte Stadtbewohner gesunde Luft atmet. Gespräch mit Lester Brown.
19 *Scientific American*, November 1996, S. 54.
20 Ebenda, S. 58.
21 Ebenda.
22 *The Computer in the 21st Century*, New York 1995, S. 62.
23 Beim Nachrechnen zeigte sich, daß ein kernwaffenbetriebener Röntgenlaser unerwartet wenig Energie abgibt, so daß er in einem Star-Wars-Programm nutzlos wäre. Noch wichtiger war: Ein solches System ließe sich mit einfachen Gegenmaßnahmen ausschalten, etwa mit Millionen kleiner Metallballons oder mit Ablenkungsmaßnahmen gegenüber dem bodengestützten Radar, so daß der Röntgenlaser nicht mehr wüßte, wohin er zielen sollte.
24 Antimaterie ist gegenüber normaler Materie genau entgegengesetzt geladen. Die Antielektronen (Positronen) sind also positiv. In einem Antiatom kreisen positive Antielektronen um negative Antiprotonen, so daß neutrale Antiatome entstehen. Im Prinzip könnte es Antimoleküle, Anti-DNS und sogar Antimenschen geben. Treffen Materie und Antimaterie zusammen, vernichten sie sich gegenseitig in einem Blitz aus Gammastrahlen und anderer Energie.
25 *Science News*, 13. Januar 1996, S. 20.

Kapitel 14
Der Griff nach den Sternen

1 Da die günstigste Gelegenheit für Marsmissionen von der Stellung der Planeten zueinander abhängt, schickt die NASA alle zwei Jahre jeweils zwei Sonden zum roten Planeten.

2 Es gab seither eine ganze Reihe unabhängiger Untersuchungen, von denen manche die ursprüngliche Studie unterstützen, während andere sie in Frage stellen. Die Diskussion wird sich noch über Jahre hinziehen und erst beigelegt werden, wenn in den Strukturen eindeutig Zellwände nachgewiesen werden oder wenn Original-Marsgestein von dem Planeten unmittelbar auf die Erde gebracht wird.

3 *Space News*, 2.–8.September 1996, S. 3.

4 *Scientific American*, Oktober 1994, S. 97.

5 *Time*, 19. August 1996, S. 97.

6 Da der Mars ein relativ kleiner Planet ist, konnte sein schwaches Schwerefeld die Atmosphäre nicht festhalten, so daß sie in den Weltraum entwich. Als der Atmosphärendruck abnahm, konnte Wasser in flüssiger Form nicht erhalten bleiben: Seen und Meere verdunsteten, sickerten in den Permafrost im Inneren des Planeten oder wurden zu den Eiskappen an seinen Polen. Und falls sich vor drei Milliarden Jahren Lebensformen entwickelten, mußten sie dem Wasser folgen: in den Weltraum, in den Permafrost oder zu den Polen.

7 *N.Y. Daily News*, 10. April 1997, S. 5.

8 *Newsweek*, 11. April 1994, S. 30.

9 Ebenda.

10 *New York Times*, 29. Juni 1995, S. A7; *Washington Post*, 24. Juni 1995, S. A8.

11 *Discover*, Juli 1994, S. 74.

12 *New York Times*, 27. Januar 1997, S. B9.

13 Ebenda.

14 *Time*, 15. Juli 1996, S. 58.

15 Gespräch mit John Lewis, 11. Dezember 1996.

16 *Time*, 15. Juli 1996, S. 58.

17 *Space News*, 15.–21. Juli 1996, S. 4.

18 Ebenda.

19 Kernkraftbetriebene Raketen haben zwar einen spezifischen Impuls von 1000 bis 2000 Sekunden, sind aber wahrscheinlich sehr unzuverlässig und gefährlich. Die US-Regierung experimentiert seit Jahrzehnten mit dieser Antriebsform, meist unter völliger Geheimhaltung. Eine Rakete, in der ein Kernreaktor die heißen Gase für den Antrieb erzeugt, würde eine große Leistung entwickeln, aber wenn sie wie die *Challenger* explodiert, käme es zu verheerender radioaktiver Verseuchung. Der Schrott einer solchen Rakete würde weite Teile der Erde unbewohnbar machen. Die letzte nuklear betriebene Rakete, Timberwind genannt, wurde unter völliger Geheimhaltung für das Star-Wars-Programm entwickelt, bis die Federation of American Scientists verkündete, daß es sie gab. Diese peinliche Enthüllung veranlaßte Präsident Clinton, das Projekt fallenzulassen.

20 Die Abschußkanone beschleunigt eine Nutzlast durch elektromagnetische Induktion auf mehrere tausend Stundenkilometer. Sie läßt Erinnerungen an Jules Vernes zukunftweisende Erzählung *Von der Erde zum Mond* wach werden. Leider verletzte die von ihm beschriebene Kanonenkonstruktion mehrere physikalische Gesetze. Erstens erzeugt eine chemische Explosion nicht die Beschleunigung auf 41000 Stundenkilometer, die als Fluchtgeschwindigkeit notwendig sind, um das Schwerefeld der Erde zu verlassen. Die Stoßwelle einer chemischen Explosion pflanzt sich ungefähr mit Schallgeschwindigkeit fort – viel zu langsam, um eine Nutzlast in den Weltraum zu befördern. Und zweitens wären die Passagiere durch die fast augenblickliche Beschleunigung von riesigen g-Kräften zermalmt worden.

21 *Scientific American*, September 1995, S. 116.

22 Der spezifische Impuls ist das Produkt aus Schub und Zeit, dividiert durch die Masse des Treibstoffes und die Gravitationskonstante. Die Einheit der so errechneten Zahl

ist die Sekunde. Eugene Mallov und Gregory Matloff, *The Starflight Handbook*, New York 1989, S. 44.

23 *Scientific American*, September 1995, S. 116A.

24 In jüngerer Zeit wurde die Existenz eines dieser Planeten in Frage gestellt. Ob sich die Existenz der anderen bisher entdeckten Himmelskörper bestätigt, bleibt abzuwarten, aber in jedem Fall wird man schon bald Tausende von Planeten außerhalb unseres Sonnensystems finden.

25 *New York Times*, 12. Juni 1996, S. A24.

26 *Washington Post*, 12. Juni 1996, S. A3.

27 *Discover*, November 1995, S. 83.

28 Gespräch mit John Lewis.

29 Genauer gesagt, kann keine Information in einem lokalen Bezugssystem eine höhere als die Lichtgeschwindigkeit erreichen. Mehrere Dinge sind tatsächlich schneller als das Licht, aber sie können nicht zur Übertragung von Informationen dienen, oder sie beruhen auf allgemeinen Effekten, die sich aus Einsteins umfassenderer allgemeiner Relativitätstheorie ableiten. Die Phasengeschwindigkeit einer Welle und Messungen im Einstein-Rosen-Podolsky-Experiment können zum Beispiel die Lichtgeschwindigkeit überschreiten, aber man kann mit ihrer Hilfe keine Nachrichten übermitteln. Auch der Urknall war schneller als das Licht, aber die allgemeine Relativitätstheorie beschreibt kein lokales, sondern ein universelles Bezugssystem. Ebenso könnte man die spezielle Relativitätstheorie mit Wurmlöchern verletzen, weil sie nicht lokal, sondern universell auf den Raum einwirken. In dem letztgenannten Fall ist einschränkend anzumerken, daß Wurmlöcher vielleicht möglich, derzeit aber nicht praktikabel sind: Die notwendige Energie zum Öffnen eines Wurmlochs wäre größer als die gesamte Energieproduktion der Erde.

30 Einem Beobachter auf der Erde, der das zu den Nachbarplaneten fliegende Raumschiff betrachtet, würden sie wegen des Dilatationseffekts der speziellen Relativitätstheorie wie eingefroren erscheinen.

31 Mallove / Matloff, *The Starflight Handbook*, S. 112.

32 Gespräch mit Theodore Taylor.

33 Laserstrahlen zerstreuen sich nicht so schnell wie das Sonnenlicht, das sich mit dem umgekehrten Quadrat der Entfernung abschwächt. Aber eine Abschwächung beobachtet man auch bei Laserstrahlen. Ein typischer Laserstrahl, den man zum Mond schickt, würde dort beispielsweise einen Lichtkegel von etwa acht Kilometern Durchmesser erzeugen.

34 *Discover*, August 1994, S. 39.

35 Ebenda.

36 Unsere Sonne, ein typischer gelber, wasserstoffverbrennender Hauptreihenstern, wird ihre Wasserstoffvorräte in etwa fünf Milliarden Jahren verbraucht haben; dann wird sie zur Heliumverbrennung übergehen und zu einem roten Riesen werden. Die Folge ist, daß sie sich bis zur Marsumlaufbahn ausdehnen wird, so daß die Erde wahrscheinlich verdampft.

37 Gespräch mit John Lewis und Neal Tyson; John S. Lewis, *Mining the Sky*, Reading, Mass., 1996, S. 83.

38 Ebenda.

39 *Time*, 3. Juni 1996, S. 61.

40 *New York Times Magazine*, 28. Juli 1996, S. 17.

41 John S. Lewis, *Rain of Iron and Ice*, Reading, Mass., 1996, S. 114–115.

42 Manche Stimmen fordern, man solle erdnahe Objekte mit Wasserstoffbomben zerkleinern. Das ist keine kluge Idee. Die Bruchstücke könnten für die Erde eine noch größere Gefahr darstellen als das ursprüngliche Objekt. Wenn die Vorwarnzeit lang genug ist, sollte man das Objekt besser von seinem Weg abbringen, solange es noch weit genug von der Erde entfernt ist.

43 Gespräch mit Paul Shuch, leitender Direktor der SETI League.

44 Der Astronom Paul Horowitz durchkämmte 1978 alle sonnenähnlichen Sternsysteme (insgesamt 185) im Umkreis von 80 Lichtjahren um die Erde. 1979 wurden 600 Sternsysteme untersucht. Schlüssige Indizien für intelligentes Leben wurden nirgendwo gefunden.

Kapitel 15
Auf dem Weg zur planetaren Zivilisation

1 Die Zahl ist nicht genau bekannt, weil man die Hubble-Konstante, das Maß für die Ausdehnung des Universums, nicht exakt kennt. Aufgrund der Messungen eines europäischen Satelliten wurde das Alter des Universums 1977 auf zehn bis zwölf Milliarden Jahre geschätzt.

2 Nikolai Kardashev, »Transmission of Information by Extraterrestrial Civilizations«, *Soviet Astronomy AJ*, Vol. 8 (1964), S. 217–221.

3 Freeman Dyson, *Disturbing the Universe*, New York 1979, S. 212.

4 Die Chaostheorie besagt, daß man zum Beispiel das Wetter auch mit dem größten Computer nicht genau voraussagen kann; eine Zivilisation des Typs I kann ihr Wetter also bestenfalls ein wenig abwandeln.

5 Es wäre auch möglich, daß eine Zivilisation des Typs I sich entschließt, ihre eigene Gen-Ausstattung zu ändern.

6 Sie könnte sich zum Beispiel entschließen, große Glasfaser- und Kabelnetze anstelle der Satelliten für die Kommunikation zu benutzen.

7 Der Zweite Hauptsatz der Thermodynamik besagt in diesem Zusammenhang, daß jede Maschine, die zwischen verschiedenen Temperaturen arbeitet, zwangsläufig Abwärme erzeugt. Selbst wenn eine Zivilisation des Typs II ihre Sonne mit einer Dyson-Kugel abriegelt, wird diese Kugel sich irgendwann aufheizen und überschüssige Wärme abgeben.

8 Web-Seite der UN, *Science News*, 4. November 1995, S. 293.

9 Allein an Malaria leiden 300 bis 500 Millionen Menschen, also fast 10 Prozent der Weltbevölkerung. Durch eine globale Erwärmung um drei bis fünf Grad Celsius könnte sich diese Krankheit über 60 Prozent der Erdoberfläche ausbreiten. Auch andere gefürchtete Krankheiten wie die Cholera würden sich durch die globale Erwärmung weiter verbreiten, weil diese die Vermehrung von Algen und Bakterien in verunreinigtem Wasser begünstigt.

10 Die Kohlendioxidmenge in der Atmosphäre ist derzeit die höchste seit 150000 Jahren, so die Erkenntnis aus Untersuchungen des Eises aus dem Inneren der Polkappen. Diagramme, die die wechselnden Temperaturen und Kohlendioxidmengen in der Erdgeschichte wiedergeben, zeigen einen direkten Zusammenhang. Die Ursache der globalen Erwärmung ist die Verbrennung fossiler Energieträger, durch die jedes Jahr weitere sechs Milliarden Tonnen Kohlenstoff in die Atmosphäre gelangen. (Seit der industriellen Revolution haben sich auf diese Weise 170 Milliarden Tonnen Kohlenstoff angesammelt.)

11 Gespräch mit Lester Brown, World Watch Institute.

12 Gespräch mit Michael Oppenheimer, Environmental Defense Fund.

13 Gespräch mit Lester Brown.

14 *Scientific American*, Oktober 1994, S. 116.

15 *New York Times*, 17. November 1996, S. 3.

16 World Watch Institute, *Zur Lage der Welt 1996*, Fischer Taschenbuch Verlag, Frankfurt/Main 1997.

17 *Scientific American*, Oktober 1994, S. 120.

18 Alvin Toffler, *The Third Wave*, New York 1980, S. 80.

19 Ebenda.

20 Kenichi Ohmae, *Der neue Weltmarkt – Das Ende des Nationalstaates und der Aufstieg der regionalen Wirtschaftszonen*, Hamburg 1996, S. 18–19.

21 Ebenda, S. 205.

22 Toffler, *The Third Wave*, New York 1980, S. 230.

23 Ebenda, S. 327.

24 Ohmae, *Der neue Weltmarkt*, S. 67.

25 Ebenda, S. 69.

26 *Science News*, 25. Februar 1995, S. 117.

27 *New York Times Magazine*, 29. September 1996, S. 61.

28 *The Computer in the 21st Century*, Scientific American Books, New York 1995, S. 4.
29 Bill Gates, *Der Weg nach vorn*, Hamburg 1995, S. 379.

Kapitel 16
Herren über Raum und Zeit

1 Die Temperatur im Inneren der Sonne reicht nicht aus, um die Elemente unseres Körpers entstehen zu lassen. Selbst in einem Weißen Zwerg können sich keine schwereren Elemente als Eisen bilden. Damit die höheren Elemente entstehen, deren Atome sich auch in unserem Körper finden, sind viele Billionen Grad notwendig, und solche Temperaturen kommen nur in Supernovae vor. Unsere Sonne ist also eigentlich ein Recyclingprodukt: Sie ging aus den Überresten einer Supernova hervor, die vor der Entstehung unseres Sonnensystems explodierte.

2 Nach der speziellen Relativitätstheorie kann nichts sich schneller bewegen als das Licht. Aber diese Theorie ist nur ein Sonderfall der allgemeinen Relativitätstheorie. Diese besagt, daß man ein Wurmloch passieren und auf der anderen Seite des Universums wieder herauskommen kann, und dann war man eigentlich schneller als das Licht. Aus der speziellen Relativitätstheorie ergibt sich nur die Einschränkung, daß man beim Eintritt in das Wurmloch nicht schneller als das Licht sein kann.

3 Ein Problem im Zusammenhang mit dem Kerrschen Schwarzen Loch ist die Stabilität. Möglicherweise schließt sich das Loch, wenn ein Gegenstand hindurchfällt.

4 Nach Ansicht von Physikern fällt Antimaterie durch die Ladungskonjugation nicht nach oben, sondern nach unten.

5 Steven Weinberg, *Der Traum von der Einheit des Universums*, München 1995, S. 240.

6 Gespräch mit Murray Gell-Mann. Siehe auch John Brockman, *Die dritte Kultur*, btb, München 1996, S. 439 ff.

7 Einige Journalisten haben in jüngster Zeit die Urknalltheorie in Frage gestellt. Als Begründung dient ihnen die »Klumpigkeit« des Universums, aber damit mißverstehen sie die physikalischen Gesetze. Die Meßergebnisse des COBE zeigen, daß der Urknall eine sehr gleichmäßige Explosion war. Heute dagegen sieht das Universum sehr unregelmäßig aus: Die Galaxien sind in Gruppen angeordnet, und dazwischen liegen riesige leere Räume. Diese Häufungen entstanden offenbar eine Milliarde Jahre nach dem Urknall, also nach kosmischen Maßstäben sehr kurze Zeit später, was zu Kritik an der Urknalltheorie führte. Wie sich jedoch bei genauer Analyse der Daten von COBE herausstellte, gab es schon von Anbeginn des Urknalls selbst geringfügige Unregelmäßigkeiten, die man als Quantenschwankungen erklären kann; sie reichten aus, um die Klumpigkeit des Universums hervorzubringen. Mit anderen Worten: Die heutige Verteilung der Galaxien einschließlich unserer eigenen Milchstraße ist vermutlich eine unmittelbare Auswirkung der Quantentheorie des Urknalls.

8 Wenn man beispielsweise sagt, die Gravitationsenergie der um die Sonne kreisenden Erde sei negativ, meint man damit, daß man in einer gewissen Entfernung von der Sonne die Energie Null mißt. Da man Energie aufwenden muß, um die Erde von der Sonne wegzuziehen, ist die Gravitationsenergie der Erde negativ.
Genauer kann man es so ausdrücken: In einem geschlossenen Universum ist die Gesamtenergie Null, in einem offenen Universum dagegen ist sie unendlich. Da Energie nur eine Komponente des Tensors der zweiten Stufe (des Energie-Impulstensors) ist, stellt sie also keine unveränderliche Größe dar, sondern ist abhängig von dem lokalen Bezugssystem, in dem sie gemessen wird.
Um ein geschlossenes Universum aus dem Nichts zu erschaffen, ist also keine Energie erforderlich.
Die Vorstellung, das Universum sei aus Quantenfluktuationen entstanden, geht ursprünglich auf Edward Tyron vom Hunter College zurück.

Auswahlbibliographie

Die Computerrevolution

William F. Allman, *Menschliches Denken, künstliche Intelligenz, Von der Gehirnforschung zur nächsten Computer-Generation*, München 1990.

Isaac Asimov, *Robot Dreams*, Ace Books: New York 1986.

Maureen Caudill, *In Our Own Image: Building an Artificial Person*, Oxford Universitiy Press: Oxford 1992.

Peter Coveney / Roger Highfield, *Anti-Chaos. Der Pfeil der Zeit in der Selbstorganisation des Lebens*, Reinbek 1994.

Daniel Crevier, *Eine schöne neue Welt? Die aufregende Geschichte der künstlichen Intelligenz*, Düsseldorf 1994.

Michael Dertouzos, *What Will Be: How the New World of Information Will Change Our Lives*, San Francisco 1997.

David H. Freeman, *Brainmakers: How Scientists Are Moving Beyond Computers to Create a Rival to the Human Brain*, Simon & Schuster: New York 1994.

Bill Gates, *Der Weg nach vorn. Die Zukunft der Informationsgesellschaft*, Hamburg 1995.

David Gelernter, *Gespiegelte Welten im Computer*, München 1996.

Stan Gibilisco (Hg.), *The McGraw-Hill Illustrated Encyclopedia of Robotics an Artificial Intelligence*, Mc Graw-Hill: New York 1994.

Katie Hafner / Matthew Lyon, *ARPA Kadabra. Die Geschichte des Internet*, Heidelberg 1997.

David Halberstam, *Das einundzwanzigste Jahrhundert. Japan und Europa, die neuen Zentren der Macht*, München 1991.

George Harrar, *Radical Robots*, New York 1990.

John Horgan, *An den Grenzen des Wissens. Siegeszug und Dilemma der Naturwissenschaften*, München 1997.

R. Colin Johnson / Chappell Brown, *Cognizers: Neutral Networks and Machines That Think*, John Wiley: New York 1988.

Michio Kaku / Daniel Axelrod, *To Win a Nuclear War*, South End Press: Boston 1987.

William J. Kauffman / Larry L. Smarr, *Supercomputing and the Transformation of Science*, Scientific American Books: New York 1993.

Kevin Kelly, *Das Ende der Kontrolle. Die biologische Wende in Wirtschaft, Technik und Gesellschaft*, Mannheim 1997.

Irwin Lebow, *The Digital Connection: A Layman's Guide to the Information Age*, W. H. Freeman: New York 1991.

Steven Lubar, *Info Culture: The Smithsonian Book of Information Age Inventions*, Houghton Mifflin: Boston 1993.

Marvin Minsky, *Mentopolis*, Stuttgart 1994.

Hans Moravec, *Mind Children. Der Wettlauf zwischen menschlicher und künstlicher Intelligenz*, Hamburg 1990.

Nicholas Negroponte, *Total digital. Die Welt zwischen 0 und 1 oder Die Zukunft der Kommunikation*, München 1995.

Heinz R. Pagels, *The Dreams of Reason: The Computer and the Rise of the Sciences of Complexity*, Bantam Books: New York 1988.

Jasia Reichardt, *Robots: Fact, Fiction, and Prediction*, Penguin Books: New York 1978.

Scientific American, *The Computer in the 21st Century*, Scientific American Books: New York 1995.

Dennis Shasha / Cathy Lazere, *Out of Their Minds: The Lives an Discoveries of 15 Great Computer Scientists*, Springer-Verlag: New York 1995.

Geoff Simons, *Robots: The Quest for Living Machines*, Cassell: London 1992.

Clifford Stoll, *Die Wüste Internet. Geisterfahrten auf der Datenautobahn*, Frankfurt/M. 1996.

Lester C. Thurow, *Die Zukunft des Kapitalismus. Leben im 21. Jahrhundert*, Düsseldorf/München 1996.

Die biomolekulare Revolution

Clement Bezold / Jerome A. Halperin / Jacqueline L. Eng, (Hg.), *2020 Visions: Health Care Information Standards and Technologies*, U.S. Pharmacopeial Convention Press: Rockville, Md. 1993.

Luigi Luca Cavalli-Sforza / Francesco Cavalli-Sforza, *Verschieden und doch gleich. Ein Genetiker entzieht dem Rassismus die Grundlage*, München 1994.

Robert Cook-Deegan, *The Gene Wars: Science, Politics, and the Human Genome*, W. W. Norton: New York 1994.

Carl F. Cranor, *Are Genes Us? The Social Consequences of the New Genetics*, Rutgers University Press: New Brunswick, N.J. 1994.

Bernard Dixon, *Der Pilz, der John F. Kennedy zum Präsidenten machte, und andere Geschichten aus der Welt der Mikroorganismen*, Heidelberg 1995.

Karl A. Drlica, *Double-Edged Sword: The Promises and Risks of the Genetic Revolution*, Addison-Wesley: Reading, Mass., 1994.

Karl A. Drlica, *DNA und Genklonierung. Ein Leitfaden*, Frankfurt/M. 1995.

Ann Giudici Fettner, *The Science of Viruses: What They Are, Why They Make Us Sick, and How They Will Change the Future*, William Morrow: New York 1990.

Maxim D. Frank-Kamenetskii, *Unraveling DNA*. VCH Publishers: New York 1993.

Laurie Garrett, *Die kommenden Plagen. Neue Krankheiten in einer gefährdeten Welt*, Frankfurt/M. 1996.

Daniel Goleman, *EQ – Emotionale Intelligenz*, München 1996.

David S. Goodsell, *Our Molecular Nature: The Body's Motors, Machines, and Messages*, Springer-Verlag: New York 1996.

Stephen Jay Gould, *Ontogeny and Phylogeny*, Harvard University Press: Cambridge, Mass., 1977.

Stephen Jay Gould, *Der falsch vermessene Mensch*, Frankfurt/M. 1988.

Leonard Hayflick, *Auf ewig jung? Ist unsere biologische Uhr beeinflußbar?*, Köln 1996.

Aldous Huxley, *Schöne neue Welt*, Frankfurt 1953.

Steve Jones, *Die Botschaft der Gene. Evolution als Erblast und Chance*, München 1995.

Steve Jones / Robert Martin / David Pilbeam / Sarah Bunney (Hg.), *The Cambridge Encyclopedia of Human Evolution*, Cambridge University Press: Cambridge, England 1992.

Sir John Kendrew (Hg.), *The Encyclopedia of Molecular Biology*, Blackwell Science: Cambridge, England 1994.

Daniel J. Kevles, *In the Name of Eugenics: Genetics and the Uses of Human Heredity*, Harvard University Press: Cambridge, Mass., 1995.

Daniel J. Kevles / Leroy Hood (Hg.), *Der Supercode: Die genetische Karte des Menschen*, Zürich/Düsseldorf 1993.

Andrew Kimbrell, *Ersatzteillager Mensch. Die Vermarktung des Körpers*, Frankfurt/M. 1994.

Philip Kitcher, *The Lives to Come: The Genetic Revolution and Human Possibilities*, Simon & Schuster: New York 1996.

Lewis J. Kleinsmith / Valerie M. Kish, *Principles of Cell an Molecular Biology*, Harper Collins: New York 1995.

Thomas F. Lee, *The Human Genome Project: Cracking the Code of Life*, Plenum Press: New York 1991.

Thomas F. Lee, *Gene Future: The Promise and Perils of the New Biology*, Plenum Press: New York 1993.

Arnold J. Levin, *Virus*, Scientific American Books: New York 1992.

Jeff Lyon / Peter Gorner, *Altered Fates: Gene Therapy and the Retooling of Human Life*, W. W. Norton: New York 1995.

Robert A. Meyers, *Molecular Biology and Biotechnology: A Comprehensive Desk Reference*, VCH Publishers: New York 1995.

Thomas J. Moore, *Lifespan: New Perspectives on Extending Human Longevity*, Simon & Schuster: New York 1993.
Stephen S. Morse (Hg.), *Emerging Viruses*, Oxford University Press: Oxford 1997.
Michael P. Murphy / Luke A. J. O'Neill, *Was ist Leben? Die Schlüsselfrage der Biologie in neuem Licht, 50 Jahre nach Erwin Schrödinger*, Heidelberg 1996.
James V. Neel, *Physician to the Gene Pool: Genetic Lessons an Other Stories*, John Wiley: New York 1994.
Randolph M. Nesse / George C. Williams, *Warum wir krank werden. Die Antworten der Evolutionsmedizin*, München 1997.
Desmond S. Nicholl, *Gentechnische Methoden*, Heidelberg 1995.
R. W. Old / S. B. Primrose, *Gentechnologie. Eine Einführung*, Stuttgart 1992.
Charles Pillar / Keith R. Yamamoto, *Gene Wars*, William Morrow: New York 1988.
Rudolph A. Raff, *The Shape of Life: Genes, Development, and the Evolution of Animal Form*, University of Chicago Press: Chicago 1996.
Enzo Russo / David Cove, *Genetic Engineering: Dreams an Nightmares*, W. H. Freemann: New York 1995.
Carl Sagan, *Die Drachen von Eden. Das Wunder der menschlichen Intelligenz*, München 1978.
Abigail A. Salyers / Dixie D. Whitt, *Bacterial Pathogenesis*, ASM Press: Washington D.C. 1994.
R. Grant Steen, *DNA and Destiny: Nature and Nurture in Human Behavior*, Plenum Press: New York 1996.
David Suzuki / Peter Knudtson, *Genetics: The Clash Between the New Genetics and Human Values*, Harvard University Press: Cambridge, Mass., 1990.
Harold Varmus / Robert A. Weinberg, *Gene und Krebs. Biologische Wurzeln der Tumorentstehung*, Heidelberg 1994.
Robert A. Weinberg, *Racing to the Beginning of the Road: The Search for the Origin of Cancer*, Random House: New York 1996.
Christopher Wills, *Exons, Introns, and Talking Genes: The Science Behind the Human Genome Project*, Basic Books: New York 1991.
Lois Wingerson, *Rätsel der Gene. Unterwegs zur Medizin der Zukunft*, Wien/Heidelberg 1991.

Die Quantenrevolution

John Barrow, *Theorien für Alles. Die philosophischen Ansätze der modernen Physik*, Heidelberg 1992.
John Brockman, *Die dritte Kultur. Das Weltbild der modernen Naturwissenschaft*, München 1996.
Lester R. Brown, *State of the World*, W. W. Norton: New York 1996.
R. Crease / C. Mann, *The Second Creation*, Macmillan: New York 1986.
Paul Davies, *Die Urkraft. Auf der Suche nach einer einheitlichen Theorie der Natur*, Hamburg 1987.
Freeman Dyson, *Disturbing the Universe*, Harper & Row: New York 1979.
Freeman Dyson, *Infinite in All Directions*, Harper & Row: New York 1988.
J. Gribben, *Auf der Suche nach Schrödingers Katze. Quantenphysik und Wirklichkeit*, München 1988.
S. W. Hawking, *Eine kurze Geschichte der Zeit. Die Suche nach der Urkraft des Universums*, Reinbek 1988.
Michio Kaku, *Introduction to Superstrings*, Springer-Verlag: New York 1988.
Michio Kaku, *Hyperspace. Eine Reise durch den Hyperraum und die zehnte Dimension*, Berlin 1995.
Michio Kaku / Jennifer Trainer, *Jenseits von Einstein. Die Suche nach der Theorie des Universums*, Frankfurt/M. 1993.
John S. Lewis, *Mining the Sky: Untold Riches from the Asteroids, Comets, and Planets*, Addison-Wesley: Reading, Mass., 1996.
John S. Lewis, *Bomben aus dem All. Die kosmische Bedrohung*, Basel 1997.

Eugene Mallove / Gregory Matloff, *The Starflight Handbook: A Pioneer's Guide to Interstellar Travel*, John Wiley: New York 1989.

Hamish McRae, *The World in 2020: Power, Culture, and Prosperity*, Harvard Business School Press: Cambridge, Mass., 1994.

Walter Moore, *Schrödinger: Life and Thought*, Cambridge University Press: Cambridge, England 1989.

Kenichi Ohmae, *Der neue Weltmarkt. Das Ende des Nationalstaates und der Aufstieg der regionalen Wirtschaftszonen*, Hamburg 1996.

Heinz R. Pagels, *The Cosmic Code: Quantum Physics as the Language of Nature.* Bantam Books: New York 1983.

Heinz R. Pagels, *Perfect Symmetry: The Search for the Beginning of Time*, Bantam Books: New York, 1986.

Abraham Pais, *Inward Bound: Of Matter and Forces in the Physical World*, Oxford University Press: Oxford 1986.

Abraham Pais, *»Raffiniert ist der Herrgott«. Albert Einstein. Eine wissenschaftliche Biographie*, Wiesbaden 1986.

John L. Petersen, *The Road to 2015: Profiles of the Future*, Waite Group Press: Corte Madera, Kalifornien 1994.

Ed Regis, *Nano: The Emerging Science of Nanotechnology*, Little, Brown: Boston 1995.

Carl Sagan, *Blauer Punkt im All. Unsere Zukunft im Kosmos*, München 1996.

Charles Sheffield / Marcelo Alonso / Morton A. Kaplan, *The World of 2044: Technological Development and the Future of Society*, Paragon House: St. Paul 1994.

Alvin Toffler, *The Third Wave: The Classic Study of Tomorrow*, Bantam Books: New York 1980.

M. Mitchell Waldrop, *Inseln im Chaos. Die Erforschung komplexer Systeme*, Reinbek 1993.

Steven Weinberg, *Die ersten drei Minuten. Der Ursprung des Universums*, München 1992.

Steven Weinberg, *Der Traum von der Einheit des Universums*, München 1993.

Register

453